JN440080

개정판

물리 광학

PHYSICAL OPTICS

김일곤 · 이성수 · 장기완 편저

북스힐

머리말

PREFACE

광학은 가장 오래된 과학 분야중 하나로 오늘날 물리학에서 뿐만 아니라 다른 전문 학문 분야 및 광전자 산업 등의 첨단 과학기술 산업 분야에도 널리 이용되는 중요한 학문 분야이다. 이 책에서는 광학 분야에 친숙하지 않은 학부학생들이나 대학원생들이 보다 쉽게 이해할 수 있도록 기본적인 개념이해와 함께 이론을 바탕으로 실생활에서 응용되는 내용들을 기술하는 데 목적을 두었다. 빛의 성질을 기하광학, 파동광학 및 양자광학적 측면에서 알아보았고, 전자기이론을 이용하여 전자기파인 빛의 기본적인 성질에 대하여 설명하였다. 기하광학 분야의 전반부에서는 평면에서의 반사와 얇은 렌즈에서의 굴절들을 다루었으며, 후반부에서는 두꺼운 렌즈에서의 굴절 및 수차현상에 대한 내용들과 이들의 응용에 대하여 비교적 자세히 다루었다. 이 책의 중반부에서는 빛의 파동적 성질인 간섭과 회절에 대한 내용들을 비교적 자세히 다루었으며, 후반부에서는 빛과 물질 간의 상호작용에 대하여 구체적으로 다루었다. 또한 복잡한 수식은 부록에 기술하여 스스로 공부하는 데 도움을 주도록 노력하였다.

이 책을 독자들이 좀 더 쉽게 접하고 이해를 돕기 위하여 저자들 사이에 의견을 주고받으며 많은 시간을 함께 나누었지만, 미흡하고 부족한 점이 많으리라 판단한다. 이번에 개정판을 출간하면서 이론을 바탕으로 한 응용적인 면을 강조하여 이론과 실용성에 초점을 맞추도록 노력하였다. 이 책을 이용하실 교수님들과 독자들께서 미비한 점을 지속적으로 지적하여 주기를 바라며 앞으로도 지속적인 교정 및 수정을 통해 더욱 더 독자들로부터 사랑받는 교재가 되도록 노력하겠다.

우리말로 기술하는 과정에서 어색한 부분이 있을 수 있어 고유명사는 대부분 원어를 그대로 사용하였으며, 오해의 여지가 있거나 원어를 알아둘 필요가 있는 용어는 원어를 괄호 속에 천부하였다.

끝으로 이 책을 출판하는데 적극적으로 협조하여 주신 도서출판 북스힐과 노력을 아끼지 않으신 편집부 여러분께 감사함을 표하며, 또 편저과정에서 많은 도움을 주신 여러 분들께도 고마움을 표합니다.

2017. 8

차 례

CONTENTS

Chapter 01 빛의 성질과 전파

Chapter 02 파동의 수학적 표현

Chapter 03 전자기 이론과 빛

Chapter 04 빛의 전파

Chapter 05 기하광학 1

Chapter 06 기하광학 2

Chapter 07 광학 기기

Chapter 08 편광

Chapter 09 간섭

Chapter 10 다중반사에 의한 간섭

Chapter 11 회절

Chapter 12 고체 광학

Chapter 13 결정 광학

Chapter 14 빛의 측정

CHAPTER

01 빛의 성질과 전파

광학은 에너지의 한 형태인 빛의 특성은 물론 빛과 물질과의 상호작용을 연구하는 학문으로 빛의 직진성을 이용하는 기하광학과 빛의 파동성에 근거한 파동광학으로 대별할 수 있을 것이다. 또한, 빛과 물질과의 상호관계를 연구하는 데 있어서 물질이 아주 강한 자기장의 영향을 받고 있는 경우에 그 물질을 매질로 하여 연구하는 분야를 자기광학(Magnetic－optics)이라고 하며 물질이 전기장의 영향을 훨씬 더 많이 받을 경우에 그 물질과 빛의 상호작용에 관한 현상을 규명하는 분야를 전기광학(Electro－optics)이라고 한다. 자기광학과 전기광학을 합하여 양자광학으로 분류하기도 한다.

1.1 빛의 성질

성경의 창세기에 보면 하나님이 빛을 먼저 창조하시고 인간을 창조한 기록으로부터 인류의 역사는 빛과 함께 시작되었던 듯하다. 인간은 호기심을 가지고 일상생활과 밀접한 관련이 있는 빛에 대해 꾸준한 연구를 하게 되었으며, 이러한 연구들의 대표적인 것들을 예로 들면서 빛의 성질에 대해 논하고자 한다. 데카르트(Des Cartes: 1596～1650)는 '빛은 완전탄성체 속을 진행하는 압력'이라고 설명하였으며, 후크(R. Hooke: 1635～1703)는 '빛은 매우 빠른 속도로 순간적으로 진행하는 빠른 진동'이라고 기술하였다. 한편, 뉴톤(Isaac Newton: 1642～1727)은 '빛은 균질한 매질에서 직선상의 경로를 따라 진행하는 직진성(rectilinear propagation)에 기초를 두고, 빛은 작은 입자의 형태로 전파된다'고 주장하였다.

뉴톤과 같은 시대의 인물이었던 호이겐스(Christian Huygens: 1629~1695)는 전파하는 빛의 파면상의 모든 점은 2차 파를 만드는 하나의 파원이라는 생각으로부터 빛은 광원으로부터 모든 방향으로 퍼져 나가는 파동이라고 파동설을 주장하였다. 또한 영(Thomas Young: 1773~1829)은 박막으로부터 반사에 의해 생기는 무지개색을 간섭의 원리로 설명하였으며, 프레넬(Fresnel: 1788~1827)은 빛의 회절현상을 기초로 입자설을 부정하면서 호이겐스의 파동설을 지지하였다.

맥스웰(James. Clerk. Maxwell: 1831~1879)은 빛에 전자기파의 개념을 도입하여 빛도 전자기 에너지의 한 형태라고 주장하였으며 빛의 전파속력은 매질의 전기 및 자기적 성질에 의존하고 진공에서는 $c = 1/\sqrt{\epsilon_0 \mu_0}$ 와 같이 주어짐을 이론적으로 보였다. 전자기파의 스펙트럼은 라디오파, 적외선, 가시광선, 자외선, X-선 및 감마선 등을 포함한다. X-선이 발견된 것은 1895년이지만 20세기 초에 이르기까지 X-선이 파동인지 입자인지는 규명되지 못하다가 라우에(Von Laue: 1879~1960)에 의하여 결정체 회절격자에 X-선을 투과시켜 회절현상을 얻는데 성공하였고 이를 계기로 결정체 광학이 탄생하게 되었다. 20세기 초에 플랑크, 아인슈타인, 보어가 개척한 빛의 양자론에 따르면, 전자기 에너지는 양자화(quantization)되어 있어 광자라고 하는 이산적(discrete) 양으로만 존재한다.

빛의 현대적 개념은 뉴톤이 주장한 입자성과 호이겐스의 파동성을 모두 포함하므로 이를 빛의 이중성이라고 한다. 광전효과와 콤프턴 효과는 빛의 입자성에 대한 좋은 예이며, 간섭, 회절 및 편광은 빛의 파동성에 대한 좋은 예이다.

빛의 파장이 짧아질수록 파동의 성격이 점차 약해지고, 반대로 입자성이 우세하게 된다. 따라서 빛의 파동성과 입자성은 가시영역에 있는 전자파 대역에서 서로 우세함을 겨루며 공존하고 있는 것 같다. 즉, 라디오파 영역에서는 입자성이 극히 희박하지만 X-선 영역에서는 파동성이 희박함을 알고 있다. 하지만 가시영역에서는 파동성과 입자성을 나란히 보여주고 있다. X-선이 전자에 의해서 산란되는 현상인 콤프턴(Compton) 효과는 X-선을 하나의 입자로 보고 전자와 탄성충돌하는 현상으로 설명되고 있다.

빛을 한 마디로 표현하기는 어려우나 맥스웰의 전자기 이론은 진공 및 매질에서의 빛의 전파현상을, 그리고 양자론은 빛과 물질의 상호작용 또는 빛의 흡수와 방출현상에 대하여 잘 기술하여 주는데, 모든 광학적 현상들은 이러한 이론들에 의하여 잘 설명되어지므로 이 둘을 합하여 양자 전기역학(quantum electrodynamics)이라고 한다. 따라서 광학은 빛의 직진성을 이용하는 기하광학(geometrical optics), 빛의 본질을 파동의 개념으로 설명하는 파동광학(wave optics), 빛의 양자론적 본질과 빛의 흡수와 방출을 포함하여 빛과 물질과의 상호작용을 다루는 양자광학(quantum optics)의 3 부분으로 분류가 가능하다. 양자광학의 경우에, 빛과 물질과의 상호관계를 연구하는 데 있어서 물질이 아주 강한 자기장의 영향을 받고 있는 경우에 그 물질을 매질로 하여 연구하는 분야를 자기광학, 물질이 전기장의 영향을 훨씬 더 많이 받을 경우에 그 물질과 빛의 물리적 현상을 규명하는 분야를 전기광학으로 분류가 가능하다.

1.1.1 기하광학

기하광학의 기본은 빛이 직선을 따라 진행한다는 빛의 직진성에 있으며, 빛의 파장이 광 경로에 비해 무한히 짧다는 가정 아래서 빛은 직선을 따라 전파된다고 가정한 것이다. 따라서 기하광학은 빛의 파장이 무한히 작은 파동광학의 극한으로 볼 수 있으나 기하광학을 사용하기 위해서 파장이 '영'이 될 필요는 없다. 즉, 파장이 λ인 빛이 각 변의 길이가 파장보다 훨씬 큰 물체를 통과하거나 물체 주위를 통과할 경우에는 기하광학이 유용하다. 빛의 직진성, 반사와 굴절, 분산 등은 모두 입자의 속성으로서 이를 다루는 광학이 기하광학이다.

광학에서 빛의 경로는 두 경우를 생각할 필요가 있다. 첫째는 물리적 경로(physical path: l)이며, 둘째는 광 경로(optical path: L)이다. 물리적 경로는 일반적으로 알고 있는 두 지점 사이의 실제 거리(l)를 말하며, 광 경로는 물리적 경로에 빛이 진행하는 매질의 굴절률(n)을 곱한 것으로 물리적 경로와 광 경로 사이에는 $L = nl$과 같은 관계가 있다.

빛의 직진성을 이용한 기하광학의 응용으로는 정교한 렌즈의 설계, 거대한 천체 망원경의 설계로부터 시작해서 반도체 공업에서 이용되는 리소그라피 용 IC(lithography intergrated circuit), 카메라 렌즈의 설계 및 빛의 전반사를 이용하여 현대 통신 분야에서 사용되고 있는 광섬유 등을 생각할 수 있다.

1.1.2 파동광학

파동광학은 간섭 및 회절과 같은 기하광학의 범위를 벗어나는 광학적 현상을 기술하는 광학으로서 파동방정식을 만족하는 스칼라 파동함수를 사용하여 빛을 기술하고 있다. 따라서 파동광학은 유전체 매질들의 경계에서 일어나는 반사 및 굴절 현상을 설명하지는 못하지만 빛이 간섭과 회절을 비롯하여 빛의 전자기적 특성인 편광현상 또는 복굴절 현상을 설명할 수 있다. 간섭은 동일 광원으로부터 나오는 두 개 이상의 파가 중첩되어 파의 세기가 보다 약해지기도 하고 강해지기도 하는 현상을 말하며, 영(Young)의 실험에 의하여 잘 입증되었다. 또한, 광원과 스크린 사이에 빛이 투과하지 않는 원 모양의 물체를 두었을 경우에 관측하고자 하는 스크린 위에 생긴 그림자 주위에 밝고 어두운 무늬들을 볼 수 있는데 이와 같이 기하광학의 예측으로부터 벗어나는 현상을 빛의 회절이라고 한다. 광학 기기의 근본적인 분해능의 한계는 빛의 회절에 기인한다.

1.1.3 양자광학

양자광학은 빛의 파장 영역에서 물질과 복사(복사 에너지의 양자화인 광자)와의 상호작용을 연구하는 분야로 대표적인 응용분야에는 양자 계산(computing) 등이 있다.

1.2 빛의 전파

빛은 시간에 따라 크기가 변하는 전기장과 자기장으로 이뤄진 전자기파로서 빛의 전자기적 상태는 전기장($\overrightarrow{E}$)과 자기장($\overrightarrow{H}$)의 두 벡터로 표현된다. 전기장과 자기장이 시간에 따라 변하지 않는 정적인 경우에, 이들은 공간 내의 전하 및 전류 분포에 의해 제각기 결정된다. 하지만 전기장 또는 자기장이 시간에 따라서 변하는 경우에 각각을 따로따로 생각할 수 없으며, 진공 중에서 전기장과 자기장의 공간 및 시간에 대한 미분 사이에는 컬(curl) 방정식이라 불리는

$$\overrightarrow{\nabla}\times\overrightarrow{E}=-\mu_0\frac{\partial\overrightarrow{H}}{\partial t} \tag{1.2.1}$$

$$\overrightarrow{\nabla}\times\overrightarrow{H}=\epsilon_0\frac{\partial\overrightarrow{E}}{\partial t} \tag{1.2.2}$$

의 두 관계식과 발산조건으로 표현되는

$$\overrightarrow{\nabla}\cdot\overrightarrow{E}=0 \tag{1.2.3}$$

$$\overrightarrow{\nabla} \cdot \overrightarrow{H} = 0 \tag{1.2.4}$$

의 두 관계식이 존재하며, 위의 4개의 관계식을 진공 중에서의 맥스웰 방정식이라 한다. 물론 식 (1.2.3)과 식 (1.2.4)는 전기장과 자기장이 시간에 따라 변하지 않는 경우와 시간에 따라 변하는 경우에도 성립한다. 식 (1.2.3)의 오른쪽 항이 '0'이 됨은 관측점이 있는 영역에 임의의 알짜전하가 존재하지 않음을 의미하며, 식 (1.2.4)의 오른쪽 항이 '0'이 됨은 자석의 'N'극과 'S'극이 서로 분리될 수 없음을 의미한다.

상수 ϵ_0는 진공에서의 유전율로서 $\epsilon_0 = 8.854 \times 10^{-12}\ \mathrm{F/m}$이며, 상수 μ_0는 진공에서의 자화율(permeability)로서 $\mu_0 = 4\pi \times 10^{-7}\ \mathrm{H/m}$이다. 식 (1.2.1)의 양변에 $\overrightarrow{\nabla}\times$을 취하면

$$\overrightarrow{\nabla} \times (\overrightarrow{\nabla} \times \overrightarrow{E}) = -\mu_0 \overrightarrow{\nabla} \times \left(\frac{\partial \overrightarrow{H}}{\partial t} \right) \tag{1.2.5}$$

와 같이 된다. 식 (1.2.5)의 오른쪽 항에서 시간이나 공간좌표에 대한 미분의 순서를 바꿀 수 있음을 이용하면

$$\overrightarrow{\nabla} \times (\overrightarrow{\nabla} \times \overrightarrow{E}) = -\mu_0 \frac{\partial}{\partial t} (\overrightarrow{\nabla} \times \overrightarrow{H}) \tag{1.2.6}$$

이 된다. 한편, 벡터 항등식 $\overrightarrow{\nabla} \times (\overrightarrow{\nabla} \times \overrightarrow{A}) = \overrightarrow{\nabla}(\overrightarrow{\nabla} \cdot \overrightarrow{A}) - \nabla^2 \overrightarrow{A}$을 식 (1.2.6)의 왼쪽 항에 적용하고, 식 (1.2.2)를 오른쪽 항에 대입하면, 식 (1.2.6)은

$$\overrightarrow{\nabla}(\overrightarrow{\nabla} \cdot \overrightarrow{E}) - \nabla^2 E = -\mu_0 \frac{\partial}{\partial t} \left(\epsilon_0 \frac{\partial \overrightarrow{E}}{\partial t} \right) \tag{1.2.7}$$

이 된다. 하지만 진공에서 $\overrightarrow{\nabla} \cdot \overrightarrow{E} = 0$ [식 (1.2.3) 참조]이므로 식 (1.2.7)은

$$\nabla^2 \overrightarrow{E} = \mu_0 \epsilon_0 \frac{\partial^2 \overrightarrow{E}}{\partial t^2} \quad \rightarrow \quad \nabla^2 \overrightarrow{E} - \frac{1}{c^2} \frac{\partial^2 \overrightarrow{E}}{\partial t^2} = 0 \tag{1.2.8}$$

와 같이 된다. 여기서

$$c = 1/\sqrt{\mu_o \epsilon_0} = 1/\sqrt{4\pi \times 10^{-7} \cdot 8.854 \times 10^{-12}} \approx 3.00 \times 10^8\ \mathrm{m/s}\ (\text{MKS 단위}) \tag{1.2.9}$$

이며, 진공에서의 빛의 속도를 나타낸다. 마찬가지로 자기장 $\overrightarrow{H}$에 대해서도 위와 같은 원리에 의하여

$$\nabla^2 \vec{H} - \frac{1}{c^2}\frac{\partial^2 \vec{H}}{\partial t^2} = 0 \tag{1.2.10}$$

와 같은 관계식이 얻어진다. 따라서 식 (1.2.8)과 식 (1.2.10)은 같은 형태의 편미분 방정식인

$$\nabla^2(\quad) - \frac{1}{c^2}\frac{\partial^2(\quad)}{\partial t^2} = 0 \tag{1.2.11}$$

을 만족하게 되며, 이를 파동방정식이라 한다. 일반적으로 파동방정식은 등방성 매질에서의 탄성파, 전자기파의 진동상태와 속도를 나타낸다. 즉, 식 (1.2.8)과 식 (1.2.10)의 파동방정식을 만족하는 $\vec{E}$와 $\vec{H}$는 진동상태를 나타내며, 상수 c는 진행하는 파의 위상속도를 의미한다.

1.3 빛의 속력

등방성인 유전체 매질 내에서의 전자기장에 대한 맥스웰 방정식은 진공에 대한 유전율(ϵ_0)과 자화율(μ_0)이 매질에 대한 유전율(ϵ)과 자화율(μ)로 대치되는 것을 제외하고는 진공에 대한 맥스웰 방정식과 일치한다. 따라서 매질에서의 전자기장에 대한 전파속력(u)은

$$u = 1/\sqrt{\mu\epsilon} \tag{1.3.1}$$

로 주어진다. 이를 유전상수($K = \epsilon/\epsilon_0$)와 투자상수($K_m = \mu/\mu_0$)를 이용하여 다시 쓰면,

$$u = \frac{1}{\sqrt{K_m \mu_0 K \epsilon_0}} = \frac{c}{\sqrt{K_m K}} \tag{1.3.2}$$

로 나타낼 수 있다.

굴절률 n은 진공 중에서의 광속과 매질에서의 광속의 비로서 정의되며,

$$n = \frac{c}{u} = \sqrt{K_m K} \tag{1.3.3}$$

와 같이 표현된다. 대부분의 투명한 광학적 매질은 비자성이므로 $K_m \simeq 1$이라 할 때, 굴

절률은

$$n = \frac{c}{u} = \sqrt{K}$$

와 같이 주어진다. 비교를 위해 몇몇 물질들에 대한 굴절률과 유전상수의 제곱근을 표 1.1에 나타내었다. 표 1.1로부터 알 수 있듯이 투명매질 내에서 굴절률(n)은 '1'보다 크다. 이는 투명매질 내에서의 빛의 진행속력이 진공 중에서의 빛의 진행속력(c)보다 느리다는 것을 의미하는데, 이의 근본적인 원인은 그림 1.1에서 보여주는 바와 같이 투명매질을 구성하고 있는 분자나 원자들의 연속적인 흡수와 방출이라는 과정을 거치면서 빛이 진행하기 때문이다.

표 1.1 굴절률과 유전상수 제곱근의 비교 ($\lambda = 589.29\ \mathrm{nm}$에서 측정된 값이다.)

물질	굴절률	$\sqrt{K}$
0℃, 1 기압의 기체		
공기	1.000293	1.000294
CO_2	1.00045	1.00049
헬륨	1.000036	1.000034
수소	1.000132	1.000131
20℃의 액체		
벤젠	1.501	1.51
물	1.333	8.96
에틸알코올	1.361	5.08
이황화탄소	1.628	5.04
실온에 있는 고체		
폴리스티렌	1.59	1.60
다이아몬드	2.419	4.06
용융 석영(Fused silica)	1.458	1.94
소금	1.50	1.94

한편, 표 1.1에 의하면 공기 및 이산화탄소와 같은 기체와 비극성 물질인 벤젠의 경우에는 굴절률과 유전상수의 제곱근의 값들이 잘 일치하나, 같은 액체라 하더라도 물과 알코올 같은 극성물질(그림 1.2 참조)의 경우에는 잘 일치하지 않음을 알 수 있는데, 이는 이들 물질이 큰 정적 편극율(static polarizability)을 가지기 때문이다.

굴절률은 실제로 전자기파의 파장에 따라 변하는데 이러한 현상을 분산(dispersion)이라 한다. 백색광이 유리로 만든 프리즘에 의해 색깔별로 분리된다던지 태양빛이 대기 중에 있는 물 분자들에 의해 아름다운 무지개로 보이는 것은 굴절률이 파장에 따라 변하는 분산에 의해 일어나는 현상이다. 분산을 이해하기 위해서는 빛이 진행하는 매질에서의 전자들의 실제 운동을 고려할 필요가 있으며 이에 대해서는 12장에서 자세히 다룰 것이다.

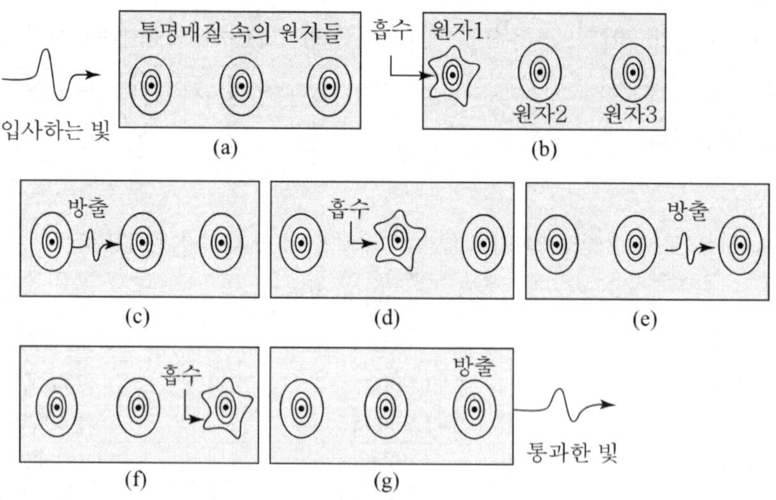

그림 1.1 투명매질 속을 통과하는 빛

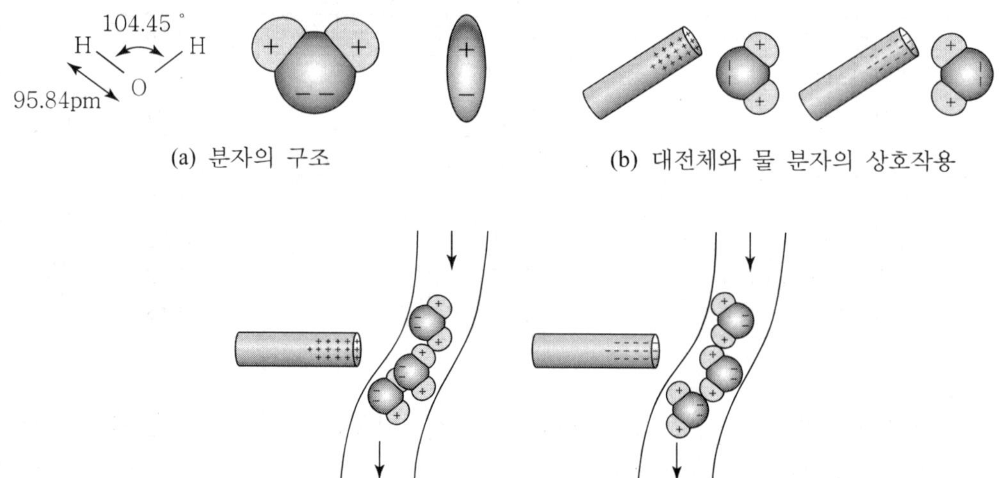

그림 1.2 대전체와 극성분자인 물 분자 사이의 상호작용

CHAPTER 02

파동의 수학적 표현

일상생활에서 우리는 알게 모르게 다양한 종류의 파의 운동을 경험하게 된다. 예를 들면 기다란 줄의 한쪽 끝을 잡고서 흔들 경우 그 흔들림이 줄을 따라서 이동하는 경우(일차원 파동), 호숫가를 거닐다가 하나의 작은 돌을 주워 호수에 던질 경우 돌이 떨어진 지점으로부터 동심원을 그리면서 퍼져 나가는 수면파(2차원 파동), 또는 눈으로는 보이지 않지만 라디오로부터 흘러나오는 음악도 일종의 파동(3차원 파동)이다. 수학적인 의미로 파동은 움직이는 임의의 함수이다.

2장에서는 이러한 파의 운동을 수학적으로 표현하는 데에 필요한 기본방법에 대해서 다루고자 한다.

2.1 1차원 파의 운동

파의 운동이 1차원적으로 제한되어 있는 경우를 말하며, 크게 횡파와 종파로 구분된다. 예를 들어서 직경이 일정한 강철 막대의 한쪽 끝을 막대 길이의 방향으로 충격을 가하면 그 충격은 강철 막대를 따라 반대 끝으로 전달된다. 이 경우에 파의 진행방향과 충격을 전달해주는 강철 막대 분자들의 운동방향이 같으므로 종파라 한다. 한편 기다란 줄의 한쪽 끝을 옆으로 흔들면 그 흔들림이 줄을 따라서 반대쪽으로 이동하지만 흔들림의 방향이 진행방향과 서로 직각을 이루므로 횡파가 된다.

위에서 논의된 종파나 횡파의 경우에 외부에서 매질에 가해준 충격이나 흔들림이 매질을 따라 운동 중이므로 이들을 기술하기 위해서는 1차원 공간에서의 위치(x)와 시간(t)의 두 좌표가 필요하며, 파의 운동을 나타내는 함수를 파동함수라고 한다. 1차원 공간에서의 파의 운동을 수학적으로 표현하면, 파동함수 $\Psi(x,t)$는

$$\Psi = f(x,t) \tag{2.1.1}$$

와 같이 쓸 수 있다. 시간 $t=0$ 인 순간에 파의 모양은 1차원 공간좌표 x에만 의존하게 되어

$$\Psi(x,t)\mid_{t=0} = f(x,0) = f(x) \quad (t=0 \text{ 인 순간에 파의 모양}) \tag{2.1.2}$$

와 같이 표현된다. 한 예로서 파의 모양이 벨 모양을 하고 있는 가우시안(Gaussian) 형태의 펄스는 $f(x') = e^{-\alpha x'^2}$($\alpha =$ 상수)와 같이 표현된다. 간단히 표현하기 위하여 파가 진행함에 따라 파의 형태가 변하지 않는 경우에 대해서만 생각해 보자.

가우시안 형태의 펄스는 아니지만, 그림 2.1과 같이 $t=0$인 순간에 $f(x)$인 펄스의 형태를 유지하고 속도 v로 x축을 따라 진행하는 파에 대하여 생각해보자. t시간 동안 이동했을 때의 파동함수를 $f(x')$ 이라면

$$\Psi = f(x') \tag{2.1.3}$$

이 되는데, 이는 정지좌표계인 S 좌표계에서 $t=0$일 때의 모양과 똑같다. $t=0$일 때에 S 와 S′좌표계의 원점은 서로 일치하며, S′ 좌표계는 S 좌표계에 대하여 일정한 속력 v를 가지고 파와 함께 오른쪽으로 운동 중인 좌표계를 나타낸다. 그림 2.1로부터

$$x' = x - vt \tag{2.1.4}$$

이 성립함을 알 수 있으며, Ψ를 정지좌표계 S에서의 변수로 표현하면,

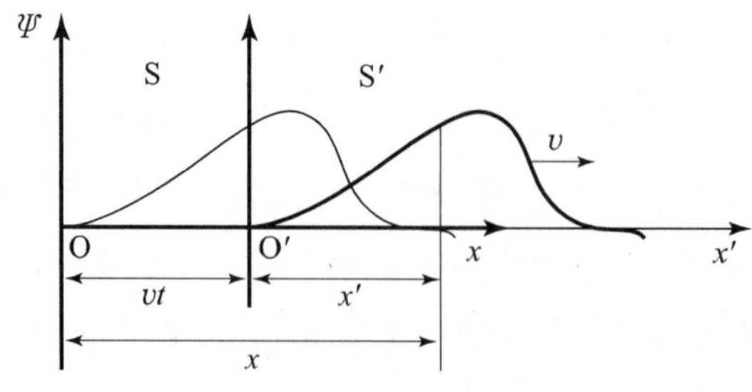

그림 2.1 정지좌표계(S)와 운동좌표계(S′)에서의 파의 운동

$$\Psi(x,t) = f(x-vt) \text{ (일정한 속력 } v \text{ 를 가지고, 오른쪽으로 진행하는 파)} \quad (2.1.5)$$

와 같이 기술할 수 있다. 이는 일차원에서 진행하는 파의 운동을 기술해주는 가장 일반적인 표현식이다. 이러한 점을 고려할 때에 $x-$축을 따라서 (+) 방향으로 진행하는 벨 모양의 파동을 가장 일반적으로 기술하는 파동함수는 $f(x) = e^{-\alpha(x-vt)^2}$와 같이 표현된다.

식 (2.1.5)는 일정한 속력 v를 가지고 오른쪽으로 진행하는 파의 운동을 기술해주고 있는데, 왼쪽방향으로 일정한 속력 v를 가지고 진행하는 파의 운동은

$$\Psi(x,t) = f(x+vt) \text{ (일정한 속력 } v \text{를 가지고, 왼쪽으로 진행하는 파)} \quad (2.1.6)$$

와 같이 기술된다.

정지좌표계에서 일정한 속력 v를 가지고 왼쪽 또는 오른쪽으로 진행하는 파를 기술하는 방법에 대해서 알아보았으므로, 이들이 어떠한 형태의 미분방정식으로 표현이 가능한지에 대해서 알아보자. 우선, $\Psi(x,t)$에서 t는 상수로 고정시키고 x에 대해서 편미분을 하면,

$$\frac{\partial \Psi}{\partial x} = \frac{\partial f}{\partial x'}\frac{\partial x'}{\partial x} = \frac{\partial f}{\partial x'}, \left(\because \frac{\partial x'}{\partial x} = 1\right) \quad (2.1.7)$$

이 되며 여기서 $x' = x \mp vt$를 사용하였다. 마찬가지로 $\Psi(x,t)$에서 x는 상수로 고정시키고 t에 대해서 편미분을 하면,

$$\frac{\partial \Psi}{\partial t} = \frac{\partial f}{\partial x'}\frac{\partial x'}{\partial t} = \mp v\frac{\partial f}{\partial x'} \quad (2.1.8)$$

이 된다. 식 (2.1.7)과 식 (2.1.8)로부터

$$\frac{\partial \Psi}{\partial t} = \mp v\frac{\partial f}{\partial x'} = \mp v\frac{\partial \Psi}{\partial x} \quad (2.1.9)$$

이 얻어지며, 이는 $\Psi(x,t)$를 t로 미분한 것과 x로 미분한 것이 상수 v의 범위 내에서 서로 동일함을 의미한다. 한편, 식 (2.1.7)을 x에 대해서 한 번 더 편미분하면,

$$\frac{\partial^2 \Psi}{\partial x^2} = \frac{\partial^2 f}{\partial x'^2} \quad (2.1.10)$$

이 되고, 식 (2.1.8)을 t에 대해서 한 번 더 편미분하면,

$$\frac{\partial^2 \Psi}{\partial t^2} = \frac{\partial}{\partial t}\left(\mp v \frac{\partial f}{\partial x'} \right) = \mp v \frac{\partial}{\partial x'}\left(\frac{\partial f}{\partial t} \right) \tag{2.1.11}$$

이 된다. 한편,

$$\frac{\partial \Psi}{\partial t} = \frac{\partial f}{\partial t} = \mp v \frac{\partial f}{\partial x'} \tag{2.1.12}$$

이 되므로, 식 (2.1.11)과 식 (2.1.12)로부터

$$\frac{\partial^2 \Psi}{\partial t^2} = v^2 \frac{\partial^2 f}{\partial x'^2} \tag{2.1.13}$$

이 됨을 알 수 있다. 또한, 식 (2.1.10)을 고려하면,

$$\frac{\partial^2 \Psi}{\partial x^2} = \frac{1}{v^2} \frac{\partial^2 \Psi}{\partial t^2} \tag{2.1.14}$$

이 되는데, 이 식을 1차원에서의 파동방정식이라 한다. 식 (2.1.14)는 2차 미분 방정식으로 2개의 해를 가지게 되며, 이를 만족하는 일반해는

$$\Psi(x,t) = C_1 f(x - vt) + C_2 f(x + vt) \tag{2.1.15}$$

의 모양이 된다. 여기서 $f(x - vt)$ 와 $f(x + vt)$ 는 각각 식 (2.1.5)와 식 (2.1.6)에서 설명된 오른쪽으로 진행하는 파와 왼쪽으로 진행하는 파를 기술해 주는 파동함수와 같은 모양임을 알 수 있다.

예제 1

$\Psi_1(x,t) = f(x - vt)$와 $\Psi_2(x,t) = f(x + vt)$이 2차 미분 방정식 식 (2.1.14)의 해라면, $\Psi_1(x,t) + \Psi_2(x,t)$도 역시 2차 미분방정식의 해임을 보이라.

증명 Ψ_1과 Ψ_2가 식 (2.1.14)을 만족하는 해이므로,

$$\frac{\partial^2 \Psi_1}{\partial x^2} = \frac{1}{v^2} \frac{\partial^2 \Psi_1}{\partial t^2}, \quad \frac{\partial^2 \Psi_2}{\partial x^2} = \frac{1}{v^2} \frac{\partial^2 \Psi_2}{\partial t^2}$$

$$\frac{\partial^2 \Psi_1}{\partial^2 x} + \frac{\partial^2 \Psi_2}{\partial^2 x} = \frac{1}{v^2}\left[\frac{\partial^2 \Psi_1}{\partial^2 t} + \frac{\partial^2 \Psi_2}{\partial^2 t} \right]$$

$$\frac{\partial^2}{\partial^2 x}[\Psi_1+\Psi_2]=\frac{1}{v^2}\frac{\partial^2}{\partial^2 t}[\Psi_1+\Psi_2]$$

따라서 $\Psi_1(x,t)+\Psi_2(x,t)$ 도 또한 2차 미분방정식 식 (2.1.14)의 해이며 이를 중첩의 원리라고 한다. 즉, $\Psi_1(x,t)$ 및 $\Psi_2(x,t)$ 가 파동방정식의 해라면, 두 빛이 서로 영향을 미치지 않으면서 통과함을 의미하는 동시에 보강간섭과 소멸간섭이 일어날 수 있음을 의미한다.

2.2 조화파(Harmonic waves)

조화파는 기본진동수(또는 기본 각진동수)의 정수배인 진동수를 가지는 파동을 의미하므로, 조화파들은 모두 기본 진동수에서 주기적인 성질을 가진다. 따라서 각각의 조화파들을 합하여 얻어지는 파동도 기본 진동수에서 주기적이며, 특정 진동수 하나만을 가지는 파동을 단조화 진동이라고 한다. 따라서 $t=0$ 에서의 1차원 단조화 진동에 대한 표현식이

$$\Psi(x,0)=\Psi(x)=A\sin kx=f(x) \tag{2.2.1}$$

이면, 시간과 위치에 의존하는 1차원 파동은

$$\Psi(x,t)=A\sin(kx\pm\omega t) \tag{2.2.2}$$

와 같이 표현된다. 여기서 $\omega=kv$이며, $\Psi(x,t)=A\sin(kx\pm\omega t)$는 진행하는 조화파로, (+)기호는 왼쪽으로 진행하는 파를, (−)기호는 오른쪽으로 진행하는 파를 나타낸다. 식 (2.2.2)에서 k는 파수, A는 진폭, 그리고 ω 는 각 진동수를 나타낸다.

예제 2

$\Psi(x,t)=A\sin(kx\pm\omega t)$ 가 파동방정식 $\frac{\partial^2\Psi}{\partial^2 x}=\frac{1}{v^2}\frac{\partial^2\Psi}{\partial^2 t}$ 의 해임을 보이시오.

증명 $\frac{\partial\Psi}{\partial x}=kA\cos(kx\pm\omega t)$

$$\frac{\partial^2 \Psi}{\partial x^2} = -k^2 A\sin(kx \pm \omega t) = -k^2\Psi$$

$$\frac{\partial \Psi}{\partial t} = \pm \omega A cos(kx \pm \omega t)$$

$$\frac{\partial^2 \Psi}{\partial t^2} = -\omega^2 A\sin(kx \pm \omega t) = -\omega^2\Psi$$

$\therefore\ k^2\Psi = \frac{\omega^2}{v^2}\Psi = k^2\Psi(\because\ \omega = kv)$: 즉, $\Psi(x,\, t) = A\sin(kx \pm \omega t)$ 은 파동방정식의 해이다.

2.3 위상과 위상속도

양(+)의 $x-$축 방향을 따라 진행하는 조화파 함수로서

$$\Psi(x,t) = A\sin(kx - \omega t) \tag{2.3.1}$$

을 고려해 보자. 이때에 사인함수의 변수전체를 위상이라 하며, 식 (2.3.1)의 경우에 위상은

$$\phi = kx - \omega t \tag{2.3.2}$$

이 된다. 이의 물리적인 의미를 알아보기 위하여, $x = t = 0$ 인 경우를 생각하여보자. 즉,

$$\Psi(x,t)\Big|_{\substack{x=0\\ t=0}} = \Psi(0,0) = 0 \tag{2.3.3}$$

이 되며, 이는 $x = t = 0$인 순간에 평형위치로부터의 변위가 '영'인 특수한 경우에 해당된다. 한 예로서 $x-$축을 따라 팽팽히 고정된 줄을 $x-$축 방향에 대해서 수직방향으로 힘을 가해주지 않으면, 줄을 구성하고 있는 각각의 분자들은 모두가 $x-$축 위에 있게 된다. 따라서 $x-$축을 기준으로 설정하면 $x = t = 0$ 인 순간에 팽팽한 줄을 구성하고 있는 분자들의 변위는 '영'이 된다.

좀 더 일반적인 경우는 $x = t = 0$인 순간에 평형위치로부터의 변위가 '영'이 아닌 경우로 이를 수식적으로 표현하면, $\phi = kx \pm \omega t + \epsilon$와 같이 쓸 수 있다. 여기서 ϵ은 초기

위상으로 파동이 출발할 때($t=0$)의 위상을 표시한다. 따라서 ϵ은 파동을 일으키는 지점으로부터 파가 얼마나 멀리 이동하였는지, 또는 시간이 얼마나 지났는 지에는 관계없는 상수이다. 만일 $\epsilon=\pi$이고 오른쪽으로 진행하는 파는

$$\begin{aligned}\Psi(x,t) &= A\sin(kx-\omega t+\pi) \\ &= A\sin(kx-\omega t)\cos(\pi)+A\cos(kx-\omega t)\sin(\pi) \\ &= -A\sin(kx-\omega t)=A\sin(\omega t-kx) \\ &= A\cos(\omega t-kx-\pi/2)\end{aligned} \tag{2.3.4}$$

와 같이 표현되므로 임의의 주기적인 파형은 사인 또는 코사인 함수로 표현이 가능하다. 한편, 일반적인 경우에 위상에 대한 표현은 $\phi(x,t)=(kx\pm\omega t+\epsilon)$와 같이 쓸 수 있으며, 위상에 대한 시간 변화율은 $\left|\left(\frac{\partial\phi}{\partial t}\right)_x\right|=\omega$이고, 공간적인 변화율은 $\left|\left(\frac{\partial\phi}{\partial x}\right)_t\right|=k$와 같이 주어진다. 이를 이용하여 위상속도$[(\partial x/\partial t)_{\phi=const}]$를 구하면,

$$\left(\frac{\partial x}{\partial t}\right)_\phi=\frac{\left(\frac{\partial\phi}{\partial t}\right)_x}{\left(\frac{\partial\phi}{\partial x}\right)_t}=\pm\frac{\omega}{k}=\pm v \tag{2.3.5}$$

와 같이 되는데, 여기서 (+)의 기호는 x가 증가하는 방향으로 진행하는 파를 나타낸다. 이러한 위상속력은 파가 얼마나 빨리 진행하느냐를 알려주는 속력을 의미한다. 이러한 위상속력은 기준거리(λ)를 기준시간(T)으로 나눈 것으로, $v=\frac{\lambda}{T}$가 되는데 파수벡터의 크기$\left(|\vec{k}|=\frac{2\pi}{\lambda}\right)$와 각진동수$\left(\omega=\frac{2\pi}{T}\right)$를 이용하여 $v=\frac{\omega}{k}$로 표현된다.

2.4 복소수 표현

앞 절에서 파의 운동은 사인 함수나 코사인 함수로 기술될 수 있음을 알았다. 하지만 삼각함수는 복잡한 파의 운동을 기술하기에는 계산이 매우 복잡하게 되어 적절치 못하나, 복소수를 이용하면 주기적인 현상을 가지는 파의 운동을 매우 간단하게 기술할 수

있다. 따라서 본 절에서는 복소수를 사용한 파동함수의 기술에 대해서 알아보고자 한다.

그림 2.2에서 복소수 z는

$$z = x + iy \quad (x = r\cos\theta,\ y = r\sin\theta) \tag{2.4.1}$$

와 같이 표현되며, $i = \sqrt{-1}$ 을 의미한다. 복소수 z를 r과 θ를 사용하여 나타내면,

$$z = r(\cos\theta + i\sin\theta) \tag{2.4.2}$$

와 같이 표현된다. 하지만, 오일러(Euler)공식

$$e^{i\theta} = \cos\theta + i\sin\theta \tag{2.4.3}$$

를 이용하면,

$$z = r(\cos\theta + i\sin\theta) = re^{i\theta} \tag{2.4.4}$$

와 같이 표현이 가능하다. 한편 복소수 $z = x + iy$(x, y는 실수)에 대한 공액 복소수 z^*는

$$z^* = (x + iy)^* = (x - iy) \tag{2.4.5}$$

로서 정의되며, 복소수 z의 크기는 복소수와 공액 복소수의 곱으로 얻어진다. 즉, 복소수 z의 크기를 $|z|$와 같이 나타내면,

$$|z| = (zz^*)^{1/2} \tag{2.4.6}$$

와 같이 되는데 이를 모듈러스(modulus)이라고도 한다. 임의의 복소수는 실수부와 허수부의 합으로

$$z = Re(z) + i\,Im(z) \tag{2.4.7}$$

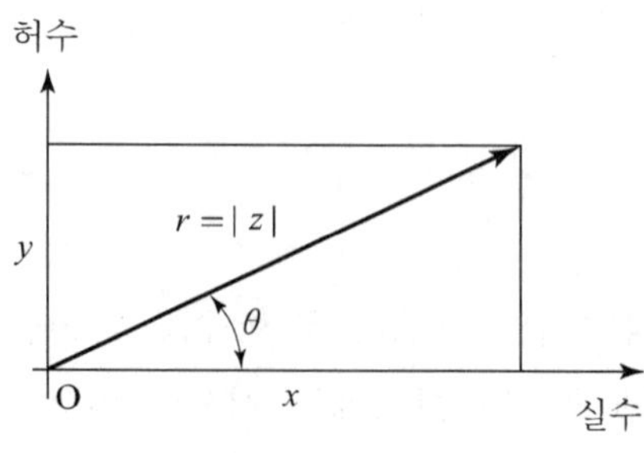

그림 2.2 복소수 표현

와 같이 나타낼 수 있다. 또한, 식 (2.4.7)의 실수부와 허수부는 복소수와 공액 복소수를 사용하여

$$Re(z) = \frac{1}{2}(z + z^*) = r\cos\theta,\ Im(z) = \frac{1}{2i}(z - z^*) = r\sin\theta \qquad (2.4.8)$$

와 같이 나타낼 수 있다. 그림 2.2에서와 같이 복소수 z의 크기를 r로 나타내면 복소수 z의 실수부와 허수부는

$$Re(z) = r\cos\theta, \qquad Im(z) = r\sin\theta \qquad (2.4.9)$$

와 같이 나타낼 수 있다. 양(+)의 $x-$축 방향으로 진행하는 조화파를 기술하는 파동함수가

$$\Psi(x,t) = A\cos(kx - \omega t + \epsilon) \ \text{ 또는 } \ \Psi(x,t) = A\sin(kx - \omega t + \epsilon) \qquad (2.4.10)$$

와 같이 주어짐을 고려하여 볼 때에 식 (2.4.10)은 식 (2.4.9)와 같은 형태로 주어짐을 알 수 있다. 이로부터 복소수의 실수부와 허수부 어느 것이나 조화파를 기술하는 데 사용될 수 있으나, 실수부를 사용하여 조화파를 기술하는 것이 일반적이다. 복소수를 사용하여 조화파를 나타내면

$$\Psi(x,t) = Re[\,Ae^{i(kx - \omega t + \epsilon)}\,] \qquad (2.4.11)$$

와 같이 쓸 수 있는데, 식 (2.4.11)은

$$\Psi(x,t) = A\cos(kx - \omega t + \epsilon) \qquad (2.4.12)$$

와 같은 의미를 가지며, 복소수를 사용하면 복잡한 계산이 간단해지는 장점이 있으므로 앞으로는 파동함수를

$$\Psi(x,t) = Ae^{i(kx - \omega t + \epsilon)} = Ae^{i\phi} \qquad (2.4.13)$$

와 같이 지수함수로 표현하고자 한다. 이를 이용하면 진동수가 ω이며, $x-$축 방향으로 진행하는 빛에 대한 전기장은

$$E(x,t) = E_0 e^{i(kx - \omega t + \epsilon)} \qquad (E_0 \ :\ \text{실수}) \qquad (2.4.14)$$

와 같이 표현되며, 이는 다음과 같이 표현되기도 한다.

$$E(x, t) = E_0 e^{i\epsilon} e^{i(kx - \omega t)} \tag{2.4.15}$$

식 (2.4.15)에서 진폭은 $E_0 e^{i\epsilon}$로서 복소수로 표현되었으며, $e^{i(kx - \omega t)}$는 위치 또는 시간에 따라서 변하는 물리량을 나타낸다. 복소수는 측정 가능한 물리량이 아니며, 크기(E_0)와 위상(ϵ)만이 측정가능하다.

2.5 평면파

파의 진행방향과 수직한 평면상에서 파의 운동상태가 모두 똑같은 파를 평면파라고 하는데, 이는 3차원 파동 중에서 가장 간단한 경우에 해당될 것이다. 파의 진행방향과 수직이면서 임의의 점(x_0, y_0, z_0)을 통과하는 평면에 대한 수학적인 표현식을 유도하는 일은 어렵지 않다. 직교 좌표계에서 위치를 나타내는 벡터를 $\vec{r} \equiv (x, y, z)$이라 하자. $\vec{r}$과 $\vec{r_o}$가 원점에서 출발하여 평면 위의 두 점을 나타내는 벡터이고

$$(\vec{r} - \vec{r_o}) \cdot \vec{k} = 0 \tag{2.5.1}$$

이 성립하면, 벡터의 항등식에 의해서 평면 위의 임의의 벡터 $\vec{r} - \vec{r_o}$와 $\vec{k}$는 서로 수직이다.

여기서 $\vec{k} \equiv (k_x, k_y, k_z)$이며, 식 (2.5.1)을 $k_x(x - x_o) + k_y(y - y_o) + k_z(z - z_o) = 0$ 또는 $k_x x + k_y y + k_z z = a(a = k_x x_o + k_y y_o + k_z z_o)$와 같이 쓸 수 있다. 따라서 $\vec{k}$에 수직인 평면에 대한 방정식은 간단히

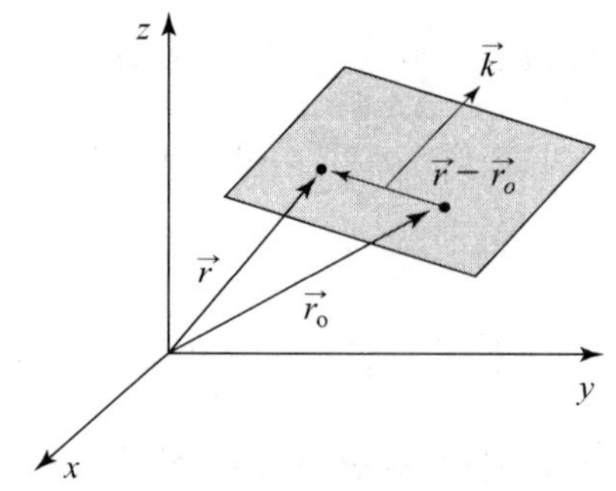

그림 2.3 $\vec{k}$ 방향으로 진행 중인 평면파

$$\vec{r} \cdot \vec{k} = \vec{r_o} \cdot \vec{k} = \text{상수} \tag{2.5.2}$$

와 같이 쓸 수 있다. 임의의 시각 t인 순간에 공간상에서 정현적으로 변하는, 즉

$$\Psi(\vec{r}) = A\sin(\vec{k} \cdot \vec{r}),\ \Psi(\vec{r}) = A\cos(\vec{k} \cdot \vec{r}) \quad \text{또는}\ \Psi(\vec{r}) = Ae^{i\vec{k} \cdot \vec{r}} \tag{2.5.3}$$

와 같이 변하는 평면의 집합을 고려할 경우에 $\Psi(\vec{r})$은 $\vec{r} \cdot \vec{k}$ =상수로 정의된 평면상에서 일정하다. 현재 우리가 다루고 있는 함수는 조화함수이므로 $\vec{k}$의 방향으로 한 파장(λ)만큼씩 이동함에 따라서 $\Psi(\vec{r})$은 같은 값을 가지게 된다. 이와 같이 공간상에서 주기성을 가지는 조화함수는 $\Psi(\vec{r}) = \Psi(\vec{r} + \lambda\vec{k}/k)$ 또는 지수함수 형으로는,

$$Ae^{i\vec{k} \cdot \vec{r}} = Ae^{i\vec{k} \cdot (\vec{r} + \lambda\vec{k}/k)} = Ae^{i\vec{k} \cdot \vec{r}} \cdot e^{i\lambda k} \tag{2.5.4}$$

와 같이 표현된다.

식 (2.5.4)가 성립하려면,

$$e^{i\lambda k} = 1 = e^{i2\pi}$$

이 되어야 하며, 이들로부터 파장과 파수벡터 사이의 관계를 구하면

$$\lambda k = 2\pi \ \rightarrow \ k = 2\pi/\lambda \quad (\vec{k}\text{: 파수벡터로 방향은 파의 진행방향을 가리킨다.}) \tag{2.5.5}$$

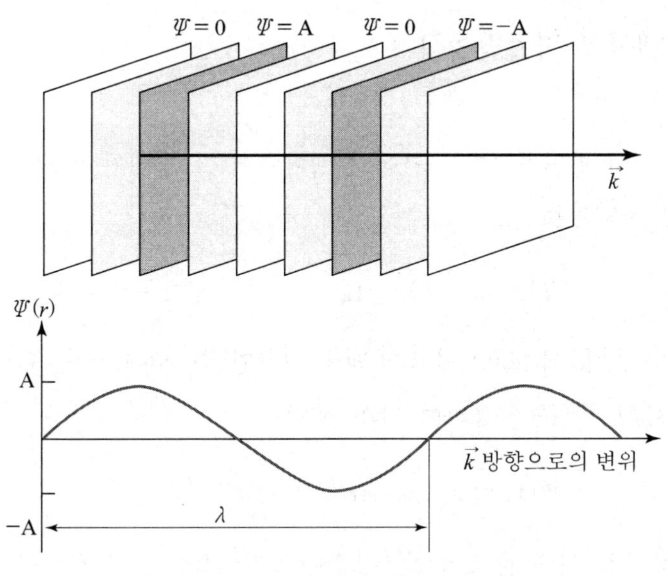

그림 2.4 평면파에 대한 파면

와 같이 구해진다. $\vec{r}$만의 함수인 $\Psi(\vec{r})$로부터 $\vec{r}$이 일정한 공간상의 모든 점에서 파의 위상이 같음을 알 수 있다. 일반적으로 파의 운동은 위치와 시간의 함수로 주어지므로 $\Psi(\vec{r})$에 시간 의존성을 부여함으로서

$$\Psi(\vec{r},t) = Ae^{i(\vec{k}\cdot\vec{r} \pm \omega t)} \tag{2.5.6}$$

와 같이 나타내진다. 한편, 임의의 특정 시간에 위상이 같은 모든 점을 연결함으로서 만들어지는 면을 파두면(wavefront) 또는 파면(wave surface)이라고 한다. 그림 2.5는 파원으로부터 3차원적으로 퍼져나가는 구면파에 대한 파면을 2차원 평면 내에 그림으로 나타낸 것이다.

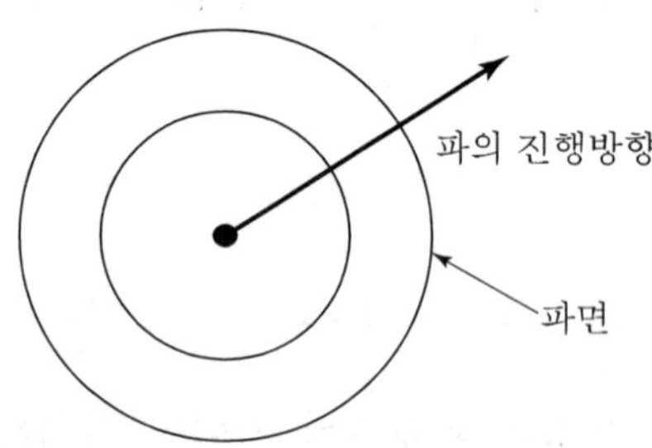

그림 2.5 파의 진행방향과 파면

2.6 3차원에서의 파동방정식

3차원 파동 중에서 평면파만이 공간을 진행하면서 그 형태가 변하지 않으며, 직각 좌표계에서의 평면 조화파는

$$\Psi(x, y, z, t) = Ae^{i(k_x x + k_y y + k_z z \pm \omega t)} \tag{2.6.1}$$

와 같이 기술할 수 있다. 식 (2.6.1)을 k의 방향 코사인 즉, $\cos\theta_1 = k_x/k = \alpha$, $\cos\theta_2 = k_y/k = \beta$, $\cos\theta_3 = k_z/k = \gamma$를 사용하여 다시 쓰면

$$\Psi(x, y, z, t) = Ae^{ik(\alpha x + \beta y + \gamma z) \pm i\omega t} \tag{2.6.2}$$

와 같이 표현되며, 여기서 $|\vec{k}| = k = (k_x^2 + k_y^2 + k_z^2)^{1/2}$이며, $\alpha^2 + \beta^2 + \gamma^2 = 1$이다(그림 2.6

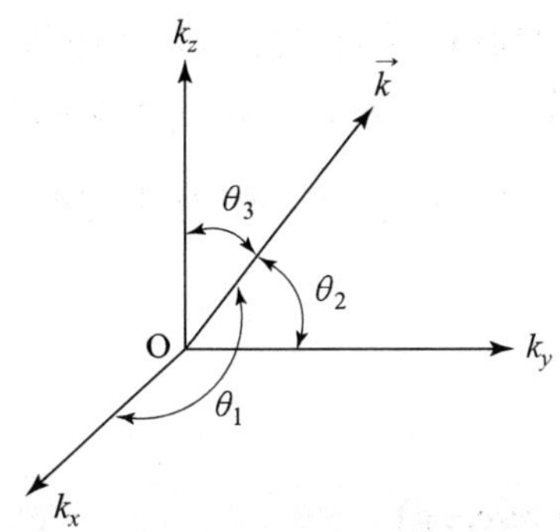

그림 2.6 직각좌표계에서의 파수벡터

참조). 식 (2.6.2)는 우리가 찾고 있는 미분방정식의 해로서 이를 이용하여 일반적인 파동방정식을 얻을 수 있다. 이를 위해서 식 (2.6.2)를 위치좌표에 대해서 2차 미분을 취하면,

$$\frac{\partial^2 \Psi}{\partial x^2} = -\alpha^2 k^2 \Psi, \quad \frac{\partial^2 \Psi}{\partial y^2} = -\beta^2 k^2 \Psi, \quad \frac{\partial^2 \Psi}{\partial z^2} = -\gamma^2 k^2 \Psi \tag{2.6.3}$$

이 되며, 시간에 대한 2차 미분은

$$\frac{\partial^2 \Psi}{\partial t^2} = -\omega^2 \Psi \tag{2.6.4}$$

가 된다. 식 (2.6.3)으로부터,

$$\frac{\partial^2 \Psi}{\partial x^2} + \frac{\partial^2 \Psi}{\partial y^2} + \frac{\partial^2 \Psi}{\partial z^2} = -k^2 \Psi = -\frac{\omega^2}{v^2} \Psi = \frac{1}{v^2} \frac{\partial^2 \Psi}{\partial t^2} \tag{2.6.5}$$

이 얻어진다. $\omega = kv$이며 식 (2.6.4)와 식 (2.6.5)를 결합하면,

$$\frac{\partial^2 \Psi}{\partial x^2} + \frac{\partial^2 \Psi}{\partial y^2} + \frac{\partial^2 \Psi}{\partial z^2} = \nabla^2 \Psi = \frac{1}{v^2} \frac{\partial^2 \Psi}{\partial t^2} \tag{2.6.6}$$

이 되는데, 여기서 ∇^2을 라플라시안(Laplacian) 연산자라 부른다. 식 (2.6.6)은 3차원 파동방정식으로서 이에 대한 일반해는

$$\Psi(r, t) = C_1 f\left(\frac{\vec{r} \cdot \vec{k}}{k} - vt\right) + C_2 g\left(\frac{\vec{r} \cdot \vec{k}}{k} + vt\right) \tag{2.6.7}$$

과 같이 쓸 수 있으며, C_1, C_2는 상수이다. 식 (2.6.7)의 오른쪽 첫 항은 파원에서 멀어지

는 쪽으로 진행하는 파를 나타내며, 둘째 항은 그 반대로 움직이는 파를 나타낸다. 식 (2.6.7)에서 진폭을 나타내는 C_1, C_2는 상수로서 파원으로부터 멀어지는 파나 파원 쪽을 향하여 진행하는 파의 진폭이 시간이나 거리에 따라 변하지 않음을 알 수 있는데, 이는 평면파의 성질에 기인한다.

2.7 구면파(Spherical wave)

반경이 일정한 공 모양의 물체가 팽창과 수축을 일정한 속도로 지속하면, 물체를 중심으로 모든 방향으로 균일하게 퍼져나가는 구면파를 만들게 된다. 또는 높은 건물의 옥상에서 비행물체의 안전운행을 위해서 깜박이는 불빛도 모든 방향으로 균일하게 퍼져나가는 구면파를 형성하게 된다. 이러한 구면파를 기술하는 데 가장 편리한 좌표계는 구극좌표계로서 이 좌표계에서의 라플라시안 연산자는,

$$\nabla^2 = \frac{1}{r^2}\frac{\partial}{\partial r}\left(r^2\frac{\partial}{\partial r}\right) + \frac{1}{r^2\sin\theta}\frac{\partial}{\partial\theta}\left(\sin\theta\frac{\partial}{\partial\theta}\right) + \frac{1}{r^2\sin^2\theta}\frac{\partial^2}{\partial\phi^2} \tag{2.7.1}$$

와 같이 나타낸다. x, y, z를 사용하는 직각좌표와 구극좌표와의 관계는, $x = r\sin\theta \cos\phi$, $y = r\sin\theta\sin\phi$, $z = r\cos\theta$이 된다. 구면파는 구 대칭이므로 $\Psi(\vec{r}) = \Psi(r, \theta, \phi) = \Psi(r)$와 같이 r만(θ, ϕ와는 무관하므로)의 함수로 나타낼 수 있다. 따라서 $\Psi(\vec{r})$을 기술하기 위하여 필요한 라플라시안은 $\nabla^2\Psi = \frac{1}{r^2}\frac{\partial}{\partial r}\left(r^2\frac{\partial\Psi}{\partial r}\right)$이 된다. 왜냐하면, 구면파의 경우에 r에만 의존하고, θ와 ϕ에는 무관하기 때문이다. 따라서 구면파에 대한 라플라시안은

$$\nabla^2\Psi(r) = \frac{\partial^2\Psi}{\partial r^2} + \frac{2}{r}\frac{\partial\Psi}{\partial r} = \frac{1}{r}\frac{\partial^2}{\partial r^2}(r\Psi) \tag{2.7.2}$$

$$* \quad \frac{1}{r}\frac{\partial^2}{\partial r^2}(r\Psi) = \frac{1}{r}\frac{\partial}{\partial r}\left(\frac{\partial}{\partial r}(r\Psi)\right) = \frac{1}{r}\frac{\partial}{\partial r}\left(\Psi + r\frac{\partial\Psi}{\partial r}\right)$$

$$= \frac{1}{r}\frac{\partial\Psi}{\partial r} + \frac{1}{r}\frac{\partial\Psi}{\partial r} + \frac{\partial^2\Psi}{\partial r^2} = \frac{\partial^2\Psi}{\partial r^2} + \frac{2}{r}\frac{\partial\Psi}{\partial r}$$

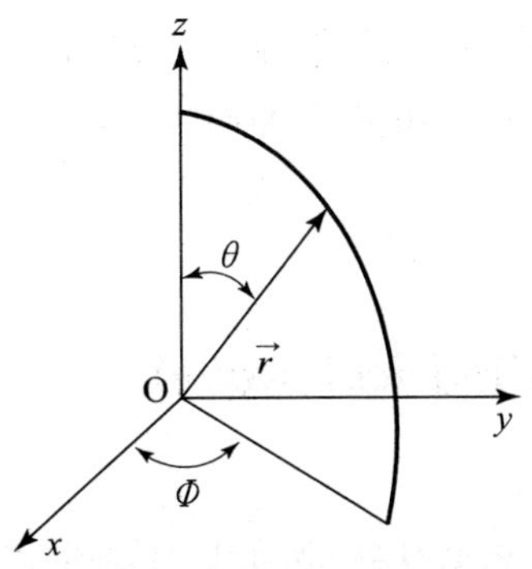

그림 2.7 구극좌표계

이 된다. 한편, 파동방정식 $\nabla^2\Psi = \dfrac{1}{v^2}\dfrac{\partial^2\Psi}{\partial t^2}$ 은 구극좌표계에서

$$\frac{1}{r}\frac{\partial^2}{\partial r^2}(r\Psi) = \frac{1}{v^2}\frac{\partial^2\Psi}{\partial t^2} \tag{2.7.3}$$

와 같이 된다. 따라서 양변에 r 을 곱하고 정리하면

$$\frac{\partial^2}{\partial r^2}(r\Psi) = \frac{1}{v^2}\frac{\partial^2}{\partial t^2}(r\Psi) \tag{2.7.4}$$

이 된다. 식 (2.7.4)의 오른쪽에서 r이 미분기호 안으로 들어갈 수 있음은 식 (2.7.4)의 오른쪽의 미분이 시간에 대한 미분이고 r은 위치를 나타내는 변수이기 때문에 가능하다. 이 식은 1차원 파동방정식과 같은 형태로 식 (2.7.4)의 해는 $r\Psi = f(r-vt)$ 또는 $\Psi = f(r-vt)/r$로 쓸 수 있다. 따라서 이 식의 일반해는 다음과 같다.

$$\Psi(r,t) = C_1\frac{f(r-vt)}{r} + C_2\frac{g(r+vt)}{r} \quad \text{(구면 조화파)}$$

오른쪽 첫째 항은 파원으로부터 점차 멀어지는 파를 나타내며, 둘째 항은 파원 쪽으로 다가오는 파를 나타낸다. 이를 삼각함수나 지수함수로 표현하면,

$$\Psi(r,\ t) = \left(\frac{A}{r}\right)\cos(kr \pm \omega t) \quad \text{또는} \quad \Psi(r,t) = \left(\frac{A}{r}\right)e^{i(kr \pm \omega t)} \tag{2.7.5}$$

와 같다. 원점에서 발생한 구면파는 파가 진행함에 따라 진폭이 일정한 평면파와는 달리 진폭이 파원으로부터의 거리 r에 반비례하여 감소한다. 따라서 구면파에 의한 빛의 세

기는 $1/r^2$에 비례하여 감소한다. r^{-1}은 감쇄 인자로서 작용하며 원점으로부터 많이 떨어진 곳에서 파면의 미소면적은 평면파의 모양과 거의 비슷해진다.

2.8 원통 모양의 파(Cylindrical wave)

무한히 길고 반경이 일정한 원통형의 물체가 물체의 중심축에 대해서 팽창과 수축을 일정한 속도로 지속하는 경우에 주위의 매질에 원통모양의 파를 만들어내게 된다. 이러한 파를 기술하는 데에 가장 편리한 좌표계는 원통 좌표계이며, 원통 좌표계에서의 라플라시안 연산자는

$$\nabla^2\Psi = \frac{1}{r}\frac{\partial}{\partial r}\left(r\frac{\partial \Psi}{\partial r}\right) + \frac{1}{r^2}\frac{\partial^2\Psi}{\partial \theta^2} + \frac{\partial^2\Psi}{\partial z^2} \tag{2.8.1}$$

와 같이 쓸 수 있다. x, y, z로 표현되는 직각좌표를 원통 좌표로 표시하면, $x = r\cos\theta$, $y = r\sin\theta$, $z = z$와 같다. 원통 대칭의 경우에는 $\Psi(\vec{r}) = \Psi(r, \theta, z) = \Psi(r)$로 r만의 함수가 되며, 파동방정식은

$$\nabla^2\Psi = \frac{1}{r}\frac{\partial}{\partial r}\left(r\frac{\partial \Psi}{\partial r}\right) = \frac{1}{v^2}\frac{\partial^2\Psi}{\partial t^2} \tag{2.8.2}$$

와 같이 쓸 수 있다. r이 큰 경우에 이 방정식의 해는

$$\Psi(r, t) \cong \left(\frac{A}{\sqrt{r}}\right)\cos(kr \pm \omega t) \quad \text{or} \quad \Psi(r, t) \cong \left(\frac{A}{\sqrt{r}}\right)\exp^{i(kr \pm \omega t)} \tag{2.8.3}$$

과 같이 표현된다. 식 (2.8.3)으로부터 원통 대칭을 가지는 파의 진폭이 파원으로부터 거리(r)에 대한 제곱근의 역수에 비례함을 알 수 있다.

연습문제

01 $x-$축을 따라 진행하는 파에 대한 함수가 $y(x,t)=A\sin(kx-\omega t+\epsilon)$와 같이 주어질 때 파의 운동이 $x-$축과 수직으로 단조화 운동을 함을 보이시오.

02 진공 중에서 빛의 속력은 $c=3\times10^{8}\ \mathrm{m/s}$이다. 진동수가 $f=5\times10^{14}\ \mathrm{Hz}$인 빨강색의 파장을 계산하고, 이를 진동수가 $f=60\ \mathrm{Hz}$인 전자기파의 파장과 비교하시오.

03 진공 중에서 $E_x=0$, $E_y=2\cos[2\pi\times10^{14}(t-x/c)+\pi/2]$ 그리고 $E_z=0$로 주어지는 평면 조화파(SI 단위계)를 생각하자.

ⓐ 이러한 평면 조화파의 진동수, 파장, 진행방향, 진폭, 초기 위상 및 전기장의 진동방향은?

ⓑ 자기장에 대한 표현식은 어떻게 되겠는가?

04 $\Psi(x,t)=A\sin k(x-vt)$이 파동방정식의 해가 됨을 보이시오.

05 $t=0$인 순간에 변위가 $y(x,t)\mid_{t=0}=\dfrac{C}{2+x^2}$ (C: 상수)와 같이 기술되는 펄스를 고려하자. 시간 t의 함수로 음$(-)$의 $x-$ 방향으로 v의 속력을 가지고 진행하는 파에 대한 표현식을 쓰고, $v=1\ \mathrm{m/s}$인 경우에 $t=2$인 순간에 파의 모양을 그리시오.

06 $\Psi(r,t)=A\sin(kr-\omega t+\epsilon)$이 원점으로부터 반경 r을 따라 퍼져 나가는 구면파를 기술해주는 파동방정식의 해라고 할 때에 진폭 A는 r에 따라 어떻게 변하겠는가? 매질에 의한 에너지의 흡수는 없다고 가정한다.

참고문헌

1. Eugene Hecht, Optics. 2nd ed. Addison-Wesley Publishing Company, Inc, 1990.

CHAPTER 03

전자기 이론과 빛

패러데이(Michael Faraday)는 빛이 자기장이 존재하는 영역을 통과하는 경우에 빛의 편광 방향이 회전될 수 있음을 1845년에 관측하였으며, 키르히호프(Kirchhoff)는 1857년에 물질 내에서의 빛의 속력이 전자기적 성질로부터 얻어질 수 있음을 알게 되었다. 또한, 맥스웰(James Clerk Maxwell)은 빛의 속력이 물질의 전자기적 성질에 의존함을 1864년에 설명하였으며, 전기장과 자기장이 빛의 속력으로 진행하는 파동이라고 설명하였다. 이러한 전자기파에 대한 실험적 관찰은 1887년에 헤르츠(Heinrich Rudolf Hertz)에 의해서 이뤄졌다.

이 장에서는 빛의 성질을 기술하는 데 필요한 맥스웰 방정식 및 포인팅 정리에 대해서 간단히 설명하되, 전자기 이론 자체에 대해서는 다루지 않는다. 이 장에서 주로 설명하고자하는 내용으로는 ⓐ 빛의 파동성, ⓑ 빛이 횡파라는 사실, ⓒ 전기장과 자기장의 상호 의존성, ⓓ 빛과 연관된 운동량 및 에너지 그리고 ⓔ 전기쌍극자에 의한 전자기파의 발생 등이다.

3.1 맥스웰 방정식

아마도 여러분은 전기장과 자기장에 대해서 많은 이야기를 들어왔을 것이다. 즉, 전기장은 ① 전하에 의하여, ② 시간에 따라 변하는 자기장에 의하여 발생된다. 또한 자기장은 ① 전류에 의하여, ② 시간에 따라 변하는 전기장에 의하여 발생된다. 이러한 사실로부터 알 수 있듯이 전기장과 자기장은 시간이 포함되는 경우에 서로 연관되어 있으며, 이러한 연관성은 빛의 성질을 기술하는 데 있어서 중요한 맥스웰 방정식에 의해서 기술된다.

맥스웰 방정식은 4개의 방정식으로 요약되며, 이들 4개의 방정식은

$$\oint_C \vec{E}\cdot d\vec{l} = -\frac{d}{dt}\int\int_A \vec{B}\cdot d\vec{S} \quad \Rightarrow \vec{\nabla}\times\vec{E} = -\frac{\partial \vec{B}}{\partial t}: \quad \text{패러데이(Faraday) 법칙}$$

$$\oint_C \vec{B}\cdot d\vec{l} = \mu\int\int_A (\vec{J}+\vec{J_D})\cdot d\vec{S} = \mu\int\int_A \left(\vec{J}+\epsilon\frac{\partial \vec{E}}{\partial t}\right)\cdot d\vec{S}$$

$$\Rightarrow \vec{\nabla}\times\vec{B} = \mu\left(\vec{J}+\epsilon\frac{\partial \vec{E}}{\partial t}\right): \quad \text{암페어(Ampere) 법칙}$$

$$\oint_A \vec{B}\cdot d\vec{S} = 0 \quad \Rightarrow \vec{\nabla}\cdot\vec{B} = 0: \quad \text{비오-사바르트(Biot-Sarvart) 법칙}$$

$$\oint_A \vec{E}\cdot d\vec{S} = \frac{1}{\epsilon}\int\int\int_V \rho dV \quad \Rightarrow \vec{\nabla}\cdot\vec{E} = \frac{\rho}{\epsilon}: \quad \text{가우스(Gauss) 법칙}$$

와 같다. 이러한 맥스웰 방정식의 가장 간단한 응용은 전하(ρ)나 전류 밀도(J)가 존재하지 않는 자유공간 내에서이다. 자유공간 내에서 $\epsilon = \epsilon_o$, $\mu = \mu_o$이며, 전하나 전류밀도가 '0'이므로 맥스웰 방정식은

$$\vec{\nabla}\times\vec{E} = -\frac{\partial \vec{B}}{\partial t} \tag{3.1.1}$$

$$\vec{\nabla}\times\vec{B} = \mu_o\epsilon_o\frac{\partial \vec{E}}{\partial t} \tag{3.1.2}$$

$$\vec{\nabla}\cdot\vec{B} = 0 \tag{3.1.3}$$

$$\vec{\nabla}\cdot\vec{E} = 0 \tag{3.1.4}$$

이 된다. 식 (3.1.1) 및 식 (3.1.2)로부터 전기장과 자기장이 시간의 함수인 경우에 전기장과 자기장이 상호간에 서로 연관되어 있음을 알 수 있으며, 이 경우에 전기장과 자기장을 분리하여 고려할 수는 없다.

3.2 전자기파

전자기파를 관측하는 관측점은 대부분 전자기파를 발생시키는 파원을 포함하지 않는 영역에 있으며, 대표적인 경우가 진공 또는 공기 중이라 할 수 있다. 한 예로서 방송국의 안테나에서 전자기파가 발생되지만, 관측점은 대부분 안테나에서 멀리 떨어진 지점에 존재한다. 전자기파인 경우에 공기 중에서의 전달특성은 자유공간(진공)에서와 비슷하므로 진공 내에서의 전자기파의 전달 특성에 대해서 먼저 알아보고자 한다. 진공 내에서는 $\rho = 0$, $J = 0$이므로, 진공 내에서 맥스웰 방정식은

$$\vec{\nabla} \times \vec{E} = -\mu_0 \frac{\partial \vec{H}}{\partial t}, \quad \vec{\nabla} \times \vec{H} = \epsilon_0 \frac{\partial \vec{E}}{\partial t}$$

$$\vec{\nabla} \cdot \vec{E} = 0, \quad \vec{\nabla} \cdot \vec{B} = 0$$

와 같이 된다. 따라서 $\vec{\nabla} \times \vec{E} = -\mu_0 \frac{\partial \vec{H}}{\partial t}$에 $\vec{\nabla} \times$을 취하고, 벡터 곱의 성질을 이용하면,

$$\vec{\nabla} \times (\vec{\nabla} \times \vec{E}) = -\mu_0 \vec{\nabla} \times \left(\frac{\partial \vec{H}}{\partial t} \right) \tag{3.2.1}$$

$$\vec{\nabla}(\vec{\nabla} \cdot \vec{E}) - \nabla^2 E = -\mu_0 \frac{\partial}{\partial t} \left(\epsilon_0 \frac{\partial \vec{E}}{\partial t} \right) \tag{3.2.2}$$

$$\nabla^2 \vec{E} = \mu_0 \epsilon_0 \frac{\partial^2 \vec{E}}{\partial t^2} \rightarrow \nabla^2 \vec{E} - \frac{1}{c^2} \frac{\partial^2 \vec{E}}{\partial t^2} = 0 \tag{3.2.3}$$

와 같이 된다. 여기서,

$$\epsilon_0 \mu_0 = (8.85 \times 10^{-12} s^2\, \mathrm{C}^2/\mathrm{m}^3\mathrm{kg})(4\pi \times 10^{-7}\, \mathrm{m\,kg}/\mathrm{C}^2) \tag{3.2.4}$$

$$= 11.12 \times 10^{-18} [\mathrm{s}^2/\mathrm{m}^2]$$

이 되며, $v = 1/\sqrt{\epsilon\mu}$을 이용하면 진공 중에서의 빛의 속력(c)은, $c = 1/\sqrt{\epsilon_0 \mu_0} = 3 \times 10^8\, \mathrm{m/s}$이 된다. 한편, 매질의 굴절률은 진공 중에서의 빛의 속도에 대한 매질에서의 빛의 속도의 비(ratio)이므로, 임의의 매질의 굴절률 (n)은

$$n = \frac{c}{v} = \sqrt{\frac{\epsilon\mu}{\epsilon_0 \mu_0}} = \sqrt{K_e K_m} \quad (K_e = \epsilon/\epsilon_0\text{: 유전상수},\ K_m = \mu/\mu_0\text{: 투자율}) \tag{3.2.5}$$

와 같이 표현된다. 굴절률에 대한 표현식은 $n = c/v = k/k_o = \lambda_o / \lambda \ (\omega = k_o c)$이므로, 입사하는 빛의 파장에 따라서 굴절률이 변함을 알 수 있다. 예를 들면, 프리즘에 의한 빛의 분산, 물방울에 의한 태양 빛의 분산(무지개 현상) 등이 있다.

식 (3.2.3)으로부터 전하나 전류가 없는 자유공간 내에서의 전기장과 자기장에 대한 파동방정식은

$$\nabla^2 \overrightarrow{E} - \frac{1}{c^2}\frac{\partial^2 \overrightarrow{E}}{\partial t^2} = 0 \tag{3.2.6}$$

$$\nabla^2 \overrightarrow{B} - \frac{1}{c^2}\frac{\partial^2 \overrightarrow{B}}{\partial t^2} = 0 \tag{3.2.7}$$

와 같이 표현되는데, 위의 두식에 대한 방정식의 해를 각각

$\overrightarrow{E}(z,t) = \overrightarrow{E_o} e^{-i(\omega t \mp kz)} = \overrightarrow{E_o} e^{-i(\omega t - kz)}$ ← (+) z－축 방향으로 진행하는 경우(3.2.8)

$\overrightarrow{B}(z,t) = \overrightarrow{B_o} e^{-i(\omega t \mp kz)} = \overrightarrow{B_o} e^{-i(\omega t - kz)}$ ← (+) z－축 방향으로 진행하는 경우 (3.2.9)

라고 가정하자. 전자기파인 빛에서 전기장과 자기장은 서로 위상이 같다(그림 3.1 참조). 즉, 전기장의 진폭이 가장 큰 순간에 자기장의 진폭도 가장 크고, 전기장의 진폭이 가장 작은 순간에 자기장의 진폭도 가장 작으므로 식 (3.2.8)과 식 (3.2.9)에서 전기장과 자기장에 대한 위상을 똑같이 표현하였다.

맥스웰 방정식은 전기장과 자기장의 진폭 $\overrightarrow{E_o}$와 $\overrightarrow{B_o}$에 대한 구속 조건을 부여하는데, 전하나 전류밀도가 존재하지 않으며 전기 전도도가 '0'인 자유공간 내에서의 맥스웰 방정식은

$$\overrightarrow{\nabla} \cdot \overrightarrow{E} = 0 \tag{3.2.10}$$

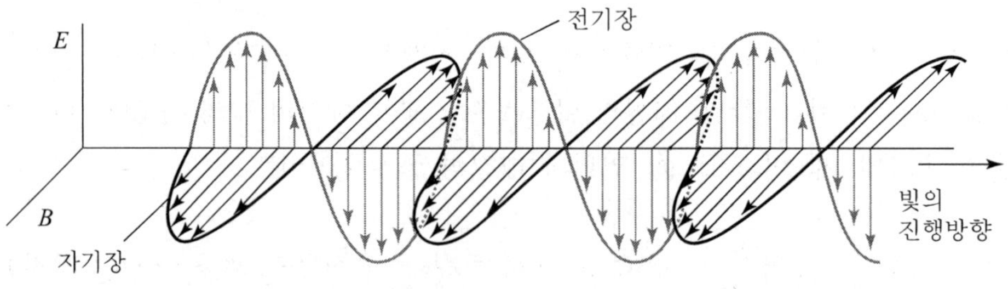

그림 3.1 전자기파인 빛의 진행방향 및 전기장과 자기장의 관계

$$\vec{\nabla} \cdot \vec{B} = 0 \tag{3.2.11}$$

이 된다. 식 (3.2.10) 및 식 (3.2.11)에 파동방정식의 해 식 (3.2.8)과 식 (3.2.9)를 각각 대입하면, 다음과 같은 결과를 얻을 수 있다. 즉,

$$\begin{aligned}\vec{\nabla} \cdot \vec{E} &= \vec{\nabla} \cdot (E_{ox}\hat{x} + E_{oy}\hat{y} + E_{oz}\hat{z})e^{-i(\omega t - kz)} \\ &= \left(\hat{x}\frac{\partial}{\partial x} + \hat{y}\frac{\partial}{\partial y} + \hat{z}\frac{\partial}{\partial z}\right) \cdot (E_{ox}\hat{x} + E_{oy}\hat{y} + E_{oz}\hat{z})e^{-i(\omega t - kz)} \\ &= \frac{\partial}{\partial z}\left(E_{oz}e^{-i(\omega t - kz)}\right) \\ &= E_{oz}(ik)e^{-i(\omega t - kz)} \\ &= 0\end{aligned} \tag{3.2.12}$$

$$E_{oz} = 0 \tag{3.2.13}$$

한편, $\vec{\nabla} \cdot \vec{B} = 0$에 대해서도, 위에서와 동일한 원리에 의하여

$$B_{oz} = 0 \tag{3.2.14}$$

이 되어 빛의 진행 방향에 대한 전기장과 자기장의 성분이 '0'이 되어 식 (3.2.13), 식 (3.2.14)로부터 전자기파인 빛이 횡파임을 알 수 있다. 위의 두 발산 방정식과는 별도로 회전(curl) 방정식으로부터는 전기장과 자기장이 서로 독립적인 것이 아니라 상호 연관되어 있음을 알 수 있으며, 이로부터 전기장과 자기장 사이의 진폭관계를 구할 수 있다. 즉, $\vec{\nabla} \times \vec{E} = -\mu_0 \frac{\partial \vec{H}}{\partial t} = -\frac{\partial \vec{B}}{\partial t}$ 로부터

$$\vec{\nabla} \times \vec{E} = \begin{vmatrix} \hat{x} & \hat{y} & \hat{z} \\ \frac{\partial}{\partial x} & \frac{\partial}{\partial y} & \frac{\partial}{\partial z} \\ E_{ox}e^{-i(\omega t - kz)} & E_{oy}e^{-i(\omega t - kz)} & E_{oz}e^{-i(\omega t - kz)} \end{vmatrix} \tag{3.2.15}$$

$$= (-1)E_{oy}e^{-i(\omega t - kz)}(ik)\hat{x} + E_{ox}e^{-i(\omega t - kz)}(ik)\hat{y}$$

$$\frac{\partial \vec{B}}{\partial t} = (-i\omega)(B_{ox}e^{-i(\omega t - kz)}\hat{x} + B_{oy}e^{-i(\omega t - kz)}\hat{y}) \tag{3.2.16}$$

이 되며, $\vec{\nabla} \times \vec{E} = -\frac{\partial \vec{B}}{\partial t}$의 관계식과 식 (3.2.15), (3.2.16)으로부터

$$-ikE_{oy} = i\omega B_{ox} \;\Rightarrow\; kE_{oy} = -\omega B_{ox} \;\Rightarrow\; B_{ox} = -\frac{k}{\omega}E_{oy} \tag{3.2.17}$$

$$ikE_{ox} = i\omega B_{oy} \Rightarrow kE_{ox} = \omega B_{oy} \Rightarrow B_{oy} = \frac{k}{\omega}E_{ox} \tag{3.2.18}$$

이 된다. 식 (3.2.17)과 (3.2.18)로부터

$$\overrightarrow{B_o} = \frac{k}{\omega}\left(\hat{z}\times\overrightarrow{E_o}\right) = \frac{n}{c}\left(\hat{z}\times\overrightarrow{E_o}\right) \tag{3.2.19}$$

이 얻어지며, 이로부터 $\overrightarrow{B_o}$, $\overrightarrow{E_o}$ 그리고 $\hat{z}$는 서로 직각임을 알 수 있다. 또한 진공 중에서 이들의 크기를 비교하여보면,

$$B_o = \frac{k}{\omega}E_o = \frac{n}{c}E_o = \frac{E_o}{c}\ (\text{진공중에서 } n=1) \tag{3.2.20}$$

이 되어 자기장의 크기가 전기장에 의존함을 알 수 있다.

3.3 에너지와 운동량

3.3.1 복사 조도

전자기파의 가장 중요한 성질중의 하나는 에너지를 전달한다는 사실이며, 지구로부터 태양까지의 거리가 1.49×10^{11}[m] 만큼 멀리 떨어져 있다하더라도 태양으로부터 오는 빛은 우리의 몸을 이루고 있는 원자나 분자들에 대하여 일을 할 수 있을 정도의 에너지를 전달한다. 전자기파가 임의의 공간 내에 존재할 때에 단위 체적당의 에너지, 즉 에너지 밀도(u)를 알면 그 공간 내에 저장된 전체 에너지를 알 수 있으므로 이에 대해 알아보는 것은 지극히 자연스러운 일이다. 임의의 자유공간 내에 전기장만이 존재하는 경우에 에너지 밀도(u_E)는

$$u_E = \frac{\epsilon_0}{2}E^2 \tag{3.3.1}$$

이 되며, 자기장만이 존재하는 경우에 에너지 밀도(u_B)는

$$u_B = \frac{1}{2\mu_0}B^2 \tag{3.3.2}$$

와 같이 표현된다. 그런데 전자기파인 경우에 진공 중에서 전기장과 자기장 사이의 관계는 $E=cB$ 이고, $c=1/\sqrt{\epsilon_0\mu_0}$ 이므로 식 (3.3.1)과 식 (3.3.2)로부터 전기장과 자기장에 대한 에너지 밀도가

$$u_E = u_B \tag{3.3.3}$$

와 같이 서로 같음을 알 수 있다. 따라서 전기장과 자기장이 동시에 존재하는 전자기파의 에너지 밀도(u)는

$$u = u_E + u_B = \epsilon_0 E^2 = \frac{1}{\mu_0}B^2 \tag{3.3.4}$$

와 같이 표현된다. 전자기파는 파동 운동을 하며, 이는 원래 전자기파가 존재하지 않았던 영역으로 전기장($\vec{E}$)과 자기장($\vec{B}$)이 시간에 따라서 진행하기 때문에, 파동이 한 영역에서 다른 영역으로 에너지를 전달한다는 것은 분명하다. 이것을 정량적으로 단위 시간당 단위 면적당 에너지의 이동으로 기술할 수 있다. 이를 위해서 그림 3.2와 같이 전자기파의 진행을 나타내는 원통을 생각해보자.

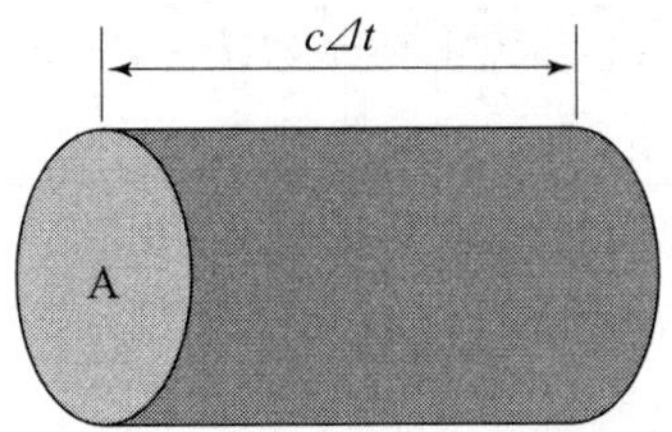

그림 3.2 전자기파의 진행방향과 수직이고 단면적이 A인 원통

임의의 순간에 전자기파의 파면이 단면적이 A인 면과 부딪친다면, Δt시간 동안에 파면은 $c\Delta t$만큼 이동하게 된다. 전자기파의 에너지 밀도를 u 라고 할 때에 그림 3.2의 원통 모양 물체의 체적은 $cA\Delta t$이므로, 원통형 물체 내에 저장된 에너지는 $ucA\Delta t$가 된다. 따라서 단위 면적당 단위 시간당 면적 A를 통과한 전자기파의 에너지(S)는

$$S = \frac{uc\Delta tA}{\Delta tA} = uc = \sqrt{\frac{\epsilon_0}{\mu_0}}EB \cdot \frac{1}{\sqrt{\mu_o\epsilon_o}} = \frac{1}{\mu_0}EB \qquad \left(\because\ u = \sqrt{\frac{\epsilon_0}{\mu_0}}EB\right) \tag{3.3.5}$$

이 된다. 식 (3.3.5)는 단위 면적당 단위 시간당 면적 A를 통과한 전자기파 에너지의 크

기를 나타낸 양이다. 전자기파는 파동으로서 진행방향을 가지게 되며, 식 (3.3.5)에 전자기파의 진행방향을 나타내기 위하여 방향성을 부여하여 벡터 $\vec{S}$로 나타내면,

$$\vec{S}=\frac{1}{\mu_0}\vec{E}\times\vec{B} \quad \text{또는} \quad \vec{S}=c^2\epsilon_0\vec{E}\times\vec{B} \tag{3.3.6}$$

와 같이 표현되며, 이를 포인팅 벡터(Poynting vector)라고 한다. 이러한 포인팅 벡터를 자유공간 내에서 진동수 ω를 가지고 $\vec{k}$의 방향으로 진행하는 파에 적용하면,

$$\vec{E}=\overrightarrow{E_0}cos(\vec{k}\cdot\vec{r}-\omega t),\ \ \vec{B}=\overrightarrow{B_0}cos(\vec{k}\cdot\vec{r}-\omega t) \tag{3.3.7}$$

$$\vec{S}=c^2\epsilon_0\overrightarrow{E_0}\times\overrightarrow{B_0}cos^2(\vec{k}\cdot\vec{r}-\omega t) \tag{3.3.8}$$

와 같이 표현된다. 여기서 $\vec{S}$의 단위는 단위 시간당 단위 면적당 에너지, 또는 단위 면적당 일률로서 국제단위는 $1\,\mathrm{J/s}\cdot\mathrm{m}^2$ 또는 $1\,\mathrm{W/m}^2$이다. 또한 전기장과 자기장에 대한 위상이 서로 같은 이유는 전기장과 자기장이 같은 위상을 가지고 변하기 때문이다. 식 (3.3.8)로부터 알 수 있듯이 포인팅 벡터는 시간의 함수이므로 파동의 1주기에 대해서 시간 평균을 취하여 이를 $<\vec{S}>$로 표현하면,

$$\begin{aligned} <\vec{S}> &= c^2\epsilon_0\ |\ \overrightarrow{E_0}\times\overrightarrow{B_0}\ |\ <\cos^2(\vec{k}\cdot\vec{r}-\omega t)> \\ &= c\epsilon_0\ |\ \overrightarrow{E_0}\times c\overrightarrow{B_0}\ |\ <\cos^2(\vec{k}\cdot\vec{r}-\omega t)> \\ &= c\epsilon_0\ |\ E_0\,cB_0\sin 90°\ |\ <\cos^2(\vec{k}\cdot\vec{r}-\omega t)> \\ &= c\epsilon_0\ |\ E_0^2\ |\ <\cos^2(\vec{k}\cdot\vec{r}-\omega t)> \end{aligned} \tag{3.3.9}$$

$$\begin{aligned} <\cos^2(kx-\omega t)> &= \frac{1}{T}\int_t^{t+T}\cos^2(kx-\omega t)dt \\ &= \frac{1}{T}\int_t^{t+T}\frac{1+\cos 2(kx-\omega t)}{2}dt \\ &= \frac{1}{T}[\frac{t}{2}-\frac{1}{4\omega}sin2(kx-\omega t)]_t^{t+T} \\ &= \frac{1}{2}-\frac{1}{4\omega T}[\sin(2kx-2\omega(t+T))-\sin(2kx-2\omega t)]=\frac{1}{2} \end{aligned} \tag{3.3.10}$$

$$\Rightarrow\quad <\vec{S}>=\frac{1}{2}c\epsilon_0E_0^2 \tag{3.3.11}$$

와 같이 된다. 한편, 한 주기(T)에 대한 포인팅 벡터의 시간 평균값의 크기로 단위 면적당 일률을 복사 조도(irradiance)라고 하며, 부호로는 'I'로 나타낸다. 따라서 전자기파의 복사 조도를 전기장만의 성분 또는 자기장만의 성분으로

$$I \equiv \frac{c}{\mu_o}\langle B^2 \rangle \text{ 또는 } I \equiv \epsilon_o c \langle E^2 \rangle \tag{3.3.12}$$

와 같이 표현할 수 있다. 식 (3.3.12)는 전자기파의 전달속도가 v인 선형이면서 유전율이 ϵ인 균질한 등방성 유전체 내에서의 복사 조도가

$$I \equiv \epsilon v \langle E^2 \rangle \tag{3.3.13}$$

와 같이 표현됨을 의미한다. 가끔 어휘상의 문제로 혼동을 일으키는 것으로 복사 조도와 광조도(illuminance)가 있다. 복사 조도는 모든 종류의 전자기 복사를 포함하는 데 비하여, 광조도는 사람의 눈으로 감지가 가능한 가시영역의 전자기 복사를 의미하며 표 3.1은

표 3.1 전자기파 스펙트럼

복사(radiation) 유형	진동수 (Hz)	파장
'wave' 영역: ⓐ 라디오파	10^9 Hz 이하	300 mm 이상
ⓑ 마이크로파	$10^9 \sim 10^{12}$	300 mm ~ 0.3 mm
'optical' 영역: ⓐ 적외선	$10^{12} \sim 4.3 \times 10^{14}$	300 μm ~ 0.7 μm
ⓑ 가시 영역	$4.3 \times 10^{14} \sim 5.7 \times 10^{14}$	0.7 μm ~ 0.4 μm
ⓒ 자외선	$5.7 \times 10^{14} \sim 10^{16}$	0.4 μm ~ 0.03 μm
'ray' 영역: ⓐ X-선	$10^{16} \sim 10^{19}$	300 Å ~ 0.3 Å
ⓑ 감마선	10^{19} 이상	0.3 Å 이하

표 3.2 가시영역에서의 단위 시간당 단위 면적당 평균 광자수

광 원	광자 / s·m^2
레이저 빔(직경 20 ㎛의 점에 모아진 10 mW의 He-Ne 레이저)	10^{26}
레이저 빔(1 mW의 He-Ne 레이저)	10^{21}
밝은 햇빛	10^{18}
실내 조명 수준	10^{16}
저녁노을	10^{14}
달빛	10^{12}
별빛	10^{10}

파장에 따른 전자기 복사선을 분류한 것이며, 표 3.2는 가시영역에서의 단위 시간당 단위면적당 평균 광자수를 나타낸 것이다.

3.3.2 복사압력(Radiation pressure)

전자기 복사에 의하여 물체의 표면상에 미치는 압력을 복사압력이라 한다. 복사선은 에너지뿐만 아니라 운동량을 운반하기 때문에, 전자기파(광자)가 물체의 표면에 부딪치면 표면에 운동량을 전달하게 되어 물체의 표면에 압력을 미치게 된다. 태양으로부터의 복사선이 지구의 표면에 미치는 복사압력은 10^{-5} 파스칼(pascal) 정도로 작지만 물체가 매우 가벼운 경우에는 광파의 파원으로부터 물체를 밀어내는 영향을 미치게 된다.

전자기파가 물체에 부딪치면 물체를 구성하고 있는 전하와 상호작용을 하게 된다. 전자기파가 부분적으로 흡수되거나 반사됨에도 불구하고 물체를 이루고 있는 전하에 힘을 미치게 되어 결과적으로 물체의 표면에 힘을 미치는 것과 같게 된다. 금속에 전자기파가 부딪치면 전자기파의 전기장은 전류를 일으키면서 전자기파의 자기장과 상호작용하여 움직이는 전하에 힘을 미치게 되는데, 이러한 복사압력에 대한 표현식을 구해보자.

전기장 내에 정지해 있던 전하(q)는 그림 3.3에서와 같이 위쪽 방향($y-$방향)으로 전기력($\vec{F}=q\vec{E}$)을 받아서 등가속운동을 하게 된다. 따라서 임의의 시간 t_1에서 $y-$방향으로의 속도는

$$v_y = a t_1 = \frac{qE}{m} t_1 \tag{3.3.14}$$

이 되어, t_1 시간 동안에 얻은 에너지는

$$K = \frac{1}{2} m v_y{}^2 = \frac{1}{2} \frac{m q^2 E^2 t_1{}^2}{m^2} = \frac{1}{2} \frac{q^2 E^2}{m} t_1{}^2 \tag{3.3.15}$$

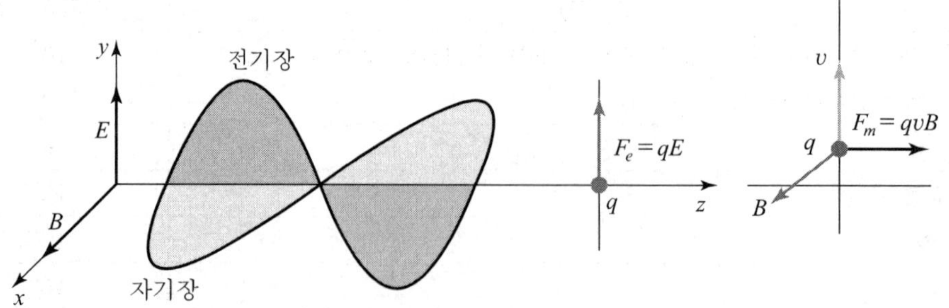

그림 3.3 전자기장 내에 있는 전하에 작용하는 힘

이 된다. 전하가 $+y$ 방향으로 운동하면(자기장 $\vec{B}$ 가 $+x$ 방향이므로) $+z$ 축 방향(파동의 전파방향)으로의 자기력 $q\vec{v}\times\vec{B}$ 가 작용한다. 따라서 임의의 시각 t에서 자기력의 크기는

$$F_z = qv_y B = \frac{q^2 EB}{m} t \tag{3.3.16}$$

가 된다. 이 힘에 의한 충격량은 파동에 의해서 입자에 전달된 운동량과 같으므로

$$p_z = \int_0^{t_1} F_z dt = \int_0^{t_1} \frac{q^2 EB}{m} t\, dt = \frac{1}{2}\frac{q^2 EB}{m} {t_1}^2 \tag{3.3.17}$$

가 되며, $B = E/c$이므로

$$p_z = \frac{1}{c}\left(\frac{1}{2}\frac{q^2 E^2}{m} {t_1}^2\right) \tag{3.3.18}$$

이 된다. 식 (3.3.15)와 식 (3.3.18)의 비교로부터 파의 진행방향에 있는 전하가 받는 운동량은 에너지에 $1/c$을 곱한 것과 같음을 알 수 있다. 식 (3.3.18)의 양변을 면적(A) 및 시간 t로 나누면,

$$\frac{p_z}{At} = \frac{1}{c}\frac{\left[(\frac{1}{2}\frac{q^2 E^2}{m} {t_1}^2)\right]}{At} = \frac{S}{c} \tag{3.3.19}$$

이 되어 왼쪽 항은 단위 면적당 작용하는 힘으로 압력을 의미한다. 따라서 이를 P_r로 나타내면,

$$P_r = \frac{S}{c} \tag{3.3.20}$$

가 된다. 한편 식 (3.3.5)에 의해서 포인팅 벡터의 크기는 $S = uc$이므로 복사압력은 전자기파의 에너지 밀도와 같음을 알 수 있다. 이는 완전 흡수하는 물체에 수직 입사하는 전자기파가 물질에 미치는 순간압력을 의미한다. 전자기파에서 전기장과 자기장은 매우 빨리 변하므로 포인팅 벡터도 같은 속도로 변하게 된다. 따라서 한 주기에 대해서 평균을 취한 평균 복사압력(P_r)은

$$\langle P_r \rangle = \frac{\langle S \rangle}{c} = \frac{I}{c} \tag{3.3.21}$$

와 같이 표현이 가능하며, 단위는 N/m^2이다. 일반적으로 에너지는

$$E = h\nu \ (h = 6,6256 \times 10^{-34}\ \mathrm{J \cdot sec}) \text{ 또는 } E = \sqrt{(cp)^2 + (m_0 c^2)^2} \tag{3.3.22}$$

와 같이 표현된다. 광자의 경우에 정지질량(m_o)은 '영'이므로 에너지는 $E = cp$가 되어 운동량은

$$p = \frac{E}{c} = \frac{h\nu}{c} = \frac{h}{\lambda} \tag{3.3.23}$$

와 같다.

예제 1

운동량이 $\vec{p}$인 1개의 광자가 전자파를 완전 흡수하는 면적 A의 물체 표면에 입사하는 경우에 그 물체의 표면에 미치는 평균 복사압력은 얼마인가?

해답

$$\left| \frac{\Delta \vec{p}}{\Delta t} \right| = |\vec{F}| = A P_r \tag{3.3.24}$$

가 되며, $E = cp$의 관계식으로부터 $\Delta E = c\Delta p$이 된다. 따라서 한 개의 광자가 단위 면적당 작용하는 힘인 복사압력은

$$P_r = \frac{|\vec{F}|}{A} = \frac{|\Delta \vec{p}/\Delta t|}{A} = \frac{1}{A} \cdot \frac{\Delta E}{c\Delta t} \tag{3.3.25}$$

이 된다. 단면적이 A이고 길이가 $c\Delta t$인 체적 내에 들어있는 진동수 ν의 광자의 수가 n이라고 할 때에 이들이 가지는 총 에너지는 $\Delta E = (n)(h\nu)(c\Delta t A)$이 된다. 따라서 이들이 전달하는 평균 복사압력은

$$< P_r > = \frac{1}{A} \frac{\Delta E}{c\Delta t} = \frac{1}{A} \frac{n h\nu A c\Delta t}{c\Delta t} = nh\nu \tag{3.3.26}$$

이 된다. 만일 물체가 수직 입사하는 복사선을 완전 반사하는 경우에 운동량의 변화는 $\Delta\vec{p} = \vec{p} - (-\vec{p}) = 2\vec{p}$ ($\vec{p}$는 광자 한 개의 운동량)이 되어 완전 흡수체의 2배가 됨을 알 수가 있다. 따라서 완전 반사체에 미치는 복사압력은 완전 흡수체의 2배가 된다.

예제 2

파장이 λ인 전자기파가 완전 반사체의 표면에 미치는 힘이 $|\vec{F}|$라고 할 때에 단위 시간당 얼마나 많은 광자들이 완전 반사체의 표면에 부딪쳐야 되는가?

증명

$$F = 2\frac{\Delta p_{tot}}{\Delta t} = 2\frac{\Delta\left(n \cdot \dfrac{h}{\lambda}\right)}{\Delta t} = 2\frac{\Delta n}{\Delta t}\left(\frac{h}{\lambda}\right) = 2N\frac{h}{\lambda} = \frac{2Nh\nu}{c} \tag{3.3.27}$$

이며, 여기서 p_{tot}는 광자들의 총 운동량, n은 총 입사하는 광자의 수이며, N은 단위 시간당 부딪치는 광자의 수이다. 따라서 단위 시간당 부딪치는 광자의 수는

$$N = \frac{cF}{2h\nu} = \frac{\lambda F}{2h} \tag{3.3.28}$$

와 같이 주어진다.

3.4 전자기 복사

전하가 존재하는 상태는 ⓐ 정지해 있는 경우, ⓑ 일정한 속도로 운동 중인 경우, ⓒ 가속운동을 하는 경우이다. ⓐ의 경우에 전하는 시간에 관계없이 크기와 방향이 일정한 전기장(정전기장)만을 만들어 주지만 자기장을 만들지는 못한다. ⓑ의 경우에 전하는 전기장과 자기장을 만들지만 전자기파를 발생하지는 않는다. ⓒ의 경우에 전하는 전자파를 발생하게 되며, 선형 가속기에서 전하가 가속되는 경우, 사이클로트론(cyclotron) 내에서 원을 그리며 회전하는 경우, 라디오 안테나에서 조화 진동을 하는 경우를 예로 들 수가 있다. 여기서는 이러한 전자기파의 발생에 대해서 알아보고자 한다.

3.4.1 전기쌍극자에 의한 전자기 복사

전자기파를 발생시키는 가장 간단한 경우는 일정한 거리만큼 떨어져 있으며, 서로 반대 부호의 전하로 이뤄진 전기쌍극자에 의한 진동일 것이다. 한 예로서 거리가 s만큼 떨어져 있으며, 가느다란 전선에 의하여 연결된 작은 2개의 금속 구를 생각하자. 물론 전체적으로 보았을 때에 전기적으로는 중성이다. 임의의 시각 t에 위쪽 구의 전하가 $q(t)$라면, 아래쪽 구의 전하는 $-q(t)$가 될 것이다. 이러한 전하의 이동이 일정한 진동

수를 가지고 상·하로 진동하는 경우에, $q(t)$는

$$q(t) = q_o \cos wt \tag{3.4.1}$$

와 같이 표현이 가능하며 진동하는 전기쌍극자에 대한 간단한 모델을 그림 3.4에 나타내었다. 이때에 전기쌍극자 모멘트는

$$\vec{p}(t) = q(t)\vec{s} = q_o \cos wt\, \vec{s} = p_o \cos wt \vec{k} \tag{3.4.2}$$

이 되며, p_o는 전기쌍극자의 최대 크기로서 $p_o = q_o s$ 이고 방향은 (−)전하에서 (+)전하로 향하므로 $+z$ 축 방향을 나타낸다. 이러한 전기쌍극자가 시각 t에 관측점 P에 만드는 전위 $V(r, t)$는 $q(t')$와 $-q(t')$가 만드는 전위의 합으로 $V(r,\, t) = \dfrac{1}{4\pi\epsilon_o}[q_o \cos wt'/r_1 - q_o \cos wt'/r_2]$이다. 진공 중에서 전하들에 대한 정보가 관측점 P까지 전달되는 데에는 각각 r_1/c 및 r_2/c의 시간이 걸린다. 따라서 원점에서 r만큼 떨어진 P점에서 시각 t에 관측되는 전위는 전하들에 대한 정보가 전달되는 시간을 고려하여 $t - r_1/c$ 및 $t - r_2/c$일 때의 전하들이 만드는 전위를 얻게 되므로, 정보전달 시간만큼 지연된 시간에 측정되며 이를 지연전위(retarded potential)라고 한다. 지연전위는

$$V(r,\, t) = \frac{1}{4\pi\epsilon_o}\left[\frac{q_o \cos w(t - r_1/c)}{r_1} - \frac{q_o \cos w(t - r_2/c)}{r_2}\right] \tag{3.4.3}$$

이 되며, 코사인 법칙에 의하여

$$r_{1,2} = \sqrt{r^2 \mp rs\cos\theta + (s/2)^2} \tag{3.4.4}$$

이 된다. 위의 전기쌍극자를 완전한 쌍극자로 취급하기 위하여 두 전하 사이의 거리가

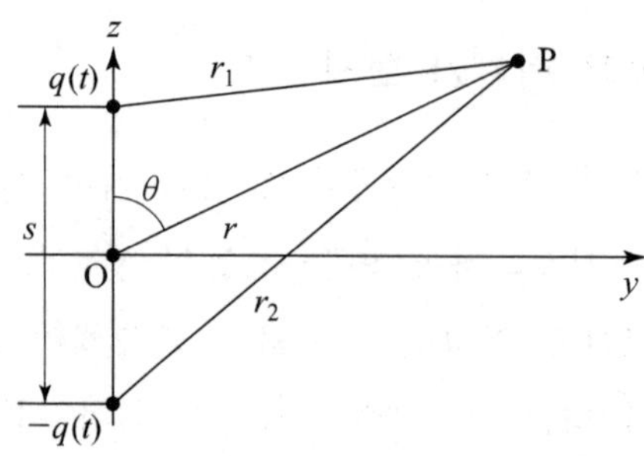

그림 3.4 전기쌍극자

r에 비하여 매우 작다고 가정하자. 즉, $s \ll r$이라고 하고, 식 (3.4.4)를 급수전개하여 s에 대한 1차 항만을 취하면,

$$r_{1,2} = r\left(1 \mp \frac{1}{2}\frac{s}{r}\cos\theta\right) \tag{3.4.5}$$

※ $(1+x)^p = 1 + px + \frac{1}{2!}p(p-1)x^2 + \frac{1}{3!}p(p-1)(p-2)x^3 + \cdots \; |x| < 1$

와 같이 된다. 따라서 이의 역수를 취하면,

$$\frac{1}{r_{1,2}} = \frac{1}{r}\left(1 \pm \frac{1}{2}\frac{s}{r}cos\theta\right) \tag{3.4.6}$$

와 같이 표현되고, 코사인 함수는

$$\begin{aligned} \cos\omega(t - r_{1,2}/c) &= \cos\left[\omega(t - r/c) \pm \frac{\omega s}{2c}\cos\theta\right] \\ &= \cos\omega(t-r/c)\cos\left(\frac{\omega s}{2c}\cos\theta\right) \mp \sin\omega(t-r/c)\sin\left(\frac{\omega s}{2c}\cos\theta\right) \end{aligned} \tag{3.4.7}$$

와 같이 된다. 두 전하 사이의 간격이 관측점까지의 거리에 비하여 매우 작고 $s << \lambda \; (s \ll c/\omega)$인 경우에 식 (3.4.7)의 첫 항과 둘째 항의 일부를 근사적으로 $\cos\left(\frac{\omega s}{2c}\cos\theta\right) \simeq 1$, $\sin\left(\frac{\omega s}{2c}\cos\theta\right) = \sin\left(\frac{1}{c/\omega} \cdot \frac{s}{2}\cos\theta\right) \simeq \frac{\omega s}{2c}\cos\theta$와 같이 쓸 수 있으므로, 식 (3.4.7)은

$$\cos\omega(t - r_{1,2}/c) = \cos\omega(t - r/c) \mp \frac{\omega s}{2c}\cos\theta\sin\omega(t - r/c) \tag{3.4.8}$$

와 같이 된다. 식 (3.4.6)과 식 (3.4.8)을 식 (3.4.3)에 대입하면

$$V(r,t) = \frac{p_o\cos\theta}{4\pi\epsilon_o r}\left[-\frac{\omega}{c}\sin\omega(t-r/c) + \frac{1}{r}\cos\omega(t-r/c)\right] \tag{3.4.9}$$

와 같은 결과를 얻는다(부록 참조). $\omega = 0$인 경우에는 식 (3.4.9)로부터 정적인 쌍극자에 대한 결과를 얻을 수 있다. 즉, $V = p_o\cos\theta/4\pi\epsilon_o r^2$을 주지만 우리의 관심사는 시간에 의존하는 경우로, 쌍극자로부터 멀리 떨어져 있는 복사영역(radiation zone, $r \gg c/w$)이다. $r \gg c/w$의 조건을 만족하는 복사영역에서는 $1/r \ll \omega/c$이 되어 식 (3.4.9)에서의 두 번

째 항은 첫째 항에 비하여 무시할 정도로 작다. 따라서 $r \gg c/\omega$ $(r \gg \lambda/2\pi)$인 복사영역에서의 전위는 근사적으로

$$V(r,\, t) = -\frac{p_o \omega}{4\pi\epsilon_o c}\left(\frac{\cos\theta}{r}\right)\sin\omega\,(t - r/c) \tag{3.4.10}$$

이 된다. 반면에, 자기장을 만드는 벡터 퍼텐셜($\overrightarrow{A}$: vector potential)은 전선에 흐르는 전류에 의하여 결정되는데, 전류는 단위 시간당 전하의 변화량이므로

$$\vec{I}(t) = \frac{dq}{dt}\hat{k} = -\,q_o\,\omega\,\sin\omega t\hat{k} \tag{3.4.11}$$

이 된다. 따라서 점 P에서 관측되는 지연 벡터 퍼텐셜은

$$\begin{aligned}
\overrightarrow{A}(r,\theta,t) &= \frac{\mu_o}{4\pi}\int_{-s/2}^{s/2}\frac{I(t)}{r}d\vec{l} \qquad (3.4.12)\\
&= \frac{\mu_o}{4\pi}\int_{-s/2}^{s/2}\frac{-\,q_o\omega \cdot \sin\omega\,(t - r/c)\hat{k}}{r}dz\\
&= -\frac{\mu_o q_o \omega}{4\pi r}\sin\omega\,(t - r/c)\int_{-s/2}^{s/2}dz\,\hat{k}\\
&= -\frac{\mu_o q_o s\,\omega}{4\pi r}\sin\omega\,(t - r/c)\,\hat{k}\\
&= -\frac{\mu_o p_o \omega}{4\pi r}\sin\omega\,(t - r/c)\,\hat{k}
\end{aligned}$$

이 되며, 직각좌표계에서 z－축을 가리키는 단위벡터 $\hat{k}$를 구극좌표계에서의 단위벡터들로 표현하면

$$\hat{k} = \cos\theta\,\hat{r} - \sin\theta\hat{\theta} \tag{3.4.13}$$

와 같이 된다(그림 3.5 참조).

한편, 구극좌표계에서 전위에 대한 기울기($\overrightarrow{\nabla} V$)를 구하면

$$\overrightarrow{\nabla} V = \frac{\partial V}{\partial r}\hat{r} + \frac{1}{r}\frac{\partial V}{\partial \theta}\hat{\theta} + \frac{1}{r\sin\theta}\frac{\partial V}{\partial \phi}\hat{\phi} \tag{3.4.14}$$

$$= -\frac{p_o\omega}{4\pi\epsilon_o c}\left\{\cos\theta\left[-\frac{1}{r^2}\sin\omega\,(t - r/c) - \frac{\omega}{rc}\cos w\omega\,(t - r/c)\right]\hat{r} - \frac{\sin\theta}{r^2}\sin\omega\,(t - r/c)\hat{\theta}\right\}$$

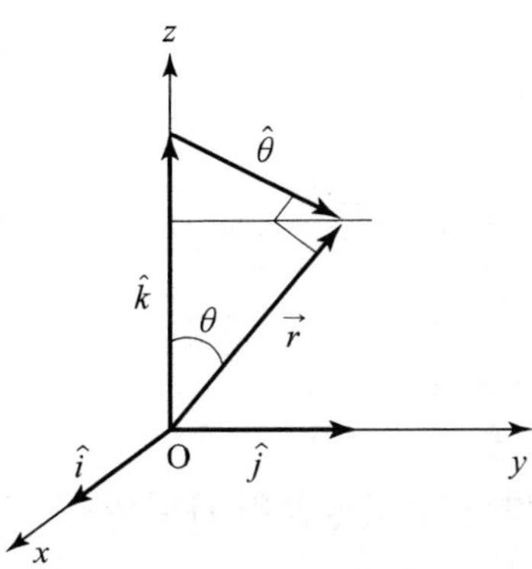

그림 3.5 직각좌표계와 구극좌표계에서의 단위벡터들 사이의 관계

$$\simeq \frac{p_o\omega^2}{4\pi\epsilon_o c^2}\left(\frac{\cos\theta}{r}\right)\cos\omega(t-r/c)\hat{r}$$

이 얻어지는데, 식 (3.4.14)에서의 첫째 항과 세 번째 항은 조건 $r \gg c/\omega(r \gg \lambda/2\pi)$에 의하여 삭제하였다. 마찬가지로 벡터 퍼텐셜($\vec{A}$)에 대한 시간 변화율은

$$\frac{\partial\vec{A}}{\partial t} = -\frac{\mu_o p_o\omega^2}{4\pi r}\cos\omega(t-r/c)(\cos\theta\hat{r} - \sin\theta\hat{\theta}) \tag{3.4.15}$$

와 같이 된다. 위의 식 (3.4.14~15)를 이용하여 전기장을 구하면

$$\vec{E} = -\vec{\nabla}V - \frac{\partial\vec{A}}{\partial t} \tag{3.4.16}$$

$$= -\frac{p_o\omega^2}{4\pi\epsilon_o c^2}\left(\frac{\cos\theta}{r}\right)\cos\omega(t-r/c)\hat{r} + \frac{\mu_o p_o\omega^2}{4\pi}\left(\frac{\cos\theta}{r}\right)\cos\omega(t-r/c)\hat{r}$$

$$-\frac{\mu_o p_o\omega^2}{4\pi r}\cos\omega(t-r/c)\sin\theta\hat{\theta}$$

$$= -\frac{\mu_o p_o\omega^2}{4\pi}\left(\frac{\sin\theta}{r}\right)\cos\omega(t-r/c)\hat{\theta} \quad \left(\because \mu_0\epsilon_0 = \frac{1}{c^2}\right)$$

이 되며, 파의 진행방향인 r과 직각인 θ방향의 성분만 존재하므로 횡파임을 알 수 있다. 한편, 전기장과 서로 직각관계에 있는 자기장은

$$\vec{B} = \vec{\nabla}\times\vec{A} = \frac{1}{r\sin\theta}\left[\frac{\partial}{\partial\theta}(\sin\theta A_\phi) - \frac{\partial A_\theta}{\partial\phi}\right]\hat{r} + \frac{1}{r}\left[\frac{1}{\sin\theta}\frac{\partial A_r}{\partial\phi} - \frac{\partial}{\partial r}(rA_\psi)\right]\hat{\theta} \tag{3.4.17}$$

$$+\frac{1}{r}\left[\frac{\partial}{\partial r}(rA_\theta)-\frac{\partial A_r}{\partial\theta}\right]\hat{\phi}$$

$$=-\frac{\mu_o p_o\omega}{4\pi r}\left[\frac{\omega}{c}\sin\theta\cos\omega(t-r/c)+\frac{\sin\theta}{r}\sin\omega(t-r/c)\right]\hat{\phi}$$

$$=-\frac{\mu_o p_o\omega^2}{4\pi c}\left(\frac{\sin\theta}{r}\right)\cos\omega(t-r/c)\hat{\phi}$$

이 되고, r 및 θ와 직각인 ϕ 방향의 성분만을 가짐을 알 수 있다. 위의 식 (3.4.16)과 식 (3.4.17)은 광속으로 r의 방향으로 진행하는 단조화 횡파로서, 전기장과 자기장이 서로 직각을 이루면서 진행한다. 진동하는 전기쌍극자에 의해 방출되는 에너지는 포인팅 벡터($\vec{S}$)로서 나타내며, 이는 식 (3.4.16)과 식 (3.4.17)을 이용하면

$$\vec{S}=\frac{1}{\mu_o}(\vec{E}\times\vec{B}) \tag{3.4.18}$$
$$=\frac{\mu_o}{c}\left[\frac{p_o\omega^2}{4\pi}(\frac{\sin\theta}{r})\cos\omega(t-r/c)\right]^2\hat{r}$$

와 같이 빛의 진행방향과 같음을 알 수 있다. 따라서 방출되는 에너지의 세기는 포인팅 벡터를 한 주기에 대하여 평균을 취함으로써 얻어지며 그 결과는

$$\langle\vec{S}\rangle=\left(\frac{\mu_o p_o^2\omega^4}{32\pi^2 c}\right)\frac{\sin^2\theta}{r^2}\hat{r} \tag{3.4.19}$$

와 같다. 식 (3.4.19)로부터 알 수 있듯이 $\theta=0$인 방향, 즉, 전기쌍극자의 방향과 나란한 방향($+z$축 방향)으로의 에너지 방출은 '0'이다(그림 3.6 참조).

그림 3.6에서 z-축 상에 있는 화살표의 방향은 진동하는 전기쌍극자 모멘트의 방향

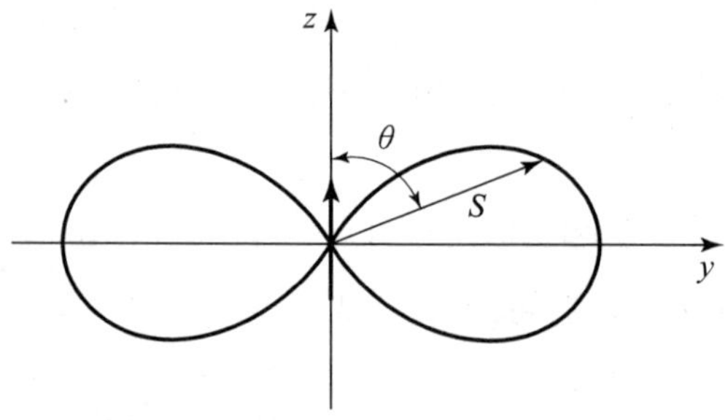

그림 3.6 전기쌍극자 복사의 세기 분포

을 나타낸다. 한편, 방출되는 총 출력(P)은 반경이 r인 구에 대하여 적분을 하면 얻어지며, 그 결과는

$$
\begin{aligned}
P &= \int \langle S \rangle \cdot d\hat{a} \\
&= \left(\frac{\mu_o p_o{}^2 \omega^4}{32\pi^2 c} \right) \int \frac{\sin^2\theta}{r^2} r^2 \sin\theta \, d\theta \, d\psi \\
&= \left(\frac{\mu_o p_o^2}{12\pi c^2} \right) \omega^4 \qquad (3.4.20) \\
&= \frac{1}{4\pi\epsilon_o} \frac{p_o^2 \omega^4}{3c^3}
\end{aligned}
$$

이 된다. 식 (3.4.20)으로부터 알 수 있듯이 총 출력은 반경에 무관한데, 이는 에너지 보존법칙으로부터 기대하였던 바와 같다.

연습문제

01 안테나가 진동수가 $100\,\text{MHz}$ 이고 단위 면적당 $19.88 \times 10^{-2}\,\text{W/m}^2$와 같은 세기의 전자파를 발생시킨다고 하자. 이러한 전자기파가 지나가는 경로 상에 여러분이 있다고 할 때에 단위 면적당, 단위 시간당 광자의 수인 광자 흐름 밀도(photon flux density)는 얼마인가? 평균적으로 $1\,\text{m}^3$당 얼마나 많은 광자들이 발견되겠는가?

02 전자기파가 한 개의 전자에 입사하는 경우를 생각하자. 전자의 운동량($\vec{p}$)에 대한 평균 시간변화율은 전자기파가 전자에 해준 일의 평균 시간 변화율에 비례한다. 즉, $\left\langle \frac{d\vec{p}}{dt} \right\rangle = \frac{1}{c}\left\langle \frac{dW}{dt} \right\rangle \vec{i}$ 와 같음을 운동론적으로 보이는 것은 쉽다. 이러한 운동량의 변화가 완전 흡수하는 물질에 전달된다고 할 때에 압력이 $< P > = < S > /c = I/c$ 와 같이 주어짐을 보이시오.

03 지구 대기의 꼭대기(태양으로부터 $1.5 \times 10^{11}\,\text{m}$)에 도달하는 태양 빛에 대한 포인팅 벡터의 평균 크기는 약 $1.4\,\text{kW/m}^2$ 이다.

ⓐ 태양을 향하고 있는 금속 반사체에 미치는 평균 복사압력은 얼마인가?

ⓑ 직경이 $1.4 \times 10^9\,\text{m}$ 인 태양표면에서의 평균 복사압력은 개략적으로 얼마인가?

참고문헌

1. 기초전자기학, David J. Griffiths, wp 4판, 김진승 역, 진샘미디어, 2014.
2. Eugene Hecht, Optics. 2nd ed. Addison-Wesley Publishing Company, Inc, 1990.
3. 물리학, Paul A. Tipler, Gene Mosca, 물리학교재편찬위원회 역, 청문각, 2005.

CHAPTER

04 빛의 전파

빛의 전파는 여러 경우에 대하여 생각하여 볼 수 있을 것이다. 예를 들어, 동일 매질 내에서 진행하는 경우, 또는 서로 다른 두 매질의 경계면을 지나 진행하는 경우 등이 있으며 동일 매질이라 하더라도 매질의 종류에 따라서 일어나는 현상은 매우 다르다. 또한, 광학적 성질이 서로 다른 두 매질의 경계면을 지나 빛이 진행하는 경우에는 경계면에서 반사와 굴절현상이 일어나는 데 이 장에서는 빛의 전파에 대한 일반적인 현상에 대해서 간단히 다루고자 한다.

4.1 페르마(Fermat)의 원리

페르마의 원리는 임의의 두 점 사이에서 빛이 이동하면서 취한 경로는 항상 최소 시간이 걸리는 경로임을 설명하는 원리로서, 빛의 직진성 및 반사와 굴절의 법칙이 페르마의 원리로부터 유도될 수 있으며 기하광학적 현상의 분석에 매우 유용하다. 또한, 이 원리는 여러 종류의 매질로 이루어진 계에 있어서, 빛은 각각의 매질 내에서는 직선으로 이동한다하더라도, 전체 시간을 최소화하는 경로를 따라 이동함을 설명해주고 있다. 예를 들어 그림 4.1에서와 같이 빛이 2개의 서로 다른 매질의 경계면을 지나 점 P에서 점 Q로 진행하는 경우에 매질 I에서의 통과 시간(t_1)은 $t_1 = s_1/v_1$이며, 매질 II에서의 통과 시간(t_2)은 $t_2 = s_2/v_2$이다.

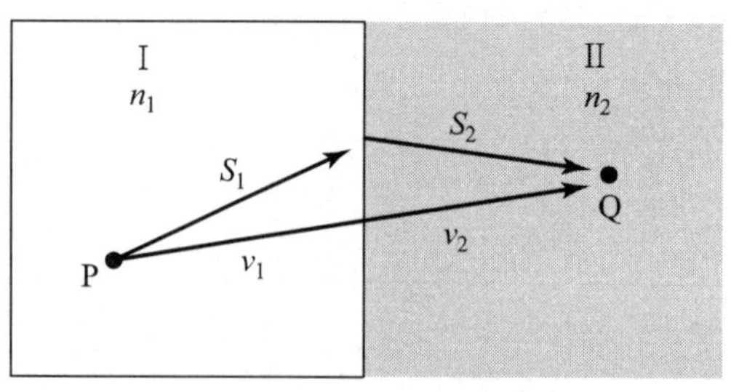

그림 4.1 페르마 원리

따라서 점 P에서 점 Q로 가는데 걸리는 전체 시간(t)은

$$t = \frac{s_1}{v_1} + \frac{s_2}{v_2} \tag{4.1.1}$$

이 된다. 점 P에서 점 Q까지 가는데 소요된 시간이 최소화되는 조건은 시간을 변위 x로 미분하여

$$\frac{dt}{dx} = \frac{d}{dx}\left(\frac{s_1}{v_1} + \frac{s_2}{v_2}\right) = 0 \tag{4.1.2}$$

을 만족시키는 경우이다. 만일 굴절률이 $n_1, n_2, \cdots, n_n$인 매질 속을 각각 $s_1, s_2, \cdots, s_n$ 만큼 통과하여 P에서 Q까지 이동하였다면, 통과하는 데 걸린 총 시간(t)은

$$t = \sum_{i=1}^{n} \frac{s_i}{v_i} = \frac{1}{c}\sum_{i=1}^{n} n_i\, s_i \quad \left(\sum_{i=1}^{n} n_i\, s_i = \text{광 경로},\ n = c/v\right) \tag{4.1.3}$$

이 된다. 광 경로(Optical Path Length: S)는 매질에서의 실제 진행거리(s)에 매질의 굴절률(n)을 곱한 값으로 $S = ns$와 같이 정의되며, 이는 굴절률이 n인 매질 내에서 s만큼 진행한 전자기파는 진공에서 s만큼 진행하였을 때와 같은 위상의 변화를 가져온다는 것을 의미하므로 빛의 진행에 따른 간섭과 회절을 다룰 때에 매우 중요하게 이용된다. 한편 매질의 굴절률이 연속적으로 변하는 경우에 빛이 지나온 총 경로(=광 경로, S)는

$$\boldsymbol{S} = \int_P^Q n(s)\,ds \tag{4.1.4}$$

와 같이 표현된다.

예제 1

페르마의 원리를 이용하여 반사의 법칙을 유도하라.

해답 그림 4.2에서 빛이 P_1BP_2를 따라서 진행한 빛의 경로를 S라 하면,

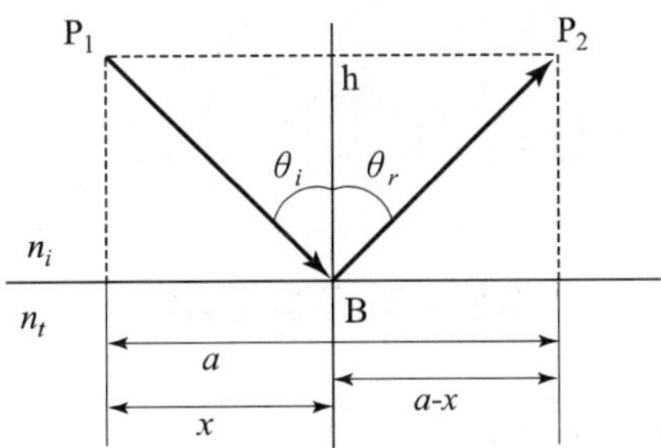

그림 4.2 반사의 법칙을 설명하기 위한 그림

$$S = n_i \overline{P_1B} + n_i \overline{BP_2} = n_i \sqrt{h^2+x^2} + n_i \sqrt{h^2+(a-x)^2}$$

이 된다(n_i는 입사매질의 굴절률이다). 여기에 페르마의 원리를 적용하기 위하여 미분을 취하여 정리하면

$$\frac{dt}{dx} = \frac{1}{c}\frac{d}{dx}\left(\sum_{i=1}^{2} n_i s_i\right) = 0 \rightarrow \frac{1}{c}\left[n_i \frac{x}{\sqrt{h^2+x^2}} - n_i \frac{a-x}{\sqrt{h^2+(a-x)^2}}\right] = 0$$

$$\therefore \sin\theta_i = \sin\theta_r \qquad \therefore \theta_i = \theta_r$$

이 되어 페르마의 원리를 이용하여 반사의 법칙이 유도됨을 알 수 있다.

예제 2

페르마의 원리를 이용하여 스넬(Snell)의 굴절법칙을 유도하라.

해답 그림 4.3에서와 같이 빛이 서로 다른 두 매질의 경계면을 지나, 점 P_1에서 점 P_2로 가는 경우에 빛이 취한 경로를 S라 하면,

$$\frac{dt}{dx} = \frac{1}{c}\frac{d}{dx}\left(\sum_{i=1}^{2} n_i s_i\right) = 0$$

$$S = n_i \overline{P_1B} + n_t \overline{BP_2} = n_i \sqrt{h^2+x^2} + n_t \sqrt{b^2+(a-x)^2}$$

이 된다(n_i는 입사매질의 굴절률, n_t는 투과매질의 굴절률).

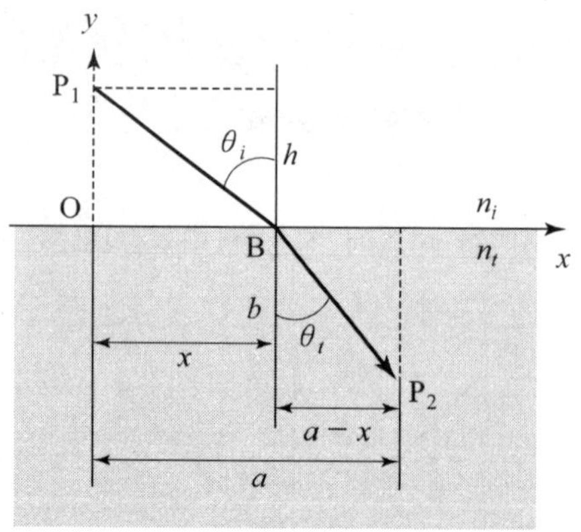

그림 4.3 굴절의 법칙

페르마의 원리를 적용하여 정리하면,

$$\frac{d}{dx}(S) = 0 \rightarrow n_i \frac{x}{\sqrt{h^2 + x^2}} - n_t \frac{a-x}{\sqrt{b^2 + (a-x)^2}} = 0$$

$$\therefore \; n_i \sin\theta_i = n_t \sin\theta_t$$

이 되어 페르마의 원리로부터 스넬의 굴절법칙이 유도됨을 알 수 있다.

예제 3

굴절률이 n_i인 매질 속에 물체가 놓여 있다(그림 4.4 참조). 물체가 두 물질의 경계면에서 y_i만큼 떨어져 있다면, 굴절률이 n_t인 물질에서 바라보았을 때의 깊이 y_t는 얼마인가?

해답 굴절에 대한 스넬의 법칙으로부터

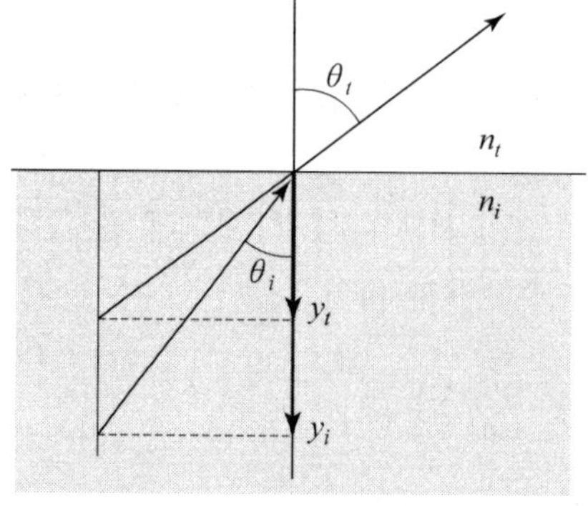

그림 4.4 매질의 굴절 효과

$$n_i \sin\theta_i = n_t \sin\theta_t \tag{a}$$

이 되며, 물체 길이의 수평성분은 동일하므로

$$y_i \tan\theta_i = y_t \tan\theta_t \tag{b}$$

을 얻을 수 있다. (a)를 (b)로 나누면, $n_i \cos\theta_i / y_i = n_t \cos\theta_t / y_t$이 되므로

$$y_t = y_i \frac{n_t}{n_i} \frac{\cos\theta_t}{\cos\theta_i}$$

와 같은 결과를 얻게 된다. $n_i > n_t$이라면, 즉 $n_i = 4/3$ (=물의 굴절률)이고, $n_t = 1$(=공기의 굴절률)인 경우에 $n_t/n_i = 3/4$이 되며, $\cos\theta_t / \cos\theta_i$ 는 옆에서 물체를 보았을 때에 각도에 따라 크기가 달라지게 하는 요인이 된다.

4.2 반사와 굴절의 법칙

두 종류의 서로 다른 광학적 매질의 경계면에 평면 조화파가 입사하는 경우에 조화파의 일부는 경계면으로부터 반사되고, 일부는 투과된다(그림 4.5 참조).

따라서 경계면에 수직인 입사면에 입사파, 반사파 및 투과파가 존재하게 되며 이들에 대한 공간 및 시간 의존성은 아래와 같이 지수 함수적인 표현이 가능하다. 즉,

$$\text{입사파: } e^{i(\vec{k}_i \cdot \vec{r} - \omega t)} \tag{4.2.1}$$

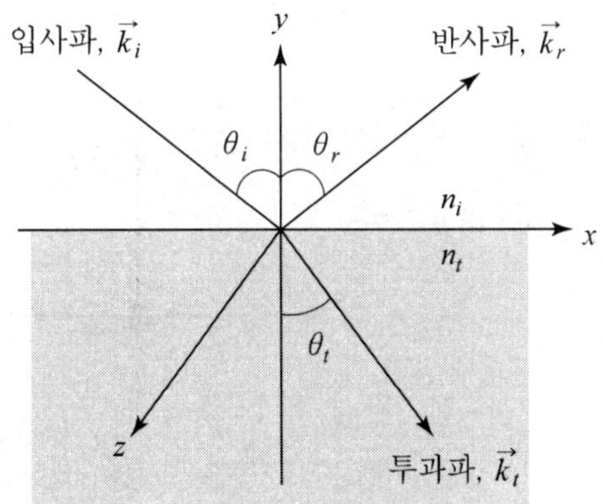

그림 4.5 반사와 굴절의 법칙

$$\text{반사파: } e^{i(\overrightarrow{k_r} \cdot \vec{r} - \omega t)} \tag{4.2.2}$$

$$\text{투과파: } e^{i(\overrightarrow{k_t} \cdot \vec{r} - \omega t)} \tag{4.2.3}$$

와 같이 표현되며, 여기서 $\vec{r}$은 경계면상에서의 임의의 벡터이다. 경계면상의 모든 점 및 임의의 시간에 대해서 상호 밀접한 관계를 가지기 위해서는 위상을 나타내는 인자, 즉 $\phi = (\vec{k} \cdot \vec{r} - \omega t)$이 경계면상에서 입사파, 반사파 및 투과파에 대해서 서로 같아야 한다. 시간 인자(time factor)들은 서로 같으므로 경계면에서 이들 3파의 위상이 같기 위해서는

$$\overrightarrow{k_i} \cdot \vec{r} = \overrightarrow{k_r} \cdot \vec{r} = \overrightarrow{k_t} \cdot \vec{r} \ (\text{경계에서}) \tag{4.2.4}$$

을 만족해야 한다. 이는 입사, 반사 및 투과파의 전파벡터 $\overrightarrow{k_i}, \overrightarrow{k_r}, \overrightarrow{k_t}$들이 동일 평면 내에 있고 경계면에 대한 이들의 투영이 서로 같음을 의미한다. $\vec{r}$을 단위벡터$(\hat{n})$를 사용하여 나타내면, $\vec{r} = -\hat{n} \times (\hat{n} \times \vec{r})$와 같이 표현이 가능하다(그림 4.6 참조).

따라서 식 (4.2.4)에서의 $\overrightarrow{k_i} \cdot \vec{r}$은

$$\overrightarrow{k_i} \cdot \vec{r} = -\overrightarrow{k_i} \cdot [\hat{n} \times (\hat{n} \times \vec{r})] = -(\overrightarrow{k_i} \times \hat{n}) \cdot (\hat{n} \times \vec{r}) \tag{4.2.5}$$

와 같이 표현되며, 나머지 항들도

$$\overrightarrow{k_r} \cdot \vec{r} = -(\overrightarrow{k_r} \times \hat{n}) \cdot (\hat{n} \times \vec{r}), \quad \overrightarrow{k_t} \cdot \vec{r} = -(\overrightarrow{k_t} \times \hat{n}) \cdot (\hat{n} \times \vec{r}) \tag{4.2.6}$$

와 같이 표현된다. 식 (4.2.5)와 식 (4.2.6)으로부터

$$\overrightarrow{k_i} \times \hat{n} = \overrightarrow{k_r} \times \hat{n} = \overrightarrow{k_t} \times \hat{n} \tag{4.2.7}$$

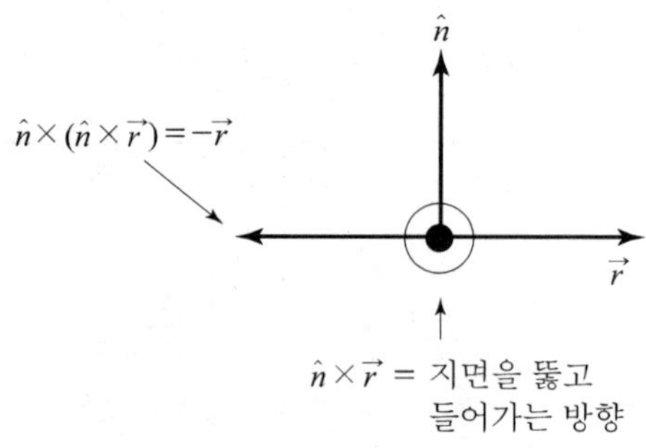

그림 4.6 법선 단위벡터$(\hat{n})$와 위치 벡터$(\vec{r})$ 사이의 관계

이 성립함을 알 수 있다. 편의상 $xz-$면이 경계면이 되고, $xy-$면이 $\vec{k}-$벡터가 놓여 있는 입사면이 되도록 좌표계를 정하자(그림 4.5 참조). 이때에 $y-$축(경계면에 수직임)과 각각의 파 벡터들이 이루는 각을 각각 θ_i, θ_r 및 θ_t라고 하면 식 (4.2.7)은

$$k_i \sin\theta_i = k_r \sin\theta_r = k_t \sin\theta_t \tag{4.2.8}$$

$$k_i = n_i k_0, \quad k_r = n_r k_0, \quad k_t = n_t k_0$$

와 같이 된다. 입사파와 반사파는 같은 매질($y>0$) 내에서 진행을 하므로 $n_i = n_r$인 관계가 성립한다. 따라서 입사파와 반사파 사이의 관계를 구하면,

$$k_i \sin\theta_i = k_r \sin\theta_r \Rightarrow \theta_i = \theta_r : \text{스넬의 반사법칙.}$$

이 얻어지므로, 입사각과 반사각이 같음을 알 수 있다. 마찬가지로 굴절에 대해서는

$$n_i \sin\theta_i = n_t \sin\theta_t : \text{스넬의 굴절법칙}$$

와 같은 결과를 얻을 수 있다. 이러한 스넬의 법칙은 가장 짧은 거리가 빛이 진행하는데 가장 짧은 시간이 걸리는 것은 아니라는 사실로부터 설명이 또한 가능하다. 즉, 특정개수의 파장만큼 떨어진 거리(그림 4.7에서 $\overline{BD}$와 $\overline{AC}$ 거리는 4개의 파장만큼 떨어진 거리)를 이동하는 데 걸리는 시간은 속력과 파장이 같은 인자만큼 변하기 때문에 매질에 무관하다.

※ **경계면에서 만족해야 될 조건인 $\vec{k_i} \cdot \vec{r} = \vec{k_r} \cdot \vec{r} = \vec{k_t} \cdot \vec{r}$ 에 대한 다른 설명법:**

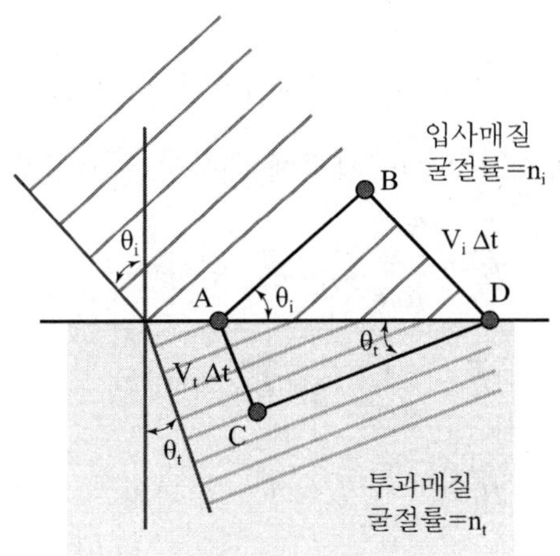

그림 4.7 스넬의 법칙을 설명하기 위한 그림

우선 $\vec{k_i}\cdot\vec{r}=\vec{k_r}\cdot\vec{r}=\vec{k_t}\cdot\vec{r}$을 계산하면,

$$\vec{k_i}\cdot\vec{r}=\vec{k_r}\cdot\vec{r}=\vec{k_t}\cdot\vec{r} \tag{4.2.9}$$

$$=k_{ix}x+k_{iy}y+k_{iz}z=k_{rx}x+k_{ry}y+k_{rz}z=k_{tx}x+k_{ty}y+k_{tz}z$$

와 같이 된다. 하지만 입사면의 정의로부터 입사면에서 $z=0$이므로 위 식은 $k_{ix}x+k_{iy}y=k_{rx}x+k_{ry}y=k_{tx}x+k_{ty}y$이 된다. 또한 경계면에서 $y=0$이므로, 식 (4.2.9)의 값은 $k_{ix}x=k_{rx}x=k_{tx}x$이 된다. 따라서 $k_{ix}=k_{rx}=k_{tx}$와 같은 결과를 얻을 수 있다. 이는 $k_i\sin\theta_i=k_r\sin\theta_r=k_t\sin\theta_t$임을 의미한다. 이것으로부터 입사면에 있는 파수 벡터의 수평성분은 모두 같음을 알 수 있다.

4.3 프레넬(Fresnel) 방정식

앞 절에서는 빛이 서로 다른 매질을 진행할 때 경계면에서 일어나는 반사 및 굴절에 대해 공부했으나 입사파의 편광이 반사 및 굴절에 미치는 효과에 대해서는 다루지 않았다. 일반적으로 빛은 햇빛과 같이 편광되지 않은 빛과 레이저와 같이 편광된 빛으로 구분되며, 이 절에서는 빛의 편광이 반사 및 굴절에 미치는 효과에 대하여 다루고자 한다. $\vec{E_i}$를 서로 다른 매질의 경계면에 입사하는 입사파의 진폭이라 하고, 두 매질의 경계면에서 발생하는 반사파와 투과파의 진폭을 각각 $\vec{E_r}$, $\vec{E_t}$라고 하자. 맥스웰의 회전방정식인 $\vec{\nabla}\times\vec{E}=-\mu\frac{\partial\vec{H}}{\partial t}$에 $\vec{E}$와 $\vec{H}$를 양변에 대입하면 관계식 $\hat{k}\times\vec{E}=\frac{c}{n}\vec{B}=v\vec{B}=v\mu\vec{H}$을 얻을 수 있다. 이러한 관계식으로부터 각각에 대응하는 자기장 벡터의 진폭을 구해보면,

$$\vec{H_i}=\frac{1}{\mu_i v_i}\hat{k_i}\times\vec{E_i}:\ \text{입사파} \tag{4.3.1}$$

$$\vec{H_r}=\frac{1}{\mu_r v_r}\hat{k_r}\times\vec{E_r}:\ \text{반사파} \tag{4.3.2}$$

$$\vec{H_t}=\frac{1}{\mu_t v_t}\hat{k_t}\times\vec{E_t}:\ \text{투과파} \tag{4.3.3}$$

이 된다. 빛이 두 매질의 경계면에 입사하는 경우, 편광방향에 따라 아래와 같이 크게 3

가지로 분류가 가능하다.

ⓐ TE(tranverse electric) **편광** ⇒ 입사파의 전기장 벡터가 경계면에 평행하다. 다시 말해서 전기장 벡터의 방향이 입사면에 대하여 수직한 경우를 말한다.

ⓑ TM(tranverse magnetic) **편광** ⇒ 입사파의 자기장 벡터가 경계면에 평행한 경우로서 자기장 벡터의 방향이 입사면에 수직한 경우를 말한다.

ⓒ **일반적인 경우** ⇒ 전기장과 자기장 사이의 선형 관계를 사용하여 취급한다.

입사파, 반사파 및 투과파가 경계면에서 만족해야 되는 경계조건은

$$H_{1t} = H_{2t},\ E_{1t} = E_{2t}$$

으로서 경계면의 양쪽에 걸쳐 전기장과 자기장의 접선성분이 연속이어야 한다는 것이다. 이러한 경계조건은 맥스웰의 방정식으로부터 설명이 가능하며 자세한 설명은 부록을 참조하기 바란다.

4.3.1 TE-편광

편광이 입사 및 반사에 미치는 효과를 알아보기 위하여 우선 TE-편광 효과를 고려하여 보자. 입사매질 쪽의 총 전기장은 입사파와 반사파에 의한 전기장의 합이며, 투과매질에서의 전기장은 투과파에 의한 전기장만이 존재한다. TE-편광의 경우에 전기장이 경계면에 평행하므로 경계조건으로부터 전기장 벡터에 대해서는

$$E_i + E_r = E_t \tag{4.3.4}$$

와 같이 쓸 수 있다(그림 4.8 참조). 한편, 자기장 벡터들도 입사매질 쪽에서의 총 자기장은 입사파와 반사파에 의한 합이 되고, 투과매질 내에서는 투과파 만에 의한 자기장이 존재한다.

각 매질에서 총 자기장 벡터들의 성분 중에서 경계면에 평행한 성분은 두 매질 내에서 연속적이어야 하므로 이를 수식으로 표현하면,

$$-H_i \cos\theta_i + H_r \cos\theta_r = -H_t \cos\theta_t \tag{4.3.5}$$

와 같이 기술되며, 식 (4.3.5)의 왼쪽과 오른쪽은 각각 입사매질과 투과매질 내에서 자기장 $\vec{H}$의 경계면에 평행한 성분의 총 크기이다. (+) 방향은 x의 증가 방향이 되므로 입

사파와 투과파의 자기장 벡터의 $x-$성분에 대해서는 $(-)$부호가 붙게 된다. 한편 전기장과 자기장에 대한 관계식을 사용하여 식 (4.3.5)를 다시 쓰면

$$-\frac{1}{\mu_i v_i} E_i \cos\theta_i + \frac{1}{\mu_r v_r} E_r \cos\theta_r = -\frac{1}{\mu_t v_t} E_t \cos\theta_t \tag{4.3.6}$$

$$\left(\therefore\ \vec{k} \perp \vec{E} \text{이므로 } \vec{H} = \frac{1}{\mu\omega} \vec{k} \times \vec{E} \text{에서 } H = \frac{1}{\mu\omega} kE = \frac{1}{\mu v} E \right)$$

와 같이 된다. 식 (4.3.4)를 식 (4.3.6)에 대입하여 정리하면,

$$\left(\frac{1}{\mu_t v_t} \cos\theta_t - \frac{1}{\mu_i v_i} cos\theta_i \right) E_i + \left(\frac{1}{\mu_t v_t} \cos\theta_t + \frac{1}{\mu_r v_r} \cos\theta_r \right) E_r = 0 \tag{4.3.7}$$

이 얻어진다. 입사파와 반사파는 같은 매질 내에 있으므로 $v_i = v_r$, $\theta_i = \theta_r$, $\mu_i = \mu_r$, $\frac{n}{c} = \frac{1}{v}$이 성립되며, 반사계수($r_s$)를 TE－편광에 대해서 구해보면,

$$\frac{E_r}{E_i}\Big]_{TE} = r_s = \frac{\frac{n_i}{\mu_i c} \cos\theta_i - \frac{n_t}{\mu_t c} \cos\theta_t}{\frac{n_i}{\mu_i c} \cos\theta_i + \frac{n_t}{\mu_t c} \cos\theta_t} = \frac{\frac{n_i}{\mu_i} \cos\theta_i - \frac{n_t}{\mu_t} \cos\theta_t}{\frac{n_i}{\mu_i} \cos\theta_i + \frac{n_t}{\mu_t} \cos\theta_t} \tag{4.3.8}$$

이 된다. 이때에 반사계수는 반사파 전기장 벡터의 진폭을 입사파 전기장 벡터의 크기로 나눈 값으로 정의된다. 반면에 투과파의 전기장 진폭을 입사파의 전기장 진폭으로 나눈

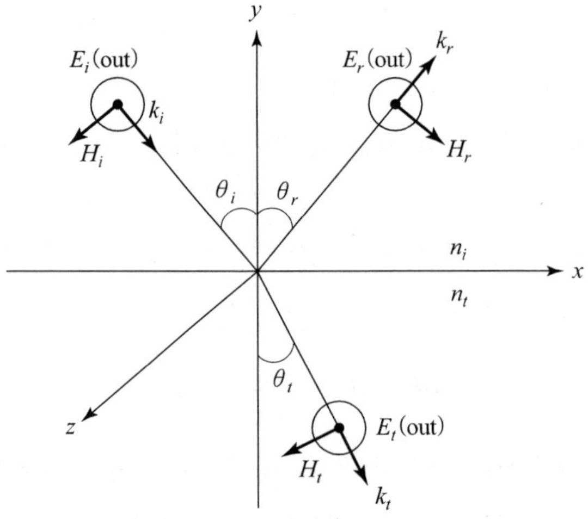

그림 4.8 TE－편광: 모든 전기장 벡터는 $xy-$평면에 수직이다.

투과계수는

$$\frac{E_t}{E_i}\Big]_{TE} = t_s = \frac{2\dfrac{n_i}{\mu_i c}\cos\theta_i}{\dfrac{n_i}{\mu_i c}\cos\theta_i + \dfrac{n_t}{\mu_t c}\cos\theta_t} = \frac{2\dfrac{n_i}{\mu_i}\cos\theta_i}{\dfrac{n_i}{\mu_i}\cos\theta_i + \dfrac{n_t}{\mu_t}\cos\theta_t} \tag{4.3.9}$$

와 같이 주어진다. 많은 경우에 $\mu_i = \mu_t \approx \mu_0 = 1$와 같은 유전체 표면에서의 반사와 굴절을 취급한다. 이때에 반사계수와 투과계수는 각각

$$\frac{E_r}{E_i}\Big]_{TE} = r_s = \frac{n_i\cos\theta_i - n_t\cos\theta_t}{n_i\cos\theta_i + n_t\cos\theta_t} \text{: 반사파와 입사파 전기장의 상대 크기} \tag{4.3.10}$$

$$\frac{E_t}{E_i}\Big]_{TE} = t_s = \frac{2n_i\cos\theta_i}{n_i\cos\theta_i + n_t\cos\theta_t} \text{: 투과파와 입사파 전기장의 상대 크기} \tag{4.3.11}$$

이 된다.

4.3.2 TM-편광

TM-편광의 경우는 자기장 벡터가 경계면에 평행이므로(그림 4.9 참조)

$$H_i - H_r = H_t \tag{4.3.12}$$

$$\frac{1}{\mu_i v_i}E_i - \frac{1}{\mu_r v_r}E_r = \frac{1}{\mu_t v_t}E_t \tag{4.3.13}$$

$$E_i\cos\theta_i + E_r\cos\theta_i = E_t\cos\theta_t \tag{4.3.14}$$

와 같은 경계조건을 만족해야 한다. 이러한 경계조건을 이용하여 반사파와 투과파에 대한 전기장의 크기를 입사파의 전기장 크기로 나누면,

$$\frac{E_r}{E_i}\Big]_{TM} = r_p = \frac{k_i\cos\theta_t - k_t\cos\theta_i}{k_r\cos\theta_t + k_t\cos\theta_i} = \frac{n_i\cos\theta_t - n_t\cos\theta_i}{n_i\cos\theta_t + n_t\cos\theta_i} \tag{4.3.15}$$

$$\frac{E_t}{E_i}\Big]_{TM} = t_p = \frac{2k_i\cos\theta_i}{k_t\cos\theta_i + k_i\cos\theta_t} = \frac{2n_i\cos\theta_i}{n_t\cos\theta_i + n_i\cos\theta_t} \tag{4.3.16}$$

와 같은 관계식을 얻는다.

지금까지 얻은 4개의 계수, 즉, r_s, t_s, r_p, t_p을 프레넬 계수(Fresnel coefficients)라고 한다. 프레넬 계수를 $n = n_t/n_i$와 $\sin\theta_i = n\sin\theta_t$의 관계를 사용하여 다시 정리하면,

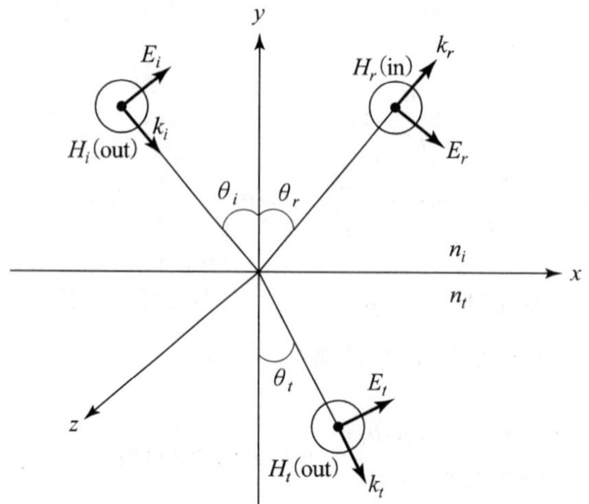

그림 4.9 TM－편광: 모든 자기장 벡터는 xy－평면에 수직이다.

$$r_s = \frac{\cos\theta_i - n\cos\theta_t}{\cos\theta_i + n\cos\theta_t} = -\frac{\sin(\theta_i - \theta_t)}{\sin(\theta_i + \theta_t)} = \frac{\cos\theta_i - \sqrt{n^2 - \sin^2\theta_i}}{\cos\theta_i + \sqrt{n^2 - \sin^2\theta_i}} \tag{4.3.17}$$

$$r_p = \frac{-n\cos\theta_i + \cos\theta_t}{n\cos\theta_i + \cos\theta_t} = -\frac{\tan(\theta_i - \theta_t)}{\tan(\theta_i + \theta_t)} = \frac{-n^2\cos\theta_i + \sqrt{n^2 - \sin^2\theta_i}}{n^2\cos\theta_i + \sqrt{n^2 - \sin^2\theta_i}} \tag{4.3.18}$$

$$t_s = \frac{2\cos\theta_i}{\cos\theta_i + n\cos\theta_t} = \frac{2\cos\theta_i \sin\theta_t}{\sin(\theta_i + \theta_t)} \tag{4.3.19}$$

$$t_p = \frac{2\cos\theta_i}{n\cos\theta_i + \cos\theta_t} = \frac{2\cos\theta_i \sin\theta_t}{\sin(\theta_i + \theta_t)\cos(\theta_i - \theta_t)} \tag{4.3.20}$$

와 같이 구해진다. 식 (4.3.17)과 식 (4.3.18)로부터 반사파의 진폭은 두 물질 사이의 상대 굴절률(n), 입사하는 빛의 편광 및 입사각에 의존함을 알 수 있다. 또한, 식 (4.3.19)와 식 (4.3.20)으로부터 똑같은 입사각에 대하여 투과계수의 값이 입사하는 빛의 편광에 의존함을 알 수 있다. 만일, 입사파가 경계면에 수직 입사하는 경우에 θ_i와 θ_t는 '영'이 되며, 이때에 TE－편광과 TM－편광에 대한 반사계수는 똑같이

$$r_s = r_p = \frac{1-n}{1+n} \tag{4.3.21}$$

이 된다. 식 (4.3.21)의 값은 상대 굴절률이 '1'보다 크냐 아니면 작으냐에 따라서 (+) 또는 (−)의 값을 가지게 된다. r_s의 값이 (−)가 됨은 반사파의 위상이 입사파의 위상에

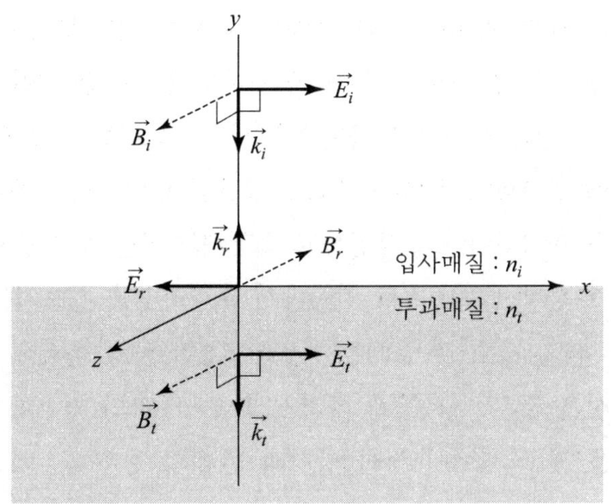

그림 4.10 입사 매질의 굴절률($=n_i$)이 투과 매질의 굴절률($=n_t$)보다 작을 때, 경계면(xz–면)에 수직 입사하는 전자기파의 입사파, 반사파 및 투과파의 모양

대해 180° 변함을 의미한다. 이는 소한매질에서 밀한매질로 즉, 공기($n_i= 1$)에서 유리($n_t= \sim 1.5$)로 빛이 입사하는 경우에 유리면으로부터 반사되는 반사파의 위상이 입사파의 위상에 비해 180° 변함을 의미한다(그림 4.10 참조). 그림 4.10에서 입사면은 xy–면이며, 경계면은 xz–평면이다. 반면에, 유리에서 공기로 빛이 입사하는 경우는 상대 굴절률이 '1'보다 작으므로 반사파에 대한 전기장 벡터의 방향은 입사파의 전기장 벡터와 같은 방향을 가지게 된다. 즉, 반사파는 입사파와 동일한 위상을 가지므로, 입사파와 반사파가 중첩되는 영역에서는 보강간섭을 일으키게 된다.

위에서 설명한 내용을 바탕으로 굴절률이 1.5인 투명유리에 레이저를 통과시키면서 레이저의 세기를 증가시키면 유리의 어느 부분에서 손상이 일어나는 지에 대해서 생각하여보자(그림 4.11 참조).

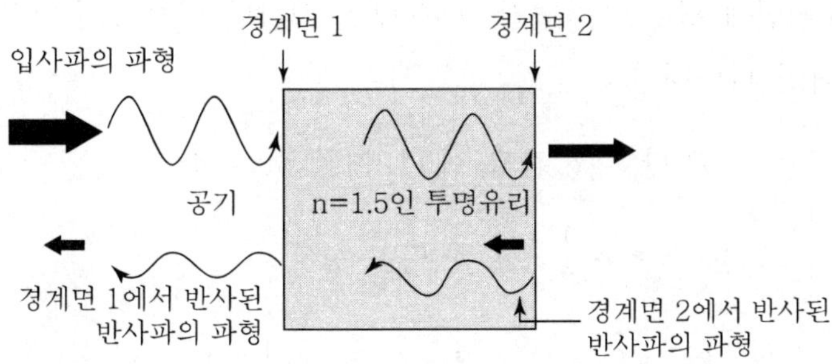

그림 4.11 입사파와 반사파의 보강간섭에 의한 유리의 손상

레이저의 세기가 증가하면 경계면 1에서 강한 레이저가 처음 부딪치므로 경계면 1에 손상을 입게 된다. 하지만, 경계면 1에서 약 4%가 반사되면서 약간 약해진 빛이 유리를 통과하면서 경계면 2의 유리 안쪽에 손상을 가져오게 된다. 그 이유는 유리에서 공기의 경계면 2에서 반사되는 경우에 입사파와 반사가 서로 보강간섭을 일으키기 때문이다. 유리의 굴절률이 1.5, 공기의 굴절률이 1.0이라고 가정하고 수직 입사하는 경우에 반사계수는 0.2가 된다. 입사파와 반사파가 경계면 2의 바로 안쪽에서 보강간섭을 일으키는 경우에 빛의 세기 ($(1+0.2)^2 = 1.44$)는 44% 정도 증가하므로 경계면 2의 바로 안쪽에 손상을 입게 된다.

여기서 지적하고 싶은 것은 저자들에 따라서 TM－편광의 경우에 반사파의 전기장과 자기장의 벡터 방향을 본 교재에서 정한 방향과 반대의 경우를 (+)로 나타내고 있다는 것이다. 그 결과 TM－편광된 빛이 굴절률이 작은 소한매질에서 밀한매질로 입사할 경우에 반사파의 위상이 180°가 차이가 난다는 설명을 하기위해 r_p 대신에 $-r_p$를 사용하기도 한다. 본 교재에서 사용한 부호와 반대의 경우를 사용하면, 경계면에 수직 입사하는 빛의 경우에 TE－편광과 TM－편광의 물리적인 차이가 없음에도 불구하고 수직 입사에 대해서 TE－편광과 TM－편광된 빛들의 전기장과 자기장을 나타내는 벡터에 대하여 서로 다르게 정의해야하는 문제가 제기된다.

4.3.3 반사율

앞 절에서 구한 반사계수는 입사파의 전기장 진폭에 대한 반사파 전기장의 진폭의 비(ratio)를 의미하지만, 반사율은 단위 시간당 입사하는 에너지에 대한 반사 에너지의 비를 의미한다. 이를 수식으로 표현하면,

$$\text{반사율}(R):\ R \equiv \frac{\text{단위 시간당 반사 에너지}}{\text{단위 시간당 입사 에너지}} \tag{4.3.22}$$

와 같다. 또한 경계면에 평행한 단면적 A에 단위 시간당 입사하는 평균 에너지를 포인팅 벡터를 사용하여 나타내면,

$$P(\text{단위 시간당 에너지}) = \langle S \rangle A \tag{4.3.23}$$

$$\langle S \rangle = \frac{1}{2} v \varepsilon E^2 = \frac{1}{2} \frac{n}{\mu c} E^2$$

$$\left(n = \frac{c}{v},\ c = \frac{1}{\sqrt{\varepsilon_0 \mu_0}},\ v = \frac{1}{\sqrt{\varepsilon \mu}} \right)$$

와 같이 표현된다. 따라서 입사각과 반사각이 서로 같은 TE－편광과 TM－편광에 대한 반사율은 각각

$$R_s = \frac{P_r}{P_i} = \frac{< S_r > A\cos\theta_r}{< S_i > A\cos\theta_i} = \left|\frac{E_r}{E_i}\right|^2_{TE} = |r_s|^2$$

$$R_p = \frac{P_r}{P_i} = \frac{< S_r > A\cos\theta_r}{< S_i > A\cos\theta_i} = \left|\frac{E_r}{E_i}\right|^2_{TM} = |r_p|^2 \tag{4.3.24}$$

와 같이 된다[식 (4.3.24)에서 $A\cos\theta_i$ 및 $A\cos\theta_r$에 대해서는 그림 4.12를 참조, 물론 입사각과 반사각은 서로 같다].

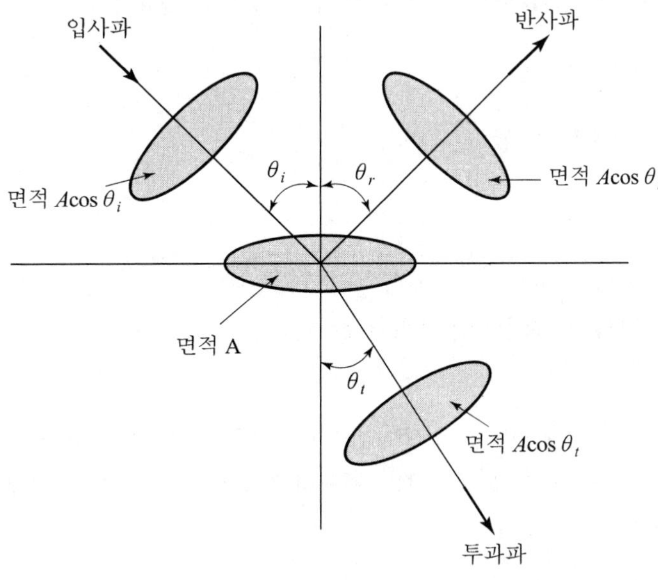

그림 4.12 경계면에서 면적 A를 입사파, 반사파 및 투과파의 진행방향에 수직인 면적에 대한 표현

식 (4.3.24)에서 P_i는 입사하는 빛의 단위 시간당 평균 에너지이며, P_r은 경계면에서 반사된 빛의 단위 시간당 에너지이다. 마찬가지로 투과율도 단위 시간당 입사하는 에너지에 대한 투과되는 에너지의 비를 의미하므로

$$\text{투과율}(T):\ T \equiv \frac{\text{단위 시간당 통과 에너지}}{\text{단위 시간당 입사 에너지}} \tag{4.3.25}$$

와 같이 표현된다. 이를 포인팅 벡터를 이용하여 나타내면,

$$T = \frac{P_t}{P_i} = \frac{< S_t > A_t}{< S_i > A_i} = \frac{< S_t > A\cos\theta_t}{< S_i > A\cos\theta_i} \tag{4.3.26}$$

$$= \frac{n_t E_t^2 \cos\theta_t}{n_i E_i^2 \cos\theta_i} = \frac{n_t \cos\theta_t}{n_i \cos\theta_i}\left(\frac{E_t}{E_i}\right)^2$$

와 같이 되므로, TE－편광에 대한 투과율은 $T_s = \frac{n_t \cos\theta_t}{n_i \cos\theta_i}|t_s|^2$이 된다. 따라서 TE－편광에 대한 반사율과 투과율의 합을 구하면,

$$R_s + T_s = |r_s|^2 + \frac{n_t \cos\theta_t}{n_i \cos\theta_i}|t_s|^2 \tag{4.3.27}$$

$$= \left[\frac{\cos\theta_i - n\cos\theta_t}{\cos\theta_i + n\cos\theta_t}\right]^2 + \frac{n\cos\theta_t}{\cos\theta_i}\left[\frac{2\cos\theta_i}{\cos\theta_i + n\cos\theta_t}\right]^2$$

$$= 1\ (n_t / n_i = n)$$

이 되어 에너지가 보존됨을 알 수 있다.

예제 1

수직 입사의 경우 반사 및 투과율에 대하여 알아보라.

해답 한 예로서 빛이 경계면에 수직으로 입사하는 경우를 생각하여 보자. 이 경우에 입사각과 굴절각은 $\theta_i = \theta_t = 0$ 이 되므로 TE－편광과 TM－편광에 대한 반사계수 및 투과계수를 구하면,

$$r_s = r_p = \frac{n_i - n_t}{n_i + n_t}, \quad t_s = t_p = \frac{2n_i}{n_i + n_t}$$

이 된다. 이를 이용하여 반사율과 투과율을 구하여 함께 더하면,

$$R_s + T_s = \left[\frac{n_i - n_t}{n_i + n_t}\right]^2 + \frac{n_t}{n_i}\left[\frac{2n_i}{n_i + n_t}\right]^2 = 1$$

이 성립함을 알 수 있으며, 이로부터 에너지가 보존됨을 알 수 있다.

수직 입사인 경우에 TE－편광 및 TM－편광된 빛의 반사율은 $R_s = R_p = [n-1/n+1]^2$이 되므로 두 매질 사이의 굴절률 차이가 클수록 상대 굴절률 n의 값이 커지므로 반사된 빛의 양은 커지게 된다. 따라서 굴절률이 1.5인 유리와 공기와의 경계면에 빛이 수직 입

사되는 경우에 반사되는 반사율은 $R_s = R_p = [n-1/n+1]^2 = [0.5/2.5]^2 = 0.04$로서 약 4 %가 반사된다. 하지만 카메라 등에서와 같이 여러 개의 렌즈를 사용하는 경우에 각 면에서 일어나는 4 % 정도의 반사에 기인한 전체적인 효과는 크다. 따라서 이러한 반사를 줄이기 위하여 고급 기종의 카메라나 광학 기기의 렌즈에는 무반사 코팅을 한다.

4.3.4 외부 및 내부반사

광학적 성질이 서로 다른 두 매질의 경계면에서 일어나는 빛의 반사는 크게 두 가지로 구별할 수 있다. 첫째는, 입사하는 쪽에 있는 물질의 굴절률이 굴절되어 나오는 쪽에 있는 물질의 굴절률보다 작은 경우(외부반사)이고, 둘째는 이와 정 반대인 경우(내부반사)이다.

① 외부반사

외부반사는 입사매질의 굴절률(n_i)이 투과매질의 굴절률(n_t)보다 작기 때문에 상대굴절률의 값(n)이 $n = \dfrac{n_t}{n_i} > 1$인 경우를 말한다. $n > 1$이므로 모든 입사각에 대한 TE-편광 및 TM-편광의 반사 및 투과계수가 실수의 값을 가진다. 그림 4.13에 굴절률이 1.5인 유리에 대한 외부반사의 경우 입사각에 대한 E_r/E_i와 $|E_r/E_i|^2$을 그래프로 나타내었다. 그림 4.13(b)로부터 약 30°까지의 입사각에 대해서는 반사율이 약 0.04(4 %) 정도

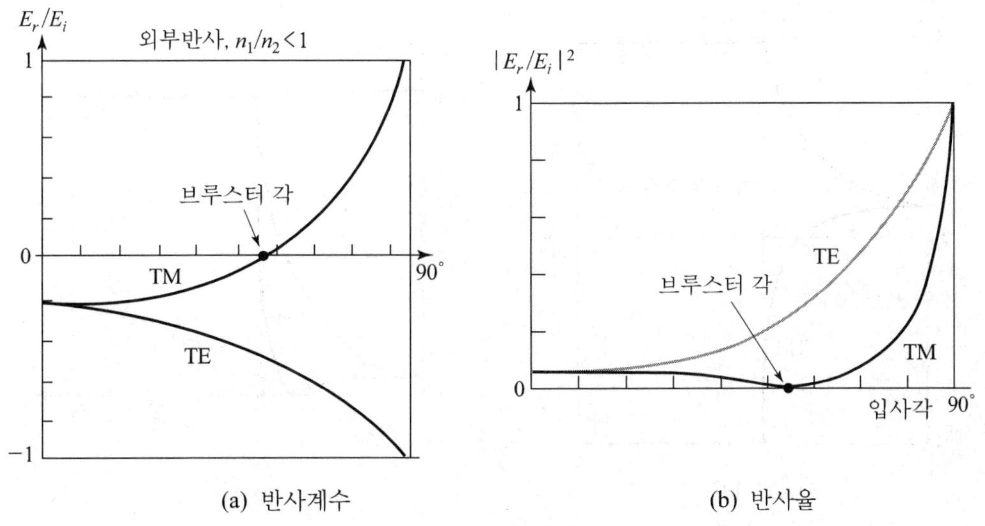

(a) 반사계수 (b) 반사율

그림 4.13 굴절률이 1.5인 유리에 대한 외부반사

를 유지하다가 경계면과 비스듬하게 입사하는 경우(입사각이 거의 90°)에는 1(100 %)로 갑자기 증가함을 알 수 있다.

② **내부반사($n_i > n_t$, 즉 $n < 1$인 경우)**

내부반사의 경우에는 입사매질의 굴절률이 투과매질의 굴절률보다 크므로, 상대 굴절률(n)에 대해 $\sin\theta_i > n$ $[\theta_i > \sin^{-1}(n)]$을 만족하는 특수 각이 존재하게 되는데 이를 임계각이라 한다. 공기에 대한 상대 굴절률이 1.5인 유리의 경우에 임계각은

$$\theta_{critical} = \sin^{-1}\frac{1}{1.5} \approx 41°$$

가 되며, 이보다 큰 각으로 입사하는 모든 빛은 경계면으로부터 100 % 반사하게 된다. 이와 같이 임계각보다 큰 각으로 입사하는 빛에 대해 100 % 반사한다는 사실은 식 (4.3.17)과 식 (4.3.18)을 사용하면 쉽게 증명이 된다.

입사각이 임계각보다 큰 경우에 식 (4.3.17)과 식 (4.3.18)의 제곱근 안의 값은 복소수가 되어 각각

$$r_s = \frac{\cos\theta_i - \sqrt{n^2 - \sin^2\theta_i}}{\cos\theta_i + \sqrt{n^2 - \sin^2\theta_i}} = \frac{\cos\theta_i - i\sqrt{\sin^2\theta_i - n^2}}{\cos\theta_i + i\sqrt{\sin^2\theta_i - n^2}} \tag{4.3.17a}$$

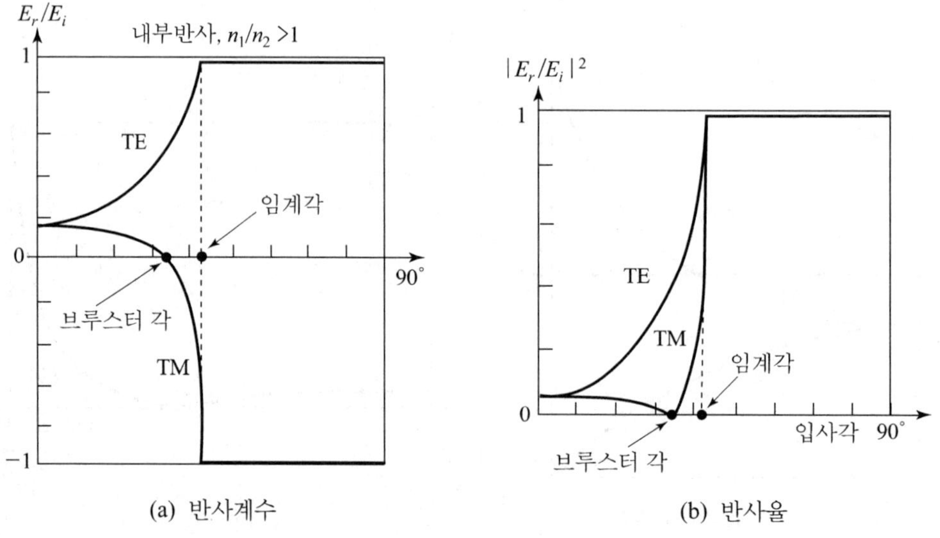

그림 4.14 굴절률이 1.5인 유리에 대한 내부반사

$$r_p = \frac{-n\cos\theta_i + \cos\theta_t}{n\cos\theta_i + \cos\theta_t} = \frac{-n^2\cos\theta_i + \sqrt{n^2 - \sin^2\theta_i}}{n^2\cos\theta_i + \sqrt{n^2 - \sin^2\theta_i}} = \frac{-n^2\cos\theta_i + i\sqrt{\sin^2\theta_i - n^2}}{n^2\cos\theta_i + i\sqrt{\sin^2\theta_i - n^2}}$$

(4.3.18a)

와 같이 표현된다. 따라서 반사율(R)은 $R_s = |r_s|^2 = r_s r_s^*$ 또는 $R_p = |r_p|^2 = r_p r_p^*$이므로 이를 이용하여 반사율($R$)을 구해보면 $R = 1$이 됨을 쉽게 알 수 있으며, 이는 입사 에너지 모두가 경계면으로부터 반사됨을 의미한다. 참고로 그림 4.14는 굴절률이 1.5인 유리에 대한 내부반사의 경우, 입사각에 대한 E_r / E_i와 $|E_r / E_i|^2$의 그래프이다.

4.4 브루스터 각(Brewster angle)

TM－편광의 경우에 반사계수(r_p)가 '영'이 되는 특수한 입사각이 존재하는데 이 각을 편광 각(polarizing angle) 또는 브루스터 각(θ_B: Brewster angle)이라 한다. 굴절률이 1.0인 공기와 굴절률이 1.5인 유리의 경계면에 대한 브루스터 각은 $56.31°$이 되며, 브루스터 각으로 입사한 빛의 경우에 TM－편광된 빛이 반사되지 않으므로 반사파는 완전 TE－편광된 빛이 되어 브루스터 각을 편광 각이라고도 한다. 이는 입사각과 굴절각이 $\theta_i + \theta_t = 90°$ 되는 조건하에서 일어나므로, $\theta_B = \tan^{-1}(n_t / n_i) = \tan^{-1} n$와 같은 관계식이 얻어진다(보다 자세한 것은 8.3.2절 참조). θ_B로 입사하는 경우에 $r_p = 0$이 되므로, 이는 레이저에서와 같이 반사에 의한 빛의 손실을 줄이는 데 활용되고 있다. 한편, 브루스터 각에서 TE－편광된 빛의 반사율은 약 15 % 정도이다. TM-편광된 빛의 반사계수가 '0'이 되는 조건을 구해보면 식 (4.4.1)과 같다.

$$r_p = \frac{-n^2\cos\theta_i + \sqrt{n^2 - \sin^2\theta_i}}{n^2\cos\theta_i + \sqrt{n^2 - \sin^2\theta_i}} = 0 \;\Rightarrow\; -n^2\cos\theta_i + \sqrt{n^2 - \sin^2\theta_i} = 0 \qquad (4.4.1)$$

식 (4.4.1)의 양변을 제곱하여 정리하면 다음과 같다.

$$n^4\cos^2\theta_i = n^2 - \sin^2\theta_i \qquad (4.4.2)$$

$$(n^2 - 1)(n^2\cos^2\theta_i + \cos^2\theta_i - 1) = 0$$

굴절률이 서로 다른 두 매질에 대한 상대 굴절률(n)은 $n \neq 1$이므로 식 (4.4.2)로부터

$$n^2 \cos^2\theta_i + \cos^2\theta_i - 1 = 0 \tag{4.4.3}$$

인 조건이 얻어지며, 식 (4.4.3)으로부터

$$n^2 \cos^2\theta_i = \sin^2\theta_i$$

한 관계를 얻을 수 있다. 이를 정리하면,

$$n = \tan\theta_i \;\Rightarrow\; \theta_i = \tan^{-1} n \;\Rightarrow\; \text{브루스터 각}$$

이 되며, 이는 상대 굴절률이 n인 매질에 대한 브루스터 각에 대한 표현식이 된다.

공기로부터 굴절률이 1.5인 유리 내로 빛이 입사할 때에 외부반사에 대한 브루스터 각은

$$\theta_B = \tan^{-1} 1.5 \approx 56.31° \tag{4.4.4}$$

이 되며, 유리에서 공기로 입사할 경우에 일어나는 내부반사에 대한 브루스터 각은

$$\theta_B = \tan^{-1}\left(\frac{1}{1.5}\right) \approx 33.69° \tag{4.4.5}$$

이다. 빛의 굴절률은 파장에 따라서 변화되므로 엄밀히 말해 브루스터 각은 빛에 대한 파장의 함수가 된다. 하지만 가시영역 내에서의 굴절률의 변화는 매우 작으며, 이러한 브루스터 각은 레이저 시스템에서 매우 중요하다. 편광되지 않은 빛이 브루스터 각으로 입사하면, 반사된 빛은 입사면에 수직한 전기장 벡터를 가지고 선형 편광되므로 투과된 빛도 부분적으로 편광이 일어난다. 브루스터 각에서 반사에 의한 편광은 효율적이지 못한데 그 이유는 약 15 %만이 반사되기 때문이다. 그래서 이러한 배치를 여러 번 함으로써 투과파의 편광 정도를 높일 수 있다.

※ **브루스터 창**(Brewster window) : TM－모드로 선형 편광된 빛이 그림 4.15에서와 같이 두 개의 평행한 면을 가진 유리에 브루스터 각으로 입사하는 경우를 생각해보자. 이때에 브루스터 각으로 입사하는 TM－선형 편광된 빛이 처음 유리면과 부딪치는 첫 번째 경계면에서의 반사는 없다. 또한 두 번째 경계면에 대한 입사각 θ_r도 내부반사에 대한 브루스터 법칙을 만족하므로 두 번째 면으로부터의 내부반사도 존재하지 않는다. 그 결과 브루스터 각으로 입사한 빛이 모두 경계면을 통과하게

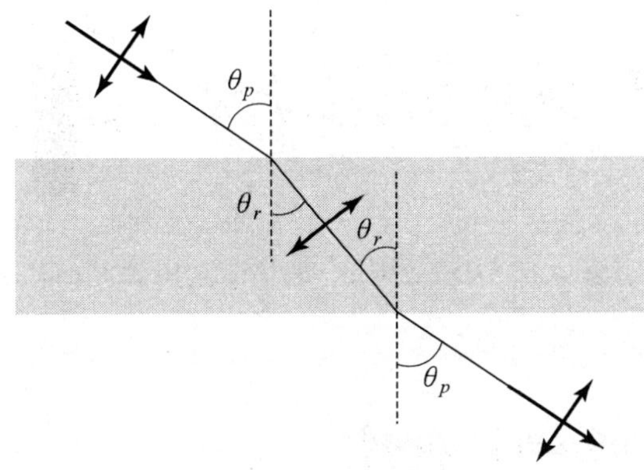

그림 4.15 브루스터 창

되어 경계면에서의 반사에 의한 손실은 전혀 없게 된다. 이러한 경우를 브루스터 창이라 하는데, 레이저 응용에 있어서 광범위하게 사용되고 있다.

한 예로서 TM-선형 편광된 빛이 공기($n_i = 1$)에서 유리($n_t = 1.5$)로 입사하는 경우에 브루스터 각은 식 (4.4.4)에 의하여 약 $\theta_B \approx 56.31°$가 된다. 스넬의 법칙을 사용하여 이 경우에 대한 빛이 처음 유리면과 부딪치는 경계면에서의 굴절각을 구해보면,

$$1 \cdot \sin 56.31° = 1.5 \cdot \sin\theta_r \Rightarrow \sin\theta_r = \frac{0.8321}{1.5} = 0.5547$$

로부터 $\theta_r = 33.69°$을 얻게 된다. 그림 4.15에서 빛이 경계면 2에 부딪치는 경우는 밀한 매질에서 소한매질로 빛이 $\theta_r = 33.69°$로 입사하는 경우가 된다. 이는 내부반사에 의한 브루스터 각이

$$\theta_{Brewster} = \tan^{-1}\left(\frac{1}{1.5}\right) \approx 33.69°$$

와 같이 되어 내부 면에서의 반사도 없게 됨을 알 수 있다. 따라서 브루스터 각으로 입사한 빛은 두 경계면을 모두 통과하게 된다. 일부 레이저(예를 들면 아르곤 이온레이저)는 반사에 의한 손실을 줄이기 위하여 브루스터 창을 이용한다(그림 4.16).

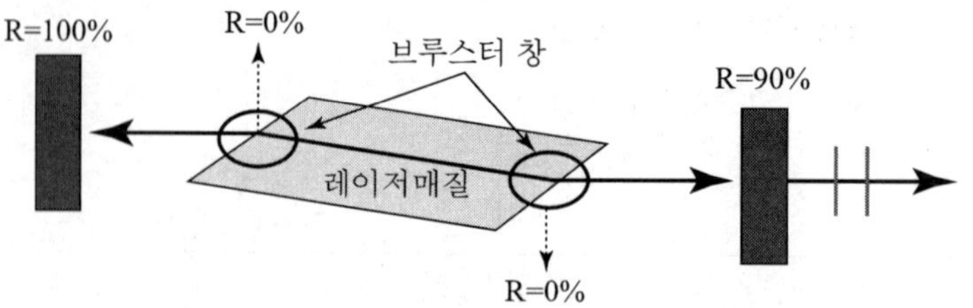

그림 4.16 아르곤이온 레이저에서의 브루스터 창

4.5 표면파(Evanescent wave)

밀도가 큰 매질에서 작은 매질로 빛이 입사할 경우에 입사파, 반사파 및 투과파의 세기에 대해서 알아보았다. 특히 임계각보다 큰 각($\theta_c \leq \theta_i \leq 90°$)으로 입사하는 경우에 경계면에서 전반사가 일어나 모든 입사 에너지가 입사매질로 반사됨을 알았다. 그렇다면 이러한 전반사는 절대적으로 옳은 것인가? 다시 말해서 경계면을 지나 밀도가 작은 두 번째 매질 내에는 전자기파가 전혀 존재하지 않느냐하는 문제다. 사실은 그렇지 않고 경계면을 지나 두 번째 매질 내의 작은 영역에 걸쳐 전자기파에 의한 전기장과 자기장이 존재하는 데, 이러한 빛을 표면파라 부른다. 이는 투과된 빛의 전기장에 대한 파동함수를 고려함으로서 이해가 가능하다. 투과된 빛에 대한 전기장은

$$\vec{E}_{trans} = \vec{E_t}\, e^{i(\vec{k_t} \cdot \vec{r} - \omega t)} \tag{4.5.1}$$

와 같이 표현되며, $\vec{k_t}$는 투과매질에서의 파수벡터, ω는 입사하는 빛의 진동수이다. 또한 식 (4.5.1)에서의 $\vec{k_t} \cdot \vec{r}$ (그림 4.17 참조)은

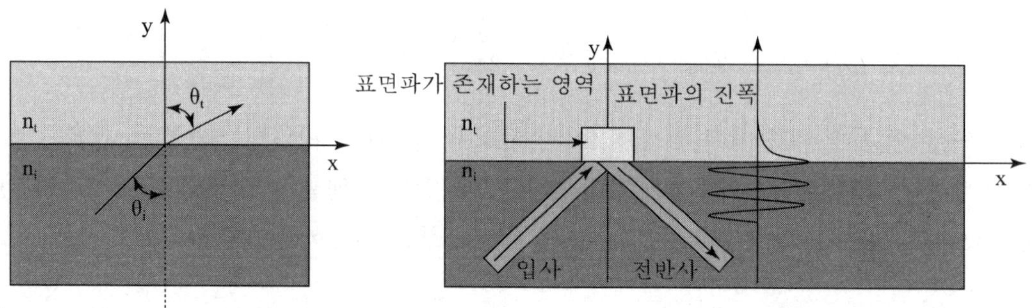

그림 4.17 밀한매질에서 소한매질로 진행하는 빛의 표면파에 대한 그림

$$\vec{k_t}\cdot\vec{r}=(k_t\sin\theta_t\hat{x}+k_t\cos\theta_t\hat{y})\cdot(x\hat{x}+y\hat{y})=k_t\,x\sin\theta_t+k_t\,y\cos\theta_t \tag{4.5.2}$$

$$=k_t\,x\sin\theta_t+k_t\,y\sqrt{1-\frac{\sin^2\theta_i}{n^2}}$$

$$=k_t\,x\sin\theta_t+i\,k_t\,y\sqrt{\frac{\sin^2\theta_i}{n^2}-1}$$

와 같이 표현되며, 식 (4.5.2)의 최종 표현식을 얻기 위하여 스넬의 법칙을 사용하였으며, $n=n_t/n_i$은 두 매질에 대한 상대 굴절률이다. 식 (4.5.2)에서 $\cos\theta_t$는 다음과 같이 표현된다. 즉,

$$\cos\theta_t=\sqrt{1-\frac{\sin^2\theta_i}{n^2}}=i\sqrt{\frac{\sin^2\theta_i}{n^2}-1} \tag{4.5.3}$$

전반사가 일어나기 위한 조건은 $\sin\theta_i>n$이므로 식 (4.5.3)에서 $\cos\theta_t$는 허수가 됨을 의미한다. 식 (4.5.2)를 식 (4.5.1)에 대입하면, 식 (4.5.1)은

$$\vec{E}_{trans}=\vec{E_t}\,e^{i\left(k_t\,x\sin\theta_t+i\,k_t\,y\sqrt{\frac{\sin^2\theta_i}{n^2}-1}-\omega t\right)}=\vec{E_t}\,e^{-\alpha y}e^{i(k_1x-\omega t)} \tag{4.5.4}$$

으로 표현되며, 여기서

$$\alpha=k_t\sqrt{\frac{\sin^2\theta_i}{n^2}-1}\ \text{ 및 }\ k_1=k_t\sin\theta_t=\frac{k_t\sin\theta_i}{n} \tag{4.5.5}$$

이다. 식 (4.5.4)에서 $e^{-\alpha y}$은 빛이 경계면으로부터 소한매질로 진행할 때 침투깊이(그림 4.17에서 y 방향으로 침투깊이)에 따라서 표면파의 진폭이 지수 함수적으로 감쇄됨을 의미한다. 식 (4.5.4)의 복소 지수함수 $e^{i(k_1x-\omega t)}$는 $x-$방향(경계면에 나란하게)으로 $\omega/k_1=\omega n/k_t\sin\theta_i$의 위상속력을 가지고 진행하는 조화파에 대한 표현식으로 위상속도 ω/k_1는 밀한매질에서의 평면파에 대한 위상속도(ω/k_i)보다도 $1/\sin\theta_i$만큼 더 크다. 즉, 입사매질에서의 파수벡터를 k_i라고 하면, $k_i=n_ik_0$(k_0: 진공에서의 파수벡터, n_i: 입사매질의 굴절률), 투과매질에서의 파수벡터는 $k_t=n_tk_0$로 표현된다[자세한 것은 식 (4.2.8) 참조]. 따라서 표면파에 대한 위상속도는 $\frac{\omega}{k_1}=\frac{\omega n}{k_t\sin\theta_i}=\frac{\omega}{n_tk_0\sin\theta_i}\frac{n_t}{n_i}=$

$\frac{\omega}{n_i k_0 \sin\theta_i} = \frac{\omega}{k_i}\frac{1}{\sin\theta_i}$ 이 되며, 입사매질인 밀한매질에서의 위상속도보다 $1/\sin\theta_i$ 만큼 더 큼을 알 수 있다.

x - 방향으로 진행하는 파의 진폭은 y - 방향으로 매우 급격히 감쇄한다. 파의 진폭이 $y = 0$ 인 경계면에서의 진폭 값의 $1/e$ 로 떨어지는 거리를 침투깊이라고 한다. 따라서 표면파에 대한 침투깊이 $l(\alpha l = 1$이 되는 깊이)은

$$l = \frac{1}{k_t\sqrt{\frac{\sin^2\theta_i}{n^2} - 1}} \tag{4.5.6}$$

와 같이 주어진다. 입사하는 빛의 파장이 $\lambda = 500\,\mathrm{nm}$ 이며, 유리($n_i = 1.5$)에서 공기($n_t = 1.0$)로 입사각 $\theta_i = 45°$로 입사하는 경우에 침투깊이는 $|l| \sim 200\,\mathrm{nm}$로 입사하는 빛의 파장정도이다. 이와 같이 소한매질로 침투된 표면파는 손실이 없는 매질(lossless medium)에 의해 흡수되는 것이 아니라 경계면으로 되돌아온다.

표면파가 소한매질 내에 존재한다는 사실은 실험적으로 설명이 된다. 표면파의 존재를 설명해주는 한 예를 그림 4.18에 나타내었다. 그림 4.18은 두 개의 45 - 90 - 45°의 유리프리즘을 대각선 방향으로 서로 마주 보되 접촉되지 않게 배치된 것을 나타낸 것이다. 프리즘 1과 프리즘 2 사이에 있는 소한매질의 경계층을 통과한 빛은 두 프리즘 사이의 간격에 의존하는 것으로 알려졌으며 이는 표면파의 존재를 설명해 주는 한 예이다.

소한매질 내에서의 매질의 특성을 변화시키는 다른 요인들이 없다면, 표면파는 밀한매질로 되돌아간다. 그림 4.18에서 빛이 입사하는 프리즘 1은 밀한매질의 역할을 하며, 경계면 주위에 있는 공기가 소한매질의 역할을 한다. 따라서 소한매질에 있는 프리즘 2가 없다면 경계면(프리즘 1의 대각선 면)을 통과한 표면파는 프리즘 1로 되돌아가지만,

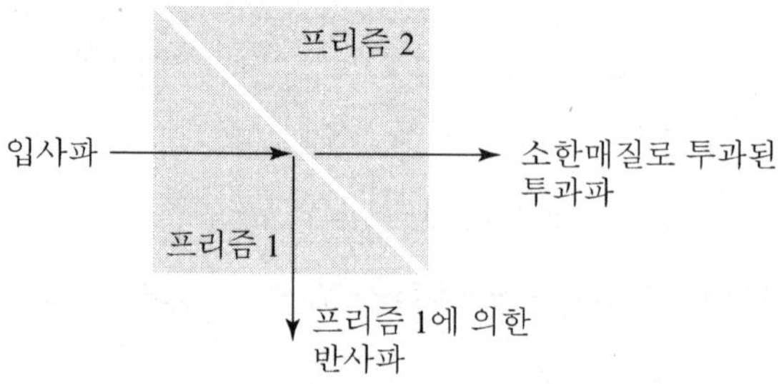

그림 4.18 표면파를 이용한 빛살가르개

프리즘 2 때문에 프리즘 2를 통과하는 투과파가 존재한다. 이는 표면파가 존재하는 증거가 되며, 이때에 프리즘 1과 프리즘 2 사이의 간격은 입사하는 빛의 파장의 수배정도로 작아야 한다. 이것이 정사각형 빗살가르개의 기본원리이다.

표면파의 존재는 레이저를 이용한 지문인식기의 그림 4.19를 보면 보다 명확해진다. 그림 4.19에서 지문인식기의 레이저 광원에서 나온 빛은 사람의 눈에 도달하지 않고 프리즘의 빗면에서 전반사되어 디지털카메라로 입사한다. 하지만 지문을 찍기 위하여 손가락을 유리면에 접촉시키면, 전반사를 일으키는 부분(광선 ①)과 일으키지 않는 부분(광선 ②)이 생기게 된다. 이러한 사실은 표면파에 의해서 생기므로 지문인식기의 원리는 기본적으로 표면파를 이용한 것이다.

지문은 손가락 표면에 울퉁불퉁한 면으로 구성되어 있다. 즉, 그림 4.19에서와 같이 지문의 들어간 부분(광선 ①이 만나는 부분)은 전반사를 일으키지만, 튀어나온 부분(광선 ②가 만나는 부분)은 실제로 프리즘과 접촉에 의해 전반사가 일어남을 방해한다. 따라서 지문에서 튀어나온 부분은 전반사가 일어나지 못하고 살짝 들어간 부분에서는 전반사가 일어나 카메라에 도달하는 빛의 세기의 차이에 의해서 지문을 인식하게 된다. 이러한 표면파는 광섬유에서 빛이 코아를 따라 진행하면서 코아와 클래이딩의 경계면에서 전반사가 일어나게 되는데(그림 4.23 참조), 표면파가 코아와 클래이딩의 경계면을 약간 지난 클래이딩 내에 존재하게 된다.

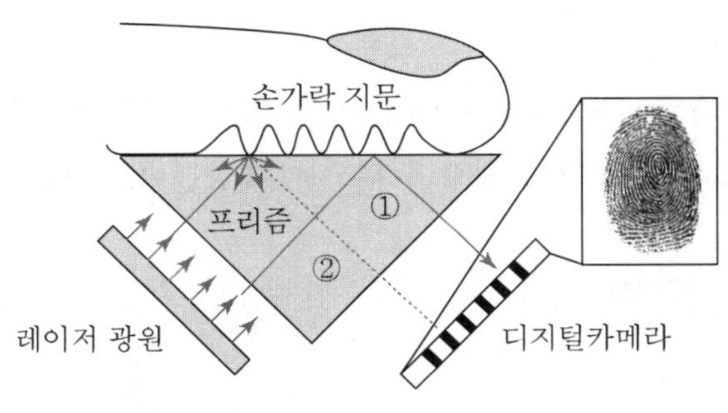

그림 4.19 지문인식기

4.6 내부 전반사에서의 위상변화

$\sin\theta_i > n$ 인 경우에, 식 (4.6.1)과 식 (4.6.2)의 제곱근의 값은 음수(−)가 되어 반사계

수(r_s, r_p)는 허수(i)를 사용하여 아래와 같이 표현할 수 있다.

$$r_s = \frac{\cos\theta_i - \sqrt{n^2 - \sin^2\theta_i}}{\cos\theta_i + \sqrt{n^2 - \sin^2\theta_i}} = \frac{\cos\theta_i - i\sqrt{\sin^2\theta_i - n^2}}{\cos\theta_i + i\sqrt{\sin^2\theta_i - n^2}} \tag{4.6.1}$$

$$r_p = \frac{-n^2\cos\theta_i + \sqrt{n^2 - \sin^2\theta_i}}{n^2\cos\theta_i + \sqrt{n^2 - \sin^2\theta_i}} = \frac{-n^2\cos\theta_i + i\sqrt{\sin^2\theta_i - n^2}}{n^2\cos\theta_i + i\sqrt{\sin^2\theta_i - n^2}} \tag{4.6.2}$$

식 (4.6.1)과 식 (4.6.2)에 공액 복소수를 곱해줌으로써 반사계수들의 절댓값의 제곱이 '1'이 됨을 쉽게 알 수 있으며, 이는 내부 입사각이 임계각보다 같거나 클 경우에 $R = 1$이 되어 전반사가 일어남을 의미한다. 또한 반사계수가 복소수로 표현됨은 위상이 입사각에 따라서 변한다는 것을 의미하며, 이를 그림 4.20에 나타내었다.

식 (4.6.1) 및 식 (4.6.2)에서 r_s, r_p의 절댓값이 둘 다 '1'이므로

$$r_s = \frac{\cos\theta_i - i\sqrt{\sin^2\theta_i - n^2}}{\cos\theta_i + i\sqrt{\sin^2\theta_i - n^2}} = e^{-i\delta_s} = \frac{ae^{-i\alpha}}{ae^{+i\alpha}} \quad (2\alpha = \delta_s) \tag{4.6.3}$$

$$r_p = \frac{-n^2\cos\theta_i + i\sqrt{\sin^2\theta_i - n^2}}{n^2\cos\theta_i + i\sqrt{\sin^2\theta_i - n^2}} = -e^{-i\delta_p} = -\frac{be^{-i\beta}}{be^{+i\beta}} \quad (2\beta = \delta_p) \tag{4.6.4}$$

와 같이 표현이 가능하다. 여기서, δ_s 와 δ_p 는 각각 TE-편광 및 TM-편광에 대한 위상의 변화를 의미한다.

복소수 $ae^{-i\alpha}$ 와 $-be^{-i\beta}$는 식 (4.6.1)과 식 (4.6.2)에서의 분자와 같으며, 이들의 공액 복소수는 식 (4.6.1)과 식 (4.6.2)에서의 분모에 해당된다. 따라서 이들을 아래와 같이

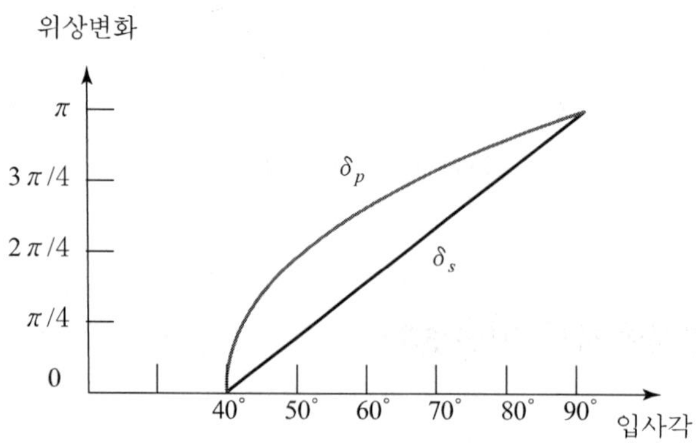

그림 4.20 내부 전반사에서의 위상변화

정리하여 α 에 대한 표현식을 구하면, 식 (4.6.8)과 같이 구해진다.

$$\cos\theta_i + i\sqrt{\sin^2\theta_i - n^2} = ae^{i\alpha} = a\cos\alpha + i\,a\sin\alpha \tag{4.6.5}$$

$$n^2\cos\theta_i + i\sqrt{\sin^2\theta_i - n^2} = be^{+i\beta} = b\cos\beta + i\,b\sin\beta \tag{4.6.6}$$

$$a\cos\alpha = \cos\theta_i \quad \text{및} \quad a\sin\alpha = \sqrt{\sin^2\theta_i - n^2} \tag{4.6.7}$$

$$\therefore\ \tan\alpha = \tan\frac{\delta_s}{2} = \frac{\sqrt{\sin^2\theta_i - n^2}}{\cos\theta_i} \tag{4.6.8}$$

마찬가지로, β에 대한 표현식은

$$\tan\beta = \tan\frac{\delta_p}{2} = \frac{\sqrt{\sin^2\theta_i - n^2}}{n^2\cos\theta_i} \tag{4.6.9}$$

와 같이 주어지므로, 이들로부터 상대적인 위상차를 구하면

$$\triangle = \delta_p - \delta_s \tag{4.6.10}$$

와 같이 주어진다. 삼각함수의 성질을 이용하면 상대적인 위상차는

$$\tan\frac{\triangle}{2} = \tan\left(\frac{\delta_p}{2} - \frac{\delta_s}{2}\right) = \frac{\tan\frac{\delta_p}{2} - \tan\frac{\delta_s}{2}}{1 + \tan\frac{\delta_p}{2}\tan\frac{\delta_s}{2}} = \frac{\cos\theta_i\sqrt{\sin^2\theta_i - n^2}}{\sin^2\theta_i} \tag{4.6.11}$$

이 된다.

예제 3 프레넬 마름모

프레넬 마름모는 선형 편광된 빛을 원형 편광의 빛으로 바꿀 수 있는 광학소자로서 프레넬에 의하여 고안되었다. 마름모꼴의 형태로서 재질은 유리로 만들어진다. 그림 4.21에서와 같이 수평축에 대하여 45°로 선형 편광된 빛이 수직 입사하는 경우를 생각해보자.

해답 입사된 빛은 그림 4.21에서와 같이 두 번의 내부반사를 거친 다음 프레넬 마름모를 나오게 된다. 처음 반사시에 TE－성분과 TM－성분 사이에 위상차가 생기게 되는데, 입사각이 54°이며, 굴절률이 1.5인 유리로 만들어진 경우에 상대적인 위상차는 식 (4.6.11)에 의하여 $\pi/4$가 되어 선형 편광된 빛이 타원 편광으로 바뀌게 된다. 한번 반사할 때마다 $\pi/4$의 위상차가 생기므로 두 번 반사를 일으키는 경우에 전체적인 상대적 위상차는

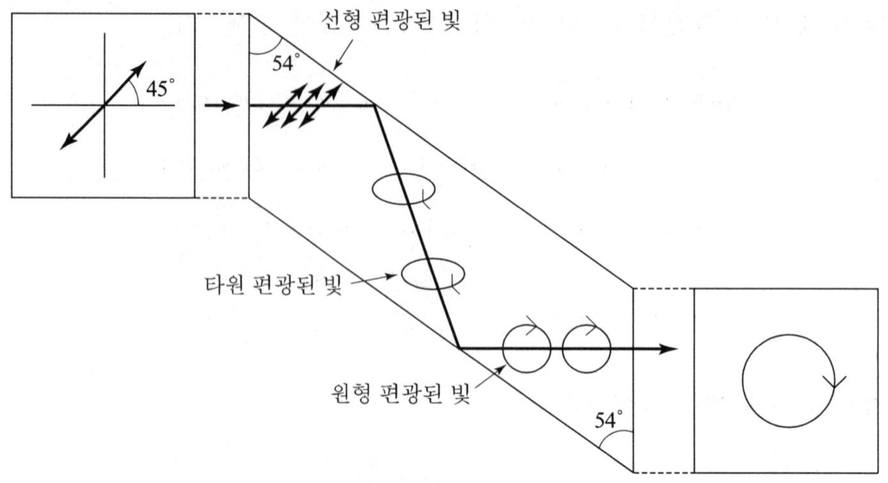

그림 4.21 선형 편광을 원형 편광으로 바꾸는 프레넬 광소자

$\pi/2$가 되어 프레넬 마름모를 나오는 빛은 원형편광의 빛으로 바뀌게 된다. 여기서 입사각이 54°가 되도록 프레넬 광소자를 설계하는 이유는 그림 4.20에서 알 수 있듯이 54°의 입사각에서 TM－편광된 빛과 TE－편광된 빛의 상대적 위상 차이가 $\pi/4$가 되기 때문이다.

광섬유(Optical Fiber)

그림 4.22에서와 같이 직경이 D, 길이가 L, 그리고 굴절률이 n_f인 광섬유의 주위를 공기($n_i = 1$)가 둘러싸고 있다고 생각하자. 이때에 광섬유의 왼쪽 경계면에서 광섬유의 중심을 통과하는 축과 입사각 θ_i를 가지고 입사한 빛은 굴절각 θ_t를 가지고 광섬유 내부를 진행하다가 광섬유와 공기와의 경계면에 부딪치게 된다.

광섬유와 공기와의 경계면에 부딪칠 때에 각도가 임계각 $\theta_c = \sin^{-1} n_a / n_f$($n_a$: 공기의 굴절률)보다 큰 각으로 부딪친다면 광섬유 내에서 전반사를 일으키면서 광섬유 안쪽으로 다시 진행하게 된다. 따라서 광섬유의 한쪽 면에서 입사각 θ_i를 가지고 입사한 빛이 광섬유를 통과하여 반대쪽 면으로 나온다면, 길이가 약 30 cm인 광섬유의 경우에 수천 번의 내부 전반사를 일으키게 된다. 이때에 입사각 θ_i를 가지고 광섬유 쪽으로 입사한 빛이 내부 전반사를 일으키면서 광섬유 내에서 진행한 실제의 길이 l은

$$l = \frac{L}{\cos\theta_t} \tag{4.7.1}$$

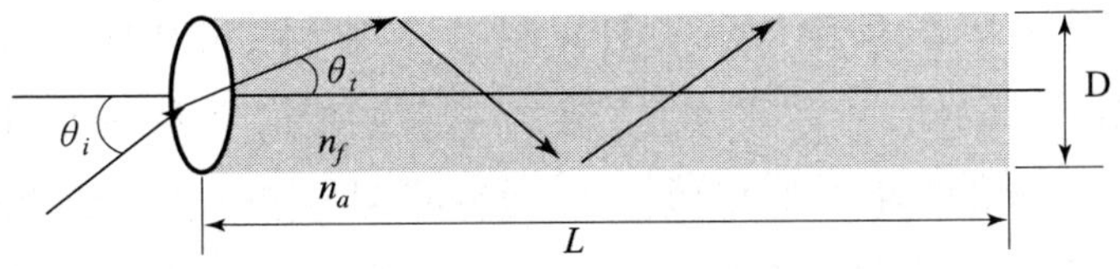

그림 4.22 광섬유 내에서의 빛의 경로

이 된다.

스넬의 법칙에 의하면,

$$n_i \sin\theta_i = n_f \sin\theta_t \ \Rightarrow n_a \sin\theta_i = n_f \sin\theta_t$$

이 되며, 이를 식 (4.7.1)에 적용하면,

$$l = \frac{L}{\cos\theta_t} = \frac{L}{(1-\sin^2\theta_t)^{1/2}} = \frac{L}{\left(1-\dfrac{n_i^2}{n_f^2} sin^2\theta_i\right)^{1/2}} \tag{4.7.2}$$

$$= \frac{n_f L}{(n_f^2 - n_i^2 \sin^2\theta_i)^{1/2}} = \frac{n_f L}{(n_f^2 - \sin^2\theta_i)^{1/2}} \quad (n_i = n_a = 1)$$

와 같은 결과를 얻는다. 광섬유의 안쪽 벽에서 반사되는 반사회수(=N)은

$$N = \frac{l \ \sin\theta_t}{D} \pm 1 \tag{4.7.3}$$

또는

$$N = \frac{l\sin\theta_t}{D} \pm 1 = \frac{l \ \dfrac{n_i}{n_f} sin\theta_i}{D} \pm 1 = \frac{\dfrac{n_i}{n_f} sin\theta_i}{D} \frac{n_f L}{(n_f^2 - n_i^2 \sin^2\theta_i)^{1/2}} \pm 1 \tag{4.7.4}$$

$$= \frac{L \ \sin\theta_i}{D\,(n_f^2 - \sin^2\theta_i)^{1/2}} \pm 1 \quad (n_a = n_i = 1)$$

와 같이 주어지며, 식 (4.7.4)로 주어진 값에서 가장 가까운 정수로 반올림한다. 식 (4.7.4)에서, ± 1은 광섬유를 통과한 광선이 나오는 쪽의 끝 면에 부딪치는 위치에 따라 결정되며, N의 값이 큰 경우에는 별로 중요하지 않다. 한 예로서 굴절률 $n_f = 1.6$, 직경 50 μm(사람의 머리카락 굵기에 해당), 그리고 길이가 $L = 30$ cm인 광섬유에 입사각 $\theta_i = 30°$로 빛이 입사하는 경우에, 약 2000번 반사된다. 광섬유는 직경이 2 μm에서 64 mm의 범위에 있는 것도 있으나, 10 μm 이하의 광섬유는 별로 사용되지 않는다.

광섬유에 있어서 표면을 통한 빛의 손실을 막기 위해서는 매끄러운 표면은 항상 깨끗이 유지되어야 한다. 또한 수많은 광섬유들을 하나의 다발로 만들 경우에 하나의 광섬유로부터 이웃하는 광섬유로의 손실이 있을 수 있는데 이를 크로스-토크(cross talk)라 한다. 이러한 것을 막기 위해서는 클래딩(cladding)이라고 하는 얇은 층을 광섬유의 표면에 만들어주며, 클래딩이 차지하는 면적은 클래딩을 포함한 광섬유 전체 단면적의 약 10 % 에 해당된다. 클래딩의 굴절률은 광섬유의 굴절률보다 작다. 일반적으로 클래딩 안쪽에 있는 물질은 코아(core)라고 하며 코아의 굴절률(n_f)은 1.62이며, 클래딩의 굴절률(n_c)은 1.52이다. 이에 대해서는 그림 4.23을 참조하기 바란다.

빛이 광섬유 속에서 전반사되면서 전달되기 위한 최대 입사각(θ_i)을 $\theta_{\max}$이라고 할 때에, 이보다 큰 각으로 입사하는 광선은 광섬유의 코아와 클래딩의 경계면에서 내부 전반사를 일으키기 위한 임계각 θ_c보다 작은 각도로 코아와 클래딩 경계면에 부딪치게 된다. 따라서 코아와 클래딩 경계면에서 부분 반사를 일으키므로 반사할 때마다 빛의 일부가 광섬유를 빠져나가게 되어 광섬유를 이용한 빛 에너지의 전달이 불가능하게 된다. 반사에 의한 빛의 부분적인 손실을 줄이기 위해서는 코아와 클래딩의 경계면에서 전반사를 일으켜야 되며, 이러한 전반사를 일으키기 위한 최대 입사각에 대한 표현식을 구해보면 아래와 같다.

광섬유의 코아 굴절률을 n_f, 그리고 클래딩의 굴절률을 n_c라고 할 때, 코아와 클래딩의 경계면에서 전반사가 일어나기 시작하는 반사각은 90°가 된다. 이때에 스넬의 법칙은 $n_f \sin\theta_c = n_c \sin 90°$와 같이 표현되므로 $\sin\theta_c = n_c/n_f$와 같은 관계식이 얻어진다.

한편, 그림 4.23으로부터 $\theta_c = 90° - \theta_t$이므로 $\sin\theta_c = n_c/n_f$의 표현식은

$$\sin\theta_c = \frac{n_c}{n_f} = \sin(90° - \theta_t) \tag{4.7.5}$$

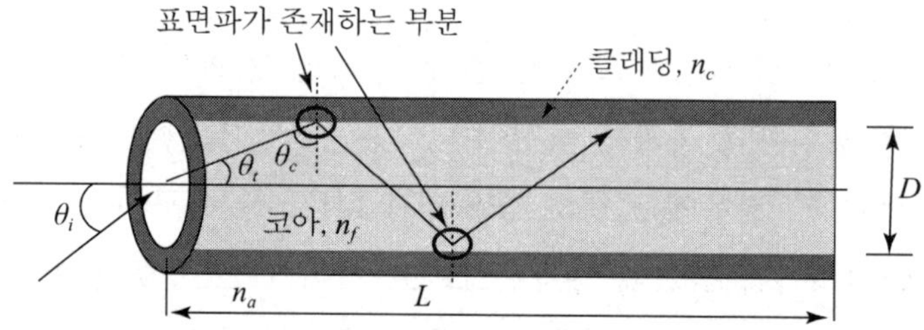

그림 4.23 클래딩이 있는 광섬유 내에서의 빛의 경로

와 같이 표현된다. 삼각함수의 성질을 이용하여 이를 다시 표현하면,

$$\frac{n_c}{n_f} = \sin 90° \cos\theta_t - \cos 90° \sin\theta_t = \cos\theta_t$$

또는

$$\frac{n_c}{n_f} = (\ 1 - \sin^2\theta_t\ )^{\frac{1}{2}} \tag{4.7.6}$$

와 같은 결과를 얻는다. 식 (4.7.6)의 양변을 제곱하여 정리하면,

$$\sqrt{n_f^2 - n_c^2} = n_f\ \sin\theta_t \tag{4.7.7}$$

이 얻어진다. 빛이 입사하는 쪽의 매질은 공기(굴절률 $n_i = 1$)이고 광섬유의 코아와 클래이딩에서 전반사를 일으키기 위한 최대 입사각을 $\theta_{\max}$라고 하면 입사각과 굴절각 사이의 관계는 스넬의 법칙에 의해서 $n_i \sin\theta_{\max} = n_f \sin\theta_t$이 된다. 이를 식 (4.7.7)과 관련지어 생각하면,

$$\sqrt{n_f^2 - n_c^2} = n_f\ \sin\theta_t\ = n_i \sin\theta_{\max} \tag{4.7.8}$$

와 같은 관계식이 얻어지며, 내부 전반사를 일으키기 위한 최대 입사각에 대한 표현식은

$$\sin\theta_{\max} = \frac{1}{n_i}\sqrt{n_f^2 - n_c^2} \tag{4.7.9}$$

와 같이 정의할 수 있다. 식 (4.7.9)에서 $n_i \sin\theta_{\max}$을 수치구경(Numerical aperture: NA)이라 하며, 수치구경의 제곱은 광학계가 빛을 모을 수 있는 능력을 표시한다. 이러한 용어는 현미경에서 유래하였으며, 현미경의 경우에 대물렌즈가 빛을 모으는 능력에 해당한다. 식 (4.7.9)에서 왼쪽의 최댓값은 '1'이며, 공기의 경우에 $n_i = 1.00028 \approx 1$이므로 수치구경의 최댓값은 '1'이다. 상업적으로 사용되는 광섬유는 약 0.2 이상부터 1.0까지의 다양한 수치구경을 가진다.

광섬유의 성능을 평가하는 데에는 dB이라는 단위를 이용하는데, 이는

$$dB = -10 \log_{10} \frac{P_o}{P_i} = \alpha\ L \tag{4.7.10}$$

와 같이 정의된다. 여기서 P_i와 P_o는 각각 광섬유에 입사하는 빛과 광섬유를 통과하는

빛의 출력(power)이며, L은 광섬유의 길이, α는 감쇄계수(attenuation coefficient)로서 dB/km로 나타낸다. 이러한 감쇄계수는 1960년에는 1000 dB/km, 1970년대에는 20 dB/km (S_iO_2), 그리고 1980년대에는 0.16 dB/km로 줄어들었다. 이러한 성능의 향상은 철, 니켈, 구리와 같은 불순물 이온들이나, OH^- 이온에 의한 결함을 줄임으로써 가능해졌다. 감쇄계수가 1000 dB/km라고 함은 1km 진행하면서 광섬유에 입사하는 빛이 $\frac{1}{10^{100}}$ 만큼 감소한다는 의미를 가진다. 또한 감쇄계수가 0.16 dB/km라 함은 빛이 광섬유를 1 km 진행하면서 약 3.62 % 감쇄함을 의미한다.

빛이 광섬유에 부딪치는 각도에 따라서 광섬유를 통과하는 광로는 수없이 많다. 또한 광섬유 내에서의 광속은 동일하므로 빛의 진행 경로 차이로 인해 광섬유를 통과하는 데 걸리는 시간도 차이가 나게 된다. 입사각이 클수록 광섬유 내에서의 진행거리는 광섬유의 중간을 통과하는 광선보다 길어지게 되어 광섬유의 반대쪽 끝에 도달하는 시간이 더 길어진다(그림 4.24 참조). 이러한 현상을 내부모드분산(intermodal dispersion) 또는 모드분산(modal dispersion)이라고 한다.

일반적으로 광섬유를 이용하여 정보를 전달하는 경우에, 광섬유를 통과하는 빛은 초당 수 백만 개의 펄스 형태로 보내지기 때문에 이러한 시간의 차이는 전달하고자 하는 광 펄스의 모양에 바람직하지 않은 효과를 미치게 된다. 그림 4.24에서 광섬유의 중심을 지나는 광축모드(axial mode)와 가장 먼 거리를 진행하는 광선(highest order mode)이 광섬유를 통과하였을 때의 시간 차이는 $\Delta t = t_{\max} - t_{\min}$ 이 된다. 여기서 $t_{\min}$은 광섬유의 중심을 통과하는 광축모드가 광섬유를 통과하는 시간이며, $t_{\max}$는 가장 먼 거리를 진

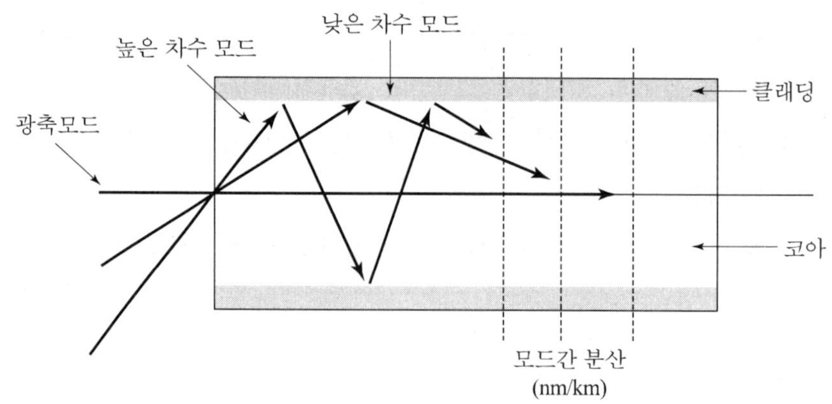

그림 4.24 계단형 굴절률(stepped-index) 클래딩을 가진 광섬유 내에서의 빛의 전파

행하는 광선이 광섬유를 통과하는 데 걸리는 시간이다. 따라서 이들을 수식으로 나타내면,

$$t_{\min} = \frac{L}{v_f} = \frac{L}{c/n_f} = \frac{L n_f}{c} \tag{4.7.11}$$

가 되며, 여기서 v_f는 광섬유의 코아 내에서 빛이 진행하는 속력, n_f는 광섬유 코아의 굴절률이다. 한편, 가장 먼 거리를 진행하는 광선이 광섬유를 통과하는데 걸리는 시간 ($t_{\max}$)은

$$t_{\max} = \frac{l}{v_f} = \frac{L n_f / n_c}{c/n_f} = \frac{L n_f^2}{c n_c} \tag{4.7.12}$$

가 되며, l 은 빛이 광섬유 내에서 실제로 진행하는 거리이다. 식 (4.7.11)과 식 (4.7.12)로부터 빛의 진행시간차는

$$\Delta t = t_{\max} - t_{\min} = \frac{L n_f}{c}\left(\frac{n_f}{n_c} - 1\right)$$

이 된다. 이의 의미를 알아보기 위해서 한 예를 들어보자. 광섬유 코아 물질의 굴절률이 $n_f = 1.500$, 클래이딩 물질의 굴절률이 $n_c = 1.489$라고 할 때에 1 km당 시간 차이는 약 37 ns가 된다. 이러한 특징을 가지는 광섬유 내에서의 빛의 진행속도는 $v_f = c/n_f = 2.0 \times 10^8$ m/s 이므로 펄스 형태로 입력된 빛이 1 km 진행함에 따라서 약 7.4 m 정도로 퍼지게 된다. 따라서 길이가 1 km인 광섬유를 이용하여 정보를 정확히 전달하기 위해서는 펄스와 펄스 사이의 간격이 적어도 14.8 m가 되어야 하며, 이는 빠른 정보의 전달을 제한하는 주된 요인이 된다(그림 4.25 참조).

따라서 이러한 내부모드분산에 의한 입력 신호의 변형을 막기 위하여 광섬유의 굴절률이 코아와 클래딩의 경계면에서 갑자기 변하는 계단 모양의 굴절률을 가지는 광섬유 대신에 코아의 중심으로부터 굴절률이 점진적으로 변화는 연속가변형 광섬유(Gradient index fiber: GRIN－광섬유)를 사용하고 있다. 일반적으로 광섬유에 입사되는 빛은 광섬유의 중심을 따라서 이동하지만 비스듬하게 입사하는 경우라도 점진적으로 변하는 굴절률 때문에 광섬유의 중심으로 되돌아오며 광섬유의 표면에 부딪치는 일이 없다(그림 4.26 참조).

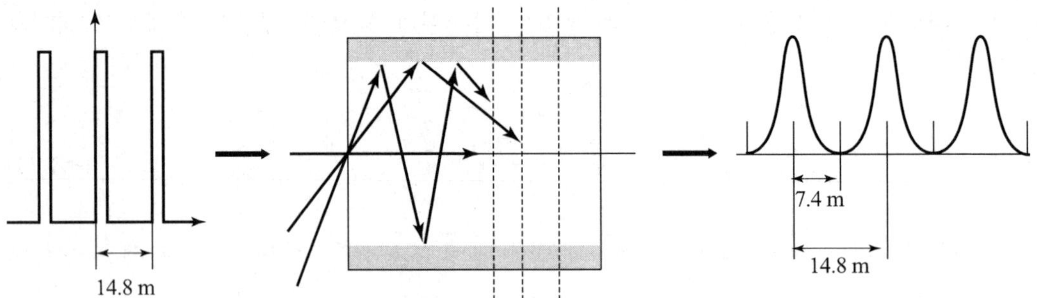

그림 4.25 계단형 굴절률의 클래딩을 가진 광섬유 내에서 내부모드분산에 의한 입력신호의 퍼짐

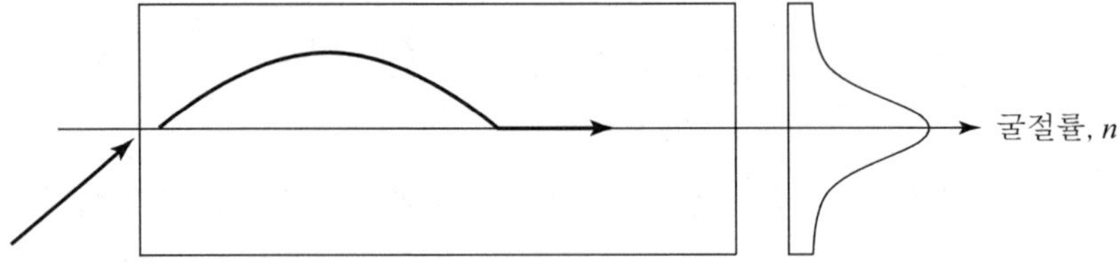

그림 4.26 굴절률이 광섬유의 중심으로부터 점진적으로 변하는 GRIN–광섬유 내에서의 빛의 진행

굴절률이 계단형으로 변하는 경우에는 빛의 전달이 전적으로 전반사에 의존하는 반면에 GRIN–광섬유 내에서는 굴절률의 점진적인 변화에 기인하여 빛의 진행특성이 결정된다. 따라서 GRIN–광섬유의 장점 중의 하나는 광섬유 내에서 진행하는 빛의 진행경로가 거의 같기 때문에 광섬유를 빠져 나오는 빛의 파형이 입력파형과 같게 된다.

연습문제

01 유리의 굴절률이 1.525이라고 할 때에 유리 속에서의 빛의 속도는 얼마인가?

02 빛이 굴절률이 1.333인 물속을 285.6 cm 통과하여 굴절률이 1.636인 유리를 15.4 cm 통과한 다음 마지막으로 굴절률이 1.387인 기름을 174.2 cm 통과하였다. 빛이 통과한 총 광학적 길이는 얼마인가?

03 굴절률이 1.33인 물이 굴절률이 1.50인 유리 위에 놓여 있다고 할 때에 다음 물음에 답하시오.

ⓐ 입사광선이 물에서 45°의 입사각을 가지고 물과 유리의 경계면에 입사할 경우에 굴절각은 얼마인가?

ⓑ ⓐ와는 반대로 유리에서 입사각 38.8°로 유리와 물의 경계면에 입사할 경우에 굴절각은 얼마인가?

04 매질의 굴절률이 n_1, n_2 및 n_3인 세 종류의 매질이 그림 4.27과 같이 배열되어 있으며 빛은 굴절률이 n_1인 매질로부터 입사한다고 할 때에 각 물음에 답하시오.

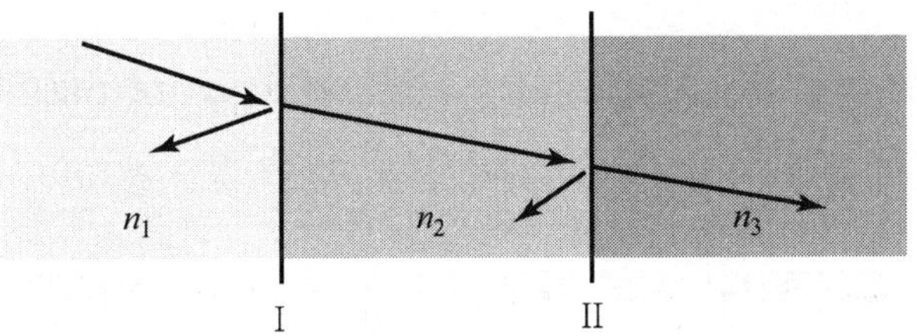

그림 4.27 서로 다른 3 종류의 매질을 통한 빛의 전파

ⓐ $n_2 > n_1$이고 $n_2 > n_3$라면 반사시에 경계면에서 180°의 위상변화가 일어나겠는가? 일어난다면 어느 경계면에서 일어나는가?

ⓑ $n_3 > n_2 > n_1$라면 어느 경계면에서 180°의 위상변화가 일어나겠는가?

ⓒ $n_1 > n_2$이고 $n_3 > n_2$라면 어느 경계면에서 180°의 위상변화가 일어나겠는가?

ⓓ $n_1 > n_2 > n_3$라면 어느 경계면에서 180°의 위상변화가 일어나겠는가?

05 광섬유는 중심부에 위치한 코아와 이를 감싸고 있는 클래딩으로 구성되어 있다(그림 4.28 참조). 코아의 굴절률이 $n_1 = 1.66$이며, 클래딩의 굴절률이 $n_2 = 1.52$라고 할 때

에 입사한 빛이 광섬유를 따라 전반사를 일으키면서 진행할 수 있는 최대 입사각은 얼마인가?

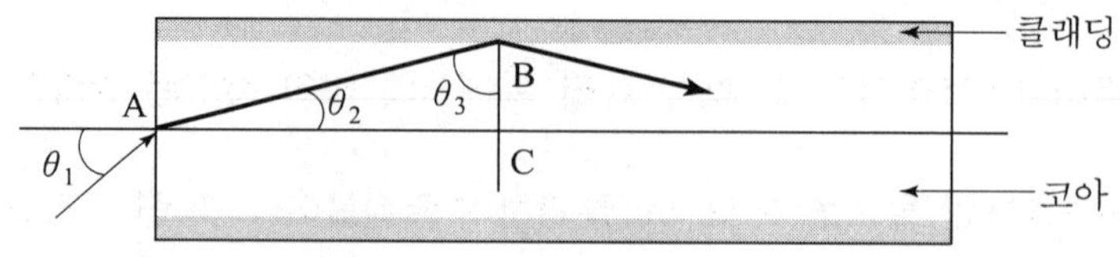

그림 4.28 광섬유에서의 빛의 전파

06 굴절률이 n_i인 입사매질에서의 파장이 $600\,\mathrm{nm}$(오렌지색)인 평면파가 입사각이 $45°$로 유전체에 입사한다. 입사매질에 대한 유전체의 굴절률이 $n = n_t/n_i = 1.5$라고 할 때에 다음 물음에 답하시오.

ⓐ 투과매질인 유전체 내에서의 빛의 파장은 얼마인가?

ⓑ 굴절각은 얼마인가?

ⓒ 만약에 관측자가 유전체 내에 있다면 이 관측자가 보는 빛의 색은?

07 서로 다른 굴절률을 가지는 두 매질의 경계면에 전자기파(빛)가 입사하는 경우를 생각하자. 전자기파의 자기장 벡터가 입사면에 수직하게 입사하는 TM－편광의 경우에, 반사파에 대한 입사파의 진폭의 비(r_p) 는 $r_p = \dfrac{-n^2\cos\theta_i + \sqrt{n^2 - \sin^2\theta_i}}{n^2\cos\theta_i + \sqrt{n^2 - \sin^2\theta_i}}$ (n: 상대 굴절률, θ_i: 입사각)으로 표현된다. 이러한 관계식을 사용하여 아래의 물음에 답하시오.

ⓐ 브루스터 각의 물리적 의미를 설명하고, 위 표현식을 사용하여 브루스터 각 θ_B를 상대 굴절률 n 으로 나타내시오. 물론 $n = \dfrac{n_t}{n_i} \neq 1$이며, 전자기파의 진동수와는 무관하다고 가정하라.

ⓑ 공기($n_i = 1$)로부터 굴절률이 1.5($n_t = 1.5$)이며 양쪽 면이 서로 평행한 두꺼운 유리로 TM－선형 편광된 빛이 브루스터 각 θ_B로 입사한다고 할 때에 내부면(유리와 공기면)에서의 반사는 얼마이며, 입사한 빛의 몇 %가 유리를 통과하여 나오는지를 간단한 수식과 함께 설명하시오.

08 공기로부터 굴절률이 $n = 1.33$인 물로 빛이 입사하는 외부반사에 대한 브루스터 각 θ_1을 구하고, 또한 내부반사에 대한 브루스터 각 θ_2는 얼마인가? θ_1과 θ_2 사이에는 어떠한 관계가 성립하는가?

참고문헌

1. Grant R. Fowles., Introduction to Modern Optics. 2nd ed. New York: Holt, Rinehart and Winston, 1975.
2. Eugene Hecht, Optics. 2nd ed. Addison-Wesley Publishing Company, Inc, 1990.
3. Endel Uiga, Optoelectronics, Prentice Hall, 1995.
4. http://www.ps.missouri.edu/rickspage/refract/refraction.html.

CHAPTER

05 기하광학 1

광학은 일반적으로 빛의 발생, 전달 및 탐지에 관련된 현상들을 다루는 학문으로 크게 기하광학, 파동광학 그리고 양자광학으로의 분류가 가능하다. 이 중에 기하광학은 빛의 직진성을 이용하여, 빛의 반사, 굴절 등에 관한 법칙들을 취급하며, 회절과 같은 파동성의 효과는 고려하지 않는다. 따라서 기하광학은 기본적으로 렌즈에 의한 빛의 굴절 및 거울에 의한 빛의 반사법칙에 기초하여 구성된다고 이야기할 수 있을 것이다.

5.1 평면에서의 반사

점 P를 광원이라고 할 때에 P에서 발산된 여러 개의 광선들이 반사법칙에 따라 평면거울에 의해 반사되는 경우를 그림 5.1에 나타내었다. 반사된 후에 광선의 최종 방향은 점 P′에서 나오는 것과 같은 방향이다. 이때에 점 P는 실물점(object point), 점 P′는 이에 대응하는 상점(image point)이라 한다. 이와 유사한 현상이 그림 5.2에서와 같이 굴절률이 서로 다른 물질의 경계면에서 일어난다. 즉, 점 P로부터 나오는 광선은 경계면에서 굴절되며, 입사각이 작을 때 굴절 후 광선의 방향은 상점이라고 하는 점 P′에서 나오는 광선의 방향과 같다.

평면거울이 만드는 실물점 P에 대응하는 상점 P′의 정확한 위치를 구하기 위한 작도법을 그림 5.3에 표시하였다. 광선 PB는 PV와 θ의 각을 이루고 있으며, 입사각 θ로 거

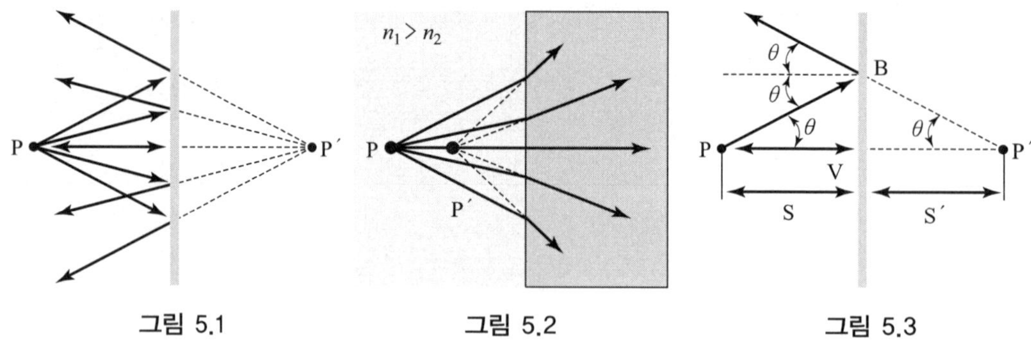

그림 5.1　　그림 5.2　　그림 5.3

울에 입사한다. 이때에 입사광선은 평면거울 위의 법선에 대하여 동일한 각으로 반사한다. B와 V에서의 반사광선을 반사광선과 반대방향으로 연장하면 거울 뒤 s'거리에 있는 점 P′에서 교차한다. 이때에 s'을 상거리라고 하며, s를 물체거리라고 한다. 물체가 반사면에 대하여 입사하는 광선과 같은 방향에 있을 때, 물체거리 s는 양(+)이고, 그렇지 않으면 음(−)이다. 그림 5.3에서 실물점 P가 반사거울에 대해 입사광선과 같은 방향(왼쪽)에 있으므로 물체거리 s는 (+)이고, 상점 P′는 반사되어 나가는 광선과 반대편에 있으므로 상거리 s'는 음(−)이다. 따라서 평면경의 경우에 물체거리 s와 상거리 s'와의 관계는

$$s = -s' \tag{5.1.1}$$

와 같다.

그림 5.2, 3에서 실물점 P에서 발산되고 있는 모든 광선은 평면에서 반사 후 점 P′에서 실제로 나오는 것은 아니지만, 상점 P′로부터 나오는 것처럼 보인다. 이때 점 P′를 점 P의 허상이라 한다. 하지만 영사 스크린이나 사진기의 필름에 형성되는 상은 실상이다. 이처럼 실상은 진행하는 실제의 광선에 의하여 상의 위치에 형성되지만, 허상은 실제의 광선에 의해서 형성되지 않는다.

그림 5.4에서와 같이 거울과 나란히 놓이고 화살표 PQ로 나타낸 유한한 크기(높이가 y)의 물체를 생각하자. 상이 맺히는 위치에서 물체의 높이(y)에 대한 상의 높이(y')의 비, y'/y를 가로배율(lateral magnification)이라 한다. 즉, 가로배율은

$$m = \frac{y'}{y} \tag{5.1.2}$$

와 같이 표현되며, 평면거울의 경우에 가로배율은 1이다. 평면거울에 있어서 반사에 의

해 형성되는 상은 좌·우 및 앞·뒤의 위치가 서로 바뀌게 된다는 것을 일상생활(예를 들면, 아침에 거울을 통하여 얼굴을 보는 것 등)에서의 경험을 통하여 알 수 있다. 하지만 상·하의 위치는 서로 바뀌지 않는데 이에 대해서는 친구들과 토의하여 보기 바란다. 한편, 2개의 거울을 연결 부위가 접혀질 수 있도록 연결한 후, 거울을 통하여 자신의 얼굴을 보면서 두 거울 사이의 각도를 줄여 가면 여러 개의 상들이 하나로 통합되면서 좌우가 서로 바뀌지 않는 현상을 볼 수 있는데 이러한 거울을 정면경이라고 한다.

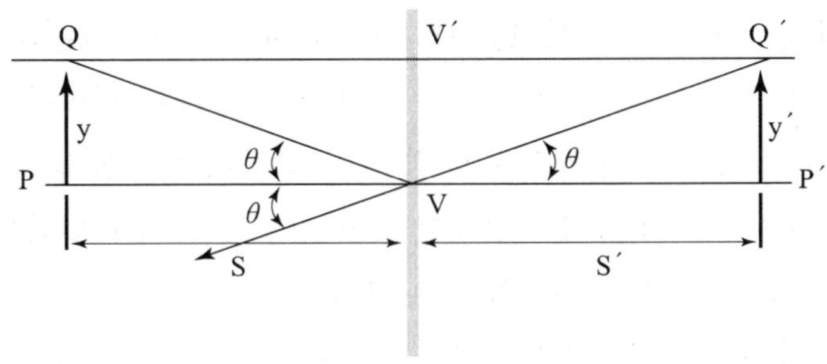

그림 5.4 평면 반사에 의해 형성된 상의 높이를 결정하기 위한 그림

5.2 비구면에서의 굴절

그림 5.5에서와 같이 점 모양의 물체 S로부터 나오는 구면파 모양의 광선이 굴절률이 각각 n_1, n_2인 두 매질의 경계면에 입사하는 경우를 생각해보자. 점 P에 S의 완전한 상이 맺어지기 위해서는 S에서 출발하여 점 A(두 매질의 경계면 어디에나 위치할 수 있다.)를 지나 점 P에 도달하는 광선이나 S에서 광축을 따라 직접 점 P에 도달하는 광선이 모두 동시에 점 P에 도달해야 된다. 두 광선이 동시에 점 P에 도달하기 위해서는 두 광선이 통과한 광로의 길이가 서로 같아야 한다. 따라서 광원 S가 굴절률이 n_1인 매질에, 점 P가 굴절률이 n_2인 매질에 있다면, 두 광선이 통과한 광 경로는

$$l_0 n_1 + l_i n_2 = s_0 n_1 + s_i n_2 = \text{constant} \tag{5.2.1}$$

와 같은 관계식을 만족하게 된다. 여기서, s_o와 s_i는 정축점(vertex) V로부터 측정한 물체 및 상까지의 거리이며, 식 (5.2.1)을 만족하는 면을 카테시안 오보이드(Cartesian Ovoid)이라 한다(그림 5.5 참조).

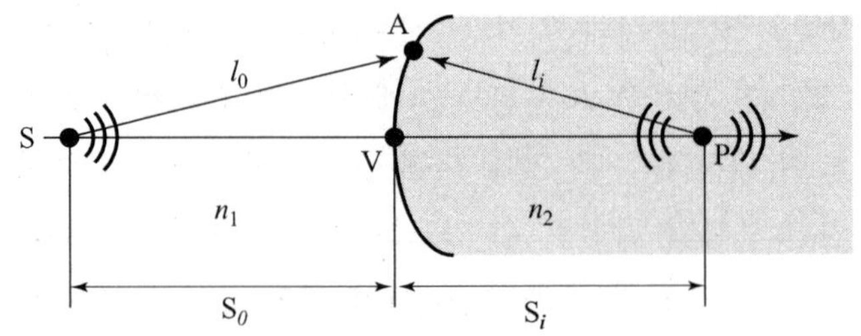

그림 5.5 카테시안 곡선(Cartesian Ovoid)

두 매질 사이의 경계면이 $\overline{SP}$ 즉, 광축에 대하여 회전곡면을 이룬다면 S와 P는 서로 공액점으로서 두 점 중의 어느 한 점에 있는 점 모양의 물체는 상대편의 위치에 완전한 상을 맺게 된다. 점 모양의 물체에서 나온 광선은 그 물체를 중심으로 구면파의 모양으로 물체로부터 퍼져나가게 되며, 경계면에서 빛의 진행이 어떻게 변하는 지를 이해하는 것은 쉽다. 즉, 굴절률이 큰 매질에서의 빛의 진행은 굴절률이 작은 매질에서보다 느리게 진행한다. 따라서 $n_2 > n_1$인 경우에 물체로부터 퍼져 나오는 구면파 모양의 파가 정축점을 통과함에 따라 빛의 진행속력은 c/n_1에서 c/n_2로 줄어들게 된다. 하지만 광축으로부터 떨어진 곳으로 진행하는 동일 파면은 c/n_1의 속력으로 진행하게 되어 파면은 휘어지게 되며, S를 중심으로 퍼져 나가는 모양의 구면파 모양에서 점 P로 모여드는 모양으로 바뀌게 된다. 하지만 점 P를 통과하면 파면은 다시 점 P를 중심으로 하여 퍼져 나가는 모양으로 바뀌게 된다.

5.2.1 구면에서의 굴절

그림 5.6은 광원 S로부터 출발한 광선이 곡률반경이 R이며, C에 중심을 둔 구면상의 경계면에 광원 S로부터 입사하는 광선을 나타낸 것이다. 광선 SA는 경계면에서 광축 방향으로 굴절되어 점 P에 도달한다. 이때에 광로 길이(optical path length=O.P.L.)는 페르마의 원리에 의하여 결정되며,

$$(\mathrm{O.P.L.}) = n_1 l_o + n_2 l_i \tag{5.2.2}$$

와 같이 표현된다. 삼각형 SAC와 ACP에서 cos법칙과 $\cos\phi = -\cos(180-\phi)$을 사용하면,

$$l_o = \left[R^2 + (s_o + R)^2 - 2R(s_o + R)\cos\phi\right]^{1/2} \tag{5.2.3}$$

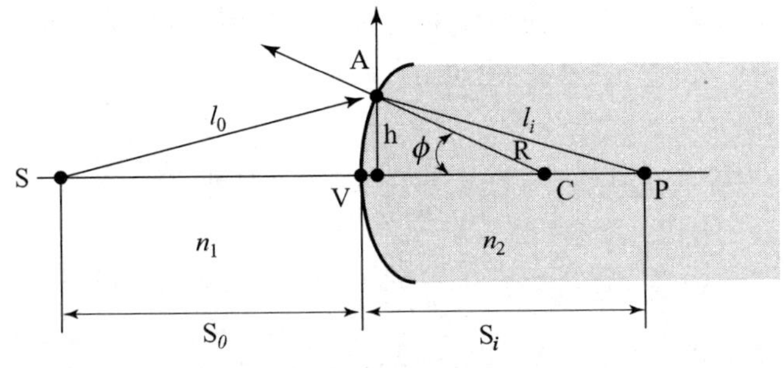

그림 5.6 구면에서의 굴절

$$l_i = \left[R^2 + (s_i - R)^2 + 2R(s_i - R)\cos\phi\right]^{1/2} \quad (5.2.4)$$

와 같이 된다. 따라서 O.P.L.은 다음과 같이 쓸 수 있다. 즉,

$$\begin{aligned}(O.P.L.) = & \, n_1\left[R^2 + (s_o + R)^2 - 2R(s_o + R)\cos\phi\right]^{1/2} \\ & + n_2\left[R^2 + (s_i - R)^2 + 2R(s_i - R)\cos\phi\right]^{1/2}\end{aligned} \quad (5.2.5)$$

와 같다.

점 A는 반경 R인 구면 위에 고정되어 있으므로, ϕ는 하나의 위치 변수가 된다. 그러므로 페르마의 원리에 따라서 $d(\text{O.P.L.})/d\phi = 0$을 이용하면,

$$\frac{n_1 R(s_o + R)\sin\phi}{l_o} - \frac{n_2 R(s_i - R)\sin\phi}{l_i} = 0 \quad (5.2.6)$$

을 얻는다. 위의 관계식으로부터

$$\frac{n_1}{l_o} + \frac{n_2}{l_i} = \frac{1}{R}\left(\frac{n_2 s_i}{l_i} - \frac{n_1 s_o}{l_o}\right) \quad (5.2.7)$$

이 얻어진다. 이는 곡률반경이 일정한 구면에 입사한 광선과 굴절의 법칙에 의하여 S로부터 점 P에 도달하는 광선의 매개 변수들 사이에 만족해야 될 관계식이다. ϕ가 작을 경우, 즉, A가 정축점(V)에 근접해 있는 경우에 $\cos\phi \approx 1$이 되며, $l_o \approx s_o$, $l_i \approx s_i$이 된다. 따라서 식 (5.2.7)은 다음과 같이 근사적으로 표현할 수 있다.

$$\frac{n_1}{s_o} + \frac{n_2}{s_i} = \frac{n_2 - n_1}{R} \quad (5.2.8)$$

위의 근사에서와 같이 광축(선분 SP)에 가까운 각(ϕ가 매우 작으며, 따라서 h도 작다.)으로 입사하는 광선은 근축광선(paraxial rays)으로 알려져 있으며, 이때에 물체 초점거리와 상 초점거리는 다음과 같이 정의된다. 즉,

$$s_i \to \infty \text{ 일 때, } s_0 = f_0 = \frac{n_1}{n_2 - n_1}R: \text{ 물체 초점거리}$$

$$s_0 \to \infty \text{ 일 때, } s_i = f_i = \frac{n_2}{n_2 - n_1}R: \text{ 상 초점거리} \tag{5.2.9}$$

그림 5.7에서와 같이 상이 무한대에 위치하는 경우에, $s_o \equiv f_o$의 결과를 얻으며, 이를 제 1초점거리(first focal length) 또는 물체 초점거리(object focal length)라 한다. 그림 5.7에서의 F_o를 제1 초점 또는 물체초점(object focus)이라 한다. 이와는 반대로 물체가 무한대의 위치에 있는 경우에는 $s_i \equiv f_i$의 결과를 얻으며, 이를 제 2초점거리(second focal length) 또는 상 초점거리(image focal lenghth)라 한다. 그림 5.8에서의 F_i를 제 2 초점 또는 상 초점(image focus)이라 한다.

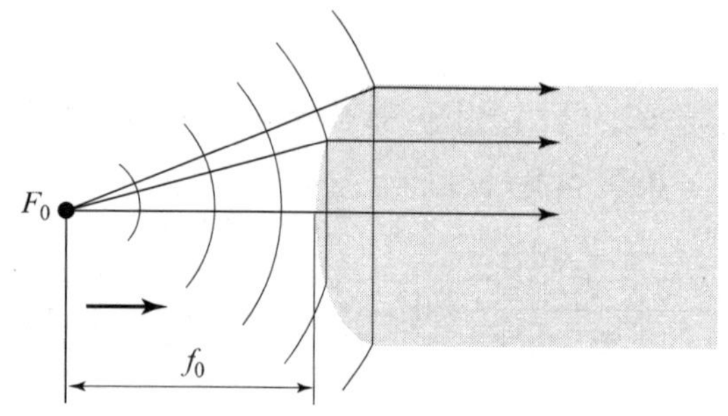

그림 5.7 구면 경계면을 지나 진행하는 구면파 – 물체초점

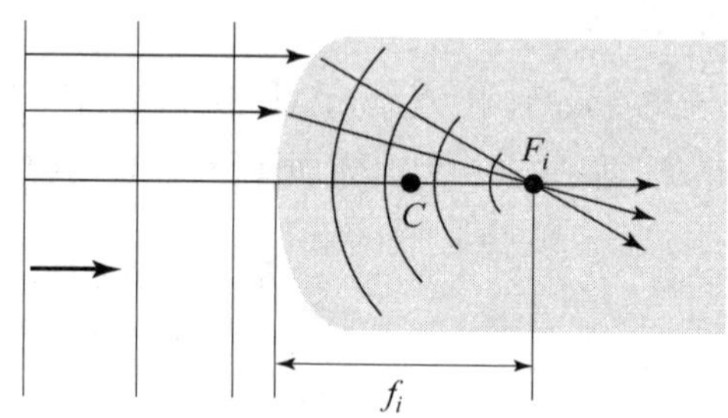

그림 5.8 구면 경계면에서 구면파로 바뀌는 평면파의 진행 – 상 초점

빛이 왼쪽으로부터 들어오는 경우에 구면에서의 굴절 및 얇은 렌즈에 의해 굴절되는 빛에 대한 부호의 약속	
s_o, f_o : V의 왼쪽이면 +	s_o, s_i +이면, 실물체 또는 실상(real)
s_i, f_i : V의 오른쪽이면 +	−이면, 허물체 또는 허상(ideal)
R : C가 V의 오른쪽이면 +	
y_o, y_i : 광축 위쪽에 있으면 +	
x_o : F_o의 왼쪽에 있으면 +	물체의 위치에서 제 1초점까지의 거리
x_i : F_i의 오른쪽에 있으면 +	제 2초점에서 상까지의 거리

5.3 얇은 렌즈에서의 굴절

얇은 렌즈에 대해 논의하기 전에 우선, 그림 5.9 (a, b, c)에서와 같이 곡률반경이 일정한 구면에서 일어나는 굴절에 대해서 생각해보자. 구 모양을 가지는 경계면의 곡률반경을 R, 굴절률은 n_2, 그리고 주위 매질의 굴절률은 n_1이라 하자. 광학계에 있어 물체의 위치($S= s_o$)에 대한 완전한 상의 위치를 상점 P($P= s_i$)로 나타내고, 반대로 상점의 위치에 놓인 물체의 완전한 상이 원래의 물체위치에 나타난다고 할 때에 이 두 점을 공액점이라 한다. 이들 사이의 관계를 수식으로 표현하면, 식 (5.2.8)과 같이

$$\frac{n_1}{s_o} + \frac{n_2}{s_i} = \frac{n_2 - n_1}{R} \tag{5.3.1}$$

와 같이 표현할 수 있다. 식 (5.31)에 대해 그림 5.9(a, b, c)와 같이 세 가지의 경우를 생각하여 볼 수가 있다. 즉,

① 정축점으로부터 물체가 많이 떨어져 있는 곳에 위치(s_o)하는 경우[그림 5.9(a)], ② s_o가 점점 감소하면 상점의 위치 s_i가 정축점으로부터 점점 멀어지게 되며, 결국에

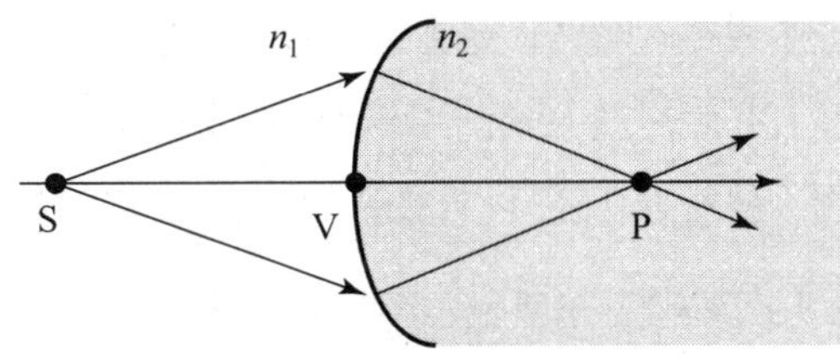

(a) 물체의 위치가 정축점(V)으로부터 멀리 떨어져 있는 경우

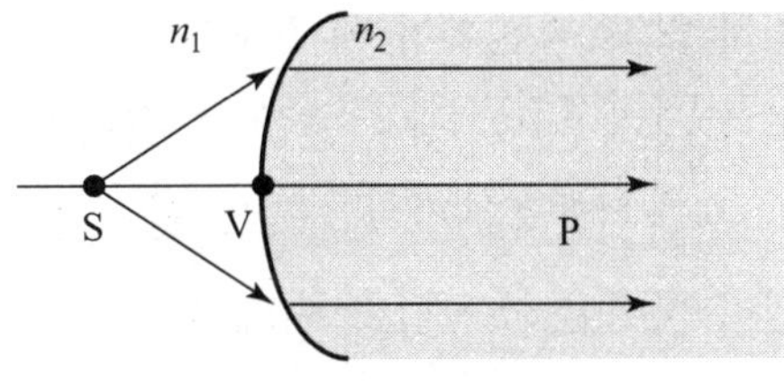

(b) 물체가 초점거리에 있는 경우

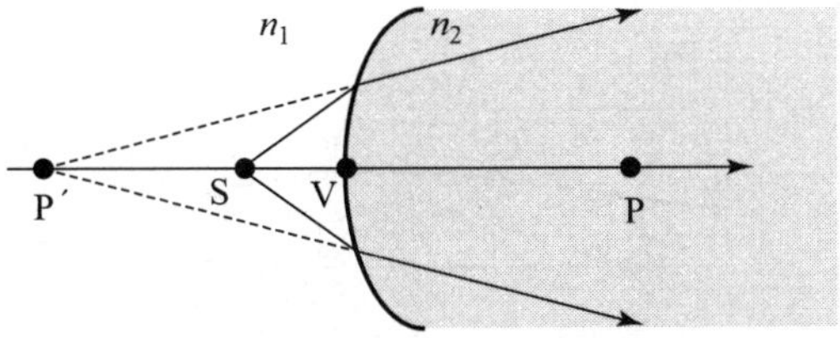

(c) 물체가 초점거리보다 좀 더 가까이 정축점에 있는 경우

그림 5.9 곡률반경이 일정한 구면에서의 굴절

$s_0 = f_o$인 경우에 무한대가 되는 경우[그림 5.9(b)], ③ s_o가 f_o보다 더 작아지면, s_i는 음의 값을 가지게 되어 [그림 5.9(c)]에서 보여주는 바와 같이 허상이 되는 경우를 생각할 수 있다.

여기서는 얇은 렌즈에 대해서만 다루고자 하며, 얇은 렌즈는 곡률반경이 매우 큰 경우에 해당된다. 곡률반경이 매우 큰 경우에, 물체의 위치는 위의 3가지 경우 중 주로 세 번째에 해당된다. 따라서 이를 바탕으로 얇은 렌즈에 대한 초점, 물체의 위치, 상의 위치, 그리고 곡률 반경 사이의 관계식을 얻고자 한다. 이들의 이해를 돕기 위해서는 그림 5.9(c), 그림 5.10 및 그림 5.11을 참조하기 바란다.

그림 5.11에서 렌즈를 둘러싸고 있는 매질의 굴절률을 n_m, 그리고 렌즈의 굴절률을 n_l이라 하자. 렌즈의 구면으로부터 s_{o1}의 거리에 있는 S로부터 나오는 근축광선은 V_1으로부터 제 1 곡면에 대하여 식 (5.3.1)을 적용하면

$$\frac{n_m}{s_{o1}} + \frac{n_l}{s_{i1}} = \frac{n_l - n_m}{R_1} \tag{5.3.2}$$

의 관계식에 의해 주어지는 s_{i1}에 위치하는 점 P′에서 만나게 될 것이다[그림 5.9(c)를 보면 쉽게 이해할 수 있다]. 참고로 제 1곡면이라 함은 렌즈에 빛이 접근하면서 처음으로 렌즈에 부딪치는 곡면을 말한다. 따라서 점 P′로부터 그린 직선은 렌즈에 의해서 휘어지지 않고 직진하여 제 2곡면 위에서 만나게 되며 렌즈의 굴절률이 주위 매질의 굴절률보다 크게 되면, 광축 쪽으로 휘어져 점 P에서 만나게 된다. 따라서 제 2곡면에 대해서는 정축점으로부터 s_{o2}만큼 떨어져 있으며, 물체점으로서 역할을 하는 점 P′로부터 광선이 나오는 것처럼 보이게 된다. 따라서 제 2곡면에 도달하는 광선은 굴절률이 n_l의 매질 내에 있게 되는 것과 같은 효과가 있다. 광선은 매질의 굴절률이 변하는 경계면을 지나면서 굴절이 일어난다. 하지만 위에서 설명한 이유 때문에 점 P′로부터 나오는 광

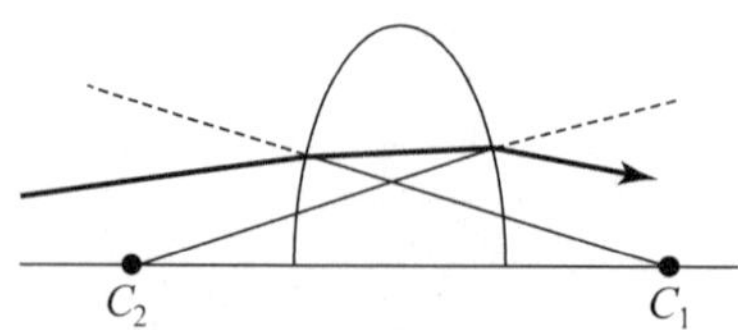

그림 5.10 구면 경계면에서의 굴절 현상. C_1으로부터 그린 반경은 제 1곡면에 대하여 수직 방향을 향하며, 렌즈에 입사한 광선은 C_1으로부터 그려진 직선 쪽으로 휘어진다. 또한 렌즈의 굴절률이 공기의 굴절률보다 크므로 C_2로부터 그려진 직선에 대해서는 멀어지는 쪽으로 휘어진다.

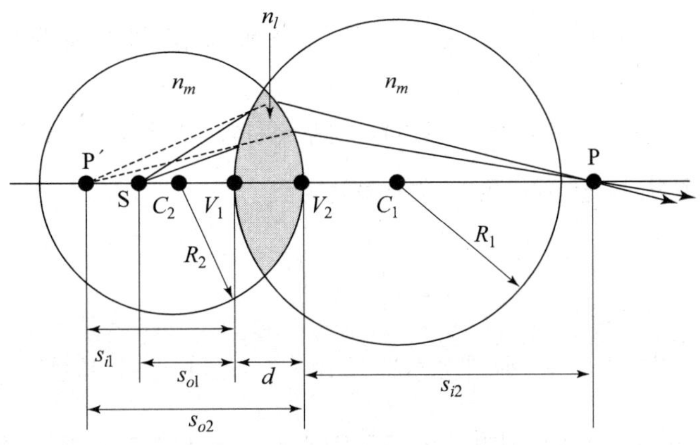

그림 5.11 얇은 렌즈에서의 굴절모양

선이 휘어지지 않고 제 2곡면에 도달하게 된다.

그러므로 제 2곡면에 대해서는

$$\frac{n_l}{s_{o2}} + \frac{n_m}{s_{i2}} = \frac{n_m - n_l}{R_2} \tag{5.3.3}$$

와 같이 표현할 수 있으며, 이는 또한 식 (5.3.4)와 같이 표현이 가능하다. 즉,

$$\frac{n_l}{-s_{i1} + d} + \frac{n_m}{s_{i2}} = \frac{n_m - n_l}{R_2} \tag{5.3.4}$$

그림 5.11에서 $|s_{o2}| = |s_{i1}| + d$이나, s_{02}는 렌즈 왼쪽에 있어 (+)로 $|s_{o2}| = +s_{o2}$이 되며, s_{i1}는 렌즈 왼쪽에 있으므로 상의 위치가 빛의 진행방향과 반대에 있어 (−)로서 $|s_{i1}| = -s_{i1}$이 되므로 $s_{o2} = -s_{i1} + d$와 같이 쓸 수 있다. 또한 $n_l > n_m$이며, $R_2 < 0$이므로, 식 (5.3.4)의 오른쪽 항은 (+)의 값을 가지게 된다. 따라서 제1면과 제2면에 대한 식을 더하면

$$\frac{n_m}{s_{o1}} + \frac{n_m}{s_{i2}} = (n_l - n_m)\left(\frac{1}{R_1} - \frac{1}{R_2}\right) + \frac{n_l d}{(s_{i1} - d)s_{i1}} \tag{5.3.5}$$

이 된다. 여기서 $d \to 0$ (매우 얇은 렌즈)이면, 식 (5.3.5)에서의 두 번째 항은 무시할 수 있고, 렌즈 주위의 매질이 공기($n_m \approx 1$)인 경우에 $n = n_l / n_m = n_l$로 쓸 수 있다. 따라서 $s_{o1} = s_o$, $s_{i2} = s_i$로 놓으면 얇은 렌즈에 대해 매우 유용한 방정식을 얻을 수 있으며, 이를 렌즈 제작자의 공식이라 한다. 즉

$$\frac{1}{s_o}+\frac{1}{s_i}=(n-1)\left(\frac{1}{R_1}-\frac{1}{R_2}\right): \text{ 얇은 렌즈에 대한 렌즈 제작자의 공식} \tag{5.3.6}$$

을 얻을 수 있다. 한 개의 구면을 가지는 경우에서와 같이 s_o가 무한대로 이동한다면, 상 거리(s_i)는 초점거리(f_i)가 되어 기호로는

$$\lim_{s_o \to \infty} s_i = f_i$$

와 같이 되며, 마찬가지로 s_o에 대해서도 $\lim_{s_i \to \infty} s_o = f_o$와 같이 표현할 수 있다. 또한 얇은 렌즈의 경우에 $f_i = f_0$이 되며, 식 (5.3.5)에서 $f_0 = f$의 기호를 사용하면,

$$\frac{1}{f}=(n-1)\left(\frac{1}{R_1}-\frac{1}{R_2}\right) \tag{5.3.7}$$

이 된다. 따라서 식 (5.3.6)은

$$\frac{1}{s_0}+\frac{1}{s_i}=\frac{1}{f} \tag{5.3.8}$$

와 같이 쓸 수 있으며 이를 가우스 렌즈 공식(Gaussian lens formula)이라 한다. 그림 5.12는 여러 종류의 얇은 렌즈에 대한 곡률 반경의 기호 약속을 나타낸 것이다.

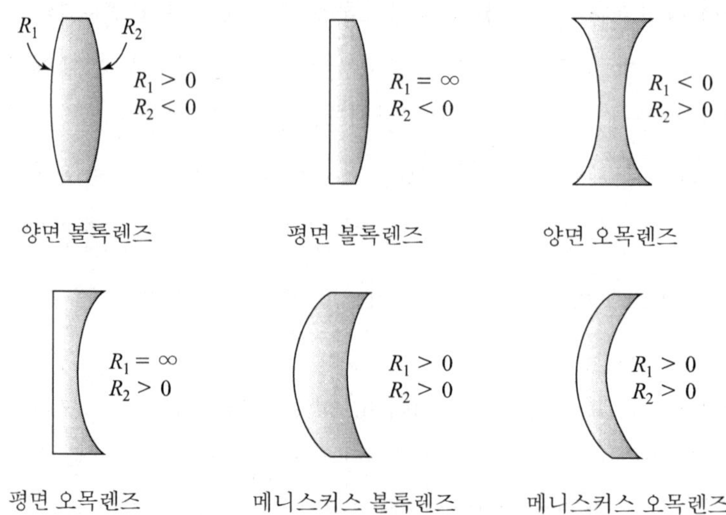

그림 5.12 여러 종류의 렌즈들에 대한 단면

예제 1

(a) 굴절률이 1.5이고, 곡률반경이 50 mm인 평면 볼록렌즈의 초점거리는 얼마인가? (b) 렌즈에서 물체까지의 거리가 600 mm이면, 상의 위치는 렌즈에서 얼마나 떨어져 있을까?

해답 a) $R_1 = \infty,\ R_2 = -50$인 경우

$$\frac{1}{f} = (1.5 - 1.0)\left(\frac{1}{\infty} - \frac{1}{-50}\right)$$

$R_1 = 50,\ R_2 = \infty$인 경우

$$\frac{1}{f} = (1.5 - 1.0)\left(\frac{1}{50} - \frac{1}{\infty}\right)$$

두 경우가 $f = 100\ \mathrm{mm}$로 같은 결과를 얻는다.

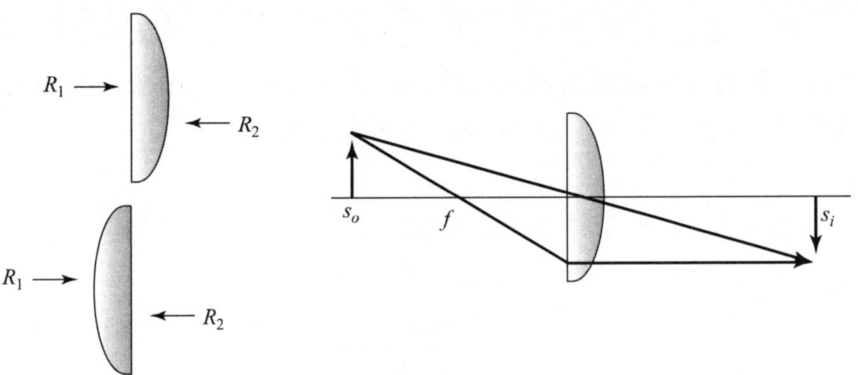

그림 5.13 평면 볼록렌즈와 상의 위치

b) $\dfrac{1}{s_0} + \dfrac{1}{s_i} = \dfrac{1}{f}$에서

$$\frac{1}{600} + \frac{1}{s_i} = \frac{1}{100}$$

$\therefore\ s_i = 120\ \mathrm{mm}$ (렌즈 오른편으로 120 mm의 위치에 실상이 나타남)

예제 2

곡률반경이 R이고, 굴절률이 n인 평면 볼록렌즈와 양면 볼록렌즈가 있다(그림 5.14 참조). 두 렌즈의 초점거리를 비교하라.

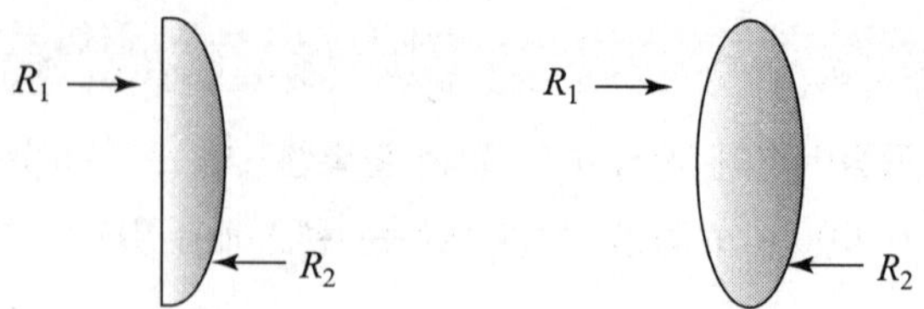

그림 5.14 평면 볼록렌즈와 양면 볼록렌즈

해답

평면 볼록렌즈(f_{pc}): $\dfrac{1}{f_{pc}} = (n-1)\left(\dfrac{1}{\infty} - \dfrac{1}{-R}\right) = (n-1)\dfrac{1}{R}$

양면 볼록렌즈(f_{bc}): $\dfrac{1}{f_{bc}} = (n-1)\left(\dfrac{1}{R} - \dfrac{1}{-R}\right) = (n-1)\dfrac{2}{R}$

$\therefore \dfrac{f_{pc}}{f_{bc}} = 2 \Rightarrow$ 평면 볼록렌즈의 초점거리는 양면 볼록렌즈의 2배이다.

예제 3

그림 5.15와 같은 양면 오목렌즈의 곡률반경은 $R_1 = -10\,\text{mm}$, $R_2 = 20\,\text{mm}$이며, 매질과 렌즈의 굴절률이 각각 $n_1 = 1.33$, $n_2 = 1.66$일 때, 초점거리를 구하라.

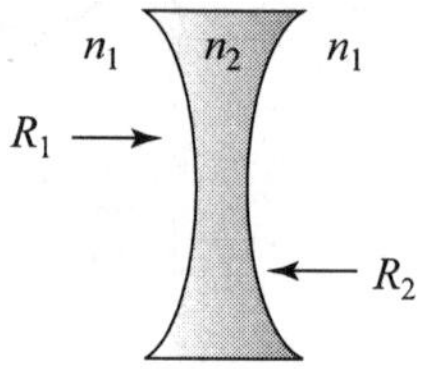

n_1 n_2 n_1

R_1

R_2

그림 5.15 양면 오목렌즈

해답

$$\frac{1}{f} = (n-1)\left(\frac{1}{R_1} - \frac{1}{R_2}\right)$$

$$\frac{1}{f} = \left(\frac{1.66}{1.33} - 1\right)\left(\frac{1}{-10} - \frac{1}{20}\right)$$

$\therefore f = -26.9\,\text{cm}$ (diverging lens)

5.4 크기가 일정한 물체의 상

지금까지는 점 모양의 물체에 대해서만 취급하였으나, 크기가 일정한 물체에 대하여 생각해 보자. 그림 5.16에서 물체의 위치는 광축 위쪽에 있으므로 광축에 대한 물체의 거리(y_0)는 (+)로, 광축 아래에 있는 상의 가로 거리(y_i)는 (−)로 취급한다. 즉, 그림 5.16의 경우에 $y_0 > 0$, $y_i < 0$이 된다. 또한 $y_i < 0$이므로, 상은 도립이 된다. 그림 5.16에서 두 각이 서로 같은 삼각형 AOF_i와 $P_2P_1F_i$는 서로 닮은 꼴이므로

$$\frac{y_o}{|y_i|} = \frac{f}{(s_i - f)} \Rightarrow \frac{y_o}{|y_i|} = \frac{f}{x_i} \tag{5.4.1}$$

와 같은 관계식이 성립한다. 마찬 가지로 삼각형 S_2S_1O와 P_2P_1O가 서로 닮은꼴이므로

$$\frac{y_o}{|y_i|} = \frac{s_o}{s_i} \tag{5.4.2}$$

이 된다. 또한, y_i를 제외한 모든 양은 (+)이며, 식 (5.4.1)과 식 (5.4.2)로부터 $s_o/s_i = f/(s_i - f)$이 되는데 양변에 s_i/s_0을 곱한 후에 정리하면, $1/f = 1/s_o + 1/s_i$이 된다.

또한 삼각형 $S_2S_1F_0$와 BOF_0가 서로 닮은꼴이므로

$$\frac{f}{s_o - f} = \frac{|y_i|}{y_o} \Rightarrow \frac{f}{x_0} = \frac{|y_i|}{y_o} \tag{5.4.3}$$

이 된다. 식 (5.4.1)과 식 (5.4.3)으로부터

$$\frac{f}{x_0} = \frac{x_i}{f} \quad \rightarrow \quad x_0 x_i = f^2 \tag{5.4.4}$$

을 얻는다. 식 (5.4.4)를 렌즈방정식의 "뉴톤수식(Newtonian formula)"이라 하며, 이는 1704년에 뉴톤의 "광학(optiks)"이라는 저서에서 처음으로 언급되었다.

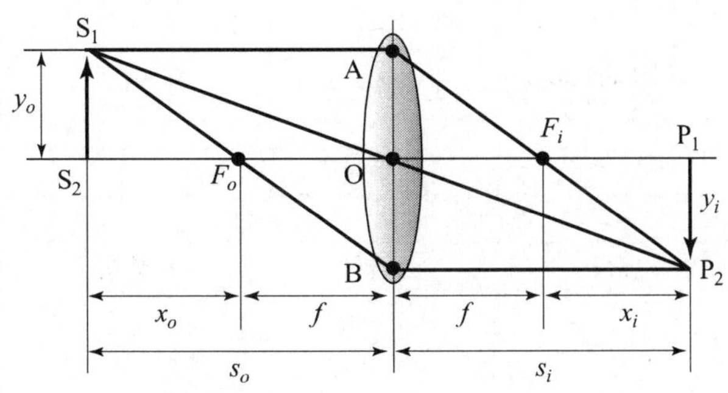

그림 5.16 유한한 크기를 가지는 물체에 대한 상의 위치

5.4.1 횡배율(Transverse magnification: M_T)

임의의 광학계에 의하여 형성된 상이 광축과 수직 방향으로의 크기와 이에 대응하는 실제 물체 크기의 비(ratio)를 횡배율이라고 한다. 즉, 수식적으로는

$$M_T \equiv \frac{y_i}{y_0} = -\frac{s_i}{s_0} = -\frac{f}{x_0} = -\frac{x_i}{f} \tag{5.4.5}$$

와 같이 표현된다. M_T의 값이 (+)이면 정립상을 의미하고, (−)이면 도립상을 의미한다 (표 5.1 참조).

표 5.1 렌즈에 대한 부호

양	부 호	
	+	−
s_o	실물체(real object)	가상물체(virtual object)
s_i	실상(real image)	허상(virtual image)
f	수렴 렌즈(converging lens)	발산렌즈(diverging lens)
y_o	정립 물체(errect object)	도립물체(inverted object)
y_i	정립상(errect image)	도립상(inverted image)
M_T	정립상(errect image)	도립상(inverted image)

볼록렌즈				
물 체	상(image)			
위 치	유 형	위 치	방 향	상대 크기
$\infty > s_o > 2f$	실상(real)	$f < s_i < 2f$	도 립(Inverted)	축 소
$s_o = 2f$	실상	$s_i = 2f$	도 립	같은 크기
$f < s_o < 2f$	실상	$\infty > s_i > 2f$	도 립	확 대
$s_o = f$		$\pm\infty$		
$s_o < f$	허상(virtual)	$\lvert s_i \rvert > s_0$	정 립	확 대

오목렌즈				
물체	상			
위치	유형	위치	방향	상대 크기
어느 위치에서나	허 상	$\lvert s_i \rvert < \lvert f \rvert$, $\lvert s_o \rvert > \lvert s_i \rvert$	정립	축소

5.4.2 종배율(Longitudinal magnification: M_L)

광축 방향으로의 크기에 관계되며, $M_L \equiv dx_i/dx_o$와 같이 정의된다. 횡배율과 종배율의 관계는 $x_0 x_i = f^2$의 관계식을 이용하여 구할 수 있다. 물체의 위치와 상의 위치가 같은 종류의 매질 내에 있을 때에 얇은 렌즈에 의하여 형성된 상의 종배율은

$$M_L \equiv \frac{dx_i}{dx_o} = \frac{d(f^2/x_o)}{dx_o} = -\frac{f^2}{x_o^2} = -M_T{}^2 \tag{5.4.6}$$

와 같이 표현할 수 있으므로 종배율의 크기는 횡배율의 제곱과 같음을 알 수 있다.

이러한 관계 때문에 망원렌즈로 찍은 한 도시의 동영상 사진을 보게 되면, 멀리 떨어진 곳에 있는 물체가 실제보다도 더 가깝게 느껴진다. 따라서 망원렌즈로 찍은 도시의 풍경을 보게 되면, 실제보다도 매우 바쁘게 움직이는 느낌을 연출하게 된다. 식 (5.4.6)으로부터 얇은 렌즈에 대하여, $M_L < 0$임을 알 수 있으며 이는 dx_o가 '양'이면, dx_i는 '음'임을 의미한다. 또는 이들의 역이 성립한다. 따라서 렌즈 쪽을 향한 화살표의 방향은 렌즈로부터 멀어지는 방향을 가리키게 된다(그림 5.17 참조).

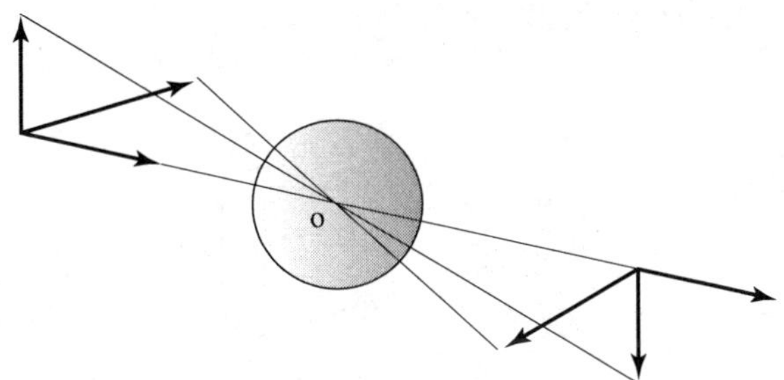

그림 5.17 얇은 렌즈에 의한 상의 방향

예제 4

초점거리가 25 cm인 렌즈의 중심으로부터 75 cm 되는 지점에 길이가 3 cm인 물체가 놓여 있다. 상의 위치와 크기에 관한 정보를 가우스(Gaussian) 방법과 뉴톤(Newtonian) 방법으로 구하시오.

해답 a) 가우스 방법

얇은 렌즈에 대한 관계식 $1/s_0 + 1/s_i = 1/f$을 사용하면, $1/75 + 1/s_i = 1/25$이 얻어지며, 이를 계산하면, 렌즈의 중심에서 상까지의 거리 $s_i = 75/2$ cm이 얻어진다. 이들로부터 횡배율을 구하면

$$\therefore\ M_T = \frac{y_i}{y_0} = -\frac{s_i}{s_0} = -\frac{1}{2}$$

이 되어 상의 크기는 물체 크기의 1/2이 되고 방향은 물체의 원래 방향과 반대임을 알 수 있다. 따라서 상의 크기는

$y_i = -\frac{1}{2}y_0 = -1.5\ \mathrm{cm}$: 물체의 원래 방향과 반대인 축소된 크기를 가지게 된다.

b) Newtonian 방법

관계식 $s_0 = f + x_0$, $s_i = f + x_i$으로부터 $x_0 = s_0 - f = 75 - 25 = 50\ \mathrm{cm}$을 얻는다. 한편, 뉴톤의 공식, $x_i x_0 = f^2$을 사용하면, $x_i = f^2/x_0 = 12.5\ \mathrm{cm}$이 얻어지며, 렌즈 중심에서 상까지의 거리는 $s_i = 25 + 12.5 = 37.5\ \mathrm{cm}$이 된다. 또한 횡배율은

$$M_T = -\frac{f}{x_0} = -\frac{25}{50} = -\frac{1}{2}: \text{ 도립축소}$$

이 되어 Gaussian 방법으로 얻은 결과와 같음을 알 수 있다.

예제 5

물체로부터 화면까지의 거리(L)가 일정할 때, 초점거리가 f인 렌즈를 사용하여 화면에 상을 맺는 두 지점이 있다. 이 위치를 확인하시오.

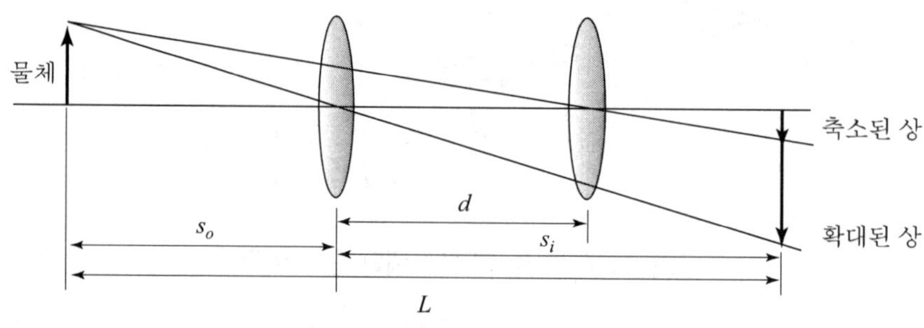

그림 5.18 렌즈의 초점거리 측정

해답 가우스 공식 $\frac{1}{s_o} + \frac{1}{s_i} = \frac{1}{f}$에서 렌즈에서 상까지의 거리를 물체로부터 화면까지의 거리(L)로 나타내면, $\frac{1}{s_o} + \frac{1}{(L - s_o)} = \frac{1}{f}$와 같이 된다. 이 식을 다시 쓰면, $s_o^2 - s_o L + f L = 0$와 같이 되며, 이로부터 $s_o = \frac{1}{2}(L \pm \sqrt{L^2 - 4fL})$와 같은 결과를 얻는다. 따라서 렌즈에서 물체까지의 거리 s_o는 2개의 값을 가지며, 렌즈에서 상이 맺는 화면까지의 거리 s_i도 역시 2개의 값을 갖는다.

예제 5의 결과는 렌즈의 초점거리를 측정하는 데 이용할 수 있다. 즉, 물체로부터 화면까지의 거리를 초점거리의 4배 이상 두고 난 다음에 물체와 화면의 위치는 고정시키고 렌즈를 광축 위에서 앞, 뒤로 이동시키면서 화면에 나타나는 상을 관측한다. 화면상에는 렌즈의 위치에 따라 확대된 선명한 상과 축소된 선명한 상이 나타나게 된다. 이때 확대된 선명한 상이 나타나는 렌즈의 위치 $\left[s_o = \frac{1}{2}(L - \sqrt{L^2 - 4fL})\right]$와 축소된 선명한 상이 나타나는 렌즈 위치$\left[s_o = \frac{1}{2}(L + \sqrt{L^2 - 4fL})\right]$와의 거리를 d라고 하면, $d = \sqrt{L^2 - 4fL}$이 된다. 이로부터 초점거리 f에 대한 표현식을 구하면,

$$f = \frac{L^2 - d^2}{4L}$$

와 같이 되어 렌즈의 초점거리를 구할 수 있다.

5.5 얇은 렌즈들의 조합

지금까지는 렌즈 하나의 특성에 대하여 취급하였다. 하지만, 실제로 실험을 하다보면 한 개의 렌즈만으로는 실험을 수행하기가 어려운 경우가 많다. 따라서 본 절에서는 여러 개의 렌즈를 조합하였을 경우에 광학적 성질들이 어떻게 변하는지에 대해서 취급하고자 한다.

2개의 볼록렌즈를 조합할 경우에 물체의 상이 어디에 맺히는지를 결정하기 위해서는 그림 5.19와 같은 도식을 이용하는 것이 편리하다. 이때에 2개 렌즈 사이의 간격(d)는 각 렌즈의 초점거리(f_1 또는 f_2)보다 짧다. 2개의 렌즈가 조합되어 있지만, 우선 렌즈 1 (L_1)만을 생각하자.

렌즈 1에 의하여 만들어진 상은 오직 광선 1과 광선 3에 의하여 상의 위치 P_1'가 결정되며, 이때에 광선 1과 3은 상 초점인 F_{i1}과 물체 초점인 F_{o1}을 통과한다. 이때에 상의 위치 P_1'에 생긴 물체의 상은 오직 렌즈 1에 의하여 형성된 상이다[그림 5.19(a) 참조]. 렌즈 2에 의한 효과를 고려하기 위해서는 광선 2를 고려해야 한다. 광선 2는 P_1'에서 출발하여 렌즈 2의 중심을 통과하여 렌즈 1을 지난 후, 물체의 위치에 도달하도록 그린다. 이제 렌즈 2를 삽입한다 하더라도 광로 2의 경로는 바뀌지 않을 것이며, 광선 3은

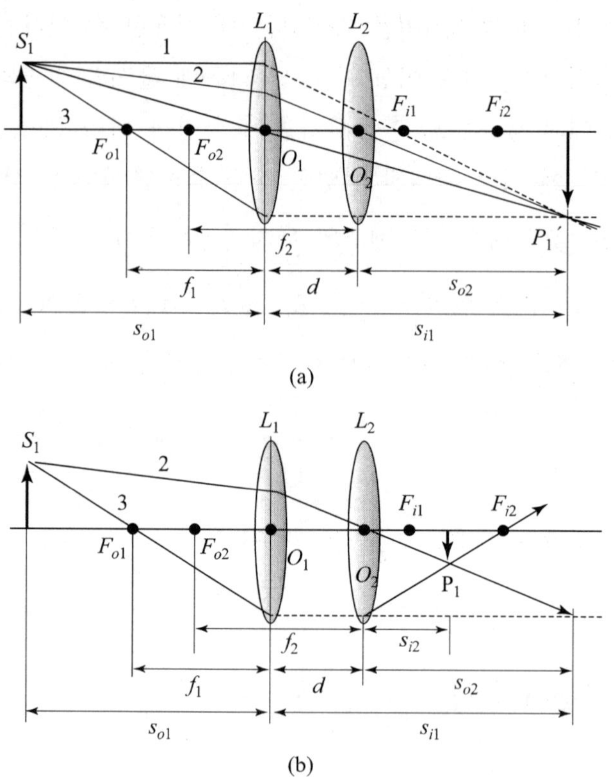

그림 5.19 두 렌즈의 어느 초점거리보다 더 짧은 거리만큼 떨어진 두 개의 렌즈 $[d < f_1,\ f_2]$

렌즈 2에 의해서 렌즈 2의 상 초점인 F_{i2}를 통과하게 된다. 이때에 광선 2와 광선 3의 교점이 렌즈 1과 렌즈 2의 조합에 의한 상의 위치에 해당된다[그림 5.19(b) 참조]. 그림 5.19의 경우에 얻어진 상은 도립 실상으로서 크기는 감소되었다. 만일에 두 렌즈 사이의 거리가 렌즈 각각의 초점거리보다도 멀리 떨어진 경우에 대해서는 독자 스스로가 해답을 구하기 바란다(물론 이 경우에는 정립 실상을 얻게 된다.). 지금까지는 그림을 이용하여 문제를 해결하였는데, 해석적으로 풀어보면 다음과 같다. 렌즈 1에 대해서는

$$\frac{1}{s_{01}} + \frac{1}{s_{i1}} = \frac{1}{f_1} \tag{5.5.1}$$

와 같이 쓸 수 있으며, 렌즈 2에 대해서는

$$\frac{1}{s_{o2}} + \frac{1}{s_{i2}} = \frac{1}{f_2} \tag{5.5.2}$$

으로 쓸 수 있다(아래첨자 1, 2는 렌즈 1과 렌즈 2를 구별하기 위함이다.). 렌즈 2에 대

한 식 (5.5.2)에서 $-s_{o2}=s_{i1}-d(s_{o2}=d-s_{i1})$이므로 이를 식 (5.5.2)에 대입하면,

$$\frac{1}{d-s_{i1}}+\frac{1}{s_{i2}}=\frac{1}{f_2} \tag{5.5.3}$$

이 된다. $d > s_{i1}$인 경우에 렌즈 2에 의한 물체의 위치는 실(real)물체이며, $d < s_{i1}$이면, $s_{02} < 0$이 되어 허(virtual)물체가 된다. 그림 5.19의 경우에 대해서 s_{i2}를 구하면,

$$s_{i2}=\frac{(d-s_{i1})f_2}{(d-s_{i1}-f_2)} \tag{5.5.4}$$

을 얻는다. 한편 여기에 식 (5.5.1)로부터 구한 s_{i1}을 대입하면,

$$s_{i2}=\frac{f_2 d-s_{i1}f_2}{d-s_{i1}-f_2}=\frac{f_2 d-f_1 f_2 s_{01}/(s_{01}-f_1)}{d-f_2-s_{01}f_1/(s_{01}-f_1)} \tag{5.5.5}$$

과 같은 결과식을 얻는다. 여기서, s_{o1}과 s_{i2}는 각각 복합 렌즈의 물체 및 상의 거리이다.

예제 6

초점거리가 각각 30 cm 및 50 cm 인 2개의 볼록렌즈가 서로 20 cm 만큼 떨어져 있으며, 첫 번째 렌즈로부터 50 cm 떨어진 곳에 물체가 있다고 하자. 이때에 상의 위치, 상의 종류, 그리고 상의 횡배율을 구하시오(그림 5.19 참조).

해답 식 (5.5.5)에 직접 대입을 하면,

(a) 상의 위치: $s_{i2}=\dfrac{50(20)-50(50)(30)/(50-30)}{20-50-50(30)/(50-30)}=26.2\text{ cm}$ (실상).

(b) 실상의 총 횡배율은 2 렌즈 각각의 배율을 곱하면 구해지며,

$$M_T=M_{T1}\times M_{T2}=\frac{f_1 s_{i2}}{d(s_{o1}-f_1)-s_{o1}f_1}=\frac{30(26.2)}{20(50-30)-50(30)}=-0.72$$

이 된다. 이는 그림 5.19로부터 예상하였던 것처럼 크기는 72 %정도로 줄어들고 방향이 원래의 물체 방향과 반대가 됨을 알 수 있다.

※ M_T에 대한 표현식의 유도 :

$$M_T=M_{T1}\times M_{T2}$$

$$M_{T1}=-\frac{s_{i1}}{s_{o1}}=-\frac{f_1}{s_{01}-f_1},\ \frac{1}{s_{o1}}+\frac{1}{s_{i1}}=\frac{1}{f_1}\Rightarrow\frac{s_{i1}}{s_{o1}}=\frac{f_1}{s_{01}-f_1},$$

$$M_{T2} = -\frac{s_{i2}}{s_{o2}} = -\frac{s_{i2}}{d - s_{i1}},$$

$$M_T = M_{T1} \times M_{T2} = \left(\frac{-f_1}{s_{o1} - f_1}\right) \times \left(\frac{-s_{i2}}{d - s_{i1}}\right) = \left(\frac{f_1}{s_{o1} - f_1}\right) \times \left(\frac{s_{i2}}{d - \dfrac{f_1 s_{o1}}{s_{o1} - f_1}}\right)$$

$$= \left(\frac{f_1}{s_{o1} - f_1}\right) \times \frac{s_{i2}(s_{o1} - f_1)}{d(s_{o1} - f_1) - f_1 s_{o1}}$$

$$\therefore \; M_T = \frac{s_{i2} f_1}{d(s_{01} - f_1) - f_1 s_{01}}$$

한편, 복합 렌즈를 하나의 렌즈로 간주하여, 광축이 복합렌즈의 마지막 표면에서 만나는 점으로부터 제2초점까지의 거리를 "뒷 초점거리(back focal length, $b.f.l.$)"라고 한다. 마찬가지로 복합렌즈의 첫 번째 면으로부터 제1초점 또는 물체초점까지의 거리를 "앞 초점거리(front focal length, $f.f.l.$)라고 한다. 그림 5.19의 경우에 $s_{01} \to \infty$ 으로 놓으면, 식 (5.5.5)에서의 $(s_{o1} - f_1) \simeq s_{o1}$ 이 되며, s_{i2}가 뒷 초점거리가 된다. 즉, $s_{01} \to \infty$ 인 경우 $s_{i2} = b.f.l.$을 구하면

$$s_{i2} = \frac{f_2 d - s_{i1} f_2}{d - s_{i1} - f_2} = \frac{f_2 d - f_1 f_2 s_{01}/(s_{01} - f_1)}{d - f_2 - s_{01} f_1/(s_{01} - f_1)} = \frac{f_2(d - f_1)}{d - (f_1 + f_2)} \tag{5.5.6}$$

와 같이 된다. 마찬가지로, 즉, $s_{i2} \to \infty$ 인 경우, $s_{o1} = f.f.l.$을 구하면

$$\left|\frac{1}{s_{o1}}\right|_{s_{i2} \to \infty} = \frac{1}{f_1} - \frac{1}{(d - f_2)} = \frac{d - (f_1 + f_2)}{f_1(d - f_2)} \;\Rightarrow\; s_{o1} = \frac{f_1(d - f_2)}{d - (f_1 + f_2)} \;:\; s_{o1} = f.f.l. \tag{5.5.7}$$

을 얻는다. 그런데 $d = 0$, 즉 렌즈 사이의 거리를 무시하면 2개의 렌즈는 접촉하게 되어 $f.f.l. = b.f.l. = f$ (유효 초점거리)의 결과를 얻으며, 이때에 유효 초점거리는

$$f = \frac{f_1 f_2}{(f_1 + f_2)} \;\to\; \frac{1}{f} = \frac{1}{f_1} + \frac{1}{f_2} \tag{5.5.8}$$

이 된다. 만약에 N개의 렌즈가 서로 접촉되어 있으면,

$$\frac{1}{f} = \frac{1}{f_1} + \frac{1}{f_2} + \cdots \frac{1}{f_N} \tag{5.5.9}$$

이 된다.

예제 7

$R_1 = 5\text{ cm}$, $R_2 = 10\text{ cm}$, $n = 1.5$인 볼록형 얇은 메니스커스(meniscus) 렌즈와 $R_1 = \infty$, $R_2 = 6\text{cm}$, $n = 1.6$인 평면 오목렌즈가 있다. 이 둘을 접합시켜 결합했을 때의 유효 초점거리는 얼마인가?

해답 $\frac{1}{f} = \left(\frac{n_2}{n_1} - 1\right)\left(\frac{1}{R_1} - \frac{1}{R_2}\right)$이므로

메니스커스 렌즈에 대하여 $\frac{1}{f_1} = (1.5 - 1)\left(\frac{1}{5} - \frac{1}{10}\right)$ $\quad \therefore\ f_1 = 20\text{ cm}$

평면 오목렌즈는 $\frac{1}{f_2} = (1.6 - 1)\left(\frac{1}{\infty} - \frac{1}{6}\right)$ $\quad \therefore\ f_2 = -10\text{ cm}$

따라서 $\frac{1}{f} = \frac{1}{f_1} + \frac{1}{f_2} = \frac{1}{20} - \frac{1}{10} = -\frac{1}{20}$ $\quad \therefore\ f = -20\text{ cm}$

예제 8

곡률반경이 각각 $R_1 = 60\text{ cm}$, $R_2 = 30\text{ cm}$이고, 굴절률이 1.5인 렌즈에 굴절률이 1.6인 기름을 부었다(그림 5.20 참조). 기름을 채우기 전과 후의 초점거리를 구하시오.

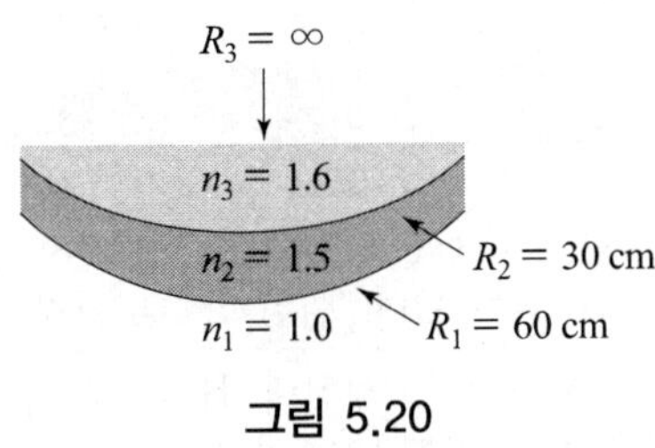

그림 5.20

해답 a) 곡률이 $R_1 = 60\text{ cm}$, $R_2 = 30\text{ cm}$, 굴절률이 $n = 1.5$인 렌즈의 경우

$$D_1 = \frac{1}{f_1} = \left(\frac{n_2}{n_1} - 1\right)\left(\frac{1}{R_1} - \frac{1}{R_2}\right)$$
$$= (1.5 - 1)\left(\frac{1}{0.6} - \frac{1}{0.3}\right) = -0.83\text{ Diopter(오목렌즈)}$$

b) 곡률이 $R_2 = 30\text{ cm}$, $R_3 = \infty$, 굴절률이 $n = 1.6$인 기름의 경우

$$D_2 = \frac{1}{f_2} = (1.6 - 1)\left(\frac{1}{0.3} - \frac{1}{\infty}\right) = 2\text{ Diopter(볼록 렌즈)}$$

기름을 채운 후, 렌즈의 초점거리는 이 두 렌즈를 결합시켜 얻은 렌즈의 초점거리와 같으므로

$$D = D_1 + D_2 = 1.17\ \text{Diopter} \quad \text{즉,}\ f = 85.5\ \text{cm}$$

이 된다.

※ 굴절능(Dioptic power: D) : 렌즈, 거울 또는 기타 광학계에서 빛을 모으거나 발산시키는 능력으로서, 초점거리의 역으로 표현되며, 단위는 m^{-1}이다. 2개 이상의 렌즈들로 이뤄진 광학계의 굴절능은 각 렌즈의 굴절능의 합과 같다. 마찬가지로 단일렌즈에 대한 굴절능은 각 표면의 굴절능의 합과 같다.

5.6 렌즈의 재질

연구나 실험에 사용되는 다양한 종류의 렌즈는 사용하고자 하는 빛의 파장을 고려하여 선택하여야 한다. 보통 많이 사용되는 렌즈의 재질로는 BK 7 유리(borosilicate crown glass), 용융 실리카, CaF_2, MgF_2, 사파이어(Al_2O_3), ZnS 등이 있으며, 이들의 특성을 표 5.2에 요약하였다.

표 5.2 렌즈의 재질

재 질	사용파장(nm)	특 징
BK 7	330~2,300	기포와 불순물이 극히 작고, 열 충격이 없다. 용융 실리카에 비해 양질이며, 가격이 저렴하다. UV 영역을 통과시키지 않으므로 파장이 330 nm 이하에서는 사용할 수가 없다. 일반적으로 가장 많이 사용되는 렌즈 재질이다.
용융 실리카	190~2,500	UV 영역에서 주로 사용되며, BK 7에 비해 열 특성이 좋다. 열팽창 계수가 작으며 열 전도도가 높아 열적 변형이 잘 안 일어난다.
CaF_2	150~8,000	분산률이 작아 색수차가 적고, 굴절률이 작으므로 무반사 코팅을 하지 않아도 500 nm에서 약 94 % 투과된다. CaF_2는 약간 수용성(18℃의 물 100 gm에 0.0016 gm이 용해)이 있는 등방성 결정으로 보통 실험실에서 수년간 사용이 가능하며, 열 및 기계적 충격에 비교적 민감하다.
MgF_2	140~7,500	500 nm에서 약 95 % 투과되며 CaF_2처럼 약간 수용성(물 100 gm에 0.0001 gm이 용해)이 있다. 열 및 기계적 충격에 민감하나 복사암색화(radiation darkening)에는 강하다. 렌즈 제작용 재질은 단결정으로 성장시킨다.
사파이어	150~5,000	사파이어는 육방정계(hexagonal) 결정구조를 가지며, 매우 단단하고 내구성이 좋고 강산(strong acid)에도 강하다. 용융점이 매우 높고 열전도도가 매우 우수하여 높은 온도 환경에서도 사용이 가능하다.
ZnS	400~12,000	물에 녹지 않으며, 열 및 기계적 충격에 강하다. CVD에 의해 만들어진 ZnS는 굴절률이 높아(10,600 nm에서 2.188) 표면 반사에 의한 손실이 약간 크다(10,600 nm에서 표면당 약 14 %).

5.7 구면거울

그림 5.21에서 C는 곡률 반경 R을 가지는 구면거울의 중심이다. 따라서 C로부터 구면거울의 반사면에 선분 CA를 그으면 선분 CA는 A점에서 구면과 직각으로 만난다. 이때 물체의 위치 S로부터 선분 CA에 대하여 θ_i로 입사한 광선은 반사각 θ_r을 가지고 반사한다. 반사의 법칙에 의해서 $\theta_i = \theta_r$이므로 각 SAP는 선분 CA에 의하여 이등분된다. 따라서 삼각형 SAC와 CAP는 닮은꼴이 되어

$$\frac{\overline{SC}}{\overline{SA}} = \frac{\overline{CP}}{\overline{PA}} \tag{5.6.1}$$

의 관계가 성립하며, 이로부터 $\overline{SC} = s_o - |R|$, $\overline{CP} = |R| - s_i$으로 쓸 수 있다. 여기서 s_o는 정축점의 왼쪽에 있으므로 (+), s_i는 실제의 반사광에 의해서 형성되는 실상까지의 거리를 나타내므로 (+)이다. 굴절에서 사용된 부호에 대한 약속에 따라 C가 V의 왼쪽(반사면은 오목이다)에 있으므로, $|R| = -R$가 된다. 따라서

$$\overline{SC} = s_o + R,\ \ \overline{CP} = -(s_i + R) \tag{5.6.2}$$

이 된다. 그리고 근축광선을 가정하면, $\overline{SA} \approx s_o$, $\overline{PA} \approx s_i$으로 쓸 수 있다. 따라서

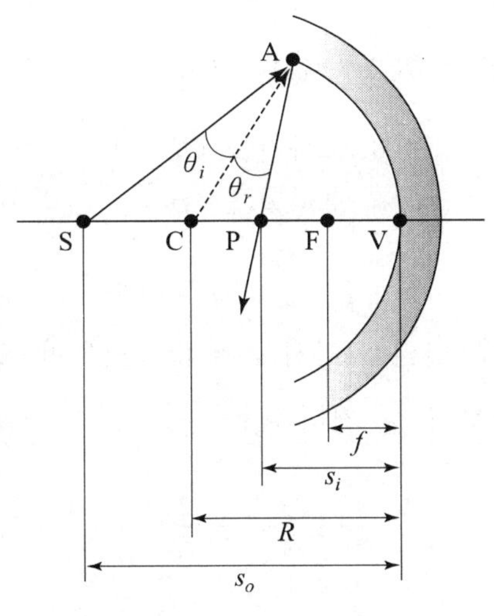

그림 5.21 오목 구면거울

$$\frac{s_o+R}{s_o}=-\frac{s_i+R}{s_i} \text{ 또는 } \frac{1}{s_o}+\frac{1}{s_i}=-\frac{2}{R} \tag{5.6.3}$$

이 얻어지며, 식 (5.6.3)은 오목거울이나 볼록거울에 대해서 성립한다. 오목거울인 경우에 $R<0$, 볼록거울에 대해서는 $R>0$이 된다. 제 1 초점(object focus)은

$$\lim_{s_i \to \infty} s_0 = f_0 \tag{5.6.4}$$

에 의하여 정의되므로 물체의 위치가 바로 제 1 초점이 된다. 또한, 제 2 초점(=image focus)은

$$\lim_{s_0 \to \infty} s_i = f_i \tag{5.6.5}$$

으로 주어져 상의 위치가 바로 제 2초점이 된다. 식 (5.6.4)와 식 (5.6.5)의 조건을 식 (5.6.3)에 대입하면,

$$\frac{1}{f_o}+\frac{1}{\infty}=\frac{1}{\infty}+\frac{1}{f_i}=-\frac{2}{R} \tag{5.6.6}$$

이 되고, 위로부터 $f_o=f_i=-R/2$이 됨을 알 수 있다. 따라서 초점거리에 대한 첨자를 없애면,

$$\frac{1}{s_0}+\frac{1}{s_i}=\frac{1}{f} \tag{5.6.7}$$

으로 되며, 초점거리에 대한 부호는 다음과 같다. 즉,

$$f>0 \text{ 오목거울 } (R<0)$$
$$f<0 \text{ 볼록거울 } (R>0)$$

이 된다.

실물점 P가 거울에서 매우 멀리 떨어져($s_o=\infty$) 있으면, 입사하는 광선들은 서로 평행하게 되어 식 (5.6.3)으로부터 상 거리 s_i는

$$\frac{1}{\infty}+\frac{1}{s_i}=-\frac{2}{R} \tag{5.6.8}$$

표 5.3 구면거울에 대한 부호 약속

Quantity	부호 +	부호 −
s_o	V의 왼쪽, 실물체	V의 오른쪽, 가상 물체
s_i	V의 왼쪽, 실 상	V의 오른쪽, 허상
f	오목거울	볼록거울
R	C가 V의 오른쪽, 볼록	C가 V의 왼쪽, 오목
y_o	광축의 위, 정립 물체	광축의 아래, 도립상
y_i	광축의 위, 정립상	광축의 아래, 도립상

표 5.4 구면거울에 의하여 형성된 실물체의 상

오목거울				
물 체	상(image)			
위 치	유 형	위 치	방 향	상대 크기
$2f < s_o < \infty$	실 상	$f < s_i < 2f$	도립(거꾸로 됨)	축 소
$s_o = 2f$	실 상	$s_i = 2f$	도립(거꾸로 됨)	같은 크기
$f < s_o < 2f$	실 상	$2f < s_i < \infty$	도립(거꾸로 됨)	확 대
$s_o = f$		$\pm\infty$		
$s_o < f$	허 상	$\lvert s_i\rvert > s_0$	정 립	확 대

볼록 거울				
물 체	상(image)			
위 치	유 형	위 치	방 향	상대 크기
모든 곳	허 상	$\lvert s_i\rvert < \lvert f\rvert$, $\lvert s_o\rvert > \lvert s_i\rvert$	정 립	축 소

로 주어진다. 오목 구면거울의 경우에 부호의 약속에 따라 R은 음의 값을 가지므로 s_i는 양을 값을 가지며, $s_i = +R/2$된다. 오목거울에 평행하게 입사한 광선은 반사 후에 거울의 정축점으로부터 $R/2$거리에 있는 점 F로 수렴하며 점 F를 오목거울의 초점거리(f)라 한다. 곡률반지름과 초점 사이의 관계는

$$f = \frac{R}{2} \tag{5.6.9}$$

으로 나타낼 수 있다.

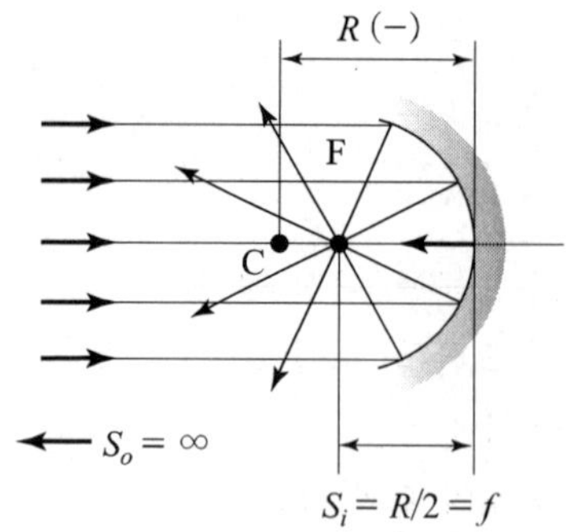

그림 5.22 축에 나란히 입사한 광원은 오목거울의 초점 F로 수렴된다.

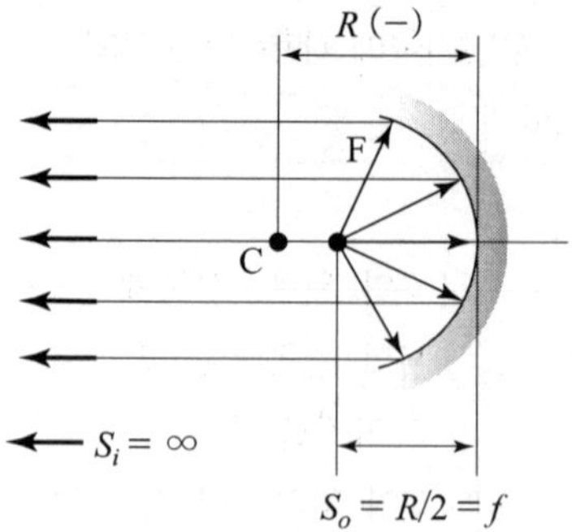

그림 5.23 초점 F로부터 거울로 향하는 광선은 반사 후에 광축에 평행하게 진행한다.

이번에는 상의 위치가 오목거울로부터 무한대의 거리에 있는 경우를 생각하여보자(그림 5.23 참조). 상의 위치(s_i)가 무한대가 될 경우에 오목거울로부터 나오는 광선은 광축에 평행하므로, 물체의 거리는

$$\frac{1}{s_o} + \frac{1}{\infty} = -\frac{2}{R} \ (R = \text{음}), \quad s_o = +\frac{R}{2} \tag{5.6.10}$$

이 된다.

초점으로부터 오목거울을 향해 입사하는 광선은 거울에서 반사된 후, 광축과 평행하게 반사하므로, 이 경우 역시 $f = R/2$임을 알 수 있다. 따라서 오목거울은 플래시나 전조등의 전구에서 나오는 빛을 평행광속으로 만들어 멀리까지 빛을 보내는데 사용되기도 한다.

그림 5.24는 볼록거울에 입사한 광선을 기술하고 있는데, 반사 후에 거울로부터 나오는 광선이 곡률중심 C의 반대쪽에 있다. 그러므로 부호의 약속에 따라서, R은 양(+)가 되며, 입사광선 PB는 구면거울에서 입사각과 같은 반사각(θ)을 가지고 반사한다. 또한 반사광선을 볼록거울에 대하여 투영시키면, 광축과 P′에서 만난다. 각 α가 작으면, 점 P에서 시작되어 거울에서 반사된 모든 광선은 P′에서 발산한 것과 같이 되므로 점 P′는 점 P의 상이 된다. 이때에 물체거리 s_o는 양(+)이 되고 상거리 s_i는 음(−)이다. 한편 그림 5.25는 유한한 크기를 가지는 물체가 볼록거울에 의하여 맺힌 상의 위치와 크기를 나타낸 것이다. 이 경우에 있어서 물체의 횡배율(M_T)은

$$M_T = \frac{y_i}{y_o} = -\frac{s_i}{s_o} \tag{5.6.11}$$

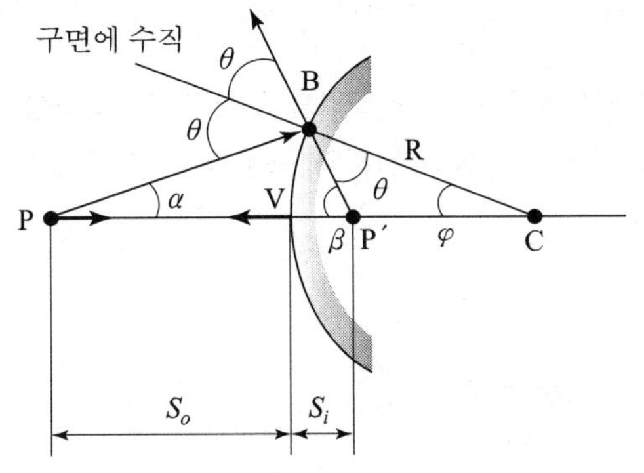

그림 5.24 점 P로부터 볼록거울에 입사한 광선에 의한 상의 형성

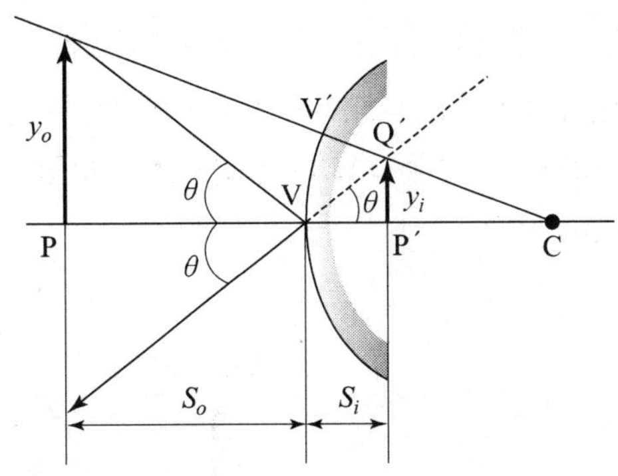

그림 5.25 P점에 있는 물체가 볼록거울에 의하여 형성된 경우 물체의 배율

이 되며, s_i는 음으로서 횡배율은 예상했던 것처럼 양(+)의 값을 가진다. 그림 5.26(a)에서, 광축과 나란하게 입사한 광선은 거울 뒤의 거리 f 에 있는 점 F로부터 나오는 것처럼 발산한다. 이 경우 f는 초점거리이고 F는 허초점(virtual focal point)이라고 한다. 한편, 그림 5.26(b)에서와 같이 허초점을 향하는 방향으로 볼록거울에 입사한 광선은 거울에서 반사 후에 광축과 평행한 방향으로 반사한다. 볼록거울은 자동차나 트럭 운전자에게 넓은 시야각을 만들어 주는데 사용되기도 한다.

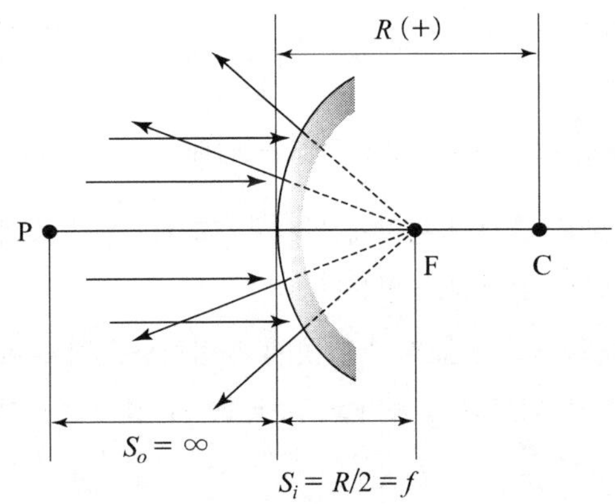

(a) 광축에 평행하게 입사한 광선은 초점거리 f 에 있는 점 F로부터 나오는 것과 같다.

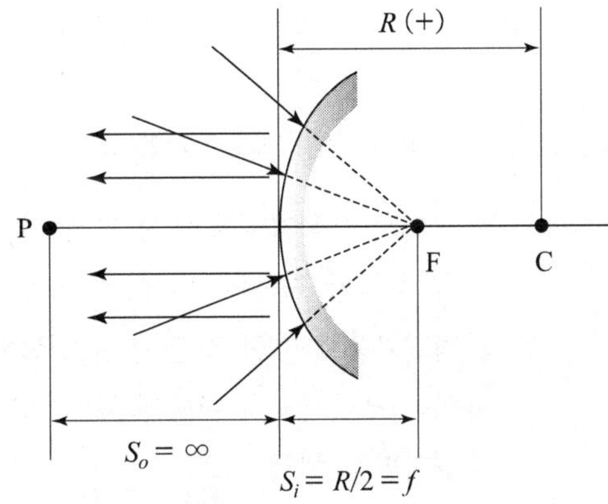

(b) 허초점을 향하는 광선은 반사 후 광축과 나란하게 진행한다.

그림 5.26 볼록거울에서의 빛의 진행 특성

예제 9

그림 5-27과 같이 오목거울에 의해 형성되는 처음 3개 상의 위치와 크기를 구하고, 이 결과를 바탕으로 두 거울 사이에서 반사를 거듭함에 따라 형성되는 상의 위치와 모양에 대해 간단히 기술하시오.

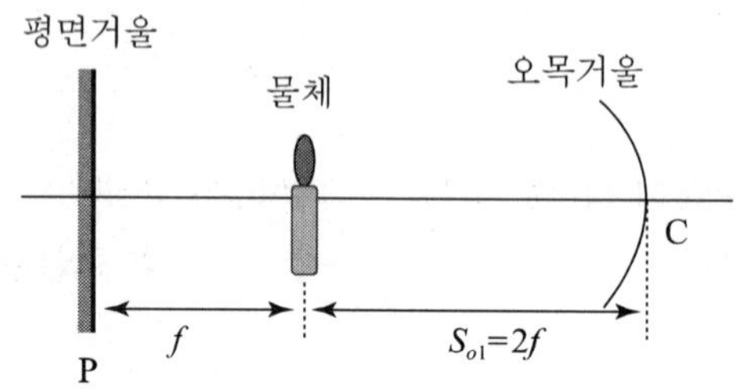

그림 5.27 평면거울과 오목거울에 의한 상

해답 ⓐ 오목거울로부터 물체까지의 거리(S_{o1})가 $2f$ 이므로 거울에 대한 식

$$\frac{1}{S_{i1}}+\frac{1}{S_{o1}}=\frac{1}{f} \tag{5.6.12}$$

에 대입하면, 거울로부터 상까지의 거리(S_{i1})가 구해진다. 즉,

$$\frac{1}{S_{i1}}=\frac{1}{f}-\frac{1}{2f}=\frac{1}{2f} \Rightarrow S_{i1}=2f \tag{5.6.13}$$

형성된 상의 배율(m)은 $m=\dfrac{-S_{i1}}{S_{o1}}=\dfrac{-2f}{2f}=-1$이 되어 크기는 원래 크기와 같다. 따라서 오목거울에 의한 첫 번째 상은 바로 물체의 위치에 생기며, 크기는 원래 물체의 크기와 같으나, 아래 위가 서로 바뀐 도립실상을 만든다.

ⓑ 평면거울에 의한 상은 평면거울의 뒤쪽으로 f 만큼 떨어진 곳에 정립허상을 만들며, 이는 오목거울에 대한 물체의 역할을 하게 되므로 오목거울로부터는 $4f$ 떨어진 곳에 위치하게 된다.

$$\frac{1}{S_{i2}}=\frac{1}{f}-\frac{1}{S_{o2}}=\frac{1}{f}-\frac{1}{4f}=\frac{3}{4f} \Rightarrow S_{i2}=\frac{4}{3}f$$ ☜ 오목거울에 더 가까이 위치함.

형성된 상의 배율(m)은 $m=\dfrac{S_{i2}}{S_{o2}}=\dfrac{4f/3}{4f}=\dfrac{1}{3}$이 되어 크기는 원래 크기의 1/3이 되며, 도립실상이다.

ⓒ 원래 크기의 1/3이며 도립실상인 S_{i2}가 평면거울에 의해서 반사되며, 평면거울에 의해서 생긴 상은 평면거울의 뒤쪽 $\frac{14f}{3}$인 곳에 생기며, 이 상이 오목거울에 대해서는 하나의 물체가 되므로 오목거울에 의한 세 번째 상(S_{i3})의 위치는 다음과 같다.

$\frac{1}{S_{i3}}=\frac{1}{f}-\frac{1}{S_{o3}}=\frac{1}{f}-\frac{1}{14f/3}=\frac{11}{14f} \Rightarrow S_{i3}=\frac{14}{11}f$ ☜ 오목거울에 더 가까이 위치함.

형성된 3번째 상의 배율(m)은 $m=\frac{S_{i3}}{S_{o3}}=\frac{14f/11}{14f/3}=\frac{3}{11}$이 되어 크기는 원래 크기의 3/11이 되는데 2번 아래, 위가 서로 바뀌므로 정립실상이 된다.

ⓓ 위에서와 같은 과정을 지속적으로 해가면, 평면거울에 의한 반사가 점점 더 멀어지므로 오목거울에 의해서 생긴 상의 크기는 점점 줄어들면서 오목거울의 초점에 가깝게 이동한다.

5.8 거울의 재질 및 특성

거울은 기판(주로 borosillicate 유리) 위에 알루미늄, 은 및 금과 같은 금속을 코팅하거나 기판과 굴절률이 다른 유전체 물질을 코팅하여 만든다. 유전체 물질을 코팅하여 만드는 경우에 반사율은 기판과 유전체 물질의 굴절률에 의존한다. 알루미늄과 같은 금속을 기판에 코팅하여 제작하는 경우에는 주로 진공증착을 사용하여 만들며, 알루미늄은 유리기판에 직접 증착이 되나 금을 사용하는 경우에는 유리기판 위에 크롬을 코팅한 후에 금을 코팅하여 거울을 만든다.

5.9 프리즘

프리즘은 빛의 진행방향을 바꾸는 기능(반사프리즘)과 입사하는 빛을 파장별로 분리하는 기능(분산프리즘)을 가지고 있다. 또한 빛의 편광상태를 바꾸거나 분리하는 기능을 하기도 하는데 특히 이러한 프리즘을 편광프리즘이라 하며 이에 대해서는 빛의 편광을 다루는 8장을 참조하기 바란다. 여기서는 입사하는 빛을 파장별로 분산시키는 분산프리즘과 빛의 진행방향을 바꾸는 반사프리즘에 대하여 간단히 논하고자 한다.

5.9.1 분산프리즘

분산프리즘은 프리즘에 입사하는 빛을 파장에 따라 분산시키는 기능을 하게 되며, 분산시키는 정도는 프리즘 면에서의 굴절률에 의존하게 된다. 그림 5.28은 단색파장의 빛이 분산프리즘에 입사하여 통과하는 것을 나타낸 것으로 빛이 프리즘의 한 면(B)에 부딪치면 스넬의 법칙에 따라서 굴절하여 프리즘 내를 통과하여 두 번째 면(D)에 도달하게 된다. D에 도달한 빛은 다시 스넬의 법칙에 의하여 굴절되며, 프리즘에 입사하는 입사광선의 방향과 프리즘에서 굴절되어 나오는 광선이 이루는 각도를 전체 각도편이(angular deviation: δ)라 한다. 그림 5.28에서 프리즘의 왼쪽 면과 오른쪽 면을 통과한 후에 입사광선과 프리즘으로부터 나오는 광선이 이루는 전체 편이각을 δ 라면

$$\delta = (\theta_{i1} - \theta_{t1}) + (\theta_{t2} - \theta_{i2}) \tag{5.7.1}$$

와 같이 표현되는데 식 (5.7.1)을 입사각(θ_{i1})과 프리즘의 꼭지각(α)로 표현해보자.

그림 5.28에서 프리즘의 꼭지각을 α 라고 할 경우에 α는 삼각형 BCD의 두 내각의 합과 같으므로

$$\alpha = \theta_{t1} + \theta_{i2} \tag{5.7.2}$$

와 같이 쓸 수 있다. 따라서 전체 편이각은

$$\delta = (\theta_{i1} - \theta_{t1}) + (\theta_{t2} - \theta_{i2}) = \theta_{i1} + \theta_{t2} - (\theta_{t1} + \theta_{i2}) = \theta_{i1} + \theta_{t2} - \alpha \tag{5.7.3}$$

와 같이 표현되므로 전체 편이각은 프리즘에서의 입사각, 프리즘의 굴절률 및 프리즘의 꼭지각에 의존하게 된다. 따라서 프리즘의 굴절률이 클수록 전체 편이각은 증가하게 된다. 프리즘의 굴절률이 n이고, 공기($n_a = 1$) 중에 놓여있으면 스넬의 법칙에 의해서 두

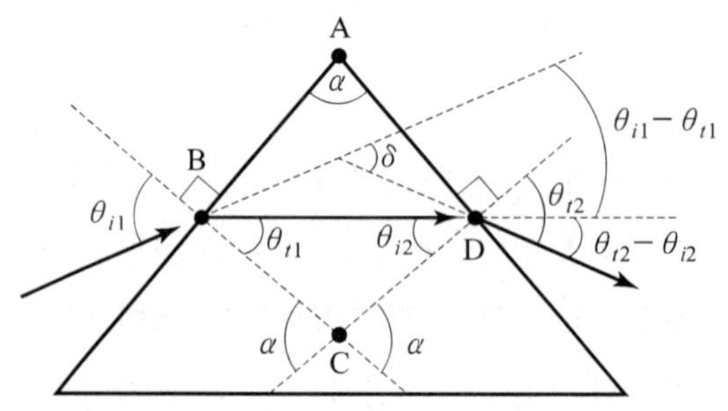

그림 5.28 프리즘에서의 각도편이

번째 면에서 측정한 최종 굴절각은

$$\theta_{t2} = \sin^{-1}(n\sin\theta_{i2}) = \sin^{-1}[n\sin(\alpha - \theta_{t1})] \tag{5.7.4}$$

와 같이 표현이 가능하다. 그리고 이 식을 θ_{i1}만의 함수로 바꾸면

$$\theta_{t2} = \sin^{-1}[n\sin\alpha\cos\theta_{t1} - n\sin\theta_{t1}\cos\alpha] \tag{5.7.5}$$

$$= \sin^{-1}[(\sin\alpha)(n^2 - \sin^2\theta_{i1})^{1/2} - \sin\theta_{i1}\cos\alpha]$$

와 같이 된다. 따라서 전체 편이각은 θ_{i1}와 α만의 함수로서

$$\delta = \theta_{i1} + \sin^{-1}[(\sin\alpha)(n^2 - \sin^2\theta_{i1})^{1/2} - \sin\theta_{i1}\cos\alpha] - \alpha \tag{5.7.6}$$

와 같이 표현된다. 식 (5.7.6)은 δ가 최소가 되는 입사각 θ_{i1}이 있음을 말해주며, 이 최소각을 최소 편이각(minimum deviation angle)이라 하며, δ_m이라고 쓴다. 따라서 δ_m은 $d\delta/d\theta_{i1} = 0$에서 얻을 수 있으나 복잡하므로 $\delta = \theta_{i1} + \theta_{t2} - \alpha$를 $d\theta_{i1}$으로 미분한 식으로부터 δ_m을 찾도록 한다. 즉,

$$\frac{d\delta}{d\theta_{i1}} = 1 + \frac{d\theta_{t2}}{d\theta_{i1}} = 0 \text{ 에서 } \quad \frac{d\theta_{t2}}{d\theta_{i1}} = -1 \tag{5.7.7}$$

그리고 입사하는 빛이 프리즘과 처음 만나는 면에 스넬의 법칙($\sin\theta_{i1} = n\sin\theta_{t1}$)을 적용하고, 미분하면

$$\cos\theta_{i1}\, d\theta_{i1} = n\cos\theta_{t1}\, d\theta_{t1} \tag{5.7.8}$$

이 얻어진다. 또한 빛이 프리즘의 내부를 통과한 후, 프리즘을 빠져나오는 면에 스넬의 법칙($n\sin\theta_{i2} = \sin\theta_{t2}$)을 적용하고 미분을 하면,

$$\cos\theta_{t2}\, d\theta_{t2} = n\cos\theta_{i2}\, d\theta_{i2} \tag{5.7.9}$$

이 얻어진다. 식 (5.7.8)을 식 (5.7.9)로 나누고, '$\alpha = \theta_{t1} + \theta_{i2} =$ 일정' 식의 양변을 미분하여 얻은 $d\theta_{t1} = -d\theta_{i2}$와 식 (5.7.7)을 이용하면,

$$\frac{\cos\theta_{i1}}{\cos\theta_{t2}} = \frac{\cos\theta_{t1}}{\cos\theta_{i2}} \tag{5.7.10}$$

와 같은 결과를 얻는다. 식 (5.7.10)의 양변을 제곱하고, 굴절각 θ_{t1}과 θ_{t2}에 대한 표현을 스넬의 법칙을 사용하여 얻은 결과를 이용하면

$$\frac{1-\sin^2\theta_{i1}}{1-\sin^2\theta_{t2}}=\frac{1-\sin^2\theta_{t1}}{1-\sin^2\theta_{i2}}=\frac{n^2-\sin^2\theta_{i1}}{n^2-\sin^2\theta_{t2}} \tag{5.7.11}$$

이 얻어진다. 여기서 $n\neq 1$이므로 $\theta_{i1}=\theta_{t2}$ 인 경우에 식 (5.7.11)은 성립하며, $\theta_{i1}=\theta_{t2}$ 이므로 식 (5.7.10)으로부터 $\theta_{t1}=\theta_{i2}$ 인 관계가 얻어진다. 즉, 제1면에서의 입사각(θ_{i1})은 제2면에서의 굴절각(θ_{t2})과 같고, 제1면에서의 굴절각(θ_{t1})은 제2면에서의 입사각(θ_{i2})과 같다. 이때 프리즘을 지나는 광선은 프리즘의 밑면과 나란하다. 이 경우에 $\delta=\delta_m$ 이므로

$$\delta=\theta_{i1}+\theta_{t2}-\alpha \;\Rightarrow\; \theta_{i1}=\frac{(\delta_m+\alpha)}{2} \tag{5.7.12}$$

$$\alpha=\theta_{t1}+\theta_{i2} \;\Rightarrow\; \theta_{t1}=\frac{\alpha}{2} \tag{5.7.13}$$

와 같은 결과를 얻는다. 이 결과를 이용하여 프리즘의 굴절률과 최소 편이각 사이의 관계식을 구하기 위하여 입사하는 빛이 프리즘과 처음 만나는 면에 스넬의 법칙 ($\sin\theta_{i1}=n\sin\theta_{t1}$)을 적용하고 정리하면

$$n(\lambda)=\frac{\sin[(\delta_m+\alpha)/2]}{\sin\alpha/2} \tag{5.7.14}$$

이 되는데 이는 투명 물질의 굴절률을 측정하기 위한 가장 기본적인 방법이다. 즉, α와 $\delta_m(\lambda)$를 측정함으로서 $n(\lambda)$를 알 수 있다.

5.9.2 반사프리즘

반사프리즘은 빛의 진행방향을 바꾸는 기능을 하며, 직각 프리즘, 펜타(Penta) 프리즘, 역 반사(Retro-reflector) 프리즘 및 도브(Dove) 프리즘 등이 있는데 한 예로서 직각 프리즘과 도브 프리즘의 기능을 간단히 살펴보면 다음과 같다.

ⓐ **직각 프리즘**: 입사하는 빛의 진행 방향을 내부 전반사에 의하여 90° [그림 5.29(a)] 또는 180° [그림 5.29(b)] 바꾸는 기능을 하는데 내부 전반사는 4장 6절에서 설명한 바와 같이 굴절률이 높은 매질에서 굴절률이 낮은 매질의 경계면에 임계각보다

큰 각으로 빛이 입사하는 경우에 일어난다. 이때에 전반사가 시작되는 임계각(θ_c)은 $\theta_c = \sin^{-1}(n_0/n_1)$ ($n_0 < n_1$)로 주어진다. 따라서 유리($n_1 = 1.5$)에서 공기($n_0 = 1.0$)로 입사하는 경우에 임계각은 41.8°이며, 그림 5.29에서의 입사각은 45°이므로 내부 전반사에 의하여 전반사가 일어나며 스넬의 반사법칙에 의하여 입사각과 반사각이 같아 프리즘을 통과한 빛은 90° 반사하게 된다. 이러한 프리즘에 의한 반사는 알루미늄 거울과 같은 반사체보다 강한 빛을 반사시키는 경우에 사용할 수 있다는 장점이 있다. 그림 5.29(a)에서 A면과 B면에 무반사 코팅을 함으로서 표면 반사에 의한 손실을 1 % 이내(넓은 파장영역에 대한 무반사 코팅 시에는 3.4 % 이내)로 줄일 수 있다. 물론 프리즘을 이용하여 빛을 반사시키는 경우에 입사각은 프리즘의 임계각보다 커야만 프리즘에 입사한 빛을 거의 모두 반사시킬 수 있다.

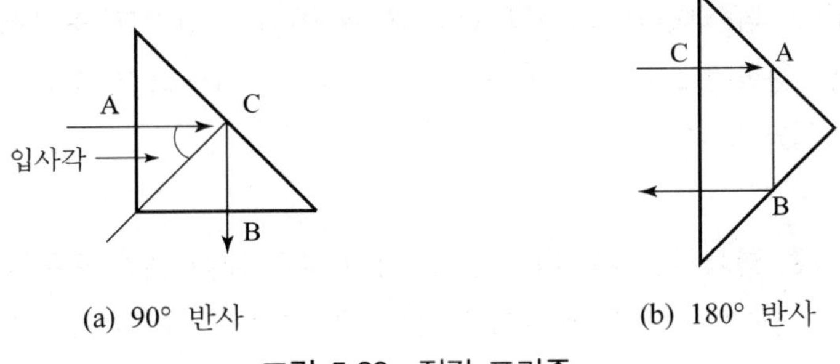

그림 5.29 직각 프리즘

ⓑ **도브 프리즘**: 물체의 이미지를 거꾸로 하는 기능을 가지며, 내부 전반사를 이용하는 직각 프리즘의 일부를 잘라낸 프리즘이다(그림 5.30 참조). 광선 축에 대하여 프리즘을 회전시키면 회전율의 2배 속력으로 이미지를 회전시키며, 입사하는 빛이 수렴 또는 발산하는 경우에 수차가 심하게 나타난다.

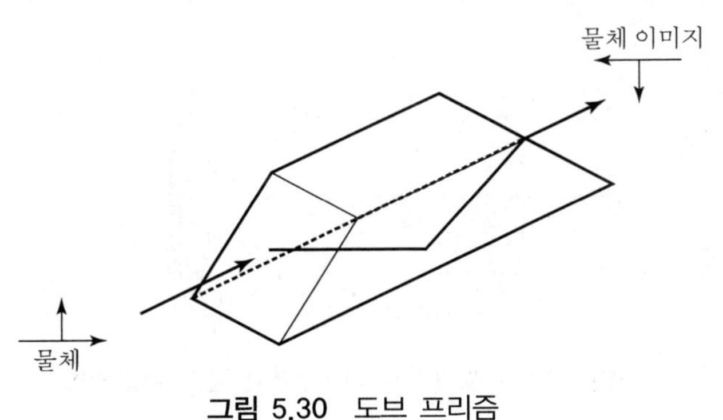

그림 5.30 도브 프리즘

연습문제

01 거울에서 관측자의 눈까지 거리가 0.3 m 이고 나무로부터 관측자까지의 거리가 100 m 라고 할 때에 이 나무의 전체 모습을 보는 데 필요한 거울의 길이가 정확히 5 cm 라고 하자. 이때에 나무의 실제 높이(h)는 얼마인가?

02 벽면으로부터 240 cm 떨어진 곳에 촛불이 놓여 있으며 오목거울을 사용하여 벽면에 3 배로 확대된 촛불의 상을 맺고자 한다. 이때에 오목거울과 촛불 사이의 거리를 구하고 오목거울의 초점거리를 구하시오.

03 굴절률이 1.5, 곡률반경이 $R_1 = 20$ cm, $R_2 = 10$ cm, 그리고 축 방향으로의 두께가 5 cm 인 양면 볼록렌즈가 있다. 제 1정점으로부터 8 cm 떨어진 곳에 있는 높이 2.5 cm 인 물체의 상을 기술하시오.

04 높이가 2 cm 인 물체가 초점거리가 10 cm 인 (+)의 얇은 렌즈 오른쪽 5 cm 인 지점에 위치해 있다. 가우스 및 뉴튼 방정식을 사용하여 얻어지는 이미지를 완전히 기술하시오.

05 곡률반경이 30 cm 인 구면 오목거울이 있다. 물체가 정축점에서 10 cm 떨어진 곳에 있다고 할 때에 배율은 얼마인가?

06 그림 5.31과 같이 초점거리가 f 인 두 개의 얇은 볼록렌즈 L_1, L_2가 $f/2$만큼 떨어져 있으며, 두 렌즈의 초점거리는 서로 같다고 할 때에 다음 물음에 답하시오.

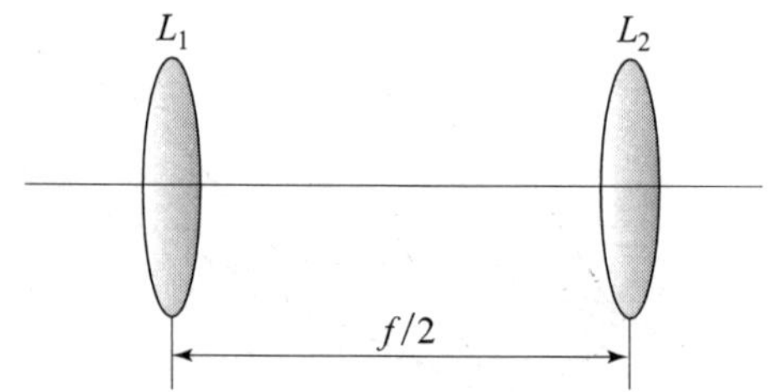

그림 5.31 초점거리가 f 인 2개의 얇은 볼록렌즈

ⓐ L_1 렌즈의 왼쪽 $4f$ 떨어진 곳에 있는 물체가 있다고 할 때에 이 물체에 대한 상의 위치는?

ⓑ 두 렌즈 L_1, L_2를 하나의 두꺼운 렌즈로 취급할 때 두꺼운 렌즈의 초점위치는?

07 곡률반경이 30 cm 인 오목거울의 정점으로부터 왼쪽으로 10 cm 떨어진 곳에 물체가 있다고 할 때에, 상의 위치와 배율을 구하시오.

08 직경이 5.0 cm인 물체가 곡률반경이 2.5 cm인 볼록거울의 정점에서 50 cm 떨어진 곳에 있다. 볼록거울에 의한 상의 위치와 크기는 얼마인가?

09 실 물체의 위치(s_o)와 실상(s_i)까지의 거리가 80 cm 이다. 얇은 렌즈에 의해 맺어진 실상의 크기가 실제 물체 크기의 3배라고 할 때에 렌즈의 위치와 초점거리는 얼마인가?

10 5 cm 크기의 물체가 초점거리가 −10 cm 인 오목렌즈로부터 30 cm 떨어진 곳에 위치해 있다. 렌즈로부터 상의 위치와 크기는 얼마인가? 렌즈에 의한 상은 실상인가 아니면 허상인가?

11 굴절률이 1.5이며, 공기 중에서 초점거리가 25 cm인 얇은 렌즈를 물속에 넣었을 때에 초점거리는 얼마인가? 물의 굴절률은 1.33이다.

12 길이가 1cm인 촛불 모양의 물체가 그림 5.32에서와 같이 위치해 있을 때, 1개의 프리즘과 2렌즈의 조합에 의해 최종적으로 생기는 상의 위치와 크기를 구하시오.

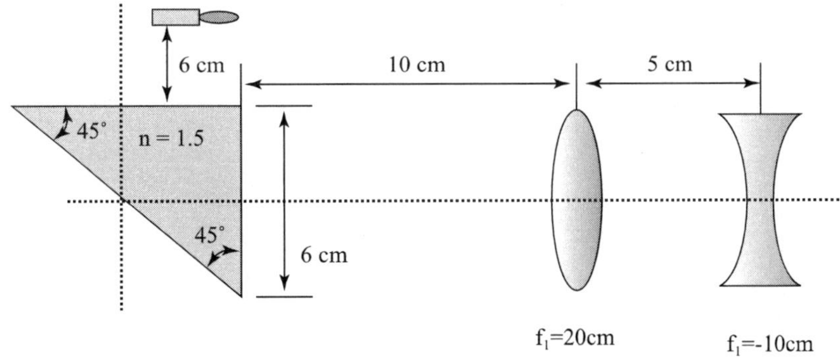

그림 5.32 물체에 대한 상의 위치와 크기

참고문헌

1. Eugene Hecht, Optics. 2nd ed. Addison-Wesley Publishing Company, Inc, 1990.

CHAPTER

06 기하광학 2

일반적으로 렌즈는 얇은 렌즈와 두꺼운 렌즈로 분류되지만 이들의 분류는 렌즈의 두께로 정하기보다는 주어진 문제에서의 정확도에 따라 분류된다. 즉, 같은 두께를 가지는 렌즈라 하더라도 정확도를 많이 필요로 하지 않는 경우에는 얇은 렌즈로, 그 반대의 경우에는 두꺼운 렌즈로 취급된다. 렌즈의 두께는 상의 위치를 변화시키므로 두꺼운 렌즈의 경우에는 렌즈의 두께중심이 렌즈의 위치를 나타내지 못한다. 따라서 얇은 렌즈에 대한 식들은 두꺼운 렌즈에 의해 형성된 상을 찾는데 직접 사용할 수 없다. 6장에서는 렌즈의 두께를 고려하여 렌즈에서의 빛의 전달 특성을 다루고자 한다.

6.1 두꺼운 렌즈

렌즈의 두께를 고려하여 렌즈에서의 빛의 전달 특성을 다루기 전에 사용할 몇몇 전문용어에 대하여 먼저 설명하고자 한다. 그림 6.1은 두꺼운 렌즈에 대한 빛의 진행 경로를 나타낸 것으로 제1초점(또는 물체 초점)과 제2초점(또는 상초점)은 각각 두 개의 정축점으로부터 측정한 것으로, f.f.l과 b.f.l로 나타내었다. 입사광선의 연장선과 출사광선의 연장선은 반드시 어느 한 점에서 만나게 되며, 이러한 점들의 궤적은 하나의 곡면을 이루게 되는데 이러한 곡면을 주요면(principal plane)이라 부른다. 이러한 주요면은 근축영역에서 광축과 거의 수직을 이루므로 그림 6.1에서 광축과 수직으로 그은 직선은 근축

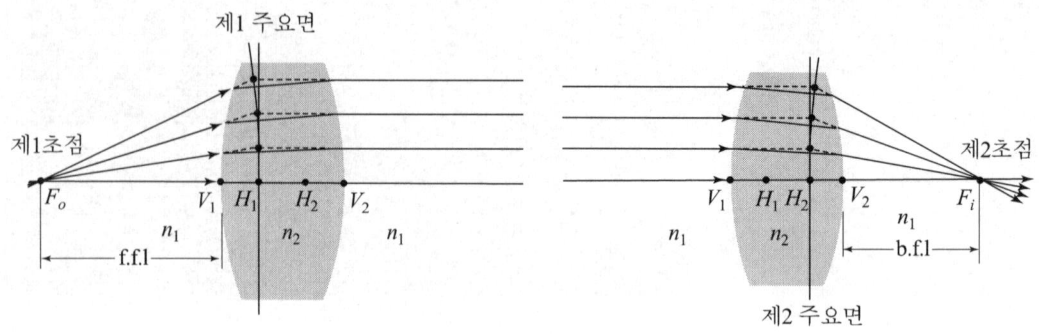

그림 6.1 두꺼운 렌즈

영역에서의 주요면을 나타낸다. 이러한 주요면은 렌즈의 경우에 두 개가 있으며, 입사광선 쪽의 주요면을 제1 주요면, 출사광선 쪽의 주요면을 제2 주요면이라 한다. 제1 주요면과 제2 주요면이 광축과 만나는 교점을 각각 제1 주요점(H_1), 제2 주요점(H_2)이라 하는데 이는 두꺼운 렌즈에서 물체까지의 거리 및 상까지의 거리 등을 정의할 때에 기준점으로서 사용된다. 두꺼운 렌즈에서 물체까지의 거리는 제1 주요점에서 물체까지의 거리(그림 6.3에서 s_{o1})를 말하며, 상까지의 거리는 제2 주요점으로부터 상까지(그림 6.3에서 s_{i2})의 거리를 말한다. 이러한 주요면은 렌즈의 모양에 따라서 두꺼운 렌즈의 내부나 또는 외부에 있을 수 있다. 즉, 양면 볼록렌즈와 오목렌즈의 경우에는 당연히 렌즈의 내부에 있으나, 메니스커스 렌즈의 경우에는 외부에 있다. 또한 평면 볼록이나 오목렌즈의 경우에는 하나는 렌즈의 내부에 또 하나는 곡면상의 정축점과 교차하게 된다.

또한 렌즈의 중심을 통과하는 광선은 입사방향과 평행한 방향으로 렌즈를 벗어나게 되는데, 이때에 입사광선과 출사광선의 연장선을 연결하면 이들은 광축과 만나게 된다. 입사광선의 연장선이 광축과 만나는 점은 마디점 1(nodal point 1), 출사광선의 연장선이 광축과 만나는 점을 마디점 2(nodal point 2)라고 한다. 대부분의 경우에 입사광선과 출사광선 쪽의 매질이 동일하므로 이들은 제1 주요점 및 제2 주요점과 일치하게 된다. 이들에 대해서는 그림 6.2를 참조하기 바란다. 지금까지 정의된 6개의 점 즉, 2개의 정축점, 2개의 주요점, 그리고 2개의 마디점을 합쳐서 방위기점(cardinal points)이라 한다.

두꺼운 렌즈는 거리 d만큼 떨어진 2개의 구면 형태의 굴절면으로 이뤄진 것으로 취급할 수 있다. 두 정축점 사이의 거리가 d인 두꺼운 렌즈에 대한 방정식을 유도해 보면 아래와 같다. 좀 더 자세한 것을 원하면, Morgan의 Introduction to Geometrical and Physical Optics, p.57을 참조하기 바란다.

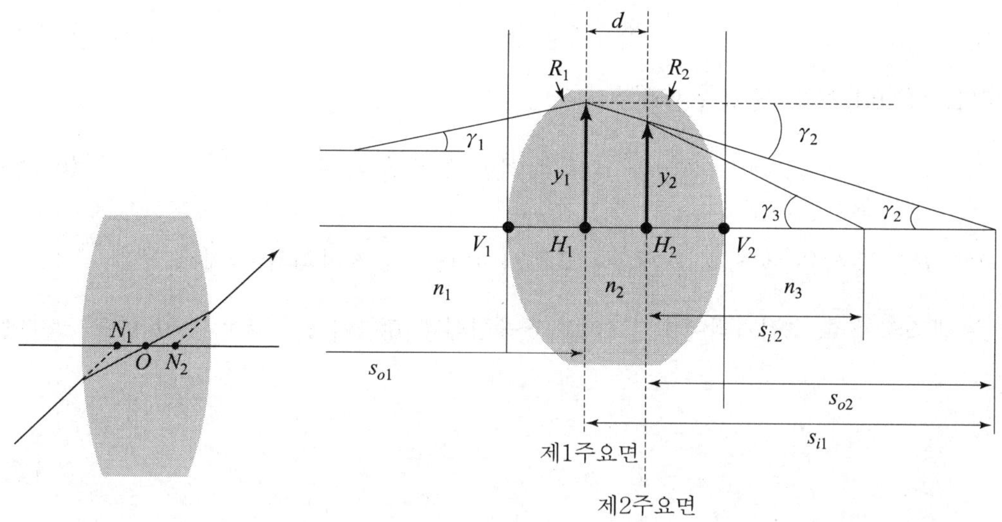

그림 6.2 마디 점

그림 6.3 두꺼운 렌즈에 대해 초점 방정식을 구하는 방법

제1주요면에 대해,

$$\frac{n_1}{s_{o1}} + \frac{n_2}{s_{i1}} = \frac{n_2 - n_1}{R_1} \equiv P_1 \tag{6.1.1}$$

와 같이 쓸 수 있다. 한편, $y_1 = s_{o1}\tan\gamma_1 \simeq s_{o1}\gamma_1$($\gamma_1$이 작은 경우)이며, $y_1 = s_{i1}\tan\gamma_2 \simeq s_{i1}\gamma_2$ (γ_2가 작은 경우)와 같이 표현이 가능하므로, 식 (6.1.1)은

$$n_1\gamma_1 + n_2\gamma_2 = P_1 y_1 \tag{6.1.2}$$

와 같이 간단히 쓸 수 있다. 그림 6.3에서 점선으로 표시한 부분(y_1의 끝점에서 시작)이 광축과 평행하면, 즉, 물체가 렌즈로부터 아주 멀리 있어 입사광이 광축에 평행한 경우에 $\gamma_1 \approx 0$이 된다. 따라서 식 (6.1.2)는 간단히 $n_2\gamma_2 = P_1 y_1$와 같이 쓸 수 있다. 마찬가지로 제2주요면에 대해서도

$$-\frac{n_2}{s_{o2}} + \frac{n_3}{s_{i2}} = \frac{n_3 - n_2}{R_2} \equiv P_2 \tag{6.1.3}$$

와 같이 쓸 수 있으며, "−" 부호는 물체가 렌즈의 오른쪽에 있다고 가정하고 붙인 것이다. 위에서처럼 $y_2 = s_{o2}\tan\gamma_2 \simeq s_{o2}\gamma_2$($\gamma_2$가 작은 경우)이며, $y_2 = s_{i2}\tan\gamma_3 \simeq s_{i2}\gamma_3$($\gamma_3$가 작은 경우)와 같이 표현되므로 식 (6.1.3)은

$$-n_2\gamma_2+n_3\gamma_3=P_2y_2 \tag{6.1.4}$$

이 된다. 식 (6.1.2)와 식 (6.1.4)로부터

$$n_3\gamma_3=P_2y_2+n_2\gamma_2=P_2y_2+P_1y_1\equiv Py_1 \tag{6.1.5}$$

이 되며, P는 두꺼운 렌즈의 총 굴절능으로서 유효 초점거리와의 관계는 $P=\dfrac{n_1}{f}$ ($f=$ 두꺼운 렌즈의 유효 초점거리)이다. 그리고 근축광선에 대하여 $y_1-y_2=d\tan\gamma_2\sim\gamma_2 d$이므로

$$y_2=y_1-\gamma_2 d=y_1-\frac{P_1y_1}{n_2}d \tag{6.1.6}$$

와 같이 된다. 식 (6.1.5)의 y_2 대신에 식 (6.1.6)을 대입하고 정리하면,

$$Py_1=P_2\left(y_1-\frac{P_1y_1}{n_2}d\right)+P_1y_1=\left(P_1+P_2-\frac{P_1P_2}{n_2}d\right)y_1 \tag{6.1.7}$$

와 같이 되는데, 양변을 y_1으로 나누면 최종적으로

$$P=P_1+P_2-\frac{P_1P_2}{n_2}d:\ \text{굴스트랜드 관계식} \tag{6.1.8}$$

을 얻게 된다. 식 (6.1.8)을 굴스트랜드 관계식(Gullstrand's equation)이라 하며, 두 개의 구면 굴절로 이뤄졌다고 가정한 두꺼운 렌즈의 굴절능을 결정하는데 중요하게 사용된다. 두께가 무시($d=0$)되는 얇은 렌즈의 경우에 있어서, 총 굴절능(P)은

$$P=P_1+P_2=(n_2-n_1)\left(\frac{1}{R_1}-\frac{1}{R_2}\right) \tag{6.1.9}$$

$$=n_1\left(\frac{n_2}{n_1}-1\right)\left(\frac{1}{R_1}-\frac{1}{R_2}\right)=\frac{n_1}{f}$$

이 된다. 여기서 $P_1=(n_2-n_1)/R_1$이며, $P_2=(n_3-n_2)/R_2=(n_1-n_2)/R_2$ ($n_3=n_1$인 경우)이다. 하지만 두꺼운 렌즈의 경우에 렌즈의 두께를 고려하여야 하며, 두꺼운 렌즈의 총 굴절능은 식 (6.1.8)로부터

$$P = (n_2 - n_1)\left(\frac{1}{R_1} - \frac{1}{R_2}\right) + \frac{(n_2 - n_1)^2}{R_1 R_2} \cdot \frac{d}{n_2} \tag{6.1.10}$$

이 된다. 따라서 두꺼운 렌즈의 굴절능과 렌즈 매질의 상대 굴절률, 그리고 유효 초점거리와의 관계는

$$\frac{1}{f} = \frac{P}{n_1} = \left(\frac{n_2}{n_1} - 1\right)\left(\frac{1}{R_1} - \frac{1}{R_2}\right) + \frac{(n_2 - n_1)^2}{R_1 R_2} \cdot \frac{d}{n_1 n_2} \tag{6.1.11}$$

와 같이 주어진다.

렌즈의 경우에 물체가 있는 곳과 상이 형성되는 곳에서의 매질(일반적으로 공기)의 굴절률이 같으므로 물체 초점거리와 상 초점거리가 같다. 두꺼운 렌즈의 유효 초점거리를 f라 하면

$$\frac{1}{f} = (n_l - 1)\left[\frac{1}{R_1} - \frac{1}{R_2} + \frac{(n_l - 1)}{R_1 R_2} \cdot \frac{d}{n_l}\right] \quad \left(n_l = \frac{n_2}{n_1}\right) \tag{6.1.12}$$

와 같이 주어진다.

두꺼운 렌즈의 경우에 주요면과 정축점까지의 거리가 h_1, h_2라면, 유효 초점거리 f와 $f.f.l.$, $b.f.l.$ 사이의 관계는 $f = h_1 + f.f.l. = h_2 + b.f.l.$이다. 그리고 h_1, h_2는 각각

$$h_1 = -\frac{f(n_l - 1)d}{R_2 n_l}, \quad h_2 = -\frac{f(n_l - 1)d}{R_1 n_l} \tag{6.1.13}$$

와 같이 주어지며, 해당하는 정축점의 오른쪽에 있으면 (+)의 값을, 그 반대의 경우에는 (−)의 값을 가지게 된다. 식 (6.1.13)에서 n_l은 렌즈의 굴절률을 말한다.

예제 1

$R_1 = 20$ cm, $R_2 = 40$ cm, $d = 1$ cm, $n_l = 1.5$인 두꺼운 양면 볼록렌즈의 유효 초점거리를 구하고, 물체가 이 렌즈의 정축점으로부터 30 cm 떨어져 있을 때 상의 위치를 구하시오

해답 두꺼운 렌즈의 유효 초점거리에 대한 관계식에 주어진 조건들을 대입하면,

$$\frac{1}{f} = (1.5 - 1.0)\left[\frac{1}{20} - \frac{1}{-40} + \frac{(1.5 - 1.0)}{1.5} \frac{1}{20(-40)}\right]$$

와 같이 되는데 이를 계산하면, 유효 초점거리 $f = 26.8\,\mathrm{cm}$이 얻어진다. 그러므로 제1 주요면에서 정축점까지의 거리$(=h_1)$과 제2 주요면에서 정축점까지의 거리(h_2)를 구하면

$$h_1 = -\frac{26.8(1.5-1.0)\,1}{(-40)\,1.5} = 0.22\,\mathrm{cm},\ h_2 = -0.44\,\mathrm{cm}$$

와 같으며 H_1은 V_1의 오른쪽, H_2는 V_2의 왼쪽에 있다. 따라서 제1 주요면에서 물체까지의 거리(s_0)는 $s_o = 30 + 0.22 = 30.22\,\mathrm{cm}$ 이 되며, 제2 주요면에서 상까지의 거리(s_i)를 $1/30.22 + 1/s_i = 1/26.8$ 을 사용하여 구하면 $s_i = 238\,\mathrm{cm}$ 이다.

6.2 행렬 표현식(Matrix formulation)

두꺼운 렌즈나 여러 개 결합된 렌즈들을 빛이 통과할 때에 어떠한 변화가 일어나는지에 대해서는 잘 알고 있다. 예를 들면, 빛이 임의의 각도를 가지고 진행하다가 렌즈의 표면에 부딪치게 되면 빛의 진행 방향은 원래의 방향과 다른 방향으로 변하므로, 이를 굴절이라 부른다. 하지만, 빛이 렌즈의 표면에 부딪쳐서 굴절이 일어난 후, 렌즈의 내부에서 진행하는 동안에는 광축에서 광선까지의 수직 거리는 변하나 빛의 진행 방향은 변하지 않고 일정한데 이를 병진(translation)과정이라 한다. 따라서 하나의 광선이 렌즈로 들어가서 나간 후의 총 과정을 기술하기 위해서는 두 개의 연산자만을 필요로 한다. 하나는 굴절과정을 기술해주는 연산자이며, 또 하나는 병진과정을 기술해주는 연산자이다. 이들은 대수행렬(matrix algebra)을 사용함으로서 쉽게 기술되며 렌즈설계와 같은 고급 기하광학에서 널리 사용되지만, 분광과 같은 물리광학에서도 중요한 역할을 한다.

6.2.1 굴절 표면에서의 굴절행렬

그림 6.4는 두꺼운 렌즈를 향하여 입사각 θ_{i1}으로 입사한 빛이 렌즈의 경계면상의 P_1에서 부딪친 후에 굴절각 θ_{t1}으로 굴절되는 경우를 나타낸 것이다. 그림 6.4의 점 P_1 에 스넬의 법칙을 적용하면,

$$n_1 \sin\theta_{i1} = n_2 \sin\theta_{t1} \tag{6.2.1}$$

이 된다. 문제를 간단히 하기 위하여, 근축 영역만을 고려하면, 식 (6.2.1)은

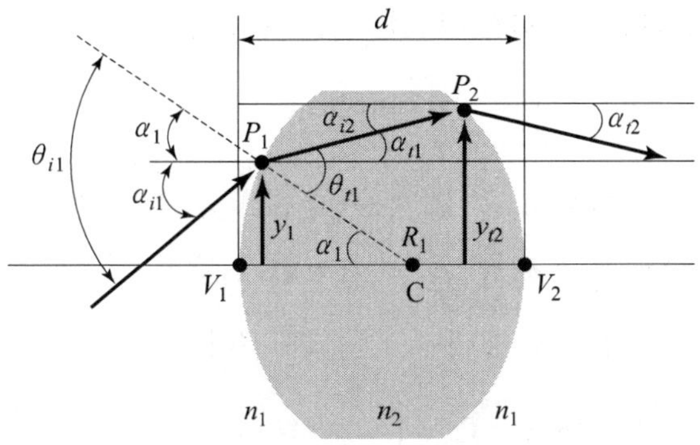

그림 6.4 굴절행렬을 설명하기 위한 그림

$$n_1 \theta_{i1} = n_2 \theta_{t1} \tag{6.2.2}$$

이 된다. 또한 식 (6.2.2)에서 θ_{i1}, θ_{t1}을 α_1, α_{i1} 및 α_{t1}으로 나타내면 다음과 같다.

$$n_1(\alpha_{i1} + \alpha_1) = n_2(\alpha_{t1} + \alpha_1) \tag{6.2.3}$$

그런데 그림 6.4에서 근축영역에 대하여 $y_1 = R_1 \sin\alpha_1 \simeq R_1 \alpha_1$ 이므로, 이를 이용하면 식 (6.2.3)은

$$n_1(\alpha_{i1} + y_1 / R_1) = n_2(\alpha_{t1} + y_1 / R_1) \tag{6.2.4}$$

와 같이 표현된다. 식 (6.2.4)를 정리하면,

$$n_2 \alpha_{t1} = n_1 \alpha_{i1} - \left(\frac{n_2 - n_1}{R_1} \right) y_1 \tag{6.2.5}$$

와 같게 된다. 식 (6.2.5)에서 오른쪽 둘째 항은 굴절면 하나에 의한 굴절능을 나타내므로 이를 간단히

$$P_1 = \left(\frac{n_2 - n_1}{R_1} \right)$$

으로 표현하면, 식 (6.2.5)는

$$n_2 \alpha_{t1} = n_1 \alpha_{i1} - P_1 y_1 \tag{6.2.6}$$

이 된다. 또한 그림 6.4에서 광축에서 점 P_1까지의 수직거리는 두 매질 내에서 각각

$$y_{t1} = 0 + y_{i1} \tag{6.2.7}$$

으로 나타낼 수 있다. 여기서 y_{t1}은 렌즈 안에서의 수직거리를 의미하며, y_{i1}은 입사광이 있는 영역에서 측정한 광축에서 점 P_1까지의 수직거리로서 y_1과 같다. 식 (6.2.6)과 식 (6.2.7)을 행렬을 사용해서 나타내면, 다음과 같다.

$$\begin{pmatrix} n_2\alpha_{t1} \\ y_{t1} \end{pmatrix} = \begin{pmatrix} 1 & -P_1 \\ 0 & 1 \end{pmatrix} \begin{pmatrix} n_1\alpha_{i1} \\ y_{i1} \end{pmatrix} \tag{6.2.8}$$

출력 굴절 입력

여기서 입력이라 함은 광선이 속해 있는 매질의 굴절률, 빛의 진행 방향, 광축으로부터의 수직거리를 기술하기 위한 초기 좌표에 관련되며, 굴절이라 함은 반경이 R_1인 곡면상에서의 빛의 진행 방향이 바뀌는 것을 의미한다. 또한, 식 (6.2.8)에서 출력은 점 P_1을 떠나는 광선을 의미한다. 하지만 일반적으로 그림 6.4와 같은 광학계에서의 출력은 점 P_2에서 굴절된 후에 진행하는 광선을 기술해주는 좌표를 말하므로 식 (6.2.8)에서의 출력과 혼동을 일으키지 않기를 바란다(물론 두꺼운 렌즈 및 여러 개의 렌즈로 조합된 경우에 있어서의 출력은 광학계를 최종적으로 빠져 나오는 광선을 의미하며, 이들에 대해서는 앞으로 계속 논의되는 내용을 참조하기 바란다).

식 (6.2.8)로부터 알 수 있듯이 입력과 출력은 2×1 (2행 1열)행렬인 반면에, 굴절을 기술하는 행렬은 2×2 (2행 2열)행렬로서 이를 굴절행렬($=R_1$)이라 부른다. 즉, 굴절행렬은 간단히

$$R_1 = \begin{pmatrix} 1 & -P_1 \\ 0 & 1 \end{pmatrix} \tag{6.2.9}$$

와 같이 표현할 수 있다. 굴절행렬 R_1은

$$r_{i1} = \begin{pmatrix} n_1\alpha_{i1} \\ y_{i1} \end{pmatrix} \tag{6.2.10}$$

으로 주어지는 입력을

$$r_{t1} = \begin{pmatrix} n_2\alpha_{t1} \\ y_{t1} \end{pmatrix} \tag{6.2.11}$$

으로 주어지는 출력으로 바꾸는 기능을 한다. 만약에 곡면이 아니라 평편한 면이라면, 식 (6.2.9)의 P_1가 '0'이 되어 굴절행렬은 간단히 단위행렬이 된다.

6.2.2 병진행렬

이번에는 빛이 두꺼운 렌즈 곡면의 한쪽 면 (점 P_1)에서 다음 면 (점 P_2)으로 진행함에 따른 높이의 변화(= Δy)에 대하여 생각하여 보자(그림 6.4 참조). 빛은 점 P_1에서 점 P_2로 직진하므로 그림 6.4의 점 P_2에서는

$$n_2 \alpha_{i2} = n_2 \alpha_{t1} + 0 \tag{6.2.12}$$

이 된다. d가 광축을 따라 측정한 두 정축점(V_1, V_2) 사이의 거리이고 근축영역에 있어서, 두 수직 거리의 차이는

$$\Delta y = y_{i2} - y_{t1} = d \tan \alpha_{t1} \approx d\, \alpha_{t1} \tag{6.2.13}$$

와 같이 표현된다. 따라서 식 (6.2.13)은

$$y_{i2} = d\, \alpha_{t1} + y_{t1} \tag{6.2.14}$$

으로 표현된다. 식 (6.2.12)와 식 (6.2.14)를 행렬을 사용하여 다시 쓰면,

$$\begin{pmatrix} n_2 \alpha_{i2} \\ y_{i2} \end{pmatrix} = \begin{pmatrix} 1 & 0 \\ d/n_2 & 1 \end{pmatrix} \begin{pmatrix} n_2 \alpha_{t1} \\ y_{t1} \end{pmatrix} \tag{6.2.15}$$

와 같이 쓸 수 있다. 식 (6.2.15)에서

$$T_{21} = \begin{pmatrix} 1 & 0 \\ d/n_2 & 1 \end{pmatrix} \tag{6.2.16}$$

을 병진행렬이라 한다. 이러한 병진행렬은 점 P_1을 통과한 빛(r_{t1})을 점 P_2에 대한 입사광(r_{i2}), 즉,

$$r_{i2} \equiv \begin{pmatrix} n_2 \alpha_{i2} \\ y_{i2} \end{pmatrix} \tag{6.2.17}$$

으로 바꾸는 역할을 한다. 식 (6.2.15, 16, 17)을 함께 쓰면,

$$r_{i2} = T_{21} r_{t1} \tag{6.2.18}$$

이 된다. 또한 식 (6.2.18)을 굴절행렬을 사용하여 다시 쓰면,

$$r_{i\,2} = T_{2\,1} r_{t\,1} = T_{2\,1} R_1 \, r_{i\,1} \tag{6.2.19}$$

으로 표현이 된다. 식 (6.2.19)에서 굴절행렬과 병진행렬의 곱인 $T_{2\,1}R_1$은 점 P_1에서의 입사광을 점 P_2에서의 입사광으로 바꾸는 2×2 행렬을 나타낸다.

광선이 하나의 렌즈를 통과할 때에, 굴절은 두 번 일어나며 병진은 두 곡면들 사이에서 한번 일어난다. 따라서 렌즈의 기능을 완전히 기술하기 위해서는 두 개의 굴절행렬 (R_1, R_2)와 하나의 병진행렬(T_{21})가 필요하다. 빛이 렌즈를 지나가는 순서로 이들 행렬들을 오른쪽부터 왼쪽으로 곱함으로서 얻어지는 행렬을 광학계(system) 행렬이라 하며, 기호로는

$$\mathrm{R}_2 \mathrm{T}_{2\,1} \mathrm{R}_1 = S \tag{6.2.20}$$

와 같이 표시한다. 지금까지 다룬 굴절행렬과 병진행렬을 위의 기호를 사용하여 나타내면,

$$\begin{pmatrix} 1 & -\mathrm{P}_2 \\ 0 & 1 \end{pmatrix} \begin{pmatrix} 1 & 0 \\ d\,/n_2 & 1 \end{pmatrix} \begin{pmatrix} 1 & -\mathrm{P}_1 \\ 0 & 1 \end{pmatrix} = S \tag{6.2.21}$$

으로 표현할 수 있다. 지금까지 얻은 굴절행렬과 병진행렬들의 크기는 모두 ‘1’이므로 병진행렬과 굴절행렬의 곱으로 얻어지는 광학계 행렬의 크기도 ‘1’이 된다. 이러한 사실은 문제를 풀다가 얻은 결과가 맞는지를 검토하는데 사용할 수 있다.

예제 1

굴절률(n)이 1.5이고, 중심 두께가 6 mm인 평면 볼록렌즈를 생각하여보자. 곡면 반지름이 2.5 cm이며 렌즈의 곡면이 입사광선 쪽에 있다고 할 때에 광학계 행렬(S)을 구하시오.

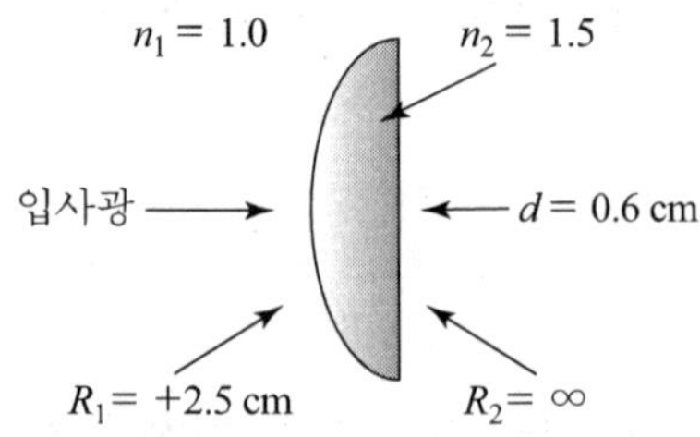

그림 6.5 평면 볼록렌즈

해답 입사광선 쪽의 면에 대해서 $P_1 = \frac{n_2 - n_1}{R_1} = \frac{1.5 - 1.0}{0.025} = +20\,\mathrm{m}^{-1}$ 이며, 출사광선 쪽의 면에 대해서는 $P_2 = \frac{n_3 - n_2}{R_2} = -\frac{n_2 - n_3}{R_2} = -\frac{n_2 - n_1}{R_2} = -\frac{1.5 - 1.0}{\infty} = 0\,(\because n_3 = n_1)$이다. 따라서 광학계 행렬은

$$\begin{pmatrix} 1 & 0 \\ 0 & 1 \end{pmatrix}\begin{pmatrix} 1 & 0 \\ 0.006\,/1.5 & 1 \end{pmatrix}\begin{pmatrix} 1 & -20 \\ 0 & 1 \end{pmatrix} = S$$

로서 이들을 정리하면,

$$\begin{pmatrix} 1 & -20 \\ 0.004 & 0.92 \end{pmatrix} = S$$

이 된다. 최종적으로 얻어지는 광학계 행렬을 계산하면 '1'이 되므로 위의 결과는 옳다.

6.2.3 광학계 행렬(System matrix)

두꺼운 렌즈로 이뤄진 시스템은 두 개의 굴절행렬과 한 개의 병진행렬로 구성되며, 이 경우에 있어서의 광학계 행렬(S)은

$$R_2\, T_{2\,1}\, R_1 = S \tag{6.2.22}$$

이 된다. 하지만 2개의 두꺼운 렌즈로 구성되고, 일정한 거리만큼 떨어진 광학계에 대해서는

$$R_4\, T_{4\,3} R_3\, T_{3\,2} R_2\, T_{2\,1} R_1 = S \tag{6.2.23}$$

으로 표현되며, R_1, $T_{2\,1}$, R_2는 처음 렌즈에 대해서 적용되며, $T_{3\,2}$는 렌즈 사이의 병진에 해당하며, R_3, $T_{4\,3}$, R_4는 두 번째 렌즈에 대해 적용된다. 중요한 것은 아무리 복잡한 경우라도, 하나의 광학계 행렬로 기술될 수 있다는 점이다.

위의 식 (6.2.21)으로부터 알 수 있듯이 광학계 행렬은 4개의 행렬요소로 이뤄져 있는데, 각각의 행렬요소가 가지는 의미에 대해서 알아보자. 하나의 두꺼운 렌즈에 대한 광학계 행렬은 식 (6.2.21)으로 주어지며, 이를 계산하여 정리하면,

$$S = \begin{pmatrix} a_{11} & a_{12} \\ a_{21} & a_{22} \end{pmatrix} = \begin{pmatrix} 1 - P_2 d/n_2, & -P_1 + (P_2 P_1 d/n_2) - P_2 \\ d/n_2, & -P_1 d/n_2 + 1 \end{pmatrix} \tag{6.2.24}$$

이 된다. 식 (6.2.24)의 4가지 행렬요소를 가우시안 상수(Gaussian constants)라 하며, 이들은 광학계의 여러 파라미터를 나타낸다. 식 (6.2.24)의 행렬요소 중 a_{12}는

$$-a_{12} = P_1 + P_2 - P_2 P_1 d/n_2 \tag{6.2.25}$$

로 주어진다. 문제를 간단히 하기 위하여 두꺼운 렌즈가 공기 중에 있다고 하면,

$$P_1 = \frac{n_2 - n_1}{R_1} = \frac{n_2 - 1}{R_1}, \quad P_2 = -\frac{n_2 - n_1}{R_2} = -\frac{n_2 - 1}{R_2} \quad (\because n_1 = 1) \tag{6.2.26}$$

이 된다. 식 (6.2.26)을 식 (6.2.25)에 대입을 하면,

$$-a_{12} = (n_2 - 1)\left[\frac{1}{R_1} - \frac{1}{R_2} + \frac{(n_2 - 1)d}{R_1 R_2 n_2}\right] \tag{6.2.27}$$

이 된다. 식 (6.2.27)을 식 (6.1.12)와 비교하여 보면 식 (6.2.27)의 오른쪽 항은 두꺼운 렌즈에 대한 초점거리의 역수와 같음을 알 수 있다. 따라서 광학계 행렬의 행렬요소인 a_{12}는

$$a_{12} = -1/f \tag{6.2.28}$$

과 같음을 알 수 있다.

만약에 그림 6.6에서와 같이 빛이 입사하는 쪽의 매질의 굴절률은 n_1, 렌즈의 굴절률은 n_2, 그리고 빛이 렌즈를 통과하여 나오는 쪽의 매질의 굴절률이 n_3라고 할 때에 광학계 행렬요소 a_{12}는

$$a_{12} = \frac{-n_1}{f_o} = \frac{-n_3}{f_i} \tag{6.2.29}$$

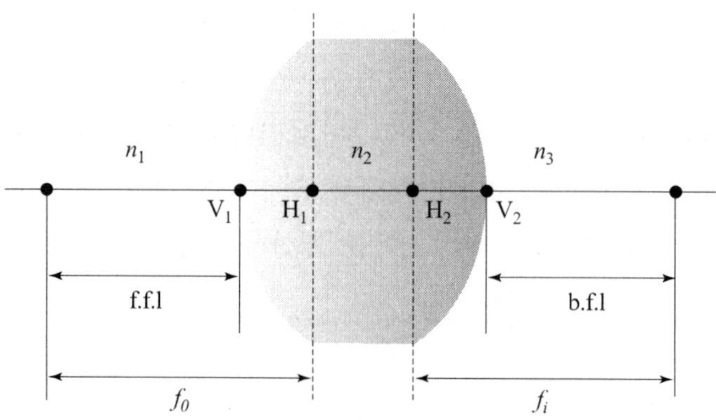

그림 6.6 주요면들과 초점거리

이 되는데, 여기서 f_o는 물체 초점거리, f_i는 상 초점거리를 의미한다.

또한 행렬요소 a_{11}, a_{12}, 및 a_{22}는 두꺼운 렌즈의 $\overline{\mathrm{V}_1\mathrm{H}_1}$과 $\overline{\mathrm{V}_2\mathrm{H}_2}$을 정의하는 데 사용되며, 이들은 정축점들로부터 주요면까지의 거리를 기술해 준다. 또한, a_{21}은 한 개의 두꺼운 렌즈의 경우에 렌즈의 굴절률과 렌즈 두께(d) 사이의 관계를 나타낸다. 물론 2개의 얇은 렌즈가 굴절률이 n인 매질 내에 있을 경우에 $a_{21} = d/n$의 관계로서 매질이 공기인 경우에 a_{21}은 얇은 두 렌즈 사이의 간격이 된다[식 (6.2.35) 참조]. 한편, 렌즈 왼쪽의 제1 정축점으로부터 제1 주요면까지의 거리는

$$\overline{\mathrm{V}_1\mathrm{H}_1} = \frac{n_1(1-a_{11})}{-a_{12}} = \frac{(1-a_{11})}{-a_{12}} (\because \text{ 렌즈가 공기 중에 있는 경우: } n_1 = 1) \quad (6.2.30)$$

이 되며, 오른쪽의 제2 정축점으로부터 제2 주요면까지의 거리는

$$\overline{\mathrm{V}_2\mathrm{H}_2} = \frac{n_3(a_{22}-1)}{-a_{12}} = \frac{(a_{22}-1)}{-a_{12}} (\because \text{ 렌즈가 공기 중에 있는 경우: } n_3 = 1) \quad (6.2.31)$$

와 같이 나타낼 수 있다. 또한 행렬요소 중 a_{11}는 각 확대(angular magnification)를 나타내며, 상수 d는 렌즈의 두께를 의미한다. 한편, $d \to 0$인 얇은 렌즈에 대한 광학계 행렬은

$$S = \begin{pmatrix} 1 & -\mathrm{P}_2 \\ 0 & 1 \end{pmatrix} \begin{pmatrix} 1 & 0 \\ 0/n_2 & 1 \end{pmatrix} \begin{pmatrix} 1 & -\mathrm{P}_1 \\ 0 & 1 \end{pmatrix} = \begin{pmatrix} 1 & -\mathrm{P}_2 \\ 0 & 1 \end{pmatrix} \begin{pmatrix} 1 & -\mathrm{P}_1 \\ 0 & 1 \end{pmatrix} \quad (6.2.32)$$

$$= \begin{pmatrix} 1 & -(\mathrm{P}_1 + \mathrm{P}_2) \\ 0 & 1 \end{pmatrix} = \begin{pmatrix} 1 & -\mathrm{P} \\ 0 & 1 \end{pmatrix} = \begin{pmatrix} 1 & -1/f \\ 0 & 1 \end{pmatrix}$$

이 된다. 식 (6.2.32)로부터 알 수 있듯이 얇은 렌즈의 경우에 $-a_{12}$는 얇은 렌즈의 근사 굴절능을 나타내며, 두꺼운 렌즈의 경우에는 등가 굴절능을 나타낸다. 또한 a_{11}의 값이 '1'인 것으로부터, 얇은 렌즈는 각 확대가 없음을 알 수 있다. 이는 각 확대를 위해서는 렌즈의 두께가 필요하며, 따라서 두꺼운 렌즈의 경우에는 각 확대가 가능하다. 얇은 렌즈의 굴절능은

$$\mathrm{P} = \frac{n_2 - n_1}{\mathrm{R}_1} + \frac{n_1 - n_2}{\mathrm{R}_2} = (n_2 - n_1)\left(\frac{1}{\mathrm{R}_1} - \frac{1}{\mathrm{R}_2}\right) \quad (6.2.33)$$

이 된다. 굴절능 $P = n_1/f$이므로, 식 (6.2.33)으로부터 얇은 렌즈의 초점을 구하면,

$$\frac{1}{f} = (n-1)\left(\frac{1}{R_1} - \frac{1}{R_2}\right): \text{ 얇은 렌즈 공식.} \tag{6.2.34}$$

이 되는데 이는 우리가 얇은 렌즈에 대해서 구했던 것과 같은 결과이다. 여기서 $n = n_2/n_1$으로 상대 굴절률이다. 두 개의 얇은 렌즈가 공기 중에 있으면, d는 두 렌즈 사이의 거리이며, $n_1 = n_2 = 1$이 되어 광학계 행렬은

$$S = \begin{pmatrix} 1 & -P_2 \\ 0 & 1 \end{pmatrix}\begin{pmatrix} 1 & 0 \\ d/n_2 & 1 \end{pmatrix}\begin{pmatrix} 1 & -P_1 \\ 0 & 1 \end{pmatrix} = \begin{pmatrix} 1 & -1/f_2 \\ 0 & 1 \end{pmatrix}\begin{pmatrix} 1 & 0 \\ d & 1 \end{pmatrix}\begin{pmatrix} 1 & -1/f_1 \\ 0 & 1 \end{pmatrix} \tag{6.2.35}$$

$$= \begin{pmatrix} 1 - d/f_2, & -1/f_1 + d/f_1 f_2 - 1/f_2 \\ d \quad , & -d/f_1 + 1 \end{pmatrix}$$

이 된다. 광학계 행렬요소에 대한 정의로부터 $-a_{12} = \frac{1}{f} = \frac{1}{f_1} + \frac{1}{f_2} - \frac{d}{f_1 f_2}$ 임을 알 수 있다. 따라서 광학계 행렬을 사용하면, 3개, 4개 또는 그 이상 여러 개의 렌즈로 조합된 렌즈계의 유효초점을 쉽게 구할 수 있음을 알 수 있다.

예제 2

곡률반경이 각각 $R_1 = 8\ \text{cm}$, $R_2 = 5\ \text{cm}$, 중심에서의 두께가 $d = 1.0\ \text{cm}$, 그리고 굴절률(n)이 $n = 1.6$인 두꺼운 양면 볼록렌즈가 공기 중에 있다. 이때에

(a) 광학계 행렬을 구하라.

(b) 이 렌즈계의 유효 초점거리를 구하라.

해답 두 곡면에서의 굴절능을 P_1, P_2라고 할 때에

(a) $P_1 = \frac{n_2 - n_1}{R_1} = \frac{1.6 - 1.0}{+0.08} = +7.5\ \text{m}^{-1}$

$P_2 = -\frac{n_2 - n_1}{R_2} = -\frac{1.6 - 1.0}{(-0.05)} = +12\ \text{m}^{-1}$

따라서 광학계 행렬은

$$S = \begin{pmatrix} 1 & -12 \\ 0 & 1 \end{pmatrix}\begin{pmatrix} 1 & 0 \\ 0.01/1.6 & 1 \end{pmatrix}\begin{pmatrix} 1 & -7.5 \\ 0 & 1 \end{pmatrix} = \begin{pmatrix} 1 & -12 \\ 0 & 1 \end{pmatrix}\begin{pmatrix} 1 & -7.5 \\ 0.00625 & 0.953 \end{pmatrix}$$

$$= \begin{pmatrix} 0.925 & -18.936 \\ 0.00625 & 0.953 \end{pmatrix}$$

이 된다.

(b) 유효 초점거리는 광학계 행렬의 표현식 중에 $-a_{12}$의 역수에 해당하므로, 먼저 $-a_{12}$

를 구하면 $-a_{12} = \frac{1}{f_1} + \frac{1}{f_2} - \frac{d}{f_1 f_2}$이 되며, 이것을 이용하여 초점거리 f를 계산하면

$$f = \frac{1}{18.936} = 0.0528 = +5.28\ \text{cm}.(n_1 = 1\text{이므로})$$

이다.

(c) 정축점으로부터 주요면까지의 거리를 구하시오.

$$\overline{V_1H_1} = \frac{n_1(1-a_{11})}{-a_{12}} = \frac{1(1-a_{11})}{-a_{12}} = \left(\frac{1-0.925}{18.936}\right) \approx 4\ \text{mm}$$

$$\overline{V_2H_2} = \frac{n_3(a_{22-1})}{-a_{12}} = \frac{1.0(a_{22-1})}{-a_{12}} = \frac{1.0(0.953-1)}{18.936} = -0.00248 \approx -2.5\ \text{mm}$$

물체 초점거리(f_o)와 상 초점거리(f_i)는 각각 $f_0 = (n_1 a_{11}/-a_{12}) + \overline{V_1H_1}$와 $f_i = -\overline{V_2H_2} + (n_3 a_{22}/-a_{12})$와 같이 주어진다. 이 식을 이용하여 이들을 구해보면,

$$f_0 = \left(\frac{n_1 a_{11}}{-a_{12}}\right) + \overline{V_1H_1} = \left(\frac{0.925}{18.936} + 0.004\right) = 0.0528 = +5.28\ \text{cm}$$

$$f_i = (-\overline{H_2V_2} + \left(\frac{n_3 a_{22}}{-a_{12}}\right) = \left(+0.0025 + \frac{0.953}{+18.936}\right) = +0.0528 = +5.28\ \text{cm}$$

이 되므로 유효 초점거리(f)와 상 초점거리(f_i)가 같음을 알 수 있다.

6.3 수차(Aberrations)

지금까지는 렌즈나 구면거울 등에 대한 광학계의 취급은 $\sin\theta \approx \theta$이라는 가정에서 취급하였다. 이는 물체가 광축 근처에 있는 경우, 즉, 근축광선에 대해서는 설명이 잘 되지만 물체가 광축에서 많이 벗어나 θ의 값이 커지는 경우에는 $\sin\theta \approx \theta$의 가정은 옳지 않다. $\sin\theta \approx \theta$이라는 가정과 실제적으로 일어나는 현상과의 차이를 수차라고 하는데, 이는 크게 두 가지로 분류된다. 하나는 빛의 굴절이 파장에 의존함으로서 발생하는 색수차(chromatic abberation)와 동일 파장에도 불구하고 발생하는 단색수차(monochromatic abberation)이다. 단색수차는 구면수차, 코마(coma), 비점수차(astimatism)와 같이 상을 흐리게 하는 경우와 만곡수차(petzval field curvature) 및 왜곡수차(distortion)와 같이 상이 일그러지는 경우로 나눠 생각할 수 있다. 물체점(object points)이 광축으로부터 벗어날수록 관측되어지는 상의 결함은 더욱 더 커진다. 따라서 이러한 수차들을 최소화하고, 만족할 만한 상을 얻기 위한 방법들이 기하광학의 주된 문제들 중의 하나이다. $\sin\theta \approx \theta$의 가정과 실제 $\sin\theta$값과의 차이를 알아보기 위하여 맥클린(Maclaurin)정리에 대해서 생각해보자. 맥클린 정리에 의한 $\sin\theta$의 급수 전개는

$$\sin\theta = \theta - \frac{\theta^3}{3!} + \frac{\theta^5}{5!} - \frac{\theta^7}{7!} + \frac{\theta^9}{9!} - \qquad (6.3.1)$$

와 같이 주어진다. θ의 값이 작은 경우에는 $\sin\theta \approx \theta$을 사용하여도 실제 값과의 차이는 별로 없으며, 이에 근거하여 다룬 것이 근축광선에 의한 근축이론이다. 따라서 근축광선에 의한 근축이론은 1차의 수차이론, $\sin\theta \approx \theta - \theta^3/3!$에서와 같이 맥클린 정리의 2차 항까지를 고려한 것이 3차의 수차이론이며, $\sin\theta \approx \theta - \theta^3/3! + \theta^5/5!$까지 고려하는 경우를 5차의 수차이론이라 한다. 참고로 θ에 대한 급수 값들을 표 6.1에 표시하였다.

표 6.1 $\sin\theta$ 및 이에 대한 처음 3개의 급수 전개항

	$\sin\theta$	θ	$\theta^3/3!$	$\theta^5/5!$
10°	0.1736482	0.1745329	0.0008861	0.0000135
20°	0.3420201	0.3490658	0.0070888	0.0000432
30°	0.5000000	0.5235988	0.0239246	0.0003280
40°	0.6427876	0.6981316	0.0567088	0.0013829

6.3.1 구면수차(Spherical aberration)

표 6.1로부터 알 수 있듯이 θ의 값이 작으면, $\sin\theta \approx \theta$는 좋은 근사식이 된다. 한 예로서, $\theta = 10°$인 경우에 θ의 값과 $\sin\theta$의 값 사이에는 약 5%의 차이가 나지만, $\theta = 40°$인 경우에는 약 10%의 차이가 난다. 이러한 것들이 구면수차의 원인이 된다. 근축이론으로부터 물체까지의 거리, 상까지의 거리 및 곡률반경 사이의 관계는

$$\frac{n_1}{s_0} + \frac{n_2}{s_i} = \frac{n_2 - n_1}{R} \qquad (6.3.2)$$

와 같이 표현되는데, 맥클린 정리의 2차 항까지를 고려한 3차의 수차이론을 유도하면,

$$\frac{n_1}{s_0}+\frac{n_2}{s_i}=\frac{n_2-n_1}{R}+h^2\left[\frac{n_1}{2s_0}\left(\frac{1}{s_0}+\frac{1}{R}\right)^2+\frac{n_2}{2s_i}\left(\frac{1}{R}-\frac{1}{s_i}\right)^2\right] \tag{6.3.3}$$

와 같이 표현된다. 식 (6.3.3)의 두 번째 항은 근축광선에 따른 1차 수차 이론과의 차이를 설명해주며, 이러한 차이는 물체점의 위치(s_o)에 따라 변한다. 또한 고정된 물체점에 대해서는 광선이 렌즈의 곡면에 부딪치는 점과 광축과의 수직거리(h)에 의존함을 알 수 있다(그림 6.7 참조).

이러한 구면수차는 물체가 광축 위에 있고 입사광이 단색광일 때 일어나며, 렌즈의 중심을 통과하는 광선과 렌즈의 가장자리를 통과하는 광선들에 의하여 형성된 상의 위치차이로서 정의된다. 구면수차는 렌즈의 면이 구면이기 때문에 생기는 것으로 렌즈 표면의 여러 위치에 스넬의 법칙

$$n_i\sin\theta_i=n_r\sin\theta_r \;\Rightarrow\; \frac{\sin\theta_i}{\sin\theta_r}=\frac{n_r}{n_i}=n$$

을 적용해보면 쉽게 이해된다. 즉, 렌즈의 가장자리로 갈수록 입사각의 크기가 커지게 되므로, θ와 $\sin\theta$ 값들의 차이가 크게 되어 구면수차는 커진다. 볼록렌즈에 의해서는 (+)구면수차가 생기며, 오목렌즈에 의해서는 (−)구면수차가 생긴다. 구면수차는 제거할 수는 없으나, 이를 줄이기 위해서는 ㉮ 렌즈의 중심에서 가장자리 쪽으로 렌즈의 굴절률을 변화시키는 방법, ㉯ 볼록렌즈와 오목렌즈를 붙여서 줄이는 방법[그림 6.7(c) 참조], ㉰ 렌즈의 표면이 구면이 아닌 비구면 렌즈를 사용하는 방법이 있다.

빛이 렌즈를 통과한 뒤에 근축광선이 광축 위에 맺는 초점과 주변광선(marginal ray)이 광축 위에 맺는 초점 사이의 거리를 종구면 수차(longitudinal spherical abberation)라 하며, 그림 6.7에 L. SA로 표시하였다. 반면에 광축 위의 근축광선 초점으로부터 주변 광선까

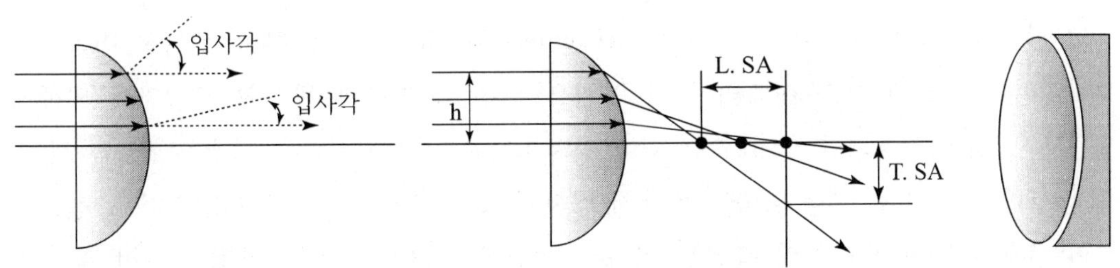

(a) 위치에 따른 입사각 (b) 평면 볼록렌즈에 대한 구면수차 (c) 볼록렌즈와 오목렌즈의 조합

그림 6.7 구면수차와 이의 보정

지의 수직 거리를 횡구면 수차라고 하며, 그림 6.7(b)에 T. SA로 표시하였다. 한편 이러한 구면수차는 그림 6.8에 나타낸 바와 같이 같은 렌즈라 하더라도 입사광선에 대한 렌즈의 배열에 의존한다.

구면수차는 구면거울에서도 발생하며, 구면거울에서의 구면수차는 슈미트수정판(Schmidt corrector plate)을 사용하여 그림 6.9(b)에서와 같이 제거가 가능하다.

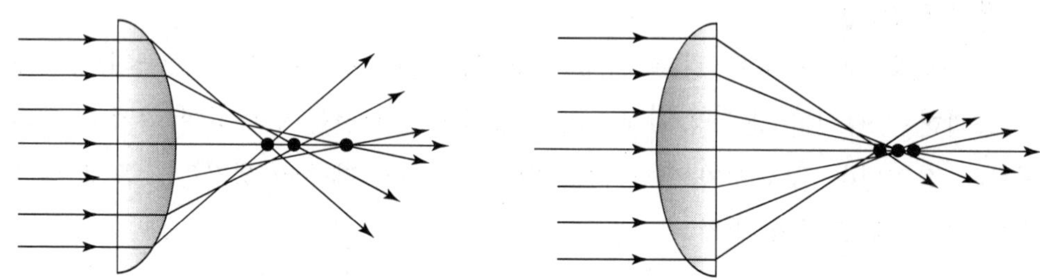

그림 6.8 입사광선에 대한 렌즈의 배열에 의존하는 구면수차

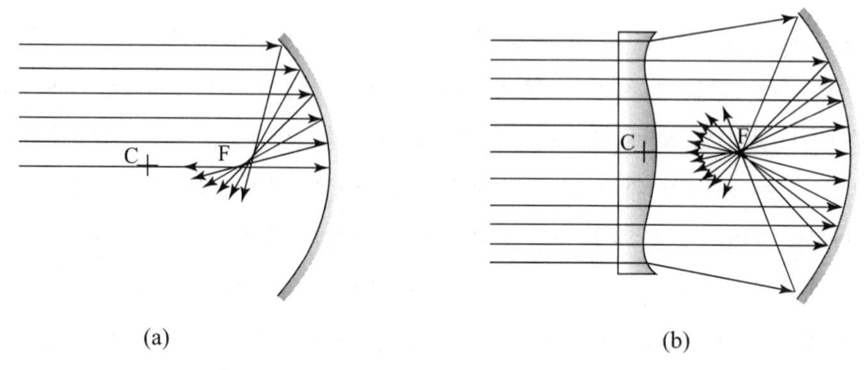

그림 6.9 구면거울에서의 구면수차와 이의 보정

6.3.2 코마(Coma)

코마는 결상점의 이미지가 마치 혜성(Commet)과 비슷하다고 하여 붙여진 이름으로 입사각이 증가함에 따라 렌즈의 여러 영역으로부터 통과하는 광선의 굴절차에 의해서 생긴다. 그림 6.10에서와 같이 광축 위에 있지 않은 물체점으로부터 나오는 광선들에 의해서 상이 형성된다. 그림 6.10(a, b)에서 물체점 Q는 광축 위에 있지 않으며, Q점으로부터 나오는 광선이 렌즈의 중심을 지나는 광선이 스크린에 맺는 상점(Q_0')이 광선 1, 광선 2, 및 광선 3들에 의해서 스크린에 맺어지는 상점의 위치(Q_1', Q_2', Q_3'등)와 달라지기 때문에 형성되는 수차를 코마라 한다. 이러한 코마는 양 코마(positive coma)와 음

코마(negative coma)로 구분한다. 양 코마는 그림 6.10(a)에서와 같이 렌즈의 가장 자리를 통과한 광선(광선 3, 2, 1)이 렌즈의 주광선(광선 0: 주광선이라 함은 광학계에 입사하거나 광학계를 벗어나는 빛 중에서 입사동(entrance pupil) 또는 출사동(exit pupil)의 중심을 통과하는 빛을 말한다. 입사동과 출사동에 대한 보다 자세한 정의는 6.3.5절 또는 7.1절을 참조하기 바란다.)과 상점에서 만났을 때에 광축으로부터의 거리가 주광선에

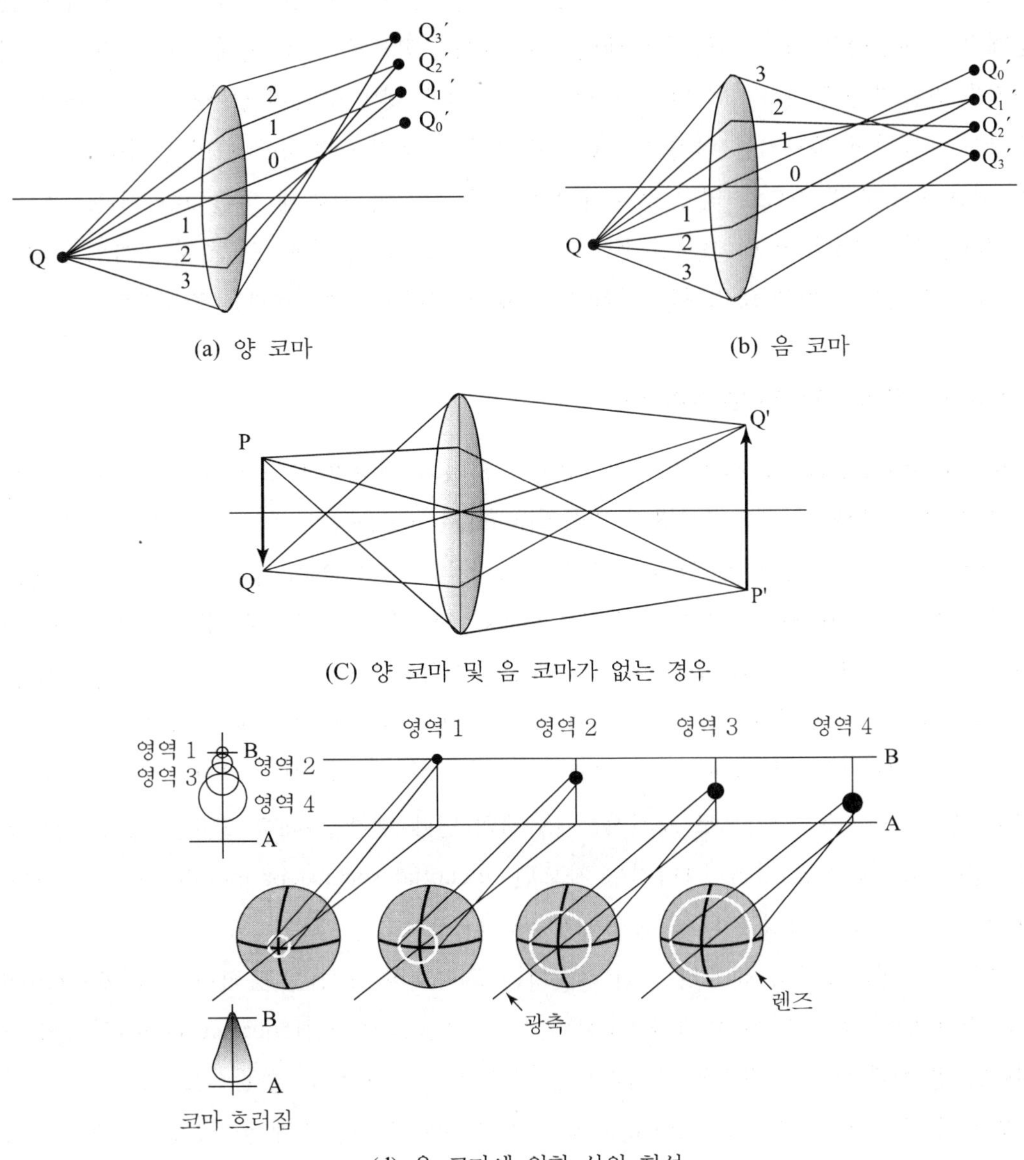

그림 6.10 코마

비하여 클 때를 말하며, 음 코마는 이와 반대의 경우로서 그림 6.10(d)에서 보여주는 바와 같이 주변광선에 의한 위치가 근축광선에 의한 상보다 광축에 가까이 형성된다. 따라서 양 코마의 경우에 렌즈의 배율은 코마가 없는 경우보다 증가하며, 음 코마의 경우에는 배율이 감소한다.

코마의 근원은 실제로 주평면이 곡면(그림 6.1 참조)인데, 평면으로 취급하여 발생하는 오차로 주변광선이 축에서 벗어난 정도에 따라서 배율이 달라진다. 코마의 가장 큰 문제점은 대칭성을 가지는 물체에 대한 상이 비대칭적으로 되어 물체에 대한 정확한 이미지를 만들지 못한다는 것이다. 이러한 코마는 밝고 햇빛이 강한 날 태양으로부터 오는 주광선에 대하여 돋보기를 약간 비스듬하게 기울려 해의 이미지를 보면 원형이 아닌 마치 혜성과 같은 모습으로 약간 늘어나 보이는데 이것이 코마에 의한 효과이다.

코마는 광축으로부터 벗어난 광선들이 렌즈의 가장자리 부분에 도달하지 못하도록 광축을 따라 알맞은 위치에 조리개를 위치시킴으로서 코마에 의한 효과를 감소시킬 수 있다.

6.3.3 비점수차(Astigmatism)

비점수차(astigmatism: 점이 없다는 의미)는 코마와 비슷하나 조리개(엄밀히는 입사동)의 크기에 민감하지 않고 입사광의 경사각(oblique angle)에 보다 민감하다. 비점수차는 렌즈에 입사하는 광축 위에 있지 않은 광선들의 각도에 따라서 수평 또는 수직 방향으로 향하게 된다. 따라서 점 모양의 물체가 하나의 점 대신에 선이나 타원 모양의 이미지를 나타나는 현상을 비점수차라 한다. 물체가 광축으로부터 좀 떨어진 위치에 놓이게 되면, 물체로부터 광학계에 입사하는 원뿔 모양의 입사광들은 렌즈에 비대칭적으로 부딪치게 되며 이로 인하여 비점수차로 알려진 수차를 일으키게 된다. 비점수차를 이해하기 위해서는 우선 서로 수직으로 교차하는 두 개의 면에 대해 이해할 필요가 있다. 하나는 구결면(sagital surface)이며, 나머지는 자오면(tangential surface or meridional surface)이다. 이를 위해서는 그림 6.11을 참조하기 바란다.

자오면은 물체로부터 렌즈의 중심(엄밀히는 조리개의 중심)을 통과하는 주 광선(chief ray: 광축 위에 있지 않은 물체점으로부터 나와 렌즈의 입사동(entrance pupil)의 중심을 지나는 광선)과 렌즈의 광축을 포함하는 면을 말하며, 구결면은 주광선을 포함하면서 자오면과 수직인 면을 말한다. 그림 6.11에서 광선 1은 구결면 내에 있으므로 이를 구결광선(sagital ray)이라 부르며, 광선 2는 자오면 내에 있으므로 자오광선(tangential ray 또는

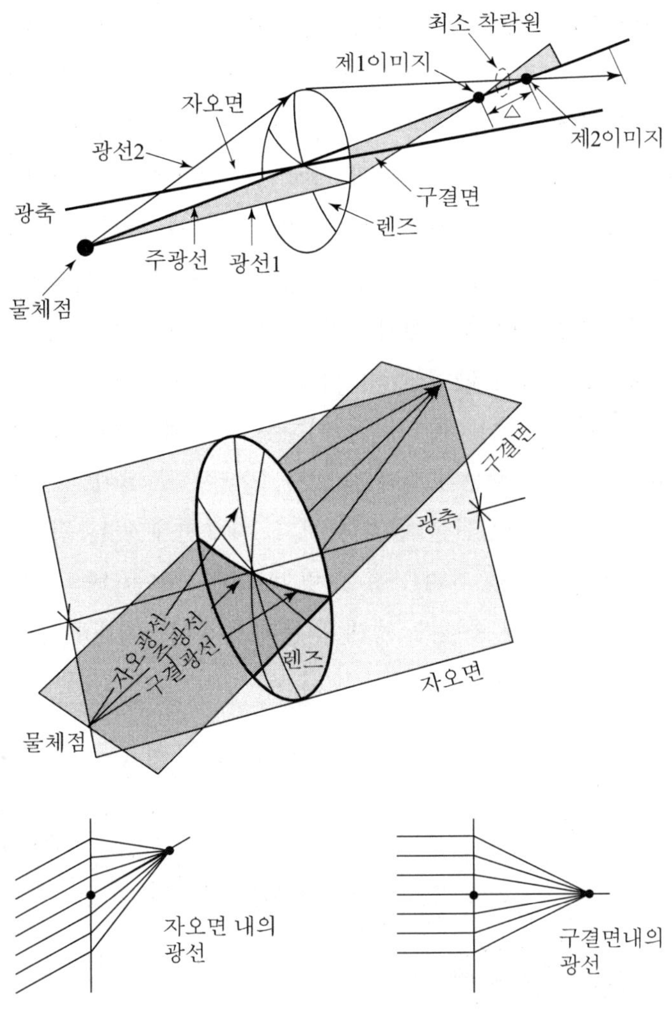

그림 6.11 구결면과 자오면

meridional ray)이라 부른다. 이때에 구결광선의 초점 위치와 자오광선의 초점 위치가 서로 다르기 때문에 발생하는 수차를 비점수차라 한다. 비점수차의 보정은 그림 6.11에서 △의 크기를 줄이는 것인데 이는 조리개의 위치를 적절하게 선택함으로서 보정이 가능하다.

광축 위에 있는 물체에 대해서는 원뿔형 모양의 광선들이 렌즈의 구면에 대해서 대칭이므로, 자오면과 구결면의 구별이 필요 없으며, 구면수차가 없는 경우에는 광축을 포함하는 모든 면들에서 광선의 진행 형태가 동일하므로 광축 위의 한 점에서 초점이 모아질 것이다. 하지만, 물체점이 광축에서 벗어난 경우에 물체점으로부터 발산되는 광선의 경로는 두 면에 있어서 다르게 된다. 자오면 내에 있는 광선들이 구결면 내에 있는 광선들보다 렌즈에 대해서 좀 더 기울어져 있으므로 물체로부터 렌즈까지의 거리는 길어지게 된다. 렌즈로부터 물체까지의 거리가 멀어지게 되면, 렌즈로부터 상을 형성하는 상초점까지의 거리는 짧아지게 된다. 그 결과 자오면을 통과하여 맺어지는 초점의 위치는 구결면을 통과하여 맺어지는 초점의 위치보다 렌즈로부터 가까운 곳에 위치하게 된다. 이와 같이 맺어지는 초점의 위치가 다르게 되어, 비점수차가 발생하게 된다. 이러한 비점수차의 크기는 광축으로부터 물체점까지의 수직 거리가 멀어짐에 따라 커지게 된다. 물론 물체점이 광축 위에 있을 때에는 비점수차는 없어지게 된다.

비점수차가 만들어내는 현상을 좀 더 잘 이해하기 위해 그림 6.12를 생각해보자. 점 모양의 물체로부터 발산되는 광선의 형태는 원뿔 모양이 될 것이다. 이들 중에 구결면에 있는 광선과 자오면에 있는 광선만을 생각해 보자. 자오면에 있는 광선은 구결면에 있는 광선에 비하여 짧은 초점거리를 가지므로, 그림 6.12에서 보는 바와 같이 제1 이미지(= primary image)라고 하는 곳에 초점을 맺게 되는데, 이는 구결면에 있는 광선들이 맺는

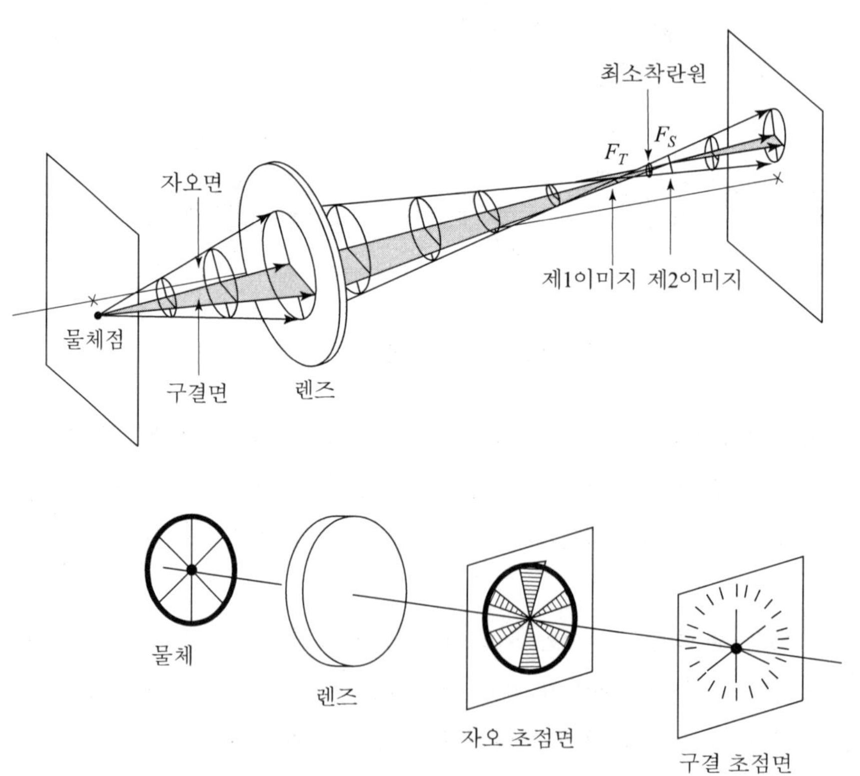

그림 6.12 구결 초점면과 자오 초점면에서의 이미지

제2 이미지(=secondary image)보다 앞에 위치한다. 따라서 제1 이미지 위치에서는 자오면에 있던 광선들은 하나의 점으로 구결면 내에 나타나고, 구결면에 있는 광선들은 초점이 맺어지지 않았으므로 이 위치에서는 하나의 직선으로 나타난다. 이 점을 지나면, 자오면에 있던 광선들은 다시 퍼지게 되며, 광선의 전체적인 형태가 다시 원 모양으로 나타나게 되는데, 이를 최소 착란원(circle of least confusion)이라 한다. 최소 착란원을 지나서 구결면에 있던 광선들이 초점을 맺는 위치가 있는 데 이를 제2 이미지라 하며, 이 점에서의 전체적인 광선의 모양은 하나의 직선형태로 된다. 이때에 자오면에 형성된 직선의 방향과 구결면에 형성된 직선의 방향은 서로 직각을 이루고 있음을 알 수 있다. 또한 구결면에 형성된 직선의 방향은 항상 광축을 향하고 있다. 이러한 것을 염두에 두면, 하나의 재미있는 현상을 볼 수 있다(그림 6.12참조.). 그림 6.12로부터 알 수 있듯이 자오 초점면에 형성된 상들의 방향과 구결 초점면에 형성된 상들의 방향이 서로 수직임을 알 수 있다.

비점수차는 보통 적합한 렌즈의 모양, 굴절률 및 각 렌즈들 사이가 정확한 간격을 가지도록 대물렌즈를 설계함으로서 교정된다. 또한 비점수차의 교정은 만곡수차의 교정과 병행하여 이뤄진다.

6.3.4 만곡수차(Field curvature): 종배율에서의 차이에 의해 발생

그림 6.1에서 보여주는 바와 같이 렌즈에 의해 형성되는 주요면은 곡면의 모양을 하고 있으므로 렌즈에 의해 확대된 편평한 물체의 이미지는 하나의 곡면을 이루게 된다. 이러한 현상은 렌즈 양면의 곡률에 의하여 일어나는 현상으로, 현미경을 이용하여 물체를 관찰할 때 같은 초점위치에서 이미지의 중앙 부분이나 가장자리 부분 중 한 부분이 뿌옇게 보이는 것을 발견할 수 있다. 이것이 바로 렌즈가 이루고 있는 곡률 때문에 발생하는 것으로 현미경에서 가장 흔히 발견할 수 있는 현상이다. 이러한 만곡수차 또는 페츠발(Petzval) 만곡수차는 스크린에 형성되는 물체 상(object image)에서의 종적인 변형(longitudinal defect)으로서 평평한 물체가 구부러진 형태의 상을 맺는 현상을 말한다.

지금까지 논의된 형태의 수차가 없는 경우에 물체 위의 각점과 이에 대한 상점이 서로 1:1 대응관계를 보이게 된다. 광축과 수직인 평면 물체는 근축광선 영역에서만 스크린에 평면 형태의 상을 형성하게 된다. 하지만 그림 6.13에서와 같이 물체가 어느 정도의 크기를 가지는 경우에 점 A나 점 B로부터 렌즈의 점 D, E에 도달하는 광선은 점 C

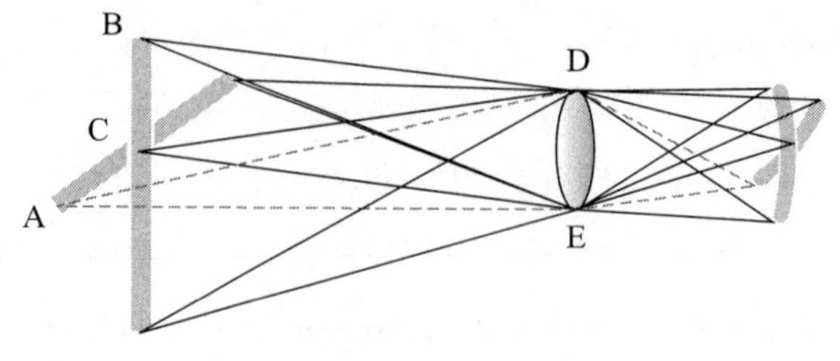

그림 6.13 만곡수차

근처(근축광선)로부터 오는 광선에 비하여 먼 거리를 진행하게 된다. 따라서 점 A나 점 B로부터 렌즈까지의 거리가 점 C 근처에 있는 물체점으로부터 렌즈까지의 거리에 비하여 크다. 따라서 점 A나 점 B로부터 오는 광선이 렌즈를 지나 초점을 맺는 거리는 점 C 근처의 근축광선들에 의하여 맺어지는 상 초점거리보다 렌즈로부터 가까운 곳에 형성된다. 이러한 이유로 인하여 광축에 수직인 평면 형태의 물체의 상이 그림 6.13에서와 같이 구부러진 형태로 변하게 된다. 이러한 만곡수차는 평편한 상을 맺어야하는 카메라, 확대경 및 슬라이드 프로젝터에 있어서 많은 장애 요인이 된다.

만곡수차에 의한 상의 일그러짐은 상면 보정기(field flatter)에 의하여 교정이 가능하며 상면 보정기는 페쯔발 조건을 만족하는 최소한 2개의 렌즈를 조합함으로서 만들어지는데, 이러한 페쯔발 조건에 대해서 알아보자. 카메라의 경우에 필름이 상 초점에 놓이므로 가장 자리 부분에서 만곡수차에 의해 상이 일그러질 수 있다. 따라서 상 초점 평면 근처에 상면 조절기를 놓으므로서 만곡수차에 의한 영향을 줄일 수 있다. 그림 6.14로부터 알 수 있듯이 구면 형태 물체 위의 한 점인 σ_o는 렌즈에 의하여 σ_i에 상을 맺는다. 물론 이때에 물체의 모양도 일정한 곡률을 가진 구면 형태이므로 σ_o에 대한 곡률 중심과 σ_i에 대한 곡률 중심은 점 O에서 서로 일치하게 된다. 만약에, σ_o가 점점 평편해져서 평면 σ_o'가 되면, 각 물체점의 상은 렌즈 쪽으로 이동하면서 하나의 포물면인 페쯔발면(Petzval surface= Σ_p)을 형성한다. 볼록렌즈의 경우에 페쯔발면은 렌즈 쪽으로 생기며, 오목렌즈의 경우에는 이와 반대로 바깥쪽에 형성된다. 이러한 현상을 이용하여 만곡수차를 줄이기 위해서는 오목렌즈와 볼록렌즈를 조합함으로서 가능하다. 그림 6.14의 상 초점 F_i에서 광축과 수직한 면을 근축상면(paraxial image plane)이라고 하는데, 근축상면으로부터 페쯔발면까지의 거리는

$$\Delta x = \frac{y_i^2}{2}\sum_{i=1}^{m}\frac{1}{n_i f_i} \tag{6.3.4}$$

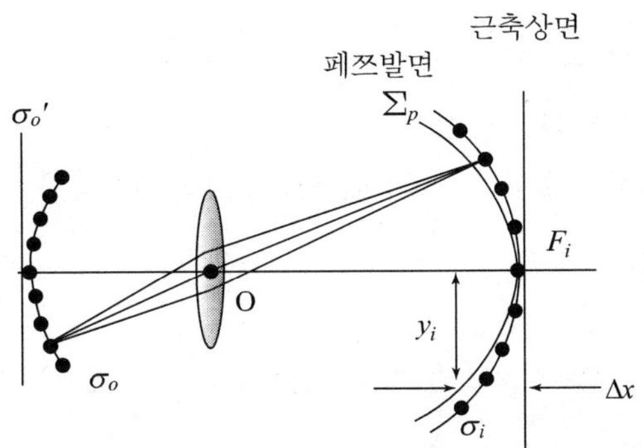

그림 6.14 페쯔발면

으로 주어진다. 여기서 n_i와 f_i는 광학계를 구성하고 있는 i번째 얇은 렌즈의 굴절률과 초점거리이다. 따라서 n_i와 f_i가 일정하다면, 페쯔발면은 렌즈의 모양, 위치 및 조리개의 위치에 관계없이 일정함을 알 수 있으며, 두 개의 얇은 렌즈가 서로 임의의 거리만큼 떨어진 광학계에 있어서 Δx를 '영'으로 만들 수 있는 조건은

$$m=2 \text{ 일 때, } \frac{1}{n_1 f_1}+\frac{1}{n_2 f_2}=0 \Rightarrow n_1 f_1+n_2 f_2=0 : \text{ 페쯔발 조건} \tag{6.3.5}$$

이며, 이를 페쯔발 조건이라 한다.

한 예로서 렌즈의 굴절률이 서로 같고($n_1=n_2$), 초점거리가 서로 같은 하나의 볼록렌즈(f_1)와 하나의 오목렌즈($f_2=-f_1$)로 이뤄진 광학계를 생각하여 보자. 이 경우에 페쯔발 조건인 식 (6.3.5)를 만족하게 되므로 두 얇은 렌즈의 유효 초점거리는 관계식

$$\frac{1}{f}=\frac{1}{f_1}+\frac{1}{f_2}-\frac{d}{f_1 f_2}=0-\frac{d}{f_1 f_2}=-\frac{d}{f_1^2}$$

으로부터

$$f=\frac{f_1^2}{d} \text{ ('$-$'부호는 생략)} \tag{6.3.6}$$

이 되어 양의 초점거리를 가짐을 알 수 있다. 또한 페쯔발 조건을 만족하므로, 초점 평면이 평평하여 만곡수차가 생기지 않는다. 이처럼 만곡수차를 보정하기 위해서 볼록렌즈와 오목렌즈를 사용하게 된다.

예제 3

굴절률(n=1.55)이 같으며, 굴절능이 각각 $P_1 = +10\ \mathrm{m}^{-1}$, $P_2 = -10\ \mathrm{m}^{-1}$인 볼록렌즈와 오목렌즈가 $d = 25\ \mathrm{mm}$만큼 떨어져 있다. 이들이 페쯔발 조건을 만족함을 보이고 두 렌즈에 의한 유효 초점거리를 구하시오.

해답 $\dfrac{1.55}{+10} + \dfrac{1.55}{-10} = 0$ 으로서 페쯔발 조건을 만족함을 알 수 있다. 또한 두 렌즈에 의한 유효 초점거리는 $f = f_1^2 / d = (0.1)^2 / 0.025 = 0.4\ \mathrm{m}\,(f = 40\ \mathrm{cm})$이 된다.

6.3.5 왜곡수차(Distortion)

왜곡수차는 렌즈의 횡배율과 광축으로부터 상까지의 거리 차에 의해서 생긴다. 즉, 광축에서 상점까지의 거리가 일정한 횡 배율을 가진 렌즈의 근축이론에 의해 예측된 값으로부터 벗어나게 되면, 렌즈의 서로 다른 영역에 대해 초점거리와 배율에서의 차에 기인하여 왜곡수차가 생긴다. 정량적으로 왜곡 정도는 다음의 방정식으로 기술된다. 즉,

$$D.M = (M_l - M)/M$$

여기서 M은 렌즈의 가로배율, M_l은 이미지 평면에서의 비축확대(off-axis magnification)이다. 횡배율이 광축으로부터 물체 점까지의 거리에 따라 증가하면, 왜곡은 핀쿠션(pincushion) 효과가 발생하여 양의 왜곡수차가 되어 각각의 상점은 중심으로부터 바깥쪽으로 퍼져 나가는 모양이 된다. 즉, 양의 왜곡수차는 렌즈를 향하여 비스듬하게 들어오는 광선의 경사도가 심할수록 횡(가로)배율이 증가하는 경우로 그림 6.15(b)에서와 같이 사각형의 구석에서 밖으로 늘어나는 모양을 하게 되어 사각형의 물체가 마치 베개 모양

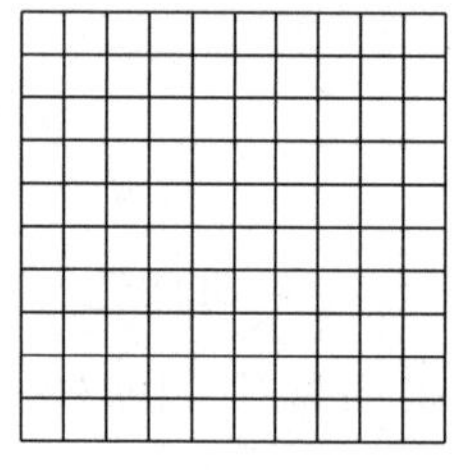

(a) 왜곡수차 없음

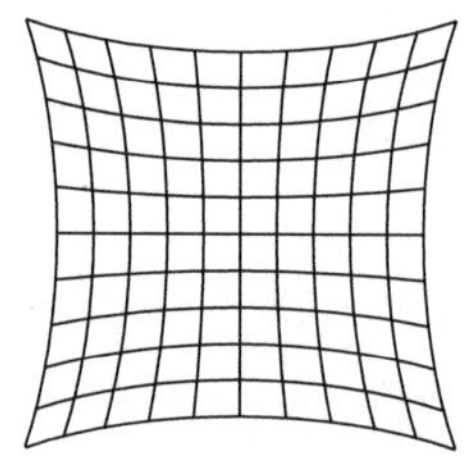

(b) 양의 왜곡수차

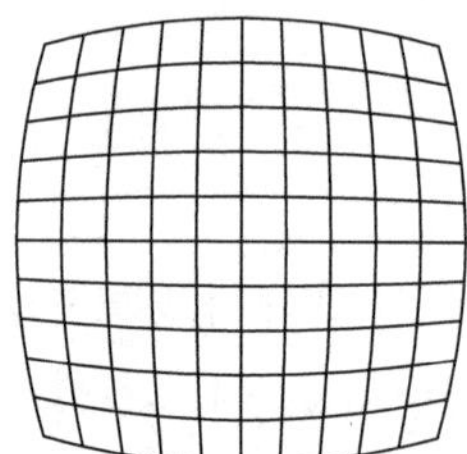

(c) 음의 왜곡수차

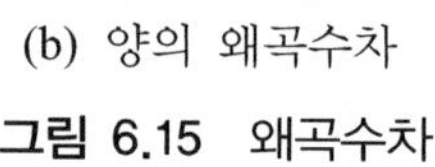

그림 6.15 왜곡수차

으로 보이는 현상을 말한다. 반면에 횡배율이 광축으로부터 물체 점까지의 거리에 따라 감소하면, 왜곡은 배럴(barrel) 효과를 발생시켜 음 왜곡수차가 되어 양 왜곡수차와 반대의 현상을 보이게 된다. 한 예로서 여러분이 약간 두꺼운 렌즈를 가지고 그래프 종이의 눈금을 보면, 렌즈의 중심으로부터 멀어질수록 상이 일그러지는 현상을 쉽게 볼 수 있는데 이것이 왜곡수차로 이러한 왜곡수차는 입체 현미경에서 보통 발견된다.

아주 얇은 렌즈에서는 왜곡수차가 반드시 나타나지는 않으나, 보통의 두꺼운 볼록, 오목렌즈들은 일반적으로 양의 왜곡수차 또는 음의 왜곡수차를 나타낸다. 얇은 렌즈로 이뤄진 광학계에 조리개를 놓으면 왜곡수차가 생기게 된다. 하지만, 개구 조리개를 그림 6.16(a)에서와 같이 얇은 렌즈의 제1 정점에 두어 조리개의 중심을 통과하는 주광선이 렌즈의 주요점을 통과하도록 하면 조리개에 의한 왜곡수차는 생기지 않는다. 조리개의 위치에 따라서 생기는 왜곡수차는 조리개의 위치에 따라서 양의 왜곡수차 또는 음의 왜곡수차가 되기도 하는데 그러한 것들의 예를 그림 6.16(b, c)에 나타내었다.

그림 6.16(a)의 경우에는 조리개가 얇은 볼록렌즈의 제1 정점에 있기 때문에 물체로부터의 주광선이 렌즈의 주요점을 통과하므로 왜곡수차가 생기지 않는다. 하지만 그림 6.16(b)에서와 같이 개구 조리개를 볼록렌즈로부터 좀 떨어진 곳에 놓으면, 개구 조리개의

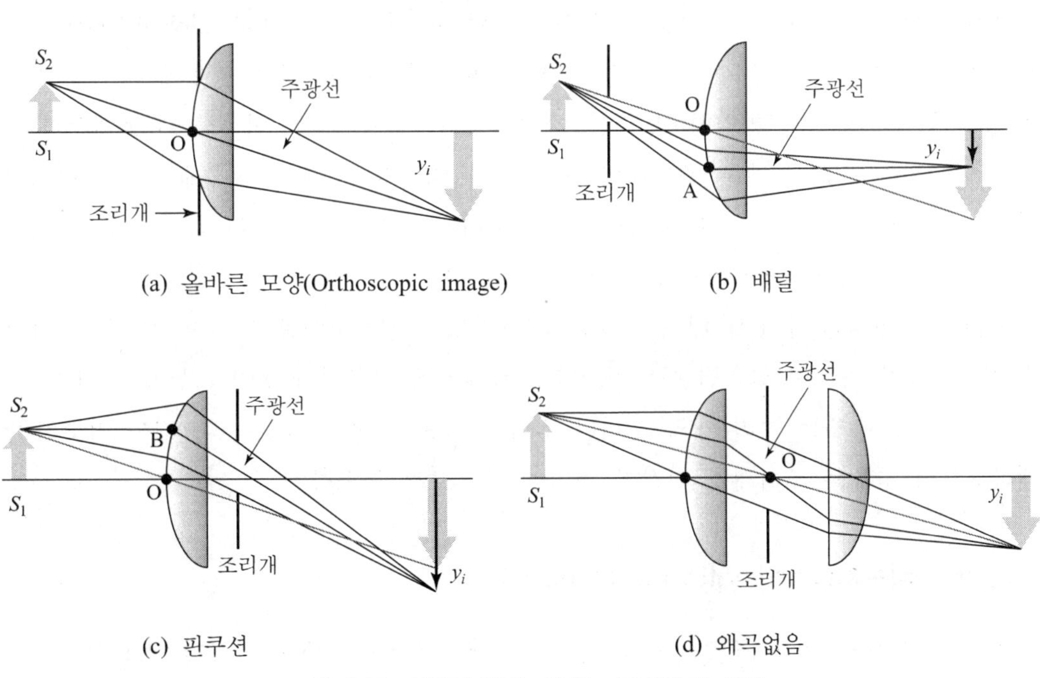

그림 6.16 왜곡수차에 미치는 조리개의 효과

중심을 지나는 주광선의 물체로부터 렌즈까지의 거리($S_2 A$)가 그림 6.16(a)의 $S_2 O$의 길이보다 길어지게 된다. 따라서 물체까지의 거리(x_0)가 길어지므로 렌즈로부터 상까지의 거리(x_i)의 거리는 $x_0 x_i = f^2$의 관계식에 의해 작아지게 된다. 그러므로 맺어지는 상의 횡 배율은 작아지게 되어 음의 왜곡수차가 된다. 다시 말해서 개구 조리개를 그림 6.16(b)에서와 같이 두는 경우의 횡 배율이 놓지 않았을 때보다도 더 작아지게 된다. 한편, 그림 6.16(c)에서와 같이 개구 조리개를 놓으면, 개구 조리개의 중심을 지나는 주 광선의 물체로부터 렌즈까지의 거리($S_2 B$)가 그림 6.16(a)의 $S_2 O$의 길이보다 작아지게 되므로 위에서와 같은 원리에 의하여 렌즈로부터 상까지의 거리는 멀어지게 된다. 따라서 상의 크기는 더 커지게 되어 양의 왜곡수차가 생기게 된다. 그림 6.16(d)에서와 같이 개구 조리개를 일정한 거리만큼 떨어져 있는 똑같은 2개 렌즈의 중간에 놓는 경우를 생각해 보자. 이 경우에 앞의 렌즈에 의해 양의 왜곡수차가 발생되나 뒤의 렌즈에 의해서는 음의 왜곡수차가 생겨 전체적으로 서로 상쇄되는 효과를 가져 오게 되어 왜곡수차는 생기지 않는다.

위의 그림 6.16(a), (d)로부터 알 수 있듯이 렌즈를 향하여 들어오는 주광선과 렌즈를 떠나는 주광선이 일치하거나 서로 평행하면 왜곡수차가 생기지 않는다. 그림 6.16(a)의 경우에는 렌즈로 들어오는 주광선과 렌즈를 떠나는 주광선이 같으며, 그림 6.16(d)의 경우에는 서로 평행함을 알 수 있다. 얇은 렌즈들로 이뤄진 광학계의 경우에 개구 조리개의 중심이 렌즈의 중심과 일치하면 왜곡이 없다. 바늘구멍 사진기의 경우에 물체점과 상점을 연결하는 광선이 개구 조리개의 중심을 지난다. 또한 개구 조리개(개구 조리개가 렌즈의 구실을 함)로 들어오는 광선과 개구 조리개를 떠나는 광선이 같기 때문에 서로 평행하게 마련이므로 왜곡수차가 발생하지 않는다.

지금까지 논의된 수차에 대한 교정을 개략적으로 정리하여보면, 구면수차와 코마는 적절한 모양을 가지며 접촉된 볼록렌즈와 오목렌즈에 의하여 교정이 가능하다. 또한 비점수차와 만곡수차는 여러 개의 분리된 광학 부품들을 사용함으로서 교정이 가능하며, 왜곡수차의 경우는 조리개를 적절한 위치에 둠으로서 최소화할 수 있다.

6.3.6 색수차(Chromatic aberrations)

아마도 여러분은 한번쯤 프리즘을 사용하여 백색광이 아름다운 무지개 색으로 분리되는 경험을 하였거나 아니면 비가 내린 후, 하늘에 떠 있는 아름다운 무지개를 보았을 것이다. 이는 빛의 분산에 의한 현상으로 빛의 굴절이 파장에 따라 변한다는 사실을 설명하여 주고 있다. 지금까지는 굴절률이 파장에 따라 변한다는 사실을 고려하지 않는 단색수차에 대하여 논의하였으나, 빛의 굴절이 파장에 관계하므로 광학계에 있어서 파장에 따른 수차를 고려해야 한다. 단색수차에 대한 논의는 단일 파장에 대한 렌즈의 광학적 특성을 논할 때에 중요하다. 렌즈의 굴절률이 빛의 파장에 관계되므로 단일 렌즈를 사용한다 하더라도, 사용 중인 빛이 여러 파장의 빛을 포함하는 경우에는 물체에 대해 하나의 상만을 맺는 것이 아니라 각 파장에 대해 하나씩 여러 개의 상을 형성하게 된다. 즉, 파장에 따라 굴절률이 다르다는 것은 동일 렌즈에 있어서 초점거리가 파장에 따라 다르다는 것을 의미하므로 형성되는 상은 선명하지 못하고 흐릿하게 된다[식 (6.3.7) 참조]. 이와 같이 파장에 따른 변화를 색 수차라고 하며, 광축 위에서 상들 사이의 거리를 종색수차(axial or longitudinal aberration: A. CA)라 하며, 파장 차이로 인하여 광축으로부터 형성된 상의 수직거리 차를 횡 색수차(laternal chromatic aberration: L. CA)라 한다.

참고로 얇은 렌즈 방정식은 아래와 같다.

$$\frac{1}{f} = (n-1)\left(\frac{1}{R_1} - \frac{1}{R_2}\right) \text{ 여기서 } n = n(\lambda)\text{이며, } f = f(\lambda) \tag{6.3.7}$$

1) 비색수차 렌즈(Thin achromatic doublets)

렌즈의 광축 위에 있으며, 렌즈로부터 무한히 멀리 떨어져 있는 물체 점에 의하여 형성된 상을 그림 6.17에 표시하였다. 앞에서 지적하였듯이 렌즈는 프리즘의 역할을 하여 빛을 분산시키며, 파장이 짧은 빛일수록 많이 굴절시킨다. 즉, 그림 6.17로부터 알 수 있듯이 파랑색의 빛이 빨강색의 빛에 비해서 초점거리가 짧아져 렌즈 쪽으로 더 가까운 곳에 초점이 위치한다.

이러한 현상은 파장에 따른 초점거리의 변화에 기인하므로, 물체의 횡배율도 또한

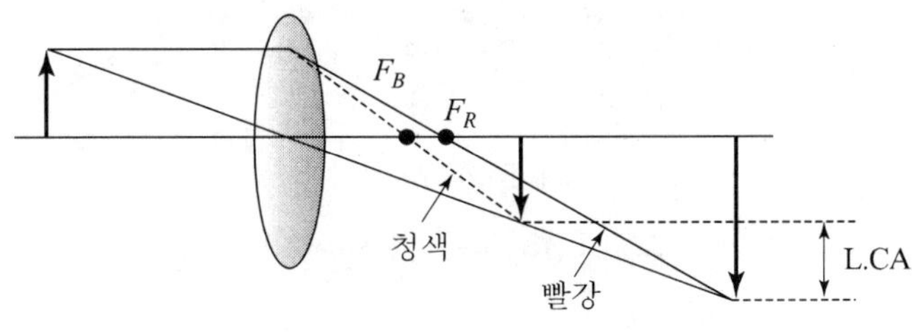

그림 6.17 횡 색수차

변하게 된다(그림 6.17에서 빨강색에 의한 상의 크기와 파랑색에 의한 상의 크기를 비교). 파랑색 빛의 초점 F_B가 빨강색 빛의 초점 F_R의 왼쪽에 있는 렌즈는 종 색수차(axial chromatic aberration, ACA)가 양의 값을 갖는다(그림 6.18 참조). 색수차가 양과 음인 두 개의 렌즈를 조합하면 색수차를 보정할 수 있는데, 이를 색수차 보정(achromatize)이라 하며, 색수차가 보정된 렌즈를 색수차 보정 렌즈(achromatic lens)라 한다.

색수차는 서로 다른 굴절률을 가진 볼록렌즈와 오목렌즈를 사용하여 보정하거나, 같은 매질(굴절률이 같다.)이지만 초점거리가 각각 f_1, f_2 인 두 개의 렌즈를 특정 거리, 즉, $d=(f_1+f_2)/2$ 만큼 떨어뜨려서 색수차를 보정할 수 있다.

색 수차 보정을 위해 초점거리가 각각 f_1, f_2 인 두 개의 얇은 렌즈가 서로 d 만큼 떨어져 있을 경우에 두 렌즈의 유효 초점거리는

$$\frac{1}{f}=\frac{1}{f_1}+\frac{1}{f_2}-\frac{d}{f_1f_2} \tag{6.3.8}$$

와 같이 주어진다. 편의를 위하여 $\frac{1}{f_i}=(n_i-1)\left(\frac{1}{R_{1i}}-\frac{1}{R_{2i}}\right)\equiv(n_i-1)\rho_i$라 하면, 식 (6.3.8)은

$$\frac{1}{f}=(n_1-1)\rho_1+(n_2-1)\rho_2-d(n_1-1)\rho_1(n_2-1)\rho_2 \tag{6.3.9}$$

와 같이 쓸 수 있다. 만일 f_B와 f_R이 각각 파랑색과 빨강색에 대한 색수차 보정 렌즈의 초점거리라고 하면, 당연히 두 빛에 대한 초점거리는 같아야 하므로 $f_B=f_R$이 성립한다.

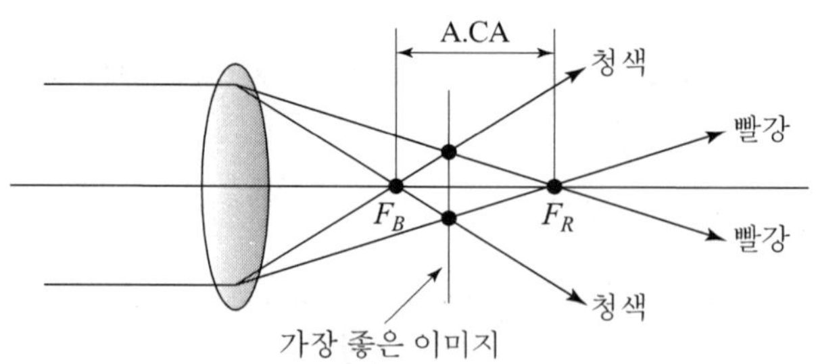

그림 6.18 종 색수차(A.CA)

이러한 관계를 식 (6.3.9)를 사용하여 다시 표현하면,

$$(n_{1R}-1)\rho_1+(n_{2R}-1)\rho_2-d(n_{1R}-1)(n_{2R}-1)\rho_1\rho_2 \tag{6.3.10}$$
$$=(n_{1B}-1)\rho_1+(n_{2B}-1)\rho_2-d(n_{1B}-1)(n_{2B}-1)\rho_1\rho_2$$

와 같이 표현되는데 n_R은 빨강색에 대한 렌즈의 굴절률, n_B는 파랑색에 대한 렌즈의 굴절률을 의미한다. 또한 첨자 1, 2는 각각 렌즈 1과 렌즈 2를 의미한다. 만약에 두 렌즈 사이의 거리가 '영'($d=0$)인 경우에 식 (6.3.10)은

$$\frac{\rho_1}{\rho_2}=-\frac{n_{2B}-n_{2R}}{n_{1B}-n_{1R}} \quad (n_{2B}\text{가 } n_{2R}\text{보다 크므로}) \tag{6.3.11}$$

와 같이 된다. 또한, 파랑색과 빨강색에 대한 색수차가 '영'이 되는 두 개의 복합렌즈에 대한 유효 초점거리는 파랑색과 빨강색의 중간인 노랑색의 초점거리로서 나타낼 수 있으므로, 노랑색에 대한 렌즈의 초점거리와 굴절률을 각각 f_Y, n_Y라면 두 렌즈 각각에 대해서

$$\frac{1}{f_{1Y}}=(n_{1Y}-1)\rho_1 \ . \ \frac{1}{f_{2Y}}=(n_{2Y}-1)\rho_2 \tag{6.3.12}$$

와 같이 쓸 수 있다. 또한 식 (6.3.12)는

$$\frac{\rho_1}{\rho_2}=\frac{(n_{2Y}-1)}{(n_{1Y}-1)}\frac{f_{2Y}}{f_{1Y}} \tag{6.3.13}$$

와 같이 표현된다. 식 (6.3.11)과 식 (6.3.13)으로부터

$$\frac{f_{2Y}}{f_{1Y}}=-\frac{(n_{2B}-n_{2R})/(n_{2Y}-1)}{(n_{1B}-n_{1R})/(n_{1Y}-1)} \tag{6.3.14}$$

와 같은 관계식을 얻는다. 식 (6.3.14)에서

$$\frac{n_{2B}-n_{2R}}{n_{2Y}-1}\ ,\ \frac{n_{1B}-n_{1R}}{n_{1Y}-1} \tag{6.3.15}$$

은 각각 렌즈를 구성하고 있는 두 매질의 분산율(dispersive power)이라 하며, 이들의 역을 $V-$수 (Abbe number, dispersive index)라고 한다. 매질의 굴절률은 항상 공기의 굴절률($n=1$)보다 크므로, $n_{1Y}, n_{2Y}>1$이다. 또한 파랑색에 대한 굴절률이 빨강색에 대한 굴절률보다 크므로 $n_{2B}>n_{2R}$, $n_{1B}>n_{1R}$인 관계가 성립하여 $V-$수는 항상 (+)

의 값을 가진다. 각각의 매질에 대한 V−수를 V_1, V_2 라고 할 때에 분산율을 나타내는 식은

$$(n_{2B} - n_{2R})/(n_{2Y} - 1) \equiv \frac{1}{V_2} \tag{6.3.16}$$
$$(n_{1B} - n_{1R})/(n_{1Y} - 1) \equiv \frac{1}{V_1}$$

와 같다. 따라서 V−수를 이용하여 식 (6.3.14)를 다시 쓰면,

$$\frac{f_{2Y}}{f_{1Y}} = -\frac{V_1}{V_2} \quad \text{즉, } f_{1Y}V_1 + f_{2Y}V_2 = 0 \tag{6.3.17}$$

와 같이 된다. 그런데 V_1, V_2는 양의 값을 가지므로 색수차 보정을 위한 비색수차 렌즈를 만들기 위해서는 볼록렌즈와 오목렌즈를 조합하여야 한다(그림 6.19 참조).

렌즈의 재질인 유리의 굴절률은 빛의 파장(=색)에 따라 다르므로, 원소의 고유 스펙트럼인 프라운호퍼선(Fraunhofer line)을 굴절률의 기준 색으로 이용하고 있다. 파랑색, 빨강색, 그리고 노랑색에 대응하는 프라운호퍼선은 F(파랑), C(빨강), d(노랑) (또는 D3)선이다. 따라서 프라운호퍼선을 이용한 V−수는

$$V_d = \frac{n_d - 1}{n_F - n_C} \tag{6.3.18}$$

으로 표현되므로, 식 (6.3.17)은

$$f_{1d}V_{1d} + f_{2d}V_{2d} = 0 \tag{6.3.19}$$

와 같이 표현이 가능하다. 식 (6.3.19)에서 아래 첨자 중 숫자는 각각의 두 렌즈를 구별

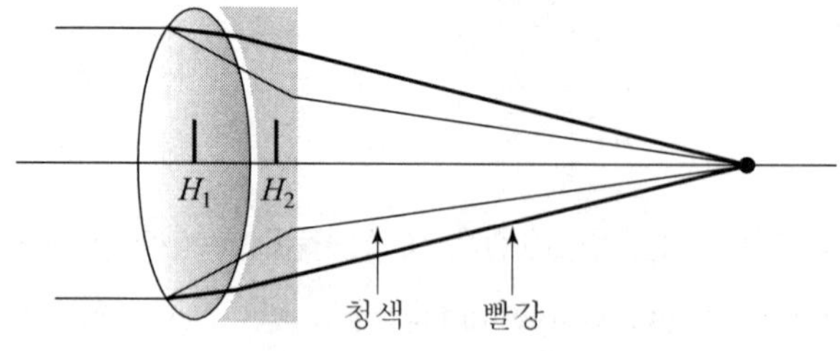

그림 6.19 비색수차 렌즈

하기 위함이며, 문자 첨자 d는 프라운호퍼 선중에 d-선(노랑)을 나타낸다. 대표적인 프라운호퍼선들의 파장 및 이를 발생시키는 원소들을 표 6.2에 나타내었다.

참조) 크라운 유리(crown glass)는 $n_d > 1.6$, $V_d > 50$ 또는 $n_d < 1.6$, $V_d > 55$인 유리를 말하며, 플린트 유리(flint glass)는 크라운 유리의 조건을 제외한 모든 유리를 말한다.

표 6.2 몇 가지 대표적인 프라운호퍼 선.

이 름	파 장 (Å)	원 소(source)
C	6562.816 Red	H
D_1	5895.923 Yellow	Na
D	Center of doublet 5892.9	Na
D_2	5889.953 Yellow	Na
D_3 or d	5875.618 Yellow	He
b_1	5183.618 Green	Mg
b_2	5172.699 Green	Mg
c	4957.609 Green	Fe
F	4861.327 Blue	H
f	4340.465 Violet	H
g	4226.728 Violet	Ca
K	3933.666 Violet	Ca

예제 4

재질이 각각 BK1과 F2인 유리렌즈를 이용하여 초점거리가 50 cm인 프라운호퍼 비색수차 렌즈를 설계하여 보시오.

해답 렌즈 1: BK1 렌즈의 광학적 특성은 $n_{1C} = 1.50763$, $n_{1d} = 1.51009$, $n_{1F} = 1.51566$ 와 같이 주어지므로 이들을 이용하여 V-수를 구해보면,

$$V_{1d} = \frac{n_{1d} - 1}{n_{1F} - n_{1C}} = \frac{1.51009 - 1}{1.51566 - 1.50763} = 63.46$$

와 같다. 따라서 BK1 렌즈는 $n_{1d} = 1.51 < 1.6$, $V_{1d} = 63.46 > 55$와 같은 조건을 만족하므로 크라운유리로 되어 있음을 알 수 있다.

렌즈 2: F2 렌즈의 광학적 특성은 $n_{2C} = 1.61503$, $n_{2d} = 1.62004$, $n_{2F} = 1.63208$와 같으며,

이에 대응하는 V-수는

$$V_{2d}=\frac{n_{2d}-1}{n_{2F}-n_{2C}}=\frac{1.62004-1}{1.63208-1.61503}=36.37$$

와 같다. 그러므로 F2유리는 $n_{2d}=1.62>1.6$, $V_{2d}=36.37<55$와 같은 조건을 만족하므로 플린트 유리로 만들어졌다.

얇은 렌즈와 색수차 보정 렌즈의 방정식이

$$\frac{1}{f_d}=\frac{1}{f_{1d}}+\frac{1}{f_{2d}},\ f_{1d}V_{1d}+f_{2d}V_{2d}=0$$

와 같이 주어지므로, 이로부터

$$\frac{1}{f_{1d}}=\frac{V_{1d}}{f_d(V_{1d}-V_{2d})},\ \frac{1}{f_{2d}}=\frac{V_{2d}}{f_d(V_{2d}-V_{1d})}$$

와 같은 관계식을 구할 수 있다. 따라서

$$D_{1d}=\frac{1}{f_{1d}}=\frac{1}{0.5}\frac{63.46}{(63.46-36.37)}=4.685\text{ diopter}$$

$$D_{2d}=\frac{1}{f_{2d}}=\frac{1}{0.5}\frac{36.37}{(36.37-63.46)}=-2.685\text{ diopter}$$

이다. $R_{11}=R_{21}$ 인 양면 볼록렌즈에 대해서 ρ_1은

$$\rho_1=\left|\frac{1}{R_{11}}\right|-\left|\frac{1}{R_{21}}\right|=\frac{1}{R_{11}}-\frac{1}{-R_{21}}=\frac{2}{R_{11}}$$

와 같이 되는데 위 식의 두 번째에서 분모에 "−"부호를 붙인 이유는 부호의 약속에 의한 것이다. 위에서 주어진 조건들을 사용하여 ρ_1을 구해보면,

$$\rho_1=\frac{2}{R_{11}}=\frac{1}{(n_{1d}-1)}\frac{1}{f_{1d}}=\frac{4.685}{0.51009}=9.185\text{ diopter}$$

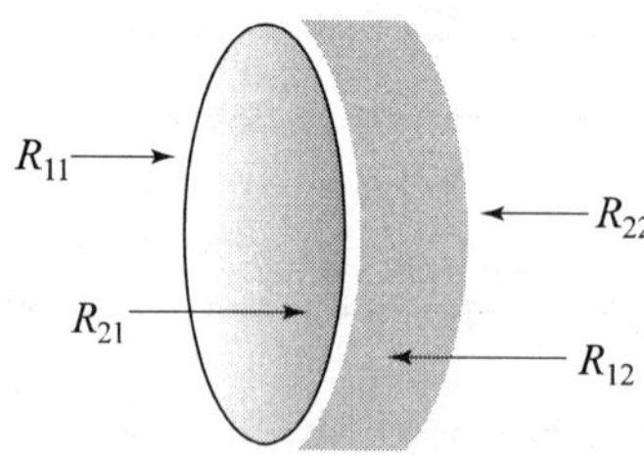

그림 6.20 색수차 보정 렌즈

이 된다. 따라서 ρ_1으로부터 양면 볼록렌즈의 곡률 반경을 구하면,

$$R_{11} = -R_{21} = 0.2177\ \mathrm{m}$$

이 된다. 또한 두 번째 오목렌즈의 곡률반경을 관계식 ρ_2, 즉,

$$\rho_2 = \frac{1}{R_{12}} - \frac{1}{R_{22}} = \frac{1}{(n_{2d}-1)}\frac{1}{f_{2d}}$$

을 사용하여 구할 수 있다. 그 결과는

$$\frac{1}{-0.2177} - \frac{1}{R_{22}} = \frac{-2.685}{0.62004} \quad \therefore R_{22} = -3.819\ \mathrm{m}$$

와 같다.

두 개의 얇은 렌즈를 접합시켜 색 수차가 없는 렌즈를 만드는 경우에 빨강색과 파랑색에 대한 주요면이 일치한다. 따라서 색수차를 없앤 렌즈에서는 초점거리가 같아지므로 횡 색수차와 종 색수차가 둘 다 교정이 된다. 하지만 두꺼운 렌즈를 사용하여 만든 접촉형 색 보정 렌즈의 경우에는 빨강색과 파랑색에 대한 초점거리는 같다고 하더라도 파장 차이로 인하여 주요면이 일치하지 않는다. 따라서 두 색에 대한 초점길이가 같기 때문에 렌즈를 통과한 빨강색과 파랑색은 서로 평행하게 되어 횡 색수차는 보정이 된다. 하지만, 상 초점길이는 제2 주요면으로부터 상까지의 거리이므로 초점길이가 같다고 하더라도 빨강색과 파랑색에 대한 주요면이 서로 다르다면, 주요면에서의 차이만큼 상이 형성되는 상 초점에서의 차이가 생기게 된다. 따라서 빨강색과 파랑색에 대한 상 초점이 일치하지 않게 되어 종 색수차는 보정이 되지 않는다.

2) 분리된 비색수차 렌즈(Seperated Achromatic doublets)

동일한 재질로 된 두개의 렌즈를 특정 거리만큼 격리시키면, 색수차를 줄일 수 있다. 두 렌즈 사이의 떨어진 거리를 구하기 위하여 앞에서 사용된 식 (6.3.10)을 다시 쓰면,

$$\begin{aligned}&(n_{1R}-1)\rho_1 + (n_{2R}-1)\rho_2 - d(n_{1R}-1)(n_{2R}-1)\rho_1\rho_2 \\ &= (n_{1B}-1)\rho_1 + (n_{2B}-1)\rho_2 - d(n_{1B}-1)(n_{2B}-1)\rho_1\rho_2\end{aligned} \tag{6.3.20}$$

이 되며, 비색수차 렌즈에 같은 종류의 유리를 사용한다면

$$n_{1R} = n_{2R} = n_R,\ n_{1B} = n_{2B} = n_B \tag{6.3.21}$$

이 된다. 식 (6.3.21)의 조건을 사용하여, 식 (6.3.20)을 정리하면,

$$(n_R - n_B)[(\rho_1 + \rho_2) - \rho_1 \rho_2 d(n_B + n_R - 2)] = 0 \tag{6.3.22}$$

이 된다. $n_R \neq n_B$이므로 식 (6.3.22)로부터 색수차가 없는 보정된 두 렌즈 사이의 거리는

$$d = \frac{1}{n_B + n_R - 2}\left(\frac{1}{\rho_1} + \frac{1}{\rho_2}\right) \tag{6.3.23}$$

이 된다. 그런데 $n_{1Y} = n_{2Y} = n_Y$이고, $1/f_{1Y} = (n_{1Y} - 1)\rho_1$, $1/f_{2Y} = (n_{2Y} - 1)\rho_2$이므로

$$d = \frac{(f_{1Y} + f_{2Y})(n_Y - 1)}{n_B + n_R - 2} \tag{6.3.24}$$

이 된다. 결론적으로, $n_Y = (n_B + n_R)/2$인 관계에 의하여,

$$d = \frac{(f_{1Y} + f_{2Y})(n_Y - 1)}{n_B + n_R - 2} = \frac{(f_{1Y} + f_{2Y})(n_Y - 1)}{2n_Y - 2} = \frac{f_{1Y} + f_{2Y}}{2} \tag{6.3.25}$$

이 된다. 두 렌즈가 식 (6.3.25)로 주어지는 거리만큼 떨어지면, 빨강색과 파랑색의 초점거리는 같지만, 이중 렌즈에서 이들 색깔에 대응하는 주요면은 반드시 같지는 않으므로 두 색깔의 광선은 일반적으로 같은 초점에서 만나지 않는다. 따라서 횡배율은 교정이 잘 되지만 종 색수차는 교정이 잘 되지 않는다.

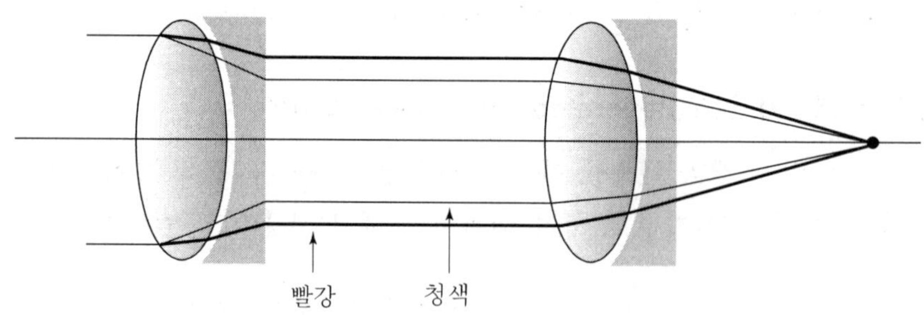

그림 6.21 색수차가 보정된 렌즈

참조: 식 (6.3.25)의 유도는 아래의 방법에 의해서도 가능하다.

초점거리가 각각 f_1, f_2인 얇은 렌즈가 각각 d만큼 떨어져 있을 때, 이들 사이에는

$$\frac{1}{f}=\frac{1}{f_1}+\frac{1}{f_2}-\frac{d}{f_1 f_2} \quad \text{또는} \quad P=P_1+P_2-dP_1P_2 \tag{A1}$$

와 같은 관계식이 만족된다. 여기서 $\frac{1}{f_i}=(n_i-1)\left(\frac{1}{R_{1i}}-\frac{1}{R_{2i}}\right)\equiv(n_i-1)\rho_i$라 하면, 식 (A1)은

$$P=(n_1-1)\rho_1+(n_2-1)\rho_2-d(n_1-1)\rho_1(n_2-1)\rho_2 \tag{A2}$$

이 된다. 두 렌즈의 재질이 동일하다고 하면, $n_1=n_2$ 이므로 $n_1=n_2=n$ 으로 표현하면, 식 (A2)는

$$P=(n-1)(\rho_1+\rho_2)-d(n-1)^2\rho_1\rho_2 \tag{A.3}$$

이 된다. 색수차가 없다는 것은 두 렌즈의 유효 굴절능(P)가 $dP/dn=0$을 만족함을 의미한다. 따라서 식 (A3)을 n에 대하여 미분한 후에, 미분 결과를 '영'으로 놓으면,

$$\frac{dP}{dn}=\rho_1+\rho_2-2d(n-1)\rho_1\rho_2=0 \tag{A4}$$

이 된다. 식 (A4)에 $(n-1)$을 곱하고, $(n-1)\rho_1=P_1$, $(n-1)\rho_2=P_2$을 이용하면, 식 (A4)는

$$P_1+P_2-2dP_1P_2=0 \tag{A5}$$

이 되어

$$d=\frac{P_1+P_2}{2P_1P_2} \quad \text{및} \quad d=\frac{f_1+f_2}{2} \tag{A6}$$

을 얻을 수 있으며, 이는 식 (6.3.25)와 동일한 결과임을 알 수 있다.

그림 6.22로부터 동일 재질로 된 두 볼록렌즈를 $d=(f_1+f_2)/2$ 만큼 분리시켰을 경우에는 횡 색수차가 제거됨을 알 수 있다. 하지만, 그림 6.22에서 빨강색과 파랑색에 대한 주요면이 서로 다르다. 따라서 주요면으로부터 상이 형성되는 상까지의 거리인 초점거리가 같다고 하더라도 빨강색과 파랑색의 초점이 한 점에 형성되지는 않는다.

지금까지 총 6가지 종류의 수차에 대해서 취급하였다. 그렇다면, 수차가 전혀 없는 좋

은 렌즈를 만드는 것이 가능한가에 대한 의문점을 가지게 되지만 이는 불가능하다. 따라서 렌즈의 설계는 사용 목적에 따라 설계되어진다. 예를 들면, 망원경의 경우는 색수차, 구면수차 그리고 코마에 대한 교정이 가장 중요한 것들 중의 하나이다. 반면에 비점수차, 만곡수차 및 왜곡수차는 그리 심각하지 않은데 그 이유는 대상 물체가 매우 작아 광축에 아주 가까이 있는 경우와 같게 되기 때문이다. 넓은 개구(wide aperture) 및 시야(field)를 가지는 좋은 카메라의 경우에는 이와 정반대이다.

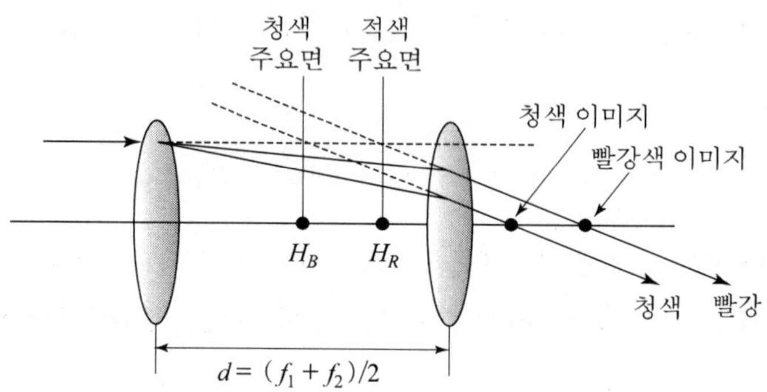

그림 6.22 횡 색수차를 없애기 위해 떨어져 있는 두 렌즈

연습문제

01 구면수차를 설명하고 이를 줄일 수 있는 방법을 제시하고 논리적으로 설명하라.

02 그림 6.23과 같이 평면 볼록렌즈가 있다. (a) $R_1 = \infty$, $R_2 = R$인 경우에 구면수차의 크기와 (b) $R_1 = R$, $R_2 = \infty$인 경우에 스넬의 법칙을 이용하여 구면수차의 크기를 비교하고 수차의 크기가 다른 이유를 설명하시오.

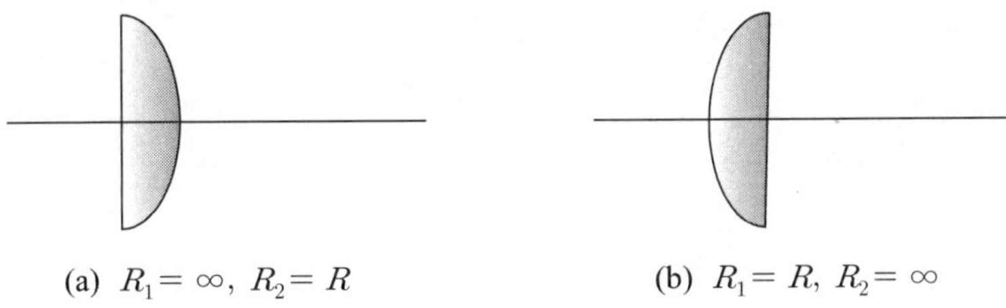

(a) $R_1 = \infty$, $R_2 = R$ (b) $R_1 = R$, $R_2 = \infty$

그림 6.23 평면 볼록렌즈

03 직경이 70 mm인 양면 볼록렌즈가 있다. 이 렌즈의 자오 초점거리는 16.7 cm 그리고 구결 초점거리는 18.5 cm이라고 할 때에 다음 물음에 답하시오.

ⓐ 비점수차를 간단히 설명하시오.

ⓑ 물체가 방사형 모양이라고 할 때에 자오 초점면과 구결초점면에 생기는 물체상의 모양 및 그 이유를 간단히 설명하시오.

ⓒ 최소 착란원에 대하여 간단히 설명하시오.

ⓓ 최소 착란원의 위치와 최소 착란원의 직경을 구하시오.

참고문헌

1. Eugene Hecht, Optics. 2nd ed. Addison-Wesley Publishing Company, Inc, 1990.
2. K.D. Moller, Optics, University Science Books.

CHAPTER 07

광학 기기

7.1 조리개(Stops)

7.1.1 구경 조리개와 시야 조리개

모든 렌즈들의 크기는 유한하므로 점광원에서 방출된 에너지의 일부만을 모으는 제한된 기능을 가진다. 따라서 하나의 렌즈를 이용하여 상을 형성하는데 이용되는 빛의 양은 렌즈의 직경에 의해 결정된다. 이러한 관점에서 볼 때에, 외부로부터 차단됨이 없이 자유롭게 빛이 통과할 수 있는 직경, 즉 유효 개구(clear diameter)는 에너지가 흘러 들어가는 구경으로서의 기능을 하게 된다. 이와 같이 상에 도달하는 빛의 양을 조절하는 원형 모양의 물체를 구경 조리개(aperture stop)라 하며, 약어로서 A. S.로 나타낸다. 카메라에서 복합 렌즈의 뒷부분에 위치해 있으면서 들어오는 빛의 양을 조절하는 조리개가 바로 구경 조리개에 속한다. 물론 카메라의 경우에 구경 조리개의 크기는 조절이 가능하다. 또한 광학계에 의하여 맺어지는 상의 크기나 각도의 폭을 결정하는 것을 시야 조리개(field stop)라 하며 약자로는 F. S.로 나타낸다. 그림 7.1에서 알 수 있듯이 구경 조리개를 줄인다하더라도 상의 크기는 줄어들지 않지만 구경 조리개를 통과하는 빛의 양이 줄어들므로 상의 밝기는 어두워진다. 반면에 시야 조리개를 크게 하면, 잘렸던 부분의 상이 나타나게 된다.

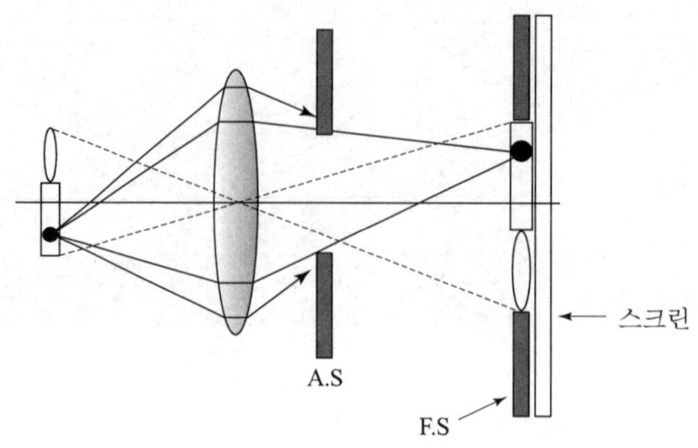

그림 7.1 구경 조리개(A.S.)와 시야 조리개(F.S.)

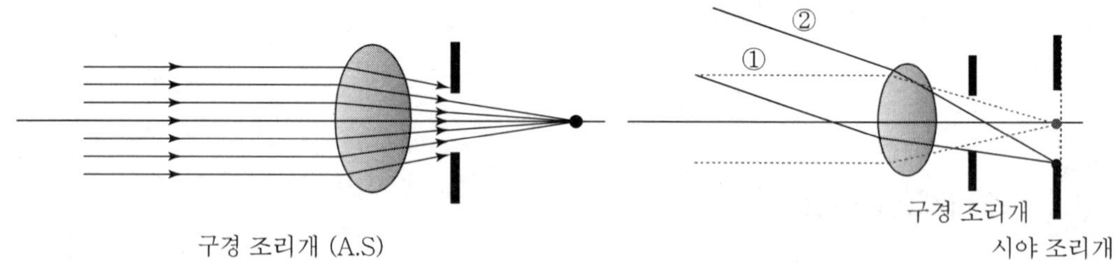

그림 7.2 구경 조리개와 시야 조리개에서의 빛의 진로

그림 7.2에서 렌즈에 입사하는 2개의 광선 ①과 ②는 평행이라는 점에서는 같으나, 두 광선 다발이 렌즈에 도달하는 각도는 서로 다르다. 광축과 매우 큰 각을 가지고 입사하는 광선은 상당히 넓은 시야각을 가지나, 스크린에 맺어지는 상은 수차 때문에 흐릿해진다. 시야의 가장자리에 생기는 흐릿한 상을 제거하기 위하여 렌즈에 의해서 형성되는 실상의 평면에 조리개를 두어 맺어지는 상의 크기나 각도의 폭은 시야 조리개를 사용하여 조절한다. 즉, 시야 조리개는 광학계에서 상을 형성하는 물체의 크기 또는 각도의 폭을 제한하는 소자를 말한다.

크기를 조절할 수 있는 아이리스(Iris) 자체가 구경 조리개가 되는 것은 아니다. 그림 7.3(a)에서 물체가 무한대 지점에 있으면, 광축 위에 놓인 물체의 각 지점에서 나오는 광선은 광축에 평행하게 된다. 따라서 최대 광선의 높이는 아이리스의 직경에 의해서 결정되므로 아이리스가 구경 조리개가 된다. 하지만, 그림 7.3(b)에서와 같이 점 모양의 물체가 렌즈의 초점거리에 위치하게 되면, 입사하는 광선의 최대 각은 아이리스에 의해서 결정되지 않고 렌즈의 가장자리에 의해서 결정되므로 이 경우에는 렌즈 자체가 구경 조리개의 역할을 한다.

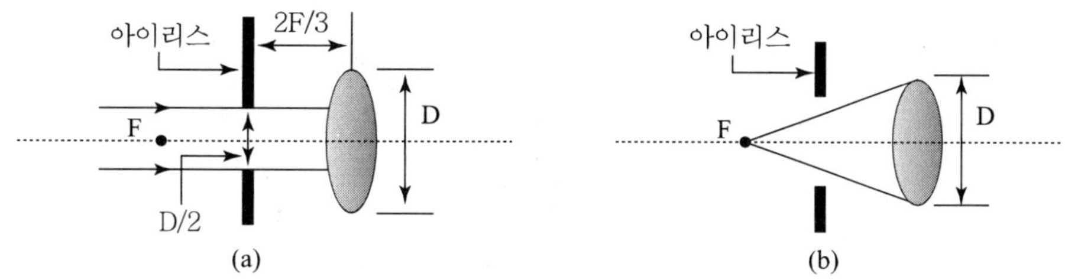

그림 7.3 구경 조리개의 역할과 의미

7.1.2 입사동과 출사동

빛이 렌즈와 조리개로 이뤄진 광학계를 통과할 수 있느냐 없느냐를 결정하는데 사용되는 중요한 개념으로서 동(pupil)이라는 것이 있다. 이는 단순히 구경 조리개에 의해 형성된 상(=image)의 위치에 따라, 크게 입사동(entrance pupil)과 출사동(exit pupil) 두 가지로 분류된다. 입사동은 조리개 앞에 있는 렌즈에 의하여 형성된 조리개의 상이 되며, 출사동은 조리개 뒤에 있는 렌즈에 의하여 형성된 조리개의 상이 된다. 광학계에 입사하는 주광선(chief ray)은 광축에서 벗어난 물체의 임의 점으로부터 나오는 광선(그림 7.4의 경우에 물체 위에 표시된 검은 점으로부터 나오는 광선)으로서 입사동의 중심점 E_{np}를 향하는 직선을 따라서 광학계에 입사하여, 출사동의 중심점 E_{xp}을 지나는 직선을 따라 광학계를 벗어나게 된다. 또한 주변광선(Marginal Ray)은 물체 위의 한 점으로부터 나온 광선이 입사동과 출사동의 가장자리를 통과하는 광선을 말한다. 그림 7.4에서와 같이 구경 조리개가 렌즈의 뒤에 있는 경우에 촛불 모양의 물체로부터 나온 주광선은 주광선의 출발점과 입사동의 중심을 연결하는 직선을 따라 진행하여 렌즈 쪽으로 진행하다가 렌즈의 왼쪽 면에 부딪치게 된다. 렌즈의 왼쪽 면에 부딪친 광선은 출사동의 중심점과 연결되는 직선을 따라 렌즈를 떠나게 된다. 이 경우에 물체와 렌즈로 이뤄진 광학계를 지나 스크린에 맺어지는 상의 형성에 기여하는 빛의 양은 렌즈 뒤에 있는 구경 조리개에 의하여 결정되므로 구경 조리개 자체가 출사동의 역할을 하게 되며, 입사동은 구경 조리개의 앞에 있는 렌즈에 의하여 형성되는 출사동의 상이 된다. 출사동은 입사동의 왼쪽, 오른쪽, 또는 동일 위치에 있을 수 있는데 이는 조리개의 위치와 렌즈의 초점거리와 상호 연관이 있다(그림 7.5와 예제 7.1의 결과를 비교하여 보기 바란다).

한편 그림 7.5에서와 같이 구경 조리개가 물체와 렌즈 사이에 있는 경우에 렌즈로 입사하는 빛의 양을 조절하는 것이 구경 조리개이므로 구경 조리개 자체가 입사동의 구실을 한다. 이 경우에도 광축 위에 있지 않은 물체의 한 점으로부터 나온 주광선은 입사동

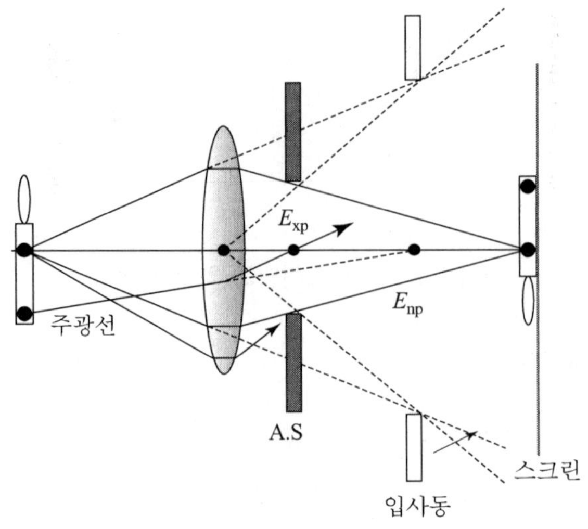

그림 7.4 입사동과 출사동

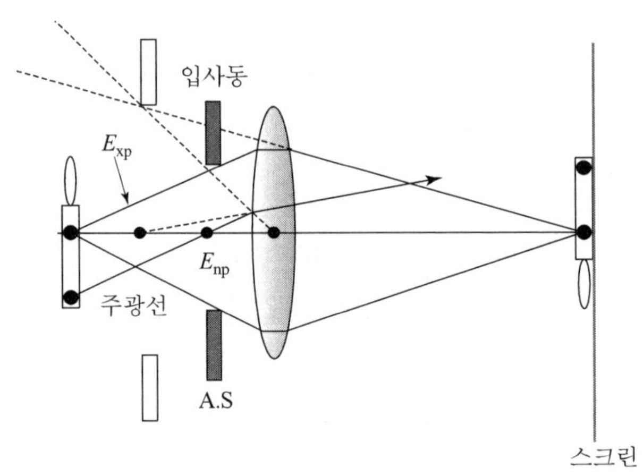

그림 7.5 구경 조리개가 렌즈 앞에 있는 경우

의 중심점과 연결되는 직선을 따라 렌즈의 왼쪽 면에 입사한 후 렌즈의 오른쪽 면에서는 출사동의 중심을 연결하는 직선을 따라 렌즈를 떠나게 된다. 이 경우에 출사동은 구경 조리개의 뒤에 있는 렌즈에 의해서 형성된 입사동의 상이 된다. 즉, 물체와 렌즈로 구성된 광학계에 실질적으로 들어가는 원추형 모양의 빛다발은 입사동에 의하여 결정되며, 광학계를 빠져나가는 원추형 모양의 빛다발은 출사동에 의하여 제어되므로 이것을 벗어난 영역의 빛은 스크린에 형성된 물체의 상과는 아무런 연관성을 가지지 않는다.

한 예로서 입사동의 의미를 좀 더 자세히 알아보자. 그림 7.6에서 광선 AO는 광학계

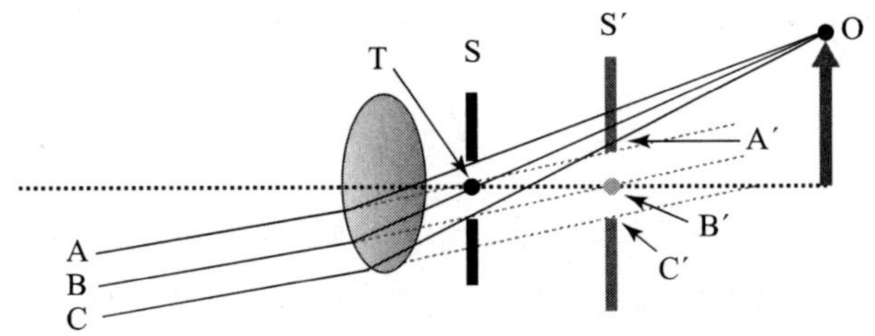

그림 7.6 조리개 겸 출사동

를 지나기 전에 A'을 목표로 하고 있다. 즉, 조리개의 가장자리를 접촉하는 광선은 입사동(그림 7.6에서 S`로 표시)의 가장자리를 목표로 향한다. 마찬가지로 가장 아래쪽에 있는 광선 CO는 광학계를 통과하기 전에 C' 점을 목표로 하고 있다. 이러한 것을 고려하여 볼 때에 마치 조리개가 광학계를 통과해 나가는 광선을 제한하는 것과 같이 입사동은 입사광선을 제한한다. 다시 말해서, 입사동을 통과하지 않은 광선은 조리개를 통과하지 못한다. 그림 7.5에서 입사동의 크기와 위치를 알면, 어떤 광선이 광학계를 통과할 것인지를 알 수 있으며, 입사동의 크기를 알면 광학계 속으로 지나가는 광선 다발의 크기를 알 수 있다. 상의 밝기는 조리개의 크기뿐만이 아니라 입사동의 크기에 의해서 결정된다.

예제 1

그림 7.7에서와 같이 지름이 0.8 cm인 조리개가 점 모양이 아닌 크기가 있는 물체와 초점거리가 9 cm이며 지름이 구경 조리개의 지름보다 큰 볼록렌즈와의 중간 지점에 놓여있다. 렌즈에 의한 물체의 상이 렌즈로부터 14 cm 떨어진 곳에 맺는다고 할 때에 출사동의 지름은 얼마인가?

해답 초점거리와 상까지의 거리가 알려져 있으므로 렌즈로부터 물체까지의 거리는

$$s_0 = \frac{s_i f}{s_i - f} = \frac{(14)(9)}{14-9} = 25.2 \text{ cm}$$

이다. 따라서 렌즈로부터 조리개(입사동)까지의 거리는

$$\frac{25.2 \text{ cm}}{2} = 12.6 \text{ cm}$$

이 된다. 문제에서 렌즈의 지름이 크다고 주어졌으므로 조리개 자체가 입사동의 구실을 하게 되며, 렌즈에 의한 조리개의 상이 출사동이 된다(물론 렌즈의 지름이 조리개의 지

름보다 작다면 조리개 자체가 입사동의 구실을 하지 않는다.). 따라서 출사동의 위치는

$$s_{xp} = \frac{(12.6)(9)}{(12.6) - 9} = 31.5 \text{ cm}$$

가 되어 렌즈의 오른쪽에 출사동(조리개의 확대된 도립실상)이 형성된다. 입사동과 출사동의 지름은 렌즈로부터 입사동과 출사동의 거리에 비례하므로

$$\frac{D_{np}}{D_{xp}} = \frac{12.6}{31.5}$$

이 된다. 따라서 출사동의 지름은

$$D_{xp} = \frac{(0.8)(31.5)}{12.6} = 2 \text{ cm}$$

이다.

7.1.3 여러 개 렌즈의 조합에 의한 입사동과 출사동

물체와 하나의 렌즈로 이뤄진 광학계에 있어 조리개가 렌즈의 앞에 위치하는 경우에, 조리개 자체가 입사동이 된다. 하지만 또 다른 렌즈가 조리개의 앞에 놓여지면 물체로부터 광학계에 들어오는 빛은 조리개에 직접 도달되지 않는다. 즉, 조리개 자체보다는 조리개의 상의 형태로 두 번째 렌즈로 들어오게 되며, 정의에 의하여 조리개의 상이 입사동이 된다. 따라서 여러 개의 렌즈들이 조합된 경우에 조리개 앞에 놓여있는 렌즈들에 의하여 형성되는 조리개의 상이 입사동이 된다. 역으로 여러 개의 렌즈들이 조합된 경우에 출사동은 조리개 뒤에 있는 렌즈들에 의하여 형성된 조리개의 상이 된다.

광학계에 들어오는 빛을 제한하는 것이 입사동인지 아니면 렌즈들 중의 하나인지가 분명하지 않은 경우에는 물체의 중심에서 최소각도로 마주 대하는 구경이 입사동이 된다. 또한 출사동은 입사동의 왼쪽, 오른쪽 또는 입사동과 동일한 위치에 있을 수 있다.

한 예로서 그림 7.7은 1개의 물체와 3개의 렌즈로 구성된 광학계에서 렌즈 2와 3 사이에 조리개(A.S)가 놓여있는 경우를 나타낸 것이다. 이 경우에 입사동은 조리개 앞에 있는 렌즈 1과 렌즈 2에 의하여 형성된 조리개의 상을 말한다. 그림 7.7에서 조리개의 앞에 있는 렌즈 1과 2에 의하여 형성된 조리개의 상은 허상으로서 조리개의 오른쪽에 위치하게 된다. 따라서 입사동과 출사동은 입사동의 상(image)이 출사동이 되는 동시에 출사동의 상(image)이 입사동이 되는 관계를 가지며, 광학계에 들어오는 빛이나 광학계를 벗어나는 빛의 양들은 이러한 입사동과 출사동에 의해 결정된다.

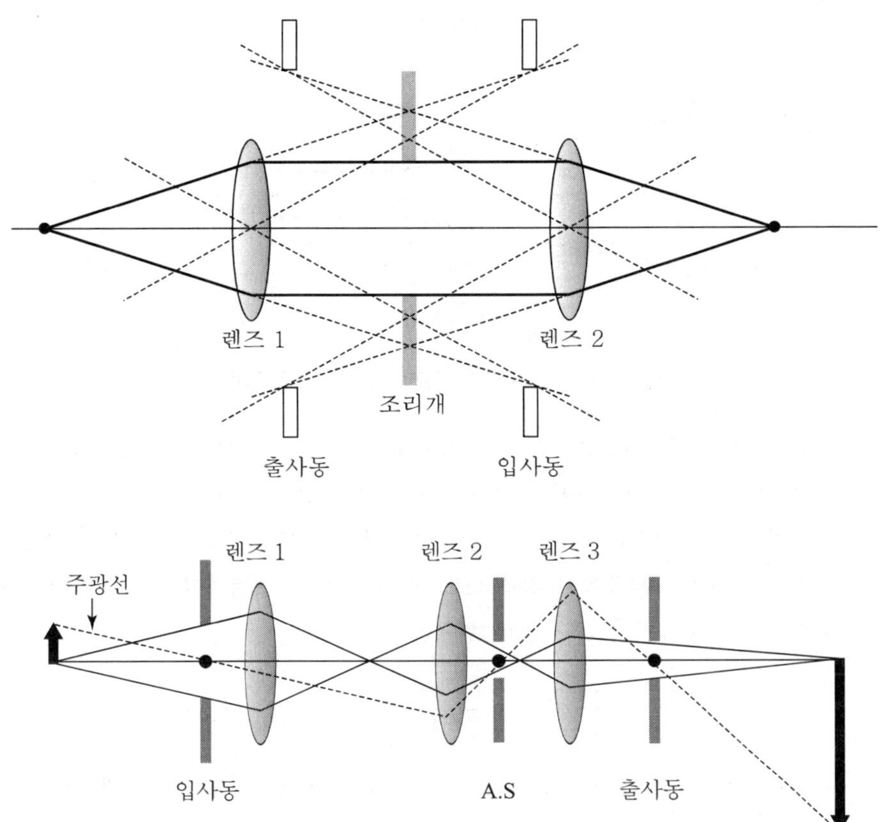

그림 7.7 조리개가 렌즈들 사이에 놓인 경우 입사동과 출사동의 위치

예제 2

굴절능이 +8.00 디옵터인 볼록렌즈와 초점거리를 알 수 없는 오목렌즈가 동일 축 상에서 8 cm 만큼 떨어져 있다. 볼록렌즈를 향하여 평행하게 들어온 광선이 볼록렌즈를 지나 오목렌즈를 통과한 뒤에 평행광선으로 된다고 하자(그림 7.8 참조). 직경이 1.5 cm 인 조리개를 두 렌즈의 중심에 놓을 경우에,

ⓐ 입사동은 어디에 위치하는가?

ⓑ 출사동은 어디에 위치하는가?

ⓒ 입사동과 출사동의 지름은 얼마인가?

해답 ⓐ 오목렌즈를 벗어나는 광선들이 서로 평행이 되기 위해서는 그림 7.8에서와 같이 두 렌즈의 초점이 서로 일치해야만 된다. 볼록렌즈의 굴절능이 +8.00 디옵터이므로 초점거리는 $(1/8)(100) = 12.5$ cm 이고 두 렌즈 사이의 거리가 8 cm 이기 때문에 오목렌

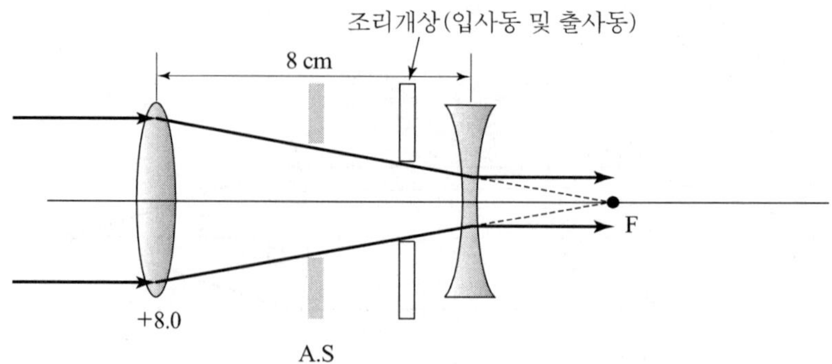

그림 7.8 두 렌즈에 의한 입사동과 출사동

즈의 초점거리는 $-(12.5-8)=-4.5$ cm('−'부호는 부호의 약속에 의한 것임)이어야 한다. 입사동은 볼록렌즈에 의하여 형성된 조리개의 상이다. 일반적인 경우에 물체는 렌즈의 왼쪽에 위치하지만 본 예제의 경우에는 렌즈의 오른쪽에 위치하므로 상을 형성하는 광선은 오른쪽에서 왼쪽으로 진행하게 되어 초점거리 f는 왼쪽에 있게 된다. 따라서 조리개의 상인 입사동의 위치는

$$s_{en}=\frac{s_{조리개}f}{s_{조리개}-f}=\frac{(-4)(-12.5)}{(-4)-(-12.5)}=+5.88\text{ cm}$$

이 되어 볼록렌즈로부터 오른쪽으로 5.88 cm 떨어진 곳에 위치하게 된다.

ⓑ 출사동은 두 번째 렌즈인 오목렌즈에 의하여 형성된 조리개의 상으로서 상의 위치는

$$s_{xp}=\frac{(4)(-4.5)}{(4)-(-4.5)}=-2.12\text{ cm}$$

로 두 번째 렌즈로부터 왼쪽으로 2.12 cm 떨어진 곳에 위치한다. 따라서 입사동과 출사동의 위치는 일치하게 되며 이것이 입사광선이 평행광선으로 되어 광학계를 떠나는 경우(focal system)의 특징이다.

ⓒ 입사동과 츨사동의 위치는 같으나 크기는 서로 다르다. 입사동의 지름은

$$D_{en}=\frac{D_{조리개}s_{en}}{s_{조리개}}=\frac{(15)(58.8)}{40}=22\text{ mm}$$

인 반면에, 출사동의 지름은

$$D_{xp}=\frac{D_{조리개}s_{xp}}{s_{조리개}}=\frac{(15)(21.2)}{40}=8\text{ mm}$$

이 된다.

7.1.4 상대구경과 f-수

렌즈로부터 어느 정도 떨어져 있으며 크기를 가진 물체를 렌즈나 거울을 사용하여 스크린에 상을 형성하던지 또는 광원으로부터 방출되는 빛을 렌즈를 사용하여 초점거리에 모으는 경우에 모아지는 빛의 세기는 렌즈의 면적 또는 좀 더 일반적으로 입사동의 단면적에 비례한다. 렌즈에 의한 반사 및 흡수 등에 의한 손실을 무시한다면, 입사하는 빛 에너지는 이에 대응하는 이미지 영역에 걸쳐 분포하게 된다. 따라서 단위 면적당, 단위 시간당의 에너지(=flux density (Irradiance))는 이미지의 면적에 반비례한다. 만약에 입사동이 원형이라면, 입사동의 면적은 반지름의 제곱에 비례하게 되므로 궁극적으로는 지름의 제곱에 비례한다고 볼 수 있다. 또한, 상의 가로 크기(광축에 수직방향의 크기)가 초점거리에 비례하고[그림 7.10 참조, 식(5.4.5 참조)] 상의 단면적은 가로 길이에 세로 길이를 곱한 값으로 주어지므로 실질적인 상의 면적은 초점거리의 제곱에 비례하게 된다. 따라서 카메라에서와 같이 렌즈에 의해서 형성되는 상의 밝기는 입사동의 지름의 제곱에 비례하고 초점거리의 제곱에 반비례하게 되므로 상이 형성되는 면에서의 단위 시간당 단위 면적당 빛의 세기는

$$\text{상 평면에서의 조도} \propto \left(\frac{D}{f}\right)^2 \qquad (7.1.1)$$

와 같이 주어진다. 여기서 D/f를 상대개구, 이의 역수를 $f-$ 수라 하며, 기호로는 $f/\#$로 나타낸다. 따라서 $f-$ 수는

$$f/\# \equiv \frac{f}{D} \qquad (7.1.2)$$

와 같이 주어진다(그림 7.9 참조).

초점거리가 일정한 렌즈의 경우에 $f-$ 수가 증가할수록 구경 조리개의 직경은 감소한

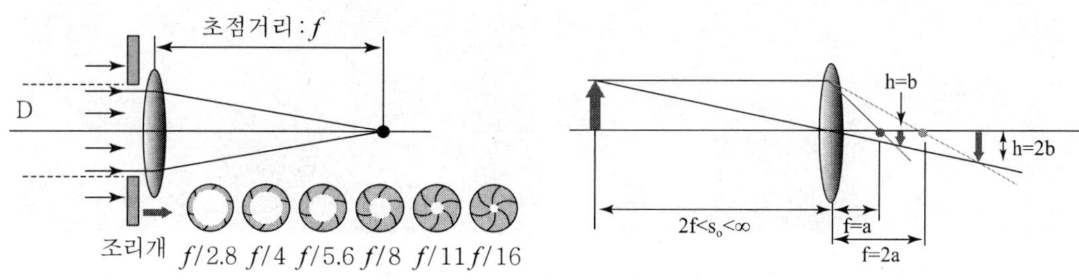

그림 7.9 구경 조리개와 렌즈

그림 7.10 렌즈의 초점거리와 상의 크기

다. 구경 조리개의 면적(A)은 $A = \pi r^2$ 으로 주어지므로, 구경 조리개의 직경이 2배로 증가하면 $f-$ 수는 1/2로 감소하지만 평행광선이 입사하는 경우에 이미지를 형성하는데 기여하는 빛의 양은 4배로 증가하게 된다. 마찬가지로 카메라에 있어서 구경 조리개의 크기를 감소시키면 $f-$ 수는 증가하지만, 카메라에 들어오는 빛의 세기는 감소하게 된다. 일반적으로 카메라에 있어서 직경의 크기를 조절할 수 있는 구경 조리개(=iris)가 사용되는데 이들의 $f-$수는 1, $\sqrt{2}=1.4$, $\sqrt{4}=2$, $\sqrt{8}=2.8$, $\sqrt{16}=4$, $\sqrt{32}=5.6$, $\sqrt{64}=8$, $\sqrt{128}=11$, $\sqrt{256}=16$, $\sqrt{512}=22$ 등으로서 $\sqrt{2}$ 의 인자를 곱해줌으로서 얻어지는 값들로 순서가 정해진다. $\sqrt{2}$ 의 인자만큼 $f-$ 수가 증가한다는 것은 구경 조리개의 면적이 1/2로 감소함을 의미하며, 이는 입사하는 빛의 양이 1/2로 감소함을 의미한다. 따라서 선명한 사진을 찍기 위해서는 $f-$ 수의 배열에서 1단계 $f-$ 수를 증가시키면 입사하는 빛의 양은 1/2로 줄어들게 되므로 노출시간은 2배로 증가시켜야 한다. 따라서 1단계 $f-$ 수를 증가시키고 노출시간을 2배 증가시키면, 카메라에 들어오는 빛의 양은 변화가 없게 된다. 하지만, $f-$ 수를 증가시키는 장점은 이미지의 필드깊이(depth of field)의 증가를 가져온다는 것이다. 이미지에 대한 필드깊이는 사진에서 물체가 선명하게 보이는 거리의 범위를 의미하며, 렌즈로부터 물체까지의 거리가 일정한 경우에 ① 열린 조리개의 구경이 작을수록, ② 물체까지의 거리가 증가할수록 그리고 ③ 렌즈의 초점거리가 감소할수록 필드깊이는 증가한다. 따라서 좋은 사진을 찍기 위해서는 카메라의 노출시간과 $f-$ 수 사이의 균형을 맞추는 노력이 중요하다.

참고로 그림 7.11은 2종류의 $f-$ 수에 대한 필드깊이의 차이를 보여주는 사진으로 $f-$ 수를 증가시키고 노출시간을 증가시켜 찍은 사진의 필드깊이가 증가함을 알 수 있다. 함빡 피어있는 꽃들을 모두 선명하게 찍기 위해서는 필드깊이를 크게 한 상태에서 찍어야 앞부분에 있는 꽃들과 뒷부분에 있는 꽃들의 상이 선명하게 찍히게 된다.

(a) F/2.8로 찍은 사진

(b) F/16로 찍은 사진

그림 7.11 F/#에 따른 사진의 필드깊이 (사진은 참고문헌 4에서 인용함)

초점거리가 50 mm인 렌즈 앞에 직경이 25 mm인 구경 조리개가 놓여지는 경우에 $f-$수는 '2'가 되며, $f/2$ 와 같이 표시한다. $f-$수가 작을수록 상이 형성되는 상평면에 좀 더 많은 빛을 통과시키게 되므로 좀 더 선명한 사진을 찍을 수가 있게 된다(물체로부터 오는 빛의 세기가 일정하다고 가정하는 경우). 이러한 사실을 염두에 두고 사진기에 대하여 생각해보자. 사진기는 일반적으로 렌즈의 초점거리와 가장 큰 구경 조리개로서 표시된다. 예를 들어 사진기에 '70 mm, $f/1.4$'로 표시되는 경우에 초점거리는 70 mm, 가장 큰 구경 조리개의 지름은 50 mm가 된다. 한편, 사진 건판의 노출 시간은 $f-$수의 제곱에 비례하므로, $f-$수의 제곱을 렌즈의 속력이라고도 한다. 한 예로서, $f/1.4$ 렌즈는 $f/2$인 렌즈에 비해 두 배정도 빠르다($1.4^2 = 1.96,\ 2^2 = 4$). $f-$수가 $\sqrt{2}$ 의 인자만큼 증가할수록 카메라에 들어오는 빛의 양은 1/2만큼 감소한다. 하지만 필름(또는 CCD 센서)에 들어오는 총 빛의 양은 같아야 되므로 $f/1.4$에서 빛의 통과 시간이 1/500 초라면, $f/2$에서는 1/250 초, 그리고 $f/2.8$에서는 1/125초 동안 빛이 통과되게 된다. 따라서 $f-$수와 노출시간을 모두 작게 하거나 $f-$수와 노출시간을 모두 증가시키는 경우에 카메라에 입사하는 빛의 양은 동일하다. 하지만, $f-$수와 노출시간을 모두 증가시켜 사진을 찍으면, 그림 7.11에서 보여주는 바와 같이 사진의 필드깊이가 증가함을 알 수 있다.

예제 3

$D = 25$ mm, $f = 50$ mm 인 렌즈의 $f-$수는?

해답 $f/\# \equiv \dfrac{f}{D} = \dfrac{50}{25} = 2$ 즉 $f/2$

$D = 12.5$ mm 인 경우

$$f/\# \equiv \frac{f}{D} = \frac{50}{12.5} = 4 \text{ 즉 } f/4$$

7.2 안경

안경은 아마도 옛날에 잘 볼 수 없는 노인들을 위하여 만들어진 것 같으며, 렌즈 초점거리의 역수인 굴절능의 개념을 사용하는 것이 관례로, 여러 면에서 많이 편리하다. 렌즈의 초점거리가 미터(m)일 때에 이의 역수는 m^{-1}이며, 디옵터(diopter)라고 읽는다. 따라서 초점거리가 1 m인 볼록렌즈의 굴절능은 $+1\,D$ ($D=$ diopter)이며, -2 m인 오목렌즈의 경우는 $-1/2D$이다. 또한 접촉된 두 개의 얇은 렌즈에 대한 초점거리는

$$\frac{1}{f}=\frac{1}{f_1}+\frac{1}{f_2} \tag{7.2.1}$$

이므로 복합 렌즈에 대한 굴절능은 각각의 합이 된다. 즉,

$$D=D_1+D_2 \tag{7.2.2}$$

이다. 한 예로서 $D_1=+10$인 볼록렌즈와 $D_2=-10$인 오목렌즈를 접촉시키면, $D=0$이 되어 양쪽 면이 평행한 유리판처럼 작용한다.

한편, 우리가 일반적으로 말하는 정상적인 눈과 광학에서 사용되는 정상적인 눈과는 의미상 약간의 차이가 있다. 광학에서 이야기하는 정상적인 눈이란 편안한 상태에서 평행광선이 망막에 초점을 맺을 수 있는 눈을 의미하며, 이는 평행광선에 의한 제 2초점이 망막에 있음을 의미한다(눈은 하나의 볼록렌즈로 볼 수 있다.). 망막에 상을 맺을 수 있는 점을 원점(far point)이라 하며, 정상적인 눈의 경우에 망막에 초점을 맺을 수 있는 가장 멀리 떨어진 점은 무한대(실제로는 5m 밖인 곳이다.)이다. 제 2초점이 망막에 있지 않은 경우의 눈은 부정시(ametropic)로서 원시, 근시, 난시가 여기에 속한다. 이는 각막이나 수정체 등의 비정상적인 변화나 수정체와 망막 사이의 거리를 변화시키는 안구 길이의 변화 때문에 생길 수 있다.

7.2.1 근시안

근시안은 무한대에 있는 물체로부터 나오는 평행광선이 망막 앞에 초점을 형성하게 된다[그림 7.12(a) 참조]. 또한 무한대는 아니나 멀리 떨어져 있는 물체로부터 오는 빛은 무한대로부터 오는 빛보다는 좀 더 망막 가까이에 초점을 형성하지만 그림 7.12(b)에서와 같이 망막 앞에 초점을 형성하므로 명확하게 물체를 보지 못한다. 그림 7.12(c)는 근시안이 물체를 선명하게 볼 수 있는 가장 먼 거리를 나타낸 것으로 이것을 원점이라 한다. 그림 7.12(d)는 무한대에 있는 물체를 오목렌즈를 사용하여 원점의 위치에 허상을 만들어 오목렌즈에 의한 허상을 수정체로 망막에 선명하게 상을 형성한 경우이다. 따라서 근시안의 경우에 무한대가 아닌 아주 멀리 있는 물체를 선명하게 보기 위해서는 교정렌즈를 사용하여 먼 거리에 있는 물체의 상이 근시안이 잘 볼 수 있는 근거리 물체의

위치에 해당하는 곳에 형성하도록 해야 한다[그림 7.12(e) 참조]. 아주 멀리 있는 물체를 선명하게보기 위해서는 $1/f = 1/s_0 + 1/s_i$에서 $s_0 = \sim\infty$일 때, $s_i = f$가 되므로 원점과 거의 같은 초점거리를 갖는 오목렌즈를 사용하면 멀리 있는 물체를 선명하게 볼 수 있다.

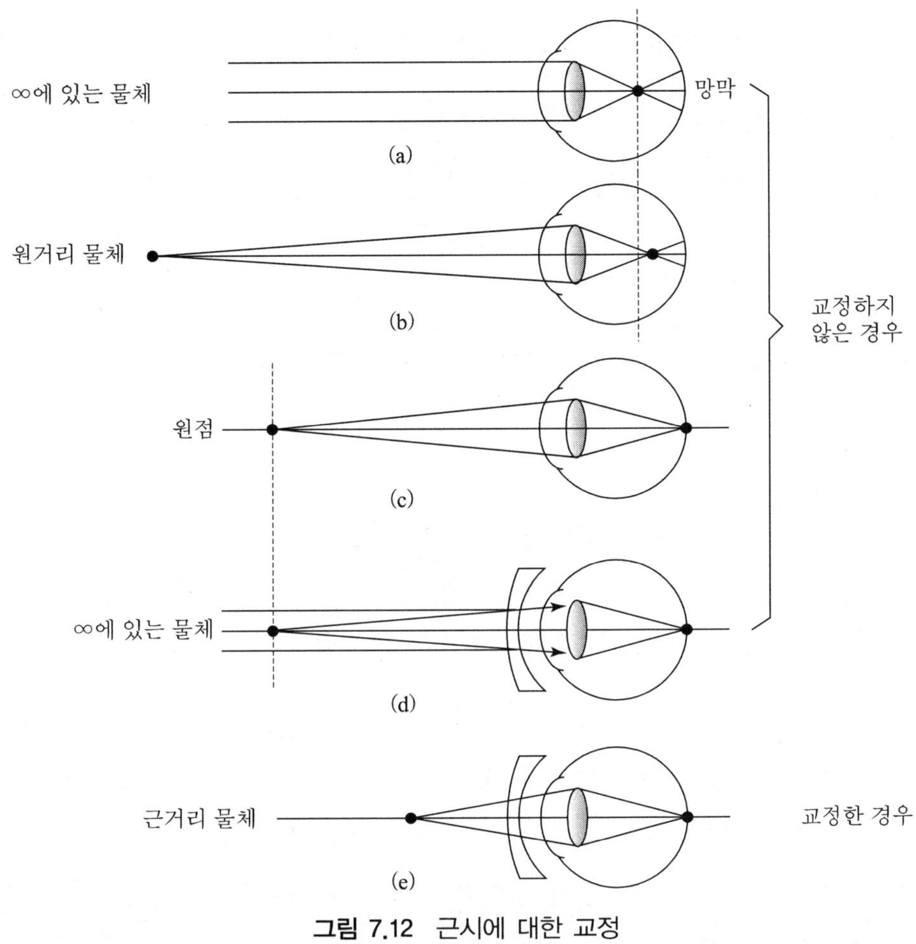

그림 7.12 근시에 대한 교정

7.2.2 원시안

눈을 편안히 한 상태에서 아주 멀리 있는 물체로부터 오는 평행광선이 망막의 뒤쪽에 초점을 형성하는 경우를 원시라고 하는데 어느 정도 떨어져있는 물체는 선명하게 볼 수 있으나 가까운 물체는 잘 보지를 못한다. 아주 멀리 있는 물체로부터 오는 평행광선의 초점이 망막 뒤에 생기므로 교정 렌즈로서 볼록렌즈를 사용하여 망막에 초점이 맺히도록 함으로서 교정을 한다(그림 7.13 참조).

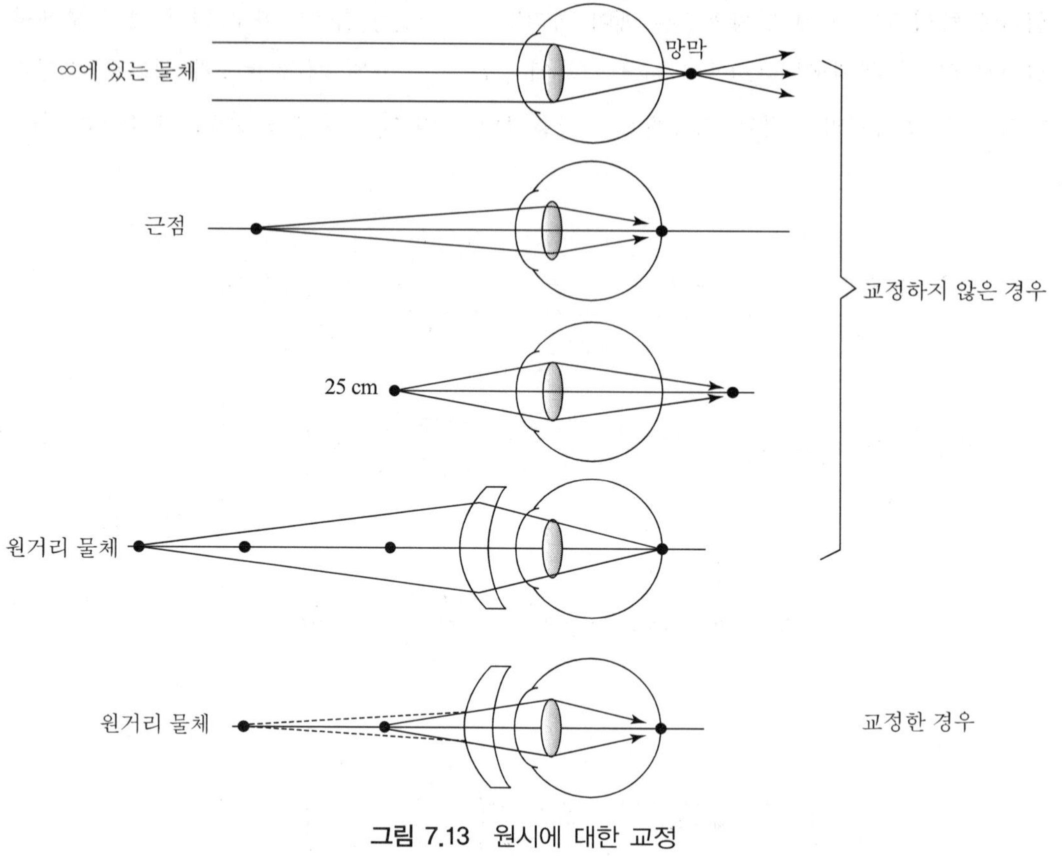

그림 7.13 원시에 대한 교정

원시가 물체를 구별할 수 있는 가장 가까운 거리를 근점(near point)이라 하는데, 명시거리(일반적으로 $s_0 = 25\ \mathrm{cm}$)에 있는 물체의 허상이 근점에 맺도록 하는 교정렌즈를 사용함으로서 가까이 있는 물체도 잘 볼 수 있다. 한 예로서 근점이 $s_i = -125\ \mathrm{cm}$인 원시의 경우에 명시거리만큼 떨어진 물체를 잘 보기 위해서는 $\frac{1}{f} = \frac{1}{-125} + \frac{1}{25}$에 의해 $f = 31\ \mathrm{cm}$인 볼록렌즈를 사용함으로서 시력을 교정할 수 있다.

7.2.3 난시(astigmaism)

수정체의 곡률 반경이 일정하지 않아서 생기는 눈의 결함이 난시이다. 수정체의 곡률 반경이 일정하지 않으므로 물체로부터 입사하는 빛의 방향에 따라서 물체의 배율이 달라져 망막에 형성되는 물체의 상은 일그러지게 된다. 수직면과 수평면의 배율만 달라지는 경우는 규칙적(regular)이라고 말하며, 그렇지 않은 경우는 불규칙적(irregular)이라고 말한다. 규칙적인 눈은 원통형 렌즈를 이용하여 교정하기 쉬우나 불규칙한 눈은 교정이 쉽지 않다.

7.3 확대경과 각 배율

7.3.1 확대경

관측자가 물체를 좀 더 자세히 보기 위하여 물체에 눈을 좀 더 가까이 하면, 물체는 점점 더 커 보이게 되며 또한 자세히 볼 수 있다. 즉 물체가 눈에 가까이 있을수록 망막에 맺히는 물체의 상은 커지게 되지만, 그림 7.14(c)에서와 같이 물체와 눈의 거리가 근점보다 더 가까워지면 물체로부터 입사하는 빛의 초점이 망막 뒤에 형성되므로 물체는 흐릿하게 보이게 된다(그림 7.14 참조). 따라서 망막 뒤에 생기는 물체의 상을 망막에 생기도록 하기 위해서는 눈의 실제 굴절능을 높일 필요가 있는데 이는 볼록렌즈를 사용함으로서 가능하다.

볼록렌즈는 망막에 상의 초점을 맺게 하는 동시에 물체를 눈 가까이 오게 할 수 있다. 이러한 볼록렌즈를 돋보기, 또는 확대경이라고 하는 데 실제의 기능은 가까운 곳에 있는

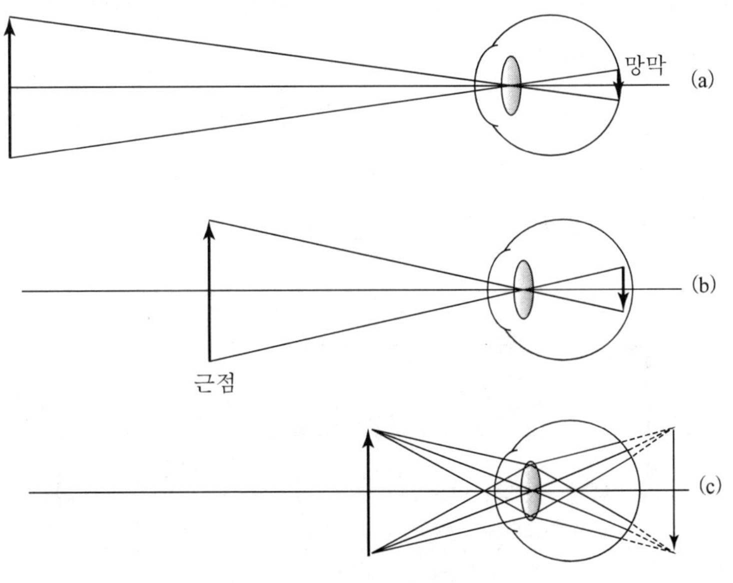

그림 7.14 근점과 상과의 관계

물체의 상을 확대경 없이 볼 수 있는 물체의 상의 크기보다 더 크게 하는 것이다.

확대경이 없고 물체가 근점(정상인의 근점은 약 25 cm)에 있을 때, 망막에 맺는 상의 크기는

$$m = -\frac{y_{i1}}{y_{o1}} = -\frac{A}{25} \tag{7.3.1}$$

이 되어 망막에 도립상이 형성됨을 알 수 있으며, 여기서 A는 수정체로부터 망막까지의 거리이다(그림 7.15 참조).

물체를 좀 더 자세히 잘 보기 위하여 물체를 눈에 좀 더 가까이 함으로서 물체의 위치가 근점보다 더 가까이 있게 되면, 수정체에 의한 물체의 상은 망막 뒤에 초점을 맺게 된다. 따라서 망막에 형성되는 상은 깨끗하지 않은 흐릿한 상이 얻어진다. 깨끗한 상을 망막에 형성하기 위해서는 볼록렌즈를 눈앞에 두어 망막에 초점을 맺게 하여야 한다. 이때에 망막에 얻어지는 상은 볼록렌즈와 눈의 수정체에 의한 것이므로 망막에 맺어지는 상의 크기를 알기 위해서는 볼록렌즈와 수정체에 의한 배율을 알아야 한다. 따라서 렌즈와 눈에 의한 총 배율은

$$M = \frac{-y_{i2}}{y_{01}} = \frac{-y_{i2}}{y_{i1}} \frac{y_{i1}}{y_{01}} = m_e m_m \tag{7.3.2}$$

와 같게 된다(그림 7.16 참조, 식 (7.3.2)에서 '−'부호는 망막에 맺히는 상(y_{i2})이 광축 아래에 있으므로 붙임). 여기서 $m_e = -y_{i2}/y_{i1}$, $m_m = y_{i1}/y_{01}$으로서, m_e은 수정체에 의한 배율이며, m_m 은 확대경, 즉 볼록렌즈에 의한 배율이다. 그러므로 전체 배율은 눈(수정체)과 볼록렌즈에 의한 각각의 배율을 곱한 것이 된다.

우선 볼록렌즈에 의한 배율(m_m)은

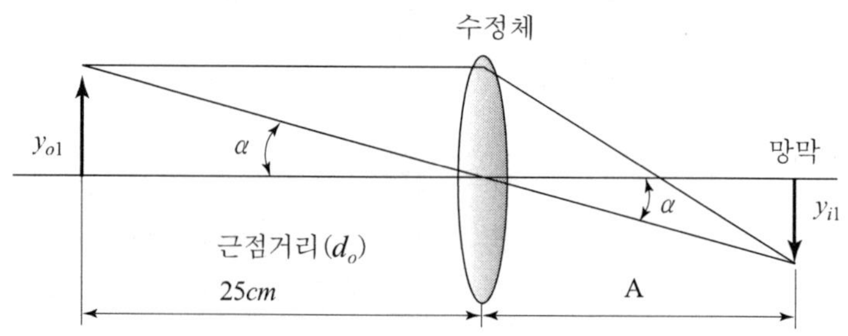

그림 7.15 물체가 근점에 있을 때, 물체–수정체–망막 사이의 관계(정상인 눈의 근점은 약 25 cm)

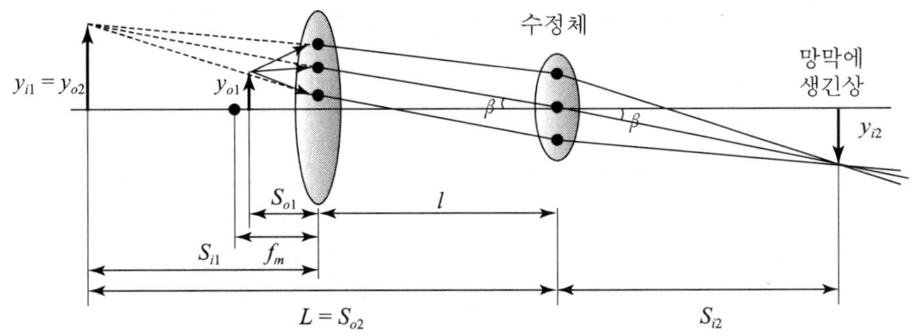

그림 7.16 돋보기와 눈(수정체)에 의한 물체의 확대

$$m_m = \frac{y_{i1}}{y_{o1}} = -\frac{s_{i1}}{s_{o1}} = -s_{i1}\left(\frac{1}{f_m} - \frac{1}{s_{i1}}\right) = 1 - \frac{s_{i1}}{f_m} \quad \left(\because \frac{1}{s_{o1}} = \frac{1}{f_m} - \frac{1}{s_{i1}}\right) \tag{7.3.3}$$

와 같이 된다(s_{i1}이 허상이므로 식 (7.3.3)의 두 번째에 '−'부호를 붙임). 만일 물체의 위치가 볼록렌즈의 초점거리에 해당하는 곳에 위치하게 되면, 볼록렌즈에 의하여 형성된 허상의 위치(s_{i1})는 볼록렌즈로부터 매우 먼 거리에 위치하게 된다. 그러므로 허상의 위치(s_{i1})는 볼록렌즈의 초점거리(f_m)보다 훨씬 더 크게 되어 볼록렌즈의 배율은 근사적으로

$$m_m = 1 - \frac{s_{i1}}{f_m} \simeq -\frac{s_{i1}}{f_m} \quad (\because s_{i1} \gg f_m) \tag{7.3.4}$$

이 된다. 반면에 눈에 의한 배율(m_e)은 $m_e = -y_{i2}/y_{i1} = s_{i2}/s_{o2}$ (눈에 의한 상이 광축 아래에 있으므로 '−'부호를 붙임)와 같이 정의되므로, 관계식 $1/s_{o2} + 1/s_{i2} = 1/f_e$ 을 사용함으로서

$$\begin{aligned} m_e &= \frac{s_{i2}}{s_{o2}} = \frac{s_{o2} f_e}{s_{o2}(s_{o2} - f_e)} \\ &= \frac{f_e}{(s_{o2} - f_e)} = \frac{f_e}{(s_{i1} + l) - f_e} \quad (s_{o2} = s_{i1} + l) \end{aligned} \tag{7.3.5}$$

와 같이 쓸 수 있다. 그리고 눈의 망막에 축소된 실상을 맺기 위해서는 수정체로부터 물체(볼록렌즈에 의하여 s_{i1}에 형성된 허상)까지의 거리가 수정체의 초점거리의 2배보다는 크고 무한대보다는 작아야 한다(표 5.1 참조). 이러한 조건은 $s_{i1} \gg f_e$ 한 경우에 만족하며 $s_{i1} \gg f_e$ 한 조건을 만족하는 경우에, $m_e = f_e / s_{i1}$ 와 같이 쓸 수 있다. 따라

서 눈(수정체)과 볼록렌즈에 의한 전체 배율은 눈(수정체)의 초점거리와 볼록렌즈의 초점거리로서

$$M = m_m m_e = \left(\frac{-s_{i1}}{f_m}\right)\left(\frac{f_e}{s_{i1}}\right) = -\frac{f_e}{f_m} \tag{7.3.6}$$

와 같이 주어지므로 망막에 형성되는 상이 도립상임을 알 수 있다.

7.3.2 각 배율

배율에 대한 또 다른 정의는 각 배율로서, 각 배율은

$$\text{각 배율 } MP \equiv \frac{\beta}{\alpha}$$

와 같이 정의되며, 확대능(=Magnifying power)이라고도 한다. 여기서, α는 돋보기가 없을 때 눈의 중심을 지나는 광선(주광선)이 광축과 이루는 각도이며, β는 돋보기가 있을 때 렌즈를 지나 눈의 중심을 지나는 광선(주광선)이 광축과 이루는 각도로서 이들에 대해서는 그림 7.15, 16을 참조하기 바란다. 그림 7.15에서 렌즈로부터 근점에 있는 물체까지의 거리를 d_o 라고 하고 근축광선 영역(α 가 작음)에 대해서만 생각을 하면,

$$\tan\alpha = \frac{y_{o1}}{d_o} \simeq \alpha \tag{7.3.7}$$

와 같이 된다. 여기서 d_o는 근점으로 정상인의 명시거리인 25 cm가 주로 사용된다. 또한 돋보기가 있는 경우를 근축광선 영역(β 가 작음)에 대해서 생각을 하면

$$\tan\beta = \frac{y_{i1}}{L} \simeq \beta \tag{7.3.8}$$

와 같이 된다. 여기서 y_{i1}은 돋보기에 의한 허상의 크기이며, L 은 눈부터 허상까지의 거리이다. 따라서 전체적인 물체의 각 배율을 MP 라고 할 때에

$$MP = \frac{y_{i1}/L}{y_{o1}/d_0} = \frac{y_{i1}}{y_{o1}}\frac{d_0}{L} = -\frac{s_{i1}}{s_{o1}}\frac{d_0}{L} = \left(1 - \frac{s_{i1}}{f_m}\right)\frac{d_0}{L} \tag{7.3.9}$$

$$= [1 + D(L-l)]\frac{d_0}{L} \quad (\because\ s_{i1} = -(L-l))$$

이 된다. 식 (7.3.9)의 마지막에서는 돋보기 초점거리의 역수($1/f_m$)를 렌즈의 굴절능인 디옵터($D = 1/f_m$)로 표현하였다. 따라서

(1) $l = f_m$인 경우 $MP = d_0 D$

(2) $l \sim 0$인 경우에 $MP = d_0\left[\frac{1}{L} + D\right]$

이 되는데 ⓐ 렌즈의 상이 명시거리에 맺히는 경우에 $L = d_0$와 같이 되므로 각 배율은 $MP = d_0 D + 1$이 되며, ⓑ 렌즈의 상이 무한히 먼 곳에 형성될 경우에 $L \sim \infty$와 같이 되어 각 배율은 $MP = d_0 D$와 같이 된다. 한 예로서 $L \sim \infty$인 경우에 $D = +10$ 디옵터인 볼록렌즈의 각 배율은 $MP = d_0 D = 0.25 * 10 = 2.5$가 된다. 이는 $MP = 2.5\times$와 같이 나타내는데 이는 돋보기가 없이 근점에 있는 물체가 망막에 상을 맺는 것(가장 크면서 선명한 상이 맺어지는 지점)보다 렌즈의 초점거리에 있는 물체에 의해 망막에 맺는 상의 크기가 2.5배 크다는 것을 의미한다. 시계 수리점에서 시계를 고칠 때 사용하는 확대렌즈(=loupe)는 보통 $2\times$, $3\times$ 크기의 각 배율을 가진다.

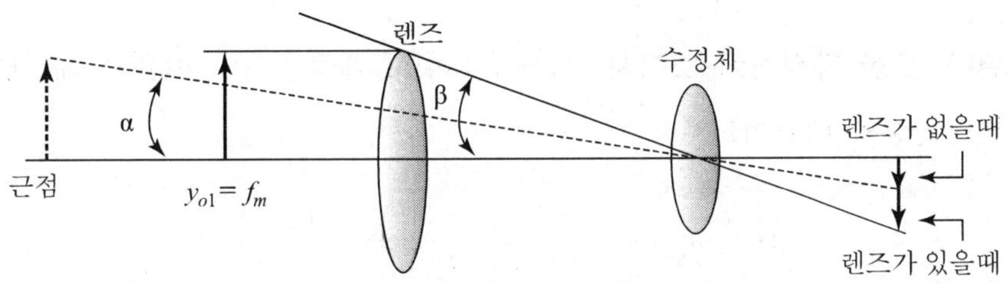

그림 7.17 볼록렌즈에 의한 상의 확대

7.4 망원경

최초의 망원경은 1608년 네덜란드의 리세페이[Hans Lippershey (1570-1619)]에 의해 제작되었으며, 태양계에 있는 행성과 같이 멀리 떨어져 있는 물체를 관측하기 위하여 고안되었다. 일반적으로 망원경은 상을 형성하기 위하여 여러 개의 렌즈 조합을 사용하는 굴절망원경과 거울과 렌즈를 결합해서 사용하는 반사형 망원경이 있다. 이러한 망원경의 가장 기본적인 기능은 망막에 형성된 원거리에 있는 물체의 이미지를 확대하는 것이

다. 가장 기본적인 굴절 망원경은 두 개의 볼록렌즈로 이뤄져 있으며, 대물렌즈는 무한 거리에 있는 물체를 대물렌즈의 초점거리에 실상을 만들며, 이러한 실상은 대안렌즈에 의하여 무한 거리만큼 떨어진 곳에 허상($s_{o2} \approx -f_m$)을 만든다. 대안렌즈에 의하여 무한 거리에 형성된 허상은 눈 렌즈(수정체)에 의하여 망막에 상을 형성하게 되어 우리가 볼 수 있게 된다.

그림 7.18에서처럼, 먼 곳에 있는 물체가 대물렌즈(objective lens)의 초점에 상을 맺는 경우에 대물렌즈의 배율(m_{ob})은

$$m_{ob} = -\frac{y_{i1}}{y_{o1}} = \frac{s_{i1}}{s_{o1}} \simeq \frac{f_{ob}}{s_{o1}} \tag{7.4.1}$$

이 된다. 대물렌즈에 의하여 대물렌즈의 초점거리에 형성된 상은 대안렌즈의 초점에 해당하는 위치에 놓이게 되며, 대안렌즈의 초점거리에 형성된 대물렌즈의 실상은 대안렌즈에 의하여 대안렌즈로부터 무한히 먼 곳에 허상을 맺게 된다. 따라서 대안렌즈의 배율은

$$m_m = \frac{-y_{i2}}{-y_{o2}} = \frac{-s_{i2}}{+s_{o2}} = -\frac{s_{i2}}{f_m} \tag{7.4.2}$$

와 같게 된다. 또한 망원경에 있어서 $s_{o1} \approx s_{i2}$ 이며, 대물렌즈의 배율과 대안렌즈의 배율의 곱이 망원경의 배율이므로

$$M = m_{ob} m_m = -\frac{f_{ob}}{s_{o1}} \frac{s_{i2}}{f_m} \simeq -\frac{f_{ob}}{f_m} \tag{7.4.3}$$

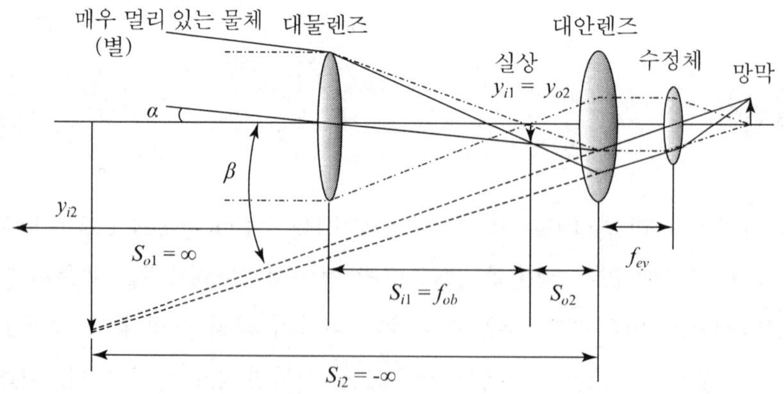

그림 7.18 망원경에 의한 상

이 된다. 식 (7.4.3)에서 배율이 '−'가 됨은 대안렌즈에 의하여 형성된 상이 원래의 물체의 방향과 반대임을 의미한다. 그러므로 대물렌즈와 대안렌즈에 의해서 얻어지는 상은 도립상이 되지만 수정체에 의해서 망막에 형성되는 상은 정립상이 된다. 한편, 각 배율을 사용하여 망원경의 배율을 구해보자. 그림 7.18에서 근축광선을 가정하면, $\alpha = y_{o1}/s_{o1} = -y_{i1}/f_{ob}$ 이 되고, $\beta = -(-y_{o2})/s_{o2}$ 이 되는데, y_{o2} 앞에 '−'를 붙여 $-y_{o2}$가 된 이유는 물체가 도립임을 나타내기 위함이며, $-(-y_{o2})$에서 '−'부호는 물체가 광축 아래에 있기 때문이다. 그러므로 $\beta = y_{o2}/f_m = y_{i1}/f_m$ 이 된다. 따라서 각 배율에 대한 정의로부터 망원경 자체의 배율은

$$MP = \frac{\beta}{\alpha} = -\frac{f_{ob}}{f_m} \tag{7.4.4}$$

와 같이 되어 식 (7.4.3)과 같은 결과를 얻을 수 있다.

참조) 쌍안경(binocular)을 보면, 여러 종류의 숫자를 볼 수 있는데, 하나의 예를 들면, 6×30, 7×50, 20×50과 같은 것을 볼 수 있다. 이때에 6×는 배율을 의미하며, 6×뒤의 30은 입사동의 직경을 의미한다. 또한 출사동의 직경은 30을 6으로 나눔으로서 얻어진다. 이때에 단위는 공통으로 mm를 사용한다.

7.5 현미경

현미경에 있어서 대물렌즈는 물체에 대한 확대된 도립실상을 만들며, 대물렌즈에 의해 형성된 확대된 도립실상은 대안렌즈의 입장에서 볼 때에 하나의 물체로 보게 된다. 그림 7.19는 현미경의 구조를 나타낸 것인데 이때에 대물렌즈의 배율(m_{ob})은

$$m_{ob} = -\frac{y_{i1}}{y_{o1}} = \frac{s_{i1}}{s_{o1}} \tag{7.5.1}$$

이 된다. $1/s_{o1} + 1/s_{i1} = 1/f_{ob}$ (f_{ob}는 대물렌즈의 초점거리)을 식 (7.5.1)에 적용시키면, 대물렌즈의 배율(m_{ob})와 대안렌즈의 배율(m_m)이 각각

$$m_{ob} = \frac{s_{i1}}{f_{ob}} - 1 \tag{7.5.2}$$

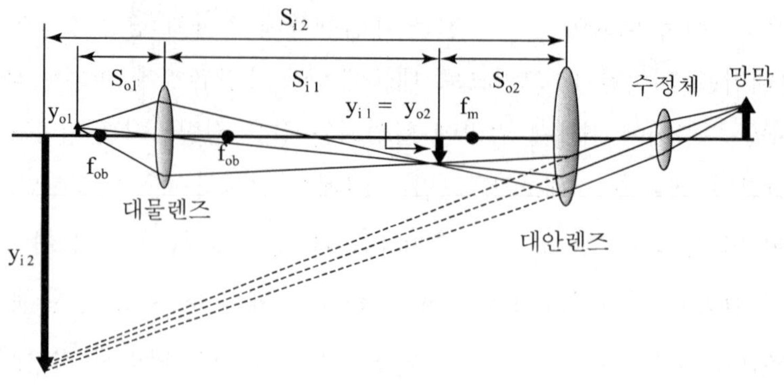

그림 7.19 현미경의 구조

$$m_m = \frac{s_{i2}}{f_m} - 1 \tag{7.5.3}$$

와 같이 얻어진다. 따라서 대물렌즈의 배율(m_{ob})과 대안렌즈의 배율(m_m)을 곱한 현미경의 전체 배율은

$$M = m_{ob} m_m = \left(\frac{s_{i1}}{f_{ob}} - 1\right)\left(\frac{s_{i2}}{f_m} - 1\right) \tag{7.5.4}$$

와 같이 표현된다. 하지만 현미경에 있어서 물체는 대물렌즈의 초점거리(f_{ob}) 바깥 근처에 있게 되며, 이 경우에 대물렌즈에 의해 형성되는 실상의 위치 s_{i1}은 f_{ob}에 비하여 훨씬 큰 값을 가진다(렌즈의 공식을 이용하면 쉽게 이해된다.). 즉, $f_{ob} < s_{o1} < 2f_{ob}$이면, 확대된 도립실상이 형성되며, 상의 위치는 $2f_{ob} < s_i < \infty$에 위치하게 된다. 또한 대물렌즈에 의해 형성된 실상은 대안렌즈의 초점거리(f_m) 근처에 형성되므로 대안렌즈에 의하여 커다란 허상이 형성되며, 이러한 허상이 눈의 망막에 형성되는 최종적인 상이 된다. 대안렌즈에 의해 형성된 허상의 위치 s_{i2}와 f_m 사이의 관계는 $|s_{i2}| \gg f_m$이 된다. 이러한 사실을 고려할 경우에 식 (7.5.4)는 근사적으로

$$M \simeq \left(\frac{s_{i1}}{f_{ob}}\right)\left(\frac{s_{i2}}{f_m}\right) \tag{7.5.5}$$

와 같이 쓸 수 있다. 대부분의 현미경에서 $s_{i1} \approx 16\ \text{cm}$이고, 대안렌즈의 허상이 $s_{i2} \approx -25\ \text{cm}$ ('$-$'부호는 허상이므로)되는 근점에 형성되므로, 현미경의 전체 배율에 대한 표현식은 결과적으로

$$M \simeq \left(\frac{16}{f_{ob}}\right)\left(-\frac{25}{f_m}\right) \tag{7.5.6}$$

와 같이 표현이 가능하다. 여기서 '−' 부호는 현미경의 허상이 도립임을 표시한다. 따라서 수정체에 의해서 망막에는 정립 실상이 생기나, 두뇌에서 한 번 더 상을 반전시키므로 아래, 위가 서로 뒤 바뀐 상을 보게 된다.

예제 2

대물렌즈의 초점거리가 32 mm이고 대안렌즈의 초점거리가 25 mm라고 하자. 현미경의 전체 배율은 얼마인가(단위에 주의)?

해답 식 (7.5.6)에서 대물렌즈의 배율은 $m_{ob} = 160/32 = 5$, 대안렌즈의 배율은 $m_m = 250/25 = 10$ 이 되어 현미경의 전체 배율은

$$M = m_{ob}\, m_m = 5 \times 10 = 50(\text{배})$$

가 된다.

예제 3

대안렌즈의 초점거리가 10.0 mm, 그리고 대물렌즈의 초점거리가 25.0 mm인 현미경이 있다. 물체로부터 대물렌즈까지의 거리는 10.5 mm, 그리고 대안렌즈에 의해 형성된 선명한 상은 대안렌즈에서 250 mm인 떨어진 곳에 위치한다고 할 때에, 다음 물음에 답하라. 단, 렌즈는 얇은 렌즈라고 가정하고, 문제를 풀기 위하여 얇은 렌즈에 대한 공식 $\frac{1}{s_o} + \frac{1}{s_i} = \frac{1}{f}$을 사용할 수 있다. 여기서 s_o는 렌즈로부터 물체까지의 거리, s_i은 렌즈에서 상까지의 거리 그리고 f는 렌즈의 초점거리이다.

ⓐ 현미경을 이용하여 물체의 선명한 상을 얻었다고 할 때에, 대물렌즈와 대안렌즈 사이의 거리는 얼마인가?

ⓑ 현미경의 배율은 얼마인가?

ⓒ 대물렌즈와 대안렌즈에 의해 형성된 상들은 각각 실상 또는 허상인지를 설명하라.

해답 ⓐ 물체로부터 대물렌즈까지의 거리를 s_o, 렌즈로부터 상까지의 거리를 s_i, 그리고 렌즈의 초점거리를 f라고 하고 얇은 렌즈에 대한 관계식을 대물렌즈에 적용하면,

$$\frac{1}{10.5\,mm} + \frac{1}{s_i} = \frac{1}{10.0\,mm} \Rightarrow s_i = 210\ mm$$

와 같은 결과를 얻는다. 다시 렌즈에 대한 공식을 사용하면,

$$\frac{1}{s_e} + \frac{1}{-250\ mm} = \frac{1}{25.0\ mm} \Rightarrow s_e = 22.7\ mm$$

을 얻는다. 따라서 대물렌즈에 의해 형성된 상으로부터 대안렌즈까지의 거리(s_e)는 22.7 m이 되므로, 두 렌즈 사이의 거리는 다음과 같다.

$$s_i + s_e = 210\ mm + 22.7\ mm = 233\ mm = 23.3\ cm$$

ⓑ 대물렌즈의 배율: $M_o = \frac{s_i}{s_o} = \frac{210\ mm}{10.5\ mm} = 20.0$

대안렌즈의 배율: $M_e = \frac{s_i}{s_e} = \frac{-250\ mm}{10.5\ mm} = -11.0$

전체배율(M): $M = M_o \times M_e = 20.0 \times (-11.0) = -220$

따라서 현미경의 전체 배율은 220배이다.

ⓒ 대물렌즈 형성된 상은 실상이며, 대안렌즈에 의해 형성된 상은 허상이다.

7.6 바늘구멍 사진기

렌즈가 없는 바늘구멍 사진기는 가장 단순한 장치로서, 아직까지도 많은 사람들이 흥미롭게 생각하고 있으며, 실제로 상을 형성하는 결상력도 뛰어나다. 실제로 아주 멀리 떨어진 곳에 있거나, 넓은 각도를 가지는 물체에 대하여 왜곡되지 않는 상을 맺을 수 있다. 바늘구멍의 크기가 작을수록 선명한 상을 얻을 수 있으나, 너무 작게 되면 회절과 같은 현상에 의하여 선명도가 떨어진다.

바늘구멍 사진기에서 바늘구멍의 크기가 증가하면 필름에 도달하는 빛의 양은 증가하지만 선명도는 떨어지게 되는데 그 이유는 물체 위의 작은 점으로부터 나온 빛이 바늘구멍 사진기의 큰 구멍을 통하여 필름에 도달하는 경우에 넓은 면적에 걸쳐 퍼지기 때문

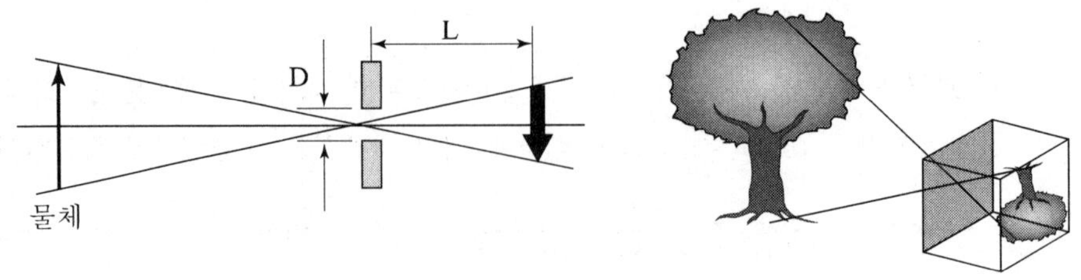

그림 7.20 바늘구멍 사진기

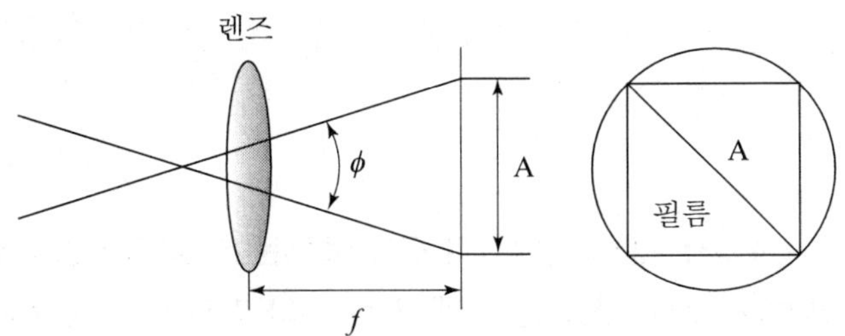

그림 7.21 무한대에 초점이 형성되었을 때의 시야각

에 선명한 상이 맺어지지 않는다. 일반적으로 필름으로부터 0.25 m 떨어진 물체에 대해 0.5 mm의 지름 구멍이 가장 좋은 선명도를 얻는 것으로 알려져 있다. 단점은 노출 시간이 길다는 것이며, 장점으로는 정지된 물체에 대해서는 매우 좋은 사진을 찍을 수 있다는 것이다. 바늘구멍 사진기 (pinhole camera)의 특징은 $f/\# \fallingdotseq f/500$로 매우 느리지만 ① 넓은 시야각(wide angular field) ② 원거리 촬영범위(a large range of distances)의 특징을 가지고 있다.

일반 카메라의 경우에 $1/s_o + 1/s_i = 1/f$에서 초점거리 f가 일정하므로 찍고자 하는 물체까지의 거리가 멀어지면 상까지의 거리가 작아지도록 렌즈를 이동시킴으로서 멀고 가까운 물체의 상을 필름에 정확히 형성시킬 수 있다.

시야각(angular field of view $=\phi$)은 필름을 둘러싼 원과 렌즈가 이루는 각을 말하며, 상용 사진기에서는 필름의 대각선 길이(A)가 카메라 렌즈의 초점길이(f)와 같게 한다. 즉,

$$\mathrm{A} \fallingdotseq f$$

따라서 $\dfrac{\phi}{2} = \tan^{-1}\dfrac{1}{2} \rightarrow \phi = 53^o$.

i) 표준 단일렌즈(single lens reflex: SLR) : $f = 50\text{ mm} - 58\text{ mm} \Rightarrow \phi = 40° - 50°$

ii) 필름의 크기를 일정하게 유지하고 f를 줄이면, 넓은 시야각을 얻을 수 있으므로 광각(wide-angle) SLR렌즈는 $f \approx 40 - 6\text{ mm}$범위에 있으며, $\phi = 50° - 220°$ 범위에 있다. 즉,

$$f = 40\text{ mm} \Rightarrow \phi = 50°$$

$f = 6\text{ mm} \Rightarrow \phi = 220°$이 되어 왜곡수차가 대두되므로 특수 목적용 렌즈로 사용된다.

iii) 망원렌즈(=telephoto)에서는 $f = 1000\text{ mm}$이고, 시계각은 몇 도 이내로 작다.

일반 사진기의 대물렌즈는 노출시간을 줄이기 위해 작은 $f/\#$와 큰 ϕ를 갖도록 만든다. 즉, 상이 평평하고 왜곡이 안 되는 상태에서 되도록 넓은 시야각을 가지도록 한다.

연습문제

01 어떤 사람이 100 cm에서 300 cm 떨어진 곳의 물체는 선명하게 망막에 상을 맺는다. 이 사람의 눈을 망막에서 2 cm 떨어진 곳에 있는 하나의 렌즈로 생각하고 다음의 물음에 답하시오.

ⓐ 원점(300 cm)에서의 초점거리(f_{far})는 얼마인가?

ⓑ 근점(100 cm)에서의 초점거리(f_{near})는 얼마인가?

ⓒ 25 cm 떨어진 곳의 물체를 선명히 보기 위해서는 얼마의 굴절능을 가지는 안경을 써야만 되는가?

참고문헌

1. Grant R. Fowles., Introduction to Modern Optics. 2nd ed. New York: Holt, Rinehart and Winston, 1975.
2. Eugene Hecht, Optics. 2nd ed. Addison-Wesley Publishing Company, Inc, 1990.
3. 기하광학, 조신호, 신라대학교 출판부, 2003년.
4. http://electron9.phys.utk.edu/optics421/modules/m3/Stops.htm.
5. http://www-inst.eecs.berkeley.edu/~ee119/sp10/Lecture%206.pdf.
6. http://hyperphysics.phy-astr.gsu.edu/hbase/geoopt/stop.html.

CHAPTER 08

편광

빛은 전파와 자파로 이뤄진 전자기파로서 전파의 진동면을 전자기파의 진동면으로 정의하고 있다. 빛의 진행방향에 대해 수직인 특정 진동면 위에서 진동하며 진행하는 전자기파는 편광되었다고 하는데 편광은 두 가지의 의미를 가진다. 하나는 빛의 성질이 선형, 원형, 타원 또는 부분 편광이냐에 관계하며, 또 하나는 편광된 빛이 만들어지는 과정이 산란, 반사, 선택흡수 또는 이중굴절이냐에 관계된다. 진동형태(즉, 전파의 진동형태)에 따라서 비 편광(unpolarized), 선형 편광(linear polarization), 원 편광(circular polarization), 타원 편광(elliptical polarization)으로 구분한다.

8.1 편광되지 않은 빛

태양이나 대부분의 광원으로부터 나오는 빛은 편광이 되지 않은 상태에 있는데, 이는 서로 다른 방향으로 서로 다른 크기로 편광된 빛들이 혼합된 결과이다.

8.2 평면 편광

전기장의 진동면이 $xy-$평면 내에 있고, $z-$축 방향으로 진행하는 빛의 전기장을 벡터로 나타내면,

$$\overrightarrow{E}(z,t)=\overrightarrow{E_x}(z,\ t)+\ \overrightarrow{E_y}(z,\ t) \tag{8.2.1}$$

$$=\ E_{0x}\cos(kz-\omega t)\hat{x}+E_{0y}\cos[kz-(\omega t-\phi)]\hat{y}$$

와 같이 표현된다. 여기서 ϕ는 x성분과 y성분의 상대적 위상차로서 $\phi>0$이면, E_y는 E_x 보다 ϕ만큼 위상이 늦어짐을 의미하고, $\phi<0$이면, E_y가 E_x보다 ϕ만큼 위상이 빠름을 의미한다. 이들의 상대적인 위상차에 따라서 선형 편광, 타원 편광 또는 원 편광된 빛이 얻어진다.

(1) $\phi=0,\ \pm 2\pi$; 선형 편광
(2) $\phi=\pi$; 선형 편광
(3) $\phi=\pi/4$; 타원 편광
(4) $\phi=\pi/2$; 왼손 원 편광, $\phi=-\pi/2$; 오른손 원 편광 (단, $E_{0x}=E_{0y}$)

8.2.1 선형 편광(P-state)

전기장 벡터가 하나의 특정 방향으로 진동하는 경우로서, E_x와 E_y 성분의 상대적인 위상차가 $\phi=0,\pm 2\pi$ 또는 $\phi=\pm n\,\pi\,(n=$ 홀수$)$ 인 경우에 대하여 선형 편광된 빛이 얻어진다. 이들을 수식으로 나타내면

$$\overrightarrow{E}(z,t)=(\hat{x}\,E_{0x}+\hat{y}\,E_{0y})\cos(kz-\omega t),\qquad \varphi=0,\ \pm 2\pi \tag{8.2.2}$$

$$\overrightarrow{E}(z,t)=(\hat{x}\,E_{0x}-\hat{y}\,E_{0y})\cos(kz-\omega t),\qquad \varphi=\pm n\pi\ \ (n=\text{홀수})$$

와 같이 표현된다. $\phi=0,\pm 2\pi$ 인 경우에 $x-$ 방향과 $y-$ 방향의 전기장은 서로 같은 위상에 있다고 하며, 이들은 선형 편광된 빛이 된다[그림 8.1(a)]. 또한 $\phi=\pm n\,\pi$ $(n=$ 홀수$)$ 인 경우에 $x-$방향과 $y-$방향의 전기장은 서로 180°의 위상차가 난다고 한다. 이 둘의 차이는 합성 전기장의 방향이 $yz-$면에 대하여 대칭이 된다는 것을 제외하

고는 같은 성질을 가진다[그림 8.1(a)와 그림 8.1(c)를 비교하여 보면 쉽게 알 수 있다].

빛의 편광은 결정과 같은 모체물질 내에 첨가된 희토류 금속이온과 같은 물질에 특정 방향으로 선형 편광된 빛을 쪼여줌으로서 쪼여준 빛의 편광에 따른 첨가된 이온들의 특성을 연구하는 경우 또는 연속광원을 펄스형태로 만드는 광학셔터에 이용되는데 이에 대해서는

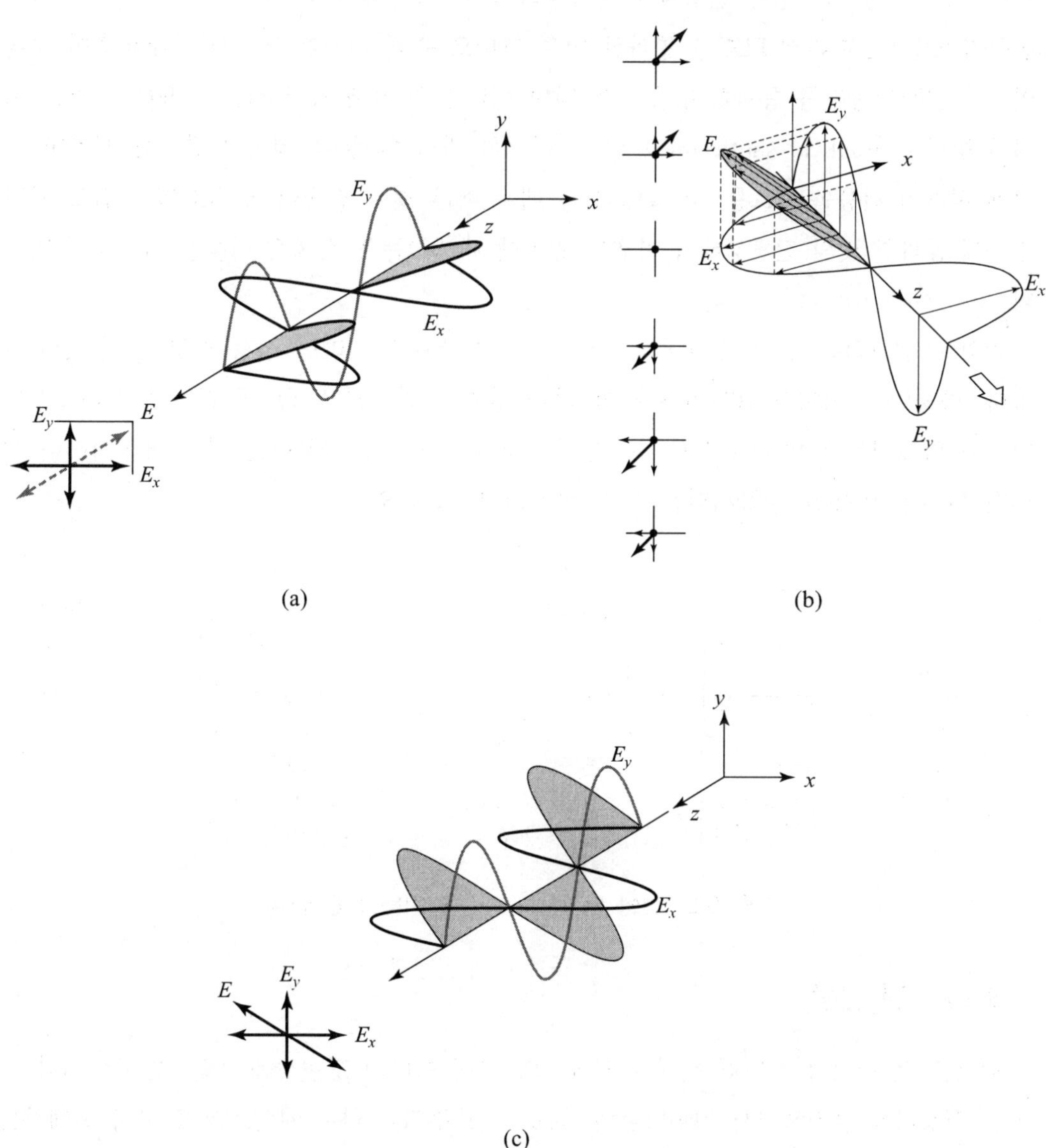

그림 8.1 z - 축 방향으로 진행하는 선형 편광된 빛

그림 8.2를 참조하기 바란다. 우선 편광되지 않은 빛은 투과축이 수직인 선형 편광자 I을 통과하면 수직 편광된 빛으로 바뀐다. 두 선형 편광자 사이에 있는 강유전 액정(ferroelectric liquid crystal: FLC: 두께는 사용 중인 빛 파장의 1/2)에 (+)의 DC전압을 가하면 FLC의 광축이 45° 회전하여 FLC를 통과한 빛은 수평 편광된 빛으로 바뀌면서 투과축이 수평인 두 번째 편광자를 통과하게 된다. 한편 FLC에 (−)의 DC 전압을 가해주면 FLC의 광축은 선형 편광자 I의 방향과 같이 정렬하게 되면서 투과된 빛의 편광은 변하지 않는다. 따라서 FLC를 통과한 빛은 그대로 수직 편광된 빛이므로 투과축이 수평인 두 번째 편광자를 통과하지 못하게 되며 이러한 빛의 편광 특성을 이용하여 만든 셔터를 광학셔터(optical shutter)라고 한다. 이러한 광학셔터는 기계적인 방법을 사용한 셔터에 비하여 반응속도(보통 50 μs 이내)가 매우 빠른 것이 장점이다. FLC에 전압을 가할 경우에 통과한 빛의 편광상태가 바뀌는 원리에 대해서는 13장 6절 이후를 참조하기 바란다.

만약에 입사하는 빛이 레이저와 같이 선형 편광된 빛이라면 선형 편광자 I은 필요가 없다. 하지만 레이저가 100 % 편광이 되어 있지는 않으므로 좀 더 완벽한 셔터로서의 기능을 위해서는 투과축이 서로 수직인 두 개의 편광자를 사용하는 것이 바람직하며 이러한 원리를 이용한 광학셔터는 이미 상용화가 되어 있다.

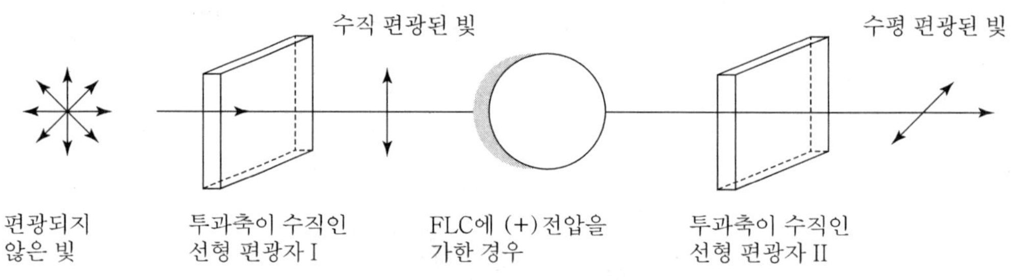

그림 8.2 선형 편광자와 FLC를 이용한 광학셔터

8.2.2 원 편광

원 편광은 전기장 벡터가 선형 편광에서와 같이 하나의 평면상에 있는 것이 아니라 크기는 일정하게 유지하면서 진행방향의 축(z − 축) 주위를 나사 모양으로 돌면서 진행하는 파를 말한다. 광원 쪽을 향하여 보았을 때에 전기장 벡터의 끝 부분이 시계방향으로 회전

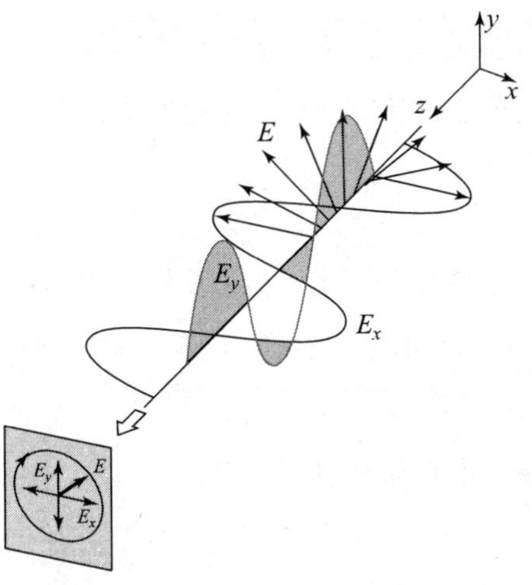

그림 8.3 $z-$축 방향으로 진행하면서 오른손 원 편광된 빛

하는 경우를 오른손 원 편광(그림 8.3 참조), 그 반대의 경우를 왼손 원 편광이라 한다.

2파의 진폭은 서로 동일 ($E_{0x}=E_{0y}=E_0$)하나, 상대적 위상차가 $\phi=\pm\pi/2+2m\pi$ $(m=0,\pm 1,\pm 2,\cdots)$인 경우를 생각하여보자.

1) $\phi=-\pi/2+2m\pi$ $(m=0,\pm 1,\pm 2,\cdots)$ 인 경우:

$$\overrightarrow{E_x}(z,t)=\hat{x}\,E_0\cos(kz-\omega t)$$

$$\overrightarrow{E_y}(z,t)=\hat{y}\,E_0\cos(kz-\omega t-\pi/2)=\hat{y}\,E_0\sin(kz-\omega t)$$

$$\overrightarrow{E}(z,t)=E_0[\hat{x}\cos(kz-\omega t)+\hat{y}\sin(kz-\omega t)] \tag{8.2.3}$$

오른손 원 편광(right circular polarization 또는 R－state)이라고 한다.

2) $\phi=\frac{\pi}{2}+2m\pi(m=0,\pm 1,\cdots)$ 인 경우:

$$\overrightarrow{E_x}(z,t)=\hat{x}\,E_0\cos(kz-\omega t)$$

$$\overrightarrow{E_y}(z,t)=\hat{y}\,E_0\cos(kz-\omega t+\pi/2)=-\hat{y}\,E_0\sin(kz-\omega t)$$

$$\overrightarrow{E}(z,t)=E_0[\hat{x}\cos(kz-\omega t)-\hat{y}\sin(kz-\omega t)] \tag{8.2.4}$$

왼손 원 편광(left circular polarization 또는 L－state)이라고 한다.

예제 1

왼손 원 편광과 오른손 원 편광된 빛이 만나면 선형 편광의 빛으로 된다. 즉, 이를 수식으로 증명하여라.

해답 $\overrightarrow{E}=\overrightarrow{E_R}+\overrightarrow{E_L}$ ($\overrightarrow{E_R}$: 오른손 원 편광, $\overrightarrow{E_L}$: 왼손 원 편광)

$$=\hat{x}E_0\cos(kz-\omega t)+\hat{y}E_0\sin(kz-\omega t)+\hat{x}E_0\cos(kz-\omega t)-\hat{y}E_0\sin(kz-\omega t)$$

$$=\hat{x}\ 2E_0\cos(kx-\omega t) \tag{8.2.5}$$

와 같이 선형 편광된 빛이 됨을 알 수 있다.

8.2.3 타원 편광

타원 편광은 원 편광과 선형 편광의 중간으로서, 전기장 벡터가 회전하면서 크기도 함께 변하는 경우를 말한다. 그림 8.4는 임의의 시각에 $z-$축 방향으로 진행하는 빛의 전기장 성분을 나타낸 것으로 이를 수식적으로 표현하면

$$\overrightarrow{E}(z,t)=\hat{x}\ E_x+\hat{y}\ E_y \tag{8.2.6}$$

$$=\hat{x}\ E_{0x}\cos(kz-\omega t)+\hat{y}\ E_{0y}\cos(kz-\omega t+\phi)$$

와 같다. E_y를 E_{0y}로 나누고, 괄호 안을 정리하면

$$\frac{E_y}{E_{0y}}=\cos(kz-\omega t)\cos\phi-\sin(kz-\omega t)\sin\phi \tag{8.2.7}$$

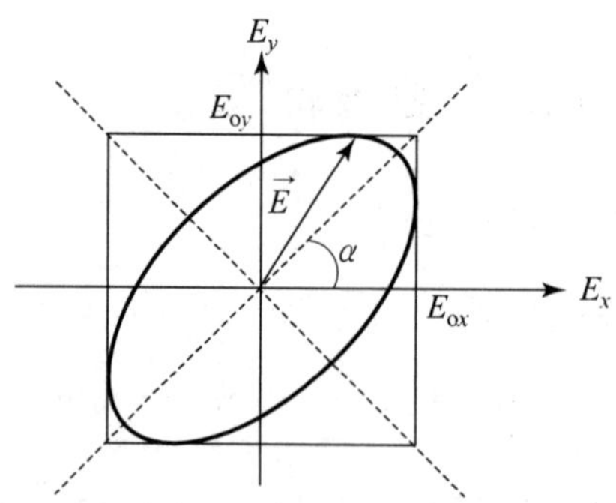

그림 8.4 $z-$축 방향으로 진행하면서 $x-$축과 α의 각도로 타원 편광된 빛

와 같이 된다. 식 (8.2.6)으로부터 $\cos(kz-\omega t)=\dfrac{E_x}{E_{0x}}$이 되며, $\sin(kz-\omega t)=\left[1-\left(\dfrac{E_x}{E_{0x}}\right)^2\right]^{\frac{1}{2}}$을 식 (8.2.7)에 대입하고 양변을 제곱한 후에 정리하면

$$\left(\frac{E_y}{E_{0y}}-\frac{E_x}{E_{0x}}cos\,\phi\right)^2=\left[1-\left(\frac{E_x}{E_{0x}}\right)^2\right]\sin^2\phi \tag{8.2.8}$$

와 같이 된다. 이 식을 다시 정리하면

$$\left(\frac{E_y}{E_{0y}}\right)^2+\left(\frac{E_x}{E_{0x}}\right)^2-2\left(\frac{E_x}{E_{0x}}\right)\left(\frac{E_y}{E_{0y}}\right)\cos\phi=\sin^2\phi \tag{8.2.9}$$

와 같이 된다. 수학적인 계산에 의하여 $x-$축과 장축이 이루는 각 α는

$$\tan 2\alpha=\frac{2E_{0x}E_{0y}}{E_{0x}^2-E_{0y}^2}cos\phi \tag{8.2.10}$$

와 같이 주어지며, 여러분 스스로 식 (8.2.10)을 유도하여보기 바란다(부록 참조).

8.2.4 부분 편광

편광되지 않은 빛이 투과축이 x축인 이상적인 편광판을 통과하면 x축 방향과 나란한 방향의 성분만 남고 나머지 성분은 제거된다. xy평면 위에 놓인 편광판을 z축을 중심으로 회전했을 때, 투과한 빛의 최솟값이 '영'이 되는 위치가 존재하면 선형 편광된 빛으로 생각할 수 있지만, 최솟값이 일정한 크기를 가지면 이 빛은 부분편광 또는 타원 편광된 것으로 판단할 수 있다. 선형 편광된 빛의 경우에 편광판의 회전각이 θ 이면, 투과된 빛에 대한 x방향의 전기장 성분은

$$E_x=E\cos\theta \tag{8.2.11a}$$

이 된다. 투과된 빛의 세기는 전기장의 제곱에 비례하므로

$$I_x=E^2\cos^2\theta=I_o\cos^2\theta\ :\ \text{말루스(Malus)의 법칙} \tag{8.2.11b}$$

와 같이 표현되며, I_0는 입사된 빛의 세기이다. 또한 편광판을 회전시켰을 때, 투과한 빛

의 세기가 변하지 않으면 입사하는 빛은 편광되지 않은 빛 또는 원 편광으로 볼 수 있는데, 편광되지 않은 빛의 경우에 x방향 성분의 빛의 세기는 편광판을 2π 회전했을 때의 x방향 성분의 평균값과 같다. 또한 $< \cos^2\theta > = 1/2$이므로 편광판을 통과한 빛의 세기중 x방향의 세기는

$$\langle I_x \rangle = \frac{I_o}{2} \tag{8.2.12}$$

와 같이 표현되는데 기호 < >는 평균을 의미한다. 부분 편광된 빛은 편광된 빛과 편광되지 않은 빛이 합쳐있는 경우로서 편광의 정도를 나타내는 편광도(P)는 편광된 빛의 세기를 편광되지 않은 빛의 세기로 나눈 것으로 수식으로 표현하면

$$P \equiv \frac{I_{pol}}{I_{pol} + I_{unpol}} = \frac{I_{\max} - I_{\min}}{I_{\max} + I_{\min}} \tag{8.2.13}$$

와 같이 표현된다. 여기서 $I_{\max}$과 $I_{\min}$은 선형 편광판을 통과한 빛의 최댓값과 최솟값이며, I_{pol} 과 I_{unpol} 은 편광 성분과 편광되지 않은 성분의 세기이다. 편광도가 식 (8.2.13)과 같이 표현될 수 있음을 유도하여보면 아래와 같다.

$$I_{\min} = \frac{1}{2} I_{unpol}$$

$$I_{\max} = \frac{1}{2} I_{unpol} + I_{pol} \rightarrow I_{pol} = I_{\max} - I_{\min}$$

$$P \equiv \frac{I_{pol}}{I_{pol} + I_{unpol}} = \frac{I_{\max} - I_{\min}}{I_{\max} - I_{\min} + 2I_{\min}}$$

따라서 빛에 대한 편광도는

$$P = \frac{I_{\max} - I_{\min}}{I_{\max} + I_{\min}} \tag{8.2.14}$$

와 같이 표현된다.

8.3 편광을 만드는 방법

편광을 만드는 방법은 여러 가지가 있으며 각각의 방법에 대해 알아보고자 한다.

8.3.1 산란에 의한 방법

편광되지 않은 빛이 먼지와 같이 공중에 떠 있는 미세 입자들이 많이 모여 있는 지역을 통과하는 경우를 생각해보자(그림 8.5 참조). 이때에 빛의 전파 방향과 수직으로 먼 거리에 있는 관찰자는 선형 편광된 빛을 관측하게 된다. 즉, 산란된 빛은 빛의 진행 방향과 관측 방향에 의해 만들어지는 면에 대해, 수직 방향으로 진동하게 된다.

관찰자에 대해 수평 방향으로 편광이 되려면, 빛의 진행 방향으로 진동면이 형성돼야 하는 데 이러한 빛은 없기 때문에 관찰자는 수평으로 편광된 빛을 관측할 수 없다. 즉, 관찰자는 수직으로 편광된 빛만을 관측하게 된다. 그림 8.5와 같이 빛의 진행 방향으로 나타낸 편광은 실제로 존재하지는 않는다. 왜냐하면, 전기장의 진동 방향은 항상 빛의 진행 방향과 수직이기 때문이다. 물론 빛의 진행방향과 수직이 아닌 관측점에서는 수직 편광된 빛과 수평 편광된 빛이 섞여 있게 되며 관측 위치에 따라서 수평 편광된 빛과 수직 편광된 빛의 상대적 세기가 결정된다.

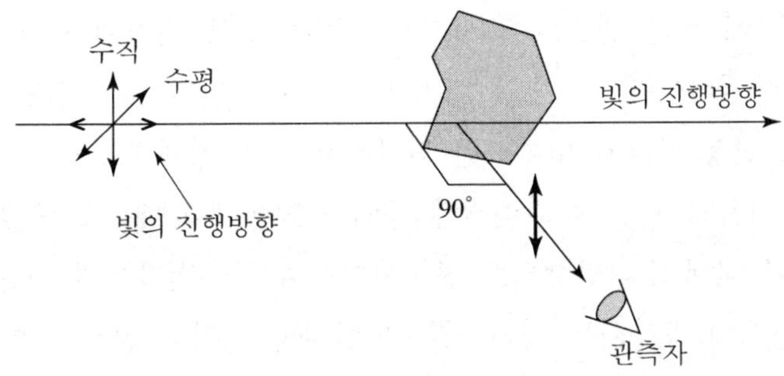

그림 8.5 산란에 의한 빛의 편광

8.3.2 반사에 의한 방법

그림 8.6에서와 같이 편광되지 않은 빛이 서로 다른 두 매질의 경계면에 부딪치면 일부는 반사되고 일부는 투과되는데 반사된 빛은 편광이 된다. 반사된 빛이 투과된 빛과

90°이고 편광이 입사면에 평행한 경우에 산란된 쌍극자 방사유형에 기인한 산란은 존재하지 않는다. 즉, 전기장의 진동방향은 진행하는 빛의 방향과 항상 수직이므로 $\theta_r + \theta_t = 90°$을 만족하는 조건에서는 입사면에 나란하게 진동하는 전기장을 가진 빛은 반사되지 않는다. 따라서 그림 8.6에서와 같이 반사파는 진동하는 전기장이 입사면에 수직한 성분을 가지는 빛만이 반사되므로 완전 편광된 빛이 얻어진다. 이러한 현상을 좀 더 자세히 설명하면 아래와 같다.

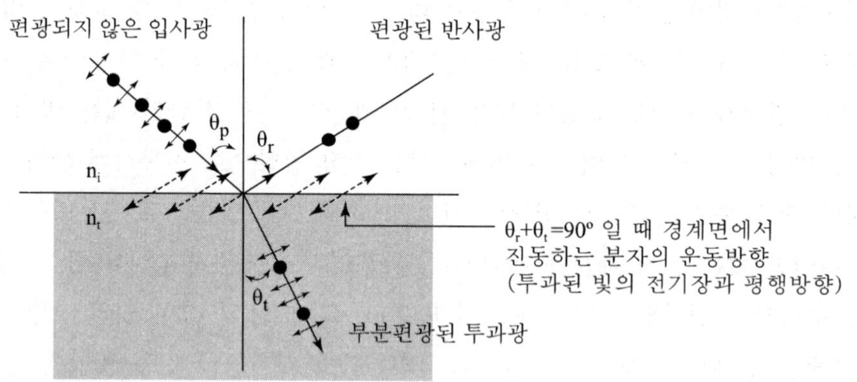

그림 8.6 $\theta_r + \theta_t = 90°$인 조건에서 양쪽 화살표 점선방향으로 진동하는 분자들에 의해 생기는 반사파는 없다.

그림 8.7에서 경계면에 α_1의 입사각으로 입사하는 빛은 입사면에 수직한 전기장을 가지는 성분(그림 8.7에 둥근 원으로 표시) 또는 빛의 진행 방향과 수직이면서 입사면에 평행한 성분(양방향 화살표로 표시)을 가지게 된다. ⓐ 입사하는 빛의 전기장이 입사면에 대해 수직으로 선형 편광된 빛이라면 입사하는 빛은 경계면에서 β의 각도로 굴절되어 투과매질에 들어가게 된다. 투과매질에 들어간 빛은 투과매질을 구성하고 있는 구속전자들을 입사면에 대해 수직방향으로 진동시키므로 구속전자들의 진동에 의하여 빛이 다시 방사된다. 이때에 방사되는 빛의 일부는 반사파가 되고 일부는 투과파가 된다. 물론 구속전자들의 진동에 의하여 재 방출된 빛은 구속전자들의 진동 방향에 대하여 수직방향으로 방사되므로 반사파의 전기장은 반사파의 진행 방향과 수직, 즉, 입사면에 수직방향으로 진동하므로 입사파와 같이 입사면에 수직 편광된 빛이 된다. 물론 투과파의 편광도 입사파의 편광과 같다. ⓑ 입사하는 빛의 전기장이 진행방향과 수직이면서 입사면에 평행으로 진동하는 경우에 경계면 근처에 있는 투과매질 내의 구속전자들은 굴절파

의 영향 하에서 진동을 하게 된다. 이 경우에 반사파의 방향이 구속전자의 진동 방향과 θ의 방향을 이루므로 반사파의 에너지 밀도가 비교적 작다. 하지만 $\theta = 0$인 경우, 즉, $\alpha_2 + \beta = 90°$인 경우에 구속전자의 진동방향과 반사파의 진행방향이 일치하게 되므로 이는 빛이 횡파라는 조건에 위배되어 반사파는 완전히 존재하지 않게 된다. 따라서 입사면에 수직으로 진동하는 전기장과 입사면에 평행으로 진동하는 전기장으로 구성된 편광되지 않은 빛이 입사할 경우에 $\alpha_2 + \beta = 90°$인 조건을 만족하면서 반사된 빛은 입사면에 대해 수직으로 완전 편광된 빛이 된다. 그러므로 $\alpha_2 + \beta = 90°$조건을 만족하는 입사각을 편광 각 또는 브루스터 각이라고 한다. 완전 편광을 얻기 위한 조건은 아래와 같이 구해진다. 즉, 그림 8.7에서 스넬의 반사법칙에 의하여 $\alpha_1 = \alpha_2$이며,

$$\alpha_2 + \beta = 90° \quad \Rightarrow \quad \beta = 90° - \alpha_2 \tag{8.3.1}$$

$$\sin\beta = \sin(90° - \alpha_2) = \cos\alpha_2 \tag{8.3.2}$$

이다.

한편, 스넬의 굴절법칙으로부터

$$n_i \sin\alpha_1 = n_t \sin\beta = n_t \cos\alpha_2 \tag{8.3.3}$$

와 같은 관계식을 얻는다. 이를 정리하면,

$$\frac{\sin\alpha_2}{\cos\alpha_2} = \frac{n_t}{n_i} \Rightarrow \tan\alpha_2 = \frac{n_t}{n_i} \tag{8.3.4}$$

$$\Rightarrow \alpha_2 = \alpha_1 = \tan^{-1}\frac{n_t}{n_i}$$

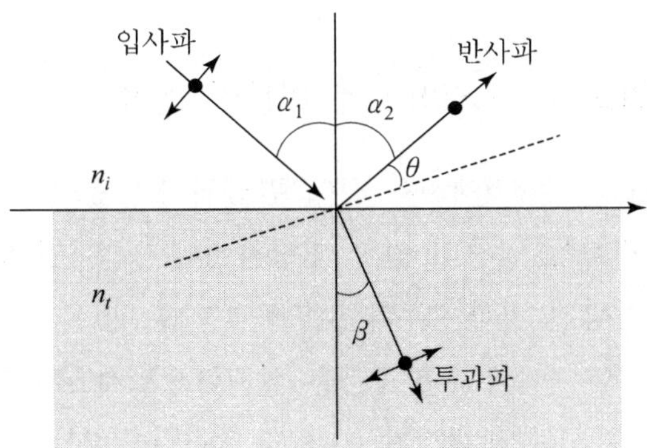

그림 8.7 반사에 의한 빛의 편광

을 얻으며, α_1은 반사시에 완전 편광을 얻기 위한 브루스터 각이다. 투과파는 반사에 의한 편광성분만큼 약해지게 되므로, 이를 여러 번 반복하게 되면, 투과에 의한 편광을 얻을 수 있다. 투과파의 편광은 반사파에 의한 편광과 직각을 이룬다.

이와 같이 반사에 의한 편광은 젖어 있는 포장 도로상에서 반사되는 아지랑이 비슷한 빛을 볼 수 있는데 이것이 반사에 의해 선형 편광된 빛이다. 젖어 있는 포장도로상에서 반사된 빛이 선형 편광되어 있다는 것은 편광자를 회전시키면서 반사된 빛을 보았을 때에 반사된 빛의 세기가 편광자의 회전방향에 따라서 변한다는 사실을 통하여 알 수 있다. 또한 매우 뜨거운 여름에 해변에 가면 눈에 피로를 쉽게 느끼는데 그 이유는 바닷물에 의해 반사된 많은 양의 빛이 눈에 들어오기 때문이다. 바닷물의 표면으로부터 반사된 빛은 일종의 편광된 빛이므로 편광선글라스를 사용하면 물 표면으로부터 반사된 빛이 눈에 들어오는 것을 방지할 수 있어 눈의 피로를 줄일 수 있다.

참고로 그림 8.8은 편광선글라스를 사용하지 않은 경우(a)와 사용한 경우(b)에 관찰한 차량의 전면 유리에 대한 사진이다. 편광선글라스를 사용하여 편광된 반사파를 제거하는 경우에 차량의 내부까지 선명하게 보임을 확인할 수 있다.

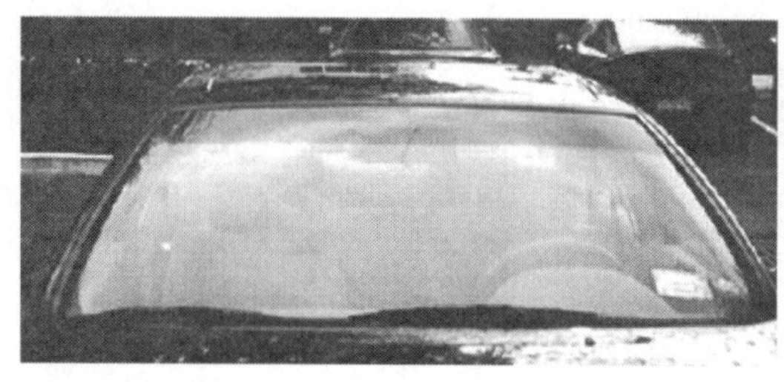

(a) 편광선글라스 없이 관찰

(b) 편광선글라스를 통해서 관찰

그림 8.8 편광선글라스를 통한 자동차 내부 관찰

8.3.3 빛살 가르개(beam splitter)를 이용한 편광

빛살 가르개 편광자는 그림 8.9에서와 같이 편광되지 않은 빛을 서로 수직인 두 개의 선형 편광된 빛으로 분리하는 일종의 선형 편광자이다. 빛살 가르개를 통과한 파는 p−편광된 빛이 되며, p−편광된 빛과 90°의 각도로 나오는 빛은 s−편광된 빛이 된다. 또한 편광된 빛이 나오는 쪽에 이색성 편광자를 설치함으로서 표면에서 반사된 빛에 의한 원치 않는 편광 성분을 현저히 배제시킬 수 있다. 이러한 빛살 가르개 편광자는 레이저와 같이 선폭이 좁은 빛 또는 가시영역에서 근적외선 영역까지의 넓은 파장영역에서 사

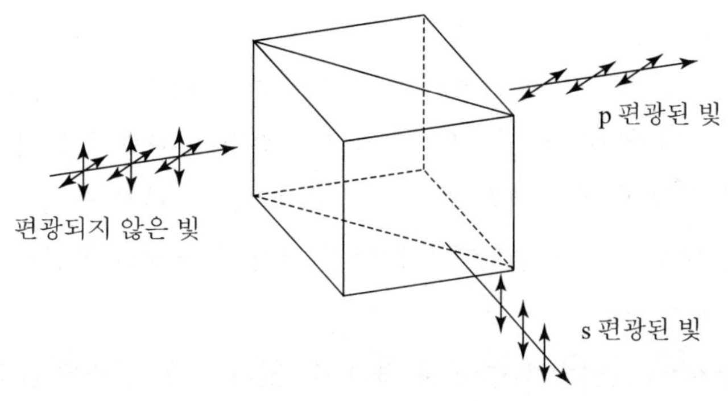

그림 8.9 빛살 가르개 편광자

용이 가능하다. 레이저와 같이 좁은 대역의 영역에서 사용하는 빛살 가르개 편광자는 표면에서의 반사에 의한 손실을 줄이기 위하여 V－형 무반사 코팅을 하기도 한다. 또한 넓은 대역의 빛살 가르개 편광자는 파장 가변용 광원이나 넓은 대역의 광원용으로 보다 유용하게 사용된다. 빛살 가르개 편광자는 8.3.4에서 논의될 선택 흡수에 의한 편광자에 비하여 훨씬 높은 세기를 가지는 빛에 대해서도 사용이 가능하다. 프리즘의 재질이 BK－7 유리인 경우에 연속 광원을 사용하면 500 Watt/cm^2, 가시영역의 펄스형 광원에 대해서는 300 mJ/cm^2 그리고 1,064 nm의 광원을 사용할 경우에는 광원의 세기가 200 mJ/cm^{2}까지 사용이 가능하다.

그림 8.9에서 두 개의 프리즘을 결합시키는 방법에는 두 가지 방법이 있다. 즉, 두 프리즘 사이에 매우 좁은 일정한 간격(공기층)을 두고 기계적인 방법을 사용하여 결합하는 방법과 프리즘의 재질과 비슷한 굴절률을 가지는 접합제(대표적인 것으로는 카나다 발삼이 있다.)를 사용하여 결합시키는 경우이다. 두 가지 방법 중에서 전자의 방법에 의해 만들어진 편광자는 접합부분에서 접합제와 프리즘의 굴절률 차이로 인한 빛의 흡수가 없기 때문에 후자의 방법에 의해서 만들어진 편광자에 비해 더 큰 세기를 가지는 빛에서 사용이 가능하다.

8.3.4 선택 흡수에 의한 편광

선택 흡수에 의한 편광을 이해하기 위해서는 우선 이색성(dichroism)에 대한 개념 및 이색성 결정에 대한 이해가 필요하다. 이색성이라 함은 수직 편광과 수평 편광 성분들 중 하나를 선택적으로 흡수하고 나머지에 대해서는 투과시키는 성질을 말한다. 또한 이러한 성질을 가지는 결정을 이색성 결정이라 하며, 대표적인 것으로는 전기석

(tourmaline)이 있다.

이색성 결정이 특정 방향으로 편광된 빛은 흡수하고 나머지에 대해서는 통과시키는 성질은 결정 자체의 비등방성에 기인한다. 이러한 결정을 편광되지 않은 빛이 통과하는 경로에 두면, 특정 성분의 편광만을 흡수하고 나머지는 투과시키므로, 이색결정을 통과한 빛은 편광을 가지게 된다. 물론, 이때에 특정 방향의 편광을 완전히 없애기 위해서는 일정한 두께를 필요로 한다.

가격이 저렴하면서도 실험실에서 쉽게 접할 수 있는 선형 편광자는 1938년에 랜드(E. H. Land)에 의해 발명된 폴라로이드 판이다. 폴라로이드 판은 폴리비닐 알코올 판에 열을 가하고 특정 방향으로 늘어뜨리면 탄화수소의 분자들이 늘어뜨리는 방향으로 배열을 하게 된다. 이처럼 탄화수소의 분자들을 특정방향으로 배열시킨 다음에 옥소가 들어있는 용액에 넣으면 옥소가 플라스틱에 침투하여 직선 모양의 기다란 폴리머 분자들에 달라붙어 옥소분자들이 일렬로 늘어서게 되어 전도전자들을 만든다. 따라서 옥소분자에 기인한 전도전자들은 기다란 직선 모양의 체인을 따라서 이동할 수 있다. 입사하는 빛의 전기장 성분 중에 일렬로 배열된 폴리머의 분자들과 평행한 전기장 성분은 전도전자들을 구동하여 전도전자들에 일을 해 주게 되므로 강하게 흡수되며, 일렬로 배열된 폴리머의 분자들과 직각인 전기장은 전도전자들을 구동할 수가 없으므로 흡수되지 않는다. 따라서 일렬로 늘어선 폴리머 분자들의 방향과 직각을 이루는 축이 폴라로이드의 투과축이 된다. 폴라로이드를 이용한 상용화된 선형 편광자는 얇은 막 형태의 폴라로이드 필름을 무반사 코팅된 두 장의 유리 사이에 샌드위치 모양으로 끼워서 제작된다. 이와 같이 특정방향의 전기장 성분을 흡수함으로서 편광되지 않은 빛을 편광된 빛으로 바꾸는 편광자는 1 $\mathrm{Watt/cm^2}$ 이하의 빛의 세기에서 사용해야 안정하다. 왜냐하면 흡수에 의하여 특정 방향의 전기장 성분을 제거하므로 단위 면적당 높은 출력을 가지는 빛을 사용할 경우에 흡수되는 빛 에너지에 의하여 선형 편광자가 타 버릴 가능성이 있기 때문이다.

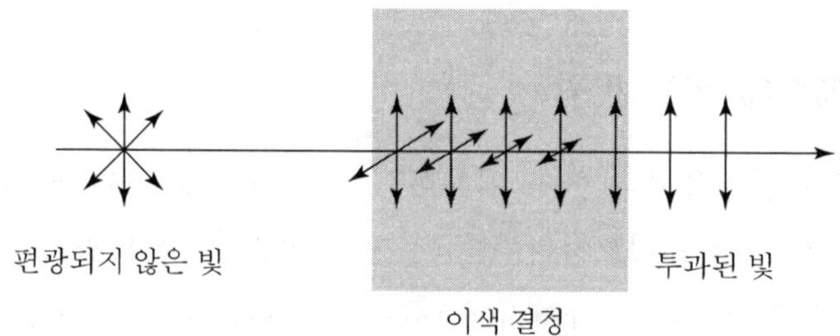

그림 8.10 이색 결정에 의한 편광

이색성 결정이나 폴리머를 이용한 이색성 흡수에 의한 효율은 두께의 함수로서

$$I = I_0 e^{-\alpha x}$$

와 같이 표현된다. 여기서 I_0는 입사하는 빛의 세기, α는 흡수계수이며, I는 흡수체에서의 침투깊이 x를 통과한 지점에서의 빛의 세기이다. 좋은 흡수체는 α가 상대적으로 파장에 의존하지 않지만, 폴라로이드는 파란색 언저리영역의 파장에서 효율적이지 않다. 따라서 투과축이 서로 직각이 되도록 두 장의 폴라로이드 편광자를 구성하였을 경우에 이들을 투과한 빛은 약간의 파란색을 띠게 된다.

8.3.5 복굴절(double refraction)에 의한 편광

그림 8.11은 비등방성 결정을 모델화한 것으로 결정을 구성하고 있는 원자 또는 분자들의 결합을 탄성상수 k_1, k_2 및 k_3를 가지는 용수철로 결합되어 것으로 방향에 따라 결합력이 서로 다름을 의미한다. 이는 투명한 비등방성 물질에 입사하는 빛의 방향에 따라 서로 다른 굴절률을 가진다는 것을 의미한다.

하얀 종이 위에 연필로 하나의 점을 표시하고 방해석($CaCO_3$)과 같은 결정을 통하여 보면, 두 개의 점으로 보이는데 이러한 현상을 복굴절이라 하며, 이러한 성질을 가진 결정을 복굴절 결정이라 한다. 이때에 방해석 결정을 회전시키면, 하나의 점은 한 위치에 고정되어 있으나 다른 하나는 고정된 점을 중심으로 원을 그리면서 같이 회전한다. 이때에 한 위치에 고정되어 있는 경우를 정상광선, 같이 움직이는 경우를 이상광선이라 한

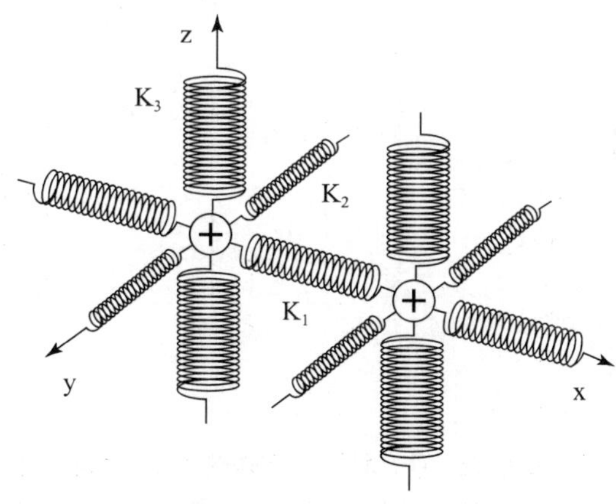

그림 8.11 비등방성 결정의 모형

다. 방해석, 석영, 운모, 얼음과 같은 물질이 이러한 복굴절 성질을 보이는데, 이는 물질이 비등방성이기 때문이다. 복굴절 물질의 대표적인 방해석을 가지고 복굴절에 의한 편광에 대하여 생각해보자.

단축결정은 1개의 광축을 가지는데 광축과 평행한 방향으로 편광된 이상광선에 대한 굴절률(n_e)과 광축에 수직한 방향으로 편광된 정상광선에 대한 굴절률(n_o)은 서로 다른데 이는 물질의 비등방성에 기인하며, 대표적인 물질이 방해석 결정이다.

그림 8.12(a)는 단축결정에 입사하는 빛을 나타낸 경우이다. 단축결정의 광축과 수직 방향으로 결정에 입사하는 경우에 입사하는 빛의 전기장이 광축에 나란한 경우(이상광선)와 광축에 수직한(정상광선) 경우를 생각할 수 있다. 입사하는 빛의 전기장 방향이 광축과 수직이나 나란하냐에 따라 빛의 굴절률이 달라지므로 편광되지 않은 빛이 광축에 수직방향으로 입사하게 되면 2개의 서로 다른 경로를 따라 진행하게 된다. 물론 광축과 나란한 방향으로 단축결정에 입사하는 빛은 전기장이 광축에 항상 수직하므로 하나의 굴절률만을 가지게 되어 편광되지 않은 빛이 입사하더라도 이들 빛이 편광된 빛으로 분리되지 못한다.

방해석은 특정 방향으로 매끄러우면서도 쉽게 쪼개지는데, 이렇게 쉽게 쪼개지는 면을 쪼개짐 면(cleavage planes)이라 한다. 이러한 면이 생기는 이유는 원자들 사이의 결합에 관계된다. 즉, 결정성장시에 원자들은 동일 형태를 이루고 있는 층들이 연속적으로 쌓이면서 하나의 결정을 만드는 데 이때에 특정방향으로의 결합력이 약하다면, 쪼개짐 면들이 만들어지게 된다. 따라서 쪼개짐 면은 원자들의 배열에 관계하며, 결정의 단면들

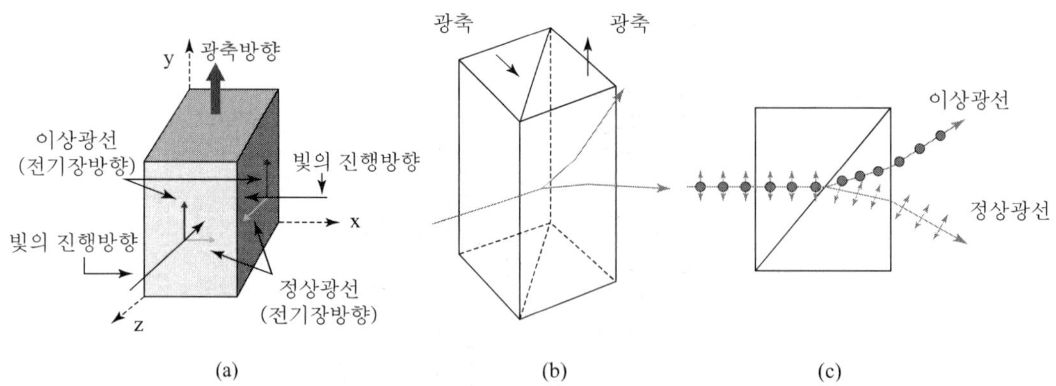

그림 8.12 (a) 단축결정에 입사하는 빛 (b) 처음 프리즘에 대한 정상광선 편광이 2번째 프리즘에서는 이상광선 편광이 되도록 결합된 2개의 프리즘 (c) $n_e < n_o$인 경우에 이상광선은 경계면으로부터 멀어지는 방향으로 진행한다(정상광선은 반대방향으로 진행).

이 쪼개짐 면이 되도록 만들어진 시료의 모양은 궁극적으로 원자들의 기본배열에 관계한다. 이렇게 만들어진 시편의 모양을 쪼개짐모양(cleavage form)이라 하며, 그림 8.13에 복굴절 물질들 중의 하나인 방해석을 나타내었다.

그림 8.14는 방해석의 쪼개짐모양을 나타낸 것으로, 그림 8.14(a)에서 옅게 표시한 면을 주요면이라 한다. 주요면은 서로 마주 대하는 쪼개짐 면에 대하여 직각이다. 다시 말해서, 쪼개짐 면 a−b와 수직인 동시에, 쪼개짐 면 c−d에 대하여 수직이다.

면 a에 대해 편광되지 않은 빛이 수직 입사하면 방해석의 복굴절 성질에 의하여, 정상광선과 이상광선으로 분리된다. 이와 같이 분리되는 이유는 방해석이 서로 다른 두 개의 굴절률을 가지는 복굴절의 성질이 있기 때문이다. 즉 서로 다른 두 개의 굴절률이 존재하므로, 물질 내에서 빛의 진행속도는 다음의 관계식에 의하여 서로 다르게 된다. 진공에서의 광속을 c라고 할 경우에 정상광선에 대해서는

$$v_{\perp} = \frac{c}{n_o} \ (v_{\perp}: \text{광축에 수직한 방향으로의 광속}, \ n_o: \text{정상광선의 굴절률}) \tag{8.3.5}$$

의 속도를 가지며, 광축에 직각인 편광을 가지고 나온다. 이상광선(스넬의 법칙을 따르지 않음)에 대해서는

$$v_{//} = \frac{c}{n_e} \ (v_{//}: \text{광축에 수평 방향으로의 광속}, \ n_e: \text{이상광선의 굴절률}) \tag{8.3.6}$$

의 속도를 가지고, 광축에 평행한 선형 편광을 가지고 나온다. 즉, 정상광선의 편광과 이상광선의 선형 편광은 서로 수직하며, 바늘구멍이나 편광자와 같은 것을 사용하여 물리적으로 선택할 수 있기 때문에 결정의 복굴절은 편광되지 않은 빛을 편광된 빛으로 만드는 데사용할 수 있다. 정상광선에 대한 굴절률과 이상광선에 대한 굴절률의 차 $\Delta n = n_e - n_o$가 비교적 큰 방해석 결정은 215 nm에서 2300 nm 까지의 매우 넓은 파장영역에 대하여 투과특성을 보이고 있다. 결정의 이러한 복굴절을 이용한 편광자로는, 니콜(Nicol) 프리

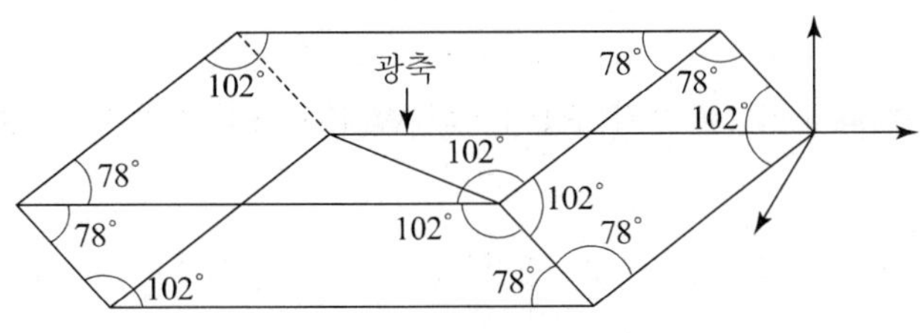

그림 8.13 방해석의 구조

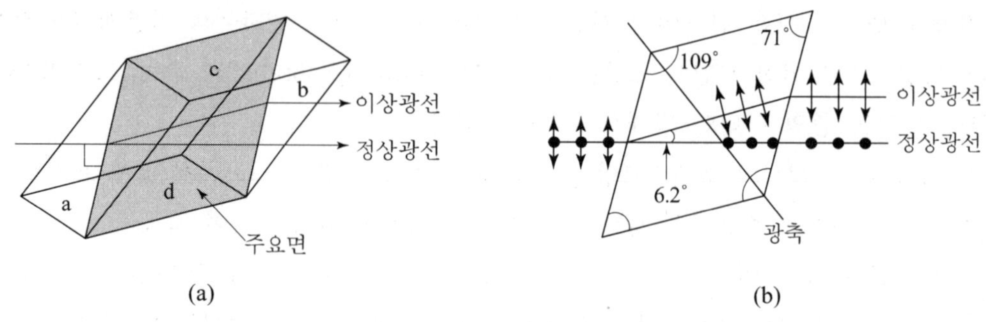

그림 8.14 방해석의 주요면에 수직 입사하는 빛의 편광 현상

표 8.1 여러 결정들에 대한 굴절률 (파장: 589.3 nm)

등방성 결정 (입방정계)		n		
	염화나트륨	1.544		
	다이아몬드	2.417		
	형석	1.392		
양의 단축결정 ($n_o < n_e$)		n_o	n_e	
	얼음	1.309	1.310	
	수정(SiO_2)	1.544	1.553	
	지르콘($ZrSiO_2$)	1.923	1.968	
	금홍석(TiO_2)	2.616	2.903	
음의 단축결정 ($n_o > n_e$)		n_o	n_e	
	베릴($Be_3Al_2(SiO_3)_6$)	1.598	1.590	
	질산 나트륨	1.587	1.336	
	방해석($CaCO_3$)	1.658	1.486	
	전기석	1.669	1.638	
복축 결정 (직방정계, 단사정계, 삼사정계)		n_1	n_2	n_3
	석고($CaSO_4(2H_2O)$)	1.520	1.523	1.530
	장석	1.522	1.526	1.530
	마이카($KH_2Al_3(SO_4)_3$)	1.552	1.582	1.588
	황옥	1.619	1.620	1.627

즘, 글렌-푸코(Glan-Foucault) 편광자, 월러스톤(Wollaston) 프리즘, 로촌(Rochon) 프리즘 등이 있다.

광축이 하나인 단축결정은 두 개의 굴절률($n_o = c/v_\perp$ 와 $n_e = c/v_{//}$)을 가지며, 하나의 입사광선을 두 개의 방향으로 굴절시킨다. 이때에 두 굴절률의 차($\Delta n = n_e - n_o$)가

$\Delta n > 0$을 만족하면 양의 단축이라 하며 석영(SiO_2), 얼음 등이 여기에 속한다. 반면에 $\Delta n < 0$인 경우를 음의 단축이라 하며 방해석을 예로 들 수 있다. 좀 더 자세한 것은 여러 결정들에 대한 굴절률을 나타낸 표 8.1을 참조하기 바란다.

8.4 편광의 행렬 표현

행렬은 편광된 빛에 대한 성질들의 기술을 쉽게 하여줄 뿐만 아니라, 여러 종류의 편광자(또는 위상 지연판)와 편광된 빛과의 상호작용을 기술하는 데 사용된다. 이를 위한 행렬은 밀러(Miller) 행렬과 존스(Jones) 행렬의 두 가지가 있다. 밀러행렬은 편광되지 않은 빛의 특성을 논의할 때에도 사용할 수 있는 4×4행렬인 반면에, 존스행렬은 단색의 편광된 빛을 기술하는데 사용되는 2×2행렬로서 간단한 것이 장점이다. 8.4절에서는 존스행렬에 대해서만 다루고자 하며, 밀러행렬에 대해서는 기타 문헌을 참조하기 바란다.

그림 8.15는 $xy-$면에 대해 수직이며 $z-$축 방향으로 진행하는 빛에 대한 순간적인 전기장 벡터($\vec{E}$)를 나타낸 것이다. $x-$축과 $y-$축에 대한 전기장의 성분을 각각 E_x, E_y로 표시하고, 축 $x-$축과 $y-$축 방향의 단위 벡터 $\hat{x}$, $\hat{y}$를 사용하면,

$$\vec{E}(z, t) = \hat{x} E_x(z, t) + \hat{y} E_y(z, t) \tag{8.4.1}$$

와 같이 표현된다. 여기서 $E_x(z,t)$와 $E_y(z,t)$는 빛에 대한 전기장의 복소수 진폭으로서 시간과 공간 좌표를 사용하면,

$$E_x(z,t) = E_{0x} e^{i(kz - \omega t + \phi_x)}, \quad E_y(z,t) = E_{0y} e^{i(kz - \omega t + \phi_y)} \tag{8.4.2}$$

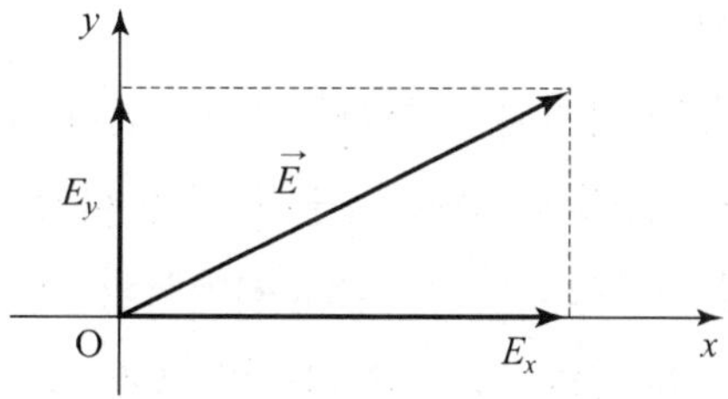

그림 8.15 $z-$축 방향으로 진행하는 빛에 대한 임의 순간에서의 전기장 벡터 ($\vec{E}$)

와 같이 표현할 수 있다. 식 (8.4.2)은 진폭 E_{0x}, E_{0y}와 초기위상 ϕ_x, ϕ_y를 가지고 $z-$방향으로 진행하는 빛에 대한 전기장의 x, $y-$성분을 나타낸다. 식 (8.4.2)을 식 (8.4.1)에 대입하여 다시 쓰면,

$$\vec{E} = \hat{x}E_x(z,t) + \hat{y}E_y(z,t) = \hat{x}E_{0x}e^{i(kz-\omega t+\phi_x)} + \hat{y}E_{0y}e^{i(kz-\omega t+\phi_y)} \tag{8.4.3}$$

$$= [\hat{x}E_{0x}e^{i\phi_x} + \hat{y}E_{0y}e^{i\phi_y}]e^{i(kz-\omega t)}$$

$$= \vec{E_0}e^{i(kz-\omega t)}$$

와 같이 쓸 수 있다. x와 y성분으로 분리된 괄호 안은 편광된 빛의 복소수 진폭을 나타낸다. 빛의 편광상태는 수평 성분($x-$축 성분)과 수직 성분($y-$축 성분)의 상대적인 진폭과 위상 관계로 결정되므로 복소수로 된 진폭을 2행 1열의 행렬로 표현할 수 있는데, 이를 존스벡터(Jones vector)라 한다. 식 (8.4.3)에서의 $\vec{E_0}$를 존스벡터로 나타내면,

$$\vec{E_o} = \begin{bmatrix} E_{0x}e^{i\phi_x} \\ E_{0y}e^{i\phi_y} \end{bmatrix} \tag{8.4.4}$$

이 된다. 이 식은 빛의 초기위상과 진폭에 의해 결정되는 복소수 A와 B를 이용하여 일반적으로 $\begin{bmatrix} A \\ B \end{bmatrix}$와 같이 나타낼 수 있으며, 2행 1열의 존스벡터는

$$\begin{bmatrix} A \\ B \end{bmatrix} = A\begin{bmatrix} 1 \\ 0 \end{bmatrix} + B\begin{bmatrix} 0 \\ 1 \end{bmatrix} \tag{8.4.5}$$

와 같이 표현할 수 있다. 식 (8.4.5)을 좀 더 잘 이해하기 위하여 몇 가지 예를 들어보자. 즉, (a) $x-$축 방향으로 선형 편광된 빛, (b) $y-$축 방향으로 선형 편광된 빛, (c) $xy-$평면에서 임의의 방향으로 선형 편광된 경우를 생각하여 보자. 이들의 각각에 대해서는 그림 8.16에 나타내었다.

그림 8.16(a)는 $z-$축을 따라서 진행하는 빛의 전기장($\vec{E}$)이 $x-$축 상에서만 시간에 따라 싸인 함수로 변화는 경우로 수평 편광된 빛을 나타낸 것이다. 이 경우에 있어서 전기장은 $x-$축 성분만 가지므로, 식 (8.4.4)에서의 $E_{0y}=0$이며 편의상 초기위상을 $\phi_x=0$, $\phi_y=0$로 놓을 수 있다. 따라서 이러한 것을 고려하여, 식 (8.4.4)를 다시 쓰면,

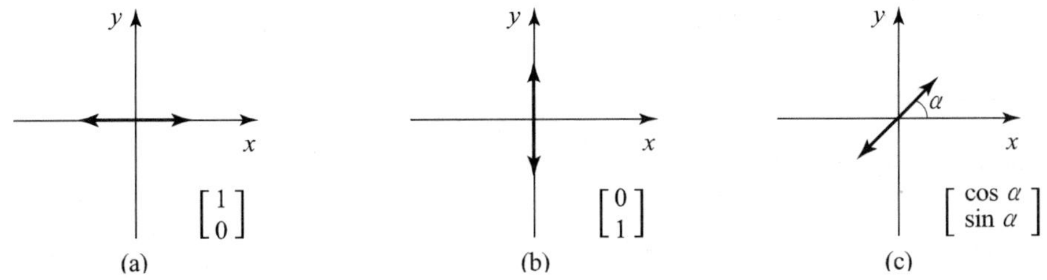

그림 8.16 $z-$ 축 방향으로 진행 중이며, 선형 편광된 전기장 $(\vec{E})$의 벡터 표현

$$\overrightarrow{E_0} = \begin{bmatrix} E_{0x}e^{i\phi_x} \\ E_{0y}e^{i\phi_y} \end{bmatrix} = E_{0x}\begin{bmatrix} 1 \\ 0 \end{bmatrix} = \begin{bmatrix} A \\ 0 \end{bmatrix} = A\begin{bmatrix} 1 \\ 0 \end{bmatrix} \tag{8.4.6}$$

와 같이 되며, 편의상 $E_{0x} = A$로 나타내었다. 일반적인 행렬 $\begin{bmatrix} a \\ b \end{bmatrix}$를 규격화하면, $|a|^2 + |b|^2 = 1$이 되므로, 식 (8.4.6)을 규격화하면, $A = 1$이다. 이러한 관계로부터, 수평 편광은 $\begin{bmatrix} 1 \\ 0 \end{bmatrix}$으로 나타낼 수 있으며, 그림 8.16(b)의 수직 편광은 $\begin{bmatrix} 0 \\ 1 \end{bmatrix}$로 나타낼 수 있다. 또한 그림 8.16(c)와 같이 $x-$축과 α의 각을 이루는 편광도 존스벡터를 이용하여 빛의 편광을 나타낼 수 있는데 식 (8.4.4)에서의 초기위상을 편의상 $\phi_x = \phi_y = 0$ 으로 놓으면,

$$\overrightarrow{E_0} = \begin{bmatrix} E_{0x}e^{i\phi_x} \\ E_{0y}e^{i\phi_y} \end{bmatrix} = \begin{bmatrix} A\cos\alpha \\ A\sin\alpha \end{bmatrix} = A\begin{bmatrix} \cos\alpha \\ \sin\alpha \end{bmatrix} \tag{8.4.7}$$

이다. 여기서 행렬의 규격화 조건을 부여하고 $\cos^2\alpha + \sin^2\alpha = 1$의 관계를 이용하면, 편의상 $A = 1$로 놓을 수 있다. 한 예로서 $\alpha = 60°$이고 $\phi_x = \phi_y = 0$인 경우에 존스벡터는

$$\overrightarrow{E_0} = \begin{bmatrix} \frac{1}{2} \\ \frac{\sqrt{3}}{2} \end{bmatrix} = \frac{1}{2}\begin{bmatrix} 1 \\ \sqrt{3} \end{bmatrix} \tag{8.4.8}$$

이 된다. 임의의 각 α는 임의의 벡터 $\begin{bmatrix} a \\ b \end{bmatrix}$에서의 선형 편광의 기울기를 나타내므로,

$$\alpha = \tan^{-1}\left(\frac{E_{oy}}{E_{ox}}\right) = \tan^{-1}\left(\frac{b}{a}\right) \tag{8.4.9}$$

가 되며, a, b는 실수이다. 선형 편광에 대한 존스벡터의 몇 가지 예를 표 8.2에 표시하였다.

표 8.2 선형 편광에 대한 존스벡터

$x-$축 방향으로 선형 편광된 빛	$\overrightarrow{E_0}=\begin{bmatrix}1\\0\end{bmatrix}$
$y-$축 방향으로 선형 편광된 빛	$\overrightarrow{E_0}=\begin{bmatrix}0\\1\end{bmatrix}$
$x-$축과 45° 각도를 이루며 선형 편광된 빛	$\overrightarrow{E_0}=\begin{bmatrix}1/\sqrt{2}\\1/\sqrt{2}\end{bmatrix}=\frac{1}{\sqrt{2}}\begin{bmatrix}1\\1\end{bmatrix}$
$x-$축과 $-45°$ 각도를 이루며 선형 편광된 빛	$\overrightarrow{E_0}=\begin{bmatrix}1/\sqrt{2}\\-1/\sqrt{2}\end{bmatrix}=\frac{1}{\sqrt{2}}\begin{bmatrix}1\\-1\end{bmatrix}$

위에서와 같이 선형 편광의 경우는 $x-$축 방향의 진폭에 대한 위상과 $y-$축 방향의 진폭에 대한 위상이 같아 위상차가 없거나 위상차가 π 또는 $\pm 2\pi$인 경우에, 실수만을 사용하여 빛의 편광을 기술할 수 있다. 하지만 같은 진폭을 가지는 두 파의 위상차가 $\pm\pi/2$인 원 편광이나, 진폭이 서로 틀리고 위상차가 ϕ만큼 차이가 나는 타원 편광의 경우에는 존스벡터에서 실수만을 가지고 편광상태를 기술할 수 없으므로 이들에 대해서 알아보자. 식 (8.4.4)에서 진폭의 크기는 동일하나 E_x가 E_y보다 위상이 $\pi/2$만큼 앞서는 경우에 $E_{0x}=E_{0y}=A$, $\phi_x=0$, $\phi_y=\pi/2$라고 하면,

$$\overrightarrow{E_0}=\begin{bmatrix}E_{0x}e^{i\phi_x}\\E_{0y}e^{i\phi_y}\end{bmatrix}=\begin{bmatrix}A\\Ae^{i\pi/2}\end{bmatrix}=A\begin{bmatrix}1\\i\end{bmatrix} \tag{8.4.10}$$

가 된다. 규격화 조건으로부터, 존스벡터의 크기가 $1^2+|i^2|=2$가 되며 A를 1로 두고 각각의 행렬요소를 $\sqrt{2}$로 나눠주면, 규격화된 존스벡터를 얻게 된다. 즉, 규격화된 존스벡터는

$$\left(\frac{1}{\sqrt{2}}\right)\begin{bmatrix}1\\i\end{bmatrix}\leftarrow \text{왼손 원형 편광} \tag{8.4.11}$$

이 된다. 이는 E_x가 E_y보다 위상이 $\pi/2$만큼 앞서는 경우로서 합성 전기장이 반시계 방향으로 회전하는 원형 편광을 나타내므로 이러한 빛을 왼손 원형 편광된 빛이라 한다. 이와는 반대로 E_y가 E_x보다 위상이 $\pi/2$만큼 앞서는 경우를 오른손 원형 편광된 빛이라 하며, 규격화된 존스벡터는

$$\left(\frac{1}{\sqrt{2}}\right)\begin{bmatrix}1\\-i\end{bmatrix}\leftarrow \text{오른손 원형편광} \tag{8.4.12}$$

와 같이 표현된다. 한편 동일 진폭을 가지는 오른손 편광된 빛과 왼손 편광된 빛을 합하면,

표 8.3 원형 편광에 대한 규격화된 존스벡터

왼손 원형편광 된 빛	⊕	$\overrightarrow{E_0} = \frac{1}{\sqrt{2}}\begin{bmatrix}1\\ i\end{bmatrix}$
오른손 원형편광 된 빛	⊕	$\overrightarrow{E_0} = \frac{1}{\sqrt{2}}\begin{bmatrix}1\\ -i\end{bmatrix}$

$$\begin{bmatrix}1\\ i\end{bmatrix}+\begin{bmatrix}1\\ -i\end{bmatrix}=\begin{bmatrix}2\\ 0\end{bmatrix}=2\begin{bmatrix}1\\ 0\end{bmatrix} \tag{8.4.13}$$

으로 표현되는데 이는 식 (8.2.5)와 같은 결과로서 원래 진폭의 2배가 되는 진폭을 가지는 선형 편광된 빛이 됨을 알 수 있다. 또한 수직 편광된 빛과 수평 편광된 빛을 합하면,

$$\begin{bmatrix}0\\ 1\end{bmatrix}+\begin{bmatrix}1\\ 0\end{bmatrix}=\begin{bmatrix}1\\ 1\end{bmatrix} \tag{8.4.14}$$

이 되어, x축과 45°로 기울어진 선형 편광된 빛이 됨을 알 수 있다.

지금까지 고려한 왼손 원형 편광된 빛과 오른손 원형 편광된 빛에서 직교하는 두 성분 중의 하나는 허수이지만, 두 성분의 크기는 같다. 하지만 직교하는 두 성분의 크기가 서로 다르고 위상차가 90°인 경우를 고려하여 보자. 한 예로서, 진폭이 서로 다르고 E_x가 E_y보다 위상이 $\pi/2$만큼 앞서는 경우, $E_{ox}=A$, $E_{oy}=B$, $\phi_x=0$ 그리고 $\phi_y=\pi/2$에 대한 전기장 벡터는

$$\overrightarrow{E_0}=\begin{bmatrix}E_{0x}e^{i\phi_x}\\ E_{0y}e^{i\phi_y}\end{bmatrix}=\begin{bmatrix}A\\ Be^{i\pi/2}\end{bmatrix}=\begin{bmatrix}A\\ iB\end{bmatrix} \tag{8.4.15}$$

와 같이 되는데, 진폭이 동일한 왼손 원형 편광과는 달리 왼손 타원 편광으로 바뀐다. 또한 진폭이 서로 다르고, E_y가 E_x보다 위상이 $\pi/2$만큼 앞서는 경우에는

$$\overrightarrow{E_0}=\begin{bmatrix}E_{0x}e^{i\phi_x}\\ E_{0y}e^{i\phi_y}\end{bmatrix}=\begin{bmatrix}A\\ Be^{-i\pi/2}\end{bmatrix}=\begin{bmatrix}A\\ -iB\end{bmatrix} \tag{8.4.16}$$

이 되어 오른손 타원 편광된 빛이 된다. 식 (8.4.15) 및 식 (8.4.16)에 대한 규격화 상수는 모두 $\frac{1}{\sqrt{A^2+B^2}}$이 되므로 왼손 타원 편광된 빛에 대한 규격화된 존스벡터는

$$\overrightarrow{E_0}=\frac{1}{\sqrt{A^2+B^2}}\begin{bmatrix}A\\ iB\end{bmatrix} \tag{8.4.17}$$

와 같이 표현된다. 이러한 결과로부터 직교하는 두 성분의 위상차가 $n\pi$이면 선형 편광이 되며, 위상차가 $(n \pm 1/2)\pi$ $(n = 0, 1, 2, \cdots)$이면서 상대 진폭의 크기가 서로 같으면 원 편광이 되고, 상대 진폭의 크기가 서로 다르면 타원 편광이 됨을 알 수 있다.

지금까지는 직교하는 두 전기장 성분 사이에 위상차가 없거나 또는 $(\pm 1/2 + n)\pi$인 경우에 대한 편광을 존스벡터로 표현하였으나, 서로 직교하는 두 성분의 상대적 진폭과 위상차가 임의의 값을 가지는 가장 일반적인 경우에 대한 존스벡터를 구해보자. E_x가 E_y보다 위상이 ϕ만큼 앞서는 경우에 식 (8.4.15)에서 편의상 $\phi_x = 0$, $\phi_y = \phi$, $E_{0x} = A$ 그리고 $E_{0y} = b$놓으면, 식 (8.4.15)는

$$\overrightarrow{E_0} = \begin{bmatrix} E_{0x}e^{i\phi_x} \\ E_{0y}e^{i\phi_y} \end{bmatrix} = \begin{bmatrix} A \\ be^{i\phi} \end{bmatrix} = \begin{bmatrix} A \\ B + iC \end{bmatrix} \tag{8.4.18}$$

와 같이 표현되며 왼손 타원 편광을 의미한다. 식 (8.4.18)에서 $be^{i\phi} = b(\cos\phi + i\sin\phi) = B + iC$로 두었다. 이때에 규격화 상수는 $\frac{1}{\sqrt{A^2 + B^2 + C^2}}$이며, 두 번째 행의 요소가 실수와 허수로 되어 있음을 알 수 있다. 규격화 상수를 고려한 타원 편광에 대한 존스벡터는

$$\overrightarrow{E_0} = \frac{1}{\sqrt{A^2 + B^2 + C^2}} \begin{bmatrix} A \\ B + iC \end{bmatrix} \tag{8.4.19}$$

와 같이 표현되며, 이는 왼손 타원 편광에 대한 규격화된 존스벡터이다. 식 (8.4.19)는

표 8.4 타원 편광에 대한 존스벡터

편광의 종류	$A < B$	$A > B$	규격화된 존스벡터
왼손 타원 편광 $\Delta\phi = \left(n + \frac{1}{2}\right)\pi$		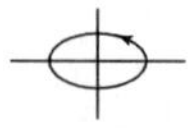	$\overrightarrow{E_0} = \frac{1}{\sqrt{A^2 + B^2}} \begin{bmatrix} A \\ iB \end{bmatrix}$
오른손 타원 편광 $\Delta\phi = \left(n - \frac{1}{2}\right)\pi$		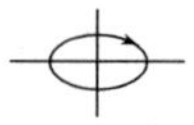	$\overrightarrow{E_0} = \frac{1}{\sqrt{A^2 + B^2}} \begin{bmatrix} A \\ -iB \end{bmatrix}$
왼손 타원 편광 $\Delta\phi \neq n\pi \neq \left(n + \frac{1}{2}\right)\pi$	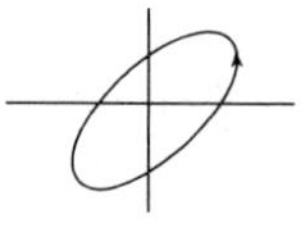		$\overrightarrow{E_0} = \frac{1}{\sqrt{A^2 + B^2 + C^2}} \begin{bmatrix} A \\ B + iC \end{bmatrix}$
오른손 타원 편광	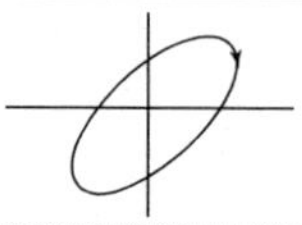		$\overrightarrow{E_0} = \frac{1}{\sqrt{A^2 + B^2 + C^2}} \begin{bmatrix} A \\ B - iC \end{bmatrix}$

편광에 대한 가장 일반적인 표현이며, 원 편광이나 선형 편광은 이러한 표현식의 특별한 경우라고 생각할 수 있다. 표 8.4에 직교하는 두 전기장 성분의 상대적 크기 및 위상차에 따른 타원 편광의 종류를 요약하였다.

8.5 존스벡터를 이용한 광학소자들의 행렬 표현

존스벡터를 이용하면, 빛이 지나는 경로에 놓인 선형광학 소자를 통과한 빛의 편광상태를 쉽게 알 수 있다. 이때 입사하는 빛을 존스벡터 $\begin{bmatrix} A \\ B \end{bmatrix}$ 로 나타내고 선형광학 소자의 성질을 존스행렬을 사용하여 $\begin{bmatrix} a\, b \\ c\, d \end{bmatrix}$ 와 같이 표현하면, 광학소자를 통과한 빛의 존스벡터 $\begin{bmatrix} A' \\ B' \end{bmatrix}$ 는

$$\begin{bmatrix} A' \\ B' \end{bmatrix} = \begin{bmatrix} a\, b \\ c\, d \end{bmatrix} \begin{bmatrix} A \\ B \end{bmatrix} \tag{8.5.1}$$

와 같이 표현된다. 주의할 점은 광학소자에 대한 존스행렬이 입사하는 빛을 기술하는 존스벡터의 왼쪽에 위치한다는 점이다. 한편, 광학소자가 여러 개 있을 때는 맨 오른쪽에 입사하는 빛에 대한 존스벡터가 위치하고 오른쪽으로부터 빛의 진행 순서대로 광학소자에 대한 존스벡터가 위치하게 된다. 즉 n개의 선형 광학소자가 빛의 진행경로에 놓인 경우에 선형 광학소자를 통과한 빛에 대한 존스벡터는

$$\begin{bmatrix} A' \\ B' \end{bmatrix} = \begin{bmatrix} a_n\, b_n \\ a_n\, d_n \end{bmatrix} \cdots \begin{bmatrix} a_2\, b_2 \\ c_2\, d_2 \end{bmatrix} \begin{bmatrix} a_1\, b_1 \\ c_1\, d_1 \end{bmatrix} \begin{bmatrix} A \\ B \end{bmatrix} \tag{8.5.2}$$

와 같이 표현된다. 아래 첨자는 선형 광학소자를 향하여 빛이 들어오는 순서를 의미한다. 따라서 첨자 '1'로 표시한 존스행렬은 빛이 진행하는 경로 위에서 제일 앞에 놓여 있음을 의미한다. 선형 광학소자에 대한 존스행렬의 몇 가지 예를 들어보면, 다음과 같다.

8.5.1 선형 편광자

선형 편광자(linear polarizer)는 특정 방향으로의 전기장 진동을 모두 혹은 대부분을 제거함으로서 편광되지 않은 빛을 편광된 빛으로 만드는데 사용된다. 물론 효율이 100 %

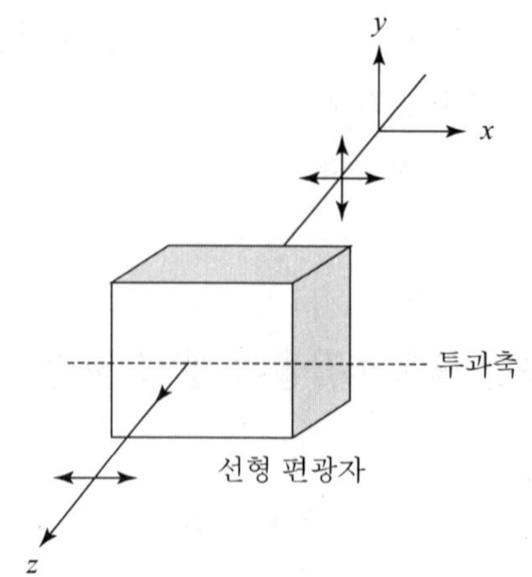

그림 8.17 선형 편광자에 의한 빛의 편광

는 아니므로 선형 편광자를 통과한 빛은 부분 편광된 빛이 된다.

문제를 간단히 하기 위하여, 효율이 100 %인 이상적인 선형 편광자가 빛이 $z-$축 방향으로 진행하는 경로 위에 놓여 있으며, 진행하는 빛에 대한 전기장의 진동면이 $xy-$평면 위에 있다고 가정하자. 이때에 선형 편광자를 통과한 빛의 성질을, 존스행렬과 존스벡터를 사용하여 표현하여보자. 투과축이 x축인 선형 편광자를 통과한 빛은 수평 편광이 되므로, 존스벡터는 $\begin{bmatrix}1\\0\end{bmatrix}$이 된다. 문제를 간단히 하기 위하여 입사하는 빛이 수평으로 편광된 빛이라면, 투과된 빛도 역시 수평으로 편광된 빛이 된다. 선형 편광자를 나타내는 2×2 존스행렬의 행렬 요소를 a, b, c, d라 하고, 이러한 선형 편광자가 수평 편광된 빛이 진행하는 경로 위에 놓여 있다고 하자. 이때에 선형 편광자를 통과한 빛은 수평 편광된 빛이므로, 이를 존스벡터와 존스행렬을 이용하여 나타내면,

$$\begin{bmatrix}1\\0\end{bmatrix} = \begin{bmatrix}a & b\\c & d\end{bmatrix}\begin{bmatrix}1\\0\end{bmatrix} \tag{8.5.3}$$

이 된다. 식 (8.5.3)이 성립하기 위해서는

$$a\times 1 + b\times 0 = 1 \quad \Rightarrow a = 1, \quad c = 0 \tag{8.5.3a}$$

$$c\times 1 + d\times 0 = 0$$

이어야 한다. 또한, b와 d를 결정하기 위해서, 이번에는 수직 편광된 빛이 입사한다고 가정하면, 투과축이 $x-$축인 선형 편광자를 통과하는 빛이 없으므로

$$\begin{bmatrix}0\\0\end{bmatrix} = \begin{bmatrix}a\ b\\c\ d\end{bmatrix}\begin{bmatrix}0\\1\end{bmatrix} \tag{8.5.3b}$$

이 되며, 식 (8.5.3b)가 성립하기 위해서는 위에서와 마찬가지로

$$a\times 0 + b\times 1 = 0 \quad \Rightarrow b = 0, \quad d = 0 \tag{8.5.3c}$$

$$c\times 0 + d\times 1 = 0$$

이어야 한다. 따라서 투과축이 $x-$축인 선형 편광자에 대한 존스행렬은

$$M_x = \begin{bmatrix}1\ 0\\0\ 0\end{bmatrix} \tag{8.5.4}$$

이 된다. 마찬가지로 투과축이 $y-$축인 선형 편광자에 대한 존스행렬은

$$M_y = \begin{bmatrix}0\ 0\\0\ 1\end{bmatrix} \tag{8.5.5}$$

로 되며, 투과축이 $x-$축과 ±45° 방향인 선형 편광자에 대해서는

$$M_{\pm 45°} = \frac{1}{2}\begin{bmatrix}1 & \pm 1\\ \pm 1 & 1\end{bmatrix} \tag{8.5.6}$$

이 된다. 식 (8.5.6)이 어떻게 얻어지는지를 알아보기 위하여, 선형 편광자가 $x-$축(수평축)에 대하여 $+45°$ 기울어져 있다고 하자. 문제를 간단히 하기 위하여 입사하는 빛이 $x-$축에 대하여 선형 편광자와 같이 $+45°$로 편광되었다면, 투과파도 역시 $x-$축에 대하여 $+45°$ 편광된 빛이 된다. 이러한 관계를 존스행렬과 존스벡터로 나타내면,

$$\begin{bmatrix}1\\1\end{bmatrix} = \begin{bmatrix}a\ b\\c\ d\end{bmatrix}\begin{bmatrix}1\\1\end{bmatrix} \tag{8.5.6a}$$

이 되며, 식 (8.5.6a)로부터

$$a\times 1 + b\times 1 = 1 \tag{8.5.6b}$$

$$c\times 1 + d\times 1 = 1$$

을 얻는다. 또한 입사하는 빛이 $x-$축에 대하여 $-45°$ 기울어져 있다고 하면, 선형 편광자를 통과한 빛은 없게 된다. 따라서 이들을 존스행렬과 존스벡터로 표현하면,

$$\begin{bmatrix}0\\0\end{bmatrix} = \begin{bmatrix}a\ b\\c\ d\end{bmatrix}\begin{bmatrix}1\\-1\end{bmatrix} \tag{8.5.6c}$$

이 되며, 식 (8.5.6c)로부터

$$a\times 1+b\times(-1)=0 \tag{8.5.6d}$$

$$c\times 1+d\times(-1)=0$$

한 조건을 얻으며, 식 (8.5.6b)와 식 (8.5.6d)로부터, $a=b=c=d=\frac{1}{2}$의 값을 얻게 된다. 따라서 $x-$축에 대하여 투과축이 45° 기울어진 선형 편광자에 대한 존스행렬은

$$M_{+45°}=\frac{1}{2}\begin{bmatrix}1 & +1\\ +1 & 1\end{bmatrix} \tag{8.5.6e}$$

이 된다. 그렇다면, 수평축에 대하여 임의의 각 θ만큼 기울어진 선형 편광자에 대한 존스행렬은 어떻게 되겠는가? 이를 위해서 선형 편광자에 입사하는 빛이 $x-$축과 평행으로 선형 편광된 빛이라고 하자(그림 8.18 참조).

이때 투과된 빛과 입사하는 빛 사이의 관계는

$$\begin{bmatrix}\cos^2\theta\\ \cos\theta\sin\theta\end{bmatrix}=\begin{bmatrix}a & b\\ c & d\end{bmatrix}\begin{bmatrix}1\\ 0\end{bmatrix} \tag{8.5.6f}$$

이므로,

$$a\times 1+b\times 0=\cos^2\theta \qquad \Rightarrow a=\cos^2\theta,\quad c=\cos\theta\sin\theta \tag{8.5.6g}$$

$$c\times 1+d\times 0=\cos\theta\sin\theta$$

을 얻는다. 한편, 입사하는 빛이 $y-$축으로 편광(수직 편광)된 빛인 경우에 투과된 빛과 입사된 빛 사이의 관계는

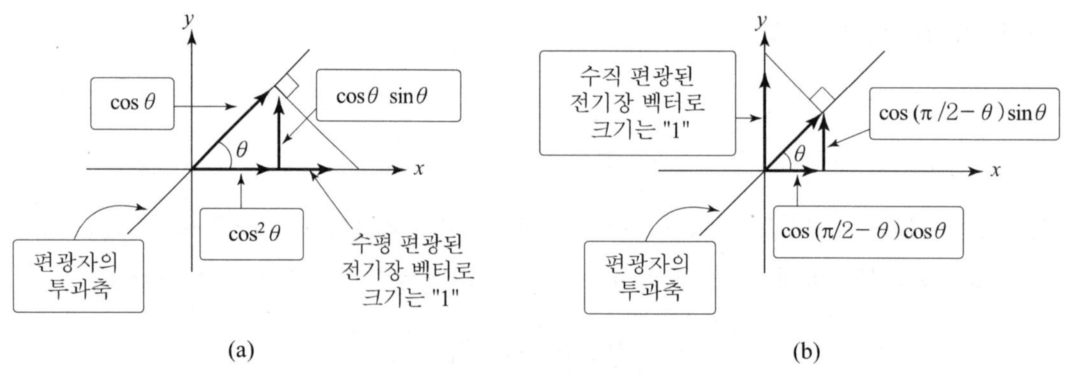

그림 8.18 편광자의 투과축에 의한 전기장 벡터의 성분

$$\begin{bmatrix} \cos(\pi/2-\theta)\cos\theta \\ \cos(\pi/2-\theta)\sin\theta \end{bmatrix} = \begin{bmatrix} [\cos\pi/2\cos\theta+\sin\pi/2\sin\theta]\cos\theta \\ [\cos\pi/2\cos\theta+\sin\pi/2\sin\theta]\sin\theta \end{bmatrix} \tag{8.5.6h}$$

$$= \begin{bmatrix} \sin\theta\cos\theta \\ \sin^2\theta \end{bmatrix} = \begin{bmatrix} a & b \\ c & d \end{bmatrix} \begin{bmatrix} 0 \\ 1 \end{bmatrix}$$

$$a\times 0 + b\times 1 = \sin\theta\cos\theta \quad \Rightarrow b = \sin\theta\cos\theta, \quad d = \sin^2\theta \tag{8.5.6i}$$

$$c\times 0 + d\times 1 = \sin^2\theta$$

이 되며, 식 (8.5.6g) 및 식 (8.5.6i)로부터

$$M_\theta = \begin{bmatrix} \cos^2\theta & \sin\theta\cos\theta \\ \sin\theta\cos\theta & \sin^2\theta \end{bmatrix} \tag{8.5.6j}$$

와 같은 결과가 얻어진다. $\theta = 90°$, $45°$을 식 (8.5.6j)에 대입을 하면, 식 (8.5.5) 및 식 (8.5.6e)와 같은 결과를 얻을 수 있다.

예제 2

전기장의 진동면이 xy-평면 내에 있으며, x-축에 대하여 $+45°$로 편광된 빛이 투과축이 x-축인 이상적인 선형 편광자를 통과하였다고 하자. 이때에 통과한 빛의 편광 및 존스벡터는 어떻게 되겠는가?

해답 x-축이 투과축인 이상적인 선형 편광자에 대한 존스행렬이 식 (8.5.4)로 주어지고, 입사하는 빛에 대한 존스벡터가 $\begin{bmatrix} 1 \\ 1 \end{bmatrix}$이므로, 투과된 빛은

$$\begin{bmatrix} A' \\ B' \end{bmatrix} = \begin{bmatrix} 1 & 0 \\ 0 & 0 \end{bmatrix} \begin{bmatrix} 1 \\ 1 \end{bmatrix} = \begin{bmatrix} 1 \\ 0 \end{bmatrix}$$

으로 되어, x-축 방향으로 편광되어 있음을 알 수 있다.

8.5.2 위상 지연판

위상 지연판은 편광자와 같이 전기장 성분의 일부를 제거하여 편광되지 않은 빛을 편광된 빛으로 바꾸는 것이 아니라, 전기장의 성분들 사이의 상대적 위상차를 변경함으로서 위상의 변화를 일으키는 것으로 편광상태를 조절하거나 편광상태의 분석을 요하는 곳에 사용된다. 이러한 위상 지연판은 입사하는 빛을 서로 수직인 선형 편광된 두 개의 빛으로 분해하여 이들 사이의 위상변화를 일으키는 광학소자이다. 따라서 위상 지연판

을 통과한 빛은 일반적으로 입사하는 빛과는 다른 편광상태를 가진다. 이상적인 위상 지연판은 입사하는 빛을 편광시키거나 또는 입사하는 빛의 세기를 변화시키는 것이 아니라 단지 편광상태만을 변화시킨다. 위상 지연판을 통과한 빛은 $v = c/n$(c: 진공 중에서의 빛의 위상속도, n: 빛의 편광방향과 평행한 매질의 굴절률)에 의해 주어지는 빛의 편광상태에 의존하는 속도를 가지고 진행하게 된다.

위상 지연판은 두 개의 굴절률을 가지는 방해석과 같은 복굴절 물질을 사용하여 만들며, 복굴절 물질 내를 통과하는 광선은 스넬의 법칙을 만족하는 정상광선과 만족하지 않는 이상광선으로 나눠진다(그림 8.19 참조). 정상광선에 대한 굴절률을 n_o, 그리고 이상광선에 대한 굴절률을 n_e라고 할 때에 방해석과 같은 음의 단축결정인 경우에 $n_o > n_e$인 관계를 가진다. 굴절률이 다르다는 것은 물질 내에서의 빛의 위상속력이 서로 다름을 의미하므로, 정상광선의 위상속력과 이상광선의 위상속력은 다르게 된다. 따라서 방해석과 같은 음의 단축결정에서는 입사하는 빛의 전기장이 광축에 수직한 방향이 느린 축(정상광선)이 되며, 광축에 평행한 방향이 빠른 축(이상광선)이 된다. 빠른 축과 평행하게 편광된 빛의 위상속력은 느린 축과 평행하게 편광된 빛의 위상속력보다도 더 빠르다. 따라서 서로 수직방향으로 편광된 전기장에 대한 위상속력의 차이가 생기므로 위상 지연판을 통과한 빛은 통과한 길이에 비례하는 위상차($= \Delta\phi$)를 가지게 된다.

위상 지연판을 빛이 통과한 거리를 d, 이상광선과 정상광선의 굴절률의 차이를 $|n_e - n_o|$라고 하면, 두 광선 사이의 광로차는

$$\Lambda = d(|n_o - n_e|) \tag{8.5.7}$$

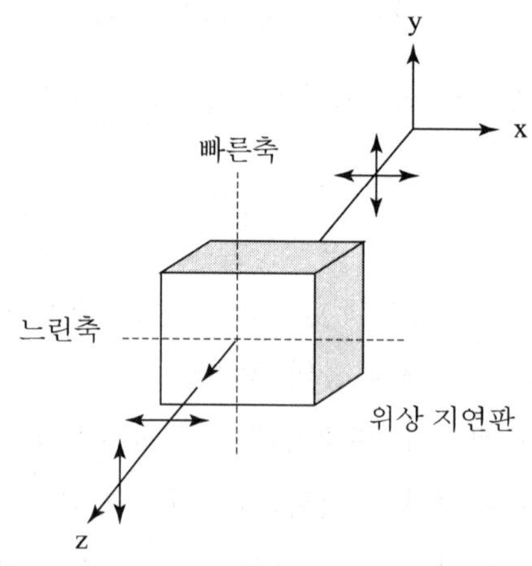

그림 8.19 위상 지연판에 의한 빛의 편광변화

이 되며, 누적된 상대적 위상차는

$$\Delta\phi = k_o \Lambda = \frac{2\pi}{\lambda_o} d\,(|n_o - n_e|) \quad (\lambda_o\text{: 진공 중에서의 파장}) \tag{8.5.8}$$

이 된다. $\Delta\phi$가 $\pi/2$인 경우를 $\frac{1}{4}$-파장판(Quater Wave Plate: QWP)이라 하며, π인 경우를 $\frac{1}{2}$-파장판(Half Wave Plate: HWP), 그리고 2π인 경우를 1-파장판(Full Wave Plate; FWP)이라 한다.

QWP는 선형 편광된 빛을 원형 편광된으로 빛으로 바꾸거나 도표 8.1(이 장의 맨 마지막 페이지에서 기술됨)에서와 같이 입사하는 빛의 편광상태를 판별하거나 선형 편광자와 결합하여 빛 격리 소자(optical isolator: 그림 8.22 참조)로서 사용된다. 그림 8-20에서와 같이 광축에 대하여 θ의 방향으로 선형 편광된 입사광의 전기장 벡터는 광축과 평행한 성분과 수직한 성분으로 분해된다. 이와 같이 분해된 성분들이 λ/2-파장판을 통과하면 수평성분과 수직성분에 대한 상대적인 위상차가 반파장(180°)만큼 발생한다. 따라서 HWP는 광축에 대하여 θ의 방향으로 선형 편광된 입사광의 편광방향을 원래의 편광방향에 대하여 2θ가 되도록 편광의 방향을 바꾸는 기능을 한다. 즉, HWP는 위상 지연판의 빠른 축과 입사하는 빛의 편광 방향 사이의 각이 2배가 되도록 선형 편광된 빛으로 바꾸거나 왼손 원형 편광된 빛을 오른손 원형 편광 또는 역으로 변화시키는데 이용된다. 한편, FWP는 광학계에서 원치 않는 편광의 변화를 제거하는 데에 사용된다. 예를 들면, 금속거울은 원치 않은 위상의 변화를 가져와 입사하는 빛의 편광상태가

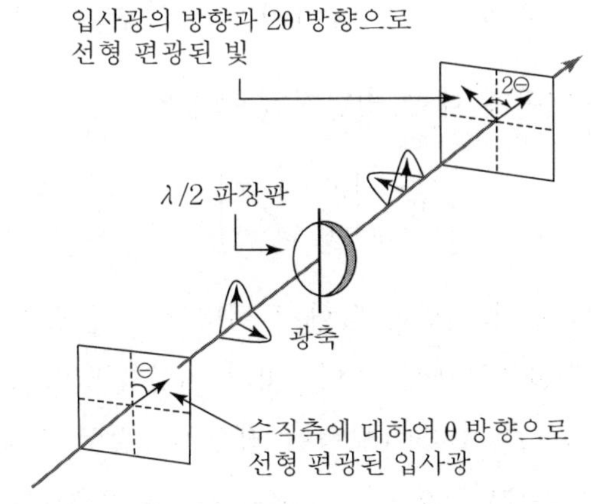

그림 8-20 λ/2-파장판에 의한 편광방향의 변화

변할 수 있다. 한 예로서 입사하는 선형 편광된 빛이 금속 면에서의 반사에 의해 타원 편광된 빛이 될 수 있는데 FWP를 사용하고 빠른 축 또는 느린 축의 방향을 조정하여 이러한 변화를 교정할 수 있다.

이처럼 위상 지연판은 입사하는 빛을 편광시키거나 빛의 세기를 변화시키는 것이 아니라, 빛의 편광모양을 바꾸는 기능을 한다. 이러한 위상 지연판은 편광상태의 조절이나 분석이 필요한 곳에 응용된다(도표 8.1 참조).

식 (8.5.8)로부터 위상 지연판은 사용 중인 파장에 따라서 두께가 달라짐을 알 수 있다. 즉, $\lambda_0 = 1{,}060\ \mathrm{nm}$ 인 경우와 $\lambda_0 = 633\ \mathrm{nm}$ 에 대한 QWP는 동일 재질로 만들었다하더라도 두께가 서로 다르다. 이러한 위상 지연판에 대한 효과에 대하여 알아보자. 전기장의 진동면이 $xy-$평면 내에 있고, $z-$축 방향으로 진행하는 빛에 대한 진폭은

$$\overrightarrow{E_0} = \begin{bmatrix} E_{0x} e^{i\phi_x} \\ E_{0y} e^{i\phi_y} \end{bmatrix} \tag{8.5.9}$$

와 같이 행렬로 표현이 가능하다. 이러한 빛이 위상 지연판을 통과하면, 위상의 변화를 가져오게 되므로 식 (8.5.9)는

$$\overrightarrow{E_0} = \begin{bmatrix} E_{0x} e^{i(\phi_x + \epsilon_x)} \\ E_{0y} e^{i(\phi_y + \epsilon_y)} \end{bmatrix} \tag{8.5.10}$$

와 같이 바뀐다. 식 (8.5.10)을 다시 쓰면,

$$\overrightarrow{E_0} = \begin{bmatrix} E_{0x} e^{i(\phi_x + \epsilon_x)} \\ E_{0y} e^{i(\phi_y + \epsilon_y)} \end{bmatrix} = \begin{bmatrix} e^{i\epsilon_x} & 0 \\ 0 & e^{i\epsilon_y} \end{bmatrix} \begin{bmatrix} E_{0x} e^{i\phi_x} \\ E_{0y} e^{i\phi_y} \end{bmatrix} \tag{8.5.11}$$

와 같이 되므로, 위상 지연판에 대한 일반적인 행렬은

$$M = \begin{bmatrix} e^{i\epsilon_x} & 0 \\ 0 & e^{i\epsilon_y} \end{bmatrix} \tag{8.5.12}$$

와 같이 표현된다. 이러한 위상 지연은 앞에서 설명한 바와 같이 복굴절을 가지는 물체를 빛이 통과할 때에 굴절률의 차이로 인한 빛의 위상속력의 차이에 기인한다. 방해석 ($n_0 = 1.658$ (광축에 수직), $n_e = 1.486$ (광축에 평행))과 같이 정상광선에 대한 굴절률이 이상광선에 대한 굴절률보다 큰 경우($n_o > n_e$)에 광축과 평행으로 진동하는 전기장을 가지는 빛이 보다 빨리 진행한다. 즉, $v_{평행} > v_{수직}$ 이 된다. 이 경우에 광축의 방향은 빠른

축이라 하며, 광축과 수직한 축을 느린 축이라 한다. 한편, 수정 또는 지르콘과 같이 정상광선에 대한 굴절률이 이상 광선에 대한 굴절률보다 작은 경우에 광축에 대응하는 축은 느린 축이 되고, 이에 수직한 축은 빠른 축이 된다.

식 (8.5.12)에서 ϵ_x와 ϵ_y는 위상 지연판에 의해서 발생된 위상으로서 1/4파장판에 대해 이를 적용하여보자. 위상차가 한 파장인 경우에 $\Delta\phi = 2\pi$이므로, 1/4파장판의 경우에 $|\Delta\phi| = |\epsilon_x - \epsilon_y| = \pi/2$이 된다. 따라서 $\epsilon_y - \epsilon_x = \pi/2$인 경우를 수평 빠른 축, $\epsilon_x - \epsilon_y = \pi/2$인 경우를 수직 빠른 축이라 하며, 수평 빠른 축인 경우에 $\epsilon_x = -\pi/4$, $\epsilon_y = \pi/4$이 되어, 구하고자 하는 위상 지연판에 대한 행렬은

$$M = \begin{bmatrix} e^{-i\frac{\pi}{4}} & 0 \\ 0 & e^{i\frac{\pi}{4}} \end{bmatrix} = e^{-i\frac{\pi}{4}} \begin{bmatrix} 1 & 0 \\ 0 & i \end{bmatrix} : \text{QWP, 수평 빠른 축 } \left(i = e^{i\frac{\pi}{2}} \right) \tag{8.5.13}$$

이 된다. 반면에 수직 빠른 축인 경우에는 $\epsilon_x = \dfrac{\pi}{4}$, $\epsilon_y = -\dfrac{\pi}{4}$이 되어

$$M = \begin{bmatrix} e^{i\frac{\pi}{4}} & 0 \\ 0 & e^{-i\frac{\pi}{4}} \end{bmatrix} = e^{i\frac{\pi}{4}} \begin{bmatrix} 1 & 0 \\ 0 & -i \end{bmatrix} : \text{QWP, 수직 빠른 축 } \left(-i = e^{-i\frac{\pi}{2}} \right) \tag{8.5.14}$$

이 된다. 마찬가지 방법으로, 1/2파장판의 경우에는 $|\Delta\phi| = \pi$이므로

$$M = \begin{bmatrix} e^{-i\frac{\pi}{2}} & 0 \\ 0 & e^{i\frac{\pi}{2}} \end{bmatrix} = e^{-i\frac{\pi}{2}} \begin{bmatrix} 1 & 0 \\ 0 & -1 \end{bmatrix} : \text{HWP, 수평 빠른 축} \tag{8.5.15}$$

$$M = \begin{bmatrix} e^{i\frac{\pi}{2}} & 0 \\ 0 & e^{-i\frac{\pi}{2}} \end{bmatrix} = e^{i\frac{\pi}{2}} \begin{bmatrix} 1 & 0 \\ 0 & -1 \end{bmatrix} : \text{HWP, 수직 빠른 축} \tag{8.5.16}$$

이다. 한편 1/4 파장판의 경우에 빠른 축이 $\pm 45°$인 경우에는

$$M = \frac{1}{\sqrt{2}} \begin{bmatrix} 1 & \pm i \\ \pm i & 1 \end{bmatrix} \tag{8.5.17}$$

와 같이 표현된다.

예제 3

존스벡터 응용의 한 예로서 선형 편광기와 QWP의 조합에 의해 원형 편광이 만들어지는 경우를 생각해보자.

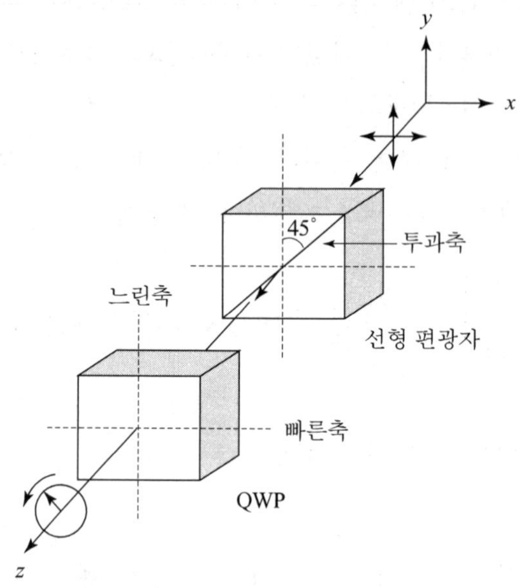

그림 8.21 선형 편광자와 QWP에 의한 원형 편광된 빛의 발생

해답 그림 8.21에서와 같이 선형 편광자가 $x-$축에 대해 45°만큼 기울어져 있으며, 선형 편광자 다음에 QWP가 놓여 있다. 편광되지 않은 빛은 선형 편광자에 의해 선형 편광된 빛으로 바뀌며, QWP에 입사한 빛은 빠른 축과 느린 축 사이에서 똑같이 나눠진다. 따라서 QWP를 통과한 빛은 $x-$축과 $y-$축 성분이 90°의 위상 차이를 가짐으로 원형편광으로 바뀌게 된다. 이러한 과정은 선형 편광된 빛에 빠른 축이 수평인 QWP를 적용시키는 경우에 해당된다. 수평축에 대해 45°선형 편광된 빛의 존스벡터는 $\frac{1}{\sqrt{2}}\begin{bmatrix}1\\1\end{bmatrix}$이며, 여기에 빠른 축이 수평인 QWP를 적용시키면, 존스행렬을 이용하여

$$e^{-i\frac{\pi}{4}}\begin{bmatrix}1 & 0\\0 & i\end{bmatrix}\frac{1}{\sqrt{2}}\begin{bmatrix}1\\1\end{bmatrix}=\left(\frac{1}{\sqrt{2}}\right)e^{-i\frac{\pi}{4}}\begin{bmatrix}1\\i\end{bmatrix} \tag{8.5.18}$$

이 되어 왼손 원형 편광이 되며, 진폭은 선형 편광된 빛의 $\frac{1}{\sqrt{2}}$이 된다. 만약에 QWP의 빠른 축과 느린 축이 서로 뒤바뀐다면, 왼손 원형 편광이 아닌 오른손 원형 편광이 된다.

QWP의 한 응용으로서 선형 편광자, QWP 및 반사용 거울에 의한 효과에 대하여 간단히 살펴보고자 한다. 그림 8.22에서와 같이 편광되지 않은 빛이 투과축이 수직인 선형 편광자를 통과하면 수직 편광된 빛이 된다. 수직 편광된 빛이 빠른 축이 수평축과 −45° 기울어진 경우에 QWP를 통과하면 왼손 원형 편광된 빛이 되며, 왼손 원형 편광된 빛이 거울과 같은 반사체에 의해 반사되면 빛의 진행 방향이 거울을 향했을 경우와 반대가 되어 오른손 원형 편광된 빛이 된다. 오른손 원형 편광된 빛이 QWP를 다시 통과하면 수평축과 +45° 기울어진 경우가 된다. 따라서 QWP를 통과한 빛은 수평 편광된 빛이 되므로 그림 8.22에서와 같이 투과축이 수직인 선형 편광자를 통과하지 못하게 된다. 따라서 이러한 결합은 광원 쪽으로 원하지 않는 빛의 반사를 막기 위한 빛 격리소자로서 사용이 가능하다. 물론 이러한 빛 격리소자로서의 사용은 그림 8.22에서 반사체와 원형 편광자(선형 편광자와 QWP) 사이의 매질에 의한 빛의 편광 변화가 많이 없는 경우에만 적용된다. 한편, 원형 편광자는 그림 8.23에서와 같이 편광되지 않은 빛을 선형 편광된 빛으로 만드는 선형 편광자(이색성 편광자 또는 빛살 가르개 편광자)와 QWP를 결합하여 제작된다. 일반적으로 빛 격리소자는 선형 편광자와 QWP를 하나로 결합시킨 형태로 만들어진다.

이색성 편광자와 QWP를 이용한 원형 편광자는 그림 8.23과 같이 이색성 선형 편광자와 QWP를 접합시켜 만든다. 그림 8.23에서 선형 편광자는 편광되지 않은 빛을 선형 편광된 빛으로 만들며, 선형 편광자에 의하여 선형 편광된 빛은 다시 QWP에 의하여 원형 편광된 빛으로 바뀌게 된다. QWP의 빠른 축이 선형 편광자의 편광축과 45°가 되도록 정렬하는 것이 원형 편광된 빛을 얻는데 효율이 가장 좋으므로 상용화된 제품의 경

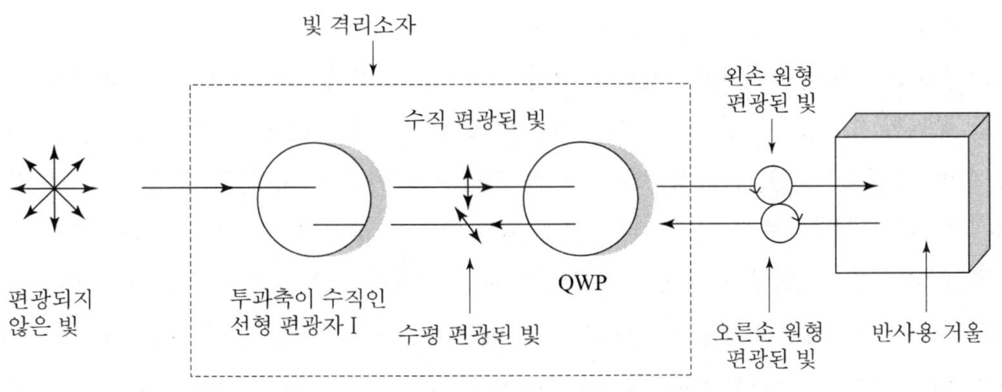

그림 8.22 선형 편광자와 QWP를 이용한 빛 격리소자

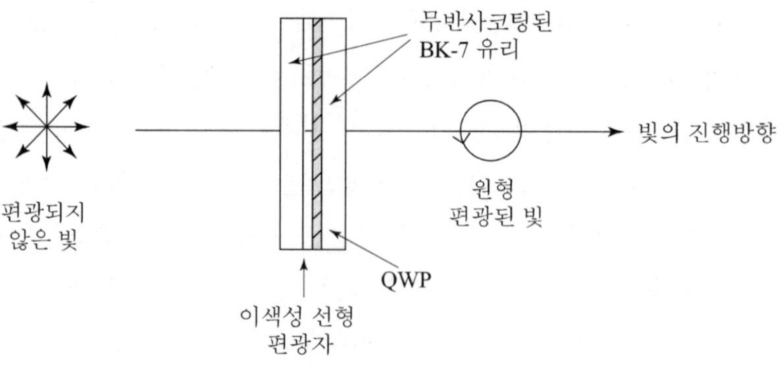

그림 8.23 선형 편광자와 QWP의 조합

우에 QWP의 빠른 축과 선형 편광자의 투과축이 서로 45°로 이뤄져 있다. 물론 선형 편광자와 QWP를 통과하여 나온 빛이 왼손 원형 편광이 되느냐 아니면 오른손 원형 편광된 빛이 되느냐는 QWP의 수평 빠른 축이 수평축에 대하여 −45° 되도록 배열되었느냐 아니면 수직 빠른축이 배열되었느냐에 의하여 결정된다. 그림 8.23에서 무반사 코팅된 BK−7 유리 표면은 투과파의 파면 일그러짐이 사용 중인 빛 파장의 1/5 이하의 평편도를 가지도록 연마되어야 한다. 이색성 폴리머의 선형 편광자와 복굴절 폴리머의 QWP로 제작된 원형 편광자의 경우에 입사하는 빛이 펄스형태가 아닌 연속파형인 경우에 1 W/cm^2 이하의 세기에서 사용해야 한다.

한편 그림 8.24는 빛살 가르개 편광자의 투과축(수평축)과 QWP의 빠른축이 45°가 되도록 배열한 빛 격리소자로 빛살 가르개를 통과한 빛은 입사한 빛의 편광상태와 관계없이 원형 편광된 빛이 된다. 빛살 가르개 편광자의 투과축과 QWP의 빠른축 사이의 각도를 1° 이내로 정밀하게 배열하면, 반사체로부터 나오는 빛을 빛살 가르개 편광자에 입사하는 빛과 99.8 % 이상의 격리가 가능하다.

그림 8.24에서와 같이 수평 편광된 빛이 입사하는 경우에 빛살 가르개와 QWP의 조합체를 통과한 빛은 왼손 원형 편광된 빛이 되며, 반사체에 의해 반사된 빛은 오른손 편광된 빛이 되어 QWP를 다시 통과하면 수직 편광된 빛이 되어 원래의 입사방향으로 진행하지 못하고 빛살 가르개 편광자의 측면을 통하여 나오게 되며, 이 빛은 최종적으로 수직 편광된 빛이 된다. 빛살 가르개 편광자와 복굴절 결정을 이용하여 제조된 빛 격리소자는 일반적으로 연속파형의 빛을 사용하는 경우에 500 W/cm^2, 가시영역의 펄스형 빛의 경우는 300 mJ/cm^2 그리고 1064 nm의 레이저를 이용하는 경우에는 200 mJ/cm^2 이내의 세기에서 사용이 가능하다.

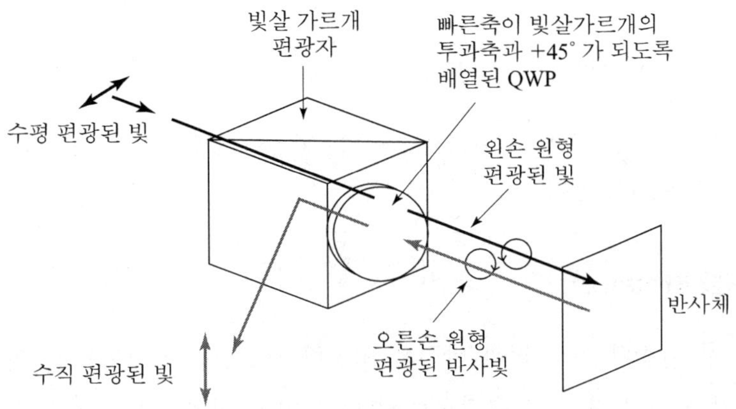

그림 8.24 빛살 가르개 편광자와 QWP의 조합에 의한 빛 격리소자

예제 4

예제 1과 비슷하나 이번에는 왼손 원형 편광된 빛이 $\frac{\lambda}{8}$ 만큼 위상을 지연시키는 위상 지연판 (eigth wave plate: EWP)을 통과하면, 오른손 타원 편광으로 변함을 증명하여라.

해답 EWP에 의한 상대적 위상지연은 $2\pi/8 = \pi/4(=45°)$이므로 $\epsilon_x = 0$로 놓으면 존스행렬은

$$M = \begin{bmatrix} e^{i\epsilon_x} & 0 \\ 0 & e^{i\epsilon_y} \end{bmatrix} = \begin{bmatrix} 1 & 0 \\ 0 & e^{i\frac{\pi}{4}} \end{bmatrix} \tag{8.5.19}$$

이 된다. EWP에 원형 편광된 빛이 수직 입사하므로 원형 편광된 빛에 식 (8.5.19)를 적용시키면,

$$\begin{bmatrix} 1 & 0 \\ 0 & e^{i\pi/4} \end{bmatrix} \begin{bmatrix} 1 \\ i \end{bmatrix} = \begin{bmatrix} 1 \\ ie^{i\pi/4} \end{bmatrix} = \begin{bmatrix} 1 \\ e^{i3\pi/4} \end{bmatrix} \tag{8.5.20}$$

을 얻는다. 결과적으로 얻어진 존스벡터 $\begin{bmatrix} 1 \\ e^{i3\pi/4} \end{bmatrix}$은 타원 편광된 빛을 나타내며, 성분들 사이에 135°의 위상차가 있으며, 오일러(Euler)의 공식을 사용하면

$$e^{i3\pi/4} = -\frac{1}{\sqrt{2}} + i\left(\frac{1}{\sqrt{2}}\right)$$

와 같이 급수 전개된다. 존스벡터 $\begin{bmatrix} 1 \\ e^{i3\pi/4} \end{bmatrix}$을 일반적인 타원 편광된 경우에 대한 존스벡터 $\overrightarrow{E_0} = \begin{bmatrix} A \\ B + iC \end{bmatrix}$와 비교하여 보면, $A = 1, B = -\frac{1}{\sqrt{2}}$, $C = \frac{1}{\sqrt{2}}$ 이 된다. 따라서

$E_{0x}=1$, $E_{0y}=1$이 되며, 식 (8.2.10)으로부터

$$\tan 2\alpha = \frac{2E_{0x}E_{0y}}{E_{0x}^2 - E_{0y}^2} cos\phi = \frac{2\times 1\times 1}{1-1}\cos(3\pi/4) = -\infty$$

이 되어, $\alpha=-45°$가 된다. 그러므로 x축과 타원의 장축이 $\alpha=-45°$의 각을 이루는 오른손 타원 편광이 된다.

8.5.3 회전자(rotator)

회전자는 선형 편광된 빛의 편광 방향을 일정한 각도만큼 회전시키는 역할을 하는 효과를 가지고 있다. 그림 8.25에 수직으로 편광된 빛이 회전자에 수직으로 입사하여, 원래의 편광방향에 대하여 반시계 방향으로 β만큼 회전한 경우를 나타내었다.

이러한 성질을 가진 회전자의 존스행렬에 대해 알아보자. 회전자가 빛의 편광을 β만큼 회전시킨다고 하면, $x-$축으로 θ만큼 선형 편광된 빛이 회전자를 통과하면, 전체적으로는 $x-$축에 대하여 $\theta+\beta$만큼 편광된 빛을 얻게 된다. 따라서 이들을 식 (8.5.1)을 이용하여 표현하면,

$$\begin{bmatrix}\cos(\theta+\beta)\\ \sin(\theta+\beta)\end{bmatrix} = \begin{bmatrix}a & b\\ c & d\end{bmatrix}\begin{bmatrix}\cos\theta\\ \sin\theta\end{bmatrix} \tag{8.5.21}$$

이 된다. 식 (8.5.21)을 풀고, 삼각함수의 가법 정리를 이용하면,

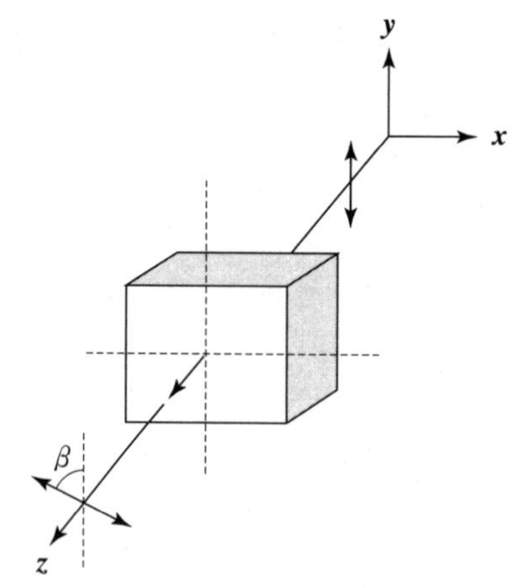

그림 8.25 회전자에 의한 빛의 편광변화

$$a = \cos\beta, \qquad c = \sin\beta$$
$$b = -\sin\beta, \qquad d = \cos\beta \tag{8.5.22}$$

이 된다. 따라서 회전각 β만큼 변화시키는 회전자에 대한 존스행렬은

$$M = \begin{bmatrix} \cos\beta & -\sin\beta \\ \sin\beta & \cos\beta \end{bmatrix} \tag{8.5.23}$$

이 된다. 한편, 광학실험에서 많이 사용되는 몇 가지 대표적인 광학소자들에 대한 존스행렬을 표 8.5에 나타내었다.

표 8.5 대표적인 광학소자에 대한 존스행렬

1. 선형 편광자
수평 투과 축: $\begin{bmatrix} 1 & 0 \\ 0 & 0 \end{bmatrix}$ 수직 투과 축: $\begin{bmatrix} 0 & 0 \\ 0 & 1 \end{bmatrix}$ 45°투과 축: $\frac{1}{2}\begin{bmatrix} 1 & 1 \\ 1 & 1 \end{bmatrix}$
2. 위상 지연판
일반식: $\begin{bmatrix} e^{i\epsilon_x} & 0 \\ 0 & e^{i\epsilon_y} \end{bmatrix}$
QWP, 수평 빠른 축: $e^{-i\frac{\pi}{4}}\begin{bmatrix} 1 & 0 \\ 0 & i \end{bmatrix}$ QWP, 수직 빠른 축: $e^{i\frac{\pi}{4}}\begin{bmatrix} 1 & 0 \\ 0 & -i \end{bmatrix}$
HWP, 수평 빠른 축: $e^{-i\frac{\pi}{2}}\begin{bmatrix} 1 & 0 \\ 0 & -1 \end{bmatrix}$ HWP, 수직 빠른 축: $e^{i\frac{\pi}{2}}\begin{bmatrix} 1 & 0 \\ 0 & -1 \end{bmatrix}$
3. 회전자
회전자 $(\theta \rightarrow \theta + \beta)$ $\begin{bmatrix} \cos\beta & -\sin\beta \\ \sin\beta & \cos\beta \end{bmatrix}$

8.6 존스행렬의 고유벡터

임의의 행렬에 대한 고유벡터는 하나의 특정 벡터로서 행렬이 곱해졌을 때, 상수 인자 범위 내에서 같은 벡터를 말한다. 이는

$$\begin{bmatrix} a & b \\ c & d \end{bmatrix}\begin{bmatrix} A \\ B \end{bmatrix} = \lambda \begin{bmatrix} A \\ B \end{bmatrix} \tag{8.6.1}$$

와 같이 표현되며, 여기서 상수 λ는 고윳값이라고 하며, $\lambda = |\lambda| e^{i\phi}$로 쓸 수 있고 실수이거나 복소수이다. 물리적으로 존스행렬의 고유벡터는 다루고자하는 광학소자를 통

과하여 나온 빛의 편광이 입사한 빛의 편광과 같은 상태에 있음을 나타낸다. 하지만, 고윳값(λ)에 따라서 진폭 및 위상은 바뀔 수 있다. $\lambda = |\lambda| e^{i\phi}$에서 $|\lambda|$는 진폭의 변화를 의미하며, ϕ는 위상 변화를 의미한다.

식 (8.6.1)으로 주어지는 2×2 행렬에 대한 고유벡터와 고윳값을 구하는 문제는 쉽다. 식 (8.6.1)에 대한 행렬방정식은

$$\begin{bmatrix} a-\lambda & b \\ c & d-\lambda \end{bmatrix} \begin{bmatrix} A \\ B \end{bmatrix} = 0 \tag{8.6.2}$$

로 쓸 수 있으며, 의미있는 해가 존재하기 위해서는 A, B 둘 다 '0'이 되어서는 안 된다. 따라서 행렬의 행렬식이 '0'이 되어야 하므로,

$$\begin{vmatrix} a-\lambda & b \\ c & d-\lambda \end{vmatrix} = 0 \tag{8.6.3}$$

으로 쓸 수 있다. 식 (8.6.3)으로부터 주어지는 λ의 2차 방정식을 고유방정식(Secular equation)이라 하는데, 식 (8.6.3)을 전개하면

$$(a-\lambda)(d-\lambda) - bc = 0 \tag{8.6.4}$$

와 같이 된다. 일차방정식 식 (8.6.4)의 두 개의 근 λ_1, λ_2가 고윳값이 되어 각각에 대응하는 하나씩의 고유벡터가 존재한다. 또한 두 고윳값의 비(λ_1/λ_2)는 두 고유벡터 사이의 위상에 대한 정보를 제공한다.

예제 5

수평축이 빠른 축인 $\lambda/4$ 파장판에 대한 존스행렬은 $\begin{bmatrix} 1 & 0 \\ 0 & i \end{bmatrix}$이며, 이에 대한 행렬 방정식은 $\begin{bmatrix} 1-\lambda & 0 \\ 0 & i-\lambda \end{bmatrix} \begin{bmatrix} A \\ B \end{bmatrix} = 0$이다. 이 경우에 대하여 고유벡터를 구하여라.

해답 고유방정식은 $(1-\lambda)(i-\lambda) = 0$

로서 이에 대한 고윳값들은 $\lambda_1 = 1$, $\lambda_2 = i$을 얻는다. 각각의 고윳값에 대한 고유벡터를 구해보면,

ⓐ $\lambda_1 = 1$ 인 경우

$$(1-\lambda)A = 0 \rightarrow 0 \cdot A = 0 \rightarrow A \neq 0 \quad \rightarrow \begin{bmatrix} 1 \\ 0 \end{bmatrix}$$

$$(i-\lambda)B = 0 \rightarrow B = 0$$

ⓑ $\lambda_2 = i$ 경우에

$$(1-i)A = 0 \quad \rightarrow A = 0 \quad \rightarrow \begin{bmatrix} 0 \\ 1 \end{bmatrix}$$
$$(i-i)B = 0 \quad \rightarrow B \neq 0$$

를 각각 얻는다. 물리적으로 $\frac{1}{4}$파장판은 빠른 축이나 느린 축으로 선형 편광된 빛에 대해서는 편광의 변화 없이 전달됨을 의미한다. 두 경우에 있어서 $|\lambda| = 1$이므로 진폭의 변화는 없으며, $\lambda_2/\lambda_1 = i = e^{i\pi/2}$로부터 $\pi/2$의 위상 변화를 가져옴을 알 수 있다.

참조 : 수직한 편광(orthogonal polarization)

만일 $\overrightarrow{E_1} \cdot \overrightarrow{E_2^*} = 0$ 인 경우에, 이 두 빛의 편광은 서로 수직하다. 즉, ⓐ 직교(orthogonality)는 선형 편광된 두 빛에 대해서 서로 수직(독립적)임을 의미하며, ⓑ 왼손 편광된 빛과 오른손 편광된 빛은 상호 간에 직교상태(orthogonal state)에 있다. ⓒ $\begin{bmatrix} A_1 \\ B_1 \end{bmatrix}$, $\begin{bmatrix} A_2 \\ B_2 \end{bmatrix}$에 대해서 $A_1 A_2^* + B_1 B_2^* = 0$ 이면, $\begin{bmatrix} A_1 \\ B_1 \end{bmatrix}$와 $\begin{bmatrix} A_2 \\ B_2 \end{bmatrix}$는 서로 직교(orthogonal)한다. ⓓ 임의의 편광된 빛은 두 개의 서로 직각인 성분들로 분할이 가능하다. 즉, $\begin{bmatrix} A \\ B \end{bmatrix} = A \begin{bmatrix} 1 \\ 0 \end{bmatrix} + B \begin{bmatrix} 0 \\ 1 \end{bmatrix}$ 또는 $\begin{bmatrix} A \\ B \end{bmatrix} = \frac{1}{2}(A + iB) \begin{bmatrix} 1 \\ -i \end{bmatrix} + \frac{1}{2}(A - iB) \begin{bmatrix} 1 \\ i \end{bmatrix}$ 와 같이 서로 수직한 성분들의 합으로 나타낼 수 있다. 수직한 편광의 한 예로서 존스벡터가

$$\begin{bmatrix} A_1 \\ B_1 \end{bmatrix} = \begin{pmatrix} 2 \\ i \end{pmatrix}, \quad \begin{bmatrix} A_2 \\ B_2 \end{bmatrix} = \begin{pmatrix} 1 \\ -2i \end{pmatrix}$$

와 같이 주어지는 경우에 $\overrightarrow{E_1} \cdot \overrightarrow{E_2^*} = 0$ 식을 적용하면 $A_1 A_2^* + B_1 B_2^* = 2 + i(2i) = 0$ 이 되므로, 이 두 타원 편광된 빛은 서로 수직으로 편광되어 있음을 알 수 있다.

8.7 편광의 구별 방법

완전 선형 편광된 빛이, 이상적인 선형 편광자(사용목적에 따라 검광자(analyzer)라고도 한다)에 입사하는 경우에 투과된 빛은 최댓값과 '0' 사이에 있을 것이다. 하지만, 이와

같이 완전히 선형 편광된 빛에 약간의 편광되지 않은 빛이 혼합되어 부분 편광이 되는 경우에 검광자를 통과한 빛의 세기는 검광자의 회전 각도에 따라서 최대와 최소 사이에서 변하게 된다. 이러한 특징은 원형으로 편광된 빛이 완전히 선형 편광된 빛에 더해지는 경우에도 동일하다. 하지만, 이들 사이의 차이를 구별하는 방법은 $\frac{\lambda}{4}$파장판을 사용함으로서 가능하며 미지의 빛에 대한 편광을 조사하는 방법을 도표 8.1에 나타내었다.

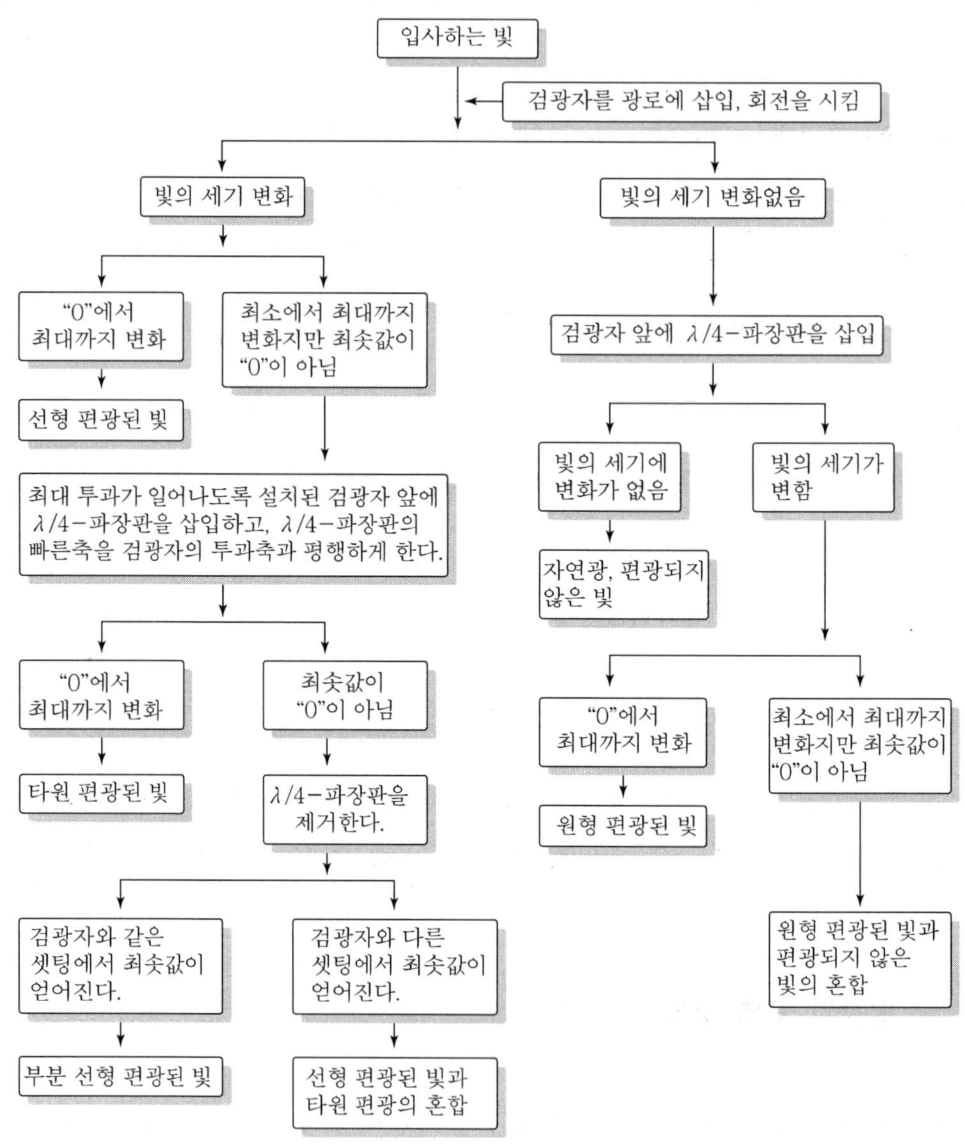

도표 8.1 빛의 편광을 구별하는 체계적인 방법

연습문제 

01 다음 파동의 규격화된 존스벡터를 쓰고, 편광상태를 기술하시오.

ⓐ $\vec{E} = \vec{i} E_0 \cos(kz - \omega t) - \vec{j} E_0 \cos(kz - \omega t)$

ⓑ $\vec{E} = \vec{i} E_0 \cos(kz - \omega t) + \vec{j} E_0 \cos\left(kz - \omega t + \frac{\pi}{2}\right)$

02 진행하는 빛에 대한 존스벡터가 $E = \begin{bmatrix} 1 \\ 1+j \end{bmatrix}$와 같이 주어진 빛은 어떤 편광상태를 의미하는가?

03 ⓐ 왼손 원형 편광된 빛이 $\frac{1}{8}$ 파장판을 통과하면, 어떤 편광을 보이겠는가?

ⓑ 존스벡터가 각각

$$\begin{bmatrix} 3 \\ i \end{bmatrix}, \quad \begin{bmatrix} 5 \\ 0 \end{bmatrix}, \quad \begin{bmatrix} 2 \\ 6+8i \end{bmatrix}$$

와 같이 주어졌다고 할 때에 각각의 경우에 대한 편광형태를 설명하시오.

ⓒ 존스벡터를 이용하면, 빛이 지나는 경로 상에 놓인 선형광학 소자를 통과한 빛의 편광 상태를 쉽게 알 수 있다. 전기장의 진동면이 $xy-$평면 위에 있고 $z-$축이 진행 방향이라고 할 때에 빛의 진행 경로 위에 놓인 효율이 100 %이고 투과축이 $x-$축인 선형 편광자를 투과한 빛의 편광을 존스벡터와 존스행렬을 써서 나타내시오.

04 3개의 편광자가 있다. 빛의 세기가 I_0이며 편광되지 않은 빛이 3개의 편광자에 입사한다고 하자. 처음 편광자의 투과축이 수직이며, 두 번째 편광자의 투과축은 첫 번째 편광자에 대하여 45°로 기울어져 있으며, 세 번째 편광자의 투과축은 첫 번째 편광자에 대하여 90°로 기울어져 있다.

ⓐ 각 편광자를 통과한 빛의 세기 및 편광 상태는 어떻게 되겠는가?

ⓑ 두 번째 편광자를 제거할 경우에 세 번째 편광자 뒤에서의 빛의 세기는 얼마인가?

05 3개의 편광자가 있다. 빛의 세기가 I_0이며 편광되지 않은 빛이 3개의 편광자에 입사한다고 하자. 처음 편광자의 투과축이 수직이며, 두 번째 편광자의 투과축은 첫 번째 편광

자에 대하여 θ만큼 기울어져 있으며, 세 번째 편광자의 투과축은 첫 번째 편광자에 대하여 90°로 기울어져 있다.

ⓐ 세 번째 편광자를 통과한 빛의 세기를 I_0와 θ의 함수로 나타내시오.

ⓑ $\theta = 45°$일 때에 세 번째 편광자를 통과한 빛의 세기가 최대가 됨을 보이시오.

06 두 개의 편광자를 어떻게 배열하면 수직으로 선형 편광된 빛의 편광 방향을 수평 편광된 빛으로 바꿀 수 있겠는가? 또한 두 편광자를 통과한 빛의 최대 세기는 얼마인가? 선형 편광된 입사하는 빛의 세기는 I_0이다.

07 그림 8.26과 같이 (2N+1)개의 판 모양의 물체가 일렬로 배열되어 있으며, 처음판과 마지막 판은 편광자이며, 나머지는 모두 1/2-파장판이다. 각각의 판은 바로 앞의 판에 비하여 $\frac{\pi}{4N}$만큼 기울어져 있다고 할 때에, 편광되지 않은 입사하는 빛의 세기(I_{in})에 대한 마지막 판을 통과한 빛의 세기(I_{out})의 비를 구하라. 단, 물체들에서의 흡수나 반사는 일어나지 않는다고 가정한다.

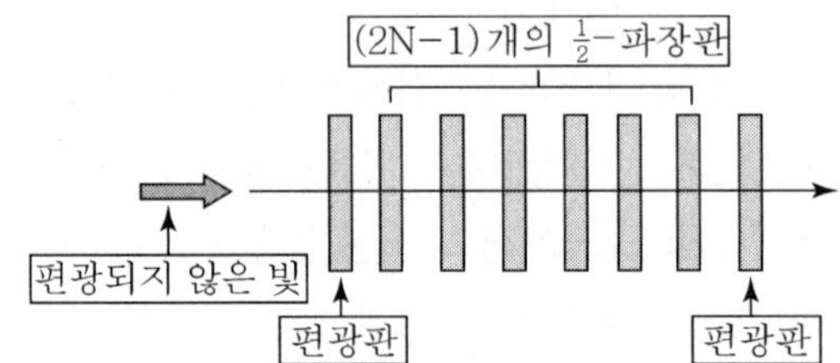

그림 8.26 편광자와 1/2-파장판들이 빛의 진행에 미치는 효과

08 굴절률이 1.40인 액체 표면에 빛이 입사하여 일부는 반사되고 일부는 매질 내로 투과되었다. 반사된 빛이 완전 편광되었다고 할 때에 입사한 빛의 굴절각은 얼마인가?

09 움직임이 없는 고요한 호수 표면에서 반사된 빛이 완전 편광이 되기 위해서는 태양은 수면과 얼마의 각도에 있어야 되는가? 또한, 반사된 빛의 전기장 성분은 입사면에 대해 수직인가 아니면 평행인가?

참고문헌

1. Grant R. Fowles., Introduction to Modern Optics. 2nd ed. New York: Holt, Rinehart and Winston, 1975.
2. Jurgen R. Meyer-Arendt., Introduction to Classical and Modern Optics. 4th ed. New Jersey: Prentice Hall International Editions, 1995.
3. Eugene Hecht, Optics. 2nd ed. Addison-Wesley Publishing Company, Inc, 1990.
4. http://www.azooptics.com/Article.aspx?ArticleID=870, 2016년 4월 2일 접속.

CHAPTER 09

간섭

빛은 전자기파로서 파동성과 입자성의 두 가지 특성을 동시에 지니고 있으며, 이 중에 파동성은 간섭과 회절에 의하여 쉽게 관찰되고 있다. 간섭 현상을 잘 관찰하기 위해서는 진동수가 같고 상호간에 위상 차이가 일정한 두 개의 빛을 필요로 한다. 반면에 회절 현상은 빛의 진행 경로에 작은 구멍이 있는 장애물을 두면 장애물 뒤에서 쉽게 관찰된다. 9장에서는 빛의 파동적인 성질 중 간섭에 대해서 논의하고자 한다.

간섭 현상을 얻기 위해서는 두 개의 빛이 필요한데, 일반적으로 하나의 광원에서 나온 빛이 서로 다른 경로를 지난 다음 다시 만나게 함으로서 간섭 효과를 쉽게 관찰할 수 있다. 이와 같이 하나의 광원에서 나온 빛을 두 개의 빛으로 나누는 방법에 따라 간섭계를 분류하고 있으며 이에 대해서는 본문에서 자세히 다루기로 하겠다.

9.1 두 파의 중첩

9.1.1 간섭

동일한 광원에서 발생한 두 빛의 전기장이 $\overrightarrow{E_1}$, $\overrightarrow{E_2}$라고 할 때에 이들의 간섭에 대해 생각해보자. 간섭은 동일한 광원에서 발생된 두 빛이 서로 다른 경로를 따라 진행한 후에 다시 합쳐짐으로서 일어난다. 두 빛의 광원이 동일하므로 진동수는 동일하지만, 일반적으로 두 빛의 진행경로가 같을 필요가 없으므로 두 빛에 대한 파수벡터($\vec{k}$)도 같지 않다. 따라서 두 빛에 대한 각각의 전기장은

$$\overrightarrow{E_1} = \overrightarrow{E_{01}} \cos(\overrightarrow{k_1} \cdot \vec{r} - \omega t + \phi_1) \tag{9.1.1}$$

$$\overrightarrow{E_2} = \overrightarrow{E_{02}} \cos(\overrightarrow{k_2} \cdot \vec{r} - \omega t + \phi_2)$$

와 같이 표현할 수 있다. 이러한 두 빛이 공간의 특정 위치, 즉, 위치 벡터 $\vec{r}$로 표현되는 점 P에서 만난다고 하면, 점 P에서 전체 전기장의 진폭은 중첩의 원리에 의해서

$$\overrightarrow{E_P} = \overrightarrow{E_1} + \overrightarrow{E_2} \tag{9.1.2}$$

로 쓸 수 있다. $\overrightarrow{E}_1$, $\overrightarrow{E}_2$는 가시광선 영역에 대해서 $10^{14} \sim 10^{15}$ Hz 정도의 진동수를 가지고 매우 급격하게 변하는 함수이므로 매우 짧은 시간 간격에 대한 이들의 평균은 '0'이 된다. 실제로 사람의 눈이나, 계측기에 의해 측정되는 양은 진폭의 제곱에 대한 시간 평균인 조도(I: 단위 면적, 단위 시간당 에너지)이다. 진공 중에서 진행하는 빛에 대한 조도는

$$I = \epsilon_0 c < \overrightarrow{E^2} > \tag{9.1.3}$$

으로서 표현되므로, 점 P에서 두 빛의 중첩에 의한 조도는

$$\begin{aligned} I &= \epsilon_0 c < \overrightarrow{E_p}^2 > = \epsilon_0 c < \overrightarrow{E_p} \cdot \overrightarrow{E_p} > \\ &= \epsilon_0 c < (\overrightarrow{E_1} + \overrightarrow{E_2}) \cdot (\overrightarrow{E_1} + \overrightarrow{E_2}) > \\ &= \epsilon_0 c < \overrightarrow{E}_1^2 + \overrightarrow{E}_2^2 + 2\overrightarrow{E_1} \cdot \overrightarrow{E_2} > \\ &= I_1 + I_2 + I_{12} \end{aligned} \tag{9.1.4}$$

와 같다. 식 (9.1.4)에서 I_1, I_2는 각각의 빛에 대한 세기를 의미하며, I_{12}는 두 빛의 상호작용에 의존하게 되는데, 이를 간섭항이라 한다. I_{12}는 빛의 파동성을 나타내주며, 간섭을 통한 빛의 세기의 증감을 가져오는데 간섭항의 효과를 두 빛의 편광과 연관지워 생각하여 보자.

① 두 빛의 편광이 서로 직각인 경우:

두 빛의 편광이 서로 직각인 경우에 식 (9.1.4)에서 $I_{12} = 2\epsilon_0 c < \overrightarrow{E_1} \cdot \overrightarrow{E_2} > = 0$이 되어 간섭항이 '영'이 되므로 두 빛의 간섭 효과가 나타나지 않는다. 즉, 이 경우에 두 빛

사이의 간섭은 일어나지 않는다.

② 두 빛의 편광이 서로 직각이 아닌 경우

식 (9.1.4)의 $I_{12} = 2\epsilon_0 c < \overrightarrow{E_1} \cdot \overrightarrow{E_2} >$ 으로부터 알 수 있듯이 두 빛의 편광이 서로 평행일 경우에 간섭항의 효과는 가장 커진다. 한편, 편광되지 않은 두 빛은 서로 직각인 성분과 평행한 성분으로 분해되며, 평행한 성분들과의 상호작용에 의해 간섭이 일어나게 되는데 간섭항의 효과에 대하여 알아보자. 즉,

$$I_{12} = 2\epsilon_0 c < \overrightarrow{E_1} \cdot \overrightarrow{E_2} > \tag{9.1.5}$$

여기서, $\overrightarrow{E_1}$, $\overrightarrow{E_2}$는 식 (9.1.1)에 의해 주어지며, 이들의 스칼라 곱에 대한 평균값은

$$I_{12} = 2\epsilon_0 c < \overrightarrow{E_1} \cdot \overrightarrow{E_2} > = 2\epsilon_0 c \overrightarrow{E_{01}} \cdot \overrightarrow{E_{02}} < \cos(\overrightarrow{k_1} \cdot \vec{r} - \omega t + \phi_1) \cos(\overrightarrow{k_2} \cdot \vec{r} - \omega t + \phi_2) > \tag{9.1.6}$$

와 같이 주어진다. 간단히 하기 위해서 $\theta_i = \overrightarrow{k_i} \cdot \vec{r} + \phi_i$를 사용하여 정리하면,

$$\begin{aligned} I_{12} &= 2\epsilon_0 c < \overrightarrow{E_1} \cdot \overrightarrow{E_2} > \\ &= 2\epsilon_0 c \overrightarrow{E_{01}} \cdot \overrightarrow{E_{02}} < \cos(\overrightarrow{k_1} \cdot \vec{r} - \omega t + \phi_1) \cos(\overrightarrow{k_2} \cdot \vec{r} - \omega t + \phi_2) > \\ &= 2\epsilon_0 c \overrightarrow{E_{01}} \cdot \overrightarrow{E_{02}} [\cos\theta_1 \cos\theta_2 < \cos^2\omega t > + \sin\theta_1 \sin\theta_2 < \sin^2\omega t > \\ &\quad + (\cos\theta_1 \sin\theta_2 + \sin\theta_1 \cos\theta_2) < \sin\omega t \cos\omega t >] \end{aligned} \tag{9.1.7}$$

와 같이 된다. 식 (9.1.7)과 같은 시간 종속함수에 대한 평균값은 삼각함수의 성질을 이용하여 쉽게 구할 수 있다. 즉, 임의의 주기(T)에 대한 평균값은

$$< \cos^2\omega t > = \frac{1}{T}\int_0^T \cos^2\omega t \, dt = \frac{1}{2}, \quad < \sin^2\omega t > = \frac{1}{T}\int_0^T \sin^2\omega t \, dt = \frac{1}{2},$$

$$< \cos\omega t \sin\omega t > = \frac{1}{T}\int_0^T \cos\omega t \sin\omega t \, dt = 0$$

이 된다. 따라서 간섭항에 의한 효과는

$$\begin{aligned} I_{12} &= 2\epsilon_0 c \overrightarrow{E_{01}} \cdot \overrightarrow{E_{02}} \frac{1}{2} [\cos\theta_1 \cos\theta_2 + \sin\theta_1 \sin\theta_2] \\ &= \epsilon_0 c \overrightarrow{E_{01}} \cdot \overrightarrow{E_{02}} \cos(\theta_1 - \theta_2) \end{aligned} \tag{9.1.8}$$

$$= \epsilon_0 c \overrightarrow{E_{01}} \cdot \overrightarrow{E_{02}} \cos[(\overrightarrow{k_1} - \overrightarrow{k_2}) \cdot \vec{r} + (\phi_1 - \phi_2)]$$

$$= \epsilon_0 c \overrightarrow{E_{01}} \cdot \overrightarrow{E_{02}} \cos\delta$$

으로 되며, 여기서 $\delta = (\overrightarrow{k_1} - \overrightarrow{k_2}) \cdot \vec{r} + (\phi_1 - \phi_2)$이다. 또한, I_1, I_2의 각각에 대해서는

$$I_1 = \epsilon_0 c < \overrightarrow{E_1}^2 > = \epsilon_0 c < E_{01}^2 \cos^2(\overrightarrow{k_1} \cdot \vec{r} - \omega t + \phi_1) > \tag{9.1.9}$$

$$= \frac{1}{2}\epsilon_0 c E_{01}^2$$

$$I_2 = \epsilon_0 c < \overrightarrow{E_2}^2 > = \epsilon_0 c < E_{02}^2 \cos^2(\overrightarrow{k_1} \cdot \vec{r} - \omega t + \phi_1) > \tag{9.1.10}$$

$$= \frac{1}{2}\epsilon_0 c E_{02}^2$$

으로 표현된다. $\overrightarrow{E_{01}} // \overrightarrow{E_{02}}$ (서로 수직인 경우는 간섭효과가 없으므로 고려할 필요가 없다)인 경우에, 이들의 스칼라 곱은 단순히 크기만의 곱셈으로 나타낼 수 있으므로 식 (9.1.8)에서의 $\overrightarrow{E_{01}} \cdot \overrightarrow{E_{02}}$ 는 I_1, I_2로 표현이 가능하다. 따라서 식 (9.1.8)은

$$I_{12} = \epsilon_0 c \overrightarrow{E_{01}} \cdot \overrightarrow{E_{02}} \cos\delta = 2\sqrt{I_1 I_2}\cos\delta \tag{9.1.11}$$

와 같이 표현되므로 간섭에 의한 빛의 세기를 나타내는 관계식은

$$I = I_1 + I_2 + I_{12} \tag{9.1.12}$$

$$= I_1 + I_2 + 2\sqrt{I_1 I_2}\cos[(\overrightarrow{k_1} - \overrightarrow{k_2}) \cdot \vec{r} + (\phi_1 - \phi_2)]$$

$$= I_1 + I_2 + 2\sqrt{I_1 I_2}\, cos\delta$$

와 같이 표현된다. 식 (9.1.12)로부터 $\cos\delta > 0$ 또는 $\cos\delta < 0$ 에 따라서 전체적인 빛의 밝기가 결정된다. $\cos\delta > 0$ 인 경우에 빛의 밝기는 각각의 합보다 커지게 되며, 이 경우를 보강간섭, 그 반대인 $\cos\delta < 0$ 의 경우를 소멸간섭이라 한다.

③ 간섭무늬를 관찰하기 어려운 경우:

$\delta = (\overrightarrow{k_1} - \overrightarrow{k_2}) \cdot \vec{r} + (\phi_1 - \phi_2)$에서 초기위상차$(= \phi_1 - \phi_2)$가 시간에 따라 임의적으로 변할 경우에 두 빛은 서로 비간섭적이라 말하며, $\cos\delta$의 시간적인 평균치가 '0'이 된다. 따라서 간섭은 항상 존재한다하더라도 간섭무늬는 측정 가능할 만큼의 시간동안 지속되지 않으므로 시간적으로 안정된 간섭무늬는 나타나지 않는다. 한 예로서 두 빛이 백열전

구나 기체 방전 램프와 같은 기구에서 나오는 경우는 서로 간섭성이 없다(그림 9.1 참조).

④ 간섭무늬를 관찰할 수 있는 조건:

시간적으로 안정된 간섭무늬를 관찰하기 위해서는 δ를 시간적으로 안정시킬 필요가 있다. 이는 두 빛의 파장, 지나온 거리 등을 고정시키는 한편, 두 빛의 초기위상차 $(\phi_1 - \phi_2)$를 일정하게 유지시켜야 한다. 다시 말해서, 각각의 초기위상 ϕ_1, ϕ_2를 일정하게 유지하여야 한다는 것이 아니라, 이들의 차이를 시간적으로 일정하게 유지하여야 됨을 의미한다. 각각의 초기위상이 변화되더라도 두 빛의 초기위상이 같은 값만큼씩 변화하면 이 차이가 일정하므로 위의 조건을 만족하게 된다. 이와 같이, 두 빛의 위상차가 일정하게 유지되는 정도를 가간섭성(coherence)이라 한다(그림 9.1 참조).

두 빛이 이러한 가간섭성을 만족한다고 할 때에, $\vec{r}$로 표현된 관측점의 위치가 변함에 따라, 식 (9.1.12)에서의 $\cos\delta$의 값은 최대, 최소 사이의 값으로 변하면서 간섭무늬가 공간적으로 나타난다. 즉, 간섭의 무늬는 δ값에 의하여 결정되며 최댓값은 $\cos\delta$ 값이 최대가 될 때, 즉,

$$\delta_{max} = 0,\ \pm 2n\pi\ \cdots\ (n:\ 정수) \tag{9.1.13}$$

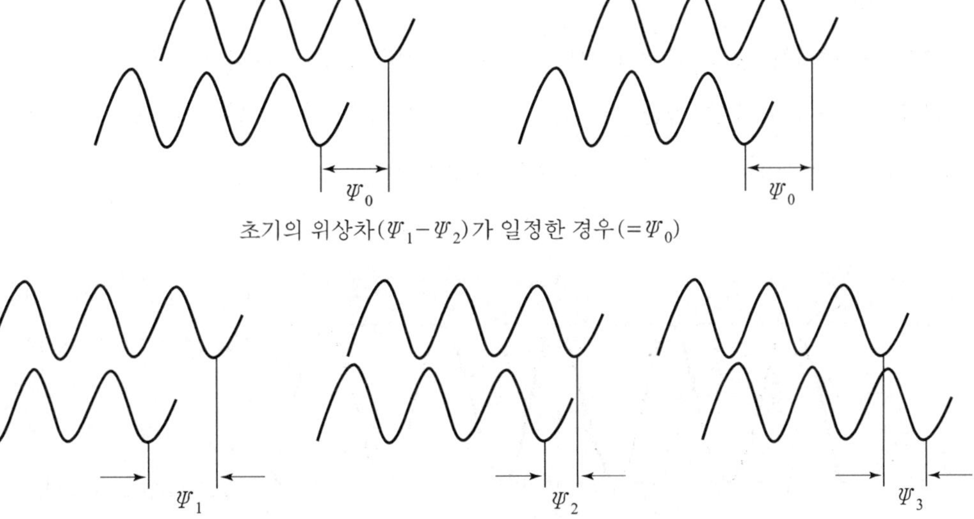

그림 9.1 시간에 따른 초기의 위상차

일 때 얻어지고, 식 (9.1.12)로부터 빛의 최대 세기는 $I_{max} = I_1 + I_2 + 2\sqrt{I_1 I_2}$ 로 됨을 알 수 있다. 한편, 최솟값은

$$\delta_{min} = \pm(2n+1)\pi \quad \cdots (n: \text{정수}) \tag{9.1.14}$$

인 경우에 얻어지며, 최솟값은 $I_{min} = I_1 + I_2 - 2\sqrt{I_1 I_2}$ 로 됨을 알 수 있다. 이러한 최대, 최솟값의 변화에 대한 간섭무늬를 δ에 대해 그림 9.2에 나타냈다.

두 빛에 의한 간섭의 최댓값이 가장 크고, 최솟값이 가장 작아지는 조건은 두 빛의 세기가 같은 경우이므로, 이때 각 빛의 세기를 $I_1 = I_2 = I_0$라고 하면 간섭에 의한 빛의 세기는

$$\begin{aligned} I &= I_1 + I_2 + 2\sqrt{I_1 I_2}\cos\delta \\ &= I_0 + I_0 + 2\sqrt{I_0^{\,2}}\cos\delta \\ &= 2I_0(1+\cos\delta) = 4I_0\cos^2\left(\frac{\delta}{2}\right) \end{aligned} \tag{9.1.15}$$

와 같이 표현된다. 따라서 같은 세기를 가지는 두 빛의 간섭에 의한 빛의 최대 세기는 각 세기의 4배가 되며, 최소 세기는 '0'이 됨을 알 수 있다. 이에 대해서는 그림 9.3에 표시하였다.

빛의 에너지는 중첩되는 각각의 점에서 보존되는 것은 아니다. 즉, $I \neq 2I_0$이지만, 간섭무늬의 주기에 대한 평균값은 $I_{ave} = 2I_0$이 되어 에너지 보존 법칙을 만족함을 알 수 있으며, 이는 간섭과 회절의 전형적인 특징이다.

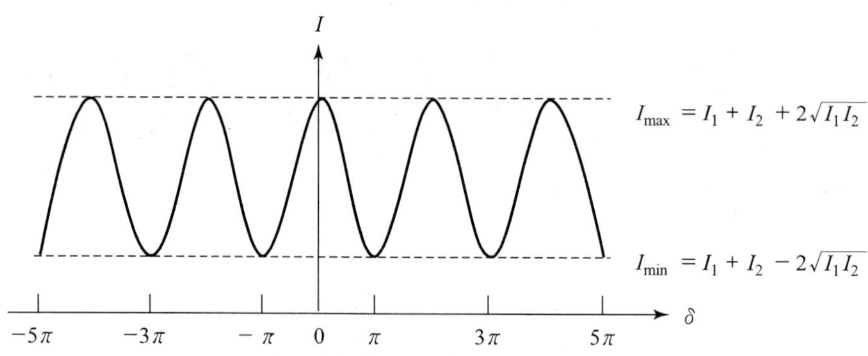

그림 9.2 δ의 함수로서 나타낸 간섭무늬의 세기

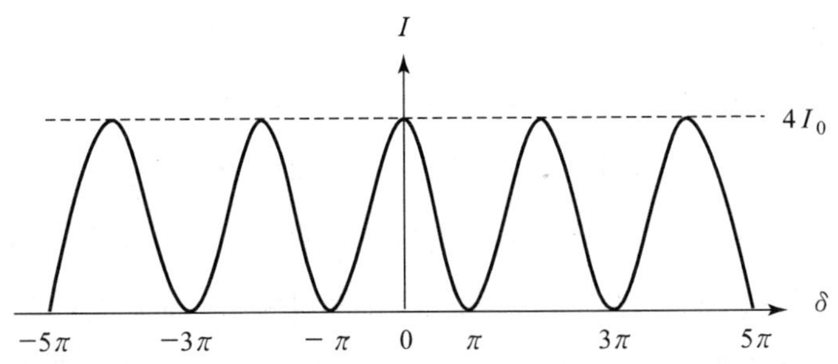

그림 9.3 두 빛의 세기가 동일할 때, δ의 함수로서 나타낸 간섭무늬의 세기

9.2 간섭방법

간섭은 빛을 적절한 방법으로 중첩시켰을 때, 합쳐진 부분의 밝기가 각각의 밝기를 합친 경우보다 밝거나 어두워지는 현상을 의미한다. 이러한 간섭은 하나의 광원에서 나온 빛을 분리하였다가 다시 합치는 방법을 사용하게 된다. 이때에 하나의 광원에서 나온 빛을 분리하는 방법에 따라 크게 두 가지, 즉 파면분할법(wavefront splitting)과 진폭분할법(amplitude splitting)으로 구분한다. 파면분할법은 파의 형태로 진행하는 빛의 경로 위에 2개의 개구(aperture)를 두어 두 개의 빛으로 분리하였다가 재결합시켜 얻어지는 간섭을 말하는데 이의 대표적인 예가 영(Young)의 간섭이다. 반면에 진폭분할법은 빛을 반투명 거울과 같은 것을 사용하여 일부는 투과시키고 나머지는 반사시킨 후에 이들을 재결합시켜서 간섭을 얻는 방법으로 마이켈슨(Michelson) 간섭계가 대표적인 예이다. 또한 2개의 빛에 의한 간섭을 2광속 간섭, 2개 이상의 빛에 의한 간섭을 다중 광속 간섭으로 분류하기도 하는데 본 절에서는 간섭계에 대한 몇몇 대표적인 예와 함께 이들의 원리와 구조에 대해 설명하고자 한다.

9.2.1 파면분할 간섭계(Wavefront splitting interferometer)

파면분할 간섭계는 파의 형태로 진행하는 빛의 경로 위에 2개 또는 그 이상의 개구를 두어 빛을 분리하였다가 재결합시킴으로서 얻어지는 간섭계로서 대표적인 예로서 영의 이중슬릿 간섭계를 생각할 수 있으며, 이에 대한 개략적인 구조를 그림 9.4에 표시하였다.

1) 영의 간섭 실험

단색광원의 평면파가 슬릿 s_0를 통과하면서, 호이겐스(Huygens)의 원리에 의해 한 개의 구면파가 만들어진다. 이때에 슬릿 s_0는 단일광원의 역할을 하게 된다. s_0에 의하여 만들어진 구면파는 모두 한 점에서 나온 빛이므로 슬릿 s_1, s_2를 통과하더라도 서로 간섭성을 갖는다. s_o를 통과한 빛은 슬릿 s_1, s_2에 의하여 두 개로 분리된 후에 스크린 위의 점 P에서 재결합하게 된다. 슬릿 s_1, s_2를 통과한 두 빛이 점 P에서 만날 경우에 두 빛의 광로차는 Δ만큼 차이가 나며, 점 P에서의 빛의 세기는 광로차 Δ에 의하여 결정된다. s_1, s_2에서 점 P까지의 거리를 r_1, r_2라 하면, 광로차는

$$\Delta = |r_2 - r_1| \tag{9.2.1}$$

$$= \left[s^2 + \left(y_m + \frac{a}{2}\right)^2\right]^{1/2} - \left[s^2 + \left(y_m - \frac{a}{2}\right)^2\right]^{1/2}$$

$$\fallingdotseq s + \frac{1}{2s}\left(y_m + \frac{a}{2}\right)^2 - s - \frac{1}{2s}\left(y_m - \frac{a}{2}\right)^2$$

$$= \frac{y_m a}{s}$$

와 같이 표현된다. 이러한 광로차에 따라서 보강간섭과 소멸간섭이 일어나며, 이들에 대한 조건은 아래와 같다.

$$\Delta = m\lambda \cong a\sin\theta \quad (m = 0, \pm 1, \pm 2 \cdots): \text{보강간섭} \tag{9.2.2}$$

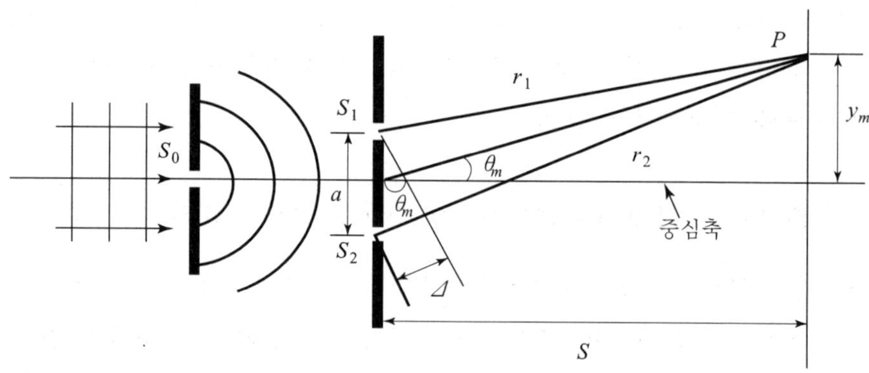

그림 9.4 영의 이중슬릿에 의한 간섭계 구조

$$\Delta = \left(m + \frac{1}{2}\right)\lambda \cong a\sin\theta \quad (m = 0, \pm 1, \pm 2 \cdots): \text{ 소멸간섭} \tag{9.2.3}$$

각 θ에 의해 결정되는 스크린 상의 한 관측점에서의 빛의 세기는 슬릿 s_1, s_2을 통과한 빛의 세기가 같다고 할 때에 식 (9.1.15)에 의하여 결정된다. 이때에 광로차 Δ와 위상차 δ 사이의 관계는

$$\delta = \left(\frac{2\pi}{\lambda}\right)\Delta \qquad ☜\ \lambda : \Delta = 2\pi : \delta \ \Rightarrow\ \lambda\,\delta = 2\pi\,\Delta \tag{9.2.4}$$

로 주어진다. 따라서 스크린상의 한 관측점에서의 빛의 세기는 식 (9.1.15)와 식 (9.2.4)에 의해

$$I = 4I_0\cos^2\left(\frac{\delta}{2}\right) = 4I_0\cos^2\left(\frac{\pi\Delta}{\lambda}\right) = 4I_0\cos^2\left(\frac{\pi a\sin\theta}{\lambda}\right) \tag{9.2.5}$$

으로 표현된다. 하지만, 중심축 근처의 점 P에 대해서는 $s \gg y$이기에 $\sin\theta \fallingdotseq \tan\theta \fallingdotseq y/s$로 근사시킬 수 있으므로, 식 (9.2.5)는

$$I = 4I_0\cos^2\left(\frac{\pi\,a\,y}{\lambda\,s}\right) \tag{9.2.6}$$

와 같이 표현된다. 이 식에 의하면, 스크린 위에서 관측되는 빛의 세기가 최대인 점에서의 밝기는 슬릿의 중심축으로부터의 수직거리($=y$)에 관계없이 일정하게 주어진다. 하지만, 실제로 최대 점의 밝기는 중심축으로부터의 수직거리가 증가함에 따라 감소한다. 그 이유는 2가지로 요약하여 생각할 수 있다. 첫째는 중심축으로부터 멀어짐에 따라 슬릿 s_1, s_2로부터 스크린에 도달하는 광로가 길어지게 된다. 슬릿 s_1, s_2는 간섭무늬를 만드는 2차 파를 발생시키며, 2차 파는 슬릿 s_1, s_2로부터 구면파의 형태로 만들어지므로 파원으로부터 광로가 멀어짐에 따라서 진폭은 감소한다. 이러한 진폭의 감쇄에 의해서 간섭무늬의 최대 밝기는 중심축으로부터 멀어짐에 따라서 감소하게 된다. 두 번째 이유로는 가간섭성의 공간적 한계에 있다. 즉, 빛의 간섭성은 유한한 거리 내에서만 유지되는데, 중심축으로부터 멀어짐에 따라 광로는 길어지므로 두 빛이 간섭할 수 있는 가간섭성이 줄어들기 때문에 간섭무늬의 밝기는 줄어들게 된다. 이러한 두 가지 요인 중에 두 번째의 가간섭성에 기인한 요인이 더 크다. 보강간섭에 대한 조건 식 (9.2.2)로부터 밝은 무늬에 대한 위치는

$$y_m = m\frac{s}{a}\lambda \qquad (m = 0, \pm 1, \pm 2, \cdots) \tag{9.2.7}$$

으로 표현되며, 연속한 밝은 무늬 사이의 간격(Δy)은

$$\Delta y = y_{m+1} - y_m = \frac{s}{a}(m+1)\lambda - \frac{s}{a}(m)\lambda = \frac{\lambda s}{a} \tag{9.2.8}$$

로 주어진다. 식 (9.2.8)을 사용하면, 사용 중인 단색 광원의 파장을 측정할 수 있는데, 한 예로서, 슬릿 사이의 간격(a), 슬릿과 스크린 사이의 거리(s) 및 인접한 밝은 무늬 사이의 거리(Δy)를 측정함으로서 사용 중인 단색 광원의 파장을 측정할 수 있다. 이와 같이 밝고 어두운 간섭무늬를 볼 수 있는 조건은 슬릿 s_1, s_2로부터 스크린에 도달하는 두 빛의 광로차($=\Delta$)가 $\Delta = a\sin\theta \ll \lambda$의 조건을 만족할 경우에 관측되며, $\Delta = a\sin\theta = \lambda/2$인 경우에는 s_1으로부터의 빛의 최대 진폭이 s_2에서 나온 빛의 최소 진폭과 중첩되므로 간섭무늬는 관측되지 않는다(또는 반대의 경우에 대해서도 성립).

영의 실험은 빛의 가간섭성이 우수한 레이저가 발명되기 약 150년 전에 빛의 파동성을 처음으로 설명하여 주었으므로 역사적으로도 중요하다. 가간섭성이 없는 빛을 사용한 영의 간섭 실험에서는 빛의 가간섭성을 부여하기 위하여, 슬릿 s_0를 두 슬릿 s_1, s_2 앞에 둠으로서 s_0가 단일광원의 역할을 하도록 하였다. 따라서 가간섭성이 없는 빛을 사용하여 간섭실험을 수행하기 위해서는 반드시 단일광원의 역할을 하는 슬릿 s_0 가 필요하다. 하지만 레이저와 같이 가간섭성이 좋은 빛을 광원으로 사용하는 경우에는 슬릿 s_0를 따로 두지 않고, 두 개의 슬릿 s_1, s_2만을 사용하여 간섭무늬를 얻을 수 있다.

2) 로이드 거울 간섭계(Lloyd's single mirror interferometer)

간섭무늬는 하나의 광원이 사용되는 경우에만 나타나며, 굴절이나 반사를 이용하여 가상의 광원을 만들 수 있다 (그림 9.5 참조). 이와 같이 굴절이나 반사에 의해 만들어진 가상의 광원과 실제의 광원은 간섭무늬를 만들 수 있는 두 개의 광원(영의 실험에서는 슬릿 s_1, s_2로부터의 두 광원)으로서 사용될 수 있다. 이러한 예 중의 하나로 로이드 거울간섭계가 있으며, 그림 9.5에 도식적으로 나타내었다. 광원으로부터의 빛이 거울 또는 유전체 판에 의하여 일부는 반사되고($=r_2$) 일부는 스크린상의 관측점에 직접 도달한다 ($=r_1$).

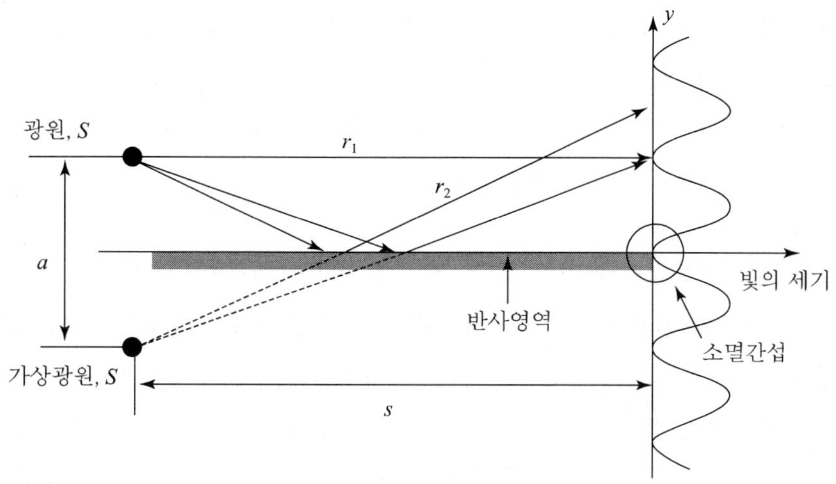

그림 9.5 로이드 거울 간섭계

반사된 빛의 광원은 거울의 상점에 있는 가상의 광원으로부터 나오는 빛이라고 간주할 수 있다. 이와 같이 실제의 광원과 상에 의한 가상의 광원은 Young의 간섭실험에서와 같이 두 개의 슬릿 s_1, s_2로부터 나오는 빛과 같은 역할을 한다. 물론 여기서 수식적인 취급은 Young의 실험과 동일하나, 한 가지 고려해야 할 것은 반사면(거울이든 유전체이든 마찬가지)에서의 반사에 의해서 생기는 위상변화(π)를 고려해야 하며, 이러한 위상의 변화는 실제광원으로부터 스크린 위의 관측점에 도달하는 광원과 반사광원 사이의 광로차에 $\lambda/2$를 더해주면 된다. 영의 실험에서 광로차가 파장의 정수 배이면 보강간섭이 일어나므로 로이드 거울 간섭계에서 보강간섭이 일어날 조건은

$$r_1 + \lambda/2 - r_2 = m\lambda \Rightarrow r_1 - r_2 = \frac{(2m-1)}{2}\lambda \quad (m = 1,\ 2,\ 3 \cdots) \tag{9.2.9}$$

이 된다. $r_1 - r_2$의 값은 광축으로부터 가까운 곳에서는 근사적으로

$$r_1 - r_2 = \frac{y_m a}{s} \tag{9.2.10}$$

이 되므로, 식 (9.2.9)는

$$\frac{y_m a}{s} = \frac{(2m-1)}{2}\lambda \quad \Rightarrow \quad y_m = \frac{(2m-1)}{2}\frac{s}{a}\lambda \quad (m = 1,\ 2,\ 3 \cdots) \tag{9.2.11}$$

와 같이 표현되며, 이러한 조건을 만족하는 곳에서 밝은 무늬를 보게 된다.

Young의 실험에서는 두 슬릿으로부터의 광로차가 '0'이 되는 광축 위에서 최대 밝기를 가지나, Lloyd 거울에서는 최솟값을 가지게 된다. 그 이유는 광로차는 '0'이 되지만 반사에 의해서 π만큼의 위상차가 부가적으로 발생하기 때문이다. 따라서 $y_m = 0$ 에서는 어두운 무늬(dark fringe)를 관찰하게 된다.

3) 프레넬 이중 거울간섭계(Fresnel's double mirror interferometer)

프레넬 이중 거울간섭계는 그림 9.6에서와 같이 스크린에서 보았을 때의 가상광원 1, 2가 광원으로 작용하여 간섭무늬를 만든다. 이때에 간섭무늬를 만드는 2개의 광원은 실제로 하나의 동일 광원이므로 서로 간에 동일한 위상 관계를 가지면서 가간섭성을 유지하게 된다. 그림 9.6의 광원 S는 슬릿형태로 되어 있어 슬릿에서 나온 원통형의 파면이 반사거울 1, 2에 의해 반사된다. 간섭무늬는 두 거울로부터 반사된 빛이 중첩되는 곳에 생기게 된다. 두 거울에 의해서 생긴 광원 S의 상은 거리가 a 만큼 떨어져 있으면서 간섭성을 가지는 두 개의 광원으로 생각할 수 있다. 평면거울에 대한 반사의 법칙으로부터 $\overline{SA} = \overline{S_1A}$ 와 $\overline{SB} = \overline{S_2B}$ 이 성립하므로 $\overline{SA} + \overline{AP} = r_1$ 와 $\overline{SB} + \overline{BP} = r_2$ 와 같다. 두 광선에 대한 광 경로차이는 $|r_2 - r_1|$이 되는데, $|r_2 - r_1| = m\lambda$ 을 만족하는 위치에 밝은 간섭무늬가 생긴다. 반사에 의한 두 광원이 반사면에서 똑같이 π 만큼의 위상차를 가져오므로 두 가상 광원의 경로차가 파장의 정수배이면, 보강간섭이 일어난다. 간섭무늬들 사이의 간격은

$$\Delta y = \frac{s}{a}\lambda \tag{9.2.12}$$

로 주어지며, 여기서 s는 가상 광원 1, 2가 이루는 면과 스크린 사이의 거리이다. 그림 9.6(a)에서 두 거울 사이의 각 α를 크게 그린 것은 기하학적 구조를 보다 명확하게 표현하기 위함이다. 하지만, 2광선 각각에 대한 전기장 벡터들이 평행이거나 거의 평행이 되어야 간섭무늬가 형성되므로 두 거울 사이의 각 α는 매우 작다. 2개의 가상광원으로부터 나와서 진행하는 빛에 대한 전기장 벡터를 각각 $\overrightarrow{E_1}$, $\overrightarrow{E_2}$라고 할 때에, 공간내의 임의의 한 점 P에서 임의의 순간에 이들 전기장 벡터들은 지면에 수직한 성분과 수평한 성분으로 분해가능하다[그림 9.6(b) 참조]. 가상 광원 1, 2에서 나온 두 빛에 대한 파수 벡터를 $\overrightarrow{k_1}$, $\overrightarrow{k_2}$라고 할 때에 이들은 각각 $\overline{AP}$ 및 $\overline{BP}$에 평행하다. 따라서 문제를 간단히 하기 위하여 점 P를 향해 진행하는 두 빛의 전기장 벡터 $\overrightarrow{E_1}$, $\overrightarrow{E_2}$가 지면에 놓여 있다고

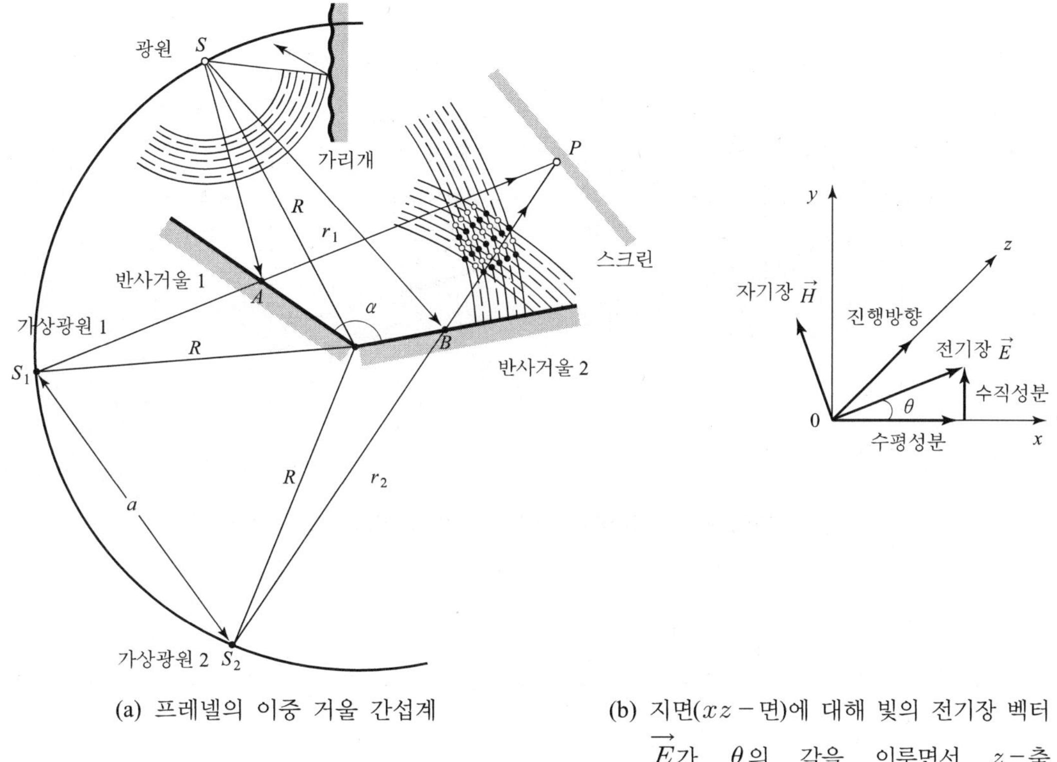

(a) 프레넬의 이중 거울 간섭계

(b) 지면(xz－면)에 대해 빛의 전기장 벡터 $\vec{E}$가 θ의 각을 이루면서 z－축 방향으로 진행하는 모습

그림 9.6 프레넬 이중 거울 간섭계

가정하자. 이때에 전기장 벡터 $\vec{E_1}$, $\vec{E_2}$가 평행을 이루기 위해서는 두 거울 사이의 각 α는 작아야 한다. 극단적으로 생각해서 α가 90°라면 두 빛의 전기장이 서로 직각을 이루게 되므로 간섭은 일어나지 않는다. 따라서 간섭이 잘 일어나기 위해서는 두 거울이 이루는 각, α가 작아야 한다.

4) 프레넬 이중 프리즘간섭계(Fresnel's biprism interferometer)

프레넬 이중 프리즘간섭계는 거울 대신에 그림 9.7에서 보여주는 바와 같이 이중 프리즘을 사용하여 간섭무늬를 얻는다. 물론 이때에 실제의 광원은 하나이며, 프리즘에 의한 두 개의 가상 광원 1, 2에 의해 간섭무늬를 얻는다. 이러한 간섭무늬들은 프리즘의 중간 상단과 하단부에서 굴절된 빛들에 의해 스크린 위에서의 중첩되는 영역에 걸쳐 생기게 된다. 프리즘의 굴절률 n과 최소 편이각 δ_m 사이의 관계는 다음과 같다.

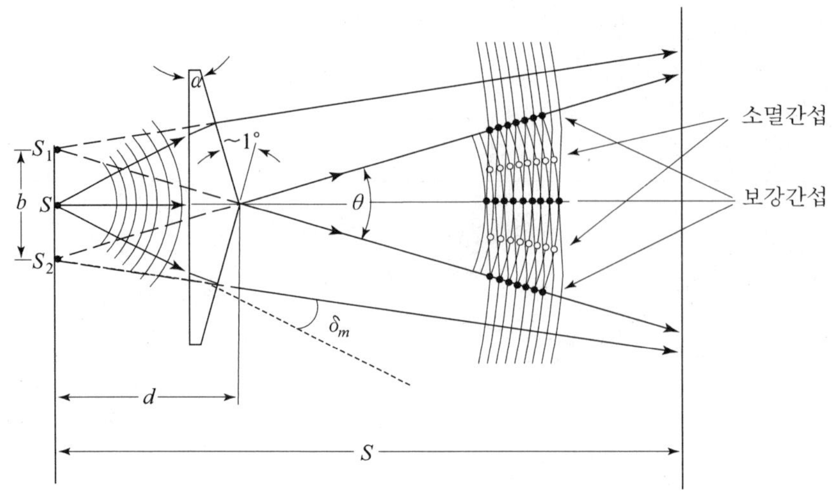

그림 9.7 프레넬의 이중 프리즘에 의한 간섭

$$n = \frac{\sin\left(\frac{\delta_m + \alpha}{2}\right)}{\sin\frac{\alpha}{2}} \approx \frac{\left(\frac{\delta_m + \alpha}{2}\right)}{\frac{\alpha}{2}} = \frac{\delta_m + \alpha}{\alpha} \quad (\text{최소 편이각 } \delta_m = (n-1)\alpha) \tag{9.2.13}$$

이다. 한편, 가상광원 사이의 거리(b)는 근사적으로 $b = 2d\tan\delta_m \simeq 2d\delta_m = 2d(n-1)\alpha$와 같이 주어지며 광원에서 화면까지의 거리는 $L = s$다. 따라서 이를 Young의 간섭실험에서 밝은 무늬에 대한 위치를 나타내는 식 (9.2.7)과 비교하면 프레넬 이중 프리즘간섭계에 의한 간섭무늬의 밝은 무늬에 대한 위치는

$$y_m = m\frac{L}{b}\lambda = m\frac{s\lambda}{2d(n-1)\alpha} \quad (m \text{ 번째 차수의 밝은 무늬 위치}) \tag{9.2.14}$$

와 같이 주어짐을 알 수 있다.

9.2.2 진폭분할 간섭계(Amplitude splitting interferometer)

진폭분할 간섭계는 입사하는 하나의 빛을 빛살 가르개(beam splitter)를 사용하여 서로 다른 방향으로 진행하는 두 개의 빛으로 나눈 후에 다시 중첩시킴으로서 간섭무늬를 얻는 간섭계이다. 여기에 속하는 대표적인 것으로는 마이켈슨 간섭계, 뉴톤 고리 간섭계(Newton ring interferometer)를 들 수 있다.

1) 마이켈슨 간섭계(Michelson interferometer)

마이켈슨 간섭계의 기본 구조는 그림 9.8에 보여준 바와 같으며 광원으로는 나트륨, 수소 등의 선 스펙트럼(line spectrum) 광원을 사용한다. 광원과 빛살 가르개 사이에 확산판을 두는데 그 이유는 빛의 세기를 공간적으로 균일하게 만들기 위함이다. 빛살 가르개에 의하여 입사하는 빛은 둘로 나눠지며, 이 중 하나는 거울 C쪽으로 투과되며, 나머지 하나는 거울 D로 반사된다. 거울 C, D는 빛을 A로 되돌리는 기능을 하며, A에서 재결합된 빛들은 간섭무늬가 관찰되는 E로 향하게 된다. 두 개의 거울 중 하나(그림 9.8에서 반사거울 1)는 광축을 따라서 이동시킬 수 있게끔 설치된다. 그림 9.8에서와 같이 A에서 반사된 빛이 빛살 가르개의 뒷면에서 반사될 경우에 D에서 반사된 빛은 A를 세 번 통과하는 반면에 C에서 반사된 빛은 한 번만 A를 통과한다. 이러한 차이를 없애기 위하여 보상판 B를 반사거울 C와 빛살 가르개 A 사이에 둠으로서 두 빛에 대한 광 경로를 같게 한다. 하지만 레이저와 같은 가간섭성 광원을 사용하면, 가간섭 길이가 길기 때문에 보상판을 사용하지 않아도 간섭무늬의 관측에는 어려움이 없다. 여기서 보상판의 두께는 빛살 가르개의 두께와 같다. 지점 E에서 간섭계를 볼 경우에 거울 D와 함께 거울 C에 의한 상 C′을 보게 된다. 두 거울의 위치에 따라서 C′의 위치는 거울 D의 앞, 뒤 또는 D와 정확히 일치하게 된다. C′과 D가 정확히 일치하는 경우에는 간섭계에서 두 빛의 광 경로 길이가 같지만, 그렇지 않은 경우에는 차이가 생기며, 이때에 C′와 D 사이의 차이를 d라 하자.

그림 9.9에서와 같이 관측자가 광축에서 θ의 각도만큼 벗어난 각도에서 간섭계를 볼 경우에 관측자는 C′에서 반사된 이미지 S′와 D로부터 반사된 이미지 S″를 보게 된다.

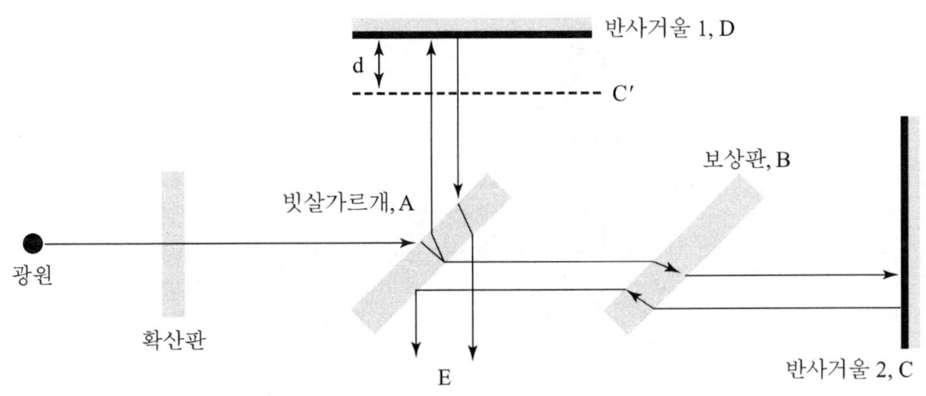

그림 9.8 마이켈슨 간섭계의 구조

광축을 따라 보았을 경우에 S′와 S″의 차이는 정확히 $2d$가 되지만, θ 의 각도에서 관찰하므로 S′와 S″의 차이는 줄어들게 된다. 즉, $\Delta = 2d\cos\theta$ 로 주어진다. Δ가 파장의 정수배만큼 차이가 나는 경우에

$$2d\cos\theta = m\lambda \quad \Rightarrow \quad \cos\theta = m\frac{\lambda}{2d} \tag{9.2.15}$$

이 되며, 이는 마이켈슨 간섭계의 어두운 간섭조건이 된다. 주어진 d, m 및 파장 λ에 대해서 θ의 값이 동일하므로 간섭무늬는 회전대칭을 이루게 되어 원형 모양을 가지게 된다.

일반 간섭계의 경우에 파장의 정수배가 되는 조건하에서 밝은 무늬를 주지만, 마이켈슨 간섭계의 경우는 어두운 무늬를 준다. 그 이유로는 공기와 유리의 굴절률에 기인하는데 굴절률이 작은 공기에서 굴절률이 큰 유리로 입사할 경우에 π만큼의 위상차를 가져오지만, 유리에서 공기로 빛이 입사할 경우에는 위상차의 변화를 가져오지 않기 때문이다. 즉, 반사거울 C로 향했다가 E로 돌아오는 빛은 두 번 π만큼의 위상차를 가져오지만, 반사거울 D로 향했다가 E로 오는 빛은 단지 한번 π만큼의 위상차를 가져오게 되어 파장의 정수배만큼 위상차가 나는 경우는 어두운 무늬를 보게 된다. 또한 식 (9.2.15)로부터 알 수 있듯이 동일 차수의 간섭무늬는 d가 작을수록 간섭무늬의 반경이 증가함을 알 수 있다. 마이켈슨 간섭계의 많은 응용 중의 하나는 기체의 굴절률 측정이다. 기체의 굴절률을 측정하기 위하여 진공으로 된 셀(cell)을 광로 중의 하나에 두고 간섭무늬를 관찰하고, 셀에 측정할 기체를 흘러주면 광로의 변화가 발생하게 된다. 이러한 광로차의 발생에 의해 간섭무늬의 이동이 발생하게 되는데 이동된 간섭무늬의 수는 광로의 변화에 기인하므로 이로부터 기체의 굴절률을 측정할 수 있다.

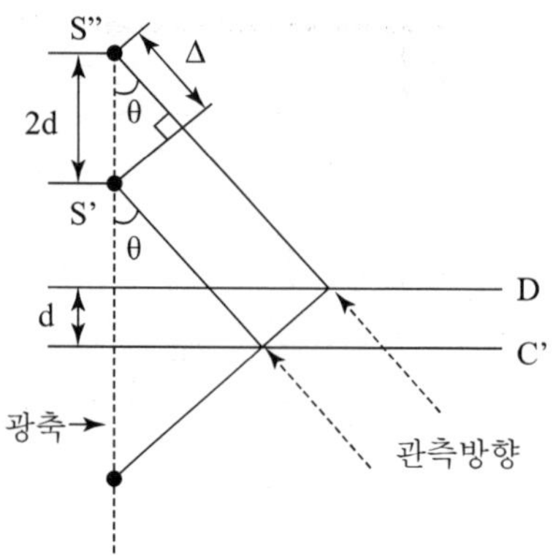

그림 9.9 Michelson 간섭계를 광축에서 벗어난 방향에서 본 경우

2) 쐐기형 박막의 간섭무늬

두 개의 유리판(예를 들면, 현미경용 슬라이드 유리)을 그림 9.10과 같이 작은 각도 α 를 이루도록 놓는다. 이때에 입사하는 빛은 첫 번째 판의 윗면과 아래 면에서 반사하게 된다. 마찬가지로 첫 번째 판을 통과하여 두 번째 유리판에 도달한 빛도 둘째 판의 윗면과 아래 면에서 반사를 일으키게 된다. 반사된 모든 빛들이 중첩되면, 각 성분의 광로차에 따라서 간섭무늬를 만들게 된다. 반사된 모든 빛을 다루기는 복잡하므로, 두 평행 유리판 사이의 공기층이 있는 경계면상에서의 반사에 의한 반사파만을 고려하고 두 반사파의 진폭은 동일하다고 하자. 두 판의 접촉점에서 x만큼 떨어진 곳에서의 반사파 ①과 반사파 ②의 경로차는 $2d(x)$가 된다. 하지만 반사파 ①의 경우는 밀한매질에서 소한매질로 입사하므로 위상의 변화를 가져오지 않는 데 비하여, 반사파 ②는 소한매질에서 밀한매질로 입사 시에 반사되는 경우로 π만큼$(=\lambda/2)$의 위상 변화를 가져온다. 따라서 이러한 것을 고려할 때에 두 반사파 ①, ②가 보강 간섭을 일으킬 조건은

$$2d(x)+\frac{\lambda}{2}=m\lambda \Rightarrow 2x\tan\alpha+\frac{\lambda}{2}=m\lambda\ (m=1,\ 2,\ \cdots) \tag{9.2.16}$$

이 되는데 $x \geq 0$이므로 $m=0$인 경우는 배제된다. 한편, 소멸간섭에 대한 조건은

$$2x\tan\alpha+\frac{\lambda}{2}=\left(m+\frac{1}{2}\right)\lambda\ (m=0,\ 1,\ 2,\ \cdots) \tag{9.2.17}$$

와 같이 된다.

두 판의 접촉점으로부터 보강 간섭무늬가 나타나는 위치까지의 거리는 식 (9.2.16)에 의하여

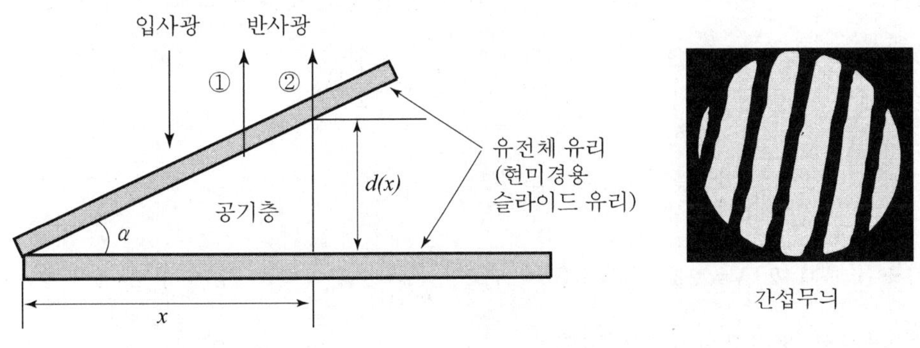

그림 9.10 피죠 간섭계의 구조와 간섭무늬

$$x = \frac{\left(m - \frac{1}{2}\right)\lambda}{2\tan\alpha} \qquad m = 1, 2, 3 \cdots \tag{9.2.18}$$

이 되며, 소멸 간섭에 대해서는

$$x = \frac{m\lambda}{2\tan\alpha} \qquad m = 0, 1, 2, \cdots \tag{9.2.19}$$

이 된다. 따라서 접촉점, 즉 $m = 0$인 곳에서는 어두운 무늬가 나타난다. 식 (9.2.17)과 식 (9.2.18)로부터 알 수 있듯이 밝은 무늬 또는 어두운 무늬 사이의 간격은 차수 m 에 관계없이 일정함을 알 수 있다. 이러한 결과를 뉴톤의 고리 간섭계의 결과와 비교하는 것은 흥미로운 일이다.

3) 뉴톤 고리 간섭계(Newton ring interferometer)

뉴톤 고리 간섭계의 원리는 피조 간섭계와 거의 동일하며, 큰 곡률 반경을 가지는 구면을 평면에 접촉시킨 후에 수직 조명을 이용하여 간섭무늬를 얻는다. 뉴톤 고리 간섭계의 원리를 개략적으로 그림 9.11에 나타내었다.

한편, 그림 9.11(b)로부터, 관계식 $R^2 = x^2 + (R - d)^2$이 얻어지며, $R \gg x, d$를 가정하면,

$$x^2 = 2Rd - d^2 \fallingdotseq 2Rd \quad \Rightarrow \quad d = \frac{x^2}{2R} \tag{9.2.20}$$

이 된다. 따라서 d 의 왕복 거리($= 2d$)가 $\left(m + \frac{1}{2}\right)\lambda_0$ 되는 지점에 보강 간섭무늬가 나타난다. 만약에 구면과 아래의 평면 사이에 굴절률이 n인 물질로 채워져 있다면,

$$2nd_m = \left(m + \frac{1}{2}\right)\lambda_0 \tag{9.2.21}$$

※ $n = \frac{c}{v} = \frac{f\lambda_0}{f\lambda} = \frac{\lambda_0}{\lambda} \Rightarrow \lambda = \frac{\lambda_0}{n}$

※ $(m + 1/2)\lambda = 2d_m \quad \Rightarrow \quad (m + 1/2)\frac{\lambda_0}{n} = 2d_m \quad \Rightarrow \quad (m + 1/2)\lambda_0 = 2nd_m$

인 곳에서 보강간섭이 일어난다.

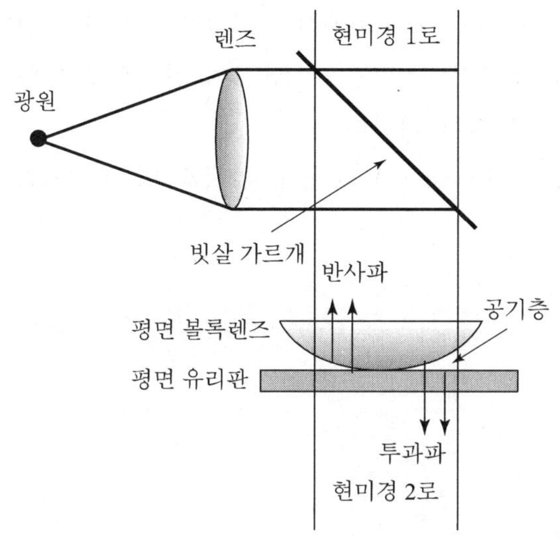

(a) 뉴톤 고리 간섭계의 구조

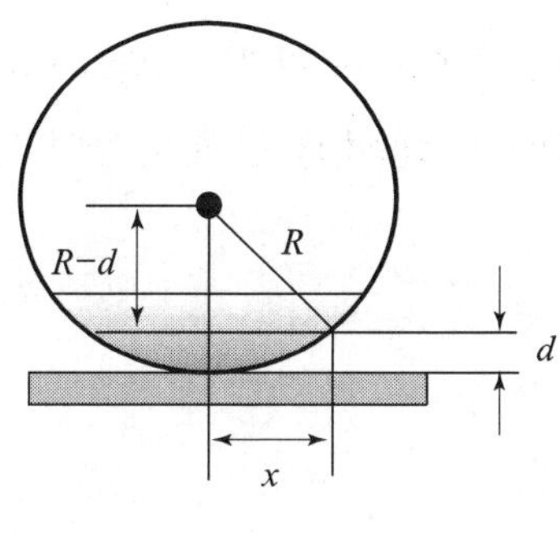

(b) 뉴톤 고리 형성에 대한 기하학적 구조

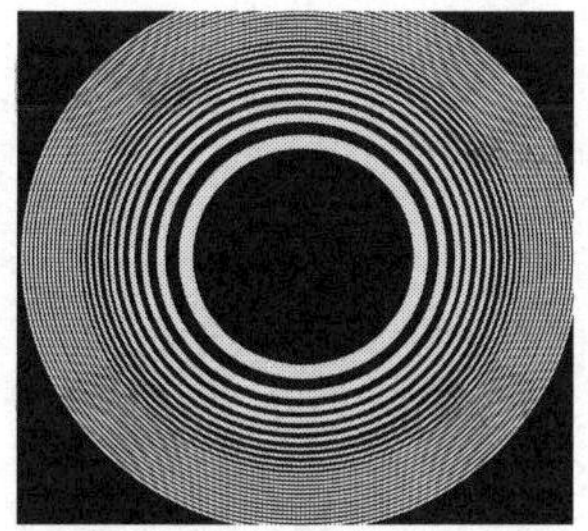

(c) 뉴톤 고리 간섭계의 간섭무늬

그림 9.11

보강간섭이 일어나는 지점의 반경을 식 (9.2.20)과 식 (9.2.21)을 이용하여 구하면,

$$x_m = \left[\left(m + \frac{1}{2}\right)\frac{\lambda_0}{n}R\right]^{1/2} \quad m = 0,\ 1,\ 2,\ 3\cdots \tag{9.2.22}$$

※ $x_m^2 = 2Rd_m = 2R \cdot \dfrac{\lambda_0}{2n}(m + 1/2) = (m + 1/2)\dfrac{\lambda_0 R}{n} \Rightarrow x_m = \left[(m + 1/2)\dfrac{\lambda_0 R}{n}\right]^{1/2}$

이 된다. 식 (9.2.21)로부터 알 수 있듯이 뉴톤 고리 간섭무늬의 반경이 차수의 제곱근에 비례하므로 차수가 높아질수록 어두운 무늬 사이의 간격이 좁아짐을 알 수 있다. 이는 피죠 간섭계에 있어서 어두운 무늬 사이의 간격이 일정한 현상과는 대조되는 현상이다.

뉴톤 고리 간섭계에 의해 생긴 간섭무늬를 보여주는 그림 9.11(c)를 보면 중앙에 어두운 무늬가 나타나는 것을 볼 수 있는데 이는 그림 9.11(a)에서 반사광을 이용하여 현미경 1로 관찰한 간섭무늬를 나타낸 것이다. 반면에 투과광을 이용하여 현미경 2로 관찰된 간섭무늬는 이와 반대로 중앙에 밝은 무늬가 나타난다.

이 외에도 트위만-그림(Twyman-Green) 간섭계, 자민(Jamin) 간섭계 및 마크-젠더(Mach-Zehnder) 간섭계 등이 있다.

참고문헌

1. Eugene Hecht, Optics. 2nd ed. Addison-Wesley Publishing Company, Inc, 1990.
2. 서울대학교 광학연구회, 현대광학, ㈜ 교문사, 1996.

CHAPTER 10

다중반사에 의한 간섭

10.1 다중반사

9장에서는 두 빛의 중첩에 의한 간섭만을 취급하였다. 피죠 간섭계나 뉴톤 고리 간섭계와 같은 경우에 실제의 빛은 두 반사면 사이에서 여러 번 반사를 일으킬 수 있지만, 각 반사면에서의 반사율이 수%에 불과하다면, 첫 회 이상의 반사에 의한 효과는 무시할 수 있다. 하지만 각 면에서의 반사율을 무시할 수 없을 경우에는 다중반사에 의한 효과를 고려하여야 한다. 이러한 다중반사에 의한 효과를 다루기 위한 가장 일반적인 경우는 진폭 분할에 의한 간섭으로서 그림 10.1에서 보여주는 바와 같이, 일정한 두께를 가지며 각 면에서 부분 반사를 일으키는 평행판(두께가 얇은 필름의 양쪽 면)을 생각할 수 있다.

그림 10.1에서와 같이 진폭 E_0를 가진 빛이 두 평행판에 입사하면서 왼쪽 면에 부딪치면 매질의 변화에 의하여 일부는 반사되고 일부는 투과하게 되는데, 투과된 빛은 두 면 사이의 내부에서 반사와 투과를 여러 번 반복하게 된다. 이때, 각 면에서의 반사율과 투과율을 각각 r, t라 하고 두 평행판 사이에서의 흡수는 일어나지 않는다고 가정하면 두 평행판을 통과한 광선1과 광선2 사이의 진행경로의 차이 l은

$$l = BC\cos 2\theta + BC = 2BC\cos^2\theta \tag{10.1.1}$$

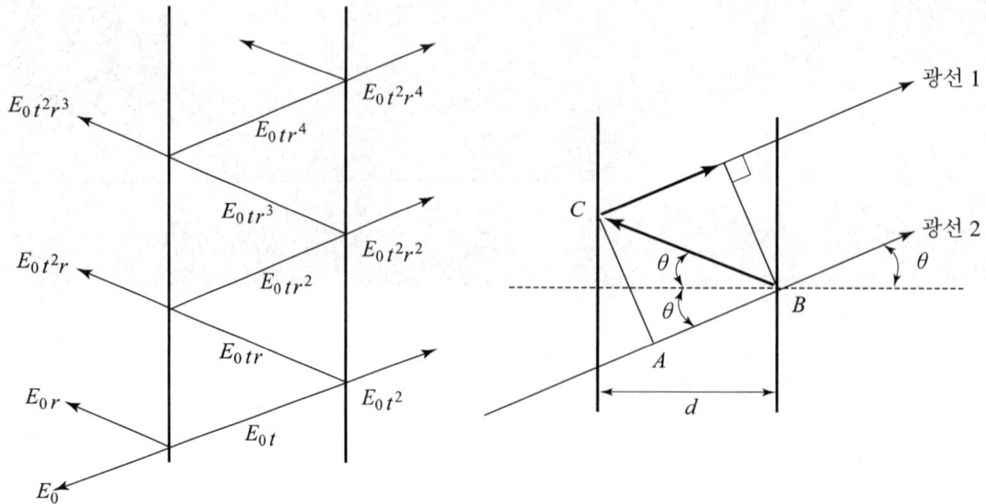

(a) 두 평행 반사면 사이에서의 다중 반사 (b) 연속하는 두 광선 사이의 경로차

그림 10.1 다중 반사와 광 경로차

이다. 박막의 두께 $d = BC\cos\theta$를 고려하면, 진행경로의 차이는

$$l = 2BC\cos^2\theta = 2dcos\theta \tag{10.1.2}$$

이 되므로 진행경로의 차이에 의한 위상의 변화 δ는

$$\delta = kl = k\,2dcos\theta = \frac{2\pi}{\lambda}2d\cos\theta = \frac{4\pi}{\lambda_0}nd\cos\theta\left(n = \frac{c}{v} = \frac{\lambda_0 f}{\lambda f} = \frac{\lambda_0}{\lambda} \quad \Rightarrow \frac{1}{\lambda} = \frac{1}{\lambda_0}n\right) \tag{10.1.3}$$

와 같이 표현된다. 여기서 λ_0는 진공 중에서의 빛의 파장이며, n은 두 평행판 사이에 있는 매질의 굴절률이다. 이러한 위상의 변화를 $e^{i\delta}$로 나타내고 박막을 통과한 빛을 모두 합하여 E_{tot}로 나타내어 이를 각 표면에서의 반사계수(r)와 투과계수(t)로 표현하면 다음과 같다. 즉, 박막을 통과한 모든 빛에 대한 전기장은

$$E_{tot} = E_0t^2 + E_0t^2r^2e^{i\delta} + E_0t^2r^4e^{2i\delta} + \cdots \tag{10.1.4}$$

$$= E_0t^2[1 + r^2e^{i\delta} + r^4e^{2i\delta} + \cdots\cdots]$$

$$\therefore\ E_{tot} = \frac{E_0t^2}{1 - r^2e^{i\delta}}(\because\ r^2e^{i\delta} < 1:\ \text{등비급수}) \tag{10.1.5}$$

와 같이 표현된다. 따라서 투과한 빛의 세기는

$$I_{tot} = |E_{tot}|^2 = I_0 \frac{|t|^4}{|1 - r^2 e^{i\delta}|^2} \tag{10.1.6}$$

이 되며, $I_0 = |E_0|^2$는 입사하는 빛의 세기이다. 그런데 빛이 굴절률이 큰 유전체 매질에서 작은 매질로 입사하는 경우에는 위상의 변화가 없으나, 반대의 경우에는 π만큼의 위상 변화를 가져온다. 하지만 금속필름의 경우에 위상의 변화는 임의의 값을 가질 수 있다. 따라서 r은 일반적으로 복소수가 되어 $r = |r| e^{i\delta_r/2}$와 같이 표현되며, $\delta_r/2$은 한번 반사할 때에 생기는 위상의 변화이다. 한편, 한 면에서의 반사율(R) 과 투과율(T)은 반사계수(r)와 투과계수(t)의 공액 복소수의 곱으로

$$R = rr^* = |r|^2 , \ \ T = tt^* = |t|^2 \tag{10.1.7}$$

와 같이 표현된다. 이를 이용하여 식 (10.1.6)을 다시 쓰면

$$\therefore I_{tot} = I_0 \frac{T^2}{|1 - Re^{i\Delta}|^2}, \quad \Delta = \delta + \delta_r \tag{10.1.8}$$

와 같이 되며, 두 개의 이웃하는 연속 광선에 대한 총 위상차 Δ는 반사에 의한 위상변화(δ_r)와 경로 차에 의한 위상변화(δ)를 포함한 전체 위상변화이다. 식 (10.1.8)에서의 분모는

$$\begin{aligned} |1 - Re^{i\Delta}|^2 &= (1 - Re^{i\Delta})(1 - Re^{-i\Delta}) \\ &= 1 - R(e^{i\Delta} + e^{-i\Delta}) + R^2 \\ &= (1 + R^2) - 2R\cos\Delta \\ &= (1 - 2R + R^2) + 2R(1 - \cos\Delta) \\ &= (1 - R)^2 + 4R\sin^2\frac{\Delta}{2} \\ &= (1 - R)^2 \left[1 + \frac{4R}{(1 - R)^2}\sin^2\frac{\Delta}{2}\right] \end{aligned} \tag{10.1.9}$$

와 같이 표현이 가능하다. 한편, 이를 식 (10.1.8)에 대입하여 통과한 빛의 총 세기를 구하면

$$I_{tot} = I_0 \frac{T^2}{(1-R)^2}\left[1 + \frac{4R}{(1-R)^2}\sin^2\frac{\Delta}{2}\right]^{-1} \tag{10.1.10}$$

$$= I_0 \frac{T^2}{(1-R)^2}[1 + F\sin^2\frac{\Delta}{2}]^{-1}$$

와 같이 표현되며, $F = \frac{4R}{(1-R)^2}$는 간섭무늬의 선명도를 나타내는 양으로 피네스 계수(coefficient of finesse)라 한다. 이러한 피네스 계수는 '0'부터 무한대까지의 값을 가질 수 있으며, 거울의 반사율이 클수록 커지며 완전 반사의 경우($R = 1$)에는 무한대의 값을 가지게 되며, 그림 10.2에서 보여주는 바와 같이 투과영역에서의 폭은 매우 좁아지게 된다. 앞에서 가정한 것처럼 두 반사면 사이에서 빛의 흡수가 없다고 가정하면 $T = 1 - R$의 관계가 성립하므로, 식 (10.1.10)의 양변을 I_0로 나누면 입사광의 투과율이

$$\frac{I_{tot}}{I_0} = \frac{1}{\left[1 + F\sin^2\frac{\Delta}{2}\right]} \tag{10.1.11}$$

와 같이 주어지며 식 (10.1.11)로 주어진 함수를 에어리 함수(Airy function)라 부른다. 그림 10.2에 Δ의 함수로서 여러 R값에 대한 에어리 함수의 일반적인 특성을 나타냈으며, 그림 10.2 및 식 (10.1.11)로부터 알 수 있듯이 R값에 관계없이 $\sin^2\Delta/2 = 0$이 되는 조건하에서 투과율이 100 %, 반사율이 0 %가 됨을 알 수 있다. 투과율이 최대가 되기 위한 조건은 $\sin^2\Delta/2 = 0$으로서 위상 값은 $\Delta/2 = N\pi$ (N: 정수)인 경우이다. 이는 식 (10.1.3)과 $\Delta = \delta + \delta_r$로부터

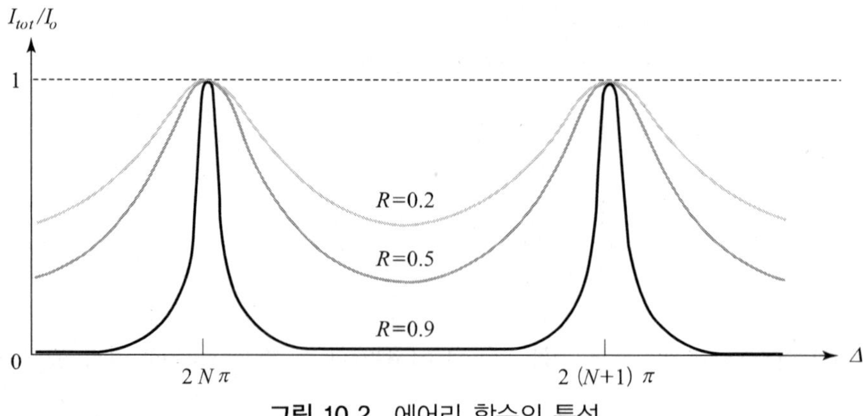

그림 10.2 에어리 함수의 특성

$$2N\pi = \frac{4\pi}{\lambda_0} nd\cos\theta + \delta_r \text{ (경로 차와 반사에 의한 위상변화)} \qquad (10.1.12)$$

에 해당됨을 알 수 있으며, N은 간섭의 차수라고 한다.

지금까지는 두 반사면이 동일하다고 가정하였는데, 일반적인 경우에 반사계수는 같지 않으므로 $r_1 = |r_1| e^{i\delta_1}$, $r_2 = |r_2| e^{i\delta_2}$ 와 같이 표현이 가능하다. 이 경우에 투과율과 반사율은

$$T = |t_1||t_2| = \sqrt{T_1 T_2} \qquad (10.1.13)$$

$$R = |r_1||r_2| = \sqrt{R_1 R_2}$$

$$\delta_r = \frac{\delta_1 + \delta_2}{2}$$

와 같이 표현된다.

입사하는 빛의 최대 투과율과 최소 투과율은 Δ가 '0' 또는 'π'인 경우로

$$\left[\frac{I_{tot}}{I_0}\right]_{\max} = \frac{T^2}{(1-R)^2} \text{ : 최대 투과되는 경우 } (\Delta = 0\text{일 때}) \qquad (10.1.14a)$$

$$\left[\frac{I_{tot}}{I_0}\right]_{\min} = \frac{T^2}{(1+R)^2} \text{ : 최소 투과되는 경우} (\Delta = \pi\text{일 때}) \qquad (10.1.14b)$$

이 됨을 식 (10.1.8)과 식 (10.1.9)로부터 알 수 있다. 따라서 두 반사면 사이에 있는 매질에서 빛의 흡수가 없는 경우에 최대 투과율은 '1'이 되므로, 반사율이 거의 '1'에 가깝다하더라도 투과된 빛에 의한 간섭의 최대 세기는 입사되는 빛의 세기와 같아진다.

일반적으로 두 반사면 사이의 매질 내에서 빛의 일부가 흡수되는 경우에 에너지의 보존 법칙에 의하여

$$A + R + T = 1 \qquad (10.1.15)$$

이 되며 A는 두 반사면 사이의 매질에 의한 빛의 흡수율을 의미한다. 따라서 이 경우에 최대 투과율은

$$\left[\frac{I_{tot}}{I_0}\right]_{\max} = \left[\frac{1-A-R}{1-R}\right]^2 \qquad (10.1.16)$$

와 같이 표현된다.

한 예로서 공기 중에 있는 굴절률이 n인 박막에 빛이 수직($\theta = 0$)으로 입사하는 경우를 고려하여 보자(그림 10.3 참조). 그림 10.3에서 투과한 빛은 투과광 1 및 투과광 3을 생각할 수 있다. 투과광 1과 투과광 3 사이의 차이는 경로차에 의한 위상차만을 고려하면 된다. 투과광 3의 경우는 반사광 3이 반사면 2를 통과한 빛으로 매질내부에서 2번 반사를 하였으나 매질 내부의 굴절률이 주위의 공기의 굴절률보다 높아 반사와 연관된 위상의 변화는 일어나지 않기 때문이다. 따라서 투과한 빛들 사이의 위상차는 박막 내부에서의 반사에 기인한 광 경로차에 의한 위상만을 고려하면 된다.

① 위상차 $\Delta = 2\pi$인 경우:

$$2\pi = \frac{4\pi}{\lambda_0} nd\cos\theta + \delta_r = \frac{4\pi}{\lambda_0} nd + 0 = \frac{4\pi}{\lambda_0} nd \;\Rightarrow\; nd = \frac{\lambda_0}{2} \qquad (10.1.17)$$

즉, 이러한 조건하에서 최대 투과가 일어나며, 이는 박막에 의한 광학적 두께(박막의 두께에 굴절률을 곱한 값)가 진공 중에서의 빛의 파장의 1/2인 경우에 해당된다.

② $\Delta = \pi$인 경우:

$$\pi = \frac{4\pi}{\lambda_0} nd\cos\theta + \delta_r = \frac{4\pi}{\lambda_0} nd + 0 = \frac{4\pi}{\lambda_0} nd, \;\Rightarrow\; nd = \frac{\lambda_0}{4} \qquad (10.1.18)$$

즉, 이러한 조건하에서 투과율은 최소가 되며, 박막의 광학적 두께가 진공에서의 빛의 파장의 1/4인 경우이다.

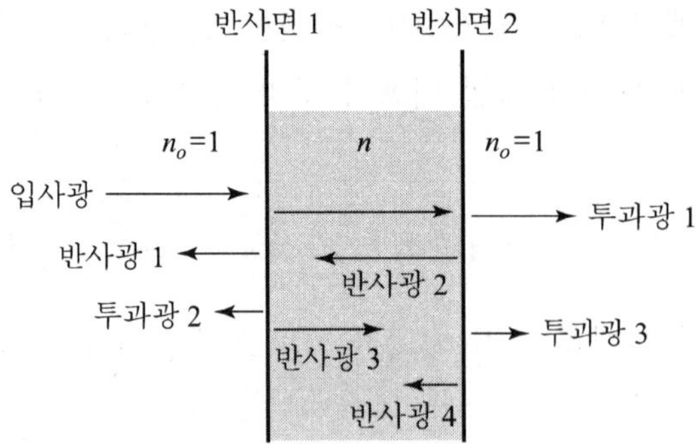

그림 10.3 얇은 박막에 수직 입사한 경우에 입사, 반사 및 투과광

10.2 패브리-페롯(Fabry-Perot) 간섭계

패브리-페롯 간섭계는 두 개의 평행 반사판에 의해 투과된 빛들의 다중간섭을 이용하는 간섭계로서, 빛의 정확한 파장 측정, 초미세 스펙트럼의 분석을 비롯하여 레이저의 공명기(cavity)로서 사용되며 현존하는 가장 정확한 간섭계이다. 그림 10.4에 패브리-페롯 간섭계의 개략적인 구조를 나타내었다. 패브리-페롯 간섭계는 기본적으로 부분반사를 일으키는 두 개의 평행한 유리나 결정(quartz)판으로 구성되어 있으며, 두 평행판의 간격이 고정된 고정형[그림 10.4(a)]과 기계적으로 두 판 사이의 간격을 변화시킬 수 있는 가변형[그림 10.4(b)]으로 분류된다.

두 평행한 반사면의 편평도는 사용 파장의 $\lambda/50$ 이하로 정확해야 하며, 반사면은 '은' 또는 '알루미늄'과 같이 높은 반사율을 가지는 물질로 부분투과가 가능하도록 약 50 nm 정도의 두께로 코팅되어 있다. 사용 파장이 400 nm 정도이면, '은'으로 코팅을 하지만 400 nm 이하에서는 '은'의 반사율이 많이 떨어지므로 이러한 파장영역에서 사용하기 위해서는 '알루미늄'으로 코팅한다. 각각의 평행판 중에서 바깥쪽 면은 안쪽 면과 완전히 평행이 되도록 만드는 것이 아니라 약간 비스듬한 각도(쐐기형)로 만들어지며, 기울기는

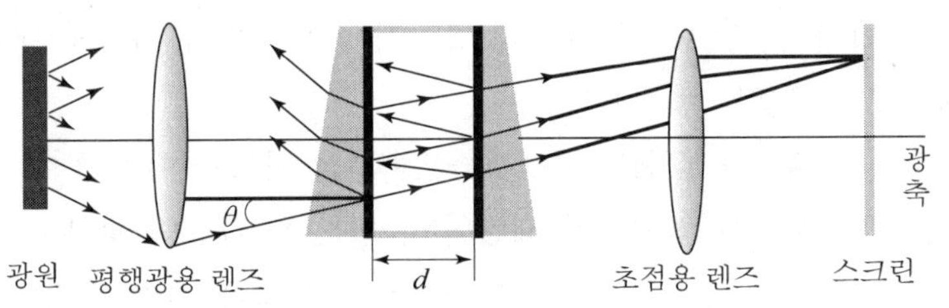

(a) 고정형 패브리-페롯 간섭계와 간섭무늬

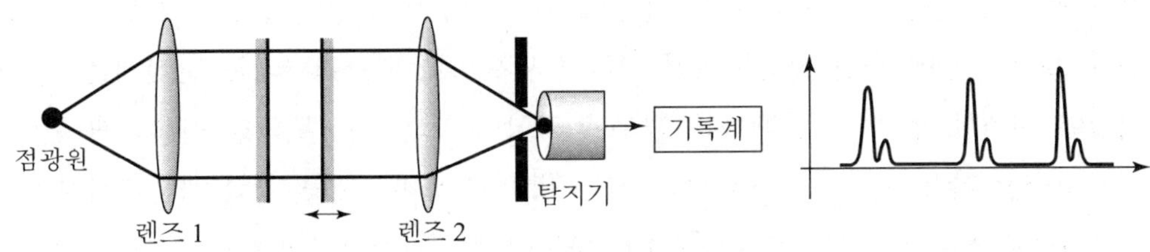

(b) 이동형 패브리-페롯 간섭계와 간섭무늬

그림 10.4 패브리-페롯 간섭계

수 분(several minutes of arc)이면 충분하다. 이는 편평한 유리나 결정 표면으로부터 반사에 기인한 불필요한 간섭무늬들을 제거하기 위함이다. 두 평행판 사이의 간격($=d$)은 간섭계의 성능에 있어 중요한 요인이 된다.

그림 10.1로부터 알 수 있듯이 간섭을 일으키는 인접한 광선들 사이의 경로차가 사용중인 파장의 정수 배이면, 밝은 무늬의 보강간섭을 일으키게 된다. 한편, 두 평행판 사이의 매질이 공기인 경우에 두 반사면에서의 반사에 의해 π(공기－반사면)만큼의 위상의 변화를 일으키나 인접한 두 광선의 실질적인 위상차는 2π(두 번 반사에 의해)가 되어 반사에 의하여 생기는 위상의 변화는 고려할 필요가 없다. 따라서 보강 간섭을 일으킬 조건은

$$2dn\cos\theta = N\lambda_0 (n= \text{두 평행판 사이에 있는 매질의 굴절률}) \qquad (10.2.1)$$

로 주어지며, 두 평행판 사이가 공기로 채워져 있거나 진공이라면 $n=1$이 된다. 그림 10.4(a)에서와 같이 두 평행판 사이의 간격이 일정하다면, 위의 조건을 만족하는 특정한 θ에서 보강간섭을 일으키게 된다. 따라서 간섭무늬의 모양은 동심원의 형태로 나타나게 된다. 만약에 그림 10.4(b)에서와 같이 두 평행판 사이의 간격이 변화는 경우에 검출기에서 검출되는 빛의 세기는 두 평행판 사이의 거리의 함수로서 변하게 된다. 만약에 광원이 두 개의 파장으로 이뤄져 있다면, 사진 건판과 같은 검출기에 원형 간섭무늬들이 2개의 형태로 나타나든지 아니면, 그림 10.4(b)에서와 같이 두 판 사이의 거리에 대한 간섭의 결과로 생기는 세기(I)로 나타나게 된다.

그림 10.4(a)에서 광축 주위에 생기는 간섭무늬는 광축으로부터 멀리 떨어진 곳에 생기는 간섭무늬에 비하여 높은 차수의 간섭무늬에 해당되며, 이는 식 (10.2.1)로부터 알 수 있다. 광축 주위에 생기는 경우에 입사각 θ는 작아 $\cos\theta$는 큰 값을 가지게 되므로 간섭무늬의 차수를 나타내는 m은 큰 값을 가지게 된다. 따라서 그림 10.4(a)에 의해 생긴 간섭무늬는 동심원 모양으로 원의 중심에 생긴 간섭무늬 사이의 간격이 원의 중심에서 멀리 떨어진 곳에 생긴 간섭무늬에 비하여 넓으므로 패브리－페롯 간섭계를 이용하여 파장이 비슷한 두 빛을 분해하는 경우에 중앙 부분의 간섭무늬를 이용하게 된다.

거의 비슷한 파장 λ_0, $\lambda_0 - \Delta\lambda_0$를 가지는 빛이 패브리－페롯 간섭계를 통과하면 그림 10.4에서와 같이 각각의 성분에 의해서 만들어지는 간섭무늬의 합이 되므로 빛의 전체세기는 각각의 성분에 대한 에어리 함수의 합의 형태로 주어진다. 즉,

$$I_T = I_0\left(1+F\sin^2\frac{\Delta_1}{2}\right)^{-1} + I_0\left(1+F\sin^2\frac{\Delta_2}{2}\right)^{-1} \tag{10.2.2}$$

와 같이 표현되며, 파장 λ_0, $\lambda_0 - \Delta\lambda_0$를 가지는 빛의 세기는 각각 같다고 가정하였다. Δ_1, Δ_2는 각각 파장 λ_0, $\lambda_0 - \Delta\lambda_0$를 가지는 빛에 대한 위상차로서

$$\Delta_1 = \delta_r + 2k_1 d\cos\theta \tag{10.2.3}$$

$$\Delta_2 = \delta_r + 2k_2 d\cos\theta$$

와 같이 표현되나 패브리-페롯 간섭계를 이용하여 빛의 파장을 분해하는 경우는 차수가 높은 경우를 이용하며, 차수가 높은 경우에 θ의 값은 매우 작다. 따라서 식 (10.2.3)은

$$\Delta_1 = \delta_r + 2k_1 d\cos\theta = \delta_r + \frac{4\pi}{\lambda_1}nd\cos\theta \approx \delta_r + \frac{4\pi}{\lambda_1}nd = \delta_r + \frac{4\pi}{c/f_1}nd = \delta_r + \frac{2\omega_1}{c}nd$$
$$\Delta_2 = \delta_r + 2k_2 d\cos\theta = \delta_r + \frac{4\pi}{\lambda_2}nd\cos\theta \approx \delta_r + \frac{4\pi}{\lambda_2}nd = \delta_r + \frac{4\pi}{c/f_2}nd = \delta_r + \frac{2\omega_2}{c}nd$$

(10.2.4)

와 같이 근사적으로 표현이 가능하며, λ_1, λ_2는 진공 중에서의 파장을 의미한다.

일반적으로 파장 λ_0, $\lambda_0 - \Delta\lambda_0$에 기인한 두 빛의 전체적인 간섭세기가 그림 10.5에서와 같이 옴폭 들어간 부분(saddle point)이 있으면 분해가 가능하다고 말하며, 분해능에 대한 정의는 테일러(Taylor)에 의한 정의와 레일리(Rayleigh)에 의한 정의가 있으며, 다중 반사의 경우에 통상적으로 테일러에 의한 정의를 사용한다. 테일러 정의에서는 각 파장이 λ_0, $\lambda_0 - \Delta\lambda_0$인 두 빛의 세기가 같을 경우에 그림 10.5에서와 같이 $I_0/2$되는 점에서 두 간섭곡선이 교차하여 안장점(saddle point)에서의 세기가 각각의 세기의 최댓값과 같아지는 경우도 분해가 가능하다고 정의한다. 따라서 겹치는 부분에서의 세기가 $\leq I_0/2$인 경우에 분해가 가능하게 된다. 만약에 관측점 P 부분에서의 세기가 $I_0/2$인 경우에 안장점의 위치는 두 진동수 사이의 중간에 위치하며, 빛의 세기가 I_0로 같은 두 빛의 간섭에 의한 빛의 세기는

$$I_T = 2I_0\left[1+F\sin^2\left(\frac{\Delta_1-\Delta_2}{4}\right)\right]^{-1} = I_0 \tag{10.2.5}$$

로 각각의 빛에 의한 간섭의 최대 세기는 원래의 빛의 세기와 같아진다.

식 (10.2.5)로부터

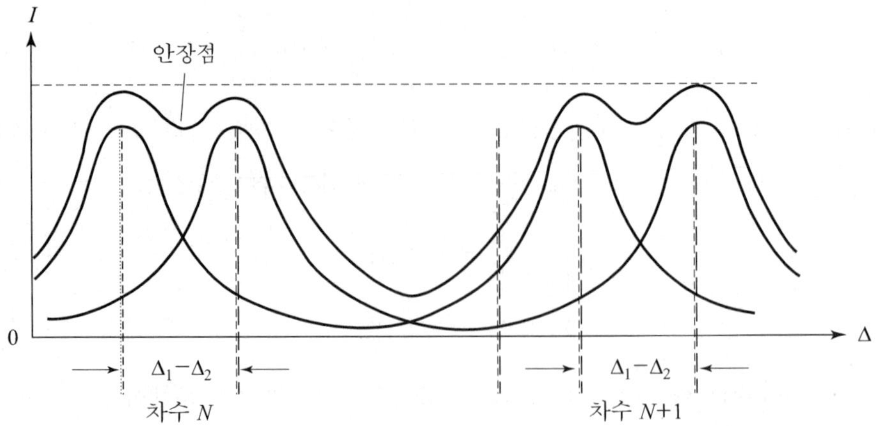

그림 10.5 패브리-페롯 간섭계에서 진동수가 거의 비슷한 두 빛의 간섭세기

$$F\sin^2\left(\frac{\Delta_1-\Delta_2}{4}\right)=1 \tag{10.2.6}$$

이 얻어지며, $\Delta_1-\Delta_2$가 매우 작다고 가정하면, 즉 $\sin\left(\frac{\Delta_1-\Delta_2}{4}\right)\approx\frac{\Delta_1-\Delta_2}{4}$이 되므로

$$|\Delta_1-\Delta_2|=4F^{-1/2}=4\left\{\frac{4R}{(1-R)^2}\right\}^{-1/2}=2\left(\frac{1-R}{\sqrt{R}}\right) \tag{10.2.7}$$

이 된다. 이를 식 (10.2.4)를 이용하여 각 진동수로 나타내면,

$$\Delta\omega_0=|\omega_0-(\omega_0+\Delta\omega_0)|=\frac{c}{2nd}|\Delta_1-\Delta_2| \tag{10.2.8}$$

$$=\frac{c}{2d}|\Delta_1-\Delta_2|=\frac{c}{d}\frac{1-R}{\sqrt{R}}(\text{공기에 대해 } n=1)$$

로서 평행판 사이의 간격 d와 반사율 R을 가진 패브리-페롯 간섭계에 있어서 분해 가능한 진동수 간격이다. 분광 기기의 분해능(Resolution Power: R.P)은

$$\text{R.P}=\frac{\omega_0}{\Delta\omega_0}=\frac{f_0}{\Delta f_0}=\frac{\lambda_0}{|\Delta\lambda_0|} \tag{10.2.9}$$

와 같이 정의되므로, 패브리-페롯 간섭계의 분해능은

$$\text{R.P}=\frac{\omega_0}{\Delta\omega_0}=\frac{nd}{c}\frac{\sqrt{R}}{1-R}\omega_0=\frac{d}{c}\frac{\sqrt{R}}{1-R}\frac{2\pi}{\lambda_0}nc=N\pi\left(\frac{\sqrt{R}}{1-R}\right) \tag{10.2.10}$$

이 되며, 윗식의 마지막 단계에서는 θ가 작은 경우에 $2nd\cos\theta \simeq 2nd = N\lambda_0$의 관계식을 적용하였다. 식 (10.2.10)으로부터 분해능은 간섭무늬의 차수 및 반사율에 의하여 결정됨을 알 수 있다.

사용 중인 빛의 파장이 λ_0와 $\lambda_0 - \Delta\lambda_0$로 이뤄진 경우에 $\Delta\lambda_0$의 값이 클수록 그림 10.5에서 λ_0와 $\lambda_0 - \Delta\lambda_0$의 빛에 의한 N번째 간섭무늬의 간격이 넓어지게 된다. 따라서 $\Delta\lambda_0$의 값이 더욱 커지게 되면, λ_0인 빛의 N번째 간섭무늬와 $\lambda_0 - \Delta\lambda_0$의 $(N+1)$번째 무늬가 겹치게 되므로 $\lambda_0 - \Delta\lambda_0$과 λ_0를 구별할 수 없게 된다. 따라서 Fabry−Perot 간섭계는 λ_0의 N번째 무늬가 $\lambda_0 - \Delta\lambda_0$의 $(N+1)$번째 무늬와 겹치지 않는 범위에서만 빛을 분해할 수 있으며, 이 때 λ_0에 의한 N번째 간섭무늬와 $\lambda_0 - \Delta\lambda_0$빛에 의한 $N+1$번째 간섭무늬가 완전히 중첩되게 만드는 $\Delta\lambda_0$를 자유분광영역(Free Spectral Range; FSR)이라 하며, $(\Delta\lambda_0)_{FSR}$로 나타내는데, 자유분광영역은 인접한 최대 투과 사이의 파장영역을 의미한다. $(N+1)$번째 간섭무늬와 N 번째 간섭무늬 사이의 위상차는 2π이므로

$$\Delta_{N+1} - \Delta_N = 2\pi \quad (i.e \quad 2\pi(N+1) - 2\pi N = 2\pi) \tag{10.2.11}$$

와 같은 관계식이 성립한다. 또한 $(N+1)$번째 간섭무늬와 N번째 간섭무늬에 대응하는 광 경로차는 $2nd\cos\theta$이므로,

$$2nd\cos\theta : (\Delta\lambda_0)_{FSR} = \lambda_0 : 2\pi \tag{10.2.12}$$

와 같은 관계식을 얻는다. 따라서 $(\Delta\lambda_0)_{FSR}$은

$$(\Delta\lambda_0)_{FSR} = \frac{4\pi}{\lambda_0} nd\cos\theta = \frac{2\omega}{c} nd\cos\theta \tag{10.2.13}$$

이 된다. 이를 진동수로 표현하기 위하여 N번째 및 $N+1$번째 무늬에 대응하는 각 진동수를 각각 ω_N, ω_{N+1} 이라면

$$\begin{aligned} \Delta_{N+1} - \Delta_N &= (\omega_{N+1} - \omega_N)\frac{2nd}{c}\cos\theta = 2\pi \\ \Rightarrow \quad (f_{N+1} - f_N) &= \frac{c}{2nd\cos\theta} \end{aligned} \tag{10.2.14}$$

와 같은 관계식이 성립한다. 따라서 입사각이 매우 작은 경우($\cos\theta \simeq 1$)에 진동수로 나타낸 FSR은

$$(\Delta f)_{FSR} = (f_{N+1} - f_N)_{FSR} = \frac{c}{2nd} \tag{10.2.15}$$

이 된다. 한편, 식 (10.2.10)으로부터 간섭계의 분해능은 간섭의 차수를 높이므로 원하는 만큼 증가시킬 수 있으며, 이는 $N = 2nd/\lambda_0$ (θ가 매우 작은 경우)에 의하여 두 반사면 사이의 간격 d를 증가시키므로 가능하다. 하지만 이 경우에 FSR이 줄어들므로 분해능은 오히려 감소하여 이 두 양들 사이에서의 적절한 조절이 필요하다. 분해능이 좋은 간섭계를 만드는데 있어서 요구되는 것은 λ_0와 $\lambda_0 - \Delta\lambda_0$에 의한 N 번째 간섭무늬가 $I_0/2$에서 중첩되었을 때에 두 간섭 무늬 사이의 최소 파장 간격 $(\Delta\lambda_0)_{Min}$은 가능한 작고, $(\Delta\lambda_0)_{FSR}$은 가능한 커야 된다. 즉, $(\Delta\lambda_0)_{FSR}$이 큰 간섭계가 분해능이 좋은 간섭계이다. 또한 주어진 두 반사면 사이의 간격에 대해서 반사율을 '1'에 가깝도록 증가시키므로 분해능을 증가시킬 수 있으나, 반사면에서 빛의 일부가 흡수되므로 제한이 있게 마련이다.

진공증착에 의해 만들어진 '은' 또는 '알루미늄' 코팅의 반사율은 80~90 % 정도이지만 다층 박막에 의한 반사를 이용할 경우에는 99 %까지의 반사가 가능하므로 대부분의 패브리-페롯 간섭계에서는 다층 박막에 의한 반사를 이용하고 있다. 좋은 패브리-페롯 간섭계의 분해능은 약 1,000,000 정도로서 이는 프리즘이나 격자 분해능보다 10~100배 정도의 높은 분해능을 가진다. 한편, 레일리 정의에 의한 분해능의 한계는 그림 10.6(a)에서와 같이 ω_1에서의 최대와 ω_2에서의 최소가 만나는 경우 또는 이와 반대의 경우를 분해능의 한계로 정의하고 있다.

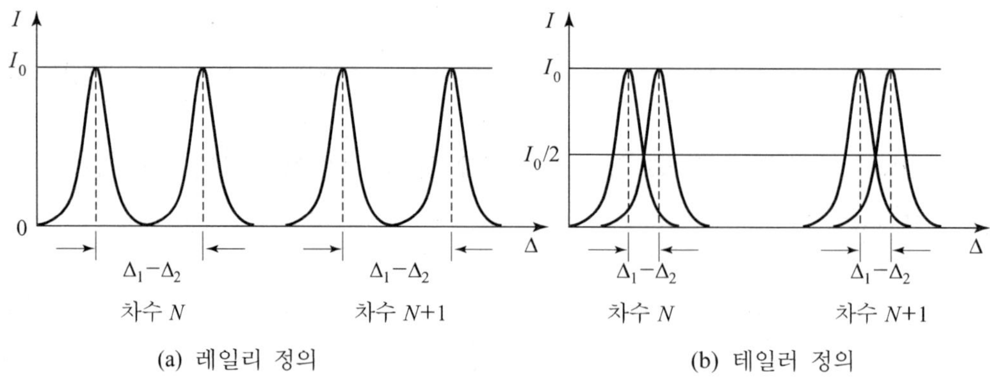

그림 10.6 레일리 정의와 테일러 정의

10.3 다층 박막의 원리

다층 박막은 빛을 조절하기 위한 산업이나 과학 분야에서 널리 사용되며, 원하는 반사나 투과특성을 가지는 광학적 표면은 얇은 막 코팅을 통하여 만들어진다. 이러한 얇은 코팅 막들은 진공증착 등의 방법에 의해 유리나 금속판 위에 입혀지며, 카메라 렌즈의 무반사 코팅을 비롯하여 열 반사 및 열 투과 거울, 한쪽 방향으로 빛의 전달, 광 필터 등 응용분야가 매우 넓다. 이 절에서는 빛의 총 전기장과 자기장 및 여러 영역에서의 경계 조건을 이용하여 다층 박막의 원리에 대하여 알아보기로 한다.

그림 10.7에서와 같이 굴절률이 n_s인 기판 위에 두께가 d이고 굴절률이 n_f인 박막에 선형 편광된 빛이 입사하는 경우를 생각하자. 전기장($\vec{E}$)과 자기장($\vec{H}=\vec{B}/\mu$)의 접선성분이 경계면에서 연속이므로(즉, 양쪽에서 동일하므로), 경계조건은 다음과 같다.

① 경계면 1에 대해 경계조건을 적용하면

$$E_1 = E_{i1} + E_{r1} = E_{t1} + E_{r2} \qquad (10.3.1)$$
$$H_1 = H_{i1} - H_{r1} = H_{t1} - H_{r2}'$$

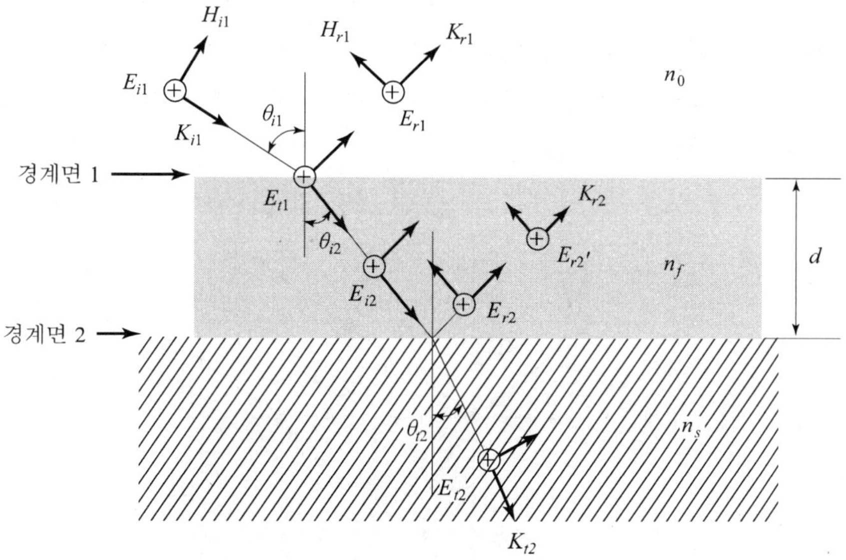

그림 10.7 박막경계면에 의한 반사 및 굴절

와 같은 결과가 얻어진다. 전기장($\overrightarrow{E}$)과 자기장($\overrightarrow{H}$) 사이의 관계식

$$\overrightarrow{H} = \sqrt{\frac{\epsilon_0}{\mu_0}}\, n\,\overrightarrow{k} \times \overrightarrow{E} \tag{10.3.2}$$

을 이용하면, 자기장에 대한 경계조건은

$$H_1 = \sqrt{\frac{\epsilon_0}{\mu_0}}(n_0 E_{i1} - n_0 E_{r1})\cos\theta_{i1} = \sqrt{\frac{\epsilon_0}{\mu_0}}(n_f E_{t1} - n_f E_{r2}{}')\cos\theta_{i2} \tag{10.3.3}$$

와 같이 표현된다.

② 경계면 2에서의 경계조건은

$$E_2 = E_{i\,2} + E_{r\,2} = E_{t\,2} \tag{10.3.4}$$
$$H_2 = H_{i\,2} - H_{r\,2} = H_{t\,2}$$

이다. 전기장과 자기장 사이의 관계식을 이용하면

$$H_2 = \sqrt{\frac{\epsilon_0}{\mu_0}}(E_{i\,2} - E_{r\,2})n_f\cos\theta_{i\,2} = \sqrt{\frac{\epsilon_0}{\mu_0}}E_{t\,2}n_s\cos\theta_{t\,2} \tag{10.3.5}$$

와 같이 표현되며, n_f는 두께가 d인 박막의 굴절률, n_s는 기판의 굴절률이다. 굴절률이 n_f이고 두께가 d인 박막을 향하여 θ_{i1}의 입사각으로 입사한 빛은 점 A에서 반사된 광선 ①과 경계면 2인 점 B에서 반사된 광선 ②가 반사 및 굴절의 법칙에 의해 평행을 이루면서 진행하게 된다(그림 10.8 참조).

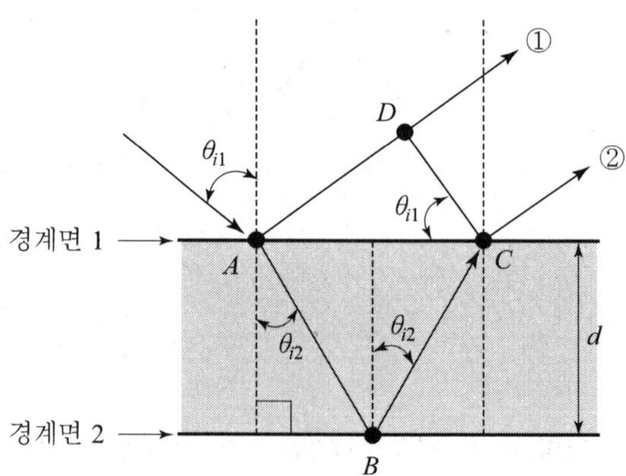

그림 10.8 박막의 경계면 1과 2에서 반사된 두 빛

이때 광선 ①과 ②의 광학적 경로(optical path−length)의 차이(l)는

$$l = n_f\,[\overline{(AB)} + \overline{(BC)}] - n_o\,\overline{(AD)} \tag{10.3.6}$$

이며, $\overline{(AB)}\cos\theta_{i2} = \overline{(BC)}\cos\theta_{i2} = d$이다. 따라서 광선 ①과 ②의 광학적 경로차이에 대한 표현식은

$$l = \frac{2n_f d}{\cos\theta_{i2}} - n_o\,\overline{(AD)} \tag{10.3.7}$$

이 되며, n_o는 공기의 굴절률이다. 또한 그림 10.8로부터 $\overline{(AD)} = \overline{(AC)}\sin\theta_{i1}$이 되며, 여기에 반사 및 굴절에 대한 스넬의 법칙

$$n_o \sin\theta_{i1} = n_f \sin\theta_{i2} \tag{10.3.8}$$

을 적용하면

$$\overline{(AD)} = \overline{(AC)}\frac{n_f}{n_o}\sin\theta_{i2} \tag{10.3.9}$$

이 얻어진다. 또한 그림 10.8에서 $\overline{(AC)} = 2d\tan\theta_{i2}$로 표현된다. 따라서 광선 ①과 ②의 광학적 경로 차이에 대한 표현식인 식 (10.3.7)은

$$\begin{aligned} l &= \frac{2n_f d}{\cos\theta_{i2}} - n_o\,\overline{(AD)} = \frac{2n_f d}{\cos\theta_{i2}} - n_o\,\overline{(AC)}\frac{n_f}{n_o}\sin\theta_{i2} = \frac{2n_f d}{\cos\theta_{i2}} - 2d\frac{\sin\theta_{i2}}{\cos\theta_{i2}}n_f\sin\theta_{i2} \\ &= \frac{2n_f d}{\cos\theta_{i2}}(1-\sin^2\theta_{i2}) = 2n_f d\cos\theta_{i2} \end{aligned} \tag{10.3.10}$$

와 같이 표현된다. 이러한 광학적 경로 차이에 대응하는 광선 ①과 ② 사이의 위상차는 진공 중에서의 파수(k_0)와 광학적 경로 차이의 곱으로 주어진다. 즉,

$$\delta = k_0 l = k_0 2n_f d\cos\theta_{i2} = \frac{2\pi}{\lambda_0}2n_f d\cos\theta_{i2} = \frac{4\pi}{\lambda_0}n_f d\cos\theta_{i2} \tag{10.3.11}$$

식 (10.3.11)은 앞에서 구한 식 (10.1.3)과 일치함을 알 수 있는 데 식 (10.1.3)에서는 박막의 굴절률을 n이라 하였고, 식 (10.3.11)에서는 n_f로 두었다. 빛이 박막을 한번 통과하는 경우, 즉 A에서 B로, 또는 B에서 C로 진행하는 경우에 위상의 변화는

$$\delta_{1/2} = k_0 \frac{l}{2} = k_0 (2 n_f d \cos\theta_{i2})/2 = k_0 n_f d \cos\theta_{i2} = k_0 h \tag{10.3.12}$$

이 되는데, 간단히 하기 위해 마지막 단계에서 $n_f d \cos\theta_{i2} = h$로 표현하였다. 따라서 경계면 2에서의 입사 및 반사에 대한 전기장은 $E_{i2} = E_{t1} e^{-ik_0 h}$, $E_{r2} = E_{r2}' e^{ik_0 h}$와 같이 표현이 가능하며, 지수함수에서의 부호가 서로 다른 이유는 경계면 2로 진행하는 빛과 경계면 2에서 반사되어 경계면 1로 되돌아오는 빛의 진행방향이 서로 다르기 때문이다. 한편, E_2와 H_2는

$$E_2 = E_{t1} e^{-ik_0 h} + E_{r2}' e^{ik_0 h} \tag{10.3.13}$$

$$H_2 = \sqrt{\frac{\epsilon_0}{\mu_0}} \left(E_{t1} e^{-ik_0 h} - E_{r2}' e^{ik_0 h} \right) n_f \cos\theta_{i2} \tag{10.3.14}$$

와 같이 표현된다. 식 (10.3.13)과 식 (10.3.14)로부터 E_{t1}과 E_{r2}'을 구해 식 (10.3.1)과 식 (10.3.3)에 대입하여 E_1과 H_1을 구하면(부록 참조)

$$E_1 = E_2 \cos k_0 h + H_2 (i \sin k_0 h)/Y_1 \tag{10.3.15}$$

$$H_1 = E_2 Y_1 (i \sin k_0 h) + H_2 \cos k_0 h$$

와 같이 되며, 여기서 $Y_1 \equiv \sqrt{\frac{\epsilon_0}{\mu_0}} n_f \cos\theta_{i2}$이다. 식 (10.3.15)를 행렬식으로 표현하면,

$$\begin{bmatrix} E_1 \\ H_1 \end{bmatrix} = \begin{bmatrix} \cos k_0 h & \frac{i}{Y_1} \sin k_0 h \\ i Y_1 \sin k_0 h & \cos k_0 h \end{bmatrix} \begin{bmatrix} E_2 \\ H_2 \end{bmatrix} \Rightarrow \begin{bmatrix} E_1 \\ H_1 \end{bmatrix} = M_1 \begin{bmatrix} E_2 \\ H_2 \end{bmatrix} \tag{10.3.16}$$

와 같이 되며, M_1은 박막의 특성을 나타내는 행렬로 특성행렬(characteristic matrix)이라 한다. 만일 기판 위에 두 개의 박막이 있을 경우, 경계면은 3개가 되고 두 번째 박막의 특성행렬($= M_2$)은

$$\begin{bmatrix} E_2 \\ H_2 \end{bmatrix} = M_2 \begin{bmatrix} E_3 \\ H_3 \end{bmatrix} \tag{10.3.17}$$

이 된다. 따라서 두 번째 경계면과 세 번째 경계면의 효과를 고려하여 첫 번째 경계면에서의 빛의 특성을 하나의 행렬로서 표현하면,

$$\begin{bmatrix} E_1 \\ H_1 \end{bmatrix} = M_1 \begin{bmatrix} E_2 \\ H_2 \end{bmatrix} = M_1 M_2 \begin{bmatrix} E_3 \\ H_3 \end{bmatrix} \tag{10.3.18}$$

와 같이 된다. 따라서 $(p+1)$개의 경계면을 가지는 p층 박막에 대해서 이 관계식을 적용하면

$$\begin{bmatrix} E_1 \\ H_1 \end{bmatrix} = M_1 M_2 M_3 \cdots M_p \begin{bmatrix} E_{(p+1)} \\ H_{(p+1)} \end{bmatrix} \tag{10.3.19}$$

이 되며, 전체적인 효과는 각각 2×2 행렬의 곱으로서

$$M_1 M_2 M_3 \cdots M_p = \begin{bmatrix} m_{11} \, m_{12} \\ m_{21} \, m_{22} \end{bmatrix} \tag{10.3.20}$$

이 된다. 문제를 간단히 하기 위하여 단층 박막만을 고려하면, 첫 번째 경계면에서 경계조건에 의하여

$$E_1 = E_{i1} + E_{r1}, \ H_1 = (E_{i1} - E_{r1}) \sqrt{\frac{\epsilon_0}{\mu_0}} \, n_0 \cos\theta_{i1} \tag{10.3.21}$$

와 같이 표현이 되고, 두 번째 경계면에서도 마찬가지로

$$E_2 = E_{t2}, \ H_2 = E_{t2} \sqrt{\frac{\epsilon_0}{\mu_0}} \, n_s \cos\theta_{t2} \tag{10.3.22}$$

와 같이 표현된다. 이들을 행렬식을 사용하여 하나의 식으로 표현하면,

$$\begin{bmatrix} E_1 \\ \\ H_1 \end{bmatrix} = \begin{bmatrix} E_{i1} + E_{r1} \\ \\ (E_{i1} - E_{r1}) Y_0 \end{bmatrix} = \begin{bmatrix} m_{11} & m_{12} \\ m_{21} & m_{22} \end{bmatrix} \begin{bmatrix} E_{t2} \\ E_{t2} Y_s \end{bmatrix} \tag{10.3.23}$$

이 되며, 여기서 $Y_0 = \sqrt{\frac{\epsilon_0}{\mu_0}} \, n_0 \cos\theta_{i1}$, $Y_s = \sqrt{\frac{\epsilon_0}{\mu_0}} \, n_s \cos\theta_{t2}$이다. 식 (10.3.23)을 전개하여 양변을 E_{i1}으로 양변을 나누고, 반사계수 및 투과계수에 대한 정의 $r = E_{r1}/E_{i1}$과 $t = E_{t2}/E_{i1}$을 사용하여 다시 쓰면(부록 참조),

$$\begin{aligned} 1 + r &= m_{11} t + m_{12} Y_s t \\ (1 - r) Y_0 &= m_{21} t + m_{22} Y_s t \end{aligned} \tag{10.3.24}$$

와 같이 표현된다. 식 (10.3.24)로부터 반사계수와 투과계수를 구하면(부록 참조),

$$r = \frac{Y_0 m_{11} + Y_0 Y_s m_{12} - m_{21} - Y_s m_{22}}{Y_0 m_{11} + Y_0 Y_s m_{12} + m_{21} + Y_s m_{22}} \tag{10.3.25a}$$

$$t = \frac{2 Y_0}{Y_0 m_{11} + Y_0 Y_s m_{12} + m_{21} + Y_s m_{22}} \tag{10.3.25b}$$

와 같이 된다. 한편 반사율과 투과율은 각각 반사계수와 투과계수의 절댓값의 제곱으로 표현되므로,

$$R = |r|^2 \quad T = |t|^2 \tag{10.3.26}$$

와 같다. 지금까지의 결과들을 단층박막, 이중박막 및 다층박막에 적용하여 그 결과들을 설명하고자 한다.

10.3.1 무반사 단층 박막

두께가 d이며, 굴절률이 n_f인 단층 박막에 빛이 수직으로 입사하는 경우를 생각하여 보자. 이 경우에 $\theta_{i1} = \theta_{i2} = \theta_{t2} = 0$이므로, 식 (10.3.16)으로부터 특성행렬은

$$\begin{bmatrix} m_{11} & m_{12} \\ m_{21} & m_{22} \end{bmatrix} = \begin{bmatrix} \cos k_0 h & \frac{i}{Y_1} \sin k_0 h \\ i Y_1 \sin k_0 h & \cos k_0 h \end{bmatrix} \tag{10.3.27}$$

으로 표현되며, 식 (10.3.25a)를 이용하여 반사계수를 구하면,

$$r = \frac{n_0 \cos k_0 h + i n_0 \left(\frac{n_s}{n_1} \right) \sin k_0 h - i n_1 \sin k_0 h - n_s \cos k_0 h}{n_0 \cos k_0 h + i n_0 \left(\frac{n_s}{n_1} \right) \sin k_0 h + i n_1 \sin k_0 h + n_s \cos k_0 h} \tag{10.3.28}$$

$$= \frac{n_1 (n_0 - n_s) \cos k_0 h + i (n_0 n_s - n_1^2) \sin k_0 h}{n_1 (n_0 + n_s) \cos k_0 h + i (n_0 n_s + n_1^2) \sin k_0 h}$$

이 된다. 반사율을 구하기 위해서는 식 (10.3.28)과 이의 공액 복소수를 곱해줌으로서 얻을 수 있으며, 그 결과는

$$R = |r|^2 = \frac{n_1^2 (n_0 - n_s)^2 \cos^2 k_0 h + (n_0 n_s - n_1^2)^2 \sin^2 k_0 h}{n_1^2 (n_0 + n_s)^2 \cos^2 k_0 h + (n_0 n_s + n_1^2)^2 \sin^2 k_0 h} \tag{10.3.29}$$

이 된다. 무반사 박막의 반사율(또는 반사계수)은 '영'이 되므로 $R = 0(r = 0)$이 되기 위

해서는 다음의 2가지 경우를 생각하여 볼 수 있다.

① $k_0 h = k_0 n_f d = m\pi$ 일 때

$n_0 - n_s = 0$ 즉, 기판의 굴절률이 공기의 굴절률과 같아야 하지만, 이는 박막이 없는 경우를 의미하므로 현실적으로 불가능하다.

② $k_0 h = k_0 n_f d = (2m-1) \cdot \frac{\pi}{2}$ $(m = 1, 2, 3 \ldots)$ 일 때

즉 박막의 광학적 두께$\left(n_f d = \frac{\lambda_0}{2\pi}(2m-1)\frac{\pi}{2} = (2m-1)\frac{\lambda_0}{4}\right)$가 박막에 입사하는 빛 파장의 $\lambda_0/4$의 홀수 배일 때, 반사율 R은

$$R = \frac{(n_0 n_s - n_1^2)^2}{(n_0 n_s + n_1^2)^2} \tag{10.3.30}$$

이 된다. 따라서 $n_0 n_s - n_1^2 = 0$ 즉, 굴절률 $n_1 = \sqrt{n_0 n_s}$ 인 물질을 $\lambda_0/4$의 홀수 배만큼 증착시키면 반사가 없는 박막을 만들 수 있다. 코팅렌즈를 만들기 위해서는 굴절률이 1.35인 MgF_2가 많이 사용된다. 물론 MgF_2의 굴절률이 보통 유리($n_s = 1.5$)에 대해 $n_1 = \sqrt{n_0 n_s} = \sqrt{1 \times 1.5} \simeq 1.225$로 주어지는 조건에 완전히 일치하지는 않는다하더라도 MgF_2를 사용하여 $\lambda_0/4$의 두께로 코팅한 유리의 반사율은 약 1 %가 되는데, 이는 코팅을 하지 않았을 경우의 약 1/4에 해당한다. 이러한 반사율의 감소는 5~6개의 광학 부품들(이 경우에 10에서 12개의 반사면을 가짐)로 구성된 고급 카메라에서와 같이 많은 광학부품들로 이뤄진 광학기기에서는 반사 양을 줄이는데 있어서 중요한 기여를 하게 된다. 카메라에 있어서 무반사 코팅을 함으로서 상의 밝기에서의 증가뿐만 아니라 내부 렌즈들 사이에서 발생하는 산란으로 인한 이미지 흐트러짐(haziness)의 감소 또한 가져올 수 있다.

10.3.2 2중 박막

광학적 두께($n_f d$)가 $\lambda_0/4$ $(k_0 h = k_0 n_f d = \pi/2)$ 인 박막을 2중으로 한 경우에 특성행렬은

$$M = M_1 M_2 = \begin{bmatrix} 0 & i/Y_1 \\ iY_1 & 0 \end{bmatrix} \begin{bmatrix} 0 & i/Y_2 \\ iY_2 & 0 \end{bmatrix} = \begin{bmatrix} -n_2/n_1 & 0 \\ 0 & -n_1/n_2 \end{bmatrix} \tag{10.3.31}$$

와 같이 표현되며, 식 (10.3.23)의 행렬요소를 식 (10.3.25a)에 대입하면 반사계수가 얻어지고, 이로부터 반사율을 구하면

$$R = \left[\frac{n_2^2 n_0 - n_s n_1^2}{n_2^2 n_0 + n_s n_1^2} \right]^2 \tag{10.3.32}$$

와 같이 된다. 식 (10.3.32)로부터

$$\left(\frac{n_2}{n_1} \right)^2 = \frac{n_s}{n_0} \tag{10.3.33}$$

인 조건하에서 반사율은 '0'이 되며, 그림 10.9로부터 알 수 있듯이 최소 반사율을 가지는 파장영역이 한 군데(550 nm 근처)이므로, 이러한 종류의 박막을 'double−quarter, single−minimum coating'이라 한다. 식 (10.3.33)을 만족하는 n_1과 n_2의 물질로 코팅을 하면, 그림 10.9에서 보는 바와 같이 특정 영역의 진동수에 대해서 반사율이 '영'이 되는 무반사 코팅을 얻게 된다. 식 (10.3.33)으로부터, $n_2 > n_1$ 임을 알 수 있으므로, 빛이 들어가는 쪽으로부터 (공기)−(굴절률이 낮은 물질)−(굴절률이 높은 물질)−(유리 기판)의 순으로 설계를 하면 된다. 보통 높은 굴절의 물질로는 ZrO_2($n = 2.1$), TiO_2($n = 2.40$), ZnS($n = 2.32$)을 사용하며, 굴절률이 낮은 물질로는 MgF_2($n = 1.38$), CeF_3($n = 1.63$)을 사용한다.

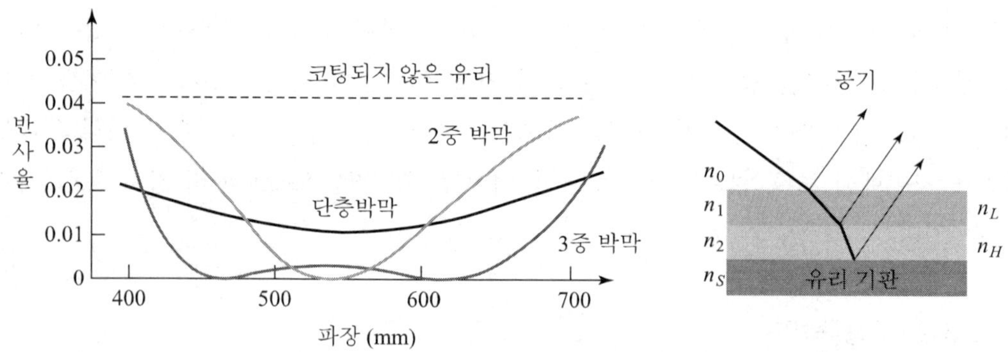

그림 10.9 무반사 박막의 반사율 및 두께가 1/4파장인 2중 박막

10.3.3 높은 반사율을 가진 다층 박막

굴절률이 서로 다른 두 물질을 교대로 증착하면 반사율을 높일 수 있으며, 이는 무 반사 코팅의 반대 순서로 코팅한다(그림 10.10 참조). 즉, 빛이 들어오는 쪽의 굴절률을 높은 것으로 하여 공기－높은 굴절률 층－낮은 굴절률 층－높은 굴절률 층－낮은 굴절률 층－기판의 순서로 코팅을 한다.

두 물질의 굴절률이 각각 n_H, n_L $(n_H > n_L)$이며, 빛이 박막에 수직으로 입사하는 경우를 생각하자. 이때 각 박막의 광학적 두께를 $n_f d = \lambda_0/4$로 고정하면, 굴절률이 다른 두 박막에 의한 특성행렬은

$$\begin{bmatrix} 0 & i/Y_H \\ iY_H & 0 \end{bmatrix}\begin{bmatrix} 0 & i/Y_L \\ iY_L & 0 \end{bmatrix} = \begin{bmatrix} -Y_L/Y_H & 0 \\ 0 & -Y_H/Y_L \end{bmatrix}$$

이 되므로 박막이 $2N$ 층이라면 특성행렬은 위의 결과를 N번 곱한 것과 같다. 즉,

$$M = \begin{bmatrix} -Y_L/Y_H & 0 \\ 0 & -Y_H/Y_L \end{bmatrix}^N = \begin{bmatrix} (-Y_L/Y_H)^N & 0 \\ 0 & (-Y_H/Y_L)^N \end{bmatrix} \tag{10.3.34}$$

와 같이 되며, 공기와 기판의 굴절률이 1이라면, 즉 $n_0 = n_s = 1$ 인 경우(기판이 없이 굴절률이 높은 물질과 낮은 물질이 교대로 층을 이룬 박막)에 반사율은

$$\begin{aligned} R = |r|^2 &= \left| \frac{Y_0 m_{11} - Y_s m_{22}}{Y_0 m_{11} + Y_s m_{22}} \right|^2 \\ &= \left| \frac{\left(-\frac{n_L}{n_H}\right)^N - \left(-\frac{n_H}{n_L}\right)^N}{\left(-\frac{n_L}{n_H}\right)^N + \left(-\frac{n_H}{n_L}\right)^N} \right|^2 = \left| \frac{\left(\frac{n_L}{n_H}\right)^{2N} - 1}{\left(\frac{n_L}{n_H}\right)^{2N} + 1} \right|^2 \end{aligned} \tag{10.3.35}$$

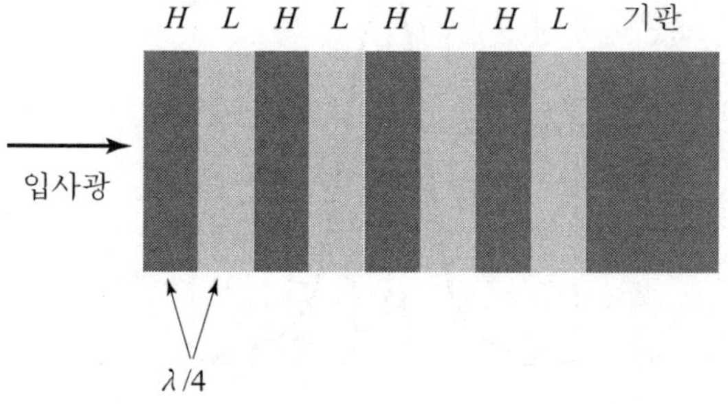

그림 10.10 높은 반사율을 얻기 위한 다층 박막

이 된다. 따라서 N이 커지면, 반사율 R이 증가한다. 예를 들어서 ZnS(n_H= 2.3)와 MgF_2(n_L= 1.35)로 30층의 박막을 만들면, 반사율은 0.999보다 더 높다. 물론 이는 특정한 하나의 파장에 대해서이며, 좀 더 넓은 파장 영역에 대해 반사율을 높이기 위해서는 두께를 달리하여 층을 만들면 가능하다.

10.3.4 간섭필터

색 필터는 빛의 흡수 또는 투과를 이용하여 만들어지며, 피크 파장(peak wavelength; λ_{max}), λ_{max}에서의 최대 투과(peak transmittance; T_{max}) 및 최대 투과 높이의 1/2 위치에서의 밴드폭인 반치폭(Full Width Half Maximum; FWHM 또는 HM이라고 함)에 의하여 특징지워진다(그림 10.11 참조). 필터는 일반적으로 투과되는 빛의 색으로 구분하므로 초록색 필터는 초록색을 주로 투과시키고 나머지는 차단하며, UV－필터는 자외선을 투과시키고 나머지 빛을 차단시킨다.

투과형 간섭필터는 얇은 투명 박막(Na_3AlF_3와 같은 물질)을 그림 10.12에서와 같이 두 반사막 사이에 끼워 제작하며, 투명 박막과 두 반사막은 유리기판 위에 진공 증착을 하여 만든다. 간섭필터의 보호를 위에 그림 10.12에서와 같이 보호 층을 위에 붙인다. 두개의 투명 반사막은 금속성 물질보다 유전체가 보다 효율적이므로 주로 유전체 물질을 이용하며, 유전체 물질의 굴절률은 투명 박막과 반사막 사이에서 반사에 의해서 생기는 위상차가 π가 되도록 하기 위하여 투명 박막의 굴절률보다 큰 것을 사용한다. 박막의 광학적 두께 $n_f\,d$가

$$2N\pi = \frac{4\pi}{\lambda_0} n_f\, d\cos\theta \quad (N:\ \text{정수}) \tag{10.3.36}$$

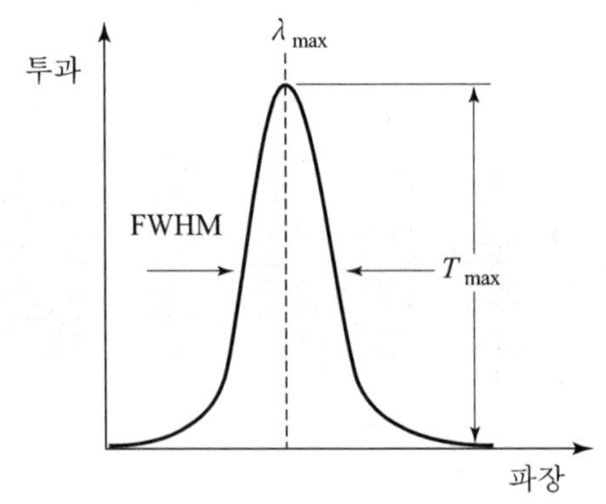

그림 10.11 색 필터의 특성을 나타내는 인자들

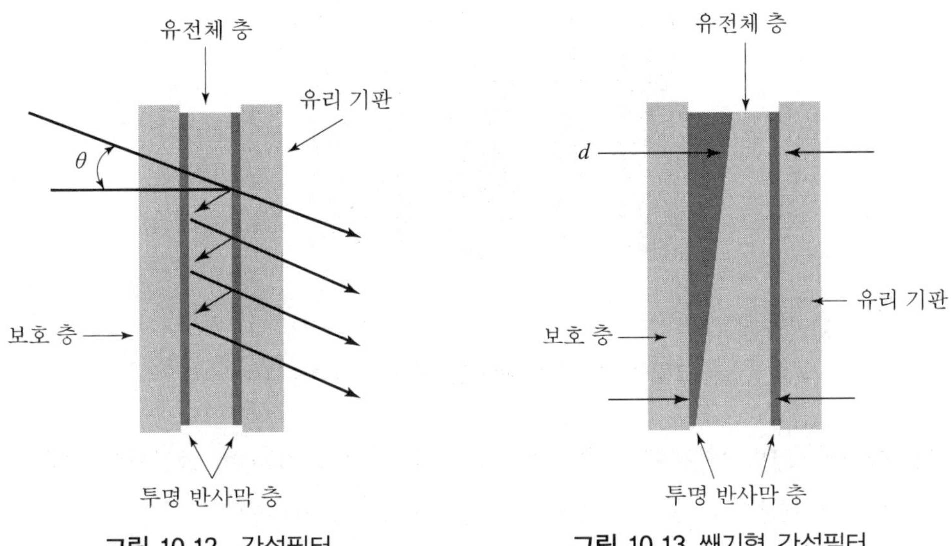

그림 10.12 간섭필터 **그림 10.13** 쐐기형 간섭필터

을 만족한다면, 박막을 통과한 빛들이 기판 쪽에서 보강간섭을 일으켜 특정파장 λ_0만을 투과시키는 간섭필터를 만들 수 있다. 식 (10.3.36)에서 반사에 의한 위상을 고려하지 않은 이유는 인접한 투과 광선들 사이에는 반사막에서의 2번 반사에 의해 2π만큼의 위상차가 생기기 때문이다. 이때 필터의 성능은 식 (10.3.36)으로 주어진 조건을 만족하는 두께를 가진 박막의 양면에 위치한 반사막의 반사율에 의해 결정되며, 반사율이 높을수록 필터의 성능은 향상된다.

간섭필터는 또한 반사용으로 제작할 수 있으며, 이 경우에 특정파장의 빛은 반사시키고 나머지는 투과시킨다. 따라서 이러한 종류의 필터를 색선별 거울(dichroic mirror)이라고 불리며, 열 거울(hot mirror)은 적외선을 반사시키고 가시광은 투과시키는 반면에 가시광 거울(cold mirror)은 적외선을 투과시키고 가시광은 반사시킨다. 한편 유전체 층의 두께를 쐐기형으로 만들면 유전체 층으로 구성된 박막의 두께가 위치에 따라서 변하므로 간섭필터의 위치에 따라 유전체 최대 투과나 반사가 일어나는 파장이 변하는 간섭필터를 제작할 수 있다(그림 10.13 참조). 한편 간섭필터는 효율을 높이고 필터의 밴드폭을 줄이기 위하여 다층박막을 이용하여 만들 수 있으며, 그림 10.14은 다층박막을 이용한 간섭필터로서 L은 굴절률이 낮은 층을, H는 굴절률이 높은 층을 의미한다. 이에 대한 전체행렬은

$$M = M_L M_H M_L M_H M_L M_H M_H M_L M_H M_L M_H M_L \tag{10.3.37}$$

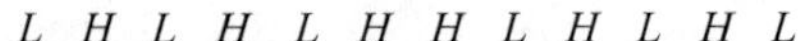

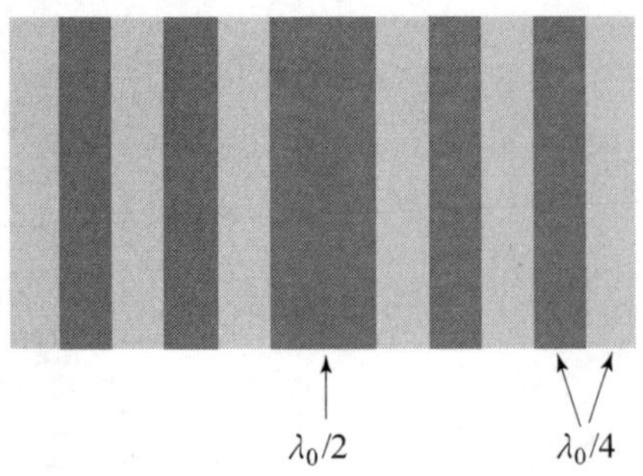

그림 10.14 다중박막을 이용한 간섭필터

이 된다. 하지만, 그림 10.14에서 중간층은 $\lambda_0/4$의 두께를 가지며, 굴절률이 높은 두 개의 층이 중복된 경우라고 볼 수 있으므로 이에 대한 특성행렬은

$$M = M_H M_H = \begin{bmatrix} 0 & i/Y_1 \\ iY_1 & 0 \end{bmatrix} \begin{bmatrix} 0 & i/Y_2 \\ iY_2 & 0 \end{bmatrix} = \begin{bmatrix} -n_2/n_1 & 0 \\ 0 & -n_1/n_2 \end{bmatrix} = -\begin{bmatrix} 1 & 0 \\ 0 & 1 \end{bmatrix} \quad (10.3.38)$$

의 단위행렬이 된다. 따라서 식 (10.3.37)은

$$M = -M_L M_H M_L M_H M_L M_L M_H M_L M_H M_L$$

이 되는데 위 식에서와 같은 원리에 의하여 중간의 $M_L M_L$에 의한 결과는

$$M = M_L M_L = \begin{bmatrix} -1 & 0 \\ 0 & -1 \end{bmatrix}$$

이 된다. 그러므로

$$M = +M_L M_H M_L M_H M_H M_L M_H M_L$$

와 같이 줄어든다. 똑같은 원리에 의하여

$$M = M_L M_H M_L M_H M_H M_L M_H M_L \Rightarrow M = -M_L M_H M_L M_L M_H M_L \quad (10.3.39)$$

$$\Rightarrow M = +M_L M_H M_H M_L \Rightarrow M = -M_L M_L$$

$$\Rightarrow M = \begin{bmatrix} 1 & 0 \\ 0 & 1 \end{bmatrix}$$

와 같은 최종 결과를 얻는다.

따라서 수직 입사하는 경우에 반사계수는 식 (10.3.25a)로부터

$$r=\frac{Y_0 m_{11}+Y_0 Y_s m_{12}-m_{21}-Y_s m_{22}}{Y_0 m_{11}+Y_0 Y_s m_{12}+m_{21}+Y_s m_{22}}=\frac{Y_0 m_{11}-Y_s m_{22}}{Y_0 m_{11}+Y_s m_{22}} \tag{10.3.40}$$

$$=\frac{Y_0-Y_s}{Y_0+Y_s}=\frac{n_0-n_s}{n_0+n_s}$$

이 되어 코팅되지 않은 기판에 대한 값으로 귀착된다. 공기 내($n_0=1$)에 있는 유리 ($n_s=1.5$)의 경우에

$$r=\left|\frac{n_0-n_s}{n_0+n_s}\right|=\left|\frac{1-1.5}{1+1.5}\right|=\left|\frac{0.5}{2.5}\right|$$

$$R=|r|^2=\frac{0.25}{6.25}=0.04, \quad T=1-R=0.96$$

과 같이 되어 이론적인 투과율은 96 % 정도이다. 식 (10.3.40)을 보면, 반사계수가 파장의 함수가 아닌 것처럼 보이지만, 다층박막 자체가 특정파장의 $\lambda_0/4$ 두께로 만들어졌기 때문에 특정파장의 빛만 통과하게 된다.

연습문제

01 Fabry－Perot 간섭계의 두 반사거울 사이의 간격이 $d = 1.0\text{ cm}$ 이며, 사용 중인 빛의 파장이 $\lambda = 500\text{ nm}$ 라고 할 때에 이 간섭계의 자유분광영역은 얼마인가?

02 고급렌즈의 경우에 렌즈에 의한 반사를 줄이기 위하여 무반사 코팅(주로 $n = 1.38$ 인 MgF_2가 사용된다.)을 한다. 수직 입사하는 빛의 파장이 $\lambda = 560\text{ nm}$ 라고 할 때에 최소 반사를 일으키는데 필요한 코팅의 두께는 얼마인가?

03 표면이 물($n = 1.333$)로 덮힌 유리벽돌($n = 1.53$)의 평면에 빛이 수직으로 입사하는 경우에 유리와 물의 경계면에서 얼마나 많은 빛이 반사하겠는가?

04 4차 간섭필터(사용되는 빛의 파장이 λ 일 때, 광로차는 7λ)가 파장이 $\lambda = 400\text{ nm}$ 인 밴드 폭이 매우 좁은 빛을 통과시키도록 만들어졌다. 빛의 분산효과를 무시할 경우에 $400 \sim 700\text{nm}$ 가시영역의 어느 밴드의 빛이 통과하겠는가?

ⓐ $n_1 > 7$인 경우에, $\lambda \leqq 350\text{ nm}$ 가 되어 자외선 영역이 된다.

ⓑ $n_1 < 4$인 경우에는, $\lambda \geqq = 933.3\text{ nm}$ 이 되어 적외선 영역이 된다.

이러한 것을 고려할 때에, $n_1 = 4, 5, 6$ 이어야 하며, 이에 대응되는 파장은 466.6 nm, 560 nm 그리고 700 nm 이다.

05 Fabry－Perot 간섭계의 두 반사 거울 사이의 간격이 20 mm 이며 진공이다. 거울의 반사율이 0.81이라고 할 때에 분해능(RP)은 얼마인가? 사용 중인 빛의 파장은 $\lambda = 500\text{ nm}$ 라고 가정한다.

06 Fabry－Perot 간섭계가 632.8 nm 에서 작동하는 He－Ne 레이저의 모드를 분해하는데 사용하려고 한다. 모드 사이의 진동수 차이는 150 MHz 이다. 간섭계 거울의 반사율이 0.99라고 할 때에 거울 사이의 간격은 얼마이어야 하는가? 거울 사이는 진공($n = 1$)이라고 가정한다.

07 굴절률이 $n_s = 1.52$인 광학 유리 위에 굴절률이 $n = 1.35$인 MgF_2가 사용 중인 파장의 $\lambda/4$의 두께로 무반사 코팅을 하였다. 이때에 이 박막의 반사율은 얼마이겠는가?

08 높은 굴절률 $n_H = 2.8$와 낮은 굴절률 $n_L = 1.4$를 가지는 물질들을 사용하여 총 10층 $(2N = 10)$의 반사율이 높은 다층 박막을 만들려고 한다. 이때에 최대 반사율은 얼마인가? 빛이 수직 입사한다고 가정한다.

참고문헌

1. Grant R. Fowles., Introduction to Modern Optics. 2nd ed. New York: Holt, Rinehart and Winston, 1975.
2. Jurgen R. Meyer-Arendt., Introduction to Classical and Modern Optics. 4th ed. New Jersey: Prentice Hall International Editions, 1995.
3. Eugene Hecht, Optics. 2nd ed. Addison-Wesley Publishing Company, Inc, 1990.

CHAPTER

11 회절

광원과 스크린 사이에 빛이 투과하지 않는 원 모양의 물체를 두었을 경우에 관측하고자하는 스크린 위에 생긴 물체의 그림자 주위에 밝고 어두운 무늬들을 볼 수 있는데 이와 같이 기하광학의 예측으로부터 벗어나는 현상을 빛의 회절이라고 한다. 광학 기기에 있어서 분해능의 근본적인 한계는 빛의 회절에 기인하며, 이러한 빛의 회절은 빛의 파동성에 기인한다.

이 장에서는 회절의 수학적 표현인 프레넬－키르히호프(Fresnel－Kirchhoff) 공식을 유도하고 이를 여러 경우의 프라운호퍼 회절과 프레넬 회절에 대하여 적용하여보고자 한다.

11.1 기초 이론

회절에 대한 개념은 빛에만 국한되는 것은 아니며 음파, X－선, 라디오파 및 물결파들이 진행경로에 장애물을 만나면 언제든지 일어난다. 이러한 회절 현상은 '빛의 1차 파면 위의 각 점이 모든 방향으로 진행하는 2차 구면파의 광원으로 작용할 수 있다'고 한 호이겐스(Huygens)의 원리에 의해 정성적으로 설명된다. 개념적으로 볼 때에 간섭과 회절은 동일하다하더라도, 연속적인 광원의 분포에 기인한 경우는 회절로, 그리고 불연속적인 광원에 기인한 경우는 간섭으로 분류한다.

11.1.1 간섭무늬와 회절무늬의 차이는 무엇인가?

개념적으로 볼 때에 간섭무늬와 회절무늬는 어느 정도 관련이 있으나, 정확히 같지는 않다. 일반적으로 간섭은 불연속적인 파원에서 발생한 파들이 결합함으로서 일어나는 현상으로 각 파들의 상대적인 위상차에 따라 보강간섭과 소멸간섭이 일어난다. 회절은 폭이 좁은 슬릿을 통과한 빛이 슬릿의 폭에 비하여 넓게 퍼지면서 밝고 어두운 무늬가 얻어지는 현상으로, 얻어지는 회절패턴은 슬릿 내에 존재하는 무수히 많은 연속적인 파원(그림 11.1에서 점)에 의한 파의 간섭결과로서 설명된다.

호이겐스의 원리는 그림 11.1에서와 같이 평면파(1차파, 물론 원형 또는 구형파도 상관없음)가 슬릿에 입사하면, 슬릿 내의 모든 위치가 2차 구면파를 만드는 파원의 역할을 한다는 것이다. 따라서 슬릿 내에 존재하는 2차 구면파의 파원은 무수히 많으며, 이러한 무수히 많은 각각의 파원(파원이 연속적으로 분포하여 있는 것으로 생각할 수 있다)으로부터 만들어진 파들에 의하여 형성되는 무늬를 회절무늬라고 한다.

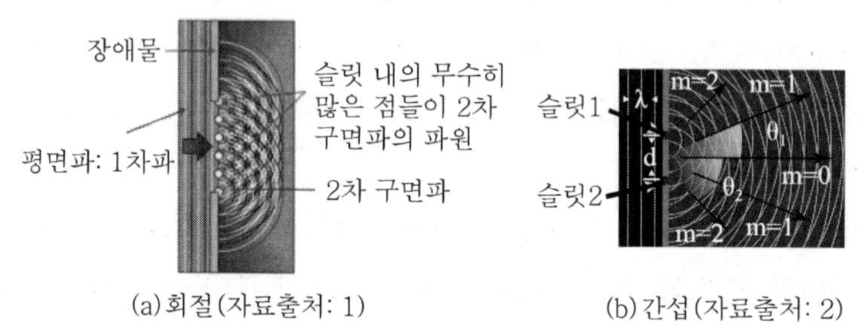

(a) 회절 (자료출처: 1)　　(b) 간섭 (자료출처: 2)

그림 11.1 회절과 간섭의 차이

11.1.2 키르히호프(Kirchhoff) 정리

개념적으로 빛의 회절을 다루기 위해서는 회절이 일어나기 전의 1차파와 회절이 일어난 후의 2차파들을 동시에 고려할 필요가 있으며, 1차 파를 U로 그리고 2차 파를 V로 표현하면 키르히호프 정리에 의하여 이들 사이의 관계가 간결히 기술된다. U와 V가 연속이고 적분 가능한 스칼라 함수라면, 그린(Green) 정리에 의하여

$$\oint_S (V\,grad_n\,U - U\,grad_n\,V)\cdot d\vec{A} = \int_V (V\nabla^2 U - U\nabla^2 V)dv \qquad (11.1.1)$$

와 같은 식이 얻어지며, 왼쪽의 적분은 닫혀진 표면에 대한 면적적분이며, 오른쪽은 닫

혀진 표면 안에 있는 체적에 대한 체적적분이다. 식 (11.1.1)에서 $grad_n$은 적분 표면(S)에서 방향기울기(gradient)의 수직성분을 의미한다. 여기서 U와 V가 회절이 일어나기 전·후의 광학적 교란(optical disturbance)을 의미하므로 파동방정식 $\nabla^2 U = \frac{1}{v^2}\frac{\partial^2 U}{\partial t^2}$, $\nabla^2 V = \frac{1}{v^2}\frac{\partial^2 V}{\partial t^2}$을 만족하며, 회절 전·후에 빛의 진동수는 동일하므로 U와 V는 모두 $e^{\pm i\omega t}$와 같은 시간 의존성을 갖는 조화파라고 볼 수 있다. 따라서 식 (11.1.1)의 오른쪽 적분함수는

$$V\nabla^2 U - U\nabla^2 V = \frac{1}{v^2}\left(V\frac{\partial^2 U}{\partial t^2} - U\frac{\partial^2 V}{\partial t^2}\right) = 0$$

와 같이 '0' 이 되어 식 (11.1.1)은 다음과 같이 쓸 수 있다.

$$\oint_S (V\overline{\nabla} U - U\overline{\nabla} V) \cdot \hat{n} dA = 0 \tag{11.1.2}$$

스칼라 함수 V가 $r=0$인 점 P로 모여드는 구면파라면 V는

$$V = V_0 \frac{e^{i(kr+wt)}}{r} \tag{11.1.3}$$

와 같이 표현할 수 있다. 적분 표면이 점 P를 포함하는 경우에 V는 점 P에서 무한대가 되므로 $r=0$인 부분을 적분구간에서 제외시켜야 한다. 이를 위해서는 그림 11.2에서와 같이 점 P 주위에 반경이 ρ인 매우 작은 구를 생각하고 아주 가느다란 통로를 이용하여 외부와 연결하면, 또 하나의 표면(그림 11.2에서 바깥쪽 면)이 만들어진다.

점 P를 둘러싸고 있는 작은 원의 표면 위에서 $r=\rho$, $grad_n = -\frac{\partial}{\partial r}$ ('−'부호는 반경

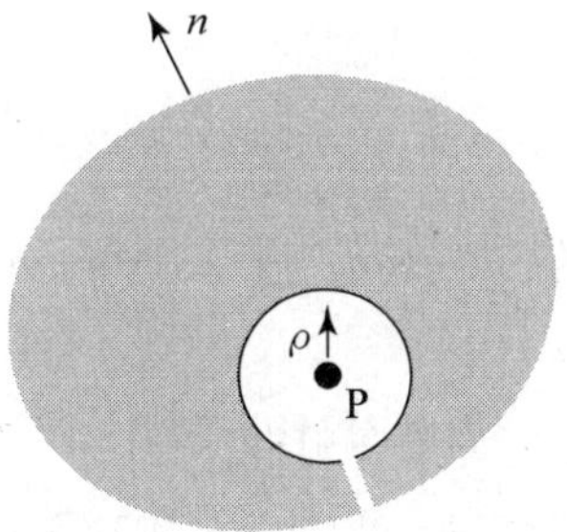

그림 11.2 키르히호프 적분 정리를 설명하기 위한 적분 표면

'r'의 증가 방향이 구 표면에서의 수직 방향과 반대이기 때문이다.)이 되므로 식 (11.1.2)은

$$\oint_S \left(\frac{e^{ikr}}{r} \nabla_n U - U \nabla_n \frac{e^{ikr}}{r} \right) dA - \oint_S \left(\frac{e^{ikr}}{r} \frac{\partial U}{\partial r} - U \frac{\partial}{\partial r} \frac{e^{ikr}}{r} \right)_{r=\rho} \rho^2 d\Omega = 0 \quad (11.1.4)$$

이 된다. 여기서 $d\Omega$ 는 점 P에 중심을 둔 입체각이므로 $\rho^2 d\Omega$ 는 작은 구 표면에서의 면적 요소에 해당한다. 식 (11.1.4)에서 처음 적분은 그림 11.2의 바깥 면에 대한 적분이며, 둘째 적분은 안쪽 면에 대한 적분이다. 그리고 ρ 는 '0'으로 접근하는 대단히 작은 값이므로 급수전개하면

$$\left[e^{ikr} \right]_{r \to \rho} = 1 + ik\rho + \frac{1}{2}(ik\rho)^2 + \cdots$$

이며, 또한 $\partial U / \partial r$가 $\rho \to 0$에서 유한하다면,

$$\left. \frac{e^{ikr}}{r} \frac{\partial U}{\partial r} \rho^2 \right]_{r \to \rho} = \left. \frac{\rho^2}{\rho} \frac{\partial U}{\partial r} + ik \frac{\rho^3}{\rho} \frac{\partial U}{\partial r} + \cdots \right]_{\rho \to 0} \to 0$$

이 된다. 따라서 식 (11.1.4)에서 왼쪽의 두 번째 항은 다음처럼 전개할 수 있다. 즉,

$$-\rho^2 \left[U \frac{\partial}{\partial r} \left(\frac{e^{ikr}}{r} \right) \right]_{r \to \rho} = -\rho^2 \left[U \frac{\partial}{\partial r} \left(\frac{1}{r} + \frac{ikr}{r} + \cdots \right) \right]_{r=\rho}$$

$$= -\left[-U \frac{1}{\rho^2} - \frac{1}{2} U k^2 - \cdots \right] \rho^2 = U \quad \Rightarrow Up$$

와 같이 표현이 되므로 식 (11.1.4)의 두 번째 항은

$$\oint_S U_p d\Omega = 4\pi U_p \quad (11.1.5)$$

로 된다. 따라서 식 (11.1.4)은

$$U_p = -\frac{1}{4\pi} \oint_S \left(U grad_n \frac{e^{ikr}}{r} - \frac{e^{ikr}}{r} grad_n U \right) dA \quad (11.1.6)$$

으로 되는데, 이 식을 키르히호프 적분정리라 한다. 식 (11.1.6)은 닫혀진 표면 안쪽 공간내의 한 점 P에서의 스칼라 함수 U_p의 값을, 점 P를 감싸고 있는 닫혀진 표면 위에서의 파동함수에 대한 적분 값으로 나타낼 수 있음을 의미한다.

키르히호프 적분정리를 회절에 적용시키는데 있어서 파동함수 U는 광학적 교란으로서 스칼라량이므로, 벡터로 표시되는 빛의 전자기장을 정확히 기술해주지는 못한다하더라도 $|U_p|^2$는 점 P에서의 빛의 세기(irradiance)에 대한 측정으로서 사용될 수 있다.

11.1.3 프레넬-키르히호프(Fresnel-Kirchhoff) 적분공식

프레넬-키르히호프 적분공식은 회절현상에 대한 수학적인 표현으로 볼 수 있다. 따라서 적분 정리를 빛의 회절에 대한 일반적인 문제에 적용해보기 위하여, 그림 11.3에서와 같이 점광원 S에서 나온 빛이 임의의 모양을 한 조리개를 지나 회절에 의해 점 P로 도달하는 경우에 적용하여보자. 키르히호프 적분정리를 적용하기 위하여 조리개 부분을 포함하고 관측점 P를 포함하는 닫혀진 표면을 그림 11.3에서와 같이 선택하자.

이때에 광원 S로부터 나온 빛이 장애물에 의해 회절되어 관측점 P에 도달한 U_P의 값을 알아보기 위하여 다음의 세 가지 가정을 한다. 즉,

① 조리개 부분을 제외하고는 파동함수 U와 $\overline{\nabla} U$는 적분에 기여하지 않는다.

② 조리개에서의 파동함수 U와 $\overline{\nabla} U$의 값은 장애물에 의해 영향을 받지 않는다.

③ 조리개의 크기, 조리개에서 광원까지의 거리 및 조리개에서 관측점까지의 거리는 빛의 파장에 비해 매우 크다.

점광원(S)에서 조리개까지의 거리를 r'이라 하면, 조리개면 위에서 파동함수의 값은

$$U = U_0 \frac{e^{i(kr' - \omega t)}}{r'} \tag{11.1.7}$$

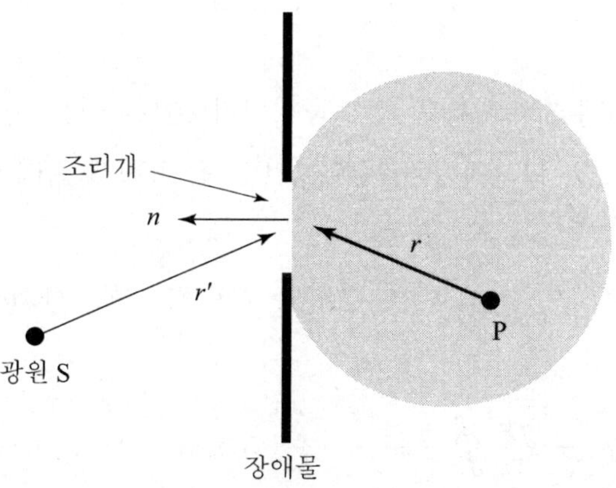

그림 11.3 조리개를 포함하고 관측점 P를 감싸고 있는 닫혀진 표면

와 같이 쓸 수 있으며, U_0는 광원에서의 파동함수의 진폭이다. 식 (11.1.7)은 진폭이 거리에 반비례하므로 점광원(S)으로부터 퍼져나가는 진동수 ω를 가진 구면파를 의미한다. 식 (11.1.7)을 키르히호프 적분정리인 식 (11.1.6)에 대입하면,

$$U_p = -\frac{U_0 e^{-i\omega t}}{4\pi}\oint_s \left(\frac{e^{ikr'}}{r'}\nabla_n \frac{e^{ikr}}{r} - \frac{e^{ikr}}{r}\nabla_n \frac{e^{ikr'}}{r'}\right) dA \tag{11.1.8}$$

이 되며, 위의 가정 ①에 의하여 조리개의 열린 부분에 대해서만 적분하면 되므로 S는 조리개의 열린 부분을 나타낸다. 이때에 적분함수는

$$\nabla_n\left(\frac{e^{ikr}}{r}\right) = \cos(\hat{n},\vec{r})\frac{\partial}{\partial r}\left(\frac{e^{ikr}}{r}\right) = \cos(\hat{n},\vec{r})\left(\frac{ike^{ikr}}{r} - \frac{e^{ikr}}{r^2}\right) \tag{11.1.9}$$

$$\nabla_n\left(\frac{e^{ikr'}}{r'}\right) = \cos(\hat{n},\vec{r}')\frac{\partial}{\partial r'}\left(\frac{e^{ikr'}}{r'}\right) = \cos(\hat{n},\vec{r}')\left(\frac{ike^{ikr'}}{r'} - \frac{e^{ikr'}}{r'^2}\right) \tag{11.1.10}$$

와 같이 다시 쓸 수 있으며, 여기서 $(\hat{n},\vec{r})$, $(\hat{n},\vec{r}')$은 조리개 표면에 수직한 단위벡터 $(\hat{n})$과 두 변위벡터 $\vec{r}$과 $\vec{r}'$이 이루는 각을 각각 나타낸다. 그런데 $k = 2\pi/\lambda$이며, 일반적으로 광원에서 조리개까지의 거리 $\vec{r}'$와 조리개에서 관측점까지의 거리 $\vec{r}$은 파장에 비해서 매우 크므로, 즉, $\vec{r}, \vec{r}' \gg \lambda$이므로 $\frac{k}{r} = \frac{2\pi}{r\lambda} \gg \frac{1}{r^2}$ (또는 $\frac{k}{r'} = \frac{2\pi}{r'\lambda} \gg \frac{1}{r'^2}$)이 되어 식 (11.1.9)와 식 (11.1.10)의 괄호 안의 두 번째 항은 첫 항에 비하여 무시할 정도로 작다. 따라서 식 (11.1.7)은

$$U_p = -\frac{ikU_0}{4\pi}e^{-i\omega t}\int_s \frac{e^{ik(r+r')}}{rr'}\left[\cos(\hat{n},\vec{r}) - \cos(\hat{n},\vec{r}')\right] dA \tag{11.1.11}$$

이 되며, 이 식을 프레넬-키르히호프 적분공식이라 한다. 이는 실제로 호이겐스 원리의 수학적 표현으로서 그림 11.4에서와 같이 원형 조리개에 대하여 대칭인 광원에 식 (11.1.11)을 적용시켜 보면 알 수 있다.

그림 11.4에서 $\hat{n}$와 $\vec{r}'$이 서로 반대 방향을 가리키므로, $\cos(\hat{n},\vec{r}') = -1$이 되어 식 (11.1.11)은

$$U_P = -\frac{ik}{4\pi}\oint_s \frac{U_A e^{i(kr-\omega t)}}{r}\left[\cos(\hat{n},\vec{r}) + 1\right] dA \tag{11.1.12}$$

이 되며, 여기서 $U_A = \dfrac{U_0\, e^{ikr'}}{r'}$ 는 조리개 면에 입사하는 1차 파면의 복소수 진폭으로 생각할 수 있다. 따라서 조리개 표면에서의 면적소(dA)는 이러한 1차 파면으로부터 $\dfrac{U_A\, e^{i(kr-\omega t)}}{r} dA$ 로 주어지는 2차 구면파를 발생시키는 파원이 된다. 따라서 관측점 P 에서의 빛은 조리개의 면적소로부터 오는 2차 파들의 합으로 얻어지나, 조리개의 면적소로부터 오는 2차 파들을 합할 때에 경사인자로서 알려진 '$[\cos(\hat{n},\vec{r}) - \cos(\hat{n},\vec{r'})] = [\cos(\hat{n},\vec{r}) + 1]$'를 고려해야 한다. 경사인자는 조리개면에 비스듬하게 들어오거나 나갈 때에 빛의 세기에서의 감소를 가져오며, 광원과 관측점 및 조리개의 위치에 따라 다른 값을 가진다. 그림 11.4에서와 같이 관측점이 조리개의 오른쪽에 있는 경우에 $\hat{n}$ 과 $\vec{r}$ 이 이루는 각이 '0°'가 되므로 $\cos(\hat{n},\vec{r}) = 1$이 되어 경사인자는 최댓값 '2'를 가지게 된다. 이는 빛이 오른쪽 방향으로 최대 회절이 일어남을 의미한다. 반면에 관측점이 조리개의 왼쪽에 있는 경우에 $\hat{n}$과 $\vec{r}$이 이루는 각이 180°가 되므로 경사인자의 값은 '영'이 되므로 조리개 면에서 2차 파면이 발생할 경우에 조리개의 왼쪽(광원 쪽)으로 진행하는 회절파는 발생하지 않음을 의미한다. 그리고 식 (11.1.12)의 계수 '$-i(=e^{-i\pi/2})$'는 회절된 파의 위상이 1차 파면에 대하여 90°만큼 늦어짐을 의미하며, 이러한 현상들은 호이겐스의 원리에는 나와 있지 않다.

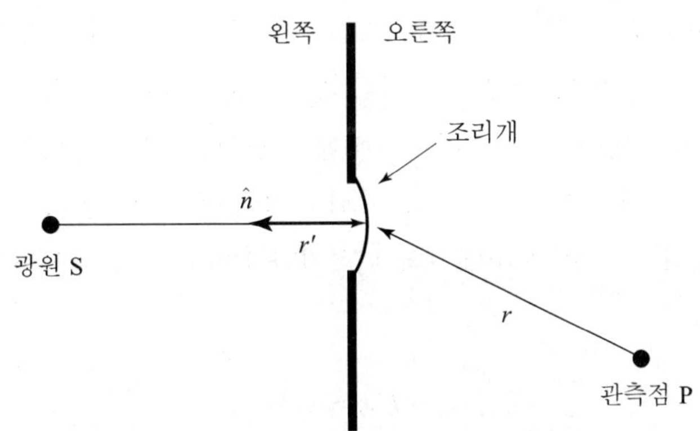

그림 11.4 프레넬-키르히호프 적분공식을 설명하기 위한 그림

11.1.4 바비넷(Babinet)의 원리

그림 11.5에서와 같이 한 조리개의 투명 영역이 다른 조리개의 불투명 영역과 완전히 일대일 대응관계를 이루거나 또는 이와 반대의 일대일 대응관계를 이룰 때 이들 두 조리개는 서로 상보적(complementary)이라고 한다[그림 11.5(a) 참조]. 그림 11.5(a)에서 조리개의 투명영역의 모양과 크기는 빛이 통과하지 못하는 불투명 영역의 모양과 크기가 똑같다. 따라서 서로 상보적 관계에 있는 두 조리개를 중첩하면 빛이 통과하지 못하는 불투명체가 되거나 그 반대의 경우가 된다.

그림 11.5(b)에서와 같이 조리개에서 투명영역의 하나가 관측점에 형성하는 광학적 교란을 크기만을 나타내는 스칼라 양으로 U_{1P}, 그리고 그림 11.5(c)에서와 같이 불투명 영역의 하나가 투명영역과 같은 위치에 위치하면서 산란에 의해 같은 관측점 P에 형성하는 광학적 교란을 U_{2P}라고 하자. 각각의 조리개에 의한 점 P에서의 총 광학적 교란(U_P)은 프리즈넬－키르히호프 공식에 의하여,

$$U_P = U_{1P} + U_{2P} \tag{11.1.13}$$

이 된다. 여기서 U_P는 두 조리개가 동시에 존재할 경우로서 식 (11.1.13)은 '바비넷의 원리'에 대한 수학적 표현식이다.

하지만, 그림 11.5(d)에서와 같이 불투명 장애물의 모양과 크기가 같은 조리개가 불투명체의 위치에 위치하면 회절이 발생하지 않아 관측점 P에서의 회절에 의한 총 광학적 교란(U_P)은 '0'이 된다 (또는 역으로 정사각형 모양의 조리개가 있는 위치에 같은 크기와 모양을 가진 불투명체를 놓으면 관측점 P에 도달하는 빛은 없다.). 이는 서로 상보적 관계에 있는 조리개들에 의한 총 광학적 교란이 '0'임을 의미한다. 따라서 상보적 관계에 있는 두 조리개 A_1, A_2는 점 P에서의 위상차가 180°(π) 차이가 나는 동일한 양의 빛을 만들며,

$$U_{1P} = -U_{2P} = e^{i\pi} U_{2P} \tag{11.1.14}$$

와 같이 수식적으로 표현이 가능하다. 관측점 P에서의 빛의 세기는 복소 진폭의 절댓값의 제곱이므로, 점 P에서 조리개 A_1이나 A_2에 의한 빛의 세기는 같게 된다. 이러한 현상은 물리학에서 중요한 산란에 대한 결과를 회절현상으로 설명할 수 있는 근거를 제공한다. 즉, 불투명한 입자에 의한 산란의 결과는 같은 크기의 슬릿에 의한 회절의 결과는 위

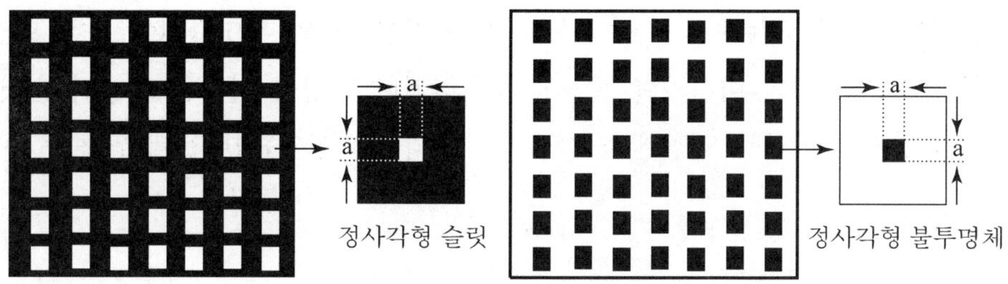

(a) 상보적 관계에 있는 2 조리개

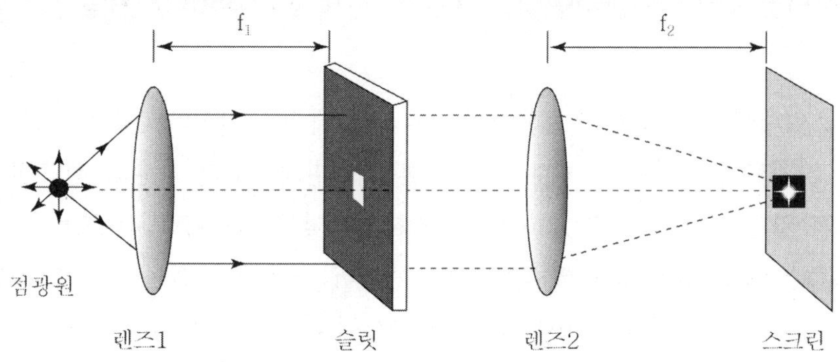

(b) 정사각형 조리개의 회절에 의해 스크린에 형성된 상의 모양

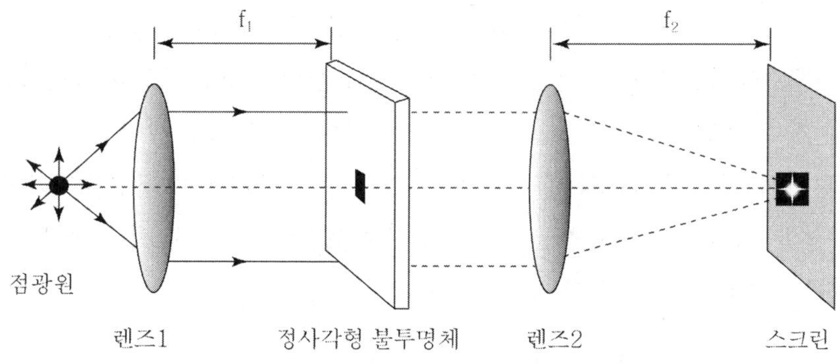

(c) 정사각형 불투명체의 회절에 의해 스크린에 형성된 상의 모양

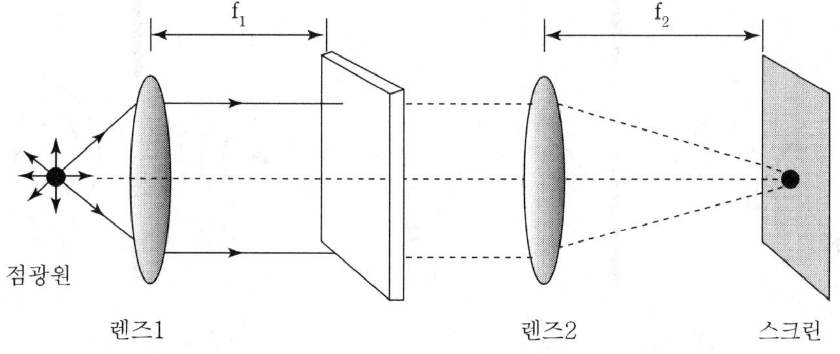

(d) 빛의 진행 경로 위에 아무것도 없는 경우, 스크린에 형성된 상의 모양

그림 11.5 상보적인 두 조리개에 의한 빛의 회절

상만 180° 차이가 있는 형태로 동일하다. 따라서 직선모양의 투명슬릿에 의한 회절무늬를 이용하여 같은 모양의 머리카락 직경을 측정하거나 반경이 일정한 모양의 슬릿에 의한 회절무늬 결과를 반경이 일정한 불투명 입자들의 크기를 측정하는데 활용할 수 있다.

11.2 프라운호퍼(Fraunhofer) 회절과 프레넬(Fresnel) 회절

회절은 조리개에 대한 광원과 관측점까지의 거리에 따라서 프라운호퍼 회절과 프레넬 회절의 두 가지로 분류한다. 프라운호퍼 회절은 조리개로부터 광원과 관측점까지의 거리가 비교적 멀기 때문에 그림 11.6(a)에서와 같이 빛을 평면파로 간주할 수 있는 원거리장 회절(far-field diffraction)에 해당한다. 반면에 프레넬 회절은 그림 11.6(b)와 같이 조리개로부터 광원과 관측점 사이의 거리가 가까워 파면의 곡률을 무시할 수 없는 경우로서 근접장 회절(near-field diffraction)에 해당한다.

물론 이러한 두 회절 사이를 엄격히 구별짓는 경계는 없으나, 정량적인 방법에 의한 구별은 조리개면에서의 파면의 곡률에 의하여 분류한다. 그림 11.7과 그림 11.8은 프라운호퍼 회절과 프레넬 회절을 구별하기 위하여 나타낸 것으로, 관측점 P는 조리개로부터 d만큼 떨어져 있고, 광원 S는 d'만큼 떨어져 있다. 조리개의 직경을 δ라고 하면, 조리개의 a부분을 지나 관측점까지 가는 거리(경로 ①)와 b부분을 지나 관측점까지의 가는 거리(경로 ②)차는

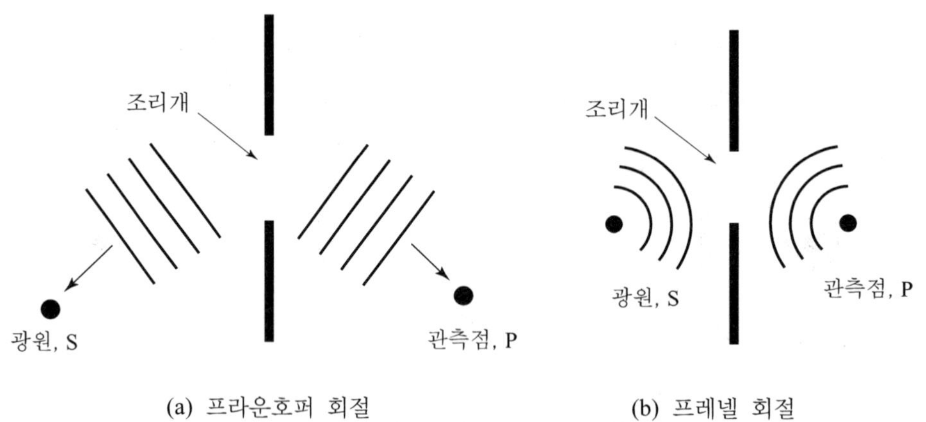

그림 11.6 프라운호퍼 회절과 프레넬 회절

$$\begin{aligned}\Delta &= \sqrt{d'^2 + (h' + \delta)^2} + \sqrt{d^2 + (h + \delta)^2} - \sqrt{d'^2 + h'^2} - \sqrt{d^2 + h^2} \\ &= \left(\frac{h'}{d'} + \frac{h}{d}\right)\delta + \frac{1}{2}\left(\frac{1}{d'} + \frac{1}{d}\right)\delta^2 + \cdots\end{aligned} \tag{11.2.1}$$

으로 된다. 하지만 광원 및 관측점에서 조리개까지의 거리가 매우 먼 경우에 그림 11.7에서 $\theta_1' \simeq \theta'$이며, $\theta_1 \simeq \theta$의 관계가 성립하며 이들의 값은 매우 작으므로 $\tan\theta' = h'/d' \simeq \sin\theta'$이 성립한다. 따라서 $(h'/d')\delta = \delta\sin\theta'$이 되며, $(h/d)\delta = \delta\sin\theta$이 되어 식 (11.2.1)의 오른쪽 첫 항은 빛이 통과하는 위치에 따른 경로차를 나타낸다.

하지만 이번에는 광원과 회절무늬를 관찰하는 관찰점이 빛의 파장에 비하여 조리개

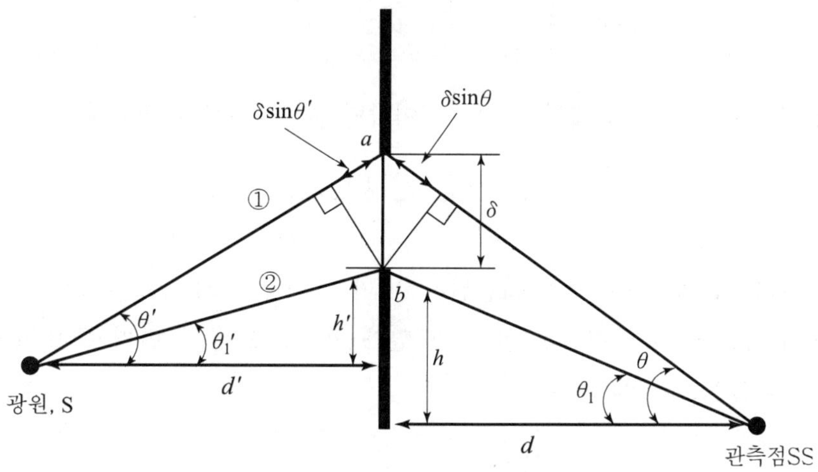

그림 11.7 프라운호퍼 회절을 설명하기 위한 그림

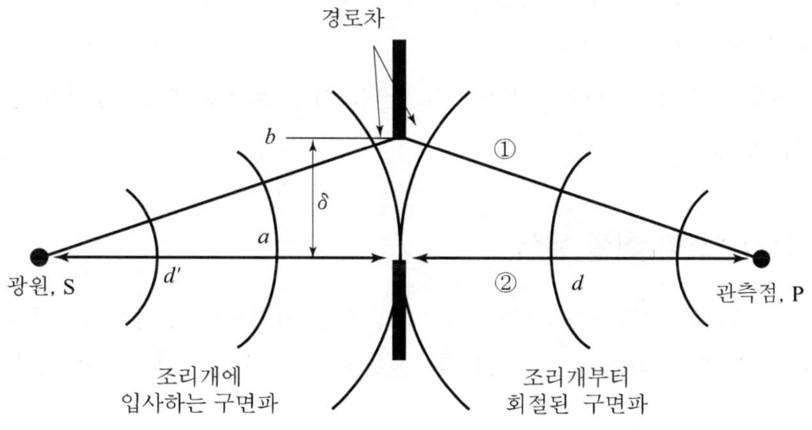

그림 11.8 프레넬 회절을 설명하기 위한 그림

에 매우 가까이 있다면, 조리개에 입사하는 파가 구면파의 형태로 입사하게 되는데 이러한 경우에 대하여 생각하여 보자(그림 11.8 참조).

그림 11.8로부터 알 수 있듯이 경로 ①과 ② 사이의 경로 차이는

$$\Delta = (\sqrt{d'^2 + \delta^2} - d') + (\sqrt{d^2 + \delta^2} - d) \tag{11.2.2}$$

$$= d'\left(1 + \frac{\delta^2}{d'^2}\right)^{1/2} - d' + d\left(1 + \frac{\delta^2}{d^2}\right)^{1/2} - d$$

$$= d'\left(1 + \frac{1}{2}\frac{\delta^2}{d'^2} - \frac{1}{8}\left(\frac{\delta^2}{d'^2}\right)^2 + \cdots\right) - d'$$

$$+ d\left(1 + \frac{1}{2}\frac{\delta^2}{d^2} - \frac{1}{8}\left(\frac{\delta^2}{d^2}\right)^2 + \cdots\right) - d$$

와 같이 된다. 따라서 $\delta \ll d'$그리고 $\delta \ll d$이라면, 위 식에서의 경로차는

$$\Delta = \frac{1}{2}\left(\frac{1}{d'} + \frac{1}{d}\right)\delta^2 \tag{11.2.3}$$

이 되어 식 (11.2.1)의 둘째 항에 해당된다. 따라서 식 (11.2.1) 오른쪽의 둘째 항(δ^2의 항)은 파면의 곡률에 의한 것임을 알 수가 있다. 또한, Δ의 두 번째 항이 빛의 파장에 비해서 무시할 정도로 작다면, 즉,

$$\frac{1}{2}\left(\frac{1}{d'} + \frac{1}{d}\right)\delta^2 \ll \lambda \tag{11.2.4}$$

인 경우에 입사하는 광파는 조리개면에 대하여 평면파로 취급할 수 있으며, 이러한 조건 하에서 얻어지는 회절은 프라운호퍼 회절로 간주할 수 있다. 하지만, 둘째 항을 무시할 수 없는 경우에 파면의 곡률을 고려하여야 하며, 이는 프레넬 회절 공식을 사용하여 회절을 다루게 된다.

11.2.1 프라운호퍼 회절 유형

프라운호퍼 회절에 대한 수학적인 취급이 프레넬 회절보다 간단하므로 먼저 이에 대해서 논의하고자 한다. 아래의 그림 11.9는 프라운호퍼 회절을 관찰하기 위한 실험 장치도이다.

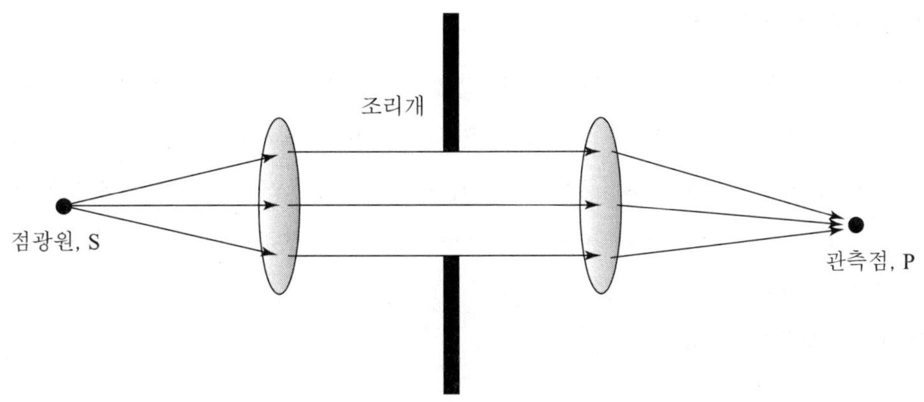

그림 11.9 프라운호퍼 회절을 관찰하기 위한 장치도

진동수 ω를 가지며 점광원, S로부터 나온 빛이 조리개 왼쪽의 볼록렌즈에 의하여 평행한 빛이 되어 조리개로 입사한다. 조리개를 통과한 평행한 빛은 조리개 뒤쪽에 있는 두 번째 렌즈에 의하여 스크린 위의 초점면에 회절상을 맺게 된다. 이때에 조리개에 입사하는 빛과 조리개를 지난 회절파가 평행한 빛이므로 프라운호퍼 회절조건을 만족하게 되므로 초점면에 만들어지는 회절무늬는 프라운호퍼 회절무늬가 된다. 회절에 대한 결과를 얻기 위하여 프레넬-키르히호프 공식에서 다음과 같은 가정을 한다. 즉,

① 회절파도 하나의 평면파로 가정하면 각도 분포가 조리개 면에 대하여 거의 일정하기 때문에 경사인자 $[\cos(\hat{n},\hat{r}) - \cos(\hat{n},\hat{r}\,')]$가 하나의 상수가 되어 적분기호 밖으로 보낼 수 있다.

② $e^{ikr'}/r'$ 역시 평면파의 형태이므로 거의 변하지 않는다.

③ 조리개 면에 대해 e^{ikr}/r에서 $1/r$은 평균값으로 대체할 수 있으며, e^{ikr}에만 의존한다.

위와 같은 근사가 성립되면 프레넬-키르히호프 공식은

$$U_P = C\oint_s e^{ikr}dA \tag{11.2.5}$$

와 같이 간단히 된다. 즉, 모든 상수 인자들은 식 (11.2.5)에 하나의 상수(C)로 나타내었으며, 회절파의 분포는 조리개면에 대해 위상인자 e^{ikr}만을 적분함으로서 얻어질 수 있음을 의미한다. 이러한 결과를 몇몇 회절에 대하여 적용하여 설명하고자 한다.

1) 단일슬릿에 의한 회절

그림 11.10은 가로가 L, 세로가 b인 단일슬릿으로서 $L \gg b$인 관계를 만족하는 일차원 슬릿을 나타낸 것이다. 이 경우에 슬릿 면적소의 넓이는 $dA = Ldy$이고, 슬릿에서 회절상이 얻어지는 관측점까지의 거리는 $r = r_0 + y\sin\theta$이다. 여기서 r_0는 슬릿의 중심에서 관측점까지의 거리이며, y는 슬릿의 중심으로부터 슬릿 안에서 빛이 통과하는 곳까지의 수직거리이다.

따라서 이 경우에 회절에 대한 식은

$$U_P = Ce^{ikr_0}\int_{-b/2}^{b/2} e^{iky\sin\theta} Ldy = Ce^{ikr_0}L\frac{\sin\left(\frac{1}{2}kb\sin\theta\right)}{\left(\frac{1}{2}\right)kb\sin\theta} = C'\left(\frac{\sin\beta}{\beta}\right) \quad (11.2.6)$$

와 같이 된다. 여기서 $C' = e^{ikr_0}LCb$, $\beta = \frac{1}{2}kb\sin\theta$로서 상수들이다. 그러므로 $C'(\sin\beta/\beta)$는 β에 의해 정해지는 방향으로 산란된 빛의 총 진폭이므로 관측점 P에서 단일슬릿에 의하여 회절된 빛의 세기는

$$I = |U_P|^2 = I_0\left(\frac{\sin\beta}{\beta}\right)^2 \quad (11.2.7)$$

와 같이 주어진다. 여기서 $I_0 = (CLb)^2$는 $\theta = 0$에서의 회절된 빛의 세기로서 슬릿의 면적의 제곱에 비례함을 알 수 있으며, 그림 11.11은 단일슬릿에 의한 진폭의 분포 및 회절무늬에 대한 세기 분포를 나타낸 것이다.

최댓값은 $\beta = 0$에서 일어나며, $\beta = \pm m\pi\,(m = 1, 2, 3, \cdots)$인 경우에 회절된 빛은 최

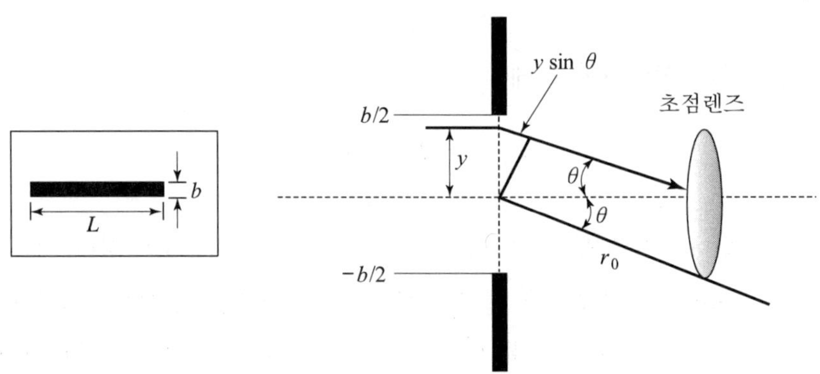

그림 11.10 단일슬릿에 의한 프라운호퍼 회절

솟값(= 0)을 가지며, 첫 번째 최솟값은 $\beta=\pi$인 경우로서

$$\sin\theta=\frac{2\pi}{kb}=\frac{\lambda}{b} \tag{11.2.8}$$

가 되어, 주어진 파장에 대해 슬릿의 폭 b가 작아지면 회절각이 커짐을 알 수 있다. 매우 좁은 슬릿인 경우에, 회절패턴은 흐릿하지만 회절면적은 넓어진다. 하지만, 슬릿의 폭이 넓어짐에 따라서 회절무늬의 크기는 줄어드는 대신에 밝아진다. 또한 주어진 슬릿에 대하여 파장이 길수록 회절각이 커짐을 알 수 있다. 따라서 분해능을 높이기 위해서는 파장이 긴 빛보다는 짧은 파장의 빛을 사용한다.

한 예로서 음악을 듣는데 사용하는 컴팩트디스크(CD)의 경우에 빨강색의 레이저 빛을 사용하기보다는 청색의 빛을 발생하는 청색 다이오드를 사용하면 분해능이 높아져 같은 크기의 컴팩트디스크에 더 많은 음악을 저장할 수 있다. 한편, 표 11.1은 직사각형과 원형조리개의 경우에 중앙의 밝은 무늬의 세기에 대한 회절차수에 따른 회절무늬의 상대적 세기를 표시한 것이다.

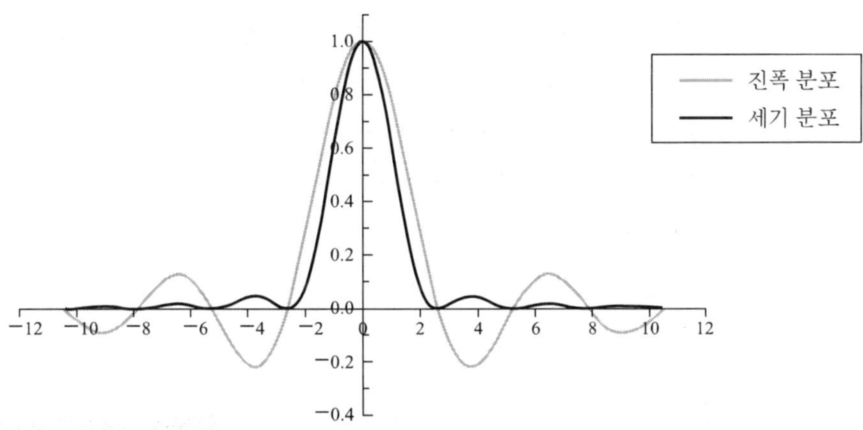

그림 11.11 단일슬릿에 의한 프라운호퍼 회절

표 11.1 직사각형과 원형 조리개의 회절무늬에 대한 최댓값의 상대적 크기

	직사각형 조리개	원형 조리개
중앙의 최대 세기	1	1
첫 번째 최대세기	0.0496	0.0174
두 번째 최대세기	0.0168	0.0042
세 번째 최대세기	0.0083	0.0016

2) 사각형 조리개에 의한 프라운호퍼 회절

한 개의 사각형 조리개에 의한 회절은 단일슬릿의 경우에서와 같은 방법으로 취급할 수 있으며, 차이점은 단일슬릿이 일차원 회절이라면 사각형 슬릿은 2차원 회절이 된다는 것이다. 그림 11.12는 가로가 a, 세로가 b인 사각형 슬릿과 이에 의한 프라운호퍼 회절무늬를 나타낸 것이다. x, y방향으로 조리개의 폭이 각각 a, b이므로, 이러한 슬릿에 의한 회절무늬는 $x-$방향으로의 회절과 $y-$방향으로의 회절의 곱으로 다음과 같이 주어진다. 즉,

$$I = I_0 \left(\frac{\sin\alpha}{\alpha}\right)^2 \left(\frac{\sin\beta}{\beta}\right)^2 \tag{11.2.9}$$

와 같이 된다. 여기서 $\alpha = \frac{1}{2}ka\sin\phi$, $\beta = \frac{1}{2}kb\sin\theta$ 이며, θ와 ϕ 는 조리개의 중심에서 조리개 면에 수직방향으로부터 관측되어지는 회절무늬까지 측정된 것으로 회절무늬의 방향을 나타낸다. 이러한 사각형 조리개에서 $\alpha = \pm\pi, \pm 2\pi, \cdots$와 $\beta = \pm\pi, \pm 2\pi, \cdots$인 곳에서 회절무늬의 세기는 최솟값인 '영'이 된다.

단일슬릿의 경우와 마찬가지로, 회절무늬의 크기는 조리개의 크기와 반비례하는 관계를 가진다. 즉, 조리개의 가로 길이 a가 슬릿의 세로 길이 b보다 작다면, 스크린에 형성된 회절무늬 중 수평방향으로 형성된 회절무늬 사이의 간격이 커진다. 마찬가지로 수직방향으로 형성된 회절무늬 사이의 간격은 수평방향으로 형성된 회절무늬에 비하여 좁은 간격을 가지고 형성된다. 만약에 조리개의 가로 길이와 세로 길이가 같다면, 스크린에 형성된 수평방향과 수직방향의 회절무늬 모양은 같게 된다.

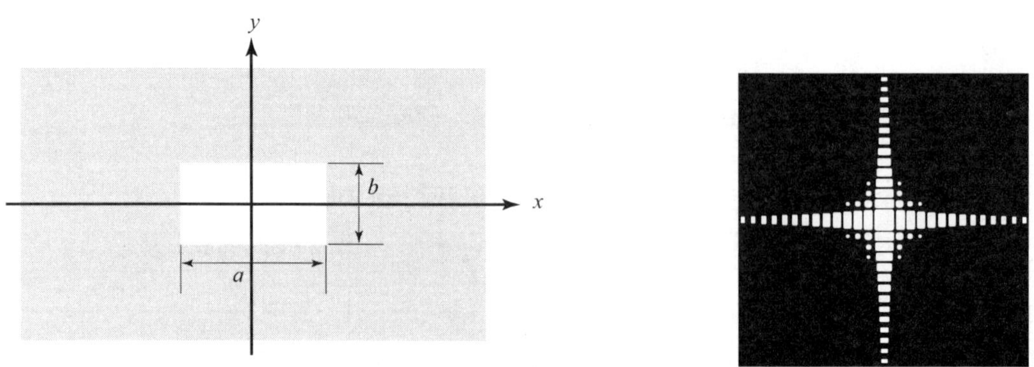

그림 11.12 사각형 조리개 및 이에 의한 프라운호퍼 회절무늬

3) 원형 조리개에 의한 프라운호퍼 회절

원형 조리개에 의한 회절은 그림 11.13에서 나타낸 y를 적분변수로 하여 계산하여 구한다. R이 원형 조리개의 반경이라면, 원형 조리개의 미소 단면적(dA)은 $dA = 2\sqrt{R^2 - y^2} \cdot dy$이다. 조리개에서 회절무늬가 생기는 스크린까지의 거리는 $r = r_0 + y\sin\theta$ (r_0: 조리개의 중심에서 회절무늬가 생기는 스크린까지의 거리)이므로 관측점 P에서 회절된 빛의 진폭은 식 (11.2.5)을 이용하면

$$U = Ce^{ikr_0}\int_{-R}^{R} e^{iky\sin\theta}\, 2\sqrt{R^2 - y^2}\, dy \tag{11.2.10}$$

로 주어진다. 여기서 $u = \dfrac{y}{R}$, $\rho = kR\sin\theta$로 치환하면

$$U = Ce^{ikr_0}R^2\int_{-1}^{1} e^{i\rho u}\sqrt{1-u^2}\, du \cdot 2 \tag{11.2.11}$$

이 된다. 그런데 이 식에서 $\displaystyle\int_{-1}^{1} e^{i\rho u}\sqrt{1-u^2}\, du = \frac{\pi J_1(\rho)}{\rho}$이며, $J_1(\rho)$는 차수가 1차인 베셀(Bessel) 함수이다.

$$I = |U|^2 = I_0\left[\frac{2J_1(\rho)}{\rho}\right]^2 \tag{11.2.12}$$

이 되며 이를 그림 11.14에 나타내었다. 여기서 $I_0 = (C\pi R^2)^2$로서 $\theta = 0$인 곳에서의 빛의 세기이다.

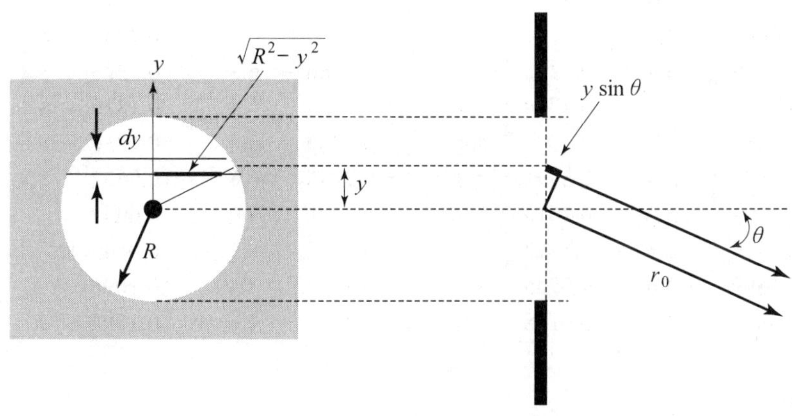

그림 11.13 반경이 R인 원형 조리개에 의한 프라운호퍼 회절

회절무늬는 원형대칭이며, 에어리 원판(Airy disk)이라고 불리는 중앙의 밝은 무늬와 점차로 밝기가 흐려지는 원형의 둥근 띠들로 이뤄져 있다(그림 11.14 참조). 첫 번째 어두운 원형 고리는 베셀 함수가 처음으로 '0'이 되는 $\rho = 3.832$인 곳에 생기며, 수식적으로는

$$\sin\theta = \frac{3.832}{kR} = \frac{3.832\,\lambda}{2\pi R} = \frac{1.22\,\lambda}{D} \simeq \theta \ (\theta\text{가 작을 때}) \qquad (11.2.13)$$

인 곳에 생기며, $D = 2R$는 원형조리개의 직경이다. 따라서 에어리 원판에 대한 각의 크기(angular size)는 직사각형 조리개 또는 슬릿에 의한 회절무늬의 가운데 밝은 무늬에 대한 대응되는 각의 크기 λ / b보다 약간 크다. 또한 이들 사이의 관계를 표 11.1에 나타내었고, 참고로 변수 ρ에 대한 베셀 함수의 값을 표 11.2에 나타내었다.

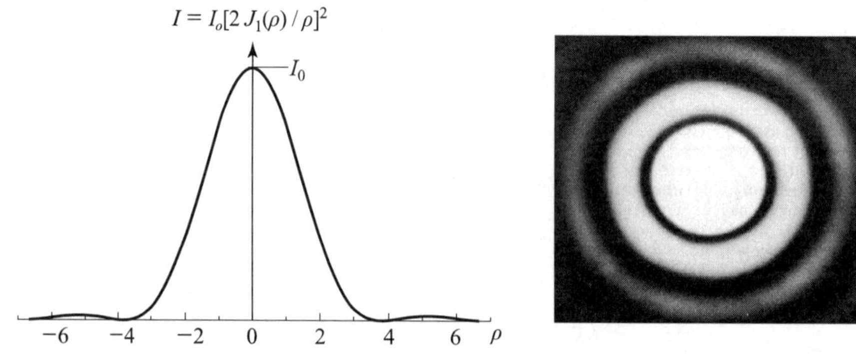

그림 11.14 원형 조리개에 대한 회절된 빛의 세기와 회절무늬[에어리 원판]

표 11.2 베셀 함수의 값

ρ	$J_1(\rho)$	ρ	$J_1(\rho)$	ρ	$J_1(\rho)$	ρ	$J_1(\rho)$	ρ	$J_1(\rho)$
0.0	0.0000	2.0	0.5767	3.832	0.0000	5.8	−0.3110	7.8	0.2014
0.2	0.0995	2.2	0.5560	4.0	−0.0660	6.0	−0.2767	8.0	0.2346
0.4	0.1960	2.4	0.5202	4.2	−0.1386	6.2	−0.2329	8.2	0.2580
0.6	0.2867	2.6	0.4708	4.4	−0.2028	6.4	−0.1816	8.4	0.2708
0.8	0.3688	2.8	0.4097	4.6	−0.2566	6.6	−0.1250	8.6	0.2728
1.0	0.4401	3.0	0.3391	4.8	−0.2985	6.8	−0.0652	8.8	0.2641
1.2	0.4983	3.2	0.2613	5.0	−0.3276	7.0	−0.0047		
1.4	0.5419	3.4	0.1792	5.2	−0.3432	7.2	0.0543		
1.6	0.5699	3.6	0.0955	5.4	−0.3453	7.4	0.1096		
1.8	0.5815	3.8	0.0128	5.6	−0.3343	7.6	0.1592		

4) 광학적 분해능

원 거리에 있는 점이 망원렌즈나 카메라 렌즈의 초점면에 형성되는 상은 실제로 평행 광선에 의해 형성되는 프라운호퍼 회절로서 이 경우에 조리개는 렌즈의 구경(opening)이다. 따라서 물체의 상은 여러 개의 에어리 원판을 합한 것으로, 상의 분해능은 각 에어리 원판의 크기에 달려 있다.

광학계의 렌즈구경 또는 조리개의 구경을 D라고 하였을 경우에 에어리 원판의 각 반지름(angular radius)은 $1.22\,\lambda/D$가 된다. 이는 근사적으로 두 개의 동일한 점들이 간신히 분해될 정도의 최소 각 분리(angular separation)에 해당된다. 즉, 한 점에 대한 상(image)의 최대 세기가 다른 점에 대한 상의 최소 세기에 해당되며, 이를 그림 11.15에 나타내었다. 이러한 분해능의 정의를 레일리 기준(Rayleigh criterion)이라 한다.

한편, 레일리 기준에 따른 단일슬릿의 최소 각 분리는 λ/b이며, b는 단일슬릿의 폭이다. 단일슬릿에 의한 회절무늬를 나타낸 그림 11.15(a)의 움폭 들어간 점에서의 세기는 최대 세기의 0.81($8/\pi^2 = 0.81$)배에 해당된다. 그림 11.15(b, c)는 분해능의 의미를 쉽게 이해하기 위해 삽입된 원형 조리개에 의한 회절무늬 사진이다.

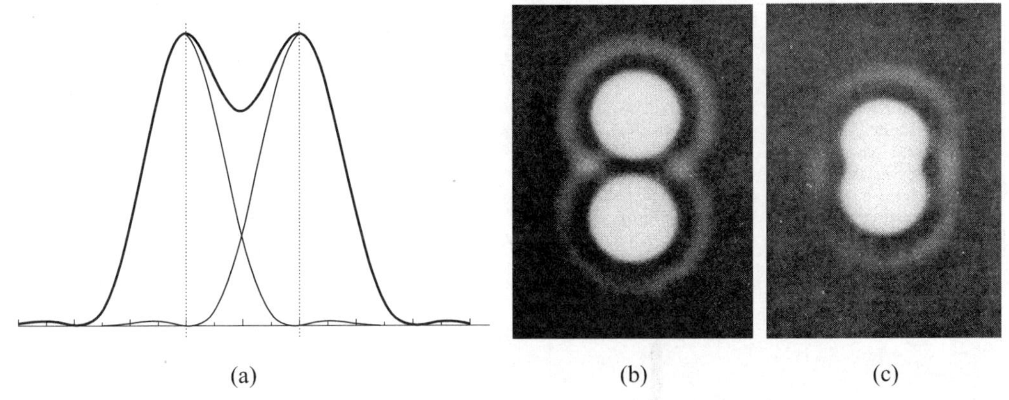

그림 11.15 (a) 레일리 정의에 의한 분해능의 정의, (b) 완전 분해된 회절무늬, (c) 레일리 정의에 의해 간신히 분해된 회절무늬

5) 이중슬릿에 의한 프라운호퍼 회절

슬릿의 폭이 b이고, 슬릿 사이의 간격이 h인 이중슬릿에 의한 회절을 생각하여보자(그림 11.16 참조). 이 경우에 스크린에 형성되는 상은 ① 간섭에 의한 효과 ② 회절에 의한 효과의 중첩 형태로 나타날 것이 예상된다. 따라서 스크린 위의 한 관측점에서 측

정되어지는 빛의 세기는 이중슬릿에 의해서 형성되는 간섭무늬와 각각의 슬릿으로부터 발생되는 회절에 의해서 관측점에 도달하는 빛의 양에 의해서 결정된다.

따라서 관측되어지는 빛의 세기는 그림 11.17으로부터 알 수 있듯이 간섭무늬의 진폭이 변조되는 형태로 나타나게 된다. 이중슬릿에 대한 회절적분은

$$\begin{aligned} U &\sim \int_A e^{iky\sin\theta}dy \qquad (11.2.14) \\ &= \int_0^b e^{iky\sin\theta}dy + \int_h^{h+b} e^{iky\sin\theta}dy \\ &= \frac{1}{ik\sin\theta}\left(e^{ikb\sin\theta} - 1 + e^{ik(h+b)\sin\theta} - e^{ikh\sin\theta}\right) \\ &= b\left(\frac{e^{ikb\sin\theta}-1}{ikb\sin\theta}\right)\left(1+e^{ikh\sin\theta}\right) = b\left(\frac{e^{i\beta}\left(e^{i\beta}-e^{-i\beta}\right)}{2i\beta}\right)e^{i\gamma}\left(e^{-i\gamma}+e^{i\gamma}\right) \\ &= 2be^{i\beta}e^{i\gamma}\frac{\sin\beta}{\beta}cos\gamma \end{aligned}$$

이 된다. 여기서 $\beta = \frac{1}{2}kb\sin\theta$, $\gamma = \frac{1}{2}kh\sin\theta$ 이다. 따라서 회절된 빛의 세기는 식 (11.2.14)의 제곱(UU^*, U^*는 U의 공액 복소수)으로 주어지므로

$$I = I_0\left(\frac{\sin\beta}{\beta}\right)^2\cos^2\gamma \qquad (11.2.15)$$

와 같이 되며, $I_0 = 4b^2$이다. 식 (11.2.15)에서 $(\sin\beta/\beta)^2$은 회절효과를, $\cos^2\gamma$은 간섭에

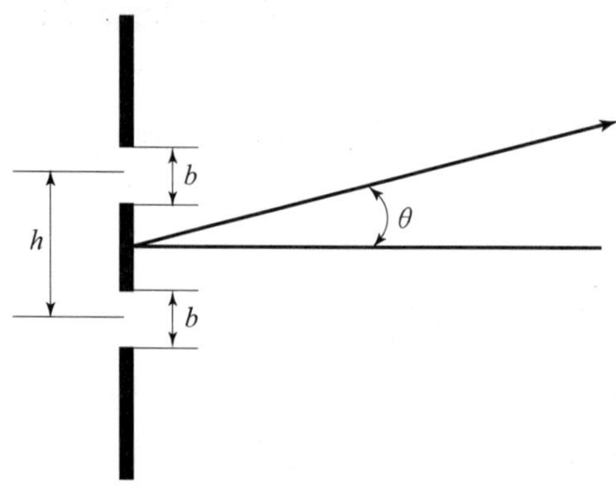

그림 11.16 이중슬릿 조리개에 의한 프라운호퍼 회절

의한 효과를 나타낸다.

식 (11.2.15)로부터 알 수 있듯이 스크린 위에 형성되는 빛의 세기는 이중슬릿으로부터 오는 빛들의 간섭에 의한 간섭효과와 $(\sin\beta/\beta)^2$에 의해 나타나는 회절효과의 곱으로 주어진다. 따라서 스크린 위에서 얻어지는 빛의 세기 분포는 그림 11.17(a), (b)와 같이 주어지며 회절무늬의 모양은 이중슬릿 조리개에서 슬릿의 폭 b와 슬릿 사이의 간격 h에 의해서 결정된다. 그림 11.17(a)는 b가 파장의 5배이며, $h=2b$인 경우에 얻어지는 회절무늬를 나타낸 것이며, 11.17(b)는 b는 같은 값을 가지나 $h=6b$인 경우에 얻어지는 회절무늬를 나타낸 것이다. 따라서 이중슬릿에 의한 회절무늬는 단일슬릿에 의한 회절무늬 속에 슬릿의 간격에 의해 결정되는 또 다른 무늬가 들어간다. 따라서 슬릿의 폭에 의한 큰 무늬와 슬릿들 사이의 간격에 의한 작은 무늬들 사이의 거리와 슬릿으로부터 화면까지의 거리를 알면 슬릿의 폭과 간격을 알 수 있다.

즉, 큰 무늬의 세기가 최소가 되는 점과 작은 무늬의 세기가 최대가 되는 점은 다음의 조건을 만족하는 위치에 생기게 된다.

① 큰 무늬의 세기가 최소가 되는 점: $\beta=\pm m\pi\ (m=1,2,3\cdots)$

$$\frac{1}{2}kb\sin\theta_m=\beta=m\pi,\ b=\frac{m\lambda}{\sin\theta_m}:\ \text{슬릿의 폭} \Rightarrow \text{회절효과}$$

② 작은 무늬의 세기가 최대가 되는 점: $\gamma=\pm m'\pi\ (m'=1,2,3\ldots)$

$$\frac{1}{2}kh\sin\theta_{m'}=\gamma=m'\pi,\ h=\frac{m'\lambda}{\sin\theta_{m'}}:\ \text{슬릿의 간격} \Rightarrow \text{간섭효과}$$

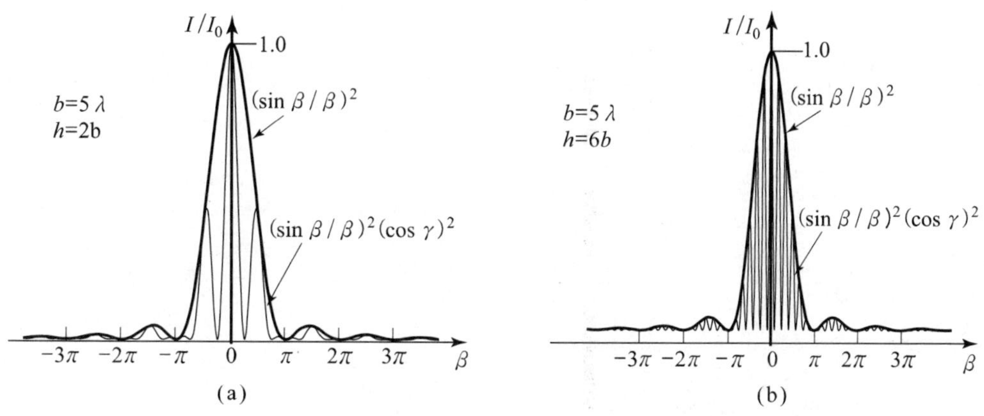

그림 11.17 이중슬릿에 의한 프라운호퍼 회절모양

6) 다중 슬릿 조리개(회절격자)에 의한 프라운호퍼 회절

그림 11.18에서와 같이 슬릿의 폭이 b이고, 슬릿 사이의 거리가 h인 슬릿들이 N개 모여서 이뤄진 다중 슬릿을 고려하여 보자. 이 경우에 회절적분의 계산은 이중슬릿의 경우와 비슷하게 행해진다. 즉,

$$\begin{aligned}\int e^{iky\sin\theta}dy &= \int_0^b + \int_h^{h+b} + \int_{2h}^{2h+b} + \cdots + \int_{(N-1)h}^{(N-1)h+b} e^{iky\sin\theta}dy \qquad (11.2.16)\\ &= \frac{e^{ikb\sin\theta}-1}{ik\sin\theta}\left[1+e^{ikh\sin\theta}+\cdots+e^{ik(N-1)\sin\theta}\right]\\ &= \frac{e^{ikb\sin\theta}-1}{ik\sin\theta}\cdot\frac{1-e^{ikNh\sin\theta}}{1-e^{ikh\sin\theta}}\\ &= b\frac{e^{i\beta}(e^{i\beta}-e^{-i\beta})}{2\beta i}\cdot\frac{e^{iN\gamma}(e^{-iN\gamma}-e^{iN\gamma})}{e^{i\gamma}(e^{-i\gamma}-e^{i\gamma})}\\ &= be^{i\beta}e^{i(N-1)\gamma}\left(\frac{\sin\beta}{\beta}\right)\left(\frac{\sin N\gamma}{\sin\gamma}\right)\end{aligned}$$

와 같이 주어지며, 여기서 $\beta=\frac{1}{2}kb\sin\theta$, $\gamma=\frac{1}{2}kh\sin\theta$이다. 따라서 회절된 빛의 세기 분포는

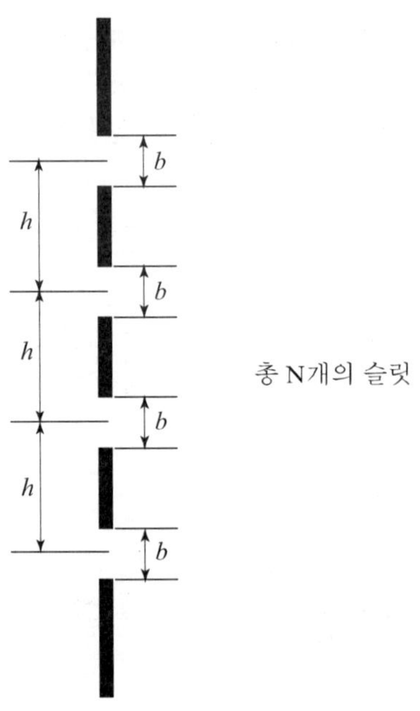

그림 11.18 다중 슬릿 조리개

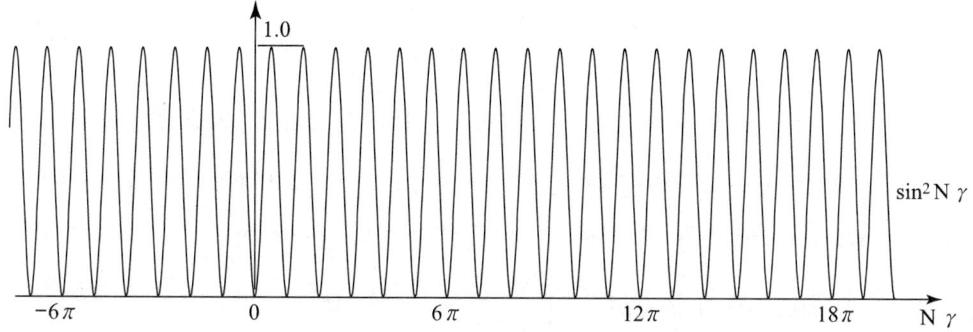

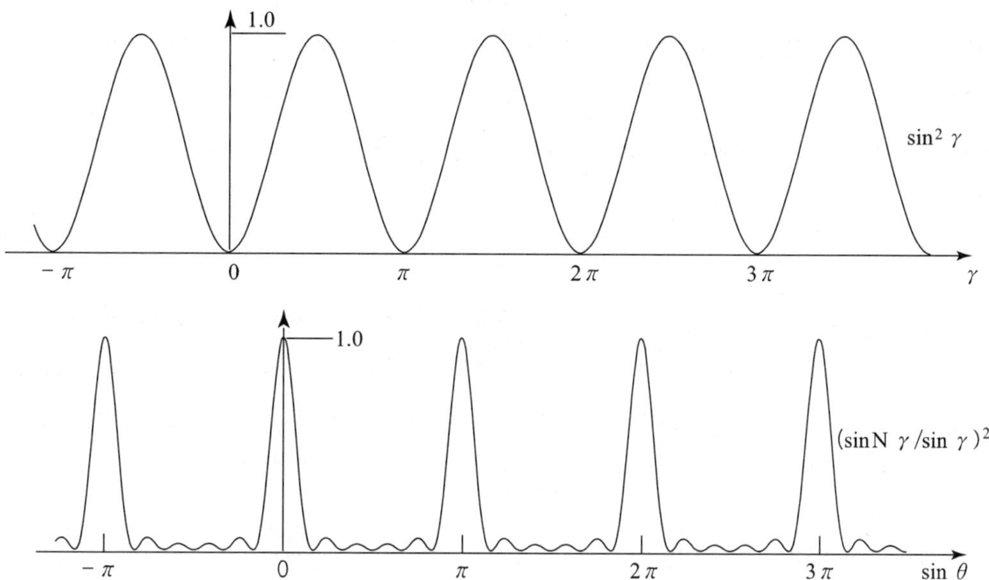

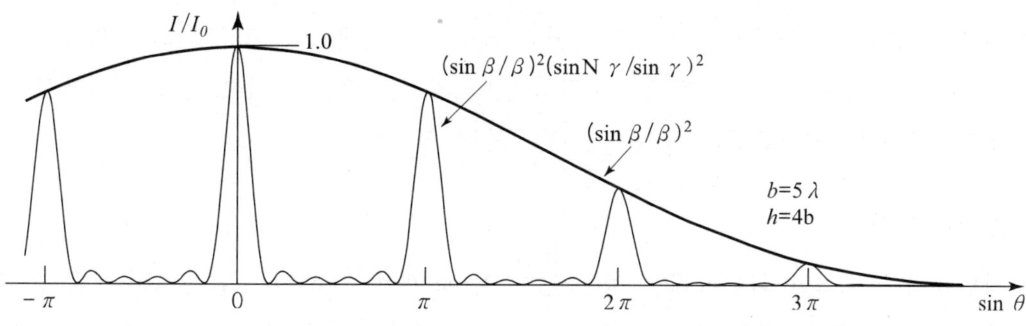

그림 11.19 $N=6$인 다중 슬릿조리개에 의한 프라운호퍼 회절모양

$$I = I_0\left(\frac{\sin\beta}{\beta}\right)^2\left(\frac{\sin N\gamma}{N\sin\gamma}\right)^2 \tag{11.2.17}$$

으로 주어지며, $I_0 = b^2N^2$이며 N은 슬릿의 수이며 규격화를 위해 도입된 상수로서 $\theta = 0$일 경우에 $I = I_0$로 만들어주는 인자이다. 물론, 식 (11.2.17)에서 $(\sin\beta/\beta)^2$은 회절효과를, $(\sin N\gamma/N\sin\gamma)^2$은 간섭효과를 나타낸 것이다. $\theta \to 0$이면, $\beta \to 0$, $\gamma \to 0$이 되므로 식 (11.2.17)으로부터 $I \simeq I_0\left(\frac{\beta}{\beta}\right)^2\left(\frac{N\gamma}{N\gamma}\right)^2 = I_0$이 된다.

식 (11.12.17)에 의하면 단일슬릿 인자($\sin\beta/\beta$)는 회절무늬의 포락선(envelope)로서 나타나며, 회절무늬는 슬릿의 폭($=b$)에 의해서 주기가 결정되는 큰 무늬 속에 주기가 빠른 무늬가 규칙적으로 배열된 모습을 하고 있다. 이들 무늬는 비교적 세기가 큰 무늬와 세기가 작은 무늬로 이루어지고 있는데, 큰 무늬는 $\gamma = n\pi$, $n = 0, 1, 2, 3, \cdots$일 때 나타나며 이를 주요 극대점(principal maxima)이라 한다. 이 경우에

$$\frac{1}{2}kh\sin\theta = n\pi,\ \ h\sin\theta = n\lambda \tag{11.2.18}$$

가 되며, 파장과 회절각 사이의 관계를 제공하므로 격자공식(grating formula)이라 한다. 여기서 h는 격자 사이의 간격이며, n은 회절 차수이다. 그리고 2차 극대(secondary maxima)는 $N\gamma = 3\pi/2, 5\pi/2, 7\pi/2, \cdots$에서 나타나며, 회절무늬가 최소가 되는 곳은

$$N\gamma = m\pi\,(m = 1, 2, 3\cdots) \tag{11.2.19}$$

일 때이다. 따라서 $\gamma = 3\pi/2N, 5\pi/2N, 7\pi/2N\cdots$인 곳에서는 2차 극대가 나타나며, $\gamma = \pi/N, 2\pi/N, 3\pi/N\cdots$인 곳에서는 최소가 나타난다. 그림 11.19는 $N = 6$인 경우에 일어나는 회절 현상을 단계적으로 나타낸 것이다. $\gamma = 3\pi/12, 5\pi/12, 7\pi/12, \cdots$인 곳에서는 2차 극대가 나타나며, $\gamma = \pi/6, 2\pi/6, 3\pi/6\cdots$인 곳에서는 회절된 빛의 세기는 최소가 된다. 즉 슬릿의 수가 6개인 회절격자는 5개의 최솟값을 가지며, 주 극대점에서 주 극대점까지는 6개의 최댓값을 갖는다(그림 11.19 참조).

7) 회절격자

평면유리나 오목한 금속판에 수많은 평행 홈(paralell groove)을 같은 간격으로 그어 입사하는 빛의 위상, 진폭 또는 위상과 진폭이 동시에 주기적 변화를 가져오도록 하는 광학소자를 회절격자라 하며, 파장(또는 진동수)에 따라 빛을 분리하는데 사용된다. 일

반적으로 회절격자는 작동법에 따라 투과형과 반사형으로 구분하기도 하고 제작방법에 따라 새김 격자(ruled grating)와 홀로그래픽 격자(holographic grating)의 두 유형으로 분류하기도 한다. 새김 격자는 경사각 가공기(ruling engine)에 장치된 다이아몬드로 반사성 표면에 물리적으로 홈을 만드는 방법에 의해 만들어진다.

반면에, 홀로그래픽 격자는 평면 유리판(사용파장의 1/10정도의 평편도) 위에 빛에 잘 반응하는 광 감응성 물질을 코팅한 후에 레이저의 간섭무늬를 쪼여 보강간섭이 일어나는 부분에 있는 광 감응성 물질은 제거하고 소멸간섭이 일어나는 부분은 남겨두는 광식각(photolithographic process) 방법을 이용하여 제작한다. 일반적으로 새김 격자는 홀로그래픽 격자보다 효율이 좋아 형광 여기 및 빛에 의한 유도반응과 같은 실험에 주로 사용된다. 한편, 홀로그래픽 격자는 고유의 낮은 떠돌이 빛(stray light) 때문에 신호와 잡신호의 비율이 아주 중요한 라만분광과 같은 응용에 보다 적합하다.

인접한 홈 사이의 간격 및 홈들이 기판과 이루는 각도는 파장에 따른 빛의 분산 및 격자의 효율에 영향을 미친다. 입사하는 빛의 파장이 홈들 사이의 간격에 비하여 훨씬 작다면, 회절은 일어나지 않는다. 또한, 반사형 회절격자의 경우에 입사하는 빛의 파장이 홈의 넓이(groove spacing)보다 훨씬 작은 경우에 홈의 면들은 일반거울과 같이 작용하므로 회절은 일어나지 않는다. 물론 이러한 현상은 투과형 격자의 경우에도 성립한다. 앞에서 언급하였듯이 회절격자는 투과형과 반사형이 있으며, 이들의 작동에 대해서 간단히 알아보고자 한다. 그림 11.20은 격자 사이의 간격, 즉 격자상수가 h, 입사각이 θ_i, 그리고 m-차수로 회절된 빛의 회절각이 θ_m인 투과형 격자를 나타낸 것이며, 입사각과 회절각의 기준은 격자기판에 대한 수직선이다.

그림 11.20(b)에서 인접한 두 격자에 입사하여 m번째 차수로 회절된 두 광선의 경로차는 길이 CD에서 길이 AB를 빼면 된다. 길이 CD는 $h\sin\theta_i$이며, 길이 AB는 $h\sin\theta_m$이다. 따라서 인접한 두 광선에 대한 광 경로차는 $\Delta l = h(\sin\theta_i - \sin\theta_m)$이 된다. 인접한 두 광선이 보강간섭을 일으키기 위해서는 Δl이 회절된 빛 파장(λ)의 정수배가 되어야 한다. 즉,

$$h(\sin\theta_i - \sin\theta_m) = m\lambda \ (m = 0, \pm 1, \pm 2, \pm 3 \cdots) \qquad (11.2.20)$$

$m = 0$는 간섭무늬의 '0'차수로서 $\theta_i = \theta_m$의 관계가 성립되고 회절각이 파장에 무관함으로 여러 파장이 섞인 빛을 파장에 따라 분리하고자 하는 분광에는 사용될 수 없다(그림 11.21 참조).

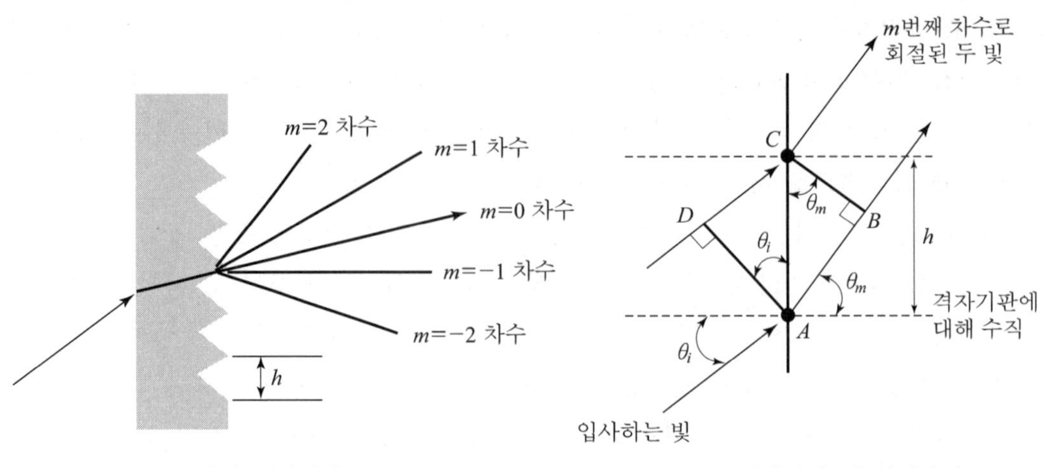

(a) 투과형 회절격자 (b) 두 입사광선 및 회절광선

그림 11.20 투과형 회절격자에서 인접한 두 광선의 경로

자료출처: http://www.answers.com/topic/light-bulb-grating-png-1

그림 11.21 전구불빛에 대한 회절모양

그림 11.20(a)에서 보듯이 회절광선은 '0'차수 광선을 중심으로 양쪽에 생기므로 식 (11.2.20)은

$$h(\sin\theta_i \pm \sin\theta_m) = m\lambda \ (m = 0, \pm 1, \pm 2, \pm 3 \cdots) \tag{11.2.21}$$

와 같이 쓸 수 있으며, 이를 회절격자 공식이라고 한다. 특정 차수(m)와 입사각에 대하여, 파장이 다르면 회절각이 달라지므로 회절격자는 여러 파장이 섞인 빛을 파장별로 분리하는 기능을 하게 된다. 한편, 격자가 완전히 투명한 경우에 격자를 통하여 나오는 빛에서의 진폭 변조는 거의 무시되나, 격자에서의 광학적 두께의 규칙적 변화는 광 경로차에 기인한 위상의 변화를 가져오게 되므로 이러한 유형의 격자를 투과 위상 격자라고 한다.

그림 11.22에서 입사광선 ②는 입사광선 ①에 비하여 BC의 길이($= h\sin\theta_i$)만큼 더 먼 거리를 진행하여 격자에 도달한다. 하지만 회절된 후에는 회절광선 ①이 길이 AD

($= h\sin\theta_m$)만큼 회절광선 ②보다 더 먼 거리를 이동하여 관측점에 도달하므로 이웃하는 두 격자에 도달하여 회절된 후에 임의의 관측점에 도달한 두 빛의 실제 광 경로차는 BC의 길이에서 AD 길이를 뺀 값이 된다. 즉, 이웃하는 격자에 입사하여 회절된 두 빛의 광 경로차는 $\Delta l = h(\sin\theta_i - \sin\theta_m)$이다. 회절광선 ①과 ②가 보강간섭을 일으킬 조건은 두 빛의 광 경로차가 회절된 빛 파장의 정수배이므로

$$h(\sin\theta_i - \sin\theta_m) = m\lambda (m = 0, \pm 1, \pm 2, \cdots: \text{정수}) \qquad (11.2.22)$$

와 같이 표현된다. 여기서 h는 격자 상수로 이웃하는 격자 사이의 간격, λ는 회절된 빛의 파장, θ_i는 격자에 수직한 방향으로부터 측정한 입사각, m은 간섭무늬의 차수, 그리고 θ_m은 격자에 수직한 방향으로부터 측정한 회절된 빛의 방향을 나타낸다.

투과형 회절격자에서와 마찬가지로 회절광선은 '0'차수 광선을 중심으로 양쪽에 생기며, m 차수의 회절광선 ②에 대응하는 $-m$ 차수의 회절광선 ②′이 있기 때문에 식 (11.2.20)은 일반적으로

$$h(\sin\theta_i \pm \sin\theta_m) = m\lambda \quad (m = 0, \pm 1, \pm 2, \cdots: \text{정수}) \qquad (11.2.23)$$

와 같이 쓸 수 있다. 따라서 투과형 회절격자나 반사형 회절격자에서 회절격자 공식은 서로 같은 형태로 표현됨을 알 수 있다.

대부분의 분광기에 사용되는 회절격자는 반사형이며, 평면이나 오목한 곡면에 만들어진다(그림 11.23 참조). 평면형 격자는 평행광을 만들기 위한 렌즈 또는 초점렌즈나 거

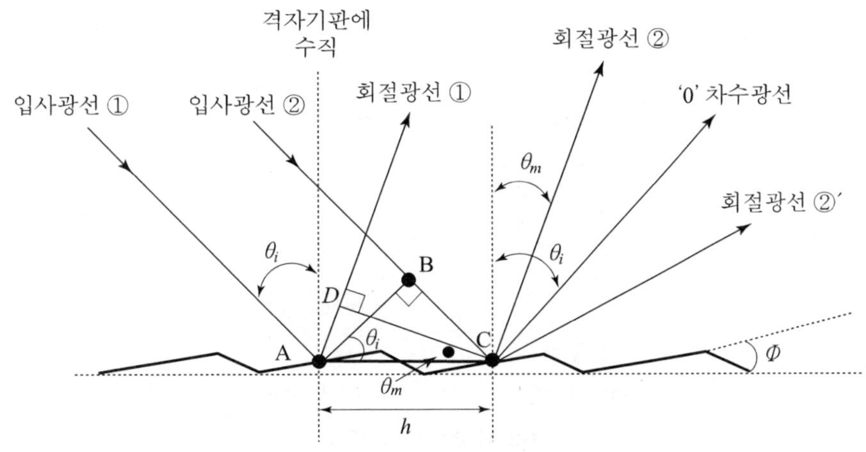

그림 11.22 반사형 회절격자의 구조

울의 사용이 요구되지만, 오목형 격자는 빛을 스펙트럼으로 분산시키는 기능 외에 평행광을 만들거나 초점을 맞추는 기능을 가진다.

회절격자의 기판으로 사용되는 물질로는 파이렉스 유리(pyrex glass)와 플로트 유리(float glass)가 일반적으로 사용되나, 용융 실리카, 금속 및 단단한 플라스틱과 같은 단단한 표면을 가지는 물질은 가능하다. 파이렉스 유리는 플로트 유리에 비하여 작은 열팽창 계수 및 열적 안정성이 좋다.

회절격자의 제작 시에는 사용 파장에 따라서 성능을 향상시키기 위하여 재질을 달리 사용하고 있다. 반사형 회절격자의 경우에 격자 표면 위에 코팅을 하는 데 순수 알루미늄은 가시 영역 및 적외선 영역에서 좋은 성능을 보이며, $AlMgF_2$는 UV 영역에서 사용된다. 또한 금은 주로 근 적외선 영역에서의 반사를 증가시키기 위하여 사용된다.

한편, 긁힘이나 표면결함 등이 심하지 않는 한 격자의 성능에 많은 영향을 미치지는 않으며 회절격자의 효율은 '절대효율'과 '상대효율'로서 표현된다. 절대효율은 원하는 차수로 회절된 빛에 대해 입사하는 단색광의 %로서 정의한다. 이러한 절대효율은 홈 프로파일(groove profile(blaze)) 및 코팅된 격자의 반사율에 의하여 결정된다. 반면에 상대(또는 groove)효율은 격자와 같은 물질로 코팅된 평면거울에 의하여 반사된 에너지와 원하는 차수로 회절된 에너지에 대한 비율을 의미한다.

회절격자의 표면은 지문, 에어로졸(aerosol), 습기 및 긁힘성이 있는 물질과의 약한 접촉에 의해서도 쉽게 손상이 될 수 있다. 따라서 회절격자를 다룰 때에는 라텍스 장갑을 사용하여 회절격자의 옆면을 잡고 다뤄야 하며, 깨끗하고 건조한 공기나 질소가스를 이용하여 표면의 먼지를 불어내는 정도로 청소를 해야 하며 용매를 이용한 격자의 청소는 가급적 피해야 한다.

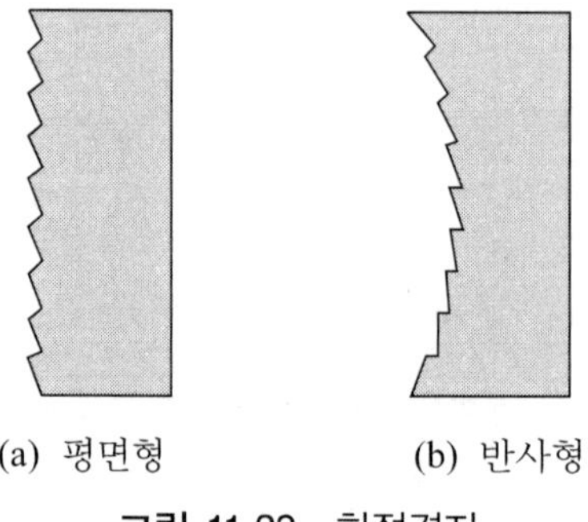

(a) 평면형 (b) 반사형

그림 11.23 회절격자

8) 격자의 분해능

단일 파장이 아닌 여러 성분의 파장을 가지는 빛이 회절격자에 입사할 경우에 이를 정밀하게 분리해 낼 수 있는 능력을 격자의 분해능(resolving power, R.P)이라 하며

$$\mathrm{R.P} = \frac{\lambda}{\Delta\lambda_{\min}} \tag{11.2.24}$$

와 같이 정의한다. 여기서 $(\Delta\lambda)_{\min}$은 레일리 기준에 의해 분리해 낼 수 있는 두 파장 사이의 최소 간격을 의미한다. 회절격자에 대한 공식 $h(\sin\theta_i \pm \sin\theta_m) = m\lambda$에서 회절각 θ_m을 파장 λ에 대해서 미분하면, 입사각(θ_i)은 모든 차수에 대해 항상 일정하므로

$$\frac{d\theta_m}{d\lambda} = \frac{m}{h\cos\theta_m} \tag{11.2.25}$$

와 같이 된다. 물론 식 (11.2.25)의 유도에 있어서 (−)부호에 대해서는 (+)와 서로 대칭인 관계가 있으므로 생략하였다. $d\theta_m/d\lambda$는 m차수로 회절된 빛에 대한 각 분산(angular dispersion)으로 m이 커지면 회절각 θ_m이 커지게 되어(그림 11.22로부터 회절차수 m이 커짐에 따라 회절된 빛은 격자에 수직한 방향으로부터 멀어지게 되어 회절각이 증가한다.) 식 (11.2.25)의 분모 값은 작아지므로 각 분산은 커지게 된다. 따라서 같은 회절격자를 사용한다 하더라도 낮은 차수보다는 높은 차수로 회절된 빛을 사용하게 되면 분해능은 높아지게 된다.

N개의 다중 슬릿 조리개로 구성된 회절격자에서 회절무늬가 극솟값을 가지는 곳은 식 (11.2.19)에 의해 $N\gamma = \pi, 2\pi, 3\pi, \cdots, (N-1)\pi$일 때이므로 레일리 기준에 의하여 간신히 구별될 수 있는 최소 각도 폭(angular width: $\Delta\gamma$)은 $\Delta\gamma = \pi/N$이며, $\gamma = \frac{1}{2}kh\sin\theta_m$에서 $\Delta\gamma = \frac{1}{2}kh\cos\theta_m\,\Delta\theta_m$이므로 $\Delta\gamma = \pi/N$, $k = 2\pi/\lambda$을 이용하여 $\Delta\theta_m$를 계산하면

$$\Delta\theta_m = \frac{\lambda}{Nh\cos\theta_m} \tag{11.2.26}$$

이 된다. 그리고 $m\lambda = h(\sin\theta_i \pm \sin\theta_m)$를 미분하면 $\Delta\lambda = \dfrac{h\cos\theta_m \Delta\theta_m}{m}$이 되므로 분해능에 대한 레일리 정의를 이용한 회절격자의 분해능은

$$\mathrm{R.P} = \frac{\lambda}{\Delta\lambda_{\min}} = Nm \tag{11.2.27}$$

와 같이 되어 분해능이 빛이 통과한 면의 전체 격자 수(N)에다 회절차수를 곱한 것과 같음을 알 수 있다. 여기서, $\Delta\lambda_{\min}$은 레일리 기준에 의해서 분리될 수 있는 두 스펙트럼 성분의 최소 파장 간격이다. 따라서 회절격자를 이용하여 분광을 하는 경우 회절격자의 단면적이 크고, 단위 길이 당 새겨진 격자의 수가 많을수록 분해능은 높아진다. 하지만, 회절차수가 커지면 분해능은 높아지나 빛의 양은 줄어들게 되어 검출하기가 어려워진다. 따라서 사용 중인 빛의 양 및 원하는 분해능에 따라 회절되는 빛의 차수를 결정하게 된다. 분광기에 사용되는 대표적인 회절격자는 600 lines/mm로서 전체 격자의 폭이 10 cm 정도이다. 따라서 총 격자의 수는 60,000이며, 이론상의 분해능은 $60,000\,m$으로서 1차 회절을 이용할 경우에 분해능은 60,000이다. 이의 물리적 의미를 알아보기 위해서 사용 중인 빛의 파장이 $\lambda = 500\ \mathrm{nm}$라고 가정하고 식 (11.2.27)에 의해서 1차 회절의 분해능을 구하면

$$\frac{500\ \mathrm{nm}}{\Delta\lambda_{\min}} = 60,000 \ \Rightarrow\ \Delta\lambda_{\min} = \frac{500\ \mathrm{nm}}{60,000} = 0.00833\ \mathrm{nm}$$

이 된다. 따라서 $0.00833\ \mathrm{nm}$만큼 파장의 차이를 갖는 두 빛의 (파장의) 분해가 가능하다. 물론 2차 회절된 빛을 사용할 경우에 분해능은 2배로 증가되어 $0.00416\ \mathrm{nm}$만큼 떨어진 두 빛의 분리가 가능하다. 하지만 위에서 언급하였듯이 2차 회절을 이용하는 경우에 빛의 세기는 1차 회절에 비해서 많이 줄어들게 되어 검출기의 성능이 좋은 것을 사용해야 한다. 이론값의 약 90 % 정도의 분해능은 어렵지 않게 얻어지며, 격자에 있어서 만족되어야 할 필수요건은 격자 사이의 간격이 일정해야 된다는 점이다.

11.3 프레넬 회절(Fresnel diffraction)

광원이나 관측면이 조리개에 가까이 있어서 파면의 곡률을 무시할 수 없는 경우에 일어나는 회절이 프레넬 회절이다. 따라서 이러한 회절에서는 평면파를 이용하여 설명할 수 없고 수학적으로는 프라운호퍼 회절보다도 복잡하지만 실험적으로는 오히려 간단하다. 이 절에서는 비교적 쉬운 수학을 사용해서 설명이 가능한 간단한 경우의 프레넬 회

절에 대해서 취급하고자 한다.

11.3.1 프레넬 구역(Fresnel Zone)

그림 11.24에서와 같이 점광원(S)에 의해 조명된 평면 조리개를 생각해보자. 이때에 광원(S)과 관측점(P)을 연결하는 직선이 평면 조리개와 수직이 되도록 하고 이 직선이 평면 조리개와 만나는 점을 'O', 'O'로부터 조리개 안쪽 임의의 점(Q)까지의 거리를 'R'이라 하자. 그림 11.24에서 $PQS = r + r'$는 다음과 같이 'R'로 표현이 가능하다. 즉,

$$\begin{aligned} r + r' &= (R^2 + h^2)^{\frac{1}{2}} + (R^2 + h'^2)^{\frac{1}{2}} \\ &= h + h' + \frac{1}{2}R^2\left(\frac{1}{h} + \frac{1}{h'}\right) + \cdots \end{aligned} \tag{11.3.1}$$

와 같이 표현되며, h와 h'는 각각 OP와 OS의 거리이다.

조리개가 동심원($R=$일정)들로 구분되어지는 영역으로 분리된다고 가정하고, 동심원들 사이에

$$(r + r')_0 = h + h' \tag{11.3.2a}$$

$$(r + r')_1 = h + h' + \frac{1}{2}R_1^2\left(\frac{1}{h} + \frac{1}{h'}\right) \tag{11.3.2b}$$

$$(r + r')_1 - (r + r')_0 = \frac{\lambda}{2} = \frac{1}{2}R_1^2\left(\frac{1}{h} + \frac{1}{h'}\right) \tag{11.3.2c}$$

와 같은 관계를 만족한다고 하자. 즉, $r + r'$들 사이의 차이가 사용한 빛의 파장의 절반, 즉 $\lambda/2$가 되도록 하는 반경 R로 구분되어진다고 할 때, 각각의 영역을 프레넬 구역이라 하며 식 (11.3.2)의 왼쪽 항에서의 아래 첨자들은 동심원 중심으로부터 프레넬 구역을 만족하는 원들의 차수를 말한다.

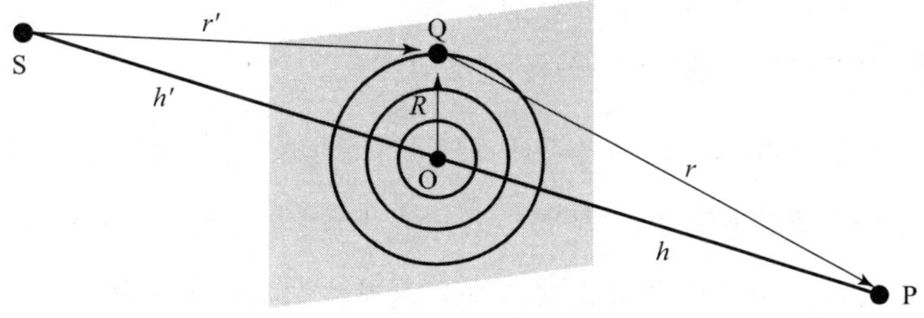

그림 11.24 평면 조리개에서의 프레넬 구역

$$L = \left[\frac{1}{h} + \frac{1}{h'}\right]^{-1} \tag{11.3.3}$$

와 같이 정의하면, 각각의 프레넬 구역에 대한 반경은 식 (11.3.2)로부터

$$R_1 = \sqrt{\lambda L} \tag{11.3.4}$$

$$R_2 = \sqrt{2\lambda L}$$

$$\cdot$$

$$\cdot$$

$$R_n = \sqrt{n\lambda L}$$

와 같이 얻어진다. R_n과 R_{n+1}을 각각 n번째 프레넬 구역의 안쪽 반경과 바깥쪽 반경이라고 할 때에, n번째 프레넬 구역의 면적은

$$\pi R_{n+1}^2 - \pi R_n^2 = \pi\lambda L = \pi R_1^2 \tag{11.3.5}$$

으로 첫 번째 구역의 면적과 같다. 즉, 각 프레넬 구역의 면적은 동일하며, 가장 낮은 차수의 경우라 하더라도 프레넬 구역 반경은 실제로 매우 작다. 예를 들어서 $h = h' = 50\ \mathrm{cm}$이고, $\lambda = 600\ \mathrm{nm}$인 경우에 $R_1 = (\lambda L)^{1/2} = 0.4\ \mathrm{mm}$이 된다. 프레넬 구역의 반경은 $\sqrt{n}$에 비례하므로, 100번째의 프레넬 구역 반경은 $R_{100} = (100\lambda L)^{1/2} = 4.0\ \mathrm{mm}$가 된다.

관측점 P에서의 광학적 진폭은 각 프레넬 구역에 의한 광학적 진폭을 합친 것과 같고, 각 구역 사이의 평균 위상차는 180°(거리차가 $\lambda/2$이므로)이므로

$$|U_P| = |U_1| - |U_2| + |U_3| - |U_4| \cdots \tag{11.3.6}$$

와 같이 된다. 예를 들어서, ‘O’에 중심을 둔 원형 조리개의 경우를 고려해보자. 조리개가 정확히 n개의 완전한 프레넬 구역들로 이뤄져 있다고 할 때에, 각 프레넬 구역의 면적은 동일하므로, 각 프레넬 구역에 대한 광학적 진폭의 값 $|U|$는 거의 같게 된다. 따라서

① 프레넬 구역의 수가 짝수일 때는 $|U_P| \sim 0$

② 프레넬 구역의 수가 홀수일 때는 $|U_P| \sim |U_1|$

이 되는데 $|U_1|$은 조리개가 없을 경우에 대한 관측점 P에서의 광학적 진폭의 2배이다[식 (11.3.7)에서 조리개가 없을 경우에 관측점 P에서의 광학적 진폭이 $|U_P| = \frac{1}{2}|U_1|$이다]. 따라서 빛이 지나가는 경로에 조리개를 설치함으로서 같은 관측점 P에서의 빛의 세기가 4배로 증가함을 알 수 있다. 이는 에너지 보존법칙에 의하여 어딘가는 빛의 세기

가 '0'부터 최대세기 사이의 값을 가져야 됨을 의미한다. 한편, 프레넬-키르히호프 공식에서의 경사인자와 반경 거리 인자를 고려할 경우에, $|U_n|$ 은 n이 증가함에 따라서 서서히 감소하게 된다. $n \to \infty$ 인 경우, 즉, 조리개의 넓이가 무한히 큰 경우(즉, 조리개가 전혀 없는 경우)에 점 P에서의 총 광학적 진폭은 첫 번째 프레넬 구역만 있는 조리개에 의해 발생하는 광학적 진폭의 약 절반이 되는데, 이는 식 (11.3.6)에서의 각 항들을 아래의 식 (11.3.7)과 같이 씀으로서 알 수 있다. 즉,

$$
\begin{aligned}
|U_P| &= \frac{1}{2}|U_1| + \left(\frac{1}{2}|U_1| - |U_2| + \frac{1}{2}|U_3|\right) + \left(\frac{1}{2}|U_3| - |U_4| + \frac{1}{2}|U_5|\right) + \cdots \\
&=\sim \frac{1}{2}|U_1|
\end{aligned}
\tag{11.3.7}
$$

와 같이 쓸 수 있다. 한편, n의 증가에 따른 $|U_n|$ 값의 변화는 매우 작으므로, 임의의 $|U_n|$ 의 값은 인접한 두 개의 $|U|$ 의 평균값과 거의 같게 된다. 따라서 식 (11.3.7)에서의 괄호 안의 양은 거의 '영'이 되므로, 점 P에서의 광학적 진폭은 거의 첫 번째 프레넬 구역 값의 절반이 된다. $\frac{1}{2}|U_1|$ 은 조리개가 없을 경우에 대한 점 P에서의 광학적 진폭이다.

조리개 대신에 원형 가리개(circular obstable)가 있는 경우에, 프레넬 구역은 원형 가리개의 가장 자리 끝에서 시작되며, 같은 원리에 의해서 $|U_P|$의 값은 첫 번째 프레넬 구역(first unobstructed zone)의 절반인 $\frac{1}{2}|U_1|$ 이 된다. 이러한 결과로서 원형 불투명 가리개에 의해 생긴 그림자의 중심이 밝은 점을 이루게 된다. 임의 모양의 조리개 또는 가리개의 경우에, 관측점(P)에서 본 프레넬 구역의 모양을 그림 11.25에 나타내었다.

그림 11.25(a)의 경우에 프레넬 구역의 바깥 부분(반지름이 큰 프레넬 구역)이 부분적으로 가려져 있다. 따라서 식 (11.3.6)에서의 차수가 높은 항(반지름이 큰 프레넬 구역들의 기여에 의한 항)들은 가리개가 없을 경우보다 빨리 감쇄하게 되지만, 차수가 낮은 항(반지름이 작은 안쪽 프레넬 구역)들은 별로 영향을 받지 않는다. 이 때문에, $|U_P|$의 값은 거의 변하지 않는다. 그림 11.25(b)의 경우에 안쪽 중심의 프레넬 구역이 완전히 가려져 있는 데 반하여, 바깥쪽의 프레넬 구역은 부분적으로 가려져 있어 이들에 의한 광학적 진폭은 서로 상쇄되어 관측점은 어둡게 된다. 따라서 관측점(P)이 그림자 영역에 있다면, 점 P에서의 광학적 진폭은 매우 작게 되어 기하광학에서의 결과와 개략적으로 일치한다. 가리개 모서리에서의 불균일 정도가 첫 번째 프레넬 구역의 반경에 비해 작을 경우에만 그림자 영역 주위에서 회절무늬를 볼 수 있다.

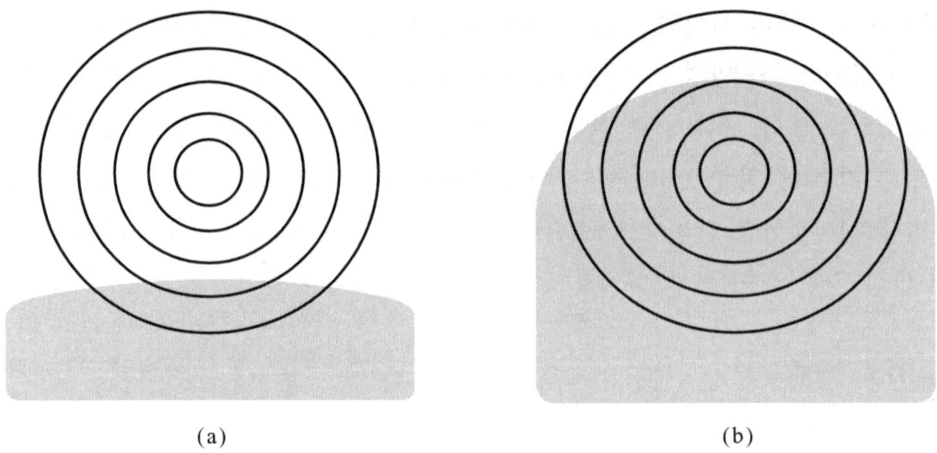

(a) 바깥 프레넬 구역의 일부가 가린 경우 (b) 안쪽 중심의 프레넬 구역과 바깥쪽 일부가 가린 경우

그림 11.25 임의 형태의 가리개 뒤에 있는 점광원에 의한 프레넬 구역

11.3.2 프레넬 구역판(Fresnel Zone Plate)

만일 짝수의 프레넬 구역은 가려지고, 홀수의 프레넬 구역만이 빛이 통과하도록 조리개가 만들어지는 경우에 점 P에서의 광학적 진폭은

$$|U_P| = |U_1| + |U_3| + |U_5| \cdots \tag{11.3.8}$$

이 된다. 이러한 광학 조리개를 프레넬 구역판이라 하며, 관측점(P점)에서의 빛의 세기가 프레넬 구역판이 없을 때보다도 증가하게 되어 렌즈와 같은 역할을 한다.

프레넬 구역판의 초점거리는

$$L = \frac{R_1^2}{\lambda} \tag{11.3.9}$$

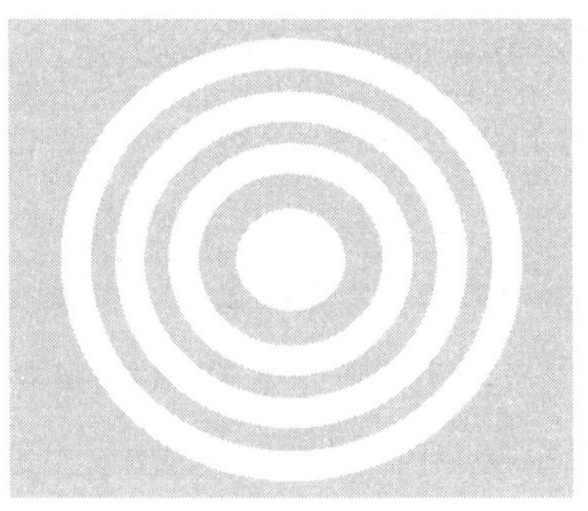

그림 11.26 프레넬 구역판

와 같다. 이러한 프레넬 구역판은 그림 11.26과 같은 모양의 물체를 사진으로 찍어, 필름에 현상함으로서 만들 수 있다. 이렇게 만들어진 프레넬 구역판은 빛을 모아 초점을 형성함으로 원거리 물체의 상을 형성할 수 있으나 초점거리가 파장에 반비례하므로 색수차가 매우 크다는 단점이 있다.

11.3.3 사각형 조리개

사각형 조리개에 의한 프레넬 회절은 프레넬-키르히호프 공식을 사용하여 설명할 수 있다. 그림 11.27에서

$$PQS = r + r' = (R^2 + h^2)^{\frac{1}{2}} + (R^2 + h'^2)^{\frac{1}{2}} \tag{11.3.10}$$
$$= h + h' + \frac{1}{2}R^2\left(\frac{1}{h} + \frac{1}{h'}\right) + \cdots$$

을 얻으며, 조리개 평면에서 직각 좌표계를 이용하면, $R^2 = x^2 + y^2$이므로 $(r + r')$은 근사적으로

$$r + r' \simeq h + h' + \frac{1}{2L}(x^2 + y^2) \qquad \left(L = \left(\frac{1}{h} + \frac{1}{h'}\right)^{-1}\right) \tag{11.3.11}$$

이다.

따라서 관측점 P에서의 빛의 진폭을 구하기 위해서는 식 (11.1.11)으로 주어진 프레넬-키르히호프 적분공식

$$U_p = -\frac{ikU_0}{4\pi}e^{-i\omega t}\int_s \frac{e^{ik(r+r')}}{rr'}\left[\cos(\hat{n}, \vec{r}) - \cos(\hat{n}, \vec{r}')\right]dA \tag{11.3.12}$$

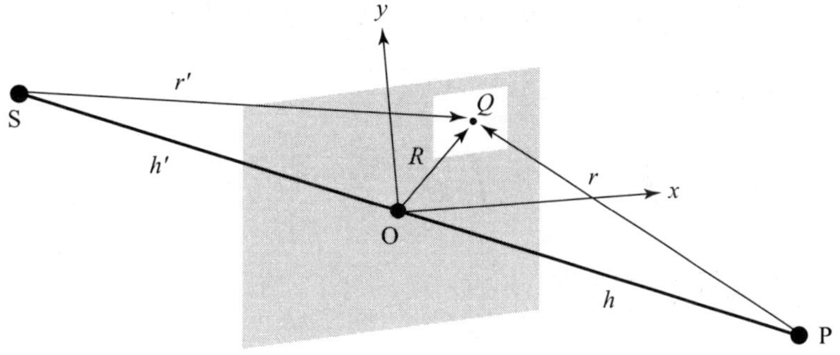

그림 11.27 사각형 조리개에서의 프레넬 구역

을 사각형 조리개의 영역에 대해서 적분하면 된다. 프라운호퍼 회절에서와 같이 경사인자 $[\cos(\vec{n}, \vec{r}) - \cos(\vec{n}, \vec{r'})]$ 와 반경인자 $(1/rr')$ 의 변화가 지수 함수적 인자 $[e^{ik(r+r')}]$ 에 비하여 매우 천천히 변한다고 가정하여 적분 기호 밖에 두면, 회절식은

$$U_p = -\frac{ikU_0}{4\pi} e^{-i\omega t} [\cos(\hat{n}, \vec{r}) - \cos(\hat{n}, \vec{r'})] \frac{1}{rr'} \int_s e^{ik(r+r')} dA \tag{11.3.13}$$

와 같이 된다. 식 (11.3.12)에서 적분기호 안의 $r+r'$ 대신에 식 (11.3.11)의 결과를 대입하면,

$$\begin{aligned} U_p &= -\frac{ikU_0}{4\pi} e^{-i\omega t} [\cos(\hat{n}, \vec{r}) - \cos(\hat{n}, \vec{r'})] \frac{1}{rr'} \int_s e^{ik(r+r')} dA \\ &= -\frac{ikU_0}{4\pi} e^{-i\omega t} [\cos(\hat{n}, \vec{r}) - \cos(\hat{n}, \vec{r'})] \frac{1}{rr'} \int_s e^{ik(h+h'+(x^2+y^2)/2L} dA \\ &= -\frac{ikU_0}{4\pi} e^{-i\omega t} [\cos(\hat{n}, \vec{r}) - \cos(\hat{n}, \vec{r'})] \frac{1}{rr'} e^{ik(h+h')} \int_s e^{ik(x^2+y^2)/2L} dA \end{aligned} \tag{11.3.14}$$

이 된다. 식 (11.3.14)의 마지막 단계에서 $e^{ik(hr+h')}$ 은 적분과 관련이 없으므로 적분기호 밖으로 보냈으며, 표현을 간단히 하기 위하여 적분기호 밖의 값들을 C' 으로 두면 식 (11.3.14)는

$$\begin{aligned} U_P &= C' \int_{x_1}^{x_2} \int_{y_1}^{y_2} e^{ik(x^2+y^2)/2L} dx dy \\ &= C' \int_{x_1}^{x_2} e^{ikx^2/2L} dx \int_{y_1}^{y_2} e^{iky^2/2L} dy \end{aligned} \tag{11.3.15}$$

와 같이 표현된다. 식 (11.3.15)를 적분하기 위하여,

$$u = x\sqrt{\frac{k}{\pi L}} = x\sqrt{\frac{2}{\lambda L}}\ ,\ v = y\sqrt{\frac{k}{\pi L}} = y\sqrt{\frac{2}{\lambda L}} \tag{11.3.16}$$

을 도입하고 식 (11.3.15)를 다시 쓰면,

$$U_P = U_1 \int_{u_1}^{u_2} e^{i\pi u^2/2} du \int_{v_1}^{v_2} e^{i\pi v^2/2} dv \quad (U_1 = C'\pi L/k) \tag{11.3.17}$$

으로 된다. 식 (11.3.17)의 적분은

$$\int_0^s e^{i\pi\omega^2/2} d\omega = C(s) + iS(s) \tag{11.3.18}$$

와 같이 표현되며, 식 (11.3.18)에서의 실수와 허수부분은 각각

$$C(s)=\int_0^s \cos(\pi\omega^2/2)d\omega \tag{11.3.19}$$

$$S(s)=\int_0^s \sin(\pi\omega^2/2)d\omega$$

이 되는데, 이러한 적분을 프레넬 적분이라 한다. 표 11.3에 s에 대한 $C(s)$와 $S(s)$의 수치 값을 나타내었으며, 이들의 그래프를 그림 11.28에 나타내었다. s_1에서 s_2까지의 프레넬 적분, 즉, $\int_{s_1}^{s_2} e^{i\pi\omega^2/2}d\omega$에 대한 적분값은 코르누(cornu) 나선에서 s_1과 s_2를 연결한 직선 길이가 되며, 직선 길이의 $C(s)$-축에 대한 투영 값은 프레넬 적분의 실수부분, $S(s)$-축에 대한 투영 값은 프레넬 적분의 허수 부분에 해당된다.

표 11.3 프레넬 적분표

s	$C(s)$	$S(s)$	s	$C(s)$	$S(s)$
0.00	0.0000	0.0000	2.20	0.6363	0.4557
0.10	0.1000	0.0005	2.30	0.6266	0.5531
0.20	0.1999	0.0042	2.40	0.5550	0.6197
0.30	0.2994	0.0141	2.50	0.4574	0.6192
0.40	0.3975	0.0334	2.60	0.3890	0.5500
0.50	0.4923	0.0647	2.70	0.3925	0.4529
0.60	0.5811	0.1105	2.80	0.4675	0.3915
0.70	0.6597	0.1721	2.90	0.5624	0.4101
0.80	0.7230	0.2493	3.00	0.6058	0.4963
0.90	0.7648	0.3398	3.10	0.5616	0.5818
1.00	0.7799	0.4383	3.20	0.4664	0.5933
1.10	0.7638	0.5365	3.30	0.4058	0.5192
1.20	0.7154	0.6234	3.40	0.4385	0.4296
1.30	0.6386	0.6863	3.50	0.5326	0.4152
1.40	0.5431	0.7135	3.60	0.5880	0.4923
1.50	0.4453	0.6975	3.70	0.5420	0.5750
1.60	0.3655	0.6389	3.80	0.4481	0.5656
1.70	0.3238	0.5492	3.90	0.4223	0.4752
1.80	0.3336	0.4508	4.00	0.4984	0.4204
1.90	0.3944	0.3734	4.10	0.5738	0.4758
2.00	0.4882	0.3434	4.20	0.5418	0.5633
2.10	0.5815	0.3743	∞	0.5000	0.5000

프레넬 적분에 대한 예로서 ① 조리개의 크기가 무한대인 경우, ② 긴 슬릿 모양의 조리개에 대한 경우, ③ 슬릿의 한쪽이 없는 반쪽 창인 경우에 대해서 생각해보자.

① 조리개의 크기가 무한대인 경우:

조리개의 크기가 무한대라 함은 조리개에 의한 회절이 없는 경우를 의미하므로, $u_1 = v_1 = -\infty$, $u_2 = v_2 = \infty$로 두며 프레넬 적분 값을 구할 수 있다. 이 경우에

$$C(\infty) = S(\infty) = \frac{1}{2}, \quad C(-\infty) = S(-\infty) = -\frac{1}{2} \tag{11.3.20}$$

이 되므로, 프레넬 적분 값은

$$\begin{aligned} &\int_{-\infty}^{+\infty} e^{i\pi\omega^2/2} d\omega = C(s) + iS(s) \\ &= \frac{1}{2} + i\frac{1}{2} + \frac{1}{2} + i\frac{1}{2} = 1 + i \end{aligned} \tag{11.3.21}$$

가 되며, 이는 그림 11.28에서 코르누 나선의 아래 눈(−0.5, −0.5)에서 위 눈(0.5, 0.5)까지의 직선길이가 된다. 따라서 관측점(P)에서의 광학적 진폭은

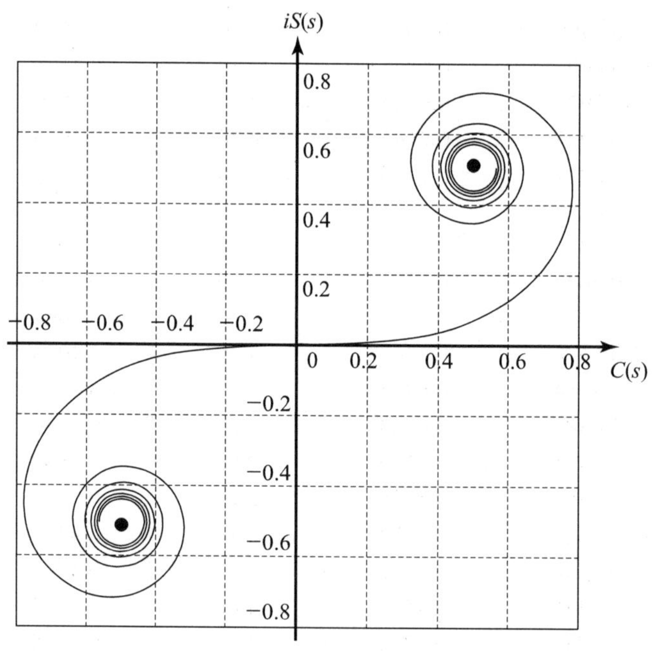

그림 11.28 코르누 나선

$$U_P = U_1[C(\infty) - C(-\infty) + i\{S(\infty) - S(-\infty)\}]^2 \tag{11.3.22}$$

$$= U_1(1+i)^2$$

이 되며, 이는 조리개에 의한 회절이 없을 때의(즉 빛의 경로에 장애물이 없는 경우) 광학적 교란(optical disturbance)에 대한 값, 즉 U_0가 된다. 따라서 $U_0 = U_1(1+i)^2$로 두면 일반적인 조리개의 경우에 관측점(P)에서의 광학적 진폭에 대한 규격화된 표현식은 식 (11.3.15)을 이용하여

$$U_P = \frac{U_0}{(1+i)^2}[C(u) + iS(u)]_{u_1}^{u_2}\ [C(v) + iS(v)]_{v_1}^{v_2} \tag{11.3.23}$$

와 같이 쓸 수 있다. 엄밀히 말해서 u, v의 값이 클 경우에는 식 (11.3.11)의 근사적인 표현이 옳지 않으나, U_P에 대한 주요 기여는 낮은 차수에 있는 프레넬 구역에 의한 것이므로, 보통의 경우에 이러한 근사를 사용할 수 있다.

② 긴 슬릿 모양의 조리개에 대한 경우:

이 경우에 대한 프레넬 회절은 $u_1 = -\infty$, $u_2 = \infty$인 직사각형 조리개에 의한 회절로 볼 수 있으므로, 관측점에서의 광학적 진폭(U_P)은

$$U_P = \frac{U_0}{(1+i)^2}[C(v) + iS(v)]_{v_1}^{v_2}\ [C(u) + iS(u)]_{-\infty}^{+\infty} \tag{11.3.24}$$

$$= \frac{U_0}{(1+i)^2}[C(v) + iS(v)]_{v_1}^{v_2}[1+i] = \frac{U_0}{1+i}[C(v) + iS(v)]_{v_1}^{v_2}$$

로 주어지며, v_1, v_2는 슬릿의 경계에 의해 결정된다.

③ 슬릿의 한쪽이 없는 반쪽창의 경우:

코르누 나선의 한 응용으로서 그림 11.29와 같이 긴 반쪽 창을 고려하되 광원과 점 P를 연결하는 직선의 윗부분을 조명영역 그리고 아랫부분을 그림자 영역으로 분류한다. 이 경우에 조리개의 원점을 반쪽창의 한쪽 끝 중앙(반쪽창이 광원과 점 P를 연결하는 선과 만나는 점)에 잡으면, 식 (11.3.15) $v = y\sqrt{k/\pi L} = y\sqrt{2/\lambda L}$에 의하여 세로축 방향을 나타내는 v_1, v_2는 각각 $v_1 = v_1$, $v_2 = \infty$이 되며, 가로 축 방향을 나타내는 u_1,u_2는 각각 $u_1 = -\infty$, $u_2 = +\infty$이 된다.

따라서 관측점에서의 광학적 진폭은

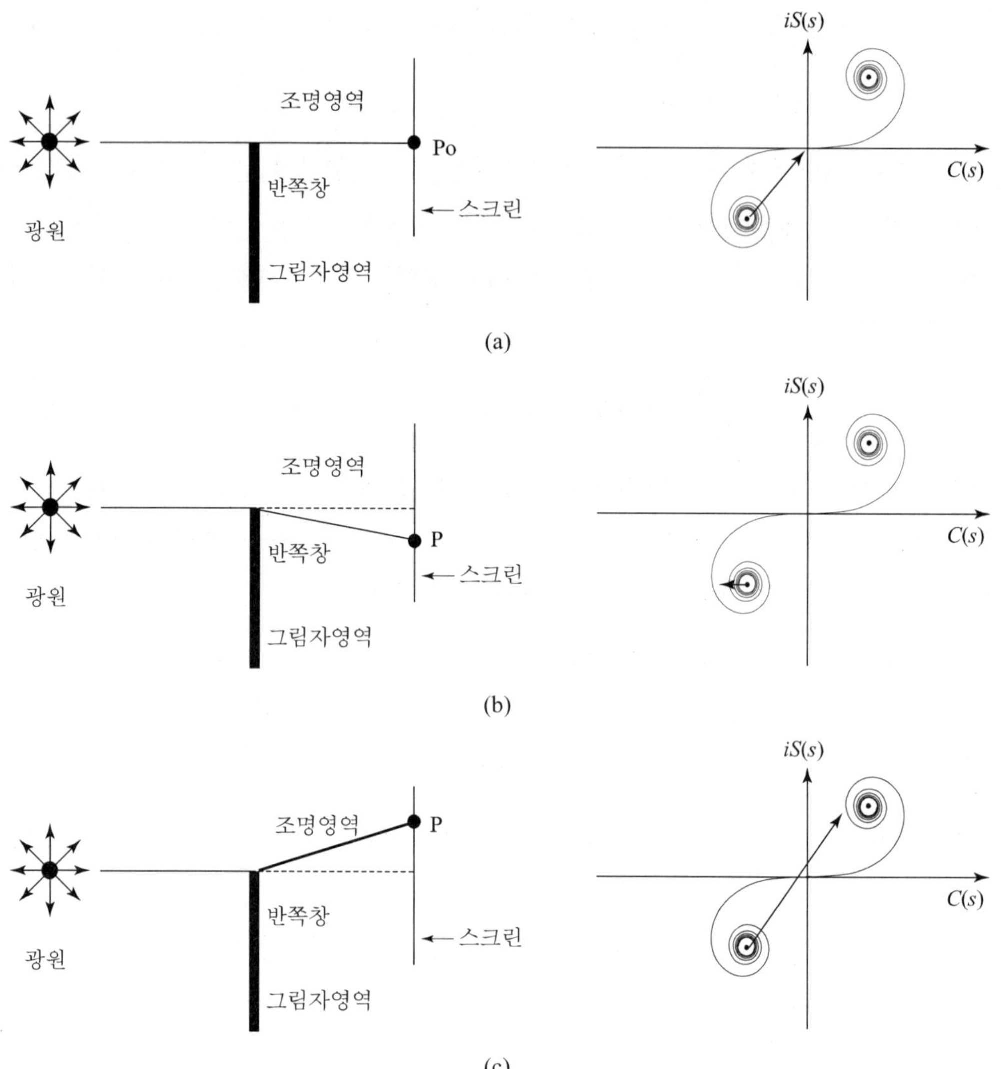

그림 11.29 긴 반쪽 창

$$U_P = \frac{U_0}{(1+i)^2}\,[\,C(u)+i\,S(u)\,]_{-\infty}^{+\infty}\,[\,C(v)+i\,S(v)\,]_{v_1}^{\infty} \tag{11.3.25}$$

$$= \frac{U_0}{(1+i)^2}(1+i)\left[\frac{1}{2}-C(v_1)+\frac{1}{2}i-i\,S(v_1)\right]$$

$$= \frac{U_0}{1+i}\left[\frac{1}{2}-C(v_1)+\frac{1}{2}i-i\,S(v_1)\right]$$

와 같이 되어 빛이 회절되는 위치를 나타내는 v_1만의 함수가 된다.

그림 11.29(a)의 경우에 스크린 위의 관측점 P가 반쪽창의 끝과 광원을 연결하는 직선 위에 위치해 있으므로, $v_1 = 0$이 된다. 따라서 $C(v_1 = 0) = 0$, $S(v_1 = 0) = 0$이 되어

$$U_P = \frac{U_0}{1+i}\left(\frac{1}{2} + \frac{i}{2}\right) = \frac{1}{2} U_0 \tag{11.3.26}$$

이 된다. 따라서 관측점에서의 빛의 세기(I_P)는

$$I_P = |U_P|^2 = \frac{1}{4}|U_0|^2 = \frac{1}{4} I_0 \tag{11.3.27}$$

이 되므로, 빛의 세기는 반쪽 창이 없을 때의 1/4이 됨을 알 수 있다. 이때에 스크린 위의 관측점 P에서 빛의 진폭은 코르노 나선의 아래 쪽 눈으로부터 원점까지의 길이에 비례한다.

그림 11.29(b)에서와 같이 관측점이 그림자 영역에 있는 경우에 코르누 나선의 아래쪽 눈에 있는 화살표의 원점은 고정돼 있으나 화살표의 끝은 코르누 나선을 따라 아래쪽으로 이동하게 되어 화살표의 길이는 점점 짧아진다. 따라서 점 P에서의 빛의 진폭은 이 화살표의 길이에 비례하며, 관측점 P가 그림자 영역 깊숙이 내려오면 화살표의 끝이 코르누 나선의 눈에 도달하게 되어 화살표의 길이가 '0'이 되므로 그곳에서의 빛의 진폭도 역시 '0'이 되어 빛이 도달하지 않게 된다.

그림 11.29(c)에서와 같이 관측점이 조명 영역에 있는 경우에 코르누 나선의 아래쪽 눈에 있는 화살표의 원점은 고정돼 있으나 화살표의 끝은 코르누 나선을 따라 위쪽으로 이동하게 된다. 따라서 화살표의 길이는 그림 11.29(a)의 경우보다 길어지지만 코르누 나선을 따라 이동하므로 길이가 길어졌다 줄어들었다를 반복하게 된다. 하지만 관측점이 조명영역으로 깊숙이 들어갈수록 화살표의 길이는 코르누 나선의 아래쪽 눈과 위쪽 눈을 연결하는 길이로 수렴하게 된다. 따라서 관측점 P에서의 회절된 빛의 세기는 커졌다 줄었다가를 반복하다가 회절 효과가 전혀 없는 값으로 수렴하게 된다.

회절무늬의 세기, 즉, $I_p = |U_p|^2$을 v_1의 함수로 나타내면 그림 11.30과 같으며, 반쪽창의 회절 효과를 반쪽창의 경계로부터 수직 거리에 따른 빛의 세기로 나타낸 것이다. 그림 11.29(a)는 $v_1 = 0$에 해당되며, 점 P에서의 빛의 세기는 반쪽창이 없었을 때보다 1/4로 줄어들게 된다[그림 11.30(b)에서 ②]. 그림 11.29(b)에서와 같이 관측점이 그림자 영역에 있게 되는 경우에 관측점에서의 빛의 세기는 그림 11.30에서와 같이 급격히 감쇄를 한다[그림 11.30(b)에서 ①]. 하지만 그림 11.29(c)에서 v_1는 양(+)의 값을 가지게

되며, $v_1 \approx 1.25$이 되는 관측점에서 빛의 세기는 최대가 되어 반쪽창이 없었을 때보다도 약 1.37배 더 세다[그림 11.30(b)에서 ③]. $v_1 \approx 1.25$인 곳을 지난 관측점에서의 빛의 세기는 진동을 하게 되다가 어느 정도 이상이 되면, 반쪽 창이 없을 때의 값(I_0)으로 수렴하게 된다.

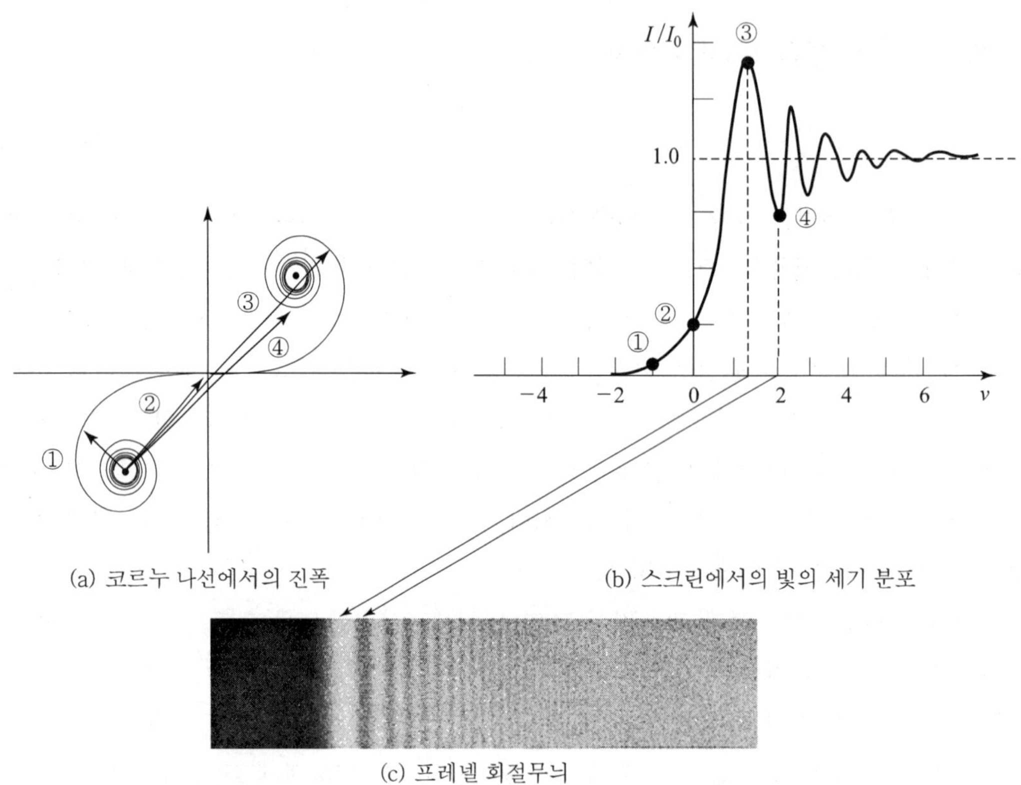

그림 11.30 반쪽 창에 의한 프레넬 회절 효과. (a)와 (b)에서의 번호는 코르누 나선에서의 진폭과 이에 해당하는 빛의 세기를 나타낸 것이다.

예제 1

코르누 나선의 한 예로서 반쪽창의 경우에 (a) $v = -1.0$ (b) $v = +1.0$인 곳에서의 빛의 상대적 세기는 어떻게 되겠는가?

해답 표 11.2로부터 $v = 1.0$일 때에, $C(v) = 0.7799$, $S(v) = 0.4383$이다.

(a) 그림자 영역에서, 코르누 나선 위에 있는 화살표는 코르누 나선의 아래쪽 눈(제 3사

분면에 있으며 $C(v)=-0.5$, $S(v)=-0.5$에서 시작하여 $C(v=-1.0)=-0.7799$, $S(v=-1.0)=-0.4383$에서 끝나게 된다. 따라서 화살표의 각 성분은

$$\triangle C = |0.5-0.7799| = |0.2799|, \quad \triangle S = |0.5-0.4383| = |0.0617|$$

이 된다.

따라서 $v=-1.0$ 인 곳에서의 빛의 상대적 세기는

$$I = \frac{I_0}{2}(0.2799^2 + 0.0617^2) = 0.041 I_0$$

이 되어 회절이 일어나지 않았을 때의 빛의 세기의 약 4.1 %가 된다.

(b) 그림자 영역이 아닌 조명 영역($v=+1.0$)에서의 화살표의 길이는

$$\triangle C = 0.5 + 0.7799 = 1.2799, \quad \triangle S = 0.5 + 0.4383 = 0.9383$$

이 된다. 따라서 빛의 상대 세기는

$$I = \frac{I_0}{2}(1.2799^2 + 0.9383^2) = 1.26 I_0$$

이 된다. 그러므로 $v=+1.0$ 인 곳에서의 세기는 반쪽 창이 없었을 때보다도 약 26 % 정도 더 강하게 나타난다.

연습문제

01 여러분이 밤에 인공위성에서 지구에 대한 사진을 찍고 있다고 하자. 초점거리가 50 mm이며, f−수가 2인 카메라를 사용한다고 할 때에 100 km 떨어져 있는 곳에 있는 자동차 두 개의 헤드라이트를 분해할 수 있겠는가?

02 그림 11.31과 같이 초점거리가 1000 mm인 대물렌즈 바로 앞에 넓이가 0.67 mm인 직사각형의 슬릿이 있다. 슬릿에 입사하는 평행광선의 파장이 550 nm라고 할 때에 슬릿의 하단에서 관측점 P에 도달하는 빛과 상단에서 관측점 P에 도달하는 빛의 위상차는 얼마인가?

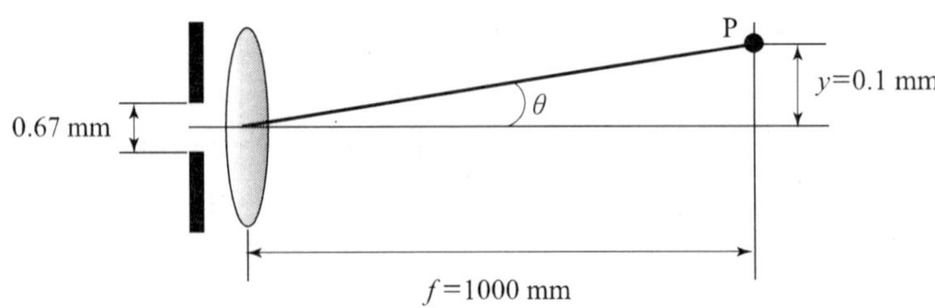

그림 11.31 단일슬릿에서 진행경로에 따른 위상차

03 초점거리가 1000 mm인 대물렌즈 바로 앞에 넓이가 1 mm인 직사각형의 슬릿이 있다. 슬릿에 입사하는 평행광선의 파장이 550 nm라고 할 때에 회절무늬의 중심에서 첫 번째 최소 세기의 회절무늬가 나타나는 곳까지의 거리는 얼마인가? 스크린은 대물렌즈의 초점거리에 위치해 있다.

04 원형 조리개에 의한 프라운호퍼 회절에서 회절무늬 중심에서의 세기(I_0)와 회절무늬의 제1차 최대 세기(I)의 상대적 세기는 얼마인가?

05 넓이 b, 중심과 중심 사이의 간격이 h인 3개의 슬릿을 통과한 빛에 의하여 스크린에 회절 무늬가 생겼다.

ⓐ 슬릿의 넓이가 증가하면 다중슬릿에 의한 회절무늬 포락선의 HWHM(half width half maximum)와 주요 극대 사이의 간격은 어떻게 되겠는가?

ⓑ 슬릿 사이의 간격이 증가하면 어떻게 되겠는가?

ⓒ 빛의 파장이 증가하면 어떻게 되겠는가?

06 그림 11.32와 같이 슬릿의 폭이 b, 슬릿과 슬릿 사이의 간격이 h인 3개의 슬릿이 있다. 이때에 가운데 슬릿을 통과한 빛은 필터에 의하여 스크린에 π만큼의 위상변화를 가져온다. 입사하는 평면파의 파장은 λ이다.

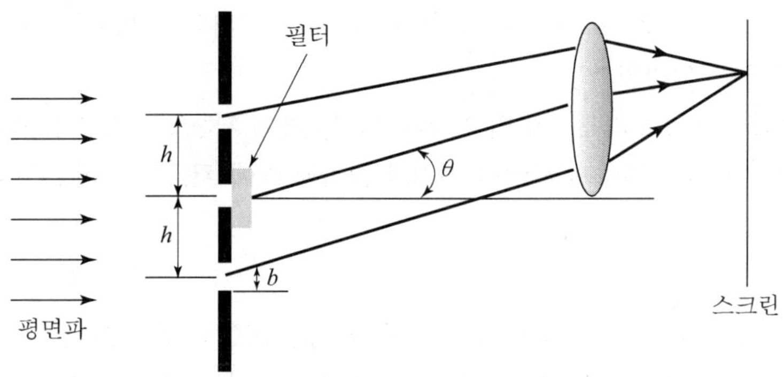

그림 11.32 삼중 슬릿에 의한 Fraunhofer 회절

ⓐ 회절무늬의 세기가 처음으로 최소가 되는 곳을 θ로 표현하면 어떻게 되겠는가?

ⓑ 간섭의 세기가 처음으로 최소가 되는 곳은?

ⓒ 간섭의 세기가 처음으로 최대가 되는 곳은?

07 파장이 $400 \sim 700\ \mathrm{nm}$인 가시광선이 250 선$/\mathrm{mm}$을 가지는 투과형 회절격자에 수직방향으로 입사한다. $30°$의 회절각에서 나타나는 빛의 파장은 얼마이며, 이들은 어떤 색인가?

08 $563.3\ \mathrm{nm}$의 단색광이 매우 멀리 떨어진 곳에서 점광원의 형태로 만들어져 원형 조리개를 통과한다. 프레넬 회절무늬가 원형 조리개에서 $1\ \mathrm{m}$ 떨어진 스크린에 형성되었다.

ⓐ 중앙의 프레넬 구역만이 관측될 경우에 원형 조리개의 직경은 얼마인가?

ⓑ 처음의 4개 프레넬 구역이 관측될 경우에 원형 조리개의 직경은 얼마인가?

09 8번째 프레넬 구역판의 직경이 $5\ \mathrm{mm}$이다. 빛의 파장이 $500\ \mathrm{nm}$라고 할 때에 프레넬 렌즈의 주 초점거리는 얼마인가?

10 직경이 $0.8\,\text{mm}$ 인 원형 조리개에 단색광의 평면파가 입사되며, 조리개를 통과한 빛이 이동가능한 스크린에 회절무늬를 만든다. 스크린이 조리개 쪽으로 이동함에 따라 회절무늬의 중심에 밝은 점과 어두운 점이 교차로 나타난다.

ⓐ 처음으로 밝은 점이 나타난 스크린의 위치에서부터 두 번째로 밝은 점이 나타난 스크린까지의 거리가 $36.2\,\text{cm}$ 일 때에 두 번째로 밝은 점이 나타난다면, 조명된 빛의 파장은 얼마인가?

ⓑ 처음으로 어두운 점이 나타난 스크린의 위치에서부터 두 번째로 어두운 점이 나타난 스크린까지의 거리가 $36.2\,\text{cm}$ 일 때에 두 번째로 어두운 점이 나타난다면, 조명된 빛의 파장은 얼마인가?

ⓒ 스크린에서 원형 조리개 사이의 거리가 얼마일 때에 처음으로 밝은 점이 나타나겠는가?

ⓓ 스크린에서 원형 조리개 사이의 거리가 얼마일 때에 처음으로 어두운 점이 나타나겠는가?

11 폭이 $5\,\text{cm}$ 이며, $1\,\text{mm}$ 당 1200개의 슬릿을 가지는 회절격자가 분해할 수 있는 최소 파장 간격은 얼마인가? 빛의 파장은 $500\,\text{nm}$ 이며 1차 회절 차수가 사용된다고 가정한다.

12 $1\,\text{mm}$ 당 1000개의 슬릿을 가지는 회절격자가 있다. $633\,\text{nm}$ 의 헬륨-네온 레이저의 모드 구조를 분해하는데 필요한 회절격자의 폭은 얼마인가? 모드 사이의 진동수 차이는 $\Delta f = 450\,\text{MHz}$ 이다.

참고문헌

1. Grant R. Fowles., Introduction to Modern Optics. 2nd ed. New York: Holt, Rinehart and Winston, 1975.
2. Eugene Hecht, Optics. 2nd ed. Addison-Wesley Publishing Company, Inc, 1990.

CHAPTER

12 고체 광학

빛이 물질 내를 통과할 때에는 물질과 상호작용을 하면서 여러 특성들을 보여주는데 이들 중에는 선택적 흡수, 분산, 복굴절, 편극 등의 특성을 보이고 있다. 이러한 특성들은 현재 광 기술들과 관련된 전기광학, 자기광학 및 음향광학 효과 등으로 나타나며 광학에서의 한 중요한 응용분야를 이루고 있다.

이 장에서는 거시적 맥스웰 이론을 고체물질 내를 통과하는 빛의 전파에 적용하고, 고전적 이론을 사용하여 고체의 광학적 성질에 대한 미시적 근원에 대해서 설명하고자 한다. 고전적 이론에 의해 설명된 현상들은 앞으로 반고전적 또는 양자론적인 현상들을 이해하는 데 도움이 될 뿐만 아니라, 많은 실제적 응용 부분에 있어서 충분한 이론적 근거를 제시해 주고 있다.

12.1 물질 내에서의 맥스웰 방정식

물질 내 임의의 한 점에서 물질과 전자기파의 상호작용에 의한 물질의 전자기적 상태는 다음의 4가지 양에 의하여 기술된다. 즉,

① 체적 전하밀도 : ρ

② 단위 체적당 전기쌍극자 : 전기편극($\vec{P}$)

③ 단위 체적당 자기쌍극자 : 자기편극($\vec{M}$)

④ 단위 면적당 전류 : 전류밀도 ($\vec{J}$)

이러한 모든 양들은 물질을 구성하고 있는 원자들이 만드는 미시적인 효과들을 평균함으로서 얻어진 거시적인 양들이다. 전기장 $\vec{E}$에 대한 전도전자의 반응을 나타내는 전류밀도는 전기장 $\vec{E}$가 아주 세지 않을 경우에 한하여 오옴(Ohm)의 법칙으로

$$\vec{J} = \sigma \vec{E} \tag{12.1.1}$$

로 주어지며, σ는 물질의 전기 전도도(conductivity)라 한다. 물질 내에서는 전기장 및 자기장($\vec{B}$)보다는 전기 변위벡터라고 부르는 $\vec{D}$와 자화세기 $\vec{H}$가 물질 내에서의 전자기적 특성을 기술하는데 있어 매우 유용하다. $\vec{D}$와 $\vec{E}$ 사이의 관계는

$$\vec{D} = \epsilon_o \vec{E} + \vec{P} = \epsilon \vec{E} \tag{12.1.2}$$

로 주어지며, ϵ은 유전율 텐서(tensor)로 물질내의 속박된 전자들이 외부에서 주어진 전기장 $\vec{E}$에 반응하는 정도를 나타내는 물리량이다. 텐서에 대해서는 12장 끝에서 주어진 보충자료를 참조하기 바란다. 등방성 물질의 경우에 ϵ은 모든 방향에 따라서 같은 값을 가지나, 일반적으로 결정 같은 비등방성 물질 내에서는 결정방향에 따라서 서로 다른 값을 가질 수 있으므로 ϵ은 일반적으로 2계의 텐서양이라 할 수 있다.

또한 전기장 $\vec{E}$에 대한 물질의 반응을 기술해주는 $\vec{P}$를 전기장 $\vec{E}$로 나타내면, 식 (12.1.2)로부터

$$\vec{P} = \vec{D} - \epsilon_o \vec{E} = \left(\frac{\epsilon}{\epsilon_o} - 1\right)\epsilon_o \vec{E} = \epsilon_o \chi \vec{E} \tag{12.1.3}$$

와 같이 표현된다. 식 (12.1.3)에서의

$$\chi = \frac{\epsilon}{\epsilon_o} - 1$$

을 전기 감수율(electric susceptibility)라고 하는데, 전자기파와 물질과의 상호작용에서 전기장에 대한 물질의 반응인 $\vec{P}$에 대한 정보를 포함하므로 물질의 광학적 특성을 취급하는데 있어서 중요한 인자가 된다. 유리와 같은 등방성 매질의 경우에 χ는 가해주는 전기장의 방향에 관계없이 같은 값을 가지므로 스칼라양이 되지만, 대부분의 결정에서와 같이 비등방성 매질에서는 가해주는 전기장의 방향에 따라서 다른 값을 가지므로 χ

는 일반적으로 2계의 텐서로 표현된다.

마찬가지로 $\vec{B}$ 와 $\vec{H}$ 사이의 관계는

$$\vec{B} = \mu_o(\vec{H} + \vec{M}) = \mu \vec{H} \tag{12.1.4}$$

로 주어지며, μ는 투자율 텐서로서 물질의 자기화 정도를 나타내는 물리량이다.

앞에서 논의한 전하의 체적밀도, 편극, 자화 및 전류밀도들은 맥스웰의 방정식에 의하여 거시적인 양인 $\vec{E}$와 $\vec{H}$로 나타낼 수 있다. 즉,

$$\vec{\nabla} \times \vec{E} = -\mu_o \frac{\partial \vec{H}}{\partial t} - \mu_o \frac{\partial \vec{M}}{\partial t} \tag{12.1.5}$$

$$\vec{\nabla} \times \vec{H} = \epsilon_o \frac{\partial \vec{E}}{\partial t} + \frac{\partial \vec{P}}{\partial t} + \vec{J} \tag{12.1.6}$$

$$\vec{\nabla} \cdot \vec{E} = -\frac{1}{\epsilon_o} \vec{\nabla} \cdot \vec{P} + \frac{\rho}{\epsilon_o} \tag{12.1.7}$$

$$\vec{\nabla} \cdot \vec{H} = -\vec{\nabla} \cdot \vec{M} \tag{12.1.8}$$

12.2 물질 내에서의 파동방정식

전기적으로 중성이고 $\vec{M} = 0$인 비자성 물질에서의 파동방정식은 $\vec{M}$과 ρ를 '영'으로 놓으면서 맥스웰 방정식으로부터 구할 수 있다. 이 경우에 맥스웰 방정식은

$$\vec{\nabla} \times \vec{E} = -\mu_o \frac{\partial \vec{H}}{\partial t} \tag{12.2.1}$$

$$\vec{\nabla} \times \vec{H} = \epsilon_o \frac{\partial \vec{E}}{\partial t} + \frac{\partial \vec{P}}{\partial t} + \vec{J} \tag{12.2.2}$$

$$\vec{\nabla} \cdot \vec{E} = -\frac{1}{\epsilon_o} \vec{\nabla} \cdot \vec{P} \tag{12.2.3}$$

$$\vec{\nabla} \cdot \vec{H} = 0 \tag{12.2.4}$$

이 되며, 전기장 $\vec{E}$에 대한 일반적인 파동방정식은 식 (12.2.1)에 방향회전(curl)을 취하고, 식 (12.2.2)에 시간미분을 취하여 $\vec{H}$ 에 관계된 항을 소거하면 얻을 수 있다. 즉,

$$\vec{\nabla}\times(\vec{\nabla}\times\vec{E}) = -\mu_o\frac{\partial}{\partial t}(\vec{\nabla}\times\vec{H}) \tag{12.2.5}$$

$$= -\mu_o\frac{\partial}{\partial t}\left(\epsilon_o\frac{\partial\vec{E}}{\partial t}+\frac{\partial\vec{P}}{\partial t}+\vec{J}\right)$$

$$= -\mu_o\epsilon_o\frac{\partial^2\vec{E}}{\partial t^2}-\mu_o\frac{\partial^2\vec{P}}{\partial t^2}-\mu_o\frac{\partial\vec{J}}{\partial t}$$

이 얻어지며, $\mu_o\epsilon_o = 1/c^2$ 을 이용하면,

$$\vec{\nabla}\times(\vec{\nabla}\times\vec{E})+\frac{1}{c^2}\frac{\partial^2\vec{E}}{\partial t^2} = -\mu_o\frac{\partial^2\vec{P}}{\partial t^2}-\mu_o\frac{\partial\vec{J}}{\partial t} \tag{12.2.6}$$

와 같이 쓸 수 있다. 식 (12.2.6)에서 오른쪽의 두 항은 각각 매질 내의 편극전하와 전도전하에 기인하는 것으로 왼쪽 항의 전기장을 만드는 원천 항들(source terms)이다. 빛의 전파가 이러한 원천항의 존재에 의하여 어떻게 영향을 받는가 하는 문제는 위의 방정식을 풀면 알 수 있다.

일반적으로 고체물질은 유리나 결정같은 부도체, 금속과 같은 전도체, 그리고 이들의 중간인 반도체의 세 부류로 분류할 수 있다. 유리나 유전체 결정같은 비전도성 물질에서는 $-\mu_o\partial^2\vec{P}/\partial t^2$ 이 중요한데 이는 비전도성 물질 내에서의 빛의 분산, 흡수, 이중굴절 등의 많은 광학적 성질들을 설명하는 데 사용된다. 한편 금속과 같은 전도성 물질의 경우는 $-\mu_o\partial\vec{J}/\partial t$의 항이 중요하며, 얻어지는 파동방정식의 해는 전도체가 빛에 대해 높은 반사율을 가진다던지 아니면 빛을 통과시키지 않는 불투명성을 설명해 준다. 또한 전기적으로 부도체와 전도체의 중간에 해당하는 반도체의 경우는 위의 두 원천항이 똑같이 중요하며, 반도체의 많은 광학적 성질들이 이러한 고전적인 이론에 의하여 설명이 된다. 하지만 엄밀히 말해서 반도체의 광학적 특성에 대한 보다 자세한 설명은 양자론을 이용함으로서 얻어진다.

12.3 등방성 유전체 내에서의 빛의 진행 특성

공기 또는 유리와 같이 일상생활에서 많이 접하는 매질은 비자성, 비전도성으로 식

(12.2.6)의 원천항 중 $-\mu_0 \frac{\partial \vec{J}}{\partial t}$를 무시할 수 있으므로 편극 $\vec{P}$만이 중요하게 된다. 이처럼 광 특성이 편극 $\vec{P}$, 즉, 속박된 전자들에 의해서 결정되는 물질을 유전체라고 하며, $\vec{P}$가 외부에서 가해주는 전기장의 방향에 관계없이 모든 방향에 대하여 동일한 특징을 가지는 유전체를 등방성 유전체라 한다. 여기서는 전도성이 없는 등방성 매질 내를 통과하는 빛의 성질에 대하여 생각해보자.

전도성이 없는 등방성 매질에서 전자는 매질을 이루고 있는 원자핵에 구속되어 있다. 만일 구속전자의 전하가 $-e$이고, 핵과의 평형위치로부터 벗어난 거리가 r이라면 물질을 구성하고 있는 원자의 전기쌍극자($\vec{p}$)는 $\vec{p} = -e\vec{r}$이 된다. 만일 단위 체적당 동일한 원자가 N_e개 들어 있다면, 단위 체적당 평균 전기쌍극자인 거시적인 편극(macroscopic polarization: $\vec{P}$)은

$$\vec{P} = <\vec{p}> = -N_e e\vec{r} \quad (N_e\text{: 단위 체적당의 원자수}) \tag{12.3.1}$$

와 같이 표현되며, < >은 평균을 의미한다. 따라서 평형위치로부터 전자의 변위 $\vec{r}$을 알면, $\vec{P}$를 결정할 수 있다.

그림 12.1에서와 같이 원자에서 전자의 운동을 매우 무거워 움직이지 않는 핵에 전하가 $-e$, 질량이 m인 전자가 힘의 상수 k인 용수철에 의하여 매달려있다고 가정하자.

속박된 전자의 변위가 외부에서 가해주는 정적 전기장($\vec{E}$, 각진동수 $(\omega) = 0$)때문에 생기며 평형위치에서 탄성상수 k인 용수철에 속박되어 있다면, 힘에 대한 방정식은

$$-e\vec{E} = k\vec{r} \tag{12.3.2}$$

와 같이 된다. 이러한 정적 전기장에 기인한 편극은

$$\vec{P} = \frac{N_e e^2}{k}\vec{E} \tag{12.3.3}$$

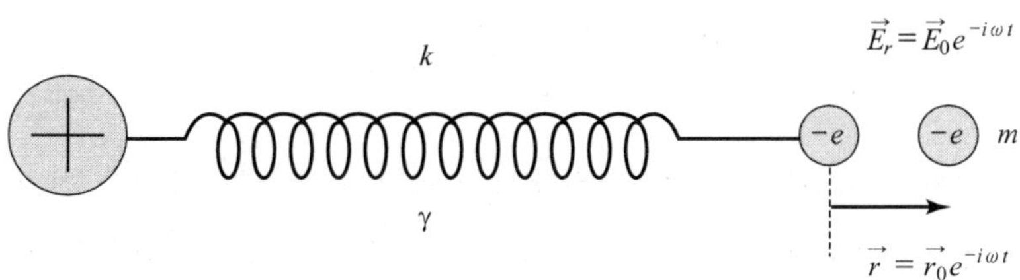

그림 12.1 등방성 매질에서 편극을 계산하기 위한 용수철 모형

와 같이 된다. 한편, 전기장이 시간에 따라 변하는 경우에, 구속된 전자의 운동이 속도에 비례하는 크기의 감쇄력을 받아 감쇠계수가 γ인 감쇄 조화 진동을 한다고 가정하면 운동 방정식은 아래와 같이 쓸 수 있다. 즉,

$$m\frac{d^2\vec{r}}{dt^2} + m\gamma\frac{d\vec{r}}{dt} + k\vec{r} = -e\vec{E} \tag{12.3.4}$$

가해준 전기장의 시간에 따른 변화에 따라 구속전자의 변위도 같은 주기로 움직일 것이므로, 즉 $\vec{E} = \vec{E_0}e^{-i\omega t}$이면 $\vec{r} = \vec{r_0}e^{-i\omega t}$와 같이 되어 식 (12.3.4)은

$$(-m\omega^2 - im\omega\gamma + k)\vec{r} = -e\vec{E} \tag{12.3.5}$$

$$\vec{P} = \frac{N_e e^2}{-m\omega^2 - im\omega\gamma + k}\vec{E} \tag{12.3.6}$$

와 같이 된다. 여기서 $\omega = 0$이면, $\vec{P} = \frac{N_e e^2}{k}\vec{E}$로 시간에 따라 변하지 않는 전기장을 가해준 경우와 같게 된다. 식 (12.3.6)에 대한 표현식은

$$\vec{P} = \frac{N_e e^2/m}{\omega_0^2 - \omega^2 - i\omega\gamma}\vec{E} \quad \left(\omega_0 = \sqrt{\frac{k}{m}} : \text{구속전자의 고유(공진) 진동수}\right) \tag{12.3.7}$$

와 같이 일반적으로 표현된다.

외부에서 가해주는 빛의 진동수가 구속전자의 고유 공진진동수와 같은 경우에(즉 $\omega \sim \omega_0$), 광학적인 공명현상이 일어나, 구속전자의 공진진동수 부근에서 빛의 흡수가 커지며 동시에 굴절률의 변화 또한 커진다. 한편, 전도성이 없는 물질 내($\vec{J} = 0$)에 빛이 전파하는 경우에 파동방정식은 식 (12.3.7)을 식 (12.2.5)에 대입하고 $\vec{J} = 0$인 사실을 이용하면,

$$\vec{\nabla}(\vec{\nabla}\cdot\vec{E}) - (\nabla^2\vec{E}) = -\mu_0\epsilon_0\frac{\partial^2\vec{E}}{\partial t^2} - \mu_0\frac{\partial^2\vec{P}}{\partial t^2} \tag{12.3.8}$$

$$= -\mu_0\epsilon_0\frac{\partial^2\vec{E}}{\partial t^2} - \mu_0\frac{\partial^2}{\partial t^2}\left(\frac{N_e e^2/m}{\omega_o^2 - \omega^2 - i\omega\gamma}\vec{E}\right)$$

이 된다. 외부에서 가해주는 전기장에 의해서 일어나는 편극이 가해준 전기장에 비례하는 경우에, 식 (12.2.3)은 $\vec{\nabla}\cdot(\epsilon_o\vec{E}) = -\vec{\nabla}\cdot\vec{P} = -\vec{\nabla}\cdot(\epsilon_o\chi\vec{E})$이 된다. 이 식을 다

시 쓰면 $\epsilon_o(1+\chi)\overrightarrow{\nabla}\cdot\overrightarrow{E}=0$이 되며, 이 식이 만족하기 위해서는 $\chi\neq-1$임으로 $\overrightarrow{\nabla}\cdot\overrightarrow{E}=0$이다. 따라서 식 (12.3.8)은

$$\nabla^2\overrightarrow{E}=\frac{1}{c^2}\left(1+\frac{N_e e^2}{m\epsilon_0}\frac{1}{\omega_0^2-\omega^2-i\omega\gamma}\right)\frac{\partial^2\overrightarrow{E}}{\partial t^2} \tag{12.3.9}$$

와 같이 된다. 이 미분 방정식의 해가 z-방향으로 진행하는 평면 조화파라고 가정하면, $\overrightarrow{E}=\overrightarrow{E_0}e^{i(Kz-\omega t)}$으로 쓸 수 있으며, 이를 식 (12.3.9)에 직접 대입하여 정리하면

$$K^2=\frac{\omega^2}{c^2}\left(1+\frac{N_e e^2}{m\epsilon_0}\frac{1}{\omega_0^2-\omega^2-i\omega\gamma}\right) \tag{12.3.10}$$

와 같이 된다. 따라서 식 (12.3.10)의 분모에 허수 항이 존재함을 알 수 있으며, 이는 파수 K가 복소수임을 의미한다. 이의 물리적 의미를 알아보기 위하여 K를 실수부분과 허수부분으로 나누어 표현하면 다음과 같다.

$$K=k+i\alpha \tag{12.3.11}$$

이는 굴절률에 대한 표현을

$$N=n+i\kappa \tag{12.3.12}$$

와 같이 복소수로 표현될 수 있음을 의미하며, 복소파수와 복소 굴절률 사이의 관계는

$$K=\frac{\omega}{c}N \tag{12.3.13}$$

이 된다. 따라서 복소파수를 이용하여 전기장을 다시 표현하면,

$$\overrightarrow{E}=\overrightarrow{E_0}e^{-\alpha z}e^{i(kz-\omega t)} \tag{12.3.14}$$

와 같이 되며, $e^{-\alpha z}$는 전기장의 크기가 진행거리에 따라 지수 함수적으로 감소함을 나타내며, 이는 파가 매질 속을 진행함에 따라 파의 에너지가 흡수됨을 의미한다. 주어진 한 관측점에서의 빛의 에너지는 $|\overrightarrow{E}|^2$에 비례하므로 매질 내에서 진행하는 빛의 에너지는 진행거리에 따라 $e^{-2\alpha z}$로 감소한다. 따라서 2α를 매질의 흡수계수(coefficient of absorption)라 하며 식 (12.3.13)으로부터, $k=\frac{\omega}{c}n$, $\alpha=\frac{\omega}{c}\kappa$로 주어진다. 식 (12.3.14)에서의 위상인자$\left[e^{i(kz-\omega t)}\right]$로부터 평면 조화파의 위상속도가

$$v = \frac{\omega}{k} = \frac{c}{n} \tag{12.3.15}$$

임을 알 수 있다. 식 (12.3.13)으로부터 $N^2 = \frac{c^2}{\omega^2} K^2$이 주어지며, K^2에 대한 표현식 식 (12.3.10)을 이용하면, 복소 굴절률에 대한 표현식에서의 n과 κ 사이의 관계를 구하면

$$n^2 - \kappa^2 = 1 + \frac{N_e e^2}{m\epsilon_0}\left(\frac{\omega_0^2 - \omega^2}{(\omega_0^2 - \omega^2)^2 + \omega^2\gamma^2}\right) \tag{12.3.16}$$

$$2n\kappa = \frac{N_e e^2}{m\epsilon_0}\left(\frac{\gamma\omega}{(\omega_0^2 - \omega^2)^2 + \omega^2\gamma^2}\right) \tag{12.3.17}$$

와 같이 표현되며, 이들로부터 n과 κ가 구해진다. 그림 12.2는 n과 κ가 진동수에 의존함을 보여주며, 흡수는 공명진동수 근처에서 가장 강하게 일어난다. 굴절률은 진동수가 낮은 영역에서는 '1'보다 조금 더 크지만, 빛의 진동수가 구속전자의 공명진동수에 접근함에 따라서 증가하게 된다. 진동수에 대한 n과 κ의 이러한 변화를 분산(dispersion)이라 하는데 아래와 같이 크게 둘로 분류한다.

① 정상 분산(normal dispersion)

공명진동수를 벗어난 영역에서의 굴절률은 빛의 진동수가 증가함에 따라서 굴절률도 증가한다. 즉, $\frac{dn}{d\omega} > 0 \ (n \propto \omega)$

② 비정상 분산(anormalous dispersion)

물체의 고유진동수와 공명을 일으키게 되면 흡수가 매우 커지며, 이 영역에서 굴절률은 빛의 진동수가 증가함에 따라서 감소한다. 즉 $\frac{dn}{d\omega} < 0$이 되며, 그림 12.2에서 빗금으로 표시한 부분이 비정상 분산에 해당된다.

그림 12.2는 물체 속에 있는 모든 전자들이 똑같은 상태로 구속되어 동일한 공명진동수를 가진다는 이상적인 조건을 나타낸 것이다. 하지만 실제로 모든 물체는 부분적으로 존재하는 결함 등과 같은 요인에 의하여 물체 속에 있는 모든 전자가 동일한 상태로 구속될 수는 없으므로, 각 구속 전자들의 공명진동수는 다를 수 있다. 이를 기술하기 위하여 공명진동수 ω_{01}을 가지는 구속전자의 점유율을 f_1, 공명진동수 ω_{02}을 가지는 구속전자의 점유율을 $f_2 \cdots$ 등과 같이 나타내자. 따라서 고유진동수가 ω_{0j}인 전자의 점유율(fraction)을 f_j라 하면 분산에 대한 식은 다음처럼 쓸 수 있다.

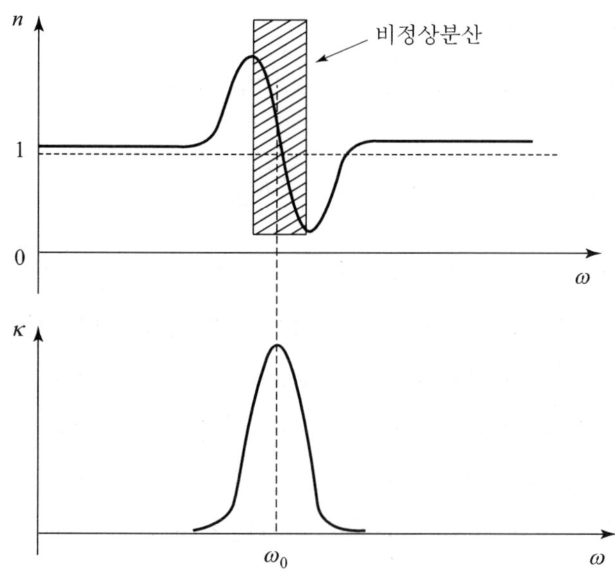

그림 12.2 공명진동수 부근에서 진동수에 대한 굴절률(n) 및 소멸계수(κ)에 대한 그래프

$$N^2 = 1 + \frac{N_e e^2}{m\epsilon_0} \sum_j \left(\frac{f_j}{\omega_{0j}^2 - \omega^2 - i\omega\gamma_j} \right), \quad \sum_j f_j = 1 \tag{12.3.18}$$

여기서 γ_j는 각 공명 진동수에서의 감쇄상수를 의미하며, f_j는 떨개 세기(oscillator strength)라고 하는데 주어진 원자의 천이가 일어날 가능성에 대한 정보를 주므로 천이 확률이라고도 한다.

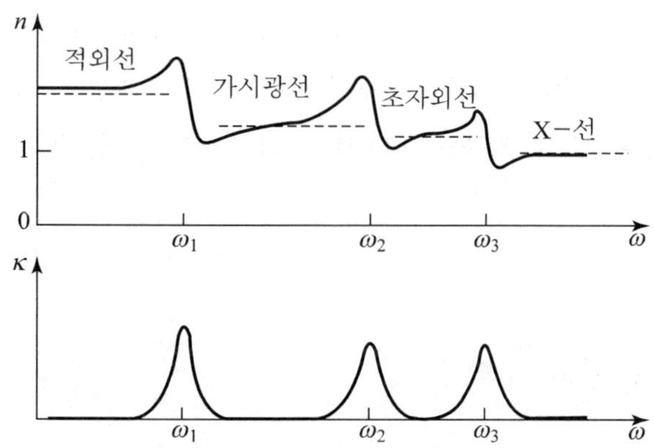

그림 12.3 적외선, 가시광선 및 초자외선 스펙트럼 영역에 흡수밴드를 가진 가상물질들에 대한 굴절 및 소멸 계수

만일 감쇄상수(γ_j)의 값이 매우 작아 $\gamma_j \omega \ll \omega_{0j}^2 - \omega^2$ 을 만족하는 경우에, 식 (12.3.13)으로 표현된 굴절률은 실질적으로 실수가 되며,

$$n^2(w) = 1 + \frac{N_e e^2}{m\epsilon_0} \sum_j \left(\frac{f_j}{\omega_{0j}^2 - \omega^2} \right) \tag{12.3.19}$$

이 된다. 식 (12.3.19)를 진동수 대신에 파장으로 표시한 식을 쉘마이어 표현식(Sellmeier's formula)라고 부른다. 위 식은 기체처럼 밀도가 작은 매질에 대해서 잘 적용되지만, 밀도가 높은 물체의 경우는 내부의 국소 전기장(local electric field)과 원자 사이의 상호작용을 고려해야 한다. 따라서 밀도가 낮은 경우에 원자들은 외부에서 가해준 전기장만의 영향을 받지만, 밀도가 높은 물질 내에 있는 원자들은 외부에서 가해준 전기장 외에 $\vec{P}(t)/3\epsilon_o$의 전기장을 받게 된다. 따라서 식 (12.3.19)은 다음과 같이 변형되며, 식 (12.3.20)은 여러분이 스스로 유도하여 보기 바란다.

$$\frac{n^2 - 1}{n^2 + 2} = \frac{N_e e^2}{3m\epsilon_0} \sum_j \left(\frac{f_j}{\omega_{0j}^2 - \omega^2 - i\omega\gamma_j} \right) \tag{12.3.20}$$

흡수가 무시될 수 있는 경우, 즉, $\gamma_j \omega << \omega_{0j}^2 - \omega^2$인 경우에 n 은 실수가 되며, 이때에 식 (12.3.20)은

$$\frac{n^2 - 1}{n^2 + 2} = \frac{N_e e^2}{3m\epsilon_0} \sum_j \left(\frac{f_j}{\omega_{0j}^2 - \omega^2} \right) \tag{12.3.21}$$

이 된다. 색깔이 없고 투명한 물질들의 고유 진동수는 가시광선영역 밖에 있으며, 특히 유리의 경우에 초자외선(ultraviolet)영역에서 유효 공명진동수를 가지므로 초자외선 영역의 빛에 대해서는 불투명하게 된다. 다시 말해서, 초자외선 영역보다 높은 에너지의 빛은 모두 흡수한다.

12.4 전도체에서 빛의 전파

전도 매질 내에서 빛의 전파가 미치는 전도의 효과는 유전체 내에서의 빛의 전파에 대한 경우와 비슷하게 취급이 가능하나, 다른 점이 있다면 유전체 내에서는 편극이 빛의

전파에 중요한 역할을 하였으나, 전도매질 내에서는 편극보다는 전류밀도가 빛의 전파에 중요한 역할을 한다. 전도전자(conduction electron)의 관성 때문에 전류밀도에 대한 표현식, 즉, $\vec{J}=\sigma\vec{E}$ ($\sigma=$정적 전도도, static conductivity)에 대한 표현은 직류의 경우에는 가능하다. 왜냐하면, 전도전자가 한쪽 방향으로만 일정하게 흐르기 때문에 관성이 중요하지 않으나, 전기장이 시간에 따라 변하는 경우에는 전도전자의 관성을 고려해야 하므로, $\vec{J}=\sigma\vec{E}$와 같이 간단히 표현되지는 않는다. 따라서 시간에 따라 변하는 빛의 전기장에 의해 영향을 받는 전자들의 운동을 고려해야만 한다.

전도체 속의 전도전자는 원자에 구속되어 있지 않으므로, 복원력이 없게 된다. 반면에, 유전체 내에서는 전기장에 의하여 속박전하의 편극이 일어난다. 전자의 속도가 $\vec{v}$이고, 마찰에 의한 속도의 감쇄률이 τ^{-1}일 때, 전자에 대한 운동방정식은

$$m\frac{d\vec{v}}{dt}+m\tau^{-1}\vec{v}=-e\vec{E} \qquad (12.4.1)$$

와 같이 쓸 수 있다. 전자의 전하량을 $-e$, 단위 체적당 전도전자의 수를 N_e이라고 하면, 전류 밀도는 $\vec{J}=-N_e e\vec{v}$가 된다. 식 (12.4.1)의 양변에 $-N_e e$을 곱한 후에 전류밀도의 개념을 사용하여 다시 쓰면,

$$\frac{d\vec{J}}{dt}+\tau^{-1}\vec{J}=\frac{N_e e^2}{m}\vec{E} \qquad (12.4.2)$$

와 같다. 순간전류(transient current)의 감쇄는 $\vec{E}=0$인 경우에 대하여

$$\frac{d\vec{J}}{dt}+\tau^{-1}\vec{J}=0 \quad \rightarrow \vec{J}=\vec{J_0}\,e^{-\frac{t}{\tau}} \qquad (12.4.3)$$

와 같이 얻어지며, τ시간 동안에 원래 값의 e^{-1}까지 감쇄하므로 τ를 감쇄시간(relaxation time)이라 한다. 전기장이 시간에 따라 변하지 않는 경우에 전류밀도도 일정하게 되므로 전류밀도와 전기장의 관계는 식 (12.4.2)에 의하여 $\tau^{-1}\vec{J}=\frac{N_e e^2}{m}\vec{E}$ 와 같이 주어진다. 따라서 전기 전도도는

$$\sigma=\frac{N_e e^2}{m}\tau \quad (\sigma\text{: 정적 전기 전도도}) \qquad (12.4.4)$$

와 같이 된다.

전기장이 $\vec{E} \sim e^{-i\omega t}$로 시간에 따라서 주기적으로 변하는 경우에 전류밀도도 $\vec{J} \sim e^{-i\omega t}$와 같이 변하므로, 식 (12.4.2)은

$$(-i\omega + \tau^{-1})\vec{J} = \frac{N_e e^2}{m}\vec{E} = \tau^{-1}\sigma \vec{E} \tag{12.4.5}$$

와 같이 되어 전류밀도에 대하여 풀면,

$$\vec{J} = \frac{\sigma}{1 - i\omega\tau}\vec{E} \tag{12.4.6}$$

와 같이 주어진다. $\omega = 0$인 경우에, $\vec{J} = \sigma\vec{E}$이 되어 정적 전기장에 대한 해와 같음을 알 수 있다.

일반적으로 전자기파의 파동방정식은

$$\vec{\nabla} \times (\vec{\nabla} \times \vec{E}) = -\mu_0 \frac{\partial \vec{J}}{\partial t} - \mu_0 \epsilon_0 \frac{\partial^2 \vec{E}}{\partial t^2} - \mu_0 \frac{\partial^2 \vec{P}}{\partial t^2} \tag{12.4.7}$$

와 같이 주어지므로, 전류밀도에 대한 식 (12.4.6)을 식 (12.4.7)에 대입하고, 도체에서는 $\vec{P}$가 '0'인 점을 고려하면, 도체 내에서의 일반적인 파동방정식이

$$\nabla^2 \vec{E} = \frac{1}{c^2}\frac{\partial^2 \vec{E}}{\partial t^2} + \frac{\mu_0 \sigma}{1 - i\omega\tau}\frac{\partial \vec{E}}{\partial t} \tag{12.4.8}$$

와 같이 얻어진다. 시도 함수(trial solution)로 $\vec{E} = \vec{E_0} e^{i(Kz - \omega t)}$을 사용하면, K의 값은

$$K^2 = \frac{\omega^2}{c^2} + \frac{i\omega\mu_0\sigma}{1 - i\omega\tau} \tag{12.4.9}$$

와 같은 조건을 만족해야 됨을 알 수 있다. 빛의 진동수가 매우 작은 경우에, 식 (12.4.9)에서 $\omega^2/c^2 \approx 0$이 되므로, K의 값은 근사적으로 식 (12.4.10)과 같이 주어진다.

$$\frac{\omega^2}{c^2} \sim 0, \quad \frac{i\omega\mu_0\sigma}{1 - i\omega\tau} \simeq (1 + i\omega\tau + \cdots)i\omega\mu_0\sigma \sim i\omega\mu_0\sigma \tag{12.4.10}$$

$$\therefore\ K^2 \sim i\omega\mu_0\sigma \tag{12.4.11}$$

$$K \sim \sqrt{i\omega\mu_0\sigma} = (1 + i)\sqrt{\frac{\omega\mu_0\sigma}{2}} \tag{12.4.12}$$

$*(1+i)^2 = 1+2i+i^2 = 2i,\ i = (1+i)^2/2,\ \sqrt{i} = (1+i)/\sqrt{2}$

식 (12.4.12)에서 $K = k + i\alpha$의 실수부와 허수부의 값이 같으며, 근사적으로 $k \approx \alpha \approx \sqrt{\frac{\omega\mu_0\sigma}{2}}$와 같이 주어짐을 알 수 있다. 마찬가지로 $N = n + i\kappa$로 주어지므로, n와 κ는

$$n \approx \kappa \approx \sqrt{\frac{\sigma}{2\omega\epsilon_0}} \tag{12.4.13}$$

$* \ N^2 = \frac{c^2}{\omega^2}K^2 \approx \frac{c^2}{\omega^2}(i\omega\mu_o\sigma)$

$$N = c\left(\frac{\mu_o\sigma}{\omega}i\right)^{1/2} = \left(\frac{1}{\mu_o\epsilon_o}\right)^{1/2}\left(\frac{\mu_o\sigma}{\omega}\right)^{1/2}\left(\frac{1+i}{\sqrt{2}}\right) = \left(\frac{\sigma}{2\omega\epsilon_o}\right)^{1/2}(1+i) = n + i\kappa$$

와 같이 주어진다.

전자기파의 진폭이 표면에서의 진폭 크기의 $e^{-1} = 1/2.7 \approx 1/3$만큼 줄어드는데 필요한 깊이를 침투깊이($\delta$: skin depth 또는 penetration depth)라 하는데 이를 수식으로 표현해보면,

$$\vec{E} = \vec{E_0}\, e^{i(Kz-\omega t)} \ \rightarrow \ \vec{E} = \vec{E_0}\, e^{-\alpha z} e^{i(kz-\omega t)} \tag{12.4.14}$$

$$\Rightarrow \delta \equiv \frac{1}{\alpha} = \sqrt{\frac{2}{\omega\mu_0\sigma}} = \sqrt{\frac{\lambda_0}{c\pi\sigma\mu_0}} \tag{12.4.15}$$

와 같이 표현된다. 좋은 전도체는 σ의 값이 크므로, 흡수계수 α가 크게 되어 상대적으로 작은 침투깊이를 가진다. 따라서 전자기파에 대하여 불투명하며, 높은 반사율을 갖는

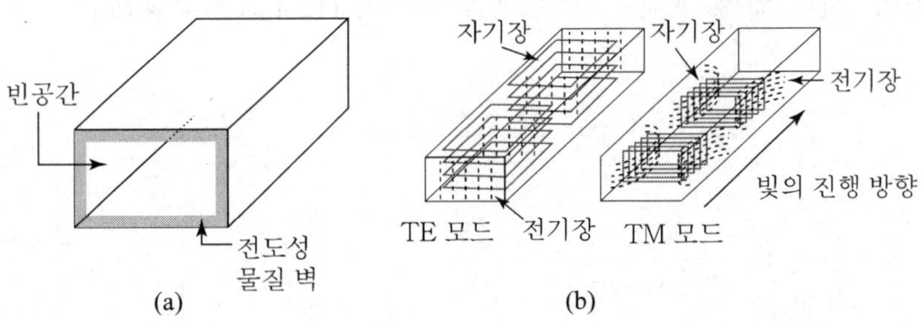

그림 12.4 도파관의 구조(a)와 도파관을 따라 진행하는 TE 및 TM 모드의 전자기파 (참고문헌 2에서 인용)

다. 은(silver)의 경우에, 파장이 1 mm ~ 1 m 인 마이크로파 영역(~ 10^{10} Hz)의 진동수에서 $\sigma = 3 \times 10^7 \Omega^{-1}/\mathrm{m}$ 이므로, 이 영역에서의 침투깊이는 $\delta = 9.2 \times 10^{-5}$ cm 정도로 매우 작기 때문에 '은'(일반적으로 금속을 포함함)은 전자기파에 대하여 불투명하다. 따라서 질이 좋은 도파관 부품(waveguide components)의 제작 시 필요한 재료값을 줄이기 위해 두께를 줄일 필요성이 있으므로, 평판화의 기술이 요구된다.

한편, 바닷물은 $\mu \approx \mu_o$ 이며, $\sigma \approx 4.3$ S/m 인데, 침투깊이가 1 m 가 되는 각진동수를 구해보면,

$$\omega = \frac{2}{\sigma \mu_o \delta^2} = \frac{2}{4.3 \times 4\pi \times 10^{-7} \times 1^2} \mathrm{s}^{-1} = 3.70 \times 10^5 \,\mathrm{rad \cdot s^{-1}}$$

이 되며, 이에 해당하는 진동수는

$$f = 58.6 \times 10^3 \,\mathrm{Hz}$$

이 된다. 따라서 잠수함이 매우 좋은 수신기를 갖추고 있고, 매우 강력한 송신기가 사용된다면, 바닷물에 잠수되어있는 잠수함과의 송, 수신이 가능하다. 하지만, 매우 낮은 진동수가 사용되어야만 되며, 신호의 많은 감쇄가 일어난다. 침투깊이의 약 5배(4.6 m)가 되는 깊이에서는 원래 전기장 신호 진폭의 약 1 % 정도만이 전달되므로 원래 입사 에너지의 0.01 %만이 잠수함의 수신기에 전달된다. 전기 전도도의 단위는 원래 $\Omega^{-1}\mathrm{m}^{-1}$을 S/m 으로 표시하기도 하는데, 이때에 S를 'siemen'이라 하며, 저항의 단위인 Ω의 역이다. $\Omega^{-1}\mathrm{m}^{-1}$을 $\frac{\mho}{m}$ 으로 표기하기도 한다. 지금까지는 빛의 진동수가 작은 경우에 대하여 알아보았다.

복소 굴절률에 대한 $N = n + i\kappa$의 좀 더 일반적인 표현식을 구하기 위하여, n과 κ의 값을 구해보자. 이를 위해, $N = \frac{c}{\omega} K$의 관계식과 식 (12.4.9)를 이용하면,

$$N^2 = \frac{c^2}{\omega^2} K^2 = 1 + \frac{c^2}{\omega^2} \frac{i\omega \mu_0 \sigma}{1 - i\omega\tau} = 1 - \frac{c^2 \mu_0 \sigma}{\omega^2 \tau + i\omega} \tag{12.4.16}$$

$$= 1 - \frac{1}{\omega^2 + i\omega\tau^{-1}} \frac{c^2 \mu_o \sigma}{\tau}$$

$$= 1 - \frac{\omega_p^2}{\omega^2 + i\omega\tau^{-1}}$$

와 같이 쓸 수 있다. 여기서 $\omega_p = \sqrt{c^2 \mu_0 \sigma / \tau} = \sqrt{N_e e^2 / m \epsilon_0}$ 는 플라즈마 진동수라고 한다. 식 (12.4.16)으로부터,

$$N^2 = (n + i\kappa)^2 = 1 - \frac{\omega_p^2}{\omega^2 + i\omega\tau^{-1}} \tag{12.4.17}$$

이 되어, n과 κ에 대한 표현식을 구하면

$$n^2 - \kappa^2 = 1 - \frac{\omega_p^2}{\omega^2 + \tau^{-2}} \tag{12.4.18}$$

$$2n\kappa = \frac{\omega_p^2}{\omega^2 + \tau^{-2}} \left(\frac{1}{\omega\tau} \right) \tag{12.4.19}$$

와 같은 결과를 얻을 수 있다. 식 (12.4.18) 및 식 (12.4.19)에 대한 정확한 해를 구하는 것은 좀 까다롭기 때문에, 보통은 숫자들을 대입하여 해를 구하는 수치 해석법을 사용한다. 위의 식으로부터 알 수 있듯이, n및 κ에 대한 값은, 플라즈마 진동수(ω_p), 이완시간(τ) 및 빛의 진동수(ω)에 의하여 결정된다. 금속 내의 자유전자들과 양이온들은 하나의 플라즈마로서 생각할 수 있으며, 플라즈마 진동수 ω_p를 가지고 진동하게 된다. 플라즈마 진동수는 중요한 의미를 지니는데 ① $\omega < \omega_p$인 경우에 굴절률은 복소수가 됨을 알 수 있으며, 이 경우에 투과파의 진폭은 경계로부터 지수 함수적으로 감소하게 된다. ② $\omega > \omega_p$인 경우에 굴절률은 실수가 되어 흡수가 일어나지 않아 도체도 빛을 통과하게 된다. 파장이 $10^{-8} \sim 10^{-11}$ m인 X-선은 대부분의 금속을 통과하게 된다. ③ 빛이 금속을 통과할 수 있는 임계파장을 λ_p라고 할 때에 리듐(Li) 금속인 경우에 $\lambda_p = 155$ nm, 나트륨(Na) 금속의 경우에는 $\lambda_p = 210$ nm, 칼륨(K)의 경우에는 $\lambda_p = 315$ nm, 그리고 루비디움(Rb)의 경우에는 $\lambda_p = 340$ nm이다.

금속의 전기 전도도 측정을 통하여 얻은 일반 금속에서의 전자들에 대한 감쇄시간은 $\tau \sim 10^{-13}$ s이며, 금속에 대한 플라즈마 진동수는 $\omega_p \sim 10^{15}\ \mathrm{sec}^{-1}$로서 가시광선 및 자외선에 가까운 영역에 해당된다. 그림 12.4는 식 (12.4.18)과 식 (12.4.19)을 사용하여, n과 κ의 특징을 진동수의 함수로 나타낸 것이다.

그림 12.5로부터 알 수 있듯이 굴절률 n이 플라즈마 진동수 근처의 넓은 진동수 범위에 걸쳐서 1보다 작음을 알 수 있다. 소멸 계수 κ는 낮은 진동수 영역에서 매우 크지

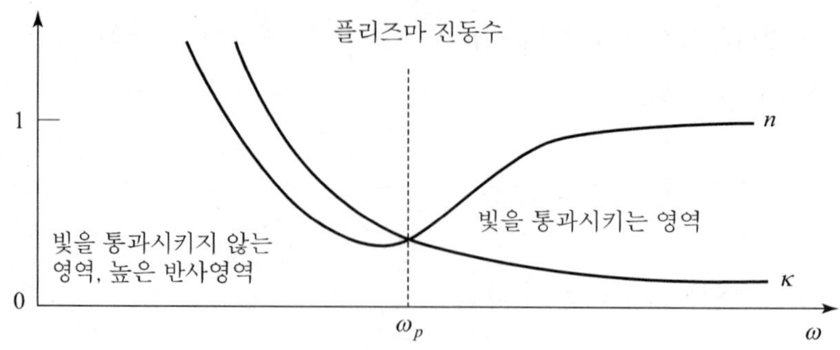

그림 12.5 금속에서의 진동수에 대한 굴절률(n)과 소멸계수(κ)의 그래프

만, 진동수가 증가함에 따라서 감소하며, 플라즈마 진동수보다 훨씬 높은 진동수에 대해서는 매우 작음을 알 수 있다. 따라서 플라즈마 진동수보다 높은 진동수에 대해서 금속은 빛을 통과시키게 되며, 이러한 고전 이론에 의한 예측은 알칼리 금속이나 금, 은, 구리와 같은 좋은 도체들에서 볼 수 있다.

순도가 떨어지는 금속이나 반도체의 경우는, 자유전자와 구속전자들이 모두 광학적인 성질에 기여를 하므로, 굴절률에 대한 표현식은

$$N^2 = 1 - \frac{\omega_p^2}{\omega^2 + i\omega\tau^{-1}} + \frac{N_e e^2}{m\epsilon_0}\sum_j \left(\frac{f_j}{\omega_{0j}^2 - \omega^2 - i\omega\gamma_j}\right) \qquad (12.4.20)$$

와 같이 쓸 수 있다. 양자론은 위와 비슷한 관계식을 보여주며, 또한 f_j, γ_j 등의 여러 인자들에 대한 값을 예측할 수 있음을 보여주고 있다. 현재, 반도체 광학은 실험 및 이론적 연구가 활발한 분야들 중 하나이다.

12.5 흡수매질 경계면에서의 반사와 굴절

매질이 빛을 흡수하는 경우에, 흡수매질에서의 굴절률은 앞에서 이미 공부한 바와 같이 실수항만으로 간단히 기술되지는 않는다. 따라서 흡수매질에서의 굴절률을 복소 굴절률로 다루는 것이 알맞으며, 이러한 문제를 이 절에서 다루고자 한다.

빛의 흡수가 일어나지 않는 매질(매질 I)로부터 진행하는 빛의 에너지를 흡수하는 매질(매질 II)의 경계면에 입사하는 경우를 생각하여 보자. 이때에 매질 II의 굴절률은 복

소 굴절률

$$N = n + i\kappa \qquad (12.5.1)$$

을 가지며 굴절된 파의 복소 파수벡터를

$$\vec{K} = \vec{k_t} + i\vec{\alpha} \qquad (12.5.2)$$

로 나타내고 문제를 간단히 하기 위하여 입사하는 쪽의 매질은 흡수를 하지 않는다고 가정하자. 입사파, 반사파 및 굴절파의 위상만을 고려할 경우에, 이들에 대한 위상관계는

입사파: $e^{i(\vec{k_i}\cdot\vec{r} - \omega t)}$

반사파: $e^{i(\vec{k_r}\cdot\vec{r} - \omega t)}$

투과파: $e^{i(\vec{K}\cdot\vec{r} - \omega t)} = e^{i(\vec{k_t}\cdot\vec{r} - \omega t)} e^{-\vec{\alpha}\cdot\vec{r}}$

와 같이 간단히 기술할 수 있으며, 경계면에서 이들 사이에 만족해야 할 경계조건들은 ($\vec{r}$ 은 경계면 위에 있으므로)

$$\vec{k_i} \cdot \vec{r} = \vec{k_r} \cdot \vec{r} \quad (\Rightarrow k_i \sin\theta_i = k_r \sin\theta_r) \qquad (12.5.3)$$

$$\vec{k_i} \cdot \vec{r} = \vec{K} \cdot \vec{r} = (\vec{k_t} + i\vec{\alpha}) \cdot \vec{r} \qquad (12.5.4)$$

와 같이 쓸 수 있다. 식 (12.5.3)은 반사의 법칙을 기술해 주며, 식 (12.5.4)에서 왼쪽 항과 오른쪽 항의 실수부분은 실수부분끼리 그리고 허수부분은 허수부분끼리 각각 같게 놓으면

$$\vec{\alpha} \cdot \vec{r} = 0, \qquad \vec{\alpha}: \text{진폭이 동일한 면의 방향} \qquad (12.5.5)$$

$$\vec{k_i} \cdot \vec{r} = \vec{k_t} \cdot \vec{r}, \qquad \vec{k_t}: \text{위상이 동일한 면의 방향} \qquad (12.5.6)$$

와 같은 관계식을 얻는다. 식 (12.5.5)와 식 (12.5.6)으로부터 $\vec{k_t}$의 방향과 $\vec{\alpha}$의 방향이 서로 다름을 알 수 있다. $\vec{r}$은 경계면 위에 있으므로, $\vec{\alpha}\cdot\vec{r} = 0$의 물리적 의미는 투과파의 진폭이 일정한 평면은 경계면에 수직임을 의미한다.

반면에 일정한 위상을 가지는 면과 투과파의 진행방향은 $\vec{k_t}$에 의하여 기술되는데, 이는 $\vec{\alpha}$의 방향과는 다르다. 이처럼 $\vec{k_t}$의 방향과 $\vec{\alpha}$의 방향이 서로 다른 파를 비균질파라 한다. 이러한 경우에 투과파의 진폭은 경계면으로부터의 수직거리에 따라 지수 함수적

으로 감소하면서 굴절각 θ_t 인 방향으로 진행한다(그림 12.6 참조). θ_t 는 실수 값으로 경계면에 수직한 법선방향과 위상이 일정한 면의 진행방향을 나타내는 $\vec{k}_t$와 이루는 실제의 각을 의미한다.

입사각을 θ_i, 굴절각을 θ_t로 나타내면, 식 (12.5.6)은

$$k_i \sin\theta_i = k_t \sin\theta_t \tag{12.5.7}$$

와 같이 쓸 수 있다. 식 (12.5.7)로부터 알 수 있듯이 k_t는 비균질파인 경우에 상수가 아니라, $\vec{k}_t$와 $\vec{\alpha}$ 사이의 굴절각(θ_t)에 의하여 결정됨을 알 수 있다. 반사와 굴절에 대한 일반적인 관계를 알기 위해서는 파동방정식을 알아야 하며, 흡수매질의 경우에는 복소 굴절률을 사용하여 파동방정식을 기술하게 된다. 즉,

$$\nabla^2 \vec{E} = \frac{N^2}{c^2} \cdot \frac{\partial^2 \vec{E}}{\partial t^2} \tag{12.5.8}$$

와 같이 쓸 수 있으며, 평면 조화파$\left[\vec{E} = \vec{E_o} e^{i(Kz - \omega t)}\right]$의 경우에 $\vec{\nabla} \rightarrow iK$, $\frac{\partial}{\partial t} \rightarrow -i\omega$로 대치됨으로

$$K \cdot K = \frac{N^2\omega^2}{c^2} = N^2 k_i^2, \quad k_i = \frac{\omega}{c} \tag{12.5.9}$$

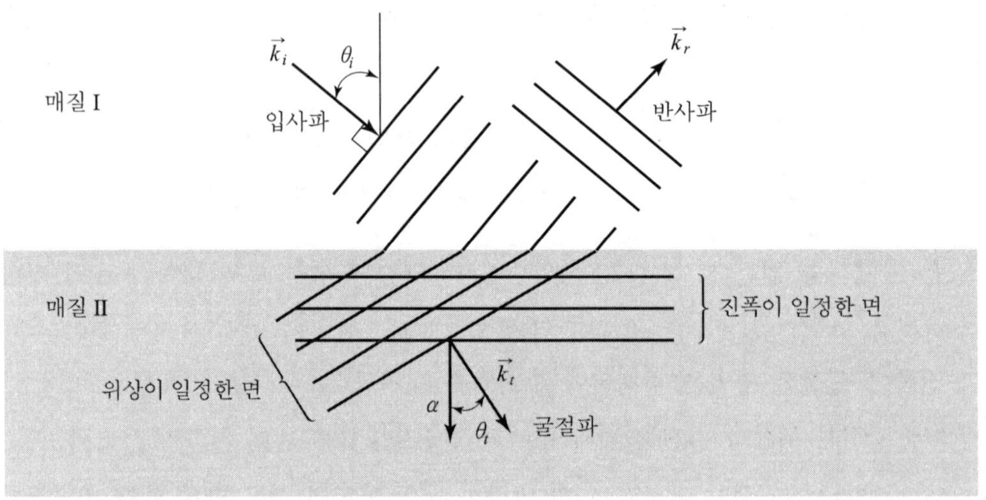

그림 12.6 빛이 경계면에 비스듬하게 입사하는 경우에 흡수 매질에서의 복소 파수 벡터에 대한 실수부와 허수부

으로 쓸 수 있다. 이를 실수 항과 허수 항을 사용하여 다시 쓰면,

$$K^2 = (\vec{k_t} + i\vec{\alpha})^2 = k_t^2 + 2i\alpha k_t \cos\theta_t + (i\alpha)^2 \tag{12.5.10}$$

$$= k_t^2(\cos^2\theta_t + \sin^2\theta_t) + 2i\alpha k_t \cos\theta_t + (i\alpha)^2$$

$$= (k_t \cos\theta_t + i\alpha)^2 + k_t^2 \sin^2\theta_t$$

$$= (k_t \cos\theta_t + i\alpha)^2 + k_i^2 \sin^2\theta_i$$

$$= N^2 k_i^2$$

와 같이 되며, 이를 정리하면,

$$k_t \cos\theta_t + i\alpha = k_i \sqrt{N^2 - \sin^2\theta_i} \tag{12.5.11}$$

이 된다. $\theta_i = 0$인 수직 입사에 대하여 생각하면, $k_t + i\alpha = k_i N$이 되며, 이 경우에 $\vec{\alpha}$의 방향과 $\vec{k_t}$의 방향이 같으므로, $k_t + i\alpha = k_i N$는 균질파에 대한 관계식이 된다.

입사하는 빛에 대한 매질의 상대 복소 굴절률(N)은

$$N = \frac{\sin\theta_i}{\sin\Phi} n_i = \frac{\sin\theta_i}{\sin\Phi} \text{ (입사매질이 공기인 경우에 } n_i = 1) \tag{12.5.12}$$

와 같이 복소 굴절각(complex angle) Φ를 사용하여 표현할 수 있다. Φ가 복소수이므로 이를 그림으로 표시할 수 있는 방법은 없으며, 결론을 얻는 과정은 순전히 대수적이다. 모든 수학적 벡터 관계식들은 실수 양에 대해 성립하는 것과 마찬가지로 복소수 양에 대해서도 성립하므로 대수적 계산 결과로 얻어지는 결과들은 항상 옳다. Φ가 복소수이므로 이의 물리적 의미를 생각하기가 쉽지는 않으나, Φ는 흡수매질에 의한 빛의 반사와 굴절에 관련된 방정식들을 간단하게 표현하는 데에 있어서 매우 유용함을 알게 될 것이다. 식 (12.5.11)은

$$k_t \cos\theta_t + i\alpha = Nk_i \sqrt{1 - \frac{\sin^2\theta_i}{N^2}} = Nk_i \sqrt{1 - \frac{N^2 \sin^2\Phi}{N^2}} = Nk_i \cos\Phi \tag{12.5.13}$$

와 같이 정리되며, 식 (12.5.13)으로부터 복소 굴절률(N)에 대한 표현식은

$$N = \frac{k_t \cos\theta_t + i\alpha}{k_i \cos\Phi} \tag{12.5.14}$$

와 같이 된다. 이러한 정의들을 사용하여, 경계면에서의 반사와 투과에 대하여 생각해보자. 입사매질과 투과매질이 비자화 물질이라고 가정하면, 이들에 대한 자화율 μ는 같다고 가정할 수 있으므로, 전기장, 자화세기 및 파수벡터들 사이의 관계는 아래와 같이 기술할 수 있다. 즉,

$$\overrightarrow{H_i} = \frac{1}{\mu\omega}\overrightarrow{k_i} \times \overrightarrow{E_i}: \text{ 입사파} \tag{12.5.15}$$

$$\overrightarrow{H_r} = \frac{1}{\mu\omega}\overrightarrow{k_r} \times \overrightarrow{E_r}: \text{ 반사파} \tag{12.5.16}$$

$$\overrightarrow{H_t} = \frac{1}{\mu\omega}(\overrightarrow{k_t} \times \overrightarrow{E_t} + i\,\overrightarrow{\alpha} \times \overrightarrow{E_t}): \text{ 투과파} \tag{12.5.17}$$

문제를 간단히 하기 위하여 TE－편광의 경우(전기장의 방향이 입사면에 수직 또는 경계면과 평행)만을 고려해보자. 경계면에 대한 전기장과 자기장의 접선성분은 연속적이라는 경계조건($E_{1t} = E_{2t}$, $H_{1t} = H_{2t}$)에 의해서

$$E_i + E_r = E_t \tag{12.5.18}$$

$$-H_i\cos\theta_i + H_r\cos\theta_r = -H_t\cos\theta_t \tag{12.5.19}$$

와 같은 관계식을 얻는다. 식 (12.5.15, 16, 17)을 식 (12.5.19)에 대입하고 식 (12.5.14)을 이용하면,

$$\begin{aligned} -k_iE_i\cos\theta_i + k_rE_r\cos\theta_i &= -k_tE_t\cos\theta_t - i\alpha E_t \\ &= -(k_t\cos\theta_t + i\alpha)E_t \\ &= -Nk_i\cos\Phi\, E_t \end{aligned} \tag{12.5.20}$$

와 같은 관계식을 얻는다. 식 (12.5.20)은 경계면에서 자기장의 접선성분이 같다는 경계조건에 의해서 얻어진 것이므로, αE_t에는 $\cos\theta_t$를 곱해주지 않았다. 왜냐하면, αE_t자체가 TE－편광에 대해서 경계면에 대한 접선성분 ($+x-$축 방향)을 나타내기 때문이다 [그림 12.7(b) 참조]. 식 (12.5.18)으로 주어진 E_t를 식 (12.5.20)에 대입하여 E_t를 소거한 후, E_i와 E_r의 관계를 이용하여 반사계수(r_s)를 구하면

$$r_s = \left|\frac{E_r}{E_i}\right|_s = \frac{\cos\theta_i - N\cos\Phi}{\cos\theta_i + N\cos\Phi} \tag{12.5.21}$$

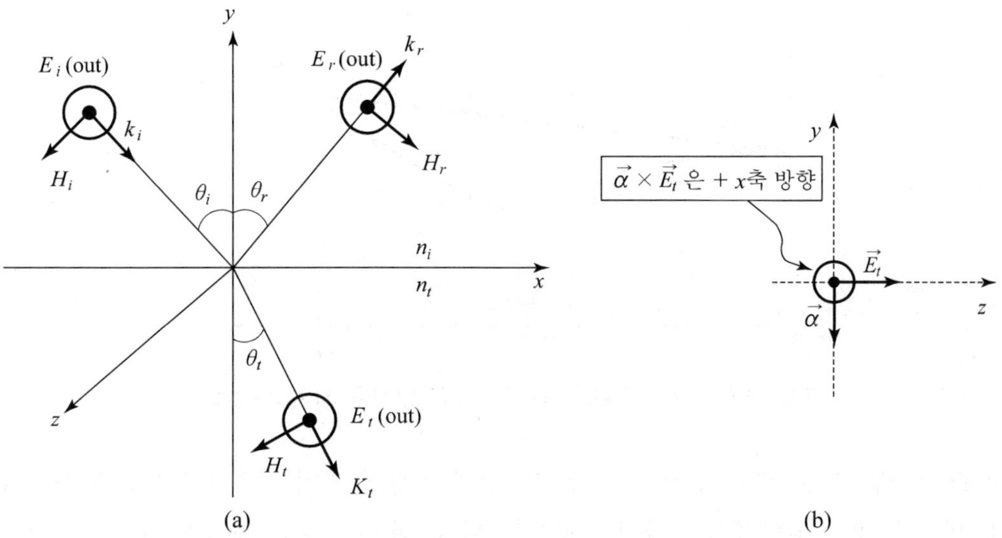

그림 12-7 (a) TE-편광된 빛에 대한 입사파, 반사파 및 투과파. 모든 전기장 벡터는 XY-평면에 수직. (b) $\vec{\alpha}\times\vec{E}_t$의 방향은 경계면에 나란함.

와 같다. 식 (12.5.21)은 빛을 흡수하지 않는 유전체 물질에 있어서 TE-편광에 대하여 얻은 식 (4.3.10)과 유사하며, 다른 점은 N과 Φ가 복소수라는 점이다. 비슷한 방법으로 TM-편광에 대한 반사계수(r_p)를 구하면

$$r_p = \left|\frac{E_r}{E_i}\right|_p = \frac{-N\cos\theta_i + \cos\Phi}{N\cos\theta_i + \cos\Phi} \tag{12.5.22}$$

와 같이 된다. 반사파의 진폭을 알면, 경계조건 식 (12.5.18)로부터, $1 + E_r/E_i = E_t/E_i$ 이 얻어지고 이로부터 $1 + r_s = t_s$ (또는 $1 + r_p = t_p$)임을 알 수 있으므로 투과파의 진폭을 구할 수 있다.

위에서 얻은 관계식들을 사용하면, 반사율($R_s = |r_s|^2$, $R_p = |r_p|^2$)에 대한 일반적인 특성이 얻어진다. 그림 12.8은 TE- 및 TM-편광에 대한 반사율을 입사각의 함수로 그린 것이다.

TE-편광에 대한 반사율은 수직입사($\theta = 0$) 때의 값으로부터 비스듬하게 입사하는 경우에 대해 '1'까지 비례적으로 증가한다. 반면에 TM-편광의 경우는 θ_1에서의 최솟값을 통과한 뒤에 '1'의 값으로 증가한다. 이때에 θ_1의 값을 주 입사각(principal angle of incidence)라고 하며, 유전체인 경우는 부르스터 각(Brewster angle)에 해당한다.

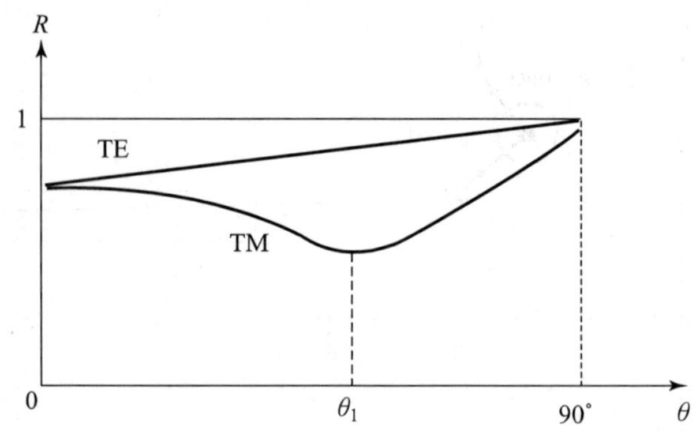

그림 12.8 일반 금속에서의 입사각과 반사율 사이의 관계

순수 TE－편광, 또는 TM－편광은 아니지만 선형 편광된 빛이 금속으로부터 반사될 경우에, 반사된 빛은 일반적으로 타원 편광으로 된다. 반사된 빛의 세기와 편광은 지금까지 논의된 이론에 의하여 계산이 가능하므로, 복소 굴절률 (N)을 알 수 있다. 다시 말하면 반사된 빛의 세기와 편광을 측정함으로서 복소 굴절률을 알 수 있는데, 이러한 방법을 타원계법(ellipsometry)라 한다.

굴절률이 '1'인 공기로부터 흡수매질의 표면에 빛이 수직으로 입사하는 경우에 반사계수와 반사율을 구해보면,

$$r_s = r_p = \frac{1-N}{1+N}, \quad R = \left|\frac{1-N}{1+N}\right|^2 = \frac{(1-n)^2+\kappa^2}{(1+n)^2+\kappa^2} \tag{12.5.23}$$

와 같이 표현된다. $\kappa \to 0$ 함에 따라, $R \approx \left[\frac{1-n}{1+n}\right]^2$이 되는데 이는 유전체에 대해서 구한 값과 같아지며, 굴절률은 실수 값이 된다. 하지만 금속의 경우에 소멸계수(κ)가 커짐에 따라 반사율이 커지며, 소멸계수가 무한대에 접근하면, 반사율은 '1'의 값으로 접근한다. 가시광의 진동수 영역에서, 금속인 '은'의 경우에 $n \cong 0.05$, $k \cong 3$이며 표면에 수직 입사하는 빛에 대한 반사율은 $R \cong 0.98$이다. 반면에 니켈인 경우에, $n \cong 2$, $k \cong 3$이며, 반사율은 $R \cong 0.56$이다.

낮은 진동수 영역에서 금속의 경우에 n과 κ의 값은 $n \cong k \gg 1$와 같이 크며, 마이크로파 이하의 낮은 진동수 영역에서는 $\sqrt{\sigma/2\omega\epsilon_o}$ 의 값으로 접근[식 (12.4.13) 참조]한다. 따라서 식 (12.5.23)은

$$n \approx \kappa \approx \sqrt{\frac{\sigma}{2\omega\epsilon_0}} \gg 1\,,$$

$$R = \frac{1-2n+n^2+k^2}{1+2n+n^2+k^2} = \frac{1-2n+2n^2}{1+2n+2n^2} \approx 1-\frac{2}{n} = 1-\sqrt{\frac{8\omega\epsilon_0}{\sigma}} \qquad (12.5.24)$$

(Hagen－Rubens formula)

와 같이 표현될 수 있다. 식 (12.5.24)는 원적외선 영역에서 여러 금속들에 대해 실험적으로 증명되었으며, 주어진 금속에 대해 $(1-R)^2$의 값이 진동수에 비례함을 의미한다. 식 (12.5.24)로부터, 금속(예를 들면, 구리, 금, 은 등)의 경우는 $\lambda \fallingdotseq 1 \sim 2\,\mu\mathrm{m}$의 근적외선 영역에서 좋은 반사체이며, 오히려 원적외선($\lambda > 20\,\mu\mathrm{m}$)영역에서는 더 좋은 반사체로서, 반사율은 거의 '1'이 된다. 한 예로서, 진동수가 $f = 10^{10}\,Hz$ (파장: 3 cm)인 마이크로파가 금속인 '은'의 표면에 수직 입사하는 경우에 반사율은 약 0.9996이다. 한편, 진동수가 $f = 6\times10^4\,Hz$인 라디오파가 바닷물의 표면에 수직 입사하는 경우에 반사율은 약 0.9975이다. 이러한 높은 반사율은 지상에 있는 사람과 잠수함에 있는 승무원들과의 통신에 큰 장애가 됨을 알 수 있다.

연습문제

01 금속의 경우에 복소 굴절률 $N = n + i\kappa$의 실수부와 허수부는 서로 거의 같다. 즉,

$$n \approx \kappa \approx \sqrt{\frac{\sigma}{2\omega\epsilon_0}}$$

ⓐ 빛이 금속에 수직 입사할 때에 반사율 $R = \dfrac{(1-n)^2+\kappa^2}{(1+n)^2+\kappa^2}$은 근사적으로 $R \simeq 1 - \sqrt{\dfrac{8\epsilon_0\omega}{\sigma}}$ 와 같이 주어짐을 보이라. 이때에 $\dfrac{1}{\sqrt{\sigma/2\epsilon_0\omega}}$ 에 대해 $\left(\dfrac{1}{\sqrt{\sigma/2\epsilon_0\omega}}\right)^2$ 보다 높은 차수를 포함하는 항들은 무시한다.

ⓑ $\lambda = 1\,\mathrm{mm}$인 적외선 진동수에 대해 $\sigma/2\epsilon_0\omega$의 값을 계산하고 구리의 경우에 $R \simeq 1$이 됨을 보이시오. 이때에, $\epsilon_0 = 8.85 \times 10^{-12}\ \mathrm{C^2/N \cdot m}$, $\sigma = 6 \times 10^7\,(\mathrm{Am})^{-1}$이다.

ⓒ $\omega \to 0$인 경우에 R은 얼마가 되겠는가? 따라서 금속은 높은 주파수의 빛과 낮은 주파수의 빛 중 어느 쪽의 빛을 더 잘 반사하는가?

02 유전체의 경우에,

(a) $n^2 - \kappa^2 = 1 + \dfrac{\omega_p^2(\omega_0^2 - \omega^2)}{(\omega_0^2-\omega^2)^2+\omega^2\gamma^2}$, (b) $2n\kappa = \dfrac{\gamma\omega\,\omega_p{}^2}{(\omega_0^2-\omega^2)^2+\omega^2\gamma^2}$

와 같은 관계식이 주어진다. 반면에 금속의 경우에는

(c) $n^2 - \kappa^2 = 1 - \dfrac{\omega_p^2}{\omega^2+\gamma^2}$ (d) $2n\kappa = \dfrac{\gamma}{\omega}\left(\dfrac{\omega_p^2}{\omega^2+\gamma^2}\right)$

와 같이 주어진다.

ⓐ 어느 경우에, (b)와 (d)에 대한 결과가 같아지는가?

ⓑ (b)와 (d)가 같게 되는 경우에, (a)는 근사적으로 (c)와 같게 됨을 보이라.

ⓒ (c)와 (d)식이 $n = \kappa$의 공통 값에 의하여 만족될 수 있음을 보이고, 이때에 $n = \kappa = \sqrt{\gamma/2\omega}$로 주어짐을 보이라.

ⓓ $\omega = \omega_p$이며 $n = \kappa$이라고 가정하면, $n = \sqrt{\gamma/2\omega_p}$이 됨을 보이라.

03 감쇄조화 진동자에 대한 운동 방정식은 $m\frac{d^2\vec{r}}{dt^2}+m\gamma\frac{d\vec{r}}{dt}+m\omega_0^2\vec{r}=q\vec{E}$ 이다. 이때에 다음 물음에 답하라.

ⓐ 각 항의 물리적 의미를 설명하라.

ⓑ $E=E_0e^{i\omega t}$ 이며 $r=r_0e^{i(\omega t-\alpha)}$ (E_0, r_0 은 실수)이라고 할 때에, 이들을 운동 방정식에 대입하여 r_0 가 $r_0=\frac{qE_0}{m}\frac{1}{[(\omega_0^2-\omega^2)^2+\gamma^2\omega^2]^{1/2}}$ 이 됨을 보이라.

ⓒ 위상지연 α 에 대한 표현식을 구하고 ω 가 $\omega\ll\omega_0$에서 ω_0로 그리고 $\omega\gg\omega_0$로 변함에 따라 α 가 어떻게 변하는지를 설명하라.

04 굴절률이 n이며, 두께가 $\triangle z$로 흡수를 하지 않는 유리판이 광원(S)과 관측자(P) 사이에 있다. 유리판이 없다고 가정할 경우에 관측점에서의 전기장(E_u)이 $E_u=E_0e^{i\omega(t-z/c)}$ 이다.

ⓐ 유리판이 있을 때 관측점에서의 전기장이 $E_P=E_0e^{i\omega[t-(n-1)\triangle z/c-z/c]}$와 같이 됨을 보이라.

ⓑ $n\approx 1$ 또는 $\triangle z$가 매우 작다고 할 때에, 관측점에서의 전기장이 $E_P=E_u+\frac{\omega(n-1)\triangle z}{c}E_ue^{-i\pi/2}$와 같이 됨을 보이시오. 관측점에서의 전기장에 대한 표현식에서 두 번째 항은 유리판 내에 있는 진동자에서 발생하는 전기장으로 간주할 수 있다.

보충자료

스칼라, 벡터 및 텐서란 무엇인가?

스칼라는 온도, 면적 및 유체정압(hydrostatic pressure)와 같이 시간이나 공간영역의 특정 위치에서 크기만을 나타내는 물리량을 의미한다. 이러한 스칼라는 '0'계 텐서라고도(tensor of order zero) 한다. 벡터는 변위, 힘 또는 속도와 같이 어떤 물리량을 기술하는데 크기와 방향을 동시에 기술하여야 정확히 기술되는 물리량을 의미하며, 이를 1계 텐서(tensor of order one)라고 한다. 하지만, 주어진 물리량에 대하여 변형력(stress)과 같이 크기와 방향 및 이러한 힘들이 작용하는 면을 고려하여야 하는 경우에는 2계 텐서(tensor of order two)가 필요하다. 이러한 텐서는 N-차원 공간에서 p계 텐셔는 N^p의 성분들을 가지게 된다. 따라서 3차원 공간 내에서 텐서는 3^p의 성분을 가지게 되므로, 3차원 공간 내에서 2계 텐서는 9개의 성분을 가진다. 2계 텐서를 사용하는 한 예로서 물체에 작용하는 변형력에 대한 2계 텐서는 다음과 같이 표현된다.

$$\text{변형력에 대한 텐서: } \sigma_{ij} = \begin{bmatrix} \sigma_{xx} & \sigma_{xy} & \sigma_{xz} \\ \sigma_{yx} & \sigma_{yy} & \sigma_{yz} \\ \sigma_{zx} & \sigma_{zy} & \sigma_{zz} \end{bmatrix}$$

변형력에 대한 텐서의 9개 성분들에 대한 의미를 그림으로 표현하면 그림 12.9와 같다. 변형력 텐서에 대한 응용의 한 예로서 단순늘림(extension)과 유체정압(hydrostatic pressure)에 대한 텐서는 다음과 같이 표현된다.

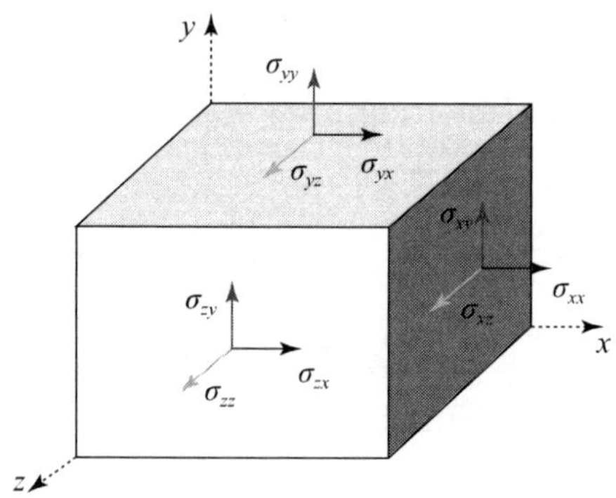

그림 12.9 작은 직사각형 물체에 작용하는 스트레스 텐서(참고문헌 3에서 인용)

단순팽창에 대한 텐서: $\sigma_{ij} = \begin{bmatrix} \sigma_{xx} & 0 & 0 \\ 0 & \sigma_{yy} & 0 \\ 0 & 0 & \sigma_{zz} \end{bmatrix}$,

유체정압에 대한 텐서: $\sigma_{ij} = \begin{bmatrix} -P & 0 & 0 \\ 0 & -P & 0 \\ 0 & 0 & -P \end{bmatrix}$

유체정압에 대한 텐서에서 '–'부호는 압력이 유체요소를 압축하기 때문에 삽입된 것이다.

전자기 도파관(Electromagnetic Waveguide)란 무엇인가?

마이크로파와 같이 진동수가 높은 전자기파를 최대한 에너지 손실 없이 전달할 수 있도록 속이 빈 전도성 금속 파이프를 이용하여 만들어진 것으로, 전자기파의 진행방향으로의 단면 모양에 따라 평행판 도파관, 구형 도파관 및 원형 도파관으로 분류된다. 파장이 도파관 단면적에서의 길이에 해당되는 높은 주파수의 신호를 전달하는데 유용하게 사용된다.

전자기파가 도파관을 따라 진행하는 경우에, 전기장 또는 자기장 중의 하나의 성분만이 진행방향에 수직이며, 나머지 하나의 성분은 진행방향과 나란한 형태의 루프를 형성하게 된다. TE 모드에서는 전기장이 진행방향에 대하여 수직이며, TM 모드에서는 자기장이 진행방향에 대하여 수직이다(그림 12.4 참조).

참고문헌

1. Grant R. Fowles, Introduction to Modern Optics, Dover, 2nd Edition, 1975.
2. https://www.allaboutcircuits.com/textbook/alternating-current/chpt-14/w aveguides/.
3. https://commons.wikimedia.org/wiki/File:Components_of_Stress_Tensor.jp g.

CHAPTER 13

결정 광학

12장에서는 유전체 내에서의 빛의 전파 및 공기와 유전체 경계면에서의 빛의 성질에 대해서 다뤘으며, 유전체는 균일하고, 등방적이며, 유전체 내에서의 흡수가 없다고 가정하였다.

일반적으로 결정은 등방적이라기 보다는 방향에 따라서 서로 다른 전기적 성질을 가지는데 이는 결정을 이루고 있는 원자들의 배열에 기인한다. 물질 내를 통과하는 전자기파의 전기장은 물질을 이루고 있는 원자들의 전하를 전자기파의 전기장 진동 방향으로 편극을 일으킨다. 따라서 물질의 편극은 전자기파의 편극방향과 같으며 이러한 편극은 매질의 유전율(ϵ)에 의존하므로 결과적으로 굴절률(n)에 의존하게 된다. ϵ과 n은 원자구조에 의존하는데 결정들에 있어서 원자 배열은 방향에 따라 다를 수 있으므로 ϵ과 n은 등방적이지 못하다. 따라서 결정은 일반적으로 비등방적이므로 편극이 스칼라 함수로 표현되는 등방성 유전체와는 달리 결정에 가해준 전기장의 방향에 따라서 편극이 다른 값을 가지므로 감수율 χ가 결정의 대칭성에 따라서 변하게 되어 하나의 스칼라로 표현되는 것이 아니라 텐서로 표현된다.

방해석과 같은 물질에서 발견되는 복굴절 현상은 이러한 결정의 비등방성에 기인하며, 결정의 비등방성은 비선형 광학에서의 제2 조화파의 발생(second harmonic generation), 전기 및 자기 광학분야에서 중요한 응용성을 가지고 있다.

13.1 편극과 감수율 텐서

결정의 비등방성 편극을 이해하기 위해서는 그림 13.1과 같은 고전 모형을 생각할 수 있다. 그림 13.1에서와 같이 하나의 구속전자가 탄성상수가 서로 다른 가상의 탄성 용수철에 연결되어 여러 격자 이온에 속박되어 있다고 하면 결정격자 내의 평형위치로부터의 변위에 따라서 구속전자에 작용하는 구속력은 방향에 의존하게 된다.

따라서 외부에서 가해준 전기장에 의해 전자가 격자 내의 평형상태에서 벗어나는 변위는 외부 전기장의 방향과 세기에 의존하여 변하게 된다. 결국 편극 $\vec{P}$는 전자의 평형상태로부터 변위의 평균값에 비례하게 되므로, 편극 $\vec{P}$와 외부에서 가해준 전기장 사이의 관계는 텐서를 사용하여

$$\vec{P} = \epsilon_0 \begin{pmatrix} \chi_{11}\,\chi_{12}\,\chi_{13} \\ \chi_{21}\,\chi_{22}\,\chi_{23} \\ \chi_{31}\,\chi_{32}\,\chi_{33} \end{pmatrix} \begin{pmatrix} E_x \\ E_y \\ E_z \end{pmatrix} \tag{13.1.1}$$

와 같이 표현된다. 이를 벡터 식을 사용하여 간단히 나타내면,

$$\vec{P} = \epsilon_0 \chi \vec{E} \tag{13.1.2}$$

와 같이 표현된다. χ는 감수율 텐서(susceptibility tensor)라 하며,

$$\chi = \begin{bmatrix} \chi_{11}\,\chi_{12}\,\chi_{13} \\ \chi_{21}\,\chi_{22}\,\chi_{23} \\ \chi_{31}\,\chi_{32}\,\chi_{33} \end{bmatrix} \tag{13.1.3}$$

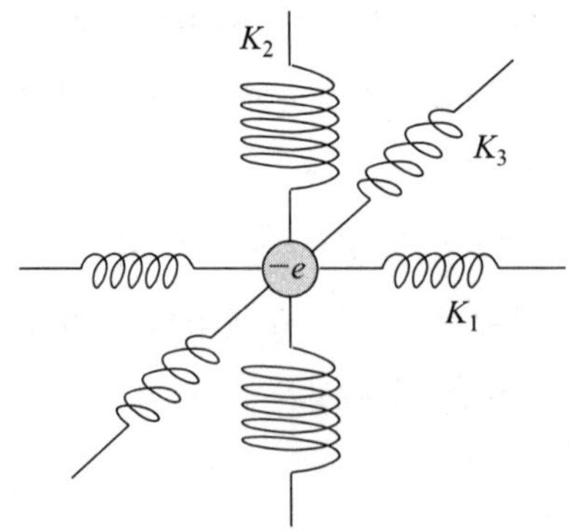

그림 13.1 결정 내에서의 전자의 비등방성 구속을 설명하기 위한 그림

와 같이 3×3 행렬로 표현된다. 여기서 χ_{12}는 $y-$축 방향의 전기장(E_y)에 기인한 $x-$축 방향으로의 편극 성분(P_x)을 발생하게 하는 감수율 텐서 성분을 의미한다. 텐서는 좌표변환이 이루워지면, 텐서의 성분들도 변한다. 흡수가 없는 결정의 경우에, 감수율 텐서는

$$\chi = \begin{pmatrix} \chi_{11} & 0 & 0 \\ 0 & \chi_{22} & 0 \\ 0 & 0 & \chi_{33} \end{pmatrix} \tag{13.1.4}$$

와 같이 대칭적인 텐서가 되도록 좌표축 x, y 및 z를 선택할 수 있음이 알려져 있고, 이러한 좌표축을 주 유전축(principal dielectric axis)이라 한다. 여기서 χ_{11}, χ_{22}, χ_{33}을 주 감수율(principal susceptibility)이라고 하며, 주 감수율에 대응하는 $K_{11}=1+\chi_{11}$, $K_{22}=1+\chi_{22}$, $K_{33}=1+\chi_{33}$을 주 유전상수(principal dielectric constant)라 한다. 주 감수율은 물질의 대칭성에 따라서 결정되며, 등방성 매질에서는 $\chi_{11}=\chi_{22}=\chi_{33}=\chi$로 하나의 값으로 모든 광학적 성분을 기술할 수 있으므로 스칼라로 환원된다.

변위벡터 $\vec{D}$는 $\vec{D}=\epsilon_0\vec{E}+\vec{P}$이고, 단위행렬($\bar{1}$)

$$\bar{1} = \begin{bmatrix} 1 & 0 & 0 \\ 0 & 1 & 0 \\ 0 & 0 & 1 \end{bmatrix} \tag{13.1.5}$$

을 사용하면, $\vec{D}=\epsilon_0(\bar{1}+\chi)\vec{E}=\epsilon\vec{E}$ 로 표시된다. 따라서 유전율 텐서 ϵ 은

$$\epsilon = \epsilon_0(\bar{1}+\chi) = \epsilon_0 \begin{bmatrix} 1+\chi_{11} & \chi_{12} & \chi_{13} \\ \chi_{21} & 1+\chi_{22} & \chi_{23} \\ \chi_{31} & \chi_{32} & 1+\chi_{33} \end{bmatrix} \tag{13.1.6}$$

이 되고, 주 유전축에 대해서는

$$\epsilon = \epsilon_0 \begin{bmatrix} 1+\chi_{11} & 0 & 0 \\ 0 & 1+\chi_{22} & 0 \\ 0 & 0 & 1+\chi_{33} \end{bmatrix} = \epsilon_0 \begin{bmatrix} K_{11} & 0 & 0 \\ 0 & K_{22} & 0 \\ 0 & 0 & K_{33} \end{bmatrix} \tag{13.1.7}$$

와 같이 표현된다.

13.2 결정 내에서의 평면파의 진행

물질 내에서 주어진 진행방향에 대한 빛의 고유 편광상태를 결정하기 위해서는 식 (13.1.2)를 파동방정식

$$\overrightarrow{\nabla}\times(\overrightarrow{\nabla}\times\overrightarrow{E})+\frac{1}{c^2}\frac{\partial^2\overrightarrow{E}}{\partial t^2}=-\mu_0\frac{\partial^2\overrightarrow{P}}{\partial t^2}-\mu_0\frac{\partial\overrightarrow{J}}{\partial t} \tag{13.2.1}$$

에 대입하여 얻은 식,

$$\overrightarrow{\nabla}\times(\overrightarrow{\nabla}\times\overrightarrow{E})+\frac{1}{c^2}\frac{\partial^2\overrightarrow{E}}{\partial t^2}=-\frac{1}{c^2}\chi\frac{\partial^2\overrightarrow{E}}{\partial t^2} \tag{13.2.2}$$

$$\left(\because\ -\mu_0\frac{\partial^2\overrightarrow{P}}{\partial t^2}=-\mu_0\epsilon_0\chi\frac{\partial^2\overrightarrow{E}}{\partial t^2}=-\frac{1}{c^2}\chi\frac{\partial^2\overrightarrow{E}}{\partial t^2}\right)$$

을 풀어야 한다. 물론 식 (13.2.2)를 얻는데 있어서 식 (13.2.1)의 마지막 항(원천항, source term)은 전류밀도로서 유전체인 경우에 무시할 정도로 작으므로, 시간에 대한 변화율도 역시 '0'이다. 빛을 단조화 평면파라고 가정하면, $\overrightarrow{E}$는 $e^{i(\vec{k}\cdot\vec{r}-\omega t)}$로 표현되는 위상 항을 가지며, $\vec{k}$는 파수벡터로서 위상이 일정한 면의 진행방향을 나타낸다. 미분기호와 전기장 $\overrightarrow{E}$와의 대수적인 관계 $\overrightarrow{\nabla}=i\vec{k}$, $\frac{\partial}{\partial t}=-i\omega$을 이용하면, 식 (13.2.2)는 파수벡터 $\vec{k}$의 함수로

$$\vec{k}\times(\vec{k}\times\overrightarrow{E})+\frac{\omega^2}{c^2}\overrightarrow{E}=-\frac{\omega^2}{c^2}\chi\overrightarrow{E} \tag{13.2.3}$$

와 같이 미분기호가 없는 하나의 대수식으로 쓸 수 있다. 식 (13.2.3)을 풀고, 식 (13.1.4)를 이용하여 각각의 성분별로 나타내면,

$$\left(-k_y^2-k_z^2+\frac{\omega^2}{c^2}\right)E_x+k_xk_yE_y+k_xk_zE_z=-\frac{\omega^2}{c^2}\chi_{11}E_x \tag{13.2.4}$$

$$k_yk_xE_x+\left(-k_x^2-k_z^2+\frac{\omega^2}{c^2}\right)E_y+k_yk_zE_z=-\frac{\omega^2}{c^2}\chi_{22}E_y$$

$$k_zk_xE_x+k_zk_yE_y+\left(-k_x^2-k_y^2+\frac{\omega^2}{c^2}\right)E_z=-\frac{\omega^2}{c^2}\chi_{33}E_z$$

와 같이 된다. 빛이 임의의 방향으로 진행하는 경우에 식 (13.2.4)의 물리적 의미를 알아보는 것은 매우 복잡하므로 빛이 특정한 방향으로 진행하는 경우에 대하여 생각해보자. 즉, 빛이 주축 중의 하나인 $x-$축 방향으로 진행한다면, 이때에 $k_x = k$, $k_y = k_z = 0$이 되어 식 (13.2.4)는

$$\frac{\omega^2}{c^2}E_x = -\frac{\omega^2}{c^2}\chi_{11}E_x \;\Rightarrow\; \frac{\omega^2}{c^2}(1+\chi_{11})\,E_x = 0 \qquad (13.2.5a)$$

$$\left(-k^2 + \frac{\omega^2}{c^2}\right)E_y = -\frac{\omega^2}{c^2}\chi_{22}E_y \;\Rightarrow\; \left[\frac{\omega^2}{c^2}(1+\chi_{22}) - k^2\right]E_y = 0 \qquad (13.2.5b)$$

$$\left(-k^2 + \frac{\omega^2}{c^2}\right)E_z = -\frac{\omega^2}{c^2}\chi_{33}E_z \;\Rightarrow\; \left[\frac{\omega^2}{c^2}(1+\chi_{33}) - k^2\right]E_z = 0 \qquad (13.2.5c)$$

와 같이 간단히 기술된다. 빛의 진행방향이 $x-$축을 향한다고 가정하였고 $\omega \neq 0$, $\chi_{11} \neq -1$임을 고려하면, 식 (13.2.5a)에서 $E_x = 0$가 된다. 이는 빛이 횡파임을 의미한다. 또한 $E_y \neq 0$이라면, 식 (13.2.5b)로부터,

$$k = \frac{\omega}{c}\sqrt{1+\chi_{22}} = \frac{\omega}{c}\sqrt{K_{22}} \qquad (13.2.6)$$

을 얻으며, $E_z \neq 0$ 이라면 식 (13.2.5c)로부터

$$k = \frac{\omega}{c}\sqrt{1+\chi_{33}} = \frac{\omega}{c}\sqrt{K_{33}} \qquad (13.2.7)$$

을 얻는다. 따라서 빛이 $y-$축으로 편광된 경우와 $z-$축으로 편광된 경우에 k값이 서로 다름을 식 (13.2.6)과 (13.2.7)로 부터 알 수 있다. 빛의 위상속도(v_p)가 $v_p = \frac{\omega}{k}$로 주어짐을 고려하면, $y-$축 방향으로 편광된 빛의 위상속도는 $v_{py} = \frac{c}{\sqrt{K_{22}}}$, $z-$축 방향으로 편광된 빛의 위상속도는 $v_{pz} = \frac{c}{\sqrt{K_{33}}}$ 이 되어 빛의 편광 방향에 따라 위상속도가 서로 다름을 알 수 있다. 즉, 일반적으로 임의의 파수벡터 $\vec{k}$에 대해서 서로 수직인 두 독립 고유파에 대한 $\vec{k}$의 크기가 서로 다르므로 두 개의 가능한 위상속도를 가지게 된다. 이를 위하여 주 굴절률 n_1, n_2, n_3를 정의하면

$$n_1 = \sqrt{1+\chi_{11}} = \sqrt{K_{11}} \tag{13.2.8}$$
$$n_2 = \sqrt{1+\chi_{22}} = \sqrt{K_{22}}$$
$$n_3 = \sqrt{1+\chi_{33}} = \sqrt{K_{33}}$$

이 된다. 한편, E_x, E_y 및 E_z 모두 '0'이 아닌 의미있는 해를 가지기 위해서는 식 (13.2.4)의 계수들의 행렬식이 '0'이 되어야 하므로

$$\begin{vmatrix} (\omega n_1/c)^2 - k_y^2 - k_z^2 & k_x k_y & k_x k_z \\ k_y k_x & (\omega n_2/c)^2 - k_x^2 - k_z^2 & k_y k_z \\ k_z k_x & k_z k_y & (\omega n_3/c)^2 - k_y^2 - k_x^2 \end{vmatrix} = 0 \tag{13.2.9}$$

와 같이 표현된다. 식 (13.2.9)는 $\vec{k}$−공간 또는 운동량 공간(momentum space)에서 3차원적으로 표현이 되는데 이와 같이 형성된 면을 $\vec{k}$−면 또는 파−벡터면(wave−vector surface)이라 하며, 그림 13.2에 나타내었다.

이러한 면이 어떻게 만들어지는지를 알아보기 위하여 우선 좌표면 중 임의의 하나, 예를 들면, $k_x\,k_y$−면을 생각해보자. $k_x\,k_y$−면에서 $k_z = 0$ 이 되며, $k_x\,k_y$−면에서 식 (13.2.9)를 풀면,

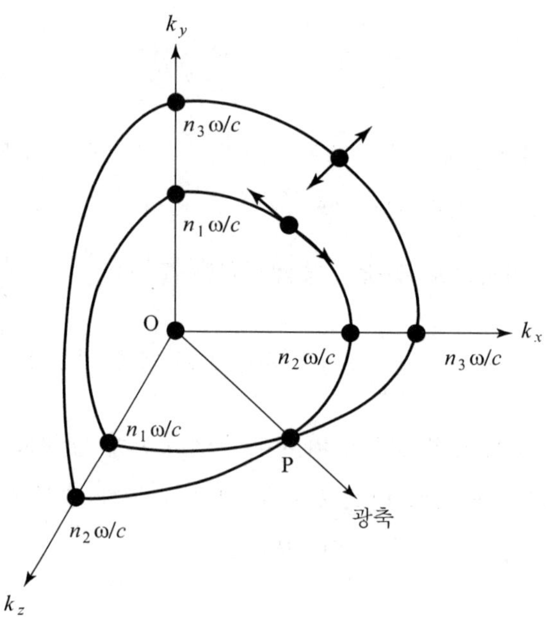

그림 13.2 파−벡터면

$$\left[\left(\frac{\omega n_3}{c}\right)^2 - k_x^2 - k_y^2\right] \cdot \left\{\left[\left(\frac{\omega n_1}{c}\right)^2 - k_y^2\right] \cdot \left[\left(\frac{\omega n_2}{c}\right)^2 - k_x^2\right] - k_x^2 k_y^2\right\} = 0 \qquad (13.2.10)$$

을 얻는다. 이 식이 성립하기 위해서는 식 (13.2.10)의 첫 항이 '0'이든지 아니면 둘째 항이 '0'이 되어야 한다. 첫째 항이 '0'이 되면,

$$k_x^2 + k_y^2 = \left(\frac{\omega n_3}{c}\right)^2 \qquad (13.2.11)$$

이 되며, 이는 $\vec{k}-$공간에서 반지름이 $\frac{\omega n_3}{c}$ 인 원의 방정식과 같다. 또한 둘째 항이 '0'이 되는 조건으로부터

$$\frac{k_x^2}{\left(\frac{\omega n_2}{c}\right)^2} + \frac{k_y^2}{\left(\frac{\omega n_1}{c}\right)^2} = 1 \qquad (13.2.12)$$

이 되고(부록 참조), 주 굴절률 n_1, n_2, n_3 가 $n_3 > n_2 > n_1$ 한 관계를 가지고 있다면, 이 식은 k_x-축이 장축이 되고, k_y- 축이 단축인 타원 방정식이 된다. 마찬가지로 $k_x k_y-$평면 및 $k_z k_x-$평면에 대해서도 하나의 원 방정식과 타원 방정식을 얻게 된다. $k_y k_z-$평면에 대해서는 $k_x = 0$이 되며, 위에서와 같은 방법으로 구하면,

$$k_y^2 + k_z^2 = \left(\frac{\omega n_1}{c}\right)^2 \qquad (13.2.13)$$

$$\frac{k_y^2}{\left(\frac{\omega n_3}{c}\right)^2} + \frac{k_z^2}{\left(\frac{\omega n_2}{c}\right)^2} = 1 \qquad (13.2.14)$$

을 얻는다. $k_z k_x-$평면에 대해서는 $k_y = 0$이 되어

$$k_z^2 + k_x^2 = \left(\frac{\omega n_2}{c}\right)^2 \qquad (13.2.15)$$

$$\frac{k_z^2}{\left(\frac{\omega n_1}{c}\right)^2} + \frac{k_x^2}{\left(\frac{\omega n_3}{c}\right)^2} = 1 \qquad (13.2.16)$$

을 얻는다. 식 (13.2.11)로부터 식 (13.2.16)까지의 결과를 하나의 $\vec{k}-$공간에 나타낸 것

이 그림 13.2이다.

이러한 결과로부터 얻어진 것을 3차원 기준면이라 하는데 그림 13.2에서와 같이 각각의 좌표 평면($k_x k_y-$, $k_y k_z-$, $k_z k_x-$평면)과 $k-$면이 만나서 좌표 면에 곡선을 이루는 두 개의 면(한 가지 예를 그림 13.2에 안쪽 면과 바깥쪽 면으로 나타내었다.)으로 이뤄져 있다. 이는 하나의 주어진 파수벡터 $\vec{k}$에 대하여 두 개의 값이 가능함을 의미하며, 이는 또한 두 개의 위상속도가 존재한다는 것을 의미한다.

앞에서 k_x-축 방향으로 진행하는 빛에 대해서 두 개의 위상속도(v_{py}, v_{pz})가 가능하며, 이는 서로 직각 방향의 편극에 대응한다는 것을 보였다. 이는 임의의 전파방향에 대해서도 성립하고, 두 개의 위상속도는 항상 두 개의 상호 직각인 편극에 대응한다는 것을 의미한다. 따라서 편광되지 않은 빛 또는 임의의 편광된 빛이 결정 내를 통과할 때에, 이는 상호간에 서로 수직으로 편광되고 다른 위상속도로 진행하는 두 개의 독립된 파로서 간주할 수 있다.

$k-$면은 두 개의 면으로 이뤄져 있으며, $n_3 > n_2 > n_1$ 인 관계에 의하여 특정한 점(그림 13.2의 점 P)에서 내부면과 외부면이 서로 만나게 된다. 이러한 점은 하나의 방향을 제시하여 주는데, 그 방향에 대해서 $k-$값은 동일하게 된다. 원점과 이러한 교점을 연결하여 얻어지는 직선을 결정의 광축(optic axis)이라 하며, 빛이 광축을 따라 진행할 때(즉, 파수 벡터 $\vec{k}$와 광축이 서로 평행)에 서로 수직으로 편광된 파의 위상속도는 같은 값을 가지게 된다. 물론 두 파에 대한 굴절률(n)도 같은 값을 가진다.

그림 13.2는 주 굴절률 사이에 $n_3 > n_2 > n_1$한 관계를 가지는 가장 일반적인 경우를 나타낸 것이며, 안쪽과 바깥쪽 면의 두 면이 서로 만나는 점들이 포함된 $k_x k_z-$평면에서 보면 그림 13.3과 같이 된다. 그림 13.3(a)는 주 굴절률 사이에 $n_3 > n_2 > n_1$의 관계를 가지는 가장 일반적인 경우로서 두 개의 광축이 존재함을 알 수 있다. 하나는 $k_x k_z-$평면에서 제 2사분면과 제 4사분면에 있으며, 또 하나는 제 1사분면과 제 3사분면에 걸쳐 있다. 이와 같이 두 개의 광축이 존재하는 결정을 양축 결정(biaxial crystal)이라 한다. 많은 결정에 있어서 세 개의 주 굴절률 중 두 개는 서로 같은데 이 경우에 기준면이 만드는 원과 타원이 주 유전축 위에서 만나게 되어 만나는 점은 두 개로 줄어들어 하나의 광축만이 존재하게 되며 이러한 결정을 단축결정(uniaxial crystal)이라 한다. 단축결정에서의 $k-$면은 하나의 구와 회전하는 타원으로 이뤄지며 이때 회전축이 광축이 된다.

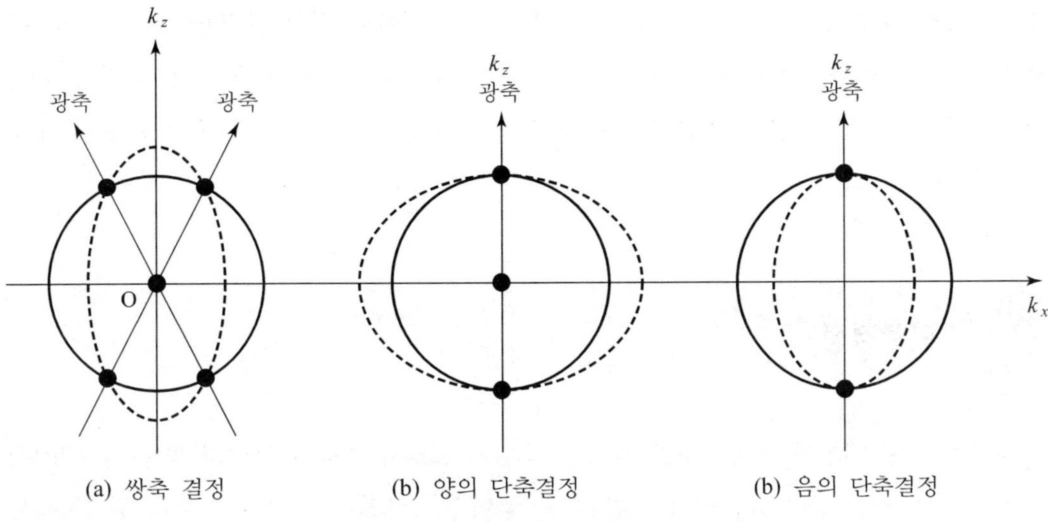

그림 13.3 $k_x k_z$ − 평면 위에서의 기준면

또한 세 개의 주 굴절률이 모두 같으면 k − 면은 하나의 구면으로 줄어들게 되며, 이러한 결정에서는 복굴절이 전혀 일어나지 않아, 모든 방향에 있어서 동일한 광학적 성질을 가지는 등방성 결정이 된다.

주 굴절률(n_1, n_2, n_3)이 식 (13.2.8)에 의하여 상호 연관되어 있기 때문에 결정을 편극의 감수율 텐서 χ에 따라 표 13.1과 같이 분류할 수 있다. 단축결정에 있어서 두 개의

표 13.1 편극 텐서에 의한 결정의 분류

광학계 및 결정의 대칭성	편극 텐서	굴절률	예
등방(Isotropic) 결정 입방정계(cubic) 결정	$\chi = \begin{bmatrix} a & 0 & 0 \\ 0 & a & 0 \\ 0 & 0 & a \end{bmatrix}$	$\chi_{11} = \chi_{22} = \chi_{33} = a$ $n = \sqrt{1+a}$	염화나트륨, 다이아몬드 형 석
단축(Uniaxial) 결정 삼방정계(trigonal) 결정 정방정계(tetragonal) 결정 육방정계(hexagonal) 결정	$\chi = \begin{bmatrix} a & 0 & 0 \\ 0 & a & 0 \\ 0 & 0 & b \end{bmatrix}$	$\chi_{11} = \chi_{22} = a$, $\chi_{33} = b$ $n_o = \sqrt{1+a}$ $n_e = \sqrt{1+b}$	
쌍축(Biaxial) 결정 삼사정계(triclinic) 결정 단사정계(monoclinic) 결정 사방정계(orthombic) 결정	$\chi = \begin{bmatrix} a & 0 & 0 \\ 0 & b & 0 \\ 0 & 0 & c \end{bmatrix}$	$\chi_{11} = a, \chi_{22} = b, \chi_{33} = c$ $n_1 = \sqrt{1+a}$ $n_2 = \sqrt{1+b}$ $n_3 = \sqrt{1+c}$	

편극텐서가 같은 경우, 즉, $\chi_{11} = \chi_{22}$에 대응하는 굴절률을 정상 굴절률(n_o)라 하며, 나머지 χ_{33}에 대응하는 굴절률을 이상 굴절률(n_e)이라 한다. 또한, $n_o > n_e$인 결정을 음의 단축결정, $n_o < n_e$인 결정을 양의 단축결정이라 하며, 이의 몇 가지 예들을 표 13.1에 나타내었다.

13.3 단축결정

결정이 평면 대칭의 분자구조를 가지는 경우, 즉, 분자 층들이 하나의 평면($xy-$평면)을 이루며 이러한 분자 층들이 $z-$방향으로 쌓여진 구조를 가진다고 하자(그림 13.4 참조). 이때에 $z-$축은 대칭축으로서 $z-$축에 대한 회전은 $xy-$평면 내에 있는 대응하는 원자들의 위치를 서로 교환하는 효과를 가져오게 되며, $z-$축을 광축이라 한다. 이때에 $z-$축(광축)을 따라서 진행하는 전자기파의 전기장은 $x-$ 또는 $y-$방향으로 진동하게 되므로 그림 13.4(a)에서 보는 바와 같이 $xy-$평면에서 두 방향의 편극성분(x, y 성분)을 가질 수 있는데, 유전율과 굴절률이 같으므로 두 성분들에 대한 편극도 같다. 이와 같이 광축방향으로 진행하는 빛은

$$v_1 = \sqrt{\frac{1}{\epsilon_1 \mu}} \tag{13.3.1}$$

의 위상속도를 가지며, ϵ_1에 대응하는 굴절률을 정상광선 굴절률 ($n_o = c/v_1$)이라고 한다.

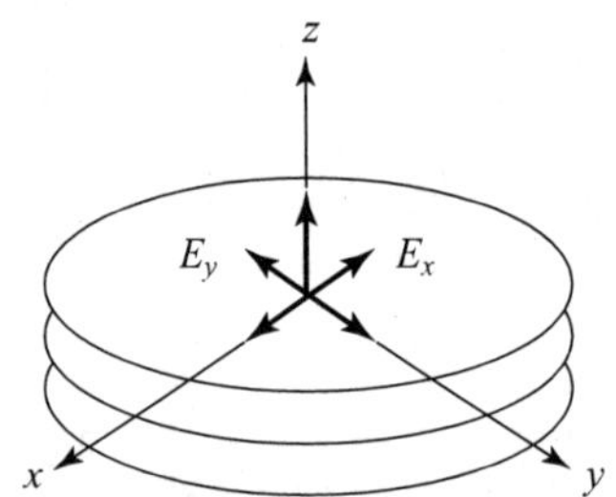

(a) 빛이 $z-$축 방향으로 진행하는 경우

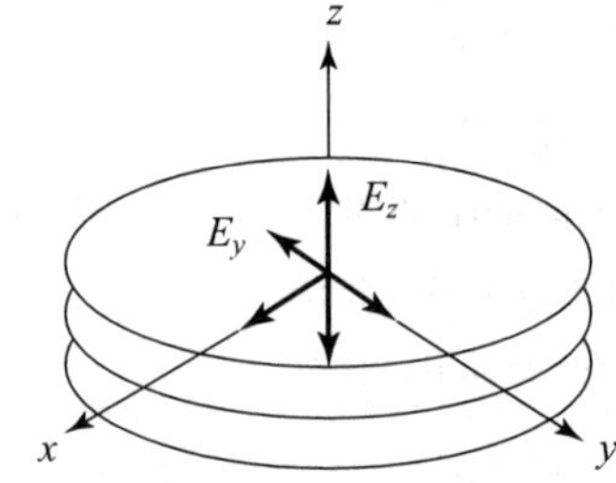

(b) 빛이 $x-$축 방향으로 진행하는 경우

그림 13.4 광축에 대한 빛의 진행. (a) 가능한 전기장의 진동방향은 x, $y-$축 방향이다. (b) 가능한 전기장의 진동방향은 y, $z-$축 방향이다.

이때에 x와 y방향으로 진동하는 전기장은 각각

$$E_x = A_x\, e^{i(k_o z - \omega t)} \tag{13.3.2}$$

$$E_y = A_y\, e^{i(k_o z - \omega t)} \tag{13.3.3}$$

와 같이 표현되며, A_x, A_y는 진폭을 의미한다. 또한 $k_x = k_y = k_o = 2\pi/\lambda_1$ ($\lambda_1 = \lambda_0/n_o$, λ_0: 진공에서의 빛의 파장, n_o: 정상광선의 굴절률)와 같이 주어지며 이는 정상광선에 대한 파수벡터의 크기이다.

※ 주의: 지금까지 사용한 공기 중에서의 굴절률 n_0와 혼동하지 말 것, 13장에서 공기 중에서의 굴절률은 n_{air}로 표시하였으며, 13장이 아닌 다른 곳에서는 공기 중에서의 굴절률을 n_0로 표시하였음.

한편 광축에 수직으로 진행하는 빛 (그림 13.4(b) 참조)은 두 개의 속도를 가질 수 있다. x－축을 따라서 이동하는 경우에 y 또는 z－방향으로 편극이 가능하며, y－축 방향으로 진동하는 전기장 E_y를 가진 파는 v_1의 속도를 가지고 굴절률도 정상광선의 굴절률과 같은 $n_o = c/v_1$의 값을 가지게 된다. 따라서 y－축 방향으로 진동하는 전기장 E_y에 대해서는

$$E_y = A_y\, e^{i(k_o x - \omega t)} \tag{13.3.4}$$

와 같이 표현된다. 하지만, z－축 방향으로 전기장이 진동하는 E_z를 가진 파는 유전율 $\epsilon_2(\neq \epsilon_1)$를 갖는 결정의 편극방향으로 진동하게 되므로

$$v_2 = \sqrt{\frac{1}{\epsilon_2 \mu}} \tag{13.3.5}$$

의 위상속도를 가지며 이에 대응하는 굴절률을 이상광선 굴절률(n_e)이라고 하며, $n_e = c/v_2$의 값을 가지게 된다. 따라서 z－축 방향으로 진동하는 E_z에 대해서는

$$E_z = A_z\, e^{i(k_e x - \omega t)} \tag{13.3.6}$$

와 같이 되며, $k_e = 2\pi/\lambda_2$ ($\lambda_2 = \lambda_0/n_e$, λ_0:진공에서의 파장), 그리고 A_z는 진폭이다.

식 (13.3.4)와 식 (13.3.6)으로부터 $x-$방향으로 진행하는 두 파의 파수 벡터가 다름을 알 수 있다. 물론 광축에 수직인 $y-$축 방향으로 진행하는 경우에도 이와 비슷한 결과가 얻어진다. 이러한 결과들을 요약하면 다음과 같다. 물론 $z-$축과 직각이 아닌 각도로 진동하는 경우에는 v_1과 v_2 사이의 속도를 가지고 진행하게 된다.

① $z-$방향(광축방향)으로 진행하는 경우에 파수벡터의 크기:

$$k_o = \frac{2\pi}{\lambda_0}\left(\frac{c}{v_1}\right) = n_o\frac{2\pi}{\lambda_0}: \ E_x,\ E_y \text{ 에 대해} \tag{13.3.7}$$

② 광축에 수직인 $x-$방향으로 진행하는 경우에 파수벡터의 크기:

$$k_o = \frac{2\pi}{\lambda_0}\left(\frac{c}{v_1}\right) = n_o\frac{2\pi}{\lambda_0}: \ E_y \text{에 대해} \tag{13.3.8}$$

$$k_e = \frac{2\pi}{\lambda_0}\left(\frac{c}{v_2}\right) = n_e\frac{2\pi}{\lambda_0}: \ E_z \text{에 대해} \tag{13.3.9}$$

③ 광축에 수직인 $y-$방향으로 진행하는 경우에 파수벡터의 크기:

$$k_o = \frac{2\pi}{\lambda_0}\left(\frac{c}{v_1}\right) = n_o\frac{2\pi}{\lambda_0}: \ E_x \text{ 에 대해} \tag{13.3.10}$$

$$k_e = \frac{2\pi}{\lambda_0}\left(\frac{c}{v_2}\right) = n_e\frac{2\pi}{\lambda_0}: \ E_z \text{ 에 대해} \tag{13.3.11}$$

$n_e > n_o$이라고 가정하고 빛의 전파 방향에 따른 k_o, k_e 를 xyz 공간에서 표현해 보자. 우선 $z-$방향으로 진행하는 경우에 전기장은 x 또는 y 방향으로 진동하게 되고 파수벡터는 같은 값$\left(k_o = n_o\frac{2\pi}{\lambda_0}\right)$을 가지며 이를 그림 13.5(a)에 나타내었다. 그림 13.5(a)에서 $z-$축 위의 k_o는 $z-$축으로 진행하는 빛의 경우에 $x-$축 및 $y-$축 방향으로 진동하는 전기장에 대한 파수벡터의 크기가 같음을 의미한다. 하지만 $x-$축 방향으로 진행하는 경우에 파수벡터는 $y-$방향의 진동에 대해서는 $k_o = n_o\frac{2\pi}{\lambda_0}$의 값을 가지나 $z-$방향의 진동에 대해서는 $k_e = n_e\frac{2\pi}{\lambda_0}$의 값을 가지므로 $k_e > k_o$이 된다. 따라서 그림 13.5(b)에서 $x-$축 위의 k_o는 $x-$축 방향으로 빛이 진행을 하되 전기장의 진동 방향이 $y-$축 방향인 경우를 나타내며, k_e는 같은 $x-$축 방향으로 진행을 하되 $z-$축 방향으로 전기장이

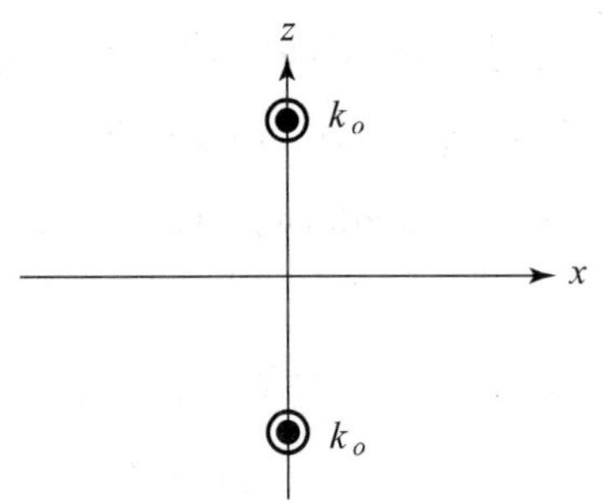

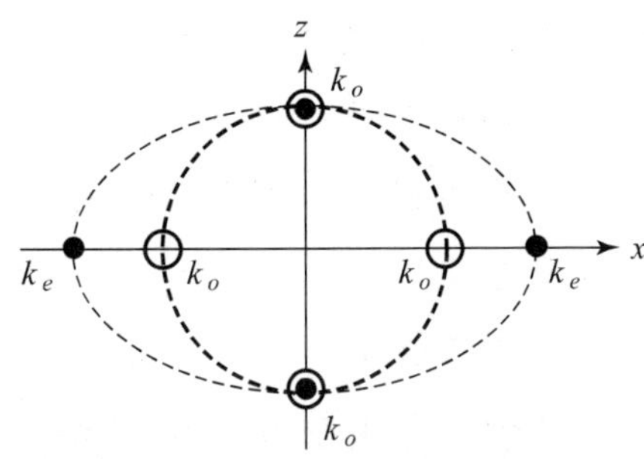

(a) 빛이 z - 축 방향으로 진행할 때　　(b) 빛이 z - 축에 수직으로 진행할 때

그림 13.5 빛의 진행 방향 및 전기장의 진동 방향에 따른 파수벡터의 값

진동하는 경우를 나타낸 것이다. 그림 13.5(b)로부터 알 수 있듯이 xz - 평면 위에서 보았을 때에 파수벡터의 값은 진동방향에 따라서 두 개의 서로 다른 값을 가지게 된다. 그림 13.5에서 속이 찬 점은 이상광선에 대한 파수벡터(k_e)를 나타낸 것이며, 속이 비어 있는 점은 정상광선에 대한 파수벡터(k_o)를 나타낸 것이다. 따라서 단축결정의 경우에 빛이 광축(z - 축)과 평행한 방향으로 진행을 하는 경우에는 정상광선과 이상광선에 대한 파수벡터가 같으며, 이들에 대응하는 정상광선의 굴절률과 이상광선에 대한 굴절률이 또한 같다.

단축결정의 경우에, z - 축에 대해서 회전대칭이 되므로, y - 축 방향으로 진행하는 빛에 대해서도 위와 비슷한 결과를 가진다. 따라서 양의 단축결정인 경우에, xz 평면에 나타낸 하나의 원과 타원은 xyz 공간에서는 반경이 k_o인 구와 단축 반경이 k_o이며 장축 반경이 k_e인 타원 회전체로 이뤄지게 된다(그림 13.6 참조). 반경이 k_o인 원주 위의 k 값을 가지는 방향으로 진행하는 모든 빛은 빛이 등방성 매질 내에서 진행할 때와 같은 특

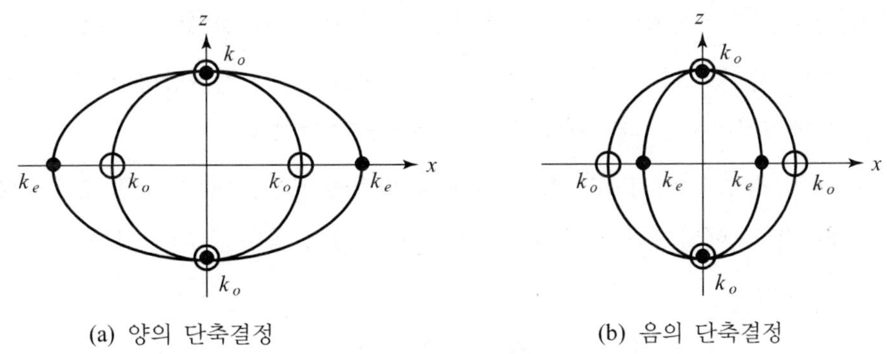

(a) 양의 단축결정　　(b) 음의 단축결정

그림 13.6 양의 단축결정과 음의 단축결정에 대한 파-벡터면

성을 보이며 이러한 진행특성은 스넬의 법칙을 만족하므로 정상특성(ordinary characteristics)을 가진다. 하지만 타원 위에 있는 k를 가지며 진행하는 빛에 대해서는 타원과 원이 교차하는 점을 제외하고는 스넬의 법칙을 만족하지 않아 이상특성(extraordinary characteristics)을 가지게 된다.

$n_e > n_o$인 경우에 $k_e > k_o$의 관계가 성립하며 이러한 결정을 양의 단축결정이라 하며, 수정이 여기에 속한다. 수정의 경우에 굴절률들이 $n_e = 1.553$, $n_o = 1.544$이다. 마찬가지로 $n_e < n_o$인 경우도 가능하며 이때에 $k_e < k_o$인 관계가 성립하며 이러한 특성을 가지는 결정을 음의 단축결정이라 한다. 방해석은 음의 단축결정에 속하며 굴절률들은 $n_e = 1.486$, $n_o = 1.658$이다.

13.4 위상속도와 빛살속도

단축결정과 같은 비등방성 매질에서 속도를 논의할 경우에는 위상속도(phase velocity)와 빛살속도(ray velocity)를 구별할 필요가 있다. $x-$축 방향으로 진행하는 파가

$$\vec{E} = \vec{E_0}\, e^{i(kx - \omega t)} \tag{13.4.1}$$

와 같이 주어진 경우에 위상속도는 괄호 안에 주어진 위상의 이동속도를 말한다. 예를 들어서 위상이 '0'이라면, $kx = \omega t$이며

$$\frac{x}{t} = \frac{\omega}{k} = \frac{2\pi f}{2\pi/\lambda} = f\lambda = v_x \tag{13.4.2}$$

와 같이 위상속도가 주어진다. 반면에 빛살속도는 에너지가 전달되는 방향 즉, 포인팅 벡터 $\vec{S}$ 방향으로의 속도이다. 이러한 위상속도와 빛살속도의 전파방향이 단축결정과 같은 비등방성 매질에서는 전파방향에 따라 서로 다를 수 있다.

전파벡터 $\vec{k}$가 결정 내에서 진행하는 빛에 대해 위상이 일정한 면들의 진행방향을 정의해준다 하더라도, 에너지의 흐름인 $\vec{S} = \vec{E} \times \vec{H}$의 실제 방향은 $\vec{k}$의 방향과 항상 같은 방향은 아니다. 이는

$$\vec{k} \times (\vec{k} \times \vec{E}) + \frac{\omega^2}{c^2}\vec{E} = -\frac{\omega^2}{c^2}\chi \vec{E} \tag{13.4.3}$$

을 보면 비등방성 매질에서의 $\vec{E}$와 $\vec{k}$의 방향이 상호 수직이 아니라는 사실을 알 수 있다. 비등방성 매질에서 $\vec{S}=\vec{E}\times\vec{H}$의 실제 방향이 $\vec{k}$의 방향과 다를 수 있음은 $\vec{E}$와 $\vec{k}$의 방향이 상호 수직이 아니라는 사실에 기인한다. 즉, $\vec{E}$와 $\vec{k}$의 방향이 서로 평행하다면, 식 (13.4.3)으로부터 $\chi=-1$이 되며 이는 편극의 방향이 가해준 전기장의 방향과 반대가 되어 물리적으로 받아들일 수 있는 값이 아니므로($\vec{P}=\epsilon_0\chi\vec{E}$) 식 (13.4.3)은 성립하지 않는다. $\vec{E}$와 $\vec{k}$의 방향이 서로 수직이라면,

$$\vec{k}\times(\vec{k}\times\vec{E})+\frac{\omega^2}{c^2}\vec{E}=-\frac{\omega^2}{c^2}\chi\vec{E} \tag{13.4.4}$$

$$(\vec{k}\cdot\vec{E})\vec{k}-(\vec{k}\cdot\vec{k})\vec{E}+\frac{\omega^2}{c^2}\vec{E}=-\frac{\omega^2}{c^2}\chi\vec{E}$$

$$-k^2\vec{E}+\frac{\omega^2}{c^2}\vec{E}=-\frac{\omega^2}{c^2}\chi\vec{E}$$

와 같이 된다. 식 (13.4.4)는 χ가 등방성 매질에서와 같이 하나의 스칼라인 경우에는 성립하지만, 비등방성 매질에서와 같이 텐서인 경우에는 성립하지 않는다. 반면에, 자기장의 방향은 관계식 $\vec{k}\times\vec{E}=\mu_0\omega\vec{H}$에 의하여 $\vec{E}$와 $\vec{k}$의 방향에 수직이다. 이러한 관련성을 그림 13.7에 나타냈으며, $\vec{E}$, $\vec{k}$ 및 $\vec{S}=\vec{E}\times\vec{H}$는 $\vec{H}$에 대해 수직이며, $\vec{E}$는 $\vec{S}$에 대해 수직이다.

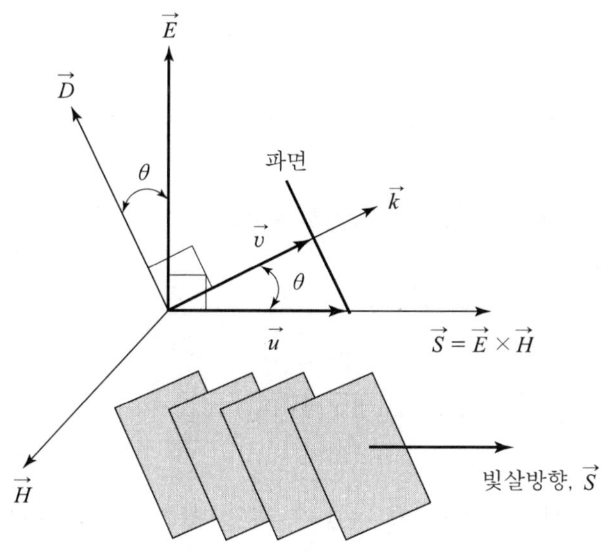

그림 13.7 결정 내에서의 평면파에 대한 전기장, 자화세기, 포인팅 벡터, 빛살속도 및 위상속도

위상이 일정한 면들은 그림 13.7에서와 같이 에너지의 흐름을 나타내는 빛살속도의 방향에 대하여 θ만큼 기울어져 있다. 따라서 위상이 일정한 면들은 $\vec{k}$의 방향을 따라서 $\vec{v}$의 속도를 가지는 데 비하여 빛의 에너지는 빛살속도 $\vec{u}$로 움직인다. 이때에 $\vec{u}$의 크기는

$$u = \frac{v}{\cos\theta} \tag{13.4.5}$$

로 주어진다. 식 (13.4.5)로부터 빛살속도는 $\theta = 0$인 경우를 제외하고 위상속도보다 더 큼을 알 수 있다. $\theta = 0$인 경우에 위상속도와 빛살속도는 같아지는데 이는 전파방향이 결정내의 주축중의 하나를 향할 때에 일어나며, 이 경우에 $\vec{k}$와 $\vec{S}$의 방향은 서로 일치한다.

위상속도와 빛살속도의 방향이 항상 같지 않음을 증명하기 위하여 $\vec{k}\times(\vec{k}\times\vec{E}) + \frac{\omega^2}{c^2}\vec{E} = -\frac{\omega^2}{c^2}\chi\vec{E}$ 에 대한 표현식을 변위벡터 $\left[\vec{D} = \epsilon_0(1+\chi)\vec{E}\right]$에 대한 식으로 표현하는 것이 좀 더 간단하며 편리하다. 즉, 평면 조화파에 대하여

$$\vec{k}\times(\vec{k}\times\vec{E}) = -\frac{\omega^2}{c^2\epsilon_0}\vec{D} \tag{13.4.6}$$

이 되며, 식 (13.4.6)으로부터 변위벡터($\vec{D}$)가 파수벡터($\vec{k}$)에 수직함을 알 수 있다. 즉, 벡터 곱에 대한 법칙$[\vec{A}\times(\vec{B}\times\vec{C}) = \vec{B}(\vec{A}\cdot\vec{C}) - \vec{C}(\vec{A}\cdot\vec{B})]$ 을 사용하여 식 (13.4.6)을 다시 쓰면,

$$\vec{k}(\vec{k}\cdot\vec{E}) - k^2\vec{E} = -\frac{\omega^2}{c^2\epsilon_0}\vec{D} = -\mu_0\omega^2\vec{D} \tag{13.4.7}$$

이 된다. 식 (13.4.7)에 $\vec{k}$ 를 스칼라 곱을 하여주면,

$$(\vec{k}\cdot\vec{k})(\vec{k}\cdot\vec{E}) - k^2(\vec{E}\cdot\vec{k}) = -\frac{\omega^2}{c^2\epsilon_0}(\vec{D}\cdot\vec{k}) \tag{13.4.8}$$

$$\Rightarrow (\vec{k}\cdot\vec{E})(k^2 - k^2) = -\frac{\omega^2}{c^2\epsilon_0}(\vec{D}\cdot\vec{k}) = 0$$

이 되므로 $\vec{k}$ 와 $\vec{D}$ 는 서로 수직이 됨을 알 수 있다. 한편, 식 (13.4.7)에 $\vec{E}$ 를 스칼라 곱을 하여주면, 식 (13.4.7)은

$$(\vec{k} \cdot \vec{E})^2 - k^2 E^2 = -\mu_0 \omega^2 \vec{D} \cdot \vec{E} \tag{13.4.9}$$

이 된다. $\vec{k} \cdot \vec{E} = 0$이면, 식 (13.4.9)의 왼쪽 첫째 항은 '0'이 되고 둘째 항은 E^2에 k^2을 곱한 스칼라 양이 된다. 하지만, 오른쪽 항은 $\vec{D} \cdot \vec{E} = \epsilon_0 (1+\chi) \vec{E} \cdot \vec{E} = \epsilon_0 (1+\chi) E^2$이고 χ가 텐서이므로 식 (13.4.9)가 성립하지 않는다. 따라서 $\vec{k} \cdot \vec{E} \neq 0$, 즉 $\vec{k}$와 $\vec{E}$가 수직이 아님을 의미한다. 한 예로서 비등방성 물질, 즉, z-축이 광축인 양의 단축결정에 있어서 $k_x k_z$- 평면(또는 $k_y k_z$-평면)을 생각하여 보자. 이 경우에 $\vec{D} = \epsilon_0 (1+\chi) \vec{E}$의 관계에 의해 등방성 매질에서와 같이 χ가 스칼라인 경우에 $\vec{D}$와 $\vec{E}$는 서로 평행하나, 단축결정의 경우에 $\chi_{11} = \chi_{22} = a$, $\chi_{33} = b$로 텐서이므로 $D_x = \epsilon_0 (1+a) E_x = \epsilon_o E_x$(여기서 진공에서의 유전율 ϵ_0와 정상광선에 대한 유전율인 ϵ_o는 서로 같지 않음에 유의할 것), $D_z = \epsilon_0 (1+b) E_z = \epsilon_e E_z$($\epsilon_e$는 이상광선에 대한 유전율)와 같이 표현된다. 즉, $\vec{D} = \epsilon_o E_x \hat{x} + \epsilon_e E_z \hat{z}$이고 $\vec{E} = E_x \hat{x} + E_z \hat{z}$이며, 양의 단축결정인 경우에 $\epsilon_o \neq \epsilon_e$ ($\epsilon_e > \epsilon_o$)이므로 $\vec{D}$와 $\vec{E}$는 같은 평면 내에 있으나 서로 평행하지 않다(그림 13.8(a), 9 참조). 반면에 음의 단축결정인 경우에 $n_e > n_o$이므로 $\epsilon_e < \epsilon_o$이어서 $\vec{D}$와 $\vec{E}$ 사이의 관계는 그림 13.8(b)와 같이 되어 $\vec{D}$와 $\vec{E}$가 서로 평행이 아님을 알 수 있다.

$\vec{H}$는 그림 13.9에 나타나 있지 않으나 지면에서 밖으로 나오는 방향을 향하고 있으며, 이때에 포인팅 벡터 $\vec{S} = \vec{E} \times \vec{H}$도 $k_x k_z$-평면 내에 있으면서 $\vec{E}$에 수직하다. 따라서 $\vec{D}$와 $\vec{E}$가 평행하지 않으면 $\vec{S}$와 $\vec{k}$가 평행하지 않으므로 빛살은 $\vec{k}$의 방향을 향하지 않는다.

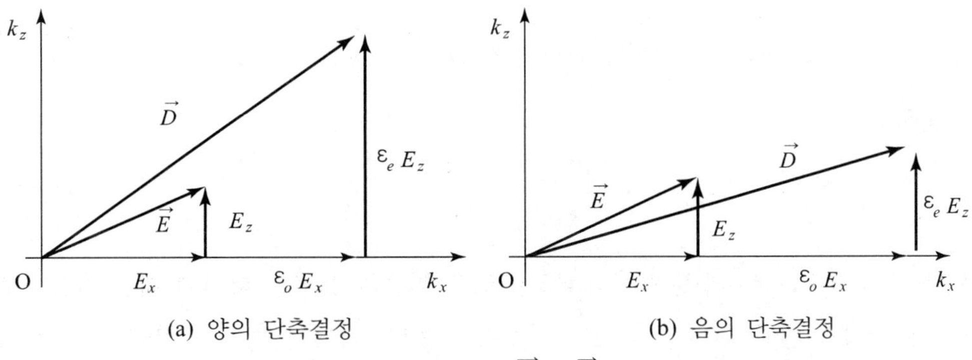

(a) 양의 단축결정　　(b) 음의 단축결정

그림 13.8 단축결정에서 $\vec{D}$와 $\vec{E}$ 사이의 관계

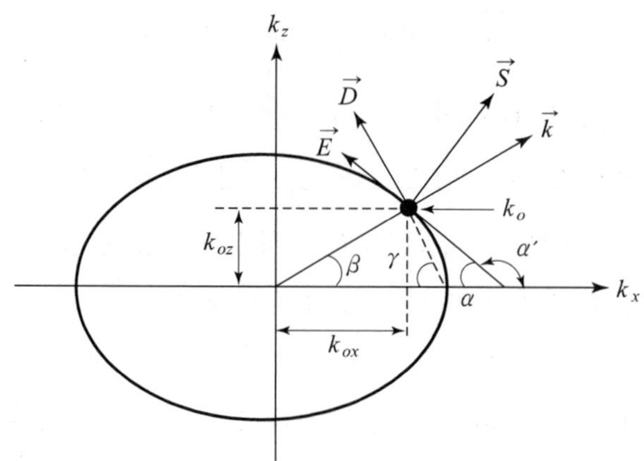

그림 13.9 양의 단축결정에 있어서의 $\vec{E}$, $\vec{S}$, $\vec{D}$ 및 $\vec{k}$, $\vec{H}$는 지면 밖으로 나오는 방향을 가르킨다.

타원 표면에 대한 $\vec{S}$의 방향에 대해 알아보자. 등방성 결정에서, $\vec{k}$벡터가 이루는 면은 항상 구면이다. 이러한 결과로부터, $\vec{S}$는 파수벡터 $\vec{k}$가 파 벡터 면을 만나는 점(그림 13.9의 경우에 k_0)에서 타원체 면에 대해 수직이 됨을 예측할 수 있다. $\vec{S}$와 $\vec{E}$는 서로 수직이므로 $\vec{E}$가 k_0에서 타원체 면의 접선방향을 가리킨다는 것을 보이면, $\vec{S}$가 k_0에서 타원체 면에 수직이 됨을 증명하는 결과가 된다. $\vec{E}$가 k_0에서 타원체 면의 접선방향임을 보이기 위해서는 그림 13.9의 타원에 대한 방정식을 미분하여 k_0에서 얻은 타원 기울기가 $\vec{E}$의 방향과 같음을 보이면 된다. 한편, $\vec{E}$의 방향은 $\vec{k}$와 $\vec{D}$가 서로 수직이므로 관계식 $\vec{D}=\epsilon_0(1+\chi)\vec{E}=\epsilon\vec{E}$를 이용하여 구할 수 있다. k_0에서 타원의 기울기를 구하기 위해 타원 방정식

$$\frac{k_x^2}{(\omega n_3/c)^2}+\frac{k_z^2}{(\omega n_1/c)^2}=1 \tag{13.4.10}$$

을 미분하면

$$\frac{dk_z}{dk_x}=-\frac{\epsilon_1 k_x}{\epsilon_2 k_z} \tag{13.4.11}$$

이 된다. 식 (13.4.11)은 타원 방정식 (13.4.10)을 미분하여 얻은 타원에 대한 기울기로서 k_0에서 기울기가 바로 k_0에서 접선의 기울기가 된다. 따라서 k_0에서 타원에 대한 접선이 k_x축과 α의 각으로 만나게 되므로, $\tan\alpha$의 값이 k_0에서 접선의 기울기가 되며,

$$\tan\alpha = \frac{dk_z}{dk_x} = -\frac{\epsilon_1 k_{ox}}{\epsilon_2 k_{oz}} \tag{13.4.12}$$

이 된다. 그림 13.9에서 $\gamma + \beta = \pi/2$ $(\vec{k} \cdot \vec{D} = 0)$이므로

$$\tan\beta = \frac{k_{oz}}{k_{ox}} = \tan\left(\frac{\pi}{2} - \gamma\right) = \cot\gamma = \frac{1}{\tan\gamma} \quad \text{또는} \quad \tan\gamma = \frac{k_{ox}}{k_{oz}} \tag{13.4.13}$$

이다. 그림 13.9에서 $\vec{D}$의 연장선이 k_x 축과 만나면서 이루는 각 γ에 탄젠트를 취하면,

$$\tan\gamma = -\frac{D_z}{D_x} = -\frac{\epsilon_2 E_z}{\epsilon_1 E_x} \tag{13.4.14}$$

이 된다. 식 (13.4.13)과 식 (13.4.14)로부터

$$\frac{k_{ox}}{k_{oz}} = -\frac{\epsilon_2 E_z}{\epsilon_1 E_x} \tag{13.4.15}$$

을 얻는다. 한편, $\vec{E}$의 연장선과 k_x 축이 만나는 각을 α'이라고 두면,

$$\tan\alpha' = -\frac{E_z}{E_x} \tag{13.4.16}$$

이 된다. 식 (13.4.15)로부터 얻은

$$\frac{E_z}{E_x} = -\frac{\epsilon_1 k_{ox}}{\epsilon_2 k_{oz}} \tag{13.4.17}$$

의 값을 식 (13.4.16)에 대입하면,

$$\tan\alpha' = +\frac{\epsilon_1 k_{ox}}{\epsilon_2 k_{oz}} \tag{13.4.18}$$

이 된다. 식 (13.4.18)과 식 (13.4.12)를 비교하여 보면,

$$\tan\alpha' = -\tan\alpha = \tan(180 - \alpha) \tag{13.4.19}$$

이 됨을 알 수 있다. 이는 $\vec{E}$에 대한 연장선이 접선의 방향과 같음을 의미하므로 $\vec{E}$는 k_0 에서 타원체 면에 접선방향이고 $\vec{S}$는 접선 방향에 수직이면서 타원체 면에 수직임을 알 수 있다. 따라서 단축결정의 경우에 $\vec{k}$와 $\vec{S}$는 일반적으로 평행이 아니며 빛에 의해

운반되는 에너지는 $k_x k_z-$ 타원체 면에 항상 수직방향으로 진행한다.

지금까지 논의한 내용은 간단하면서도 단축결정에 제한된 듯하나, 이러한 결과들은 임의의 결정에 대해서도 성립한다. 위에서 논의한 내용들을 요약해 보면 다음과 같다. 즉, k의 값이 k_x와 k_z 사이의 값을 가지며 k_x와 k_z의 절댓값이 같은 경우에 위상속도와 빛살속도는 같은 방향을 가진다[그림 13.10(a), 등방성 매질 또는 광축을 따라 빛이 진행하는 경우]. 하지만 k_z와 k_x가 서로 다른 절댓값을 가지면, 중간되는 k의 접점은 타원 위에 있게 되고 이때에 $\vec{k}$벡터의 방향은 원점으로부터 직선방향을 가리키며 $\vec{S}$의 방향은 $\vec{E}\times\vec{B}$의 방향과 일치하게 된다. 따라서 $\vec{S}$의 방향은 $\vec{k}$의 방향과 일치하지 않는다.[그림 13.10(b)]

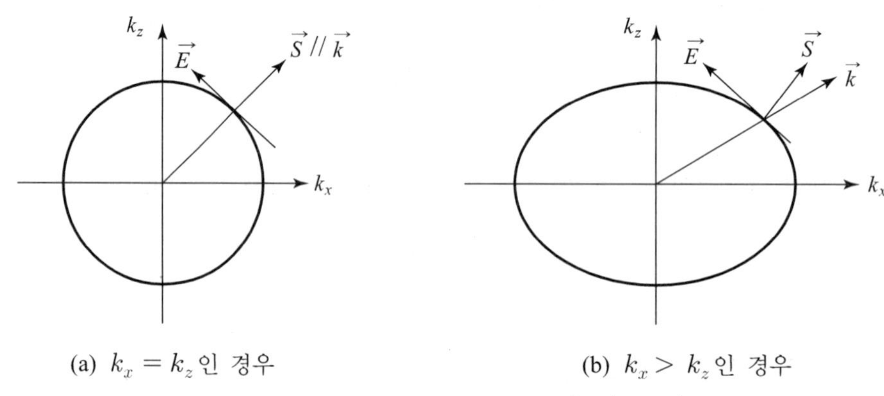

(a) $k_x=k_z$인 경우　　　(b) $k_x>k_z$인 경우

그림 13.10 양의 단축결정에 있어서의 $\vec{E}$, $\vec{S}$ 및 $\vec{k}$의 관계

13.5 경계면에서의 복굴절

공기와 단축결정의 경계면에 빛이 입사할 경우에 빛의 진행 및 전기장의 진동방향에 따라서 굴절각의 변화에 기인한 복굴절 현상이 나타난다. 한 예로서 공기와 양의 단축결정($n_e>n_o$)의 경우에 경계면에서 세 가지 서로 다른 유형의 굴절을 생각할 수 있는데 이들은 경계면과 입사면에 대한 광축의 방향에 따라 서로 다르게 된다. 즉, 광축은 경계면 내에 있던지 경계면에 수직 방향으로 있게 되며, 입사하는 빛의 전기장의 진동은 입사면에 평행하거나 수직이다.

13.5.1 광축이 경계면에 있고 입사면에 수직한 경우

경계면에서의 굴절은 경계조건에 의해 결정되고 입사파와 반사파, 그리고 굴절된 파들은 모두 입사면 내에 있게 된다. 경계면에서의 경계조건들은 궁극적으로 운동량 보존에 기인한 것이므로, 복굴절의 경우에도 그대로 적용된다. 따라서 입사파의 전파 벡터를 $\vec{k}_{air}$, 굴절파의 전파벡터를 $\vec{k}$라 하고 입사각과 굴절각을 각각 θ, ψ라 할 때에 경계조건을 사용하면,

$$\vec{k}_{air} \cdot \vec{r} = \vec{k} \cdot \vec{r} \text{ (경계면에서)} \tag{13.5.1}$$

으로 표현된다. 이 식의 물리적 의미는 경계면에서 입사파와 굴절파의 위상이 동일하다는 뜻으로 경계면에 입사파와 굴절파의 전파벡터를 투영하였을 때에 그 크기가 서로 같음을 의미한다.

그림 13.11에서와 같이 광축이 경계면(xz－면) 위에 있고 입사면에 수직인 z－축 방향을 향하고 y－축이 입사면 위에 있다고 할 때에, xy－면이 입사면이 된다. 이때에 입사하는 빛의 진동은 z－축에 대해 수직으로 진동하는 경우(그림 13.11에 화살표로 표시)와 평행으로 진동하는(그림 13.11에 점으로 표시) 두 가지의 경우를 생각할 수 있다. z－축에 대해 수직으로 진동하는 빛의 경우에 식 (13.5.1)은

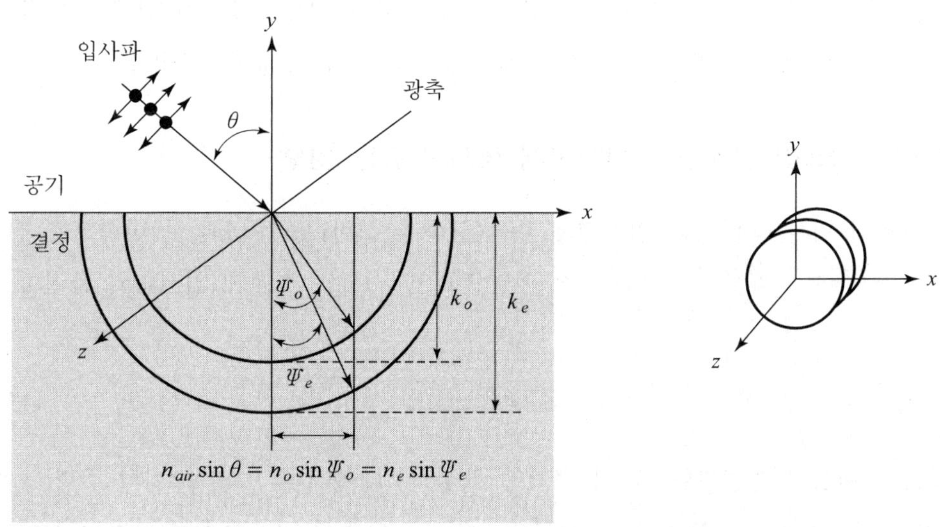

그림 13.11 광축이 경계면(xz–면)에 있고 입사면(xy–면)에 수직인 경우에 입사와 굴절

$$n_{air}\sin\theta = n_o \sin\psi_o \tag{13.5.2}$$

와 같이 된다. 여기서 n_{air}은 공기의 굴절률로서 $n_{air}=1$, n_o은 정상광선에 대한 굴절률이다.

식 (13.5.2)의 양변에 $k=2\pi/\lambda_0$ (λ_0: 진공 중에서의 빛의 파장)을 곱하면,

$$n_{air}\left(\frac{2\pi}{\lambda_0}\right)\sin\theta = n_o\left(\frac{2\pi}{\lambda_0}\right)\sin\psi_o \quad \Rightarrow k_{air}\sin\theta = k_o \sin\psi_o \tag{13.5.3}$$

이 된다. 한편 광축에 평행하게 진동하는 경우(입사면에 대해 수직)에 식 (13.5.1)은

$$n_{air}\sin\theta = n_e \sin\psi_e \quad \Rightarrow k_{air}\sin\theta = k_e \sin\psi_e \tag{13.5.4}$$

이 되며, n_e는 이상광선에 대한 굴절률 그리고 ψ_e는 이상광선에 대한 굴절각이다. 식 (13.5.3)과 식 (13.5.4)로부터

$$k_{air}\sin\theta = k_o \sin\psi_o = k_e \sin\psi_e \tag{13.5.5}$$

와 같은 결과를 얻을 수 있다. 광축에 수직한 xy-평면 내에서 광축에 수직으로 진동하면서 입사하여 굴절하는 빛의 파수 벡터 x, y성분은 서로 같으므로 $k_x = k_y = k_o$이 되며, 광축에 평행하게 진동하면서 굴절된 경우에도 파수 벡터의 x, y성분이 같으므로 $k_x = k_y = k_e$와 같이 표현된다. 또한 k_o와 k_e는 반경이 서로 다른 원 위에 있으며 크기는 방향에 무관하므로 모든 입사 및 굴절각에 대하여 같은 값을 가진다.

13.5.2 광축이 경계면과 입사면에 동시에 있는 경우

이 경우에 입사하는 빛은 입사면에 수직(광축에 수직) 또는 평행한 방향으로 진동하게 된다. 광축에 수직으로 진동(y-축 방향으로 진동)하는 경우에 입사파와 굴절파 사이에는

$$k_{air}\sin\theta = k_o \sin\psi_o \tag{13.5.5}$$

와 같은 관계식이 성립하며, $\overrightarrow{k_o}$의 크기는 그림 13.12에서의 $\overrightarrow{k_o}$의 크기와 같다. 반면에 입사면에 평행하게 진동하면서 입사하는 입사파는 광축에 평행하지도 않으면서 또한 수직하지도 않으며 입사와 굴절파 사이에는

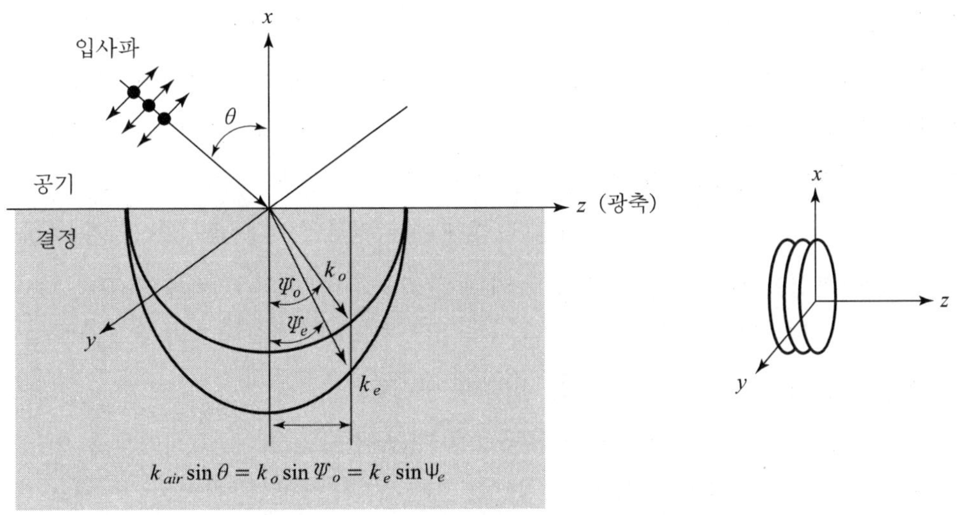

그림 13.12 광축이 경계면(xz−면) 및 입사면(xy−면)에 있을 때의 입사와 굴절

$$k_{air}\sin\theta = k_e\sin\psi_e \tag{13.5.5}$$

의 관계가 성립한다.

하지만 이 경우에 $\overrightarrow{k_e}$의 값이 일정하지 않고 방향에 관계되므로 '$\dfrac{\sin\theta}{\sin\psi}$ = 일정'의 관계인 스넬의 법칙이 성립하지 않는다. 따라서 이러한 광선을 이상광선이라고 한다. 그림 13.12는 반경이 $k_x = k_z = k_o$인 원과 $k_x = k_e$이면서 $k_z = k_o$인 타원의 중첩을 나타낸 것이다. 따라서 z−축에 수직으로 진동하면서 입사하는 정상광선의 경우에는 스넬의 법칙을 만족하지만 입사면에 평행으로 진동하면서 입사하는 광선은 스넬의 법칙을 만족하지 않는다.

13.5.3 광축이 경계면에 수직이면서 입사면에 있는 경우

이 경우에도 위의 (13.5.2)절에서 논의한 결과와 비슷한 결과를 얻게 되며, 입사파와 굴절파의 파수 벡터를 x−축 위에 투영시켰을 때에 이들의 값은 경계조건에 의하여 같게 된다. 즉,

$$k_{air}\sin\theta = k_o\sin\psi_o = k_e\sin\psi_e \tag{13.5.6}$$

와 같은 결과를 얻게 된다.

그림 13.13은 반경이 $k_x = k_z = k_o$인 원과 단반경이 $k_z = k_o$이며, 장반경이 $k_x = k_e$인 타원의 중첩을 나타낸 것으로 z－축에 수직으로 진동(y－축 방향)하면서 입사하는 빛에 대해서는 스넬의 법칙을 만족하는 정상광선이 되며, 입사면에 평행으로 진동하면서 입사하는 빛에 대해서는 스넬의 법칙을 만족하지 않는 이상광선이다.

지금까지는 $n_e > n_o$인 양의 단축결정에 대해서 논의하였으나, $n_e \leqq n_o$의 관계를 가지는 음의 단축결정에 대해서는 위에서 논의된 결과들과 반대의 관계를 가진다. 즉, 양의 단축결정에 있어서 정상광선의 굴절각(ψ_o)이 이상광선에 대한 굴절각(ψ_e)보다 크나 음의 단축결정에 대해서는 이와 반대의 관계가 성립한다.

모든 경우에 굴절된 정상광선과 이상광선에 대한 편광은 서로 수직이므로 이러한 복굴절 현상은 하나의 편광되지 않은 입사광을 서로 수직 편광을 가지는 두 개의 빛으로 분리하는 데에 사용되기도 한다.

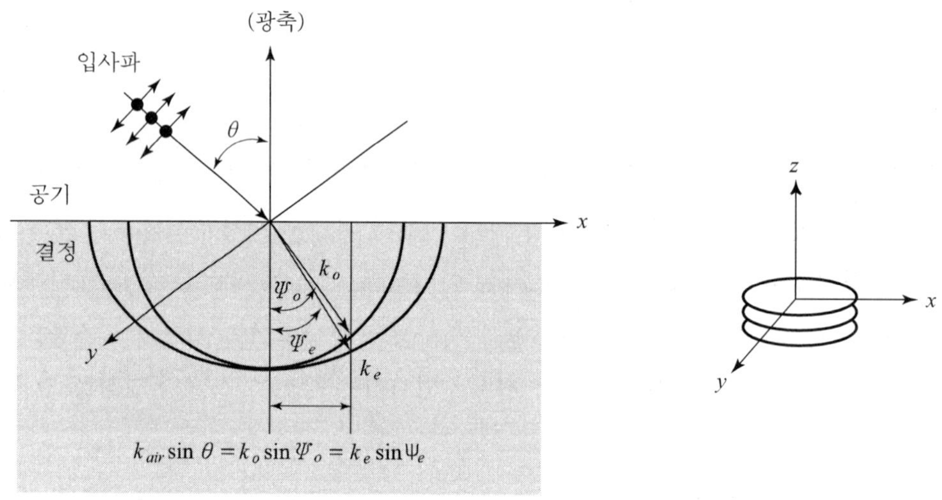

그림 13.13 광축이 경계면(xy－면)에 수직이면서 입사면(xz－면)에 있을 때의 입사와 굴절

편광프리즘

단축결정의 내부로부터 경계면 쪽으로 입사하는 빛에 대해서 생각하되, 그림 13.11에서와 같이 광축이 입사면에 수직한 경우에 대하여 생각하여 보자. 이때에 파수벡터 $\vec{k}$에 대한 가로 단면(cross section)은 그림 13.11에서 보여주는 바와 같이 정상광선과 이상광선에 대해서 스넬의 법칙이 성립한다. 간단히 하기 위하여 그림 13.11에서 공기 ($n_{air} = 1$)로부터 단축결정의 내부로 빛이 진행한다고 가정하면,

$$k_{air}\sin\theta = k_o \sin\psi_o \;\Rightarrow\; n_{air}\sin\theta = \sin\theta = n_o \sin\psi_o \tag{13.5.7}$$

$$k_{air}\sin\theta = k_e \sin\psi_e \;\Rightarrow\; n_{air}\sin\theta = \sin\theta = n_e \sin\psi_e \tag{13.5.8}$$

와 같은 관계식이 얻어지며, θ는 입사각, ψ_e, ψ_o는 이상광선 및 정상광선에 대한 단축결정의 굴절각이다. 정상광선에 대한 전기장 $\vec{E}$는 광축에 수직이며, 이상광선에 대한 전기장 $\vec{E}$는 광축과 평행하다.

위의 내용을 방해석과 같은 음의 단축결정에 대하여 적용하되, 그림 13.14에서와 같이 빛이 결정 속에서 공기 중으로 향하는 경우를 생각하여보자. 음의 단축결정인 경우에 정상광선에 대한 굴절률(n_o)이 이상광선에 대한 굴절률(n_e)보다 크다. 그림 13.14(a)에서와 같이 빛이 결정 내부에서 공기를 향하여 진행하는 경우에 정상광선의 내부 전반사가 시작되는 굴절각은 $\psi_o = 90°$가 되며, 이때의 입사각을 임계입사각(θ_c)이라고 한다. 따라서 임계입사각(θ_c)에 대한 표현식은 다음과 같이 주어진다.

$$n_o \sin\theta_c = n_{air}\sin\psi_o = (1)\sin 90° = 1 \;\Rightarrow\; n_o = \frac{1}{\sin\theta_c} \;\; (n_{air} = 1) \tag{13.5.9}$$

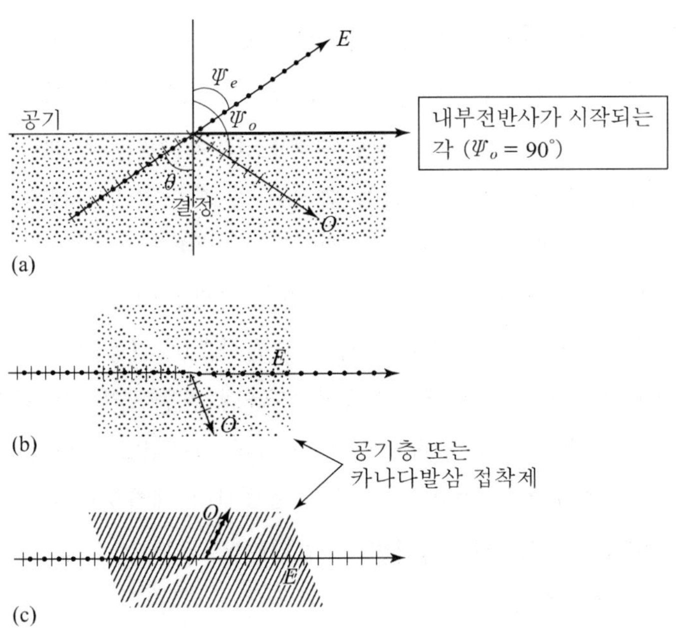

그림 13.14 (a) 내부굴절의 경우에 결정 경계면에서의 정상광선과 이상광선의 분리, (b) 글랜(Glan) 편광프리즘의 구성, (c) 니콜 프리즘, 'E'는 이상광선, 'O'는 정상광선을 의미

따라서 식 (13.5.9)로 주어지는 임계각 θ_c보다 큰 각으로 입사하는 경우에 정상광선이 모두 결정 속으로 반사되는 전반사가 일어난다. 따라서 θ이 값이 커질수록 $1/\sin\theta$이 값이 작아지므로 정상광선이 전반사를 일으키기 위한 조건은

$$\frac{1}{\sin\theta} < n_o \tag{13.5.10}$$

와 같이 표현된다. 음의 단축결정은 정상광선에 대한 굴절률(n_o)이 이상광선에 대한 굴절률(n_e)보다 크므로 식 (13.5.10)을 정상광선에 대한 굴절률과 이상광선에 대한 굴절률로 표현하면, 내부 입사각(θ)이

$$n_e < \frac{1}{\sin\theta} < n_o \tag{13.5.11}$$

와 같은 관계식을 만족하는 경우에 정상광선은 일반적으로 내부 전반사가 일어나지만, 이상광선에 대해서는 내부 전반사가 일어나지 않는다. 물론 내부 입사각이 큰 경우에 이상광선에 대해서도 내부 전반사는 일어날 수 있으나, 정상광선만 내부반사가 일어나고 이상광선은 일어나지 않도록 입사각을 조절할 수 있다. 정상광선만 내부 전반사가 일어나도록 입사각을 조절한 경우에 정상광선과 이상광선이 완전히 분리되므로 굴절된 파는 그림 13.14(a)에서와 같이 완전편광이 된다. 이 경우에 정상광선에 대한 전기장 벡터 $\vec{E}$의 방향은 입사면에 평행(광축에 대해서는 수직)하고 이상광선에 대한 전기장 벡터 $\vec{E}$의 방향은 입사면에 수직하다. 따라서 결정 속에서 공기 중으로 진행하던 빛은 편광방향이 서로 수직인 정상광선과 이상광선으로 분리되므로 완전 편광된 빛이 되는 것이다.

위에서 이중굴절을 이용하여 편광되지 않은 빛을 편광된 빛으로 분리하는 기본원리를 설명하였다. 이러한 기본원리를 이용하여 가장 보편적으로 사용되는 편광프리즘의 하나가 그림 13.14(b)에 나타낸 글랜 편광프리즘이다. 글랜 편광프리즘은 동일한 2개의 방해석 프리즘을 사용하되 광축이 모서리(coner edges)에 평행하고(그림 13.14(c))에서는 지면에 수직), 프리즘의 빗면을 서로 마주 보도록 결합시켜 제작하되 두 프리즘 사이에 공기층을 두거나 투명매질의 물질로 접합한다. 공기층을 두는 경우에, 꼭지각(apex angle)은 약 38.5° 정도이어야 한다.

또 다른 유형의 편광프리즘을 그림 13.15에 나타내었다. 그림 13.15(a)는 월러스톤(Wallaston) 프리즘, 13.15(b)는 로천(Rochon) 프리즘, 그리고 13.15(c)는 세나몬트(Senarmont) 프리즘을 나타낸 것이다.

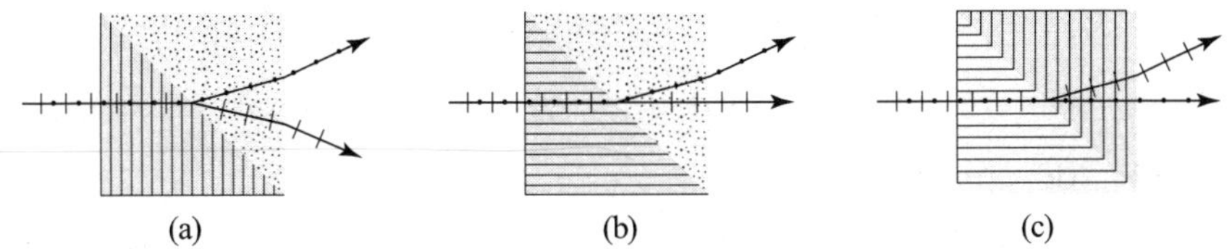

그림 13.15 편광되지 않은 빛을 편광방향이 서로 수직인 편광된 빛으로 나누는 3가지 유형의 편광 프리즘

이들 모두의 프리즘은 양의 단축결정인 석영(quartz)결정으로 제작된다. 그림 13.15에서 수직선은 광축이 경계면에 수직이면서 입사면에 평행한 경우, 수평선은 광축이 경계면과 입사면에 평행한 경우, 그리고 점으로 표시한 경우는 광축이 경계면에 평행하되 입사면에 수직한 경우를 나타낸 것이다.

13.6 광활성 매질의 광 특성

일부 물질은 물질 내를 통과하는 빛의 편광면을 회전시키는 기능을 가지고 있는데 이러한 성질을 가지는 물질을 광활성 물질이라 한다. 고체 형태의 광활성 물질로는 석영, 설탕 등이 있으며, 액체 형태로는 테레빈유(turpentine) 및 설탕 수용액 등이 있다. 선형 편광된 빛이 광활성 물질에 입사하면, 빛의 선형 편광성은 변하지 않고 전기장의 진동면만이 원래의 방향으로부터 회전되어 나오며 이때 회전된 각은 광활성 매질 내를 통과한 빛의 진행거리(매질이 용액인 경우에는 진행길이 및 농도)에 비례하게 된다. 광활성 매질 내에서의 빛의 단위 진행 거리당 회전각을 견줌 회전 능력(specific rotatory power)이라 하는데, 이러한 견줌 회전 능력은 매질의 온도 및 입사하는 빛의 파장에도 의존한다. 빛의 편광상태는 관측자를 기준으로 설명된다. 즉, 관측자를 향해 접근하는 빛의 전기장 진동상태를 말한다. 한 예로서 그림 13.16에서와 같이 광원을 바라보는 관측자의 대하여

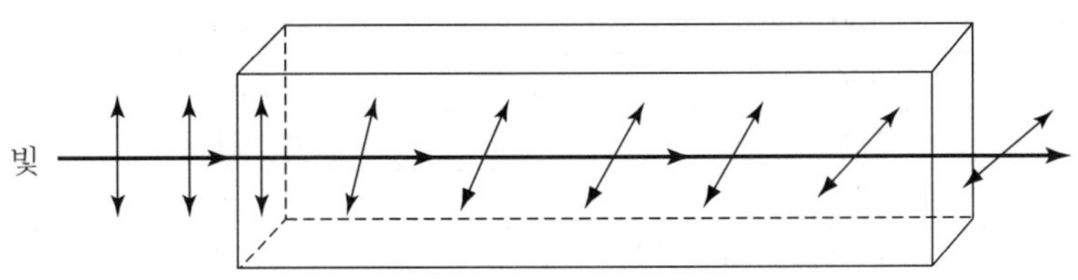

그림 13.16 오른쪽 회전 광활성 매질에 의한 편광면의 회전

매질 내를 통과하는 빛에 대한 전기장의 진동방향이 오른쪽으로 회전하는 경우를 오른쪽 회전 광활성(dextrorotary)이라고 하고, 이와 반대방향으로의 회전을 가져오는 경우를 왼쪽 회전 광활성(levorotary)이라고 한다.

용융된 석영은 광학적으로 등방성이지만, 결정화된 수정은 광활성 뿐만이 아니라 이중 굴절현상을 나타낸다. 즉, 결정화된 수정은 오른쪽 방향의 광활성과 왼쪽방향의 광활성을 가지는 2가지 유형의 결정성을 가진다. 따라서 이러한 성질을 가지는 결정들은 오른쪽 회전 광활성과 왼쪽회전 광활성의 성질을 가지게 된다. 광축방향을 따라 진행하는 빛에 대한 석영결정의 견줌 회전 능력을 표 13.2에 나타내었다. 표 13.2로부터 석영결정의 견줌 회전능력이 파장에 따라 변함을 알 수 있는데 이처럼 파장에 따라 광 활성도가 변하는 현상을 회전분산(rotatory disperion)이라 한다(표 13.2 참조).

광 활성도는 '오른손 원형 편광된 빛의 전파속도가 왼손 원형 편광된 빛의 전파속도와 다르다'는 사실로부터 설명이 가능하다. 그 한 예로서 (존스기호와) 오른손 원형 편광된 빛에 대한 매질의 굴절률을 n_R, 그리고 왼손 원형 편광된 빛에 대한 매질의 굴절률을 n_L로 나타내면 이에 대응하는 파수벡터의 크기는 각각

$$k_R = n_R \frac{\omega}{c}, \quad k_L = n_L \frac{\omega}{c} \tag{13.6.1}$$

이 된다. 따라서 매질 내에서 진동수 ω를 가지고 z−축 방향으로 진행하는 오른손 원평광된 빛과 왼손 원 편광된 빛에 대한 존스표현식은

$$\begin{bmatrix} 1 \\ -i \end{bmatrix} e^{i(k_R z - \omega t)} \Rightarrow \text{오른손 편광된 빛에 대해} \tag{13.6.2}$$

$$\begin{bmatrix} 1 \\ i \end{bmatrix} e^{i(k_L z - \omega t)} \Rightarrow \text{왼손 편광된 빛에 대해}$$

표 13.2 석영결정에 대한 광 활성도

파장(nm)	견줌 회전 능력 (회전각도/mm)
400	49
450	37
500	31
550	26
600	22
650	17

와 같다. 광활성 매질 내로 입사하는 빛이 수평으로 선형 편광된 빛이라고 가정하고, 이를 존스벡터를 사용하여 오른손 원형 편광과 왼손 원형 편광 성분들로 나타내면

$$\begin{bmatrix}1\\0\end{bmatrix}=\frac{1}{2}\begin{bmatrix}1\\-i\end{bmatrix}+\frac{1}{2}\begin{bmatrix}1\\i\end{bmatrix} \tag{13.6.3}$$

와 같이 표현된다. 수평으로 선형 편광된 빛이 광활성 매질 내에서 길이 l 만큼 진행한 후에 빛의 복소 진폭은

$$\begin{aligned}&\frac{1}{2}\begin{bmatrix}1\\-i\end{bmatrix}e^{ik_Rl}+\frac{1}{2}\begin{bmatrix}1\\i\end{bmatrix}e^{ik_Ll} \\ &=\frac{1}{2}e^{i(k_R+k_L)l/2}\left(\begin{bmatrix}1\\-i\end{bmatrix}e^{i(k_R-k_L)l/2}+\begin{bmatrix}1\\i\end{bmatrix}e^{-i(k_R-k_L)l/2}\right)\end{aligned} \tag{13.6.4}$$

와 같이 표현된다.

표현식을 간단히 하기 위하여

$$\begin{aligned}\psi&=\frac{1}{2}(k_R+k_L)l \\ \theta&=\frac{1}{2}(k_R-k_L)l\end{aligned} \tag{13.6.5}$$

와 같이 정의하고 이를 이용하여 식 (13.6.4)를 다시 쓰면

$$\begin{aligned}&e^{i\psi}\left\{\frac{1}{2}\begin{bmatrix}1\\-i\end{bmatrix}e^{i\theta}+\frac{1}{2}\begin{bmatrix}1\\i\end{bmatrix}e^{-i\theta}\right\}=e^{i\psi}\begin{bmatrix}\frac{1}{2}(e^{i\theta}+e^{-i\theta})\\-\frac{i}{2}(e^{i\theta}-e^{-i\theta})\end{bmatrix} \\ &=e^{i\psi}\begin{bmatrix}\cos\theta\\\sin\theta\end{bmatrix}\end{aligned} \tag{13.6.6}$$

와 같이 된다. 식 (13.6.6)은 원래의 편광 방향에 대하여 반시계 방향으로 θ 만큼 선형 편광된 빛을 나타낸다(그림 13.17 참조).

식 (13.6.1)과 식 (13.6.5)를 이용하여 θ 를 다시 쓰면,

$$\begin{aligned}\theta&=\frac{1}{2}(k_R-k_L)l=\frac{1}{2}\left(\frac{n_R\omega}{c}-\frac{n_L\omega}{c}\right)l \\ &=(n_R-n_L)\frac{\omega l}{2c}=(n_R-n_L)\frac{\pi l}{\lambda_0}\end{aligned} \tag{13.6.7}$$

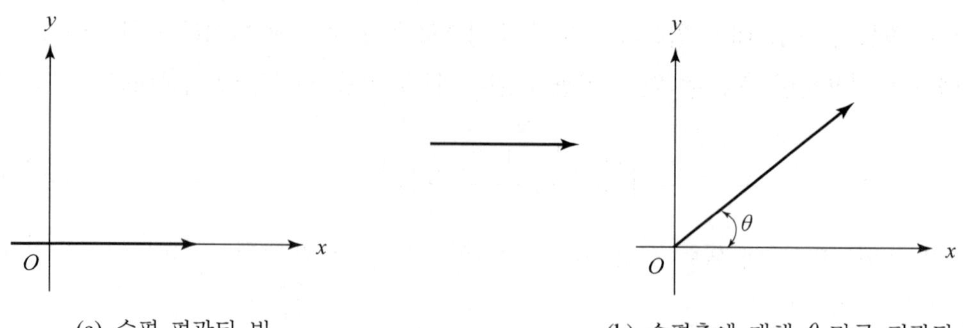

(a) 수평 편광된 빛　　　　(b) 수평축에 대해 θ 만큼 편광된 빛

그림 13.17　광활성 매질에 의한 편광면의 회전

와 같이 표현되며, λ_0 는 진공 중에서의 빛의 파장을 의미한다. 식 (13.6.7)을 빛의 진행 거리로 나누면, 광활성 매질의 견줌 회전 능력($\delta = \theta / l$)이

$$\delta = (n_R - n_L)\frac{\pi}{\lambda_0} \tag{13.6.8}$$

으로 주어지며, n_R, n_L은 빛의 파장에 따라 다르다(표 13.3 참조). 표 13.3은 오른쪽 회전 광활성 석영결정에 대한 값들을 나타낸 것이며, 왼쪽 회전 광활성 석영결정에 대해서는 표 13.3에서 주어진 값의 반대가 된다.

표 13.3　석영결정에서 광축을 따라 진행하는 빛에 대한 굴절률

파장(nm)	n_R	n_L	$n_R - n_L$
396	1.55810	1.55821	0.00011
589	1.54420	1.54427	0.00007
760	1.53914	1.53920	0.00006

편광되지 않은 빛을 서로 반대 방향의 원형 편광된 빛으로 분리하는 방법이 프레넬에 의해서 고안되었으며, 이를 그림 13.18에 나타내었다. 그림 13.18의 왼쪽은 오른쪽 회전 광활성 석영결정 프리즘과 왼쪽 회전 광활성 석영결정을 서로 겹쳐 붙여서 만든 것이다. 대각선 경계에서의 상대 굴절률은 오른손 원형 편광된 빛에 대해서는 '1'보다 크며, 왼손 원형 편광된 빛에 대해서는 '1'보다 작다. 따라서 그림 13.18에서 보여주는 바와 같이 편광되지 않은 빛이 서로 반대 방향으로 원형 편광된 2개의 빛으로 분리된다.

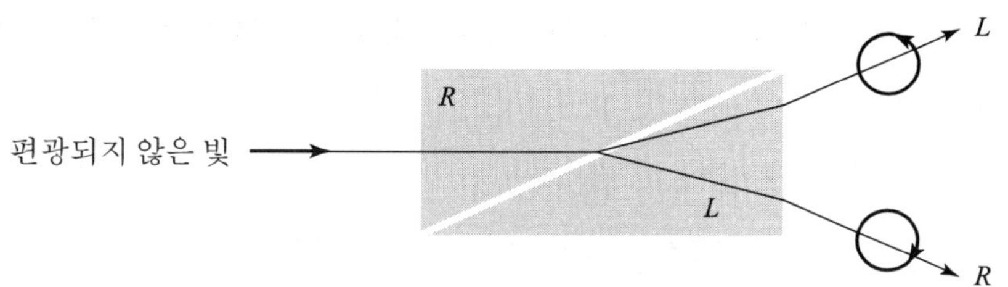

그림 13.18 편광되지 않은 빛을 서로 반대 방향의 원 편광된 빛으로 분리하는 프레넬 프리즘

지금까지는 오른손 원형 편광된 빛과 왼손 원형 편광된 빛이 광활성 매질 내를 통과할 때에 빛의 진행속도가 서로 다르다는 사실에 기초하여 매질의 광활성도를 기술하였다. 하지만, 감수율 텐서($=\chi$)가 공액 허수 비 대각선(conjugate imaginary off-diagonal) 성분 $i\chi_{12}$와 $-i\chi_{12}$를 가지며

$$\chi = \begin{bmatrix} \chi_{11} & i\chi_{12} & 0 \\ -i\chi_{12} & \chi_{11} & 0 \\ 0 & 0 & \chi_{33} \end{bmatrix} \Rightarrow \quad (\chi_{12} = \text{실수}) \tag{13.6.9}$$

와 같이 표현되는 매질은 광활성을 가진다는 것을 쉽게 보일 수 있다. 빛에 대한 파동 방정식

$$\vec{k}\times(\vec{k}\times\vec{E}) + \frac{w^2}{c^2}\vec{E} = -\frac{w^2}{c^2}\chi\vec{E} \tag{13.6.10}$$

을 식 (13.6.9)로 주어지는 감수율 텐서 χ에 대해 같은 성분별로(문제를 간단히 하기 위해서 빛의 진행 방향은 z-축이라고 하자. $k_z \neq 0,\ k_x = k_y = 0$)

$$-k^2E_x + \frac{w^2}{c^2}E_x = -\frac{w^2}{c^2}(\chi_{11}E_x + i\chi_{12}E_y) \tag{13.6.11}$$

$$-k^2E_y + \frac{w^2}{c^2}E_y = -\frac{w^2}{c^2}(-i\chi_{12}E_x + \chi_{11}E_y) \tag{13.6.12}$$

$$\frac{w^2}{c^2}E_z = -\frac{w^2}{c^2}\chi_{33}E_z \tag{13.6.13}$$

와 같이 쓸 수 있다. 먼저, 식 (13.6.13)이 성립하기 위해서는 $\chi_{33} = -1$이 되어야 하는데 이는 물리적으로 성립되지 않는다. 따라서 식 (13.6.13)이 성립하기 위해서는 $E_z = 0$임을 알 수 있으며, 이는 빛이 횡파임을 의미한다. 식(13.6.11~12)들이 의미있는 해가 존

재하기 위해서는 식 (13.6.11)과 (13.6.12)에서 E_x 및 E_y의 계수들에 대한 행렬식의 값이 '0'이어야 한다. 즉,

$$\begin{vmatrix} -k^2+(w^2/c^2)(1+\chi_{11}) & i(w^2/c^2)\chi_{12} \\ -i(w^2/c^2)\chi_{12} & -k^2+(w^2/c^2)(1+\chi_{11}) \end{vmatrix} = 0 \tag{13.6.14}$$

식 (13.6.14)를 k에 대해서 풀면,

$$k = \frac{w}{c}\sqrt{1+\chi_{11} \pm \chi_{12}} \tag{13.6.15}$$

이 되며, 이를 식 (13.6.11) 또는 식 (13.6.12)에 대입하면

$$E_x = \pm iE_y \tag{13.6.16}$$

와 같은 결과를 얻는다. 식 (13.6.16)에서의 (+)부호는 식 (13.6.15)에서의 (+)부호에, (−)부호는 (−)부호와 대응한다. 식 (13.6.15)에 의해 주어진 k 값은 오른손 원형 편광된 빛과 왼손 편광된 빛에 대응하므로 오른손 원형 편광된 빛에 대한 굴절률(n_R)과 왼손 편광된 빛에 대한 굴절률(n_L)은 각각

$$n_R = \sqrt{1+\chi_{11}+\chi_{12}} \tag{13.6.17}$$

$$n_L = \sqrt{1+\chi_{11}-\chi_{12}}$$

이 된다. 그러므로 오른손 원형 편광된 빛과 왼손 편광된 빛에 대한 굴절률의 차이는

$$n_R - n_L = \sqrt{1+\chi_{11}}\left[\sqrt{1+\frac{\chi_{12}}{1+\chi_{11}}} - \sqrt{1-\frac{\chi_{12}}{1+\chi_{11}}}\right] \tag{13.6.18}$$

$$\approx \frac{\chi_{12}}{\sqrt{1+\chi_{11}}} = \frac{\chi_{12}}{n_o}$$

이 되며, 식 (13.6.18)의 결과를 얻는데 있어서 멱급수 전개를 이용하였다. 또한 식 (13.6.18)에서의 n_o는 정상광선에 대한 굴절률이다. 이 경우에 대해 파장의 함수로 표시한 견줌 회전 능력이

$$\delta = (n_R - n_L)\frac{\pi}{\lambda_0} = \frac{\chi_{12}\pi}{n_o\lambda_0} \quad \propto \ \chi_{12} \tag{13.6.19}$$

로 주어지므로, 견줌 회전 능력이 감수율 텐서의 허수 성분 χ_{12}에 비례함을 또한 알 수 있다.

액체에 의한 편광 진동면의 회전은 1811년 Biot에 의하여 우연히 발견되었다. 액체의 경우에 편광 진동면의 회전은 분자구조에 기인한다. 실제로 이러한 편광면의 회전을 나타내는 액체들은 복잡한 분자(complex molecules)를 포함하는 유기화합물이다. 액체를 이루고 있는 각각의 분자는 편광된 빛이 광축을 따라 회전하는 하나의 조그만 결정으로 생각할 수 있다. 액체 내에서 각 분자들은 임의의 방향을 향하고 있으므로 관측되는 편광면의 회전은 모든 분자들에 의한 평균으로 생각할 수 있다. 따라서 액체 내부를 통과하는 빛에 대한 편광면의 회전은 모든 방향에 대하여 같다. 분자들이 임의의 방향을 향하고 있으므로 회전효과를 완전히 상쇄할 것으로 생각할 수 있으나 분자들의 원자배열 특성에 따라 완전히 상쇄되지 않는다. 따라서 광학적으로 활성인 물질과 비활성인 물질로 이뤄진 액체들은 광학적으로 활성인 물질의 양에 비례하여 편광면의 회전을 일으키는 것으로 알려져 있다. 따라서 편광된 빛을 이용하여 광학적으로 비활성인 물속에 존재하는 광학적 활성물질인 설탕의 양을 측정하는 데 있어 매우 정확한 수단으로서 산업체에서 널리 사용되어 왔다. 액체의 경우에 견줌 회전 능력은 $1\ \mathrm{cm}^3$의 부피 속에 $1\ \mathrm{g}$의 광학적 활성물질이 녹아 있는 액체 속을 $10\ \mathrm{cm}$ 길이만큼 통과했을 때 편광면의 회전을 말한다. 따라서 이들을 수식으로 표현하면

$$\delta = \frac{10\theta}{ld} \tag{13.6.20}$$

와 같이 표현되며, d는 $1\ \mathrm{cm}^3$당 들어있는 광학적 활성 물질의 g수, l은 cm로 측정된 빛의 진행거리 그리고 θ는 회전각이다. 물론, 이 경우에도 견줌 회전 능력은 액체의 온도 및 입사하는 빛의 파장에 의존한다.

일반적으로 액체의 경우에 편광면의 회전은 고체결정에 비하여 매우 작다. 한 예로서 테레빈유 물질을 10 cm 진행할 경우에 나트륨 등에서 나오는 빛(589 nm)의 편광면은 $-37°$ 회전된다("−"기호는 빛의 진행방향에 대하여 반시계 방향으로 회전함을 의미한다. 즉, 광원 쪽을 바라볼 때에 반시계 방향으로 회전). 같은 두께를 가지는 석영결정은 나트륨 등에서 나오는 빛의 편광면을 $2{,}172°$ 회전시킨다. 이러한 이유 때문에 고체결정에 대한 견줌 회전 능력은 1 mm 진행할 때의 회전각을 기준으로 잡는다.

13.7 결정에서의 패러데이(Faraday) 회전

앞 절에서 빛이 두께 l인 특정 물질을 통과했을 경우에 빛의 편광면이 회전한다는 것을 알았다. 이러한 현상은 특정한 결정구조를 가지던지 아니면, 비대칭 구조를 가지는 분자들로 만들어진 결정에서 나타난다. 하지만 이러한 광활성이 자기장 내에 놓인 등방성 유전체에서도 일어난다는 것이 1845년 패러데이에 의하여 발견이 되었으며, 이러한 효과를 패러데이 효과라 한다(그림 13.19 참조).

선형 편광된 빛에 대한 편광면의 회전은 자기장의 세기(B) 및 매질 내에서 빛의 통과 길이(l)에 비례한다. 회전각을 θ라고 할 때에 실험적으로 알려진 실험식은

$$\theta = VBl \tag{13.7.1}$$

로 표현되며, V를 베르딕트(Verdict) 상수라 한다. 베르딕트 상수는 파장에 따라 변하며 몇몇 물질에 대한 베르딕트 상수 값을 표 13.4에 나타내었고, 표 13.5에는 파장에 대한 베르딕트 상수의 분산 값을 나타내었다.

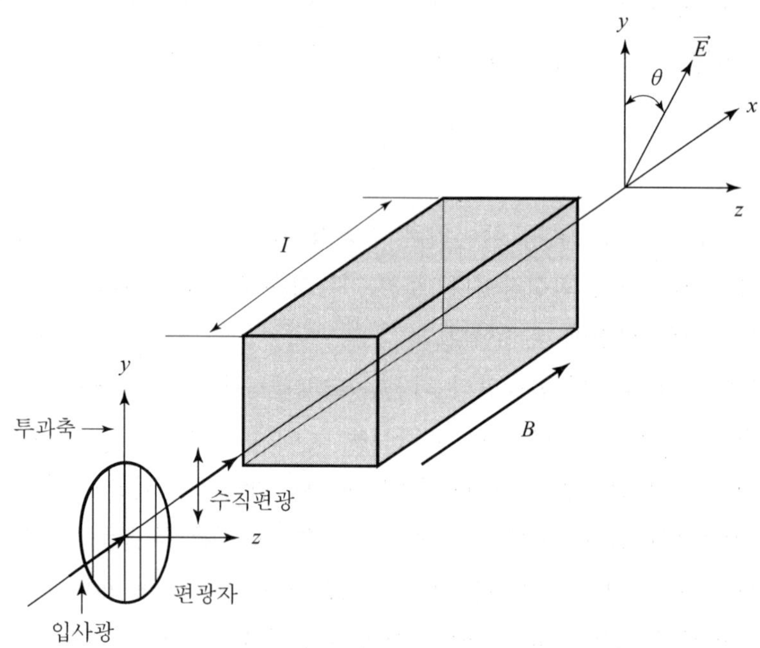

그림 13.19 패러데이 회전 편광자

표 13.4 몇몇 고체 및 액체에 대한 베르딕트 상수 (Na D-선)

물질	온도 (℃)	V(10.3 min of arc / Gauss-cm)
H_2O	0	13.11
C_2H_5OH	25	11.12
아세톤	15.1	11.09
CS_2	0	43.41
ZnS(sphalerite)	16	225
NaCl	16	35.85
KCl	16	28.58
$PbO \cdot SiO_2$(유리)	16	77.9

강제 진동자 모델을 사용하여 굴절률에 대한 이론을 전개한 것과 마찬가지로, 패러데이 효과를 이해하기 위해 진동자 모델을 이용하여 보자. 매질이 진동자들로 이뤄졌다고 가정하고 이러한 진동자들이 외부에서 가해준 정자기장(static magnetic field, B)과 매질 내부를 진행하는 빛의 진동하는 전자기장 내에 있다고 할 때에, 진동자들은 입사하는 빛의 전자기파와 상호작용을 하게 된다. 이때에 물질을 구성하고 있는 구속전자들에 대한 운동 방정식은

$$m\frac{d^2\vec{r}}{dt^2}+k\vec{r}=-e\vec{E}-e[\vec{v}\times\vec{B}]=-e\vec{E}-e\left(\frac{d\vec{r}}{dt}\right)\times\vec{B} \tag{13.7.2}$$

와 같이 되며, $\vec{r}$은 평형위치로부터의 변위, m은 구속전자의 질량, k는 탄성상수, $\vec{B}$는 정자기장 벡터이다. 식 (13.7.2)의 오른쪽 항은 진동하는 빛의 전기장 및 외부에서 가해준 정자기장에 의해 운동하는 구속전자에 작용하는 로렌쯔 힘이다. 여기서는 문제를 간단히 하기 위하여 빛 자체의 자기장에 기인한 힘과 감쇄효과는 무시하였고 이러한 미소

표 13.5 Verdict 상수의 분산, V$\times 10^{-3}$ min/gauss-cm, 온도=23℃)

물질	파장 λ, μm				
	0.6	0.8	1.0	1.5	2.0
H_2O	12.6	7.0	4.4	λ=1.25에서 2.9	
CCl_4	16.1	8.9	5.7	2.5	1.3
C_6H_6	28.1	15.3	9.5	3.9	2.2
CS_2	39.4	21.4	13.5	5.8	3.1

효과가 패러데이 효과의 기본이론을 이해하는데 밀접한 관계가 있는 것은 아니다. 빛이 x − 축 방향으로 진행한다고 가정하고 빛이 횡파임을 고려하면 x − 축 방향의 전기장 성분은 '0'이 되어

$$m\frac{d^2x}{dt^2}+0=F_x$$

$$m\frac{d^2y}{dt^2}+ky=F_y \tag{13.7.3}$$

$$m\frac{d^2z}{dt^2}+kz=F_z$$

로 나타내지며, F_x, F_y, F_z는 로렌쯔 힘에 대한 각각의 성분이다. 단위 체적당 진동자의 수를 N이라 하면, 이때에 단위 체적당 총 전기편극 벡터($\vec{P}$)는 $-Ne\vec{r}$ (전자의 전하량이 $-e$임으로)이 된다. 따라서 식 (13.7.3)에 이러한 사실을 적용하여 식 (13.7.2)를 다시 쓰면,

$$-m\frac{d^2P_x}{dt^2}=NeF_x=e\left[\frac{d\vec{P}}{dt}\times\vec{B}\right]_x \tag{13.7.4}$$

$$-m\frac{d^2P_y}{dt^2}-kP_y=NeF_y=-e^2NE_y+e\left[\frac{d\vec{P}}{dt}\times\vec{B}\right]_y$$

$$-m\frac{d^2P_z}{dt^2}-kP_z=NeF_z=-e^2NE_z+e\left[\frac{d\vec{P}}{dt}\times\vec{B}\right]_z$$

또는

$$m\frac{d^2P_x}{dt^2}=e\left[\frac{dP_y}{dt}B_z-\frac{dP_z}{dt}B_y\right] \tag{13.7.5}$$

$$m\frac{d^2P_y}{dt^2}+kP_y=e^2NE_y-e\left[\frac{dP_z}{dt}B_x-\frac{dP_x}{dt}B_z\right]$$

$$m\frac{d^2P_z}{dt^2}+kP_z=e^2NE_z-e\left[\frac{dP_x}{dt}B_y-\frac{dP_y}{dt}B_x\right]$$

와 같이 표현된다. 입사하는 빛의 각 진동수를 ω라고 할 때에 전기장 및 편극도 이와 같이 변할 것이므로 이들에 대한 해를 $\vec{E}=\vec{E_0}e^{i\omega t}$, $\vec{P}=\vec{P_0}e^{i\omega t}$라고 가정하고 외부

정자기장이 x －축을 향하고 있다고 가정하고 $B_x \neq 0$, $B_y = 0$ 및 $B_z = 0$ 임을 고려하면, 식 (13.7.5)는

$$-m\omega^2 P_x = 0 \tag{13.7.6}$$

$$(-m\omega^2 + k)P_y = e^2 N E_y - i\,\omega\, e\, P_z B_x$$

$$(-m\omega^2 + k)P_z = e^2 N E_z + i\,\omega\, e\, P_y B_x$$

로 되며, 이를 행렬을 사용하여 다시 쓰면,

$$\begin{bmatrix} -\omega^2 m & 0 & 0 \\ 0 & -\omega^2 m + k & i\,\omega\, e\, B_x \\ 0 & -i\,\omega\, e\, B_x & -\omega^2 m + k \end{bmatrix} \begin{bmatrix} P_x \\ P_y \\ P_z \end{bmatrix} = N e^2 \begin{bmatrix} 0 \\ E_y \\ E_z \end{bmatrix} \tag{13.7.7}$$

로 된다. $\vec{P} = \epsilon_0 \chi \vec{E}$ 와 같은 표현이 되도록 역행렬(inverse matrix)를 사용하여 식 (13.7.7)의 χ_{ij}를 표현하면,

$$\chi = \begin{bmatrix} \chi_{11} & 0 & 0 \\ 0 & \chi_{22} & -i\chi_{23} \\ 0 & i\chi_{32} & \chi_{22} \end{bmatrix} \tag{13.7.8}$$

으로 되며, 여기서

$$\chi_{11} = \frac{Ne^2}{m\epsilon_0}\left[\frac{\omega_0{}^2 - \omega^2}{(\omega_0{}^2 - \omega^2)^2 - \omega^2 \omega_c{}^2}\right] \tag{13.7.9}$$

$$\chi_{22} = \frac{Ne^2}{m\epsilon_0}\left[\frac{1}{\omega_0{}^2 - \omega^2}\right] \tag{13.7.10}$$

$$\chi_{23} = \frac{Ne^2}{m\epsilon_0}\left[\frac{\omega\,\omega_c}{(\omega_0{}^2 - \omega^2)^2 - \omega^2 \omega_c{}^2}\right] \tag{13.7.11}$$

가 된다. 위의 식들에서

$$\omega_0 = \sqrt{\frac{k}{m}} \text{ (공명 진동수)} \tag{13.7.12}$$

$$\omega_c = \frac{eB}{m} \text{ (싸이클론 진동수)} \tag{13.7.13}$$

이다. 따라서 자기장에 의해 유도된 견줌 회전 능력에 대한 표현식은 $\delta = \dfrac{\chi_{23}\pi}{n_0\lambda}$ 에다 위의 결과를 대입하면,

$$\delta = \frac{\chi_{23}\pi}{n_0\lambda} \approx \frac{\pi N e^2}{\lambda m \epsilon_0}\left[\frac{\omega\,\omega_c}{({\omega_0}^2-\omega^2)^2}\right] \tag{13.7.14}$$

$$= \frac{\pi N e^3}{\lambda m^2 \epsilon_0}\left[\frac{\omega B}{({\omega_0}^2-\omega^2)^2}\right] \quad (\omega\,\omega_c \ll \left|{\omega_0}^2-\omega^2\right| \text{에 대해})$$

와 같이 주어지며, 위로부터 선형 편광된 빛의 편광면이 회전함을 알 수 있다.

13.8 케르(Kerr) 효과

광학적으로 등방성을 가지는 물질이 강한 전기장 내에 놓여질 때에, 가해준 전기장의 방향과 평행 및 수직으로 진동하는 빛에 대해 서로 다른 굴절률을 가지는 복굴절 현상이 일어나는 것이 1875년 케르(J. Kerr)에 의하여 발견되었으며 이러한 현상을 케르(Kerr) 효과라 한다. 이러한 현상은 액체나 고체 물질들에서 나타난다. 그림 13.20에서 빛은 z－방향으로 진행하며 빛의 전기장은 x－ 또는 y－방향으로 진동한다. y－방향으로 진동하는 빛은 외부에서 가해준 전기장과 평행으로 진동하지만 x－방향으로 진동하면서 입사하는 빛은 외부에서 가해준 전기장과 수직방향으로 진동한다. 외부에서 가해준 전기장($\vec{E}_{dc}$)은 매질 내부에 편극을 일으키며, $\vec{E}_{dc}$에 대해 평행 및 수직으로 진동하는 빛에 대해 서로 다른 굴절률 $n_{//}$ 및 $n_{\perp}$ 을 유도하게 되어 등방성 매질은 단축결정과 같은 비등방성 매질로 변하며 광축의 방향은 $\vec{E}_{dc}$의 방향과 일치하게 된다.

이러한 케르 효과는 전기장에 의한 분자들의 배열(alignment)의 변화에 기인한다. 가해준 전기장의 방향과 평행으로 진동하는 광선의 굴절률과 수직인 광선의 굴절률 차는 실험적으로

$$n_{//} - n_{\perp} = K E_{dc}^2 \lambda_0 \quad \text{또는} \quad n_{//} - n_{\perp} = K\lambda_0 \frac{V^2}{d^2} \tag{13.8.1}$$

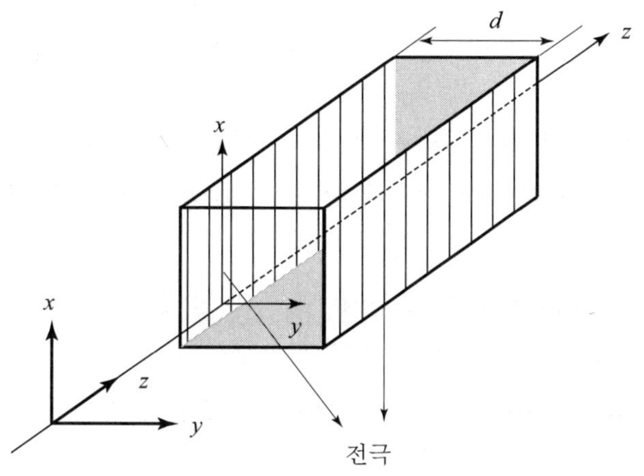

그림 13.20 케르 효과를 관측하기 위한 전기장의 방향

와 같이 가해준 정전기장 세기의 제곱에 비례한다는 것이 알려졌으며, λ_0는 진공에서의 빛의 파장, d는 cm로 측정한 전극간의 거리, V는 두 전극간의 전위차 그리고 K는 케르상수이다. 전기장의 변화에 대한 매질의 반응은 매우 빠르며, 10^{10} Hz 정도의 주파수로 변하는 전기장을 가해주면 매질은 등방성 매질에서 비등방성 매질로의 변환을 반복하게 되며 이러한 성질은 고속의 셔터 또는 광변조기 등을 비롯하여 응용 범위가 매우 넓다. 표 13.6에 몇몇 물질에 대한 케르상수의 값을 나타내었다. 또 하나의 잘 알려진 효과로 포켈(Pockels) 효과가 있는데, 이는 결정의 대칭성에 따라 굴절률의 변화가 가해준 전기장의 세기 또는 전기장의 제곱에 비례하며 이때에 가해주는 전기장은 빛의 진행 방향과 같은 방향으로 가해준다.

42 m의 결정 대칭을 가지는 결정에 있어서 전기장에 대한 $n_{//} - n_{\perp}$의 의존성은

표 13.6 몇몇 물질에 대한 Kerr상수

물질	구조식	k(cm/V^2)
벤젠	C_6H_6	0.7×10^{-12}
이황화탄소	CS_2	3.5×10^{-12}
클로로포름	$CHCl_3$	-3.8×10^{-12}
물	H_2O	5.5×10^{-12}
클로로벤젠	C_6H_5Cl	11×10^{-12}
니트로톨루엔	$C_7H_7NO_2$	136×10^{-12}
니트로벤젠	$C_6H_5NO_2$	234×10^{-12}

$$n_{//} - n_{\perp} = (const)\frac{E}{\lambda_0} \quad \text{또는} \quad n_{//} - n_{\perp} = (const)\frac{V}{\lambda L} \tag{13.8.2}$$

와 같으며, L은 두 전극 사이의 길이이다(그림 13.21 참조). 이와 같이 전기장의 세기에 비례하는 선형 포켈 효과를 보이는 결정으로는 KDP(KH_2PO_4), RbDP(RbH_2PO_4) 및 CsDA(CsH_2AsO_4) 등이 있다.

외부에서 전기장을 가해주지 않은 경우에 z-축 방향(광축 방향)으로 진행하는 빛은 x, y-축 방향으로 전기장의 진동에 대하여 같은 파수벡터의 값(k)을 가진다. 하지만 전기장을 가해주면 매질의 편극에 의하여 결정 내에 새로운 결정축 x', y'-축이 유도된다.

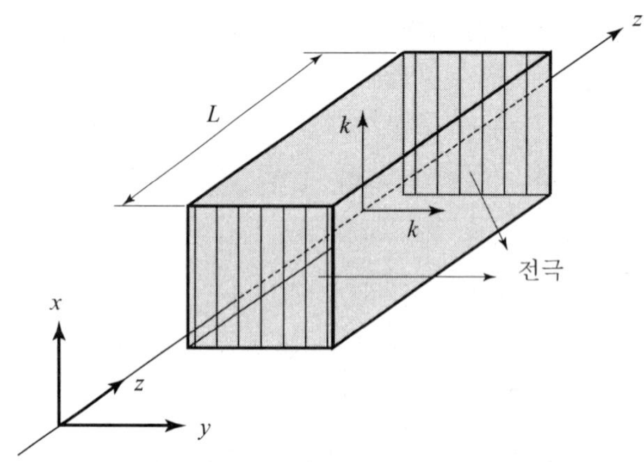

(a) 전기장을 가해 주지 않은 경우

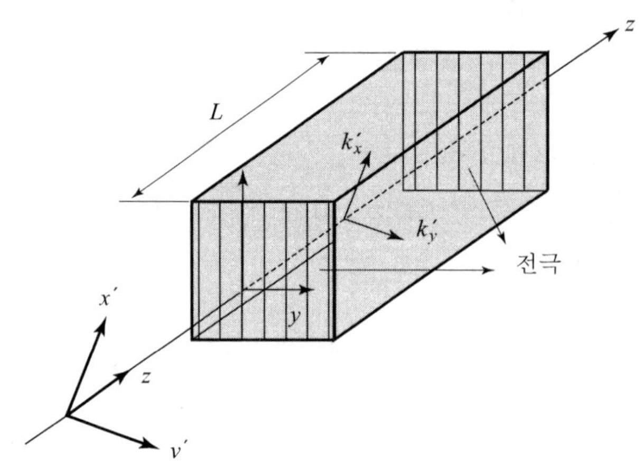

(b) 전기장을 가해 준 경우

그림 13.21 포켈 효과를 관측하기 위한 전기장의 방향

KDP와 같은 결정을 광변조기로서 사용할 경우에 이와 같이 외부에서 가해준 전기장에 의해 생긴 x', y' −결정축이 전기장을 가해주지 않았을 때의 x, y −축에 대해 45°기울어지도록 배열을 한다. 따라서 x −축 방향으로 편광된 빛이 입사할 경우에 입사된 빛은 x', y' −진동성분으로 분해되며, x', y' −축 방향으로 진동하는 빛은 서로 다른 편극을 느끼게 되므로 서로 다른 두 개의 굴절률을 갖는 매질을 진행하는 것과 같게 된다.

x', y' −축 방향의 진동에 대응하는 서로 다른 두 굴절률은 정상광선에 대한 굴절률 n_o, 가해준 전기장 $\vec{E}$ 및 포켈 상수 C로 표현하면,

$$n_o - \frac{n_o^3}{2} C E_Z = n_o - n : \ x' - \text{방향으로의 진동에 대해} \tag{13.8.3}$$

$$n_o + \frac{n_o^3}{2} C E_Z = n_o + n : \ y' - \text{방향으로의 진동에 대해} \tag{13.8.4}$$

와 같으며, n은 전기장을 가해주었을 때의 x, y 평면에서 진동하면서 진행하는 빛에 대한 굴절률변화이다. x' −축 방향으로 편극된 빛은 파수벡터 k_x'으로 진행을 하며, y' −축 방향으로 편극된 빛은 파수벡터 k_y'으로 진행을 하게 된다. 한편, 42 m 대칭성보다 대칭성이 좋은 중심대칭(centrosymmetric) 결정구조를 가지는 KTN ($KTa_{0.65}Nb_{0.35}O_3$)과 같은 결정에서는 전기장의 제곱에 비례하는 포켈 효과가 나타나고 있다.

13.9 자기 광학 효과

13.8절에서 논한 전기 광학 효과와 비슷한 현상이 자기장의 영향에서 일어나는 것으로, 코튼−뮤톤(Cotton−Mouton) 효과가 있다. 이는 액체에서 일어나며, 자기장에 의한 분자들의 선형배열(lining up)에 의하여 일어난다. 이러한 효과는 가해준 자기장 세기의 제곱에 비례한다.

연습문제

01 광축이 표면에 평행하도록 절단된 두께가 t인 석영 결정이 있다(그림 13.22). 입사하는 빛의 파장이 589 nm이라고 할 때에, 광축에 평행하게 편광된 빛에 대한 굴절률은 1.55이며, 광축에 수직으로 편광된 빛에 대한 굴절률은 1.54이다.

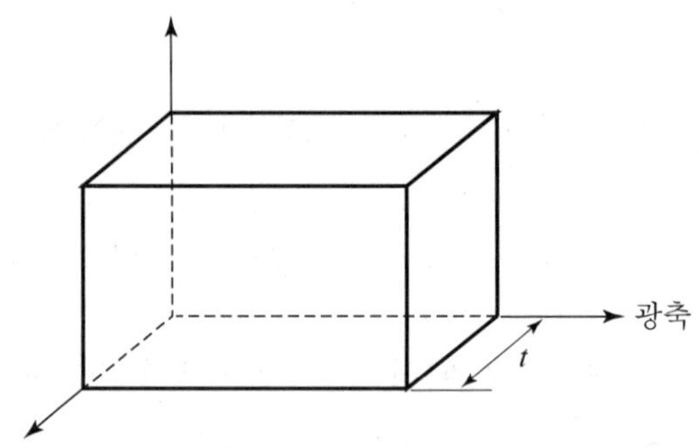

그림 13.22 두께가 t이며 광축이 넓은 표면에 평행한 석영결정

ⓐ 광축에 평행하게 편광된 빛과 수직으로 편광된 두 빛이 같은 위상을 가지고 결정에 입사하여 결정을 통과하여 나오는 두 빛의 위상차가 $90°$가 되기 위한 결정의 두께는 얼마인가?

ⓑ 위의 결정을 어떻게 사용하면 원형 편광된 빛을 얻을 수 있는가?

02 석영 결정의 견줌 회전 능력은 파장이 589 nm인 빛에 대하여 $21.7°/\mathrm{mm}$이다. 결정축에 대해 수직방향으로 절단된 석영 결정을 서로 평행한 두 편광자 사이에 넣어 투과되는 빛이 없도록 하려면 석영 결정의 두께는 얼마이어야 하는가(그림 13.23 참조)?

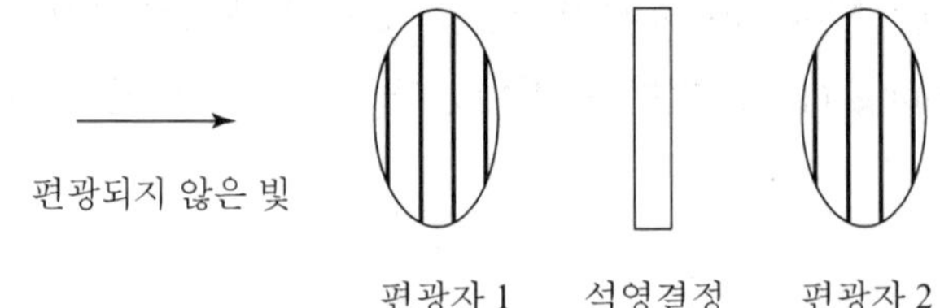

그림 13.23 두께가 l 이며 결정 축에 수직방향으로 절단된 석영 결정

03 파장이 589.3 nm 인 빛이 음의 단축결정인 방해석 결정에 70°의 각도로 입사한다. 광축은 표면에 있으며 광축이 있는 면은 입사면이 된다(그림 13.24 참조). 정상광선과 이상광선의 굴절각은 얼마인가?

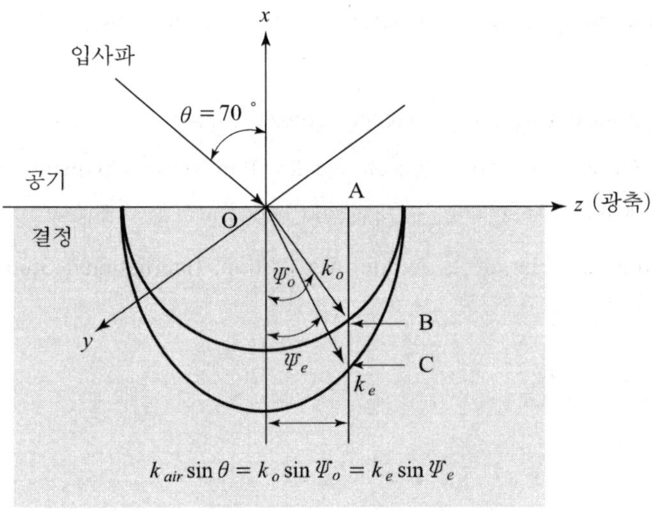

그림 13.24 광축이 입사면(xy–면)에 있으면서 경계면에 있는 음의 단축결정인 방해석

04 어떤 물질의 베르딕트 상수가 3.8×10^{-4} min/gauss – cm 이며 100 cm를 진행할 경우에 패러데이 회전이 4°라면 빛의 진행방향으로 가해준 자기장의 세기는 얼마인가? 또한 자기장을 빛의 진행방향에 대해 수직방향으로 가해주면 어떻게 되겠는가?

05 알코올에 녹은 장뇌 용액 속을 빛이 20 cm 진행할 경우에 빛의 진동면은 33° 회전한다. 알코올 용액 내의 장뇌의 농도는 얼마인가? 장뇌의 견줌 회전 능력은 +55°이다.

06 선형 편광된 빛이 길이가 25 cm 이며 반경이 11 cm 인 유리 속을 통과한다. 유리는 전체가 한 겹의 에나멜선에 의하여 감겨져 있으며, 에나멜선의 총 감긴 회수는 250이다. 유리의 베르딕트 상수는 0.05 min / Oersted – cm 이다. 코일에 5A의 전류가 흐를 때에 빛의 편광면은 얼마나 회전하는가? (단, 자기장은 균일하며, 유리막대의 끝부분에서 생기는 자기장의 불균일함은 무시한다.)

참고문헌

1. Grant R. Fowles., Introduction to Modern Optics. 2nd ed. New York: Holt, Rinehart and Winston, 1975.
2. K. D. Moller, Optics, University Science Books, 1988.
3. Eugene Hecht, Optics. 2nd ed. Addison-Wesley Publishing Company, Inc, 1990.
4. 현대광학, 서울대학교 광학연구회, (주)교문사, 1997.
5. Francis A. Jenkins and Harvey E. White, 4th edition, International Student Edition, 1976.

CHAPTER

14 빛의 측정

빛이란 일반적으로 사람의 눈으로 관측이 가능한 가시광선영역(380 ~ 780 nm)을 의미하지만, 빛은 전자기파로서 이의 발생 및 측정하는 방법을 알아두는 것은 매우 중요하다. 빛은 일반적으로 파장에 따라 분류하며, 전자기 스펙트럼으로 요약된다. 이러한 빛의 측정은 크게 복사 계측(radiometry)과 광 계측(photometry)으로 분류한다. 복사 계측은 광원에서 나온 빛을 전자 계측장비를 사용하여 하나의 물리적인 에너지로서 측정하는 방법으로 단위로는 watts 또는 watts/m^2 등을 사용하고 전자기 스펙트럼의 모든 영역에 적용된다. 한편 광 계측은 사람의 눈에 의한 가시광선영역에 대한 측정으로서 단위로는 lumens 또는 lux(= lumens /m^2)를 사용한다.

사람의 눈은 매우 복잡하며, 심리 및 물리적인(psycho－physical) 상황에 따라 작용하기 때문에 하나의 청색 광원이 모든 사람에 의해 동일하게 관측되지는 않는다. 또한 색맹인 경우에 정확한 색의 구별은 불가능하다. 이러한 개인적인 차이를 극복하고 복사 계측과 광 계측 사이의 연관성을 확립하기 위하여, C. I. E(International Standard Organization)는 표준 관측자 곡선(Standard Observer Curve)을 만들었다. 이 곡선은 정상적인 보통 사람의 시력(vision) 특성을 기술해 주며, 광 계측과 복사 계측 사이의 관계를 정의해준다.

14.1 광원

광원은 자연광원과 인위적으로 만들어진 인공광원을 비롯하여 그 종류는 매우 많다. 광원의 분류 방법은 다음과 같이 1) 빛의 방출 형태, 2) 빛의 파장 또는 색, 3) 광원의 여기형태에 의한 세 종류의 분류가 가능하다. 즉,

1) 빛의 방출형태에 따른 분류

① LED와 같이 방출면적이 관측자까지의 거리에 비해 작은 점광원
② 전계발광 패널같이 방출면적이 관측자까지의 거리에 비해 넓은 경우
③ 서치라이트와 같이 빛의 진행형태가 평행인 평행광선
④ 레이저와 같이 진행하는 모든 광파들의 위상이 일정한 경우

2) 빛의 파장 또는 색에 의한 분류

① 연속 스펙트럼을 가지는 광원으로서 주로 열에 의해서 여기되며, 자외선 영역으로부터 적외선 영역까지 분포된다.
② 선 스펙트럼 광원으로, 기체방전이나 일부 형광체에 의한 빛의 방출이 여기에 포함된다.
③ LED와 같이 좁은 단일 파장 영역의 빛만을 방출하는 광원.
④ 레이저와 같이 진행하는 모든 광파들의 위상이 일정하면서 단일파장 또는 매우 좁은 파장 영역의 빛만을 방출하는 광원.

3) 광원의 여기형태에 의한 분류

① 햇빛, 촛불 및 전구와 같이 물질을 가열함으로서 빛을 내는 광원
② 반도체의 여기형태를 이용한 전계발광
③ 진공에서 높은 에너지의 전자를 이용하여 빛을 얻는 방법으로, X－선, 음극선관 등
④ 낮은 압력의 기체로 채워진 튜브 내에서의 전기 방전에 의한 발광 등
⑤ 헬륨－네온 레이저와 같은 레이저

와 같이 분류가 가능하다.

흑체복사

흑체는 입사하는 모든 복사선들을 반사시키지 않고 모두 흡수하는 이상적인 물체를 말하며, 주어진 온도에서 가장 효율적으로 복사선을 방출하는 물체이기도 하다. 왜냐하면, 외부로부터 모든 복사선을 흡수하기만 하면 흑체의 에너지가 계속 증가하여 온도가 올라가게 된다. 하지만, 특정온도 T에서 열적 평형에 도달하게 되면, 에너지의 흡수율과 방출률은 같게 되므로 표면에서 열 복사 방출률이 가장 좋은 물체가 된다. 흑체복사의 복사 파장은 온도만의 함수로서 흑체를 구성하고 있는 물질은 중요하지 않다.

흑체로부터 방출된 복사선의 스펙트럼 분포는 온도에 따라서 달라지며, 플랑크(Planck)의 복사법칙은 이러한 관계를 기술해 준다. 플랑크의 복사법칙은 특정온도에서 단위면적당 단위파장당 방출된 복사출력에 대한 표현식으로

$$M(\lambda) = \frac{C_1}{\lambda^5}\frac{1}{e^{C_2/\lambda T} - 1} \tag{14.1.1}$$

와 같이 표현되며 단위는 $\mathrm{W/m^2 nm}$이다. 여기서 파장의 단위는 nm으로 측정되며, T는 절대 온도, $C_1 = 2\pi h c^2 = 3.741774 \times 10^{-16}\,\mathrm{W\,m^2}$, $C_2 = hc/k = 0.01438769\,\mathrm{m\,K}$, $h = 6.626 \times 10^{-34}\,\mathrm{J \cdot s}$는 플랑크 상수, $c = 2.998 \times 10^8\,\mathrm{m/s}$는 진공에서의 빛의 속도 그리고 $k = 1.380658 \times 10^{-23}\,\mathrm{J \cdot K^{-1}}$는 볼쯔만 상수이다. 또한, $C_1 = 2\pi h c^2$, $C_2 = hc/k$ 그리고 $c = \lambda\nu$의 관계식을 이용하면 식 (14.1.1)은

$$M(\nu) = \frac{2\pi h \nu^5}{c^3}\frac{1}{e^{h\nu/kT} - 1} \tag{14.1.2}$$

와 같이 표현된다.

플랑크의 흑체 복사법칙을 온도에 대한 그래프로 표현하면 온도가 증가함에 따라 1) 더 많은 에너지가 방출되며, 2) 최대 방출 파장의 위치가 짧은 파장 쪽으로 이동한다.

그림 14.1로부터 온도가 올라감에 따라 최대 방출 파장(λ_{max})이 온도와 직접적인 관계가 있음을 알 수 있으며, 이러한 최대 방출 파장의 이동은 일상적인 경험과 일치한다. 즉, 금속 벽돌을 서서히 가열하면, 처음에는 적외선만을 방출(따스하게 느껴지나 눈으로 잘 안보임)하다가 좀 더 온도가 올라가면 불그스레한 빛을 발하기 시작한다. 하지만, 온도가 더욱 올라가면 밝은 빛의 붉은 빛을 내다가 나중에는 백색의 빛을 내는 것을 볼 수가 있다.

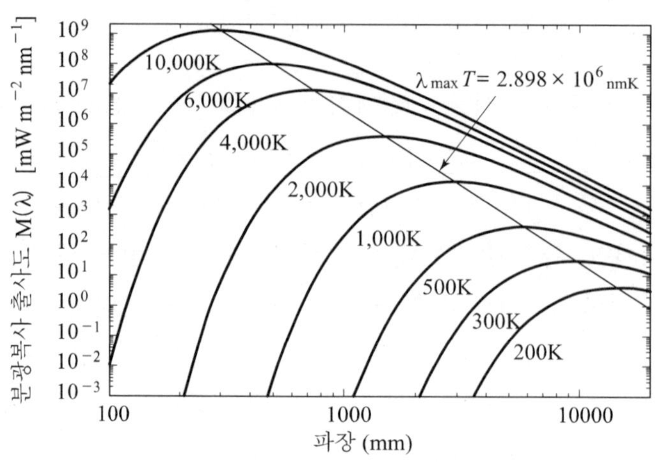

그림 14.1 흑체의 복사 스펙트럼

물체가 최대에너지를 발생하는 복사선의 파장 위치를 [nm]단위로 나타내면,

$$\lambda_{max} = \frac{2.898 \times 10^6}{T} \text{ [nm]} \tag{14.1.3}$$

와 같이 표현되는데 이를 빈(Wien)의 변위 법칙이라고 하며, 최대 방출파장과 흑체의 온도와의 관계를 나타낸다. 실온에 있는 흑체의 경우에 최대 복사 파장은 9,800 nm이며, 흑체의 온도가 상승할수록 최대 방출 파장은 짧아진다. 태양 표면의 온도는 약 5,800°K이며, 흑체의 온도가 6,000°K인 경우에 최대 방출파장은 그림 14.1에서와 같이 약 480 nm가 된다.

한편, 흑체에서 방출된 총 복사 출력을 얻기 위하여 모든 파장에 대해서 적분하면

$$M = \int_0^\infty M(\lambda) d\lambda = \sigma T^4 \tag{14.1.4}$$

와 같이 되며, 이를 스테판-볼츠만의 법칙(Stefan-Boltzman)이라고 한다. 여기서 σ는 스테판-볼츠만 상수로서 $\sigma = 5.67051 \times 10^{-8}\ \mathrm{W\,m^{-2}K^{-4}}$와 같은 값을 가지며, 총 출력이 절대온도의 4 제곱에 비례하여 증가함을 알 수 있다. 실온에서 면적이 $1\ \mathrm{mm}^2$인 흑체는 반구모양으로 약 0.5 mW의 출력을 내며, 온도가 3,200°K인 가장 뜨거운 텅스텐 필라멘트는 $1\ \mathrm{mm}^2$의 면적당 6 W의 출력을 낸다.

지금까지 논의된 복사 법칙들은 완전 흑체에만 적용되며, 방출된 복사선의 스펙트럼은 연속 스펙트럼이다. 완전 흑체가 아니던지 또는 반사나 투과가 있는 물질의 경우에

방출된 복사량은 방사율(emissivity, ϵ)로 주어지는 인자만큼 줄어들게 된다. 따라서 완전 흑체의 경우에 $\epsilon = 1$의 값을 가지나, 일반 물질의 경우에 ϵ은 보통 0.2에서 0.9 사이의 값을 가진다. 아주 깨끗하고 편평한 금속의 경우에 0.01까지 작은 값을 가질 수 있다.

14.2 복사 계측과 광 계측

전자기파 또는 광자의 형태로 공간을 통하여 진행하는 에너지를 복사라고 하며, 이를 측정하는 방법은 크게 두 가지로 구별된다. 그중 하나는 전자 계측 장비를 이용하여 복사량을 물리적인 에너지로 환산하여 측정하는 복사 계측으로서 모든 스펙트럼 영역에 대해서 가능하다. 하지만 빛에 대한 사람의 눈은 극히 제한된 스펙트럼 영역에 대해서만 반응하므로, 사람의 눈에 의한 가시광선 영역의 복사에 대한 측정을 광 계측이라 한다. 복사 계측 및 광 계측에서 측정되는 양과 기호, 그리고 단위들을 표 14.1에 요약하였다.

복사 계측에 의해 측정된 양과 광 계측에 의해 측정된 양 사이를 구분하기 위해서 복사 계측 양에는 'electromagnetic'의 'e'를, 광 계측 양에는 'visible'의 'v'를 아래 첨자로 사용하나 복사 계측 양에는 첨자를 사용하지 않고, 광 계측 양에 'luminescence'의 'l'을 첨부하여 구별하는 경우도 있다.

표 14.1에 나타낸 양들에 대한 정의에 대해서 알아보자. 출력이라 함은 단위 시간당 방출 혹은 흡수한 에너지로서

표 14.1 복사 계측과 광 계측에서 측정되는 양, 기호 및 단위

	측 정 양	단위
복사 계측	복사 출력(radiant power), ψ, watt	W
	복사 조도(irradiance), E, watt/m^2	W/m^2
	복사 강도(radiant intensity) I, watt/steradian	W/sr
	복사 휘도(radiance), watt/m^2 − steradian	W/(m^2 · sr)
광 계측	광 출력(luminous power), ψ_l, lumen	lm
	광조도 또는 조명도(illuminance), E_l, lux	lx = lm/m^2
	광도 (luminous intensity), I_l, candela	cd = lm/sr
	광휘도 (illuminance), L_l, candela/m^2	cd/m^2

$$\psi = \frac{dU}{dt} \tag{14.2.1}$$

와 같이 표현된다. 복사 출력의 단위는 와트(W)를 쓰며, 광 출력은 사람의 눈으로 측정된 복사 출력의 양으로서 단위는 루멘(lm)을 사용한다. 광원의 에너지 공급원이 전기라고 할 때에 광원의 효율은 소모된 전력에 대한 방출된 가시광선 영역의 빛으로서 정의되므로, 광원의 효율에 대한 단위는 lm / W이다.

강도(intensity)는 여러 가지 의미를 지닌다. 파동에서는 진폭의 제곱을, 음향학에서는 단위 면적당 음파의 세기를 의미한다. 하지만 광학에서의 강도는 점광원으로부터 나온 빛이 입체각이 Ω인 원뿔 내로 들어와 진행하는 빛의 양을 입체각 Ω로 나눈 값을 의미한다. 즉, 단위 입체각에 대한 빛의 출력으로

$$I = \frac{d\psi}{d\Omega} \tag{14.2.2}$$

와 같이 표현된다. 하나의 구에 대한 총 입체각은 4π이므로 하나의 점광원으로부터 방출된 총 출력은

$$I = \frac{d\psi}{d\Omega} \quad \Rightarrow \quad d\psi = I d\Omega \quad \Rightarrow \quad \psi = \int_0^{4\pi} I d\Omega = 4\pi I \tag{14.2.3}$$

와 같다. 복사 강도의 단위는 W/sr, 광도의 단위는 lm/sr 또는 cd를 사용한다.

예제 1

25 W의 소비전력(P)을 가지며, 60 cd의 광도를 가지는 전구가 있다고 하자. 이 전구를 하나의 점광원으로 가정할 때에 ⓐ 광 출력은 얼마이며, ⓑ 광원의 효율은 얼마인가?

해답 ⓐ 광출력 $= 4\pi \times 60 = 754$ lm

ⓑ 광원의 효율 $= \frac{\psi_l}{P} = \frac{754}{25} = 30$ lm /w

복사 휘도/광휘도는 하나의 점광원이라기보다는 크기를 가지는 광원으로부터 나오는 복사에 관계된다(그림 14.2 참조). 복사 휘도/광휘도는 그림 14.2에 나타낸 바와 같이 단위 입체각에 대해 관측 방향과 수직인 단위 면적에 들어오는 빛의 양으로 정의된다.

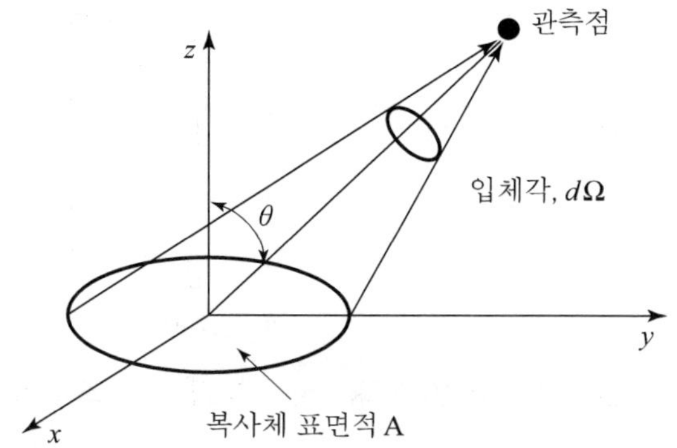

그림 14.2 복사 휘도 또는 광 휘도 설명을 위한 그림

등방성 광원에 대한 복사 휘도/광 휘도(L)는

$$L = \frac{d\psi}{A\cos\theta d\Omega} = \frac{I_\theta}{A\cos\theta} = \frac{I_0\cos\theta}{A\cos\theta} = \frac{I_0}{A} \tag{14.2.4}$$

로 표현되며, 여기서 I_0는 복사체 표면에 수직한 방향으로의 복사 강도/광휘도이다. 따라서 등방성 광원에 대해서는 방향에 무관하게 복사 휘도/광 휘도는 같다. 하지만 실제 광원에 있어서는 복사 출력이 $\cos\theta$ 에 의존하는데, 이러한 특징을 가지는 광원을 람베르티안(Lambertian) 광원이라 한다.

한편, 복사 조도/광 조도는 단위 면적당 들어오는 출력으로

$$E = \frac{d\psi}{dA} \tag{14.2.5}$$

와 같이 표현된다. 하나의 점광원으로부터 나와서 모든 공간으로 방출하는 경우에 방출된 총 출력(ψ)은 $4\pi I_0$ 이다. 반경 R인 구의 총 표면적은 $4\pi R^2$이고, 광원의 강도가 I_0 이므로 총 복사 조도/광 조도는

$$E = \frac{4\pi I_o}{4\pi R^2} \Rightarrow E = \frac{I_o}{d^2} \ (R\text{을 } d\text{로 바꾸면}) \tag{14.2.6}$$

와 같이 주어진다. 따라서 복사 조도/광조도는 광원으로부터 거리의 제곱에 반비례하며, 광원 세기에 비례함을 알 수 있다.

지금까지는 빛이 관측하고자 하는 면에 수직(입사각은 '영')으로 입사하는 경우를 고려하였으나, 그림 14.3에서와 같이 임의의 각도(θ)를 가지고 입사하는 경우를 생각해보자.

이 경우에 있어서 복사 조도는

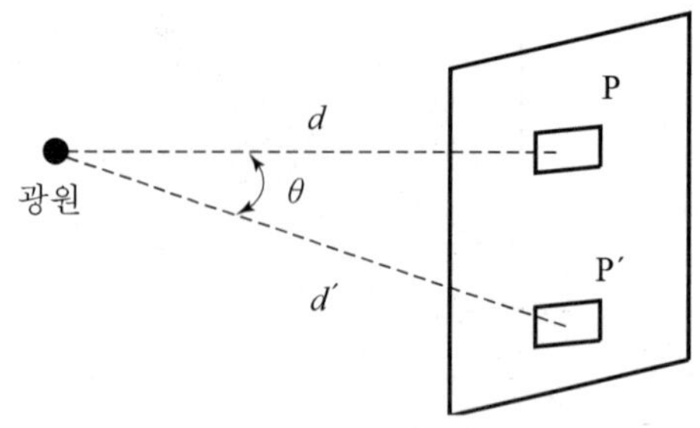

그림 14.3　크기를 가진 스크린에 입사하는 빛의 복사 조도 또는 광 조도

$$E= \frac{I_0 \cos\theta}{(d')^2} = \frac{I_0 \cos\theta}{(d/\cos\theta)^2} = \frac{I_0}{d^2} cos^3\theta \left(d' = \frac{d}{\cos\theta}\right) \tag{14.2.7}$$

와 같이 표현되므로, 수직 입사하는 점 P로부터 멀어짐에 따라서 복사 조도/광 조도는 $\cos^3\theta$에 따라 감소함을 알 수 있다. 한편 광원이 점광원이 아니고, 그림 14.2에서와 같이 단면적(A)를 가지면, 식 (14.2.4)에 따라서 $L = I_0/(A\cos\theta)$로 주어지므로 이를 식 (14.2.7)에 대입을 하면,

$$E = \frac{LA}{d^2}\cos^4\theta \tag{14.2.8}$$

로 되어 복사 조도/광 조도는 $\cos^4\theta$에 비례하여 변한다. 복사 조도의 단위는 $\mathrm{W/m^2}$, 광 조도는 $\mathrm{lm/m^2}$, 또는 lux (= lx) 로 표기한다.

14.3 복사검출기

모든 복사검출기들은 여러 방법으로 전자기 복사에 반응을 하는데, 전기적인 반응을 이용하여 사용하기에 용이한 것도 있으나, 사람의 눈과 같은 생체 검출기(biological detector) 또는 사진 건판과 같은 화학검출기(chemical detector) 등 그 종류가 매우 다양하다. 복사검출기는 보통 복사계(radiometer)와 광측계(photometer)로 구분이 된다. 복사계는 실제로 'W' 단위로 복사 출력을 측정하며, 검출기의 단면적으로 나누면 복사 조도가 얻어진다. 하지만, 광측계는 사람의 눈과 마찬가지로 분광 반응 곡선을 가지는 검출계로 측정단위가 루멘(lumen)이므로 일반 복사계와 구별이 필요하다.

한편 광원에서 나오는 전체 복사출력은 적분구라고 하는 기구를 사용하는데 이는 안쪽 표면이 난반사를 일으키도록 설계된 속이 빈 구형모양으로 안쪽에 광원을 놓고 구의 표면에 작은 구멍을 뚫어 그곳에 검출기를 놓아 측정을 한다.

사람의 눈은 가시광선에서 단지 몇 개 광자의 존재까지도 인식할 수 있는 훌륭한 광검출기이지만, 물리적인 양으로의 환산이 불가능하므로 논의하지 않고 여기서는 실험실이나 연구실에서 자주 사용되는 검출기의 종류 및 원리에 대해서 설명하고자 한다. 검출기를 선택할 경우에는 사용 파장 영역에 대한 반응 특성, 빠른 광 펄스에 대한 반응 시간, 측정 가능한 빛의 세기 및 사용하고자하는 환경 조건 등을 고려하여야 하며 검출기의 종류 및 분류는 아래의 표 14.2를 참조하기 바란다.

표 14.2 검출기의 종류

<table>
<tr><th colspan="4">검출기의 종류</th><th>동작 원리</th><th>주요용도</th></tr>
<tr><td rowspan="3">열 검출기</td><td colspan="3">열전대,
열전대 파일</td><td>온도차에 의한 기전력 발생</td><td>온도측정, 화재경보기, 레이저 출력계, 복사측정, 일사계</td></tr>
<tr><td colspan="3">볼로미터,
서미스터</td><td>온도변화에 따른 저항변화</td><td>온도측정 및 제어, 레이저출력계, 일사계</td></tr>
<tr><td colspan="3">열편극검출기</td><td>온도변화율에 따른 표면전하의 변화</td><td>복사측정, 일사계, 레이저출력계, 온도측정</td></tr>
<tr><td rowspan="3">광전 검출기</td><td colspan="3">이극 진공 광전관</td><td>외부 광전효과</td><td></td></tr>
<tr><td colspan="3">광증배기</td><td>외부 광전효과</td><td>분광학, 복사측정, 광자계수</td></tr>
<tr><td colspan="3">마이크로채널증배기</td><td>외부 광전효과</td><td></td></tr>
<tr><td rowspan="7">반도체 검출기</td><td colspan="3">광 전도체</td><td>광량에 비례한 광전도도(저항)변화</td><td>복사측정, 카메라노출계, 온도측정</td></tr>
<tr><td rowspan="6">접합형검출기</td><td rowspan="3">증폭형 검출기</td><td>PhotoTRIAC
PhotoSCR</td><td></td><td></td></tr>
<tr><td>광트랜지스터</td><td></td><td></td></tr>
<tr><td>PhotoFET</td><td></td><td></td></tr>
<tr><td rowspan="3">비증폭형 검출기</td><td>CCD</td><td></td><td>카메라촬상소자, 색측정, 분광학, 복사측정</td></tr>
<tr><td>태양전지</td><td>광량에 비례한 기전력발생</td><td>태양발전,</td></tr>
<tr><td>포토다이오드</td><td>광량에 비례한 기전력발생</td><td>빛신호검출,</td></tr>
<tr><td></td><td colspan="3">광결합기</td><td>발광소자와 수광소자를 결합하여 제작</td><td>무잡음, 무접점스위치</td></tr>
<tr><td>Pnematic 검출기</td><td colspan="3">골레이 검출기</td><td>기체의 열팽창 이용</td><td></td></tr>
<tr><td>화학 검출기</td><td colspan="3">사진건판</td><td></td><td></td></tr>
<tr><td>생체 검출기</td><td colspan="3">사람의 눈</td><td></td><td></td></tr>
</table>

검출기의 특성

검출기의 특성을 기술하는 요인으로는 여러 가지가 있으나, 중요한 인자로는 ① 반응도(responsibility, RE) ② 등가노이즈 출력(Noise Equivalent Power, NEP) ③ D* (dee-star) ④ 양자효율(quantum efficiency) ⑤ 반응시간(response time) 등이 있다. 이들 각각에 대해서 알아보면 다음과 같다.

① **반응도:** 복사에 대한 반응으로서 전류나 전압같은 전기적인 출력 신호를 발생하는 탐지기에 적용하며 반응도는 입사광의 세기에 대한 출력 전압 또는 전류의 비로서

$$RE = V_o/\psi_I \quad \text{or} \quad I_o/\psi_I \tag{14.3.1}$$

와 같이 정의한다. 여기서, RE 의 단위는 V/W, V/lm, A/W, 또는 A/lm이며, V_0는 검출기로부터의 출력 전압(V), I_0는 검출기로부터의 출력 전류(A), ψ_I는 입사하는 빛의 세기(W 또는 lm)이다. RE는 단일 파장 또는 특정 파장 영역에 대해 적분함으로써 얻어진다.

② **등가 노이즈 출력**($N.E.P$) : 탐지기로부터 나오는 고유의 노이즈보다 낮은 입력에 대해서는 측정할 수 없게 되는데, $N.E.P$는 탐지기가 측정할 수 있는 가장 낮은 레벨의 크기를 의미하며,

$$N.E.P = \frac{I_N}{RE} \tag{14.3.2}$$

와 같이 정의된다. 여기서, $N.E.P$는 등가노이즈 출력으로서 단위는 [W], RE의 단위는 V/W(또는 A/W), I_N는 탐지기로부터의 제곱평균제곱근(Root Means Square) 노이즈 전류(또는 전압) 형태의 출력으로 단위는 A (또는 V)이다. 일반적으로, ⓐ 노이즈 출력은 탐지기의 밴드폭(bandwidth)에 따라 증가하고 ⓑ RE는 탐지기의 면적이 증가함에 따라 감소한다(주어진 복사 입사에 대해, 탐지기에 대한 입사흐름(incident flux)은 탐지기의 면적이 증가함에 따라서 증가하므로 식(14.3.1)에 의해서 RE는 감소한다). 따라서 $N.E.P$에 의한 두 탐지기의 비교는 동일 면적, 동일 밴드폭에 대해 반응할 때에만 의미를 가진다. $N.E.P$의 값이 작으면 작을수록 측정기의 감도는 더 좋다. 가끔 $N.E.P$의 역수를 검출기의 검출능(detectivity)라고 하며,

$$D = 1/N.E.P = RE/I_N \tag{14.3.3}$$

와 같이 정의된다.

③ D^*는 검출기의 검출능을 단위 면적당($1\ \text{cm}^2$) 그리고 단위 진동수의 밴드폭 (1 Hz)으로 규격화한 것으로

$$D^* = D\sqrt{A_D \Delta f} = \sqrt{A_D \Delta f}\ /\ N.E.P \tag{14.3.4}$$

와 같이 정의한다. 여기서 D^*의 단위는 $\sqrt{\text{cm}^2 \times \text{Hz}}\ /\text{W}$이며, A_D는 검출기의 단면적 (cm^2), Δf는 노이즈밴드 폭(Hz)이다.

④ 양자효율은 광 검출기의 고유 효율로서 특정 파장에 대하여 입사한 광자의 수에 대해 검출기로부터 방출한 광전자수의 비율을 말한다. 양자효율이 '1'인 이상적인 광 검출기의 경우에 입사하는 광자 하나에 대하여 하나의 전자를 방출한다. 양자효율은

$$n_\lambda = 1.24 \times 10^3\ RE_\lambda / \lambda \tag{14.3.5}$$

와 같이 정의한다. 여기서 n_λ는 양자효율, RE_λ는 파장 λ에서의 반응도 그리고 λ는 입사광의 파장을 나타낸다.

⑤ 반응 시간은 검출기의 중요한 인자중 하나로서 시상수(time constant) 또는 상승 또는 하강 시간(rise time or fall time)으로 표현된다. 시상수는 검출기의 반응이 지수함수적일 때 사용되며, 이는 검출기가 나타내는 최종 값의 63 % $(1 - 1/e)$까지 도달하는데 걸리는 시간이다. 상승시간과 하강시간은 그림 14.4에서와 같이 10 %로부터 90 %까지 도달하는데 걸리는 시간(하강시간은 90 %로부터 10 %까지 도달하는 데 걸리는 시간)이다.

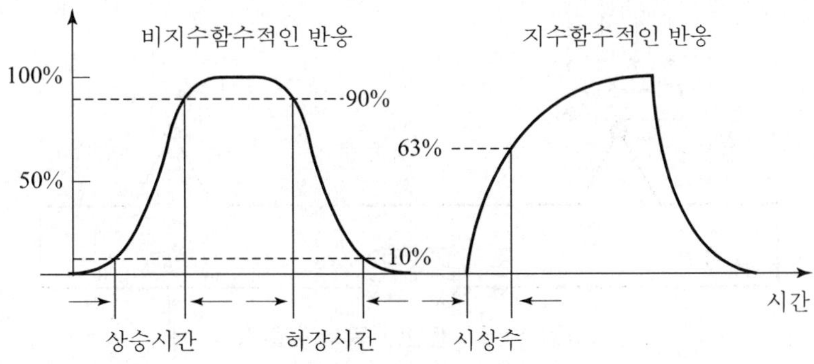

그림 14.4 상승, 하강 및 시상수의 정의

위의 도표 14.2로부터 알 수 있듯이 검출기는 검출기의 작동 원리에 따라서 여러 종류로 분류되나, 여기서는 현재 실험실이나 연구실 등에서 많이 사용되는 열 검출기와 광전 검출기에 대하여 설명하고자 한다. 열 검출기는 넓은 파장 영역에 걸쳐 사용이 가능하며, 전자기복사를 흡수하여 검출기 소자의 온도 상승을 가져온다. 반응 특성은 검출기 소자 표면의 특성에 의존하며 검출기 소자가 유리로 봉해지는 경우는 유리의 투과 특성이 반응에 관계한다. 반면에, 광전 검출기는 열 검출기에 비하여 좁은 파장 영역의 반응 특성을 가지며 검출기 소자를 구성하고 있는 원자와 광자와의 직접적인 상호작용에 기인하여 작동한다. 광자의 흡수는 검출기의 원자 구조 에너지 레벨에 관계하므로 비교적 좁은 스펙트럼 반응을 보인다.

14.3.1 열 검출기

열 검출기는 전자기 복사선의 흡수에 따른 온도 상승에 기인하므로 비교적 반응시간이 느리지만 비교적 넓은 파장 영역에 대하여 작동한다. 대표적인 것으로는 ① 열전대(thermocouple) 검출기, ② 열전대를 여러 개 연결하여 효율을 높인 열전대 파일(thermopile) 검출기, ③ 볼로미터(bolometer) 검출기, ④ 고열(pyrolytic) 검출기가 있다.

① 열전대 검출기는 서로 다른 두 금속의 접합부가 온도 탐지부로서 사용되며, 그림 14.5에서와 같이 두 개의 금속 접합부 중 하나는 기준점(대개는 0°C)에 위치하며, 나머지는 측정하고자 하는 곳에 위치한다. 전기 기전력은 항상 서로 다른 두 금속 사이에서 발생하며 열전대 검출기는 두 개의 금속 접합부로 구성되어 있다. 이때 발생된 기전력의 차이는 두 접합부의 온도차에 비례하며, 사용된 금속에 의존한다. 자주 사용되는 금속과 발생된 기전력의 몇 가지 예를 표 14.3에 표시하였다.

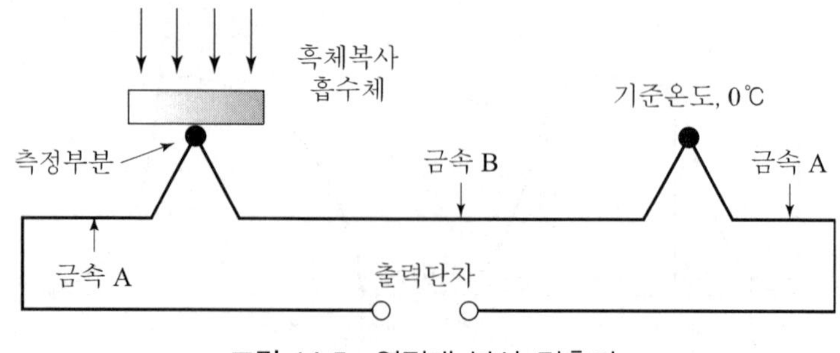

그림 14.5 열전대 복사 검출기

표 14.3 열전대 검출기 재료

재료	단위 온도당 발생된 전기 기전력 (μv/℃)
비스무스-안티몬	100
철-콘스탄탄	54
구리-콘스탄탄	39

② 볼로미터는 자주 사용되는 열 검출기의 하나로서, 검출부는 높은 온도계수를 가지는 저항체로 온도에 따른 저항의 변화를 이용한 것이다. 측정할 수 있는 복사 파장은 검출부의 흡수 특성에 기인하는데 비교적 넓은 파장영역에 대해서 반응한다. 금속 볼로미터는 비스무스, 니켈, 백금과 같은 금속을 사용하며, 0.3에서 0.5 %/°C의 비교적 낮은 온도 계수 때문에 볼로미터의 감도는 다소 낮으나 반응 시간이 빠른 것이 장점이다. 서미스터 볼로미터가 가장 많이 사용되는 이유는 비교적 간단하고 감도가 좋기 때문이며, 도난 경보기, 연기 탐지기 등으로 많이 사용된다. 재질로는 산화망간, 산화코발트 또는 산화니켈 등이 사용되며, 온도 계수는 0.5 %/°C 정도로 $1/T^2$에 따라 변한다. 또한 저온 게르마늄 볼로미터는 반도체를 사용한 매우 민감한 열 검출기로서 열을 받을 때 갈륨을 첨가한 게르마늄 반도체의 비저항이 변하는 현상을 이용한 것이다. 저항의 변화가 크므로 매우 민감하다. 극저온에서 많이 사용되고, 시상수는 0.4 ms 정도로 비교적 짧으며 $D^* = 8 \times 10^{11}$이고, 파장 영역은 0.4에서 40 μm이다.

③ 초전기 검출기(pyroelectric detector)는 유전체의 편광이 온도에 따라 변화는 성질을 이용한 것으로 온도에 따른 편광의 변화는 유전상수의 변화를 가져온다. 따라서 이러한 유전체를 사용하여 축전지를 만들면, 축전지의 정전용량이 온도 변화에 따라서 변하게 되며, 이러한 현상을 이용하여 열복사의 검출기로서 사용이 가능하다. 초전기 축전지의 온도/정전용량 사이의 특성을 그림 14.6에 나타내었다.
초전기 검출기는 온도에 대한 정전용량의 변화가 최대인 곳에서 사용하게 되는데, 그림 14.6로부터 알 수 있듯이 이들의 특성은 특정 온도(T) 이상에서 변하게 된다. 초전기 물질은 큐리에 온도(T_C) 이상에서는 초전기 물질의 성질을 완전히 잃어버리게 되어 초전기 검출기로서 사용이 불가능하게 된다. 원래의 성질로 되돌리기 위해서는 초전기 물질을 큐리에 온도(T_C) 이상으로 가열하고 높은 전압을 가해줌으로서 원상 복구되는데 이러한 과정을 폴링(poling)이라 한다. 대표적인 초전기

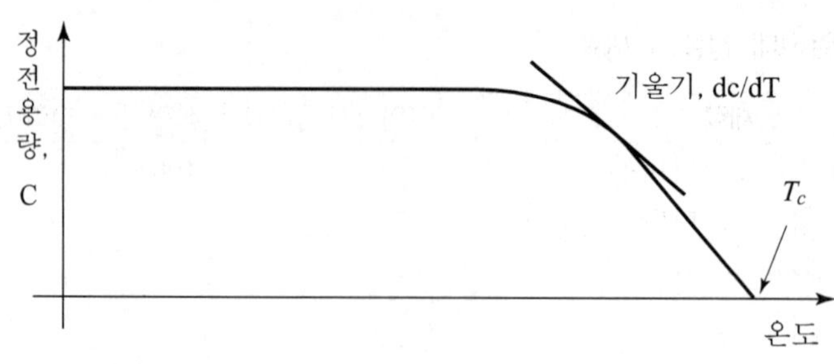

그림 14.6 초전기 축전지의 온도 특성

물질로는 황산화 트리글리세리드(triglycerine sulfite), 스트론튬 바리움 니오베이트(strontium barium niobate(SBN)), 리디움 탄탈레이트(lithium tantalate) 등이 있다. 초전기 검출기의 $N.E.P$는 5×10^{-11}, D^*는 10^8, 파장영역은 $50\ \mu$m, 반응 시간은 10 ms 이다.

④ 골레이(Golay) 검출기는 하나의 조그마한 챔버(pneumatic chamber)에 가스가 주입되어 있으며, 가스는 얇은 막을 통하여 가열된다. 가열에 의한 가스의 팽창이 전기적인 방법이나 광학적인 방법에 의하여 검출되며, 실온에서 작동이 된다. ㎜ 영역까지의 매우 넓은 파장 특성을 지니며, 반응 시간은 2에서 30 ms 이며, D^*는 10^9이다.

14.3.2 광전 검출기

광전 검출기(photoelectric detector)는 광자가 금속에 부딪칠 때에 방출되는 전자들을 이용하는 검출기로써, 외부 광전 검출기(external photoelectric detector)와 내부 광전 검출기(Internal photoelectric detector)로 분류한다.

외부 광전 검출기는 진공 내에 있는 광음극(photocathode) 표면으로부터 방출된 전자에 (+)전압을 걸어준 양극(anode)에서 모아 검출하는 것으로 진공 광다이오드(vaccum photodide), 광전 증배관(photomultiplier tude; PMT), 마이크로 채널 증배기(microchannel multiplier)가 있다.

① 진공광 다이오드는 진공 속에 양극과 음극으로 구성된 두 개의 전극을 가지고 있다. 음극에 광자를 쪼여주면, 전자를 방출하는데 방출된 전자는 (+)로 가해준 양극으로 흘러감으로서 진공관 내에 전류가 흐르게 된다.

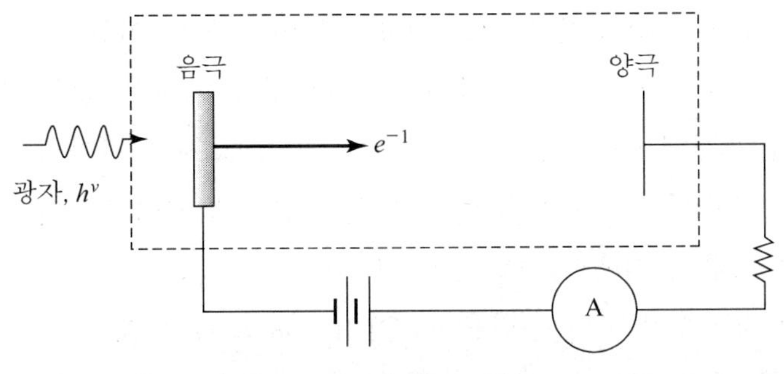

그림 14.7 진공관 다이오드

이때에 전류는 음극에 부딪치는 광자의 수에 비례하므로 빛의 양을 측정하는데 사용할 수 있다. 진공대신에 저압의 기체(보통 1 Torr 이하의 Ar 기체를 사용)를 채우기도 하는데 이 경우에 음극으로부터 방출된 전자가 양극으로 가속되면서 기체들과 충돌을 일으키므로서 기체들을 이온화시킨다. 이렇게 이온화된 이온들에 의하여 진공인 경우에 비하여 약 10배 정도의 전류 증가를 가져와 진공인 경우보다 감도가 증가된다.

음극에 입사하는 광자의 에너지 (E_p)가 음극물질의 에너지 간격(ΔE)보다도 더 크다면, 가전자대(balance band)에 있던 전자가 전도대로 이동을 하여 자유 전자가 됨으로서 광전류(photocurrent)를 형성한다. 따라서 진공 광다이오드의 스펙트럼 특성은 음극물질의 성질에 의존한다. 즉, 음극 물질의 전도대와 가전자대와의 에너지 간격이 크면 클수록 높은 에너지를 가진 광자를 필요로 하게 된다. 따라서 이러한 이유 때문에 음극이 금속인 경우에 스펙트럼 특성은 300 nm(UV영역)까지로 제한된다. 많은 경우에 반도체 광 다이오드를 사용하는데 에너지 갭이 작아서 적외선까지의 사용이 가능하다. 음극에서 방출되는 전자들은 다음과 같은 특징을 가진다. 즉,

① 방출된 전자들의 최대 초속도는 빛의 세기에 무관하며, 주파수에 따라 직선적으로 변한다.

② 방출된 전자의 흐름은 빛의 세기에 비례한다.

③ 위의 이러한 성질은 넓은 온도범위에서 온도에 관계없이 일정하다.

④ 빛을 쪼여 준 즉시 전자가 방출된다.

이러한 광전자 방출의 경우에 실온에서는 전자들이 페르미 준위보다 높은 에너지 레벨에 존재하므로 임계 주파수는 뚜렷이 나타나지 않는다. 주파수가 높아짐에 따라서 광자의 에너지가 증가하므로 보다 낮은 준위에 있는 전자들이 방출될 수 있다. 그러므로 광

전자 흐름은 주파수에 따라서 증대한다. 주파수가 어느 한도 이상으로 높아지면 감도가 오히려 감소하는데 그 이유로는 다음의 두 가지가 있다. 첫째는 빛의 세기 (U)가 일정할 경우에 광음극 표면에 들어오는 광자의 수는 $U/h\nu$로서 ν(광자의 진동수)에 따라서 감소한다. 둘째는 주파수가 높아짐에 따라서 전자 방출에 기여함이 없이 광자의 에너지가 흡수되는 메카니즘이 지배적으로 되기 때문이다.

광 다이오드의 장점중의 하나는 반응시간이 0.1 ns 로 매우 짧고, 입력되는 빛의 세기에 대한 선형성이 좋기 때문에 측정 가능한 최대 세기에 대한 최소 세기의 비가 약 10^{-10} 정도로 매우 넓다는 것이다. 물론, 그 이하의 세기에서는 암 전류(dark current)라 불리는 노이즈때문에 측정이 매우 어렵다. 암 전류는

$$i_T = a T^2 A \exp(-e V_B / kT) = a T^2 A \exp(-1.16 \times 10^4 V_B / T) \tag{14.3.6}$$

로 주어지며, 여기서

i_T = 온도 T에서의 광음극 전류로 단위는 암페어(A)

a = 광음극 물질에 의존하며 금속의 경우에 $a = 1.2 \times 10^6 (\mathrm{Am^{-2}K^{-2}})$

T = 광음극의 온도(K)

A = 광음극의 면적(m^2)

V_B = 광음극의 장벽 전압(V)

e = 1.60×10^{-19} C(전자의 전하량)

k = 1.38×10^{-23} J/K(Boltzman 상수)

이다. 표 14.4에 대표적인 광음극 재료에 대한 특성을 나타내었다.

표 14.4 광음극 재료에 대한 광학적 특성

조성	최적 반응 파장(nm)	양자효율(%)
AgOCs	800	0.4
BiAgOCs	420	6.8
Cs_3SbO	390	19.0
Na_2KSbCs	380	22.0
K_2CsSb	380	27.0

② 광전 증배관(PMT)은 광음극에서 나온 전류의 세기가 약 10^{-19} A 정도의 미세 전류로 전자 계측기에 의한 측정을 쉽게 하기 위해서는 이러한 미세 전류를 증폭할 필요가 있다. 광전 증배관의 역할은 하나의 광자에 의해서 방출된 전자 한개에 의한 미세 전류를 측정이 가능한 전류 값으로 증폭하는 것으로 이를 그림 14.8에 나타내었다. 광음극이 하나의 광자를 흡수하면, 광음극으로부터 한 개의 전자가 방출되어 광음극과 첫 번째 다이노드(dynode) 사이에 형성된 전기장에 의하여 가속된다. 이때에

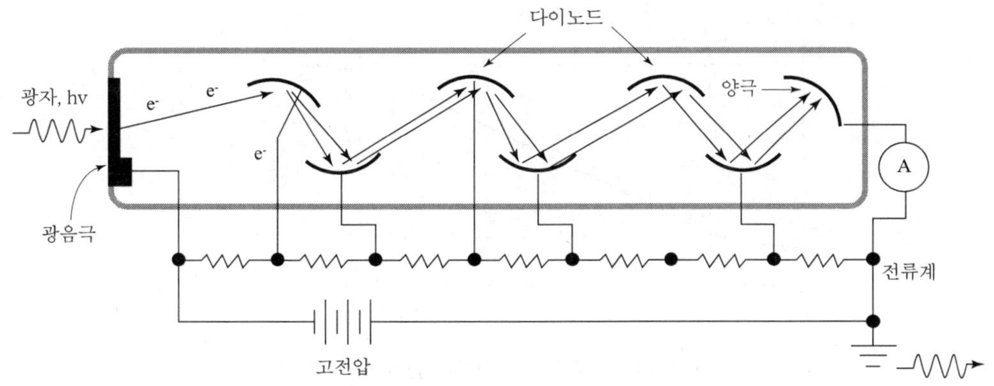

그림 14.8 광전 증배관

ⓐ 각 다이노드들이 점진적으로 높은 전위를 가지게 되며,

ⓑ 첫 번째 다이노드의 전위가 $+V_A$만큼 높으므로 광음극에서 방출된 전자가 가속되어 전자의 운동 에너지는 증가한다. 따라서 이러한 전자가 첫 번째 다이노드와 충돌함으로서 첫 번째 다이노드에서 좀 더 많은 전자를 방출한다. 광전 증배관에서의 전체적인 이득은 각 다이노드에서의 이득 및 다이노드의 숫자에 의존하므로

$$G = A^n \tag{14.3.7}$$

와 같이 주어진다. 여기서 G는 광전 증배관의 전체 이득, A는 각 다이노드에서의 전자 이득, n은 다이노드의 숫자이다.

ⓒ 배율은 다이노드 사이의 전위차 및 다이노드 물질에 기인하며 너무 세게 전자를 가속하면 충돌 전자의 일부가 다이노드 금속을 뚫고 들어가 트랩(trap)되므로 적정 전압을 사용해야 한다.

ⓓ 광전 증배관의 선형 증폭 범위는 약 10^8 정도로서 ① 암 전류, ② 공간전하

(space charge)에 의하여 제약을 받는데 이를 그림 14.9에 나타내었다.

암전류는 전자들의 열이온 방출(thermionic emission) 및 전기장 방출(field emission) 등에 의해 발생하며, 공간전하에 의한 전류 제한(space-charge current limiting)은 다이노드의 마지막 단계와 양극 사이의 전자전하 밀도(electron charge density)가 너무 높아서 다이노드로부터 양극에 들어오는 전자들에 대해 반발력을 제공하기 때문에 발생한다.

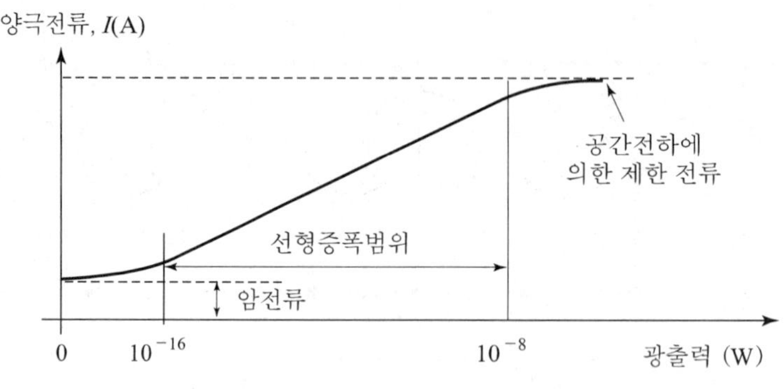

그림 14.9 광전 증배관의 선형증폭범위

③ **마이크로채널 증배기**: 마이크로채널 증배기의 작동원리는 광전 증배관과 동일하며, 마이크로 채널에서의 전자 밀도의 증폭은 내부 벽이 실리콘 산화물, 납 및 알칼리 혼합물로 코팅되어 있는 유리관 내에서 일어난다.

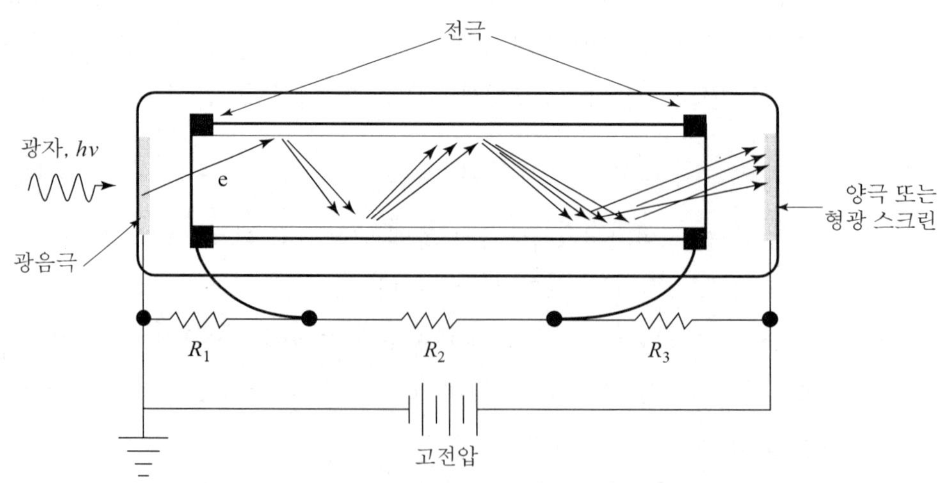

그림 14.10 마이크로 채널 검출기

음극에서 나온 광전자는 가느다란 튜브 내에서 가속되면서 유리벽과 충돌하면서 수많은 반사를 일으킨다. 반사시마다 전자들의 수는 증가되어 전류의 증폭을 가져오며, 증폭된 전류들은 양극에서 모아지거나 또는 형광체가 입혀져 있는 스크린에 직접 부딪쳐 빛을 낸다. 전자들의 선형 증폭도는 광전 증배관에 비해서 낮으나(약 10^5 정도임) 간단하고 전체적인 전류 이득이 10^8까지 가능하다. 또한 광전 증배관은 강한 자기장의 존재시에 사용이 불가능하나 마이크로채널 증배기는 사용이 가능하다. 마이크로채널 증배기는 두 가지 용도로 주로 쓰이는데 ① 광전 증배관과 같이 민감한 복사 탐지기, ② 영상을 증폭시키는 소자로서 사용된다. 또한 마이크로 채널 플레이트라고 하는 마이크로채널 어레이(array) 형태로 만들어 영상증폭기로서 응용이 되기도 한다. $10^4 \sim 10^7$ 개의 마이크로 채널을 가진 플레이트의 크기는 ① 직경이 18.75 mm ② 두께가 약 1 mm이며 이때에 각 채널의 직경은 8.20 μm 정도이다. 그림 14.10에 마이크로 채널 검출기의 구조를 나타내었다.

내부 광전 검출기는 광자에 의해 전자들이 방출되는 것은 외부 광전 검출기와 같으나 방출된 전자들이 광자에 민감하게 반응하는 매질 내에 남아 있어, 매질의 전기 전도도를 변화시키거나 전류의 증가를 가져옴으로써 발생된 신호를 이용한다. 여기에는 광 전도체, 광 다이오드, 광 트랜지스터, photo－FET, photo－Triac 등이 있다.

① **광 전도체**(photo conductor): 주로 덩치크기(bulk) 반도체로 만들어지며, 복사가 없을 때에는 높은 저항을 가지나 전하 운반자가 광자의 흡수에 의하여 비전도 상태(nonconducting state)로부터 전도상태(conducting state)로 변하면서 생기는 저항의 변화를 이용한 것이다. 반도체 검출기의 스펙트럼 특성은 사용된 반도체 물질의 에너지 간격에 의존한다. 광자의 에너지는 복사 진동수에 비례하므로 반도체에 대한 최대 흡수 파장은

$$\lambda_{max} = \frac{hc}{\Delta E} = \frac{6.626 \times 10^{-34} \times 3.0 \times 10^8\ \mathrm{ms}^{-1}}{1.602 \times 10^{-17} J \Delta E} = \frac{1240}{\Delta E}\ (\mathrm{nm}) \qquad (14.3.8)$$

로 주어지며, λ는 복사 광자의 파장으로 단위는 nm, ΔE는 반도체의 에너지 간격으로 단위는 eV이다. 표 14.5에 광 반도체 물질에 대한 에너지 간격과 최대 파장을 나타내었다. 부피가 있는 반도체 물질의 전도도를 이용하면, 접합부를 가질 필요성은 없으며 광 전도체의 구조를 그림 14.11에 나타내었다.

이러한 광 전도체를 이용한 검출기의 이득(G)은 사용된 반도체의 유형 및 구조에 의하여 결정되며,

표 14.5 광 전도성 물질에 대한 특성

물질	에너지 간격(eV)	λ_{max} (nm)
PbSe	0.23	5390
PbS	0.42	2590
Ge	0.67	1850
Si	1.12	1110
CdSe	1.80	690
Cds	2.40	520

$$G = \tau_L \mu E / l = \tau_L \mu V / l^2 \tag{14.3.9}$$

으로 주어진다. 여기서 τ_L 은 자유 운반자의 수명, μ는 자유 운반자의 유동성(mobility: cm/s), E는 가해준 전기장의 세기 그리고 l은 채널의 전극 사이의 간격이다. 식 (14.3.9)로부터 알 수 있듯이 최대 이득을 얻기 위해서는 광 전도체 채널을 짧고 넓게 만들 필요가 있으며, 이를 그림 14.11에 나타내었다.

광 전도체의 상승시간과 하강시간은 매우 낮은 조명하에서는 1 s 정도로 길어질 수 있으며, 최적 조건하에서 시상수는 수 ms 정도가 되므로 빠른 데이터 처리를 요하는 통신용에는 바람직하지 못하다. 또한 광 전도체는 다른 검출기에서 발견되지 않는 기억효과(memory effect)를 나타낸다. 즉, 주어진 조명하에서 광전도 셀의 저항이 셀의 이전상태에 따라 틀려지는 현상이 있다. 광 전도체는 안정되지가 못하며, 정밀하고 정확한 측정을 위해서는 바람직하지 못하다. 하지만, 가격이 싸고, 간단하며, 내구성 등의 장점 때문에 빛의 스위칭, 디머(dimmers) 등에 널리 쓰이고 있다.

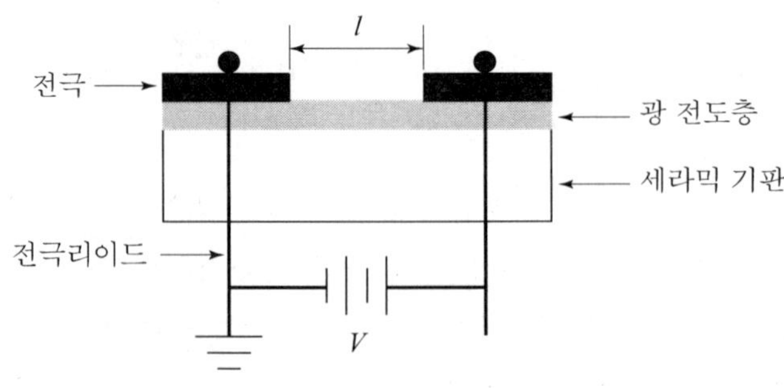

그림 14.11 광 전도체의 구조

② **접합형 광다이오드(junction photodiode)**: 이는 $p-$형과 $n-$형 반도체의 접합부로 이루어져 있으며, 접합부를 통과하는 전류의 흐름에 의해 광자가 발생하는 LED와는 달리 광자를 흡수하여 접합부를 통한 자유 운반자를 발생하는 것이다. 이는 바이어스가 필요 없이 전자-정공들이 반대편으로 이동하면서 회로 내에 전압을 발생하는 광기전력모드(photovoltaic mode)와 역바이어스 전압을 접합부 양단에 가해, 빛의 흡수로 생성된 전자-정공쌍에 의한 전기전도도의 증가를 회로 상에서 감지하는 광전도 모드(photocundutive mode)가 있다.

14.4 빛의 투과 및 흡수

모든 물질은 전자기파 스펙트럼의 일부를 흡수하며, 복사 파장, 복사선의 진행경로 상에 있는 흡수 물질의 양 및 복사 파장에서의 물질의 흡수 정도에 의존한다. 가시광선 영역에 해당하는 파장의 빛을 흡수하는 물질은 색깔을 띠게 되는데 이러한 흡수는 전자기파의 전기장이 흡수물질의 원자 또는 분자들과 진동 형태의 전기쌍극자 상호작용을 할 때에 일어난다. 따라서 복사선이 흡수물질 내를 통과하게 되면, 광자들의 일부가 없어지는 대신에 흡수 물질내의 원자나 분자가 기저상태에서 여기상태로 여기하게 된다. 이러한 과정을 공명과정이라 하고, 공명파장에서만 일어난다. 고체나 액체의 흡수 물질에 있어서 여기 에너지는 대부분 열로서 방출된다. 이러한 이유로 인하여 단지 흡수 만에 의존하는 필터들은 큰 에너지를 가지는 레이저 응용에 적합하지 않으며, 부분적으로 세게 가열하면 구조적인 손상을 가져오게 된다. 가끔 흡수와 소멸(extinction)을 같은 의미로 사용하는데 이는 잘못된 것으로, 소멸은 흡수 및 산란에 의한 빛의 감쇄를 의미하므로 흡수보다 좀 더 넓은 의미를 가진다.

그림 14.12에서와 같이 두께가 Δx인 한 종류의 흡수매질에 입사하는 빛의 양을 Ψ_0, 흡수매질을 통과하여 나오는 양을 Ψ'라고 할 때에 투과율(T)는

$$T = \frac{\Psi'}{\Psi_0} \tag{14.4.1}$$

로서 이는 입사량에 대한 투과량의 비이다. 흡수물질이 균질하고 외부반사와 내부반사에 의한 효과를 무시한다면, 입사량과 투과량의 차이는

$$\Psi_0 - \Psi' = \Delta\Psi \tag{14.4.2}$$

가 된다. 식 (14.4.2)에서의 $\Delta\Psi$는 입사량에 비례하며, 흡수 물질의 두께(Δx)에 비례한다. 이때에 비례 상수(α)를 흡수계수라 하며 물질의 특성 및 입사하는 빛의 파장에 의존한다. 따라서

$$\Delta\Psi = -\Psi_0\,\alpha\,\Delta x \tag{14.4.3}$$

와 같이 표현되며, (−)기호는 빛의 양이 줄어들기 때문에 삽입되었다.

식 (14.4.3)을 미분 기호로 나타내면,

$$\frac{d\Psi}{\Psi} = -\alpha\,dx \tag{14.4.4}$$

와 같이 표현된다. 흡수물질의 두께를 x라고 하고, 식 (14.4.4)을 사용하여 투과된 빛의 양을 구하면,

$$\int_{\Psi_0}^{\Psi'} \frac{d\Psi}{\Psi} = -\alpha\int_0^x dx \;\Rightarrow\; \log_e\left(\frac{\Psi'}{\Psi_0}\right) = -\alpha x \;\Rightarrow\; \frac{\Psi'}{\Psi_0} = e^{-\alpha x} \tag{14.4.5}$$

$$\Psi' = \Psi_0\,e^{-\alpha x} \tag{14.4.6}$$

으로 표현되는데, 식 (14.4.6)을 흡수의 지수법칙이라 한다. 하지만 실험실에서는 일반적으로 흡수나 투과를 논할 때에 자연로그 대신에 상용로그를 사용한다. 따라서 식 (14.4.6)을 상용로그로 나타내면,

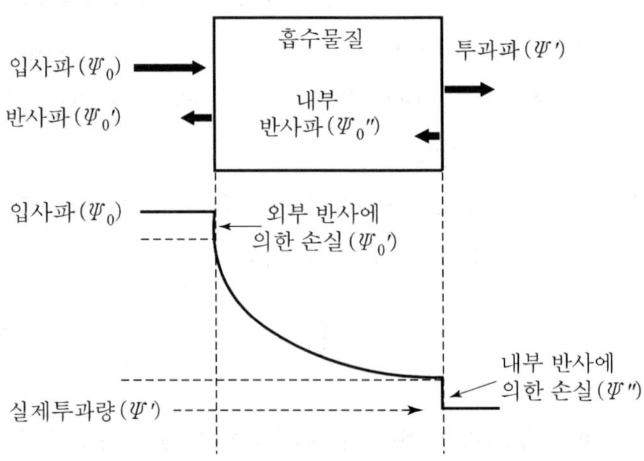

그림 14.12 입사광에 대한 흡수 물질의 효과

$$T = \frac{\Psi'}{\Psi_0} = 10^{-0.4343\alpha x} = 10^{-c\alpha x} \quad (c = 0.4343) \tag{14.4.7}$$

로 된다. 투과(T)는 %를 의미하지만, 광밀도(optical density)라 불리기도 하는 흡수(A)는 투과의 역수에 상용로그를 취한 것이다. 이러한 것을 고려할 때에, 흡수와 투과 사이의 관계는

$$A = \log_{10}\left(\frac{1}{T}\right) = c\alpha x = \log_{10}\left(\frac{\Psi_0}{\Psi'}\right) \tag{14.4.8}$$

로 표현된다. 그림 14.12의 왼쪽 면에서의 흡수는 '영'이므로, $A = 0$이 된다. 또한 흡수매질을 통과하였을 때에 입사한 빛의 1/2 이 흡수되었다면, $T = 0.5$가 되므로 흡수는

$$A = \log_{10}\left(\frac{1}{0.5}\right) = 0.30 \tag{14.4.9}$$

이 된다.

두께가 같은 동일한 흡수매질을 하나 더 놓으면, 첫 번째 흡수매질에 의하여 50 % 흡수된 것이 다시 두 번째 흡수매질에 의하여 50 % 흡수되므로, 두 번째 매질을 통과한 후에는 $T = 0.25$가 되어

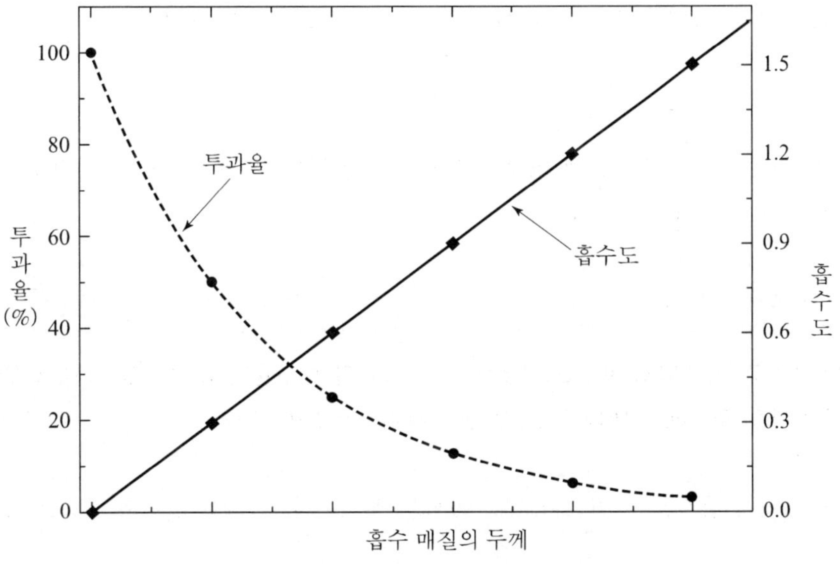

그림 14.13 투과율과 흡수도의 관계

$$A = \log_{10}\left(\frac{1}{0.25}\right) = 0.60 \tag{14.4.10}$$

이 되고, 3번째 매질을 통과한 후에는

$$A = \log_{10}\left(\frac{1}{0.125}\right) = 0.90 \tag{14.4.11}$$

와 같이 변한다. 투과와 흡수의 이러한 관계를 두께의 함수로서 나타내면, 그림 14.13과 같이 된다.

그림 14.13로부터 알 수 있듯이 흡수는 흡수매질의 두께에 대해 선형적으로 변하기 때문에 여러 장의 필터를 사용하였을 경우에 전체적인 효과는 각각의 흡수를 합한 결과와 같다. 반면에 투과는 각각의 투과를 곱한 것과 같게 된다. 동일한 재질로 되어 있으나, 두께가 x_1, x_2인 두 흡수매질의 투과를 비교하여 보자. 식 (14.4.8)로부터

$$A = (k)(x) \tag{14.4.12}$$

와 같이 쓸 수 있으므로, 재질은 동일하나 두께가 다른 두 흡수매질에 대해서

$$\frac{A_1}{A_2} = \frac{(k)(x_1)}{(k)(x_2)} \quad \Rightarrow \quad A_2 = A_1 \frac{x_2}{x_1} \tag{14.4.13}$$

와 같은 관계식이 성립한다. 식 (14.4.8)과 식 (14.4.13)을 비교하면,

$$T_2 = T_1^{\,x_2/x_1} \tag{14.4.14}$$

으로 표현이 가능하다. 식 (14.4.14)는 재질은 동일하나 두께가 다른 두 필터의 투과를 비교할 때 매우 유용한 식이다.

예제 1

일정한 두께를 가진 광학필터(neutral density filter)의 흡수율이 10 %라고 하자. 만일 두께를 12배로 증가시킬 경우에 얼마나 많은 빛을 흡수할 수 있겠는가?

해답 ⇒ 필터의 흡수율이 10 %이므로, 90 %는 투과된다. 따라서 필터의 투과율은

$$T_1 = 90\% = 0.9$$

이다. 두께를 12배로 증가시킬 경우에 투과율은 식 (14.4.14)에 의하여

$$T_2 = T_1^{\ x_2/x_1} = 0.9^{12} = 0.28$$

이 된다. 따라서 두께를 12배로 증가시킨 필터의 투과율은 28 %이며, 나머지 72 %는 필터에 의하여 흡수된다.

예제 2

4 mm 두께를 가진 필터의 흡수율이 30 %라고 할 때에 60 %를 흡수하는 필터를 만들려면 얼마의 두께로 만들어야하겠는가?

해답 60 %를 흡수하므로, 투과율은 40 %가 된다. 따라서

$$T_2 = T_1^{\ x_2/x_1} \quad \Rightarrow \quad 0.4 = 0.7^{x_2/4} \quad \Rightarrow \quad 0.4^4 = 0.7^{x_2} \quad \Rightarrow \quad 4\log 0.4 = x_2 \log 0.7$$

와 같이 되어,

$$x_2 = \frac{4\log 0.4}{\log 0.7} = 10.3\ \mathrm{mm}$$

의 두께로 만들면 된다.

연습문제

01 사람의 신체 표면온도는 35℃ 즉, 308°K이다. 이 온도에서 가장 강하게 방출하는 복사선의 파장은 얼마인가?

02 태양으로부터 방출된 가장 강한 빛의 파장이 475 nm라고 할 때에 태양표면의 온도는 얼마인가?

03 800 $\mathrm{W/m^2}$의 태양 에너지가 물을 데우는 태양열 집열판에 입사한다. 집열판의 흡수도는 모든 태양 광선의 파장에 대해 0.96이며, 집열판을 제외한 나머지 부분은 완전 절연돼 있다고 가정할 때에, 물의 최대 온도는 얼마인가? 만약에 흡수도가 1/2로 떨어지면 집열판의 온도는 얼마가 되겠는가?

04 텅스텐의 방출율은 0.35이다. 반경이 1.0 cm인 텅스텐 구가 진공상태에 있는 텅스텐 용기 내에 매달려있으며, 300 °K로 유지되어 있다. 텅스텐 구의 온도가 3,000 °K를 유지한다고 할 때에 얼마의 에너지를 공급해줘야 하는가? 텅스텐 구를 매달고 있는 지지대를 통한 열 교환은 무시한다.

05 유리의 흡수계수가 $\alpha = 0.04\ \mathrm{mm^{-1}}$이라고 할 때에 유리판의 두께가 5 mm라면 입사하는 빛의 몇 %가 투과하겠는가?

06 금속 코팅막은 입사하는 빛의 90 %를 흡수한다. 얇은 막의 광학밀도(optical density; O. D)가 금속코팅의 1/2라고 할 때에 얇은 막의 투과율(T)은 얼마인가?

07 광학밀도($O.D.$)가 1.0인 광학필터가 있다. 이 필터의 투과율은 얼마인가?

08 입사하는 빛의 90 %를 흡수하고 10 %만을 통과시키는 광학 필터가 있다. 이 필터의 흡수율은 얼마인가?

09 두께가 x_1 인 시료가 입사하는 빛의 20 %를 흡수한다고 할 때가 두께가 2배($x_2 = 2x_1$)로 되면 입사하는 빛의 몇 %를 흡수하겠는가?

10 길이가 25 cm 인 파이프 안에 액체가 채워져 있다. 주어진 파장에서 입사하는 빛의 60 %를 흡수한다고 할 때에 이 액체의 흡수계수(α)는 얼마인가?

11 570 nm 의 파장에서 바닷물의 흡수계수가 $\alpha = 0.22\ \mathrm{m}^{-1}$ 이라고 할 때에 입사하는 빛의 80 %만을 투과시키는 바닷물의 깊이(x)는 얼마인가?

참고문헌

1. Endel Uiga, Optoelectronics, Prentice Hall, 1995.
2. 서울대학교 광학연구회, 현대광학, ㈜ 교문사, 1996.
3. S. Desmond Smith, Optoelectronic Devices, Prentice Hall, 1995.
4. http://www.chem.ucla.edu/~craigm/pdfmanuals/appnotes/PMT_Construction.pdf.

3장 식 (3.4.9)의 유도

$$V(r,t)= \frac{1}{4\pi\epsilon_o}\left[\frac{q_0}{r_1}\cos\omega(t-r_1/c)-\frac{q_0}{r_2}\cos\omega(t-r_2/c)\right]$$

$$= \frac{1}{4\pi\epsilon_o}\left[\frac{q_0}{r}\left(1+\frac{1}{2}\frac{s}{r}\cos\theta\right)\cos\omega(t-r_1/c)-\frac{q_0}{r}\left(1-\frac{1}{2}\frac{s}{r}\cos\theta\right)\cos\omega(t-r_2/c)\right]$$

$$= \frac{1}{4\pi\epsilon_o}\left\{\left[\left(\frac{q_0}{r}+\frac{q_0 s}{2r^2}\cos\theta\right)\left(\cos\omega(t-r/c)-\frac{\omega s}{2c}\cos\theta\,\sin\omega(t-r/c)\right)\right]\right.$$

$$\left.-\left[\left(\frac{q_0}{r}-\frac{q_0 s}{2r^2}\cos\theta\right)\left(\cos\omega(t-r/c)+\frac{\omega s}{2}\cos\theta\sin\omega(t-r/c)\right)\right]\right\}$$

$$= \frac{1}{4\pi\epsilon_o}\left[\frac{q_0}{r}\cos\omega(t-r/c)-\frac{q_0\omega s}{2cr}\cos\theta\,\sin\omega(t-r/c)+\frac{q_0 s}{2r^2}\cos\theta\,\cos\omega(t-r/c)\right.$$

$$= \frac{1}{4\pi\epsilon_o}\left[\frac{q_0}{r}\cos\omega(t-r/c)-\frac{q_0\omega s}{2cr}\cos\theta\,\sin\omega(t-r/c)+\frac{q_0 s}{2r^2}\cos\theta\,\cos\omega(t-r/c)\right.$$

$$-\frac{q_0\omega s^2}{4cr^2}\cos^2\sin\omega(t-v/c)-\frac{q_0}{r}\cos\omega(t-v/c)-\frac{q_0\omega s}{2cr}\cos\theta\,\sin\omega(t-v/c)$$

$$\left.+\frac{q_0 s}{2r^2}\cos\theta\cos\omega(t-v/c)+\frac{q_0\omega s^2}{4cr^2}\cos^2\sin\omega(t-v/c)\right]$$

$$= \frac{1}{4\pi\epsilon_o}\left[\frac{q_o s\cos\theta}{r^2}\cos\omega(t-r/c) - \frac{q_o\omega s}{cr}\cos\theta\sin\omega(t-r/c)\right]$$

$$= \frac{q_o s\cos\theta}{4\pi\epsilon_o r}\left[\frac{1}{r}\cos\omega(t-r/c) - \frac{\omega}{c}\sin\omega(t-r/c)\right]$$

4장

1. 매질의 경계면에 평행한 전기장의 접선 성분: 경계면에 평행한 전기장의 접선 성분의 연속성은 맥스웰 방정식 중의 하나인 $\overrightarrow{\nabla}\times\overrightarrow{E} = -\partial\overrightarrow{B}/\partial t$을 이용하여 구할 수가 있다. 이 방정식의 양변에 면적분을 취하면,

$$\int(\overrightarrow{\nabla}\times\overrightarrow{E})\cdot d\overrightarrow{a} = -\frac{d}{dt}\int_S \overrightarrow{B}\cdot d\overrightarrow{a} \qquad \text{(a)}$$

와 같이 된다. 스토크(Stoke) 정리를 이용하면 (a)식의 왼쪽 항은 표면을 감싸고 있는 폐곡선에 대한 선적분이 되므로 (a)식은

$$\oint_L \overrightarrow{E}\cdot d\overrightarrow{l} = -\frac{d}{dt}\int_S \overrightarrow{B}\cdot d\overrightarrow{a} \qquad \text{(b)}$$

와 같이 된다.

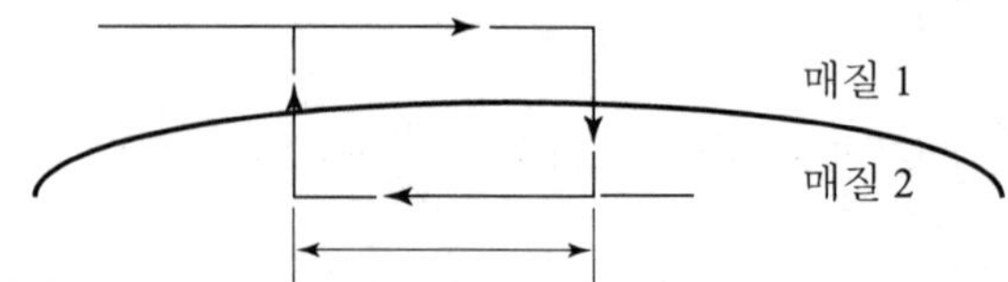

그림 A-1 경계면에 평행한 전기장의 접선성분의 연속성

앞에서 주어진 그림을 이용하면, (b)식의 왼쪽 항에 대한 선적분은

$$lE_{1t} - lE_{2t} + h_1 E_{1n} + h_2 E_{2n} - h_1 E_{1n}' - h_2 E_{2n}' = -\frac{\partial}{\partial t}\int B\cdot\overrightarrow{n}\,da \qquad \text{(c)}$$

이 된다. h_1 및 h_2가 '0'으로 가는 극한인 경우에, (c)식 왼쪽의 마지막 4항은 '0'이 되며 위 그림에서 사각형의 표면을 통과하는 자기력선의 양은 '0'이 된다($\partial\overrightarrow{B}/\partial t$=유한 인

경우에). 따라서 (c)식은

$$lE_{1t} - lE_{2t} = 0 \quad \Rightarrow \quad E_{1t} = E_{2t} \tag{d}$$

이 되며 (d)로부터, 경계면에 평행한 전기장 $\vec{E}$의 접선성분은 연속적임을 알 수가 있다.

6장

식 (6.2.30) $\overline{V_1 H_1} = \dfrac{n_1(1-a_{11})}{-a_{12}} = \dfrac{(1-a_{11})}{-a_{12}}$ ($\because\ n_1 = 1$)의 유도:

$$\overline{V_1 H_1} = \frac{(1-a_{11})}{-a_{12}} = -\frac{1}{a_{12}}(1-a_{11})$$

이다. 하지만, $-a_{12} = +1/f$이므로

$$\overline{V_1 H_1} = -\frac{1}{a_{12}}(1-a_{11}) = f(1-a_{11})$$

이다. 그런데,

$$a_{11} = 1 - P_2 d/n_2 = 1 - \left(-\frac{n_2 - 1}{R_2}\right)\frac{d}{n_2} = 1 + \frac{(n_2-1)d}{R_2 n_2}$$

이므로 $1 - a_{11} = -\dfrac{(n_2-1)d}{R_2 n_2}$ 이 된다.

한편, 식 (6.1.13)으로부터 $h_1 = -\dfrac{f(n_l - 1)d}{R_2 n_l} = -\dfrac{f(n_2-1)d}{R_2 n_2}\left(\because\ n_l = \dfrac{n_2}{n_1} = n_2\right)$이다.

따라서 $\overline{V_1 H_1} = \dfrac{(1-a_{11})}{-a_{12}} = -\dfrac{1}{a_{12}}(1-a_{11}) = f(1-a_{11}) = -\dfrac{f(n_2-1)d}{R_2 n_2}$이 되어 두 식이 서로 같음을 알 수가 있다.

8장 식 (8.2.10) 유도:

$$\begin{pmatrix} x \\ y \end{pmatrix} = \begin{pmatrix} \cos\alpha & \sin\alpha \\ -\sin\alpha & \cos\alpha \end{pmatrix} \begin{pmatrix} E_x \\ E_y \end{pmatrix}$$

$$\begin{pmatrix} E_x \\ E_y \end{pmatrix} = \begin{pmatrix} \cos\alpha & -\sin\alpha \\ \sin\alpha & \cos\alpha \end{pmatrix} \begin{pmatrix} x \\ y \end{pmatrix}$$

$$= \begin{pmatrix} x\cos\alpha - y\sin\alpha \\ x\sin\alpha + y\cos\alpha \end{pmatrix}$$

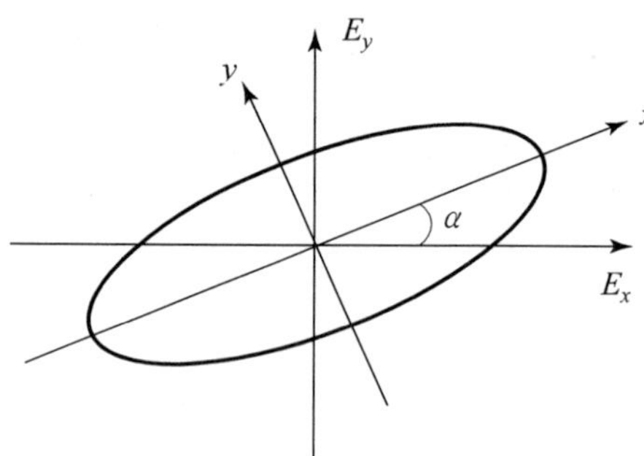

그림 A-2 z −방향으로 진행하는 x −축과 α 각도로 타원 편광된 빛

$$\left(\frac{E_y}{E_{oy}}\right)^2 + \left(\frac{E_x}{E_{0x}}\right)^2 - 2\left(\frac{E_x}{E_{0x}}\right)\left(\frac{E_y}{E_{0y}}\right)\cos\phi = \sin^2\phi$$

$$\left(\frac{x\sin\alpha + y\cos\alpha}{E_{oy}}\right)^2 + \left(\frac{x\cos\alpha - y\sin\alpha}{E_{ox}}\right)^2 - 2\left(\frac{x\cos\alpha - y\sin\alpha}{E_{ox}}\right)\left(\frac{x\sin\alpha + y\cos\alpha}{E_{oy}}\right)\cos\phi = \sin^2\phi$$

$$\frac{1}{E_{ox}^2}(x^2\cos^2\alpha + y^2\sin^2\alpha - 2xy\cos\alpha\sin\alpha) + \frac{1}{E_{oy}^2}(x^2\sin^2\alpha + y^2\cos^2\alpha + 2xy\sin\alpha\cos\alpha)$$

$$-\frac{2\cos\phi}{E_{ox}E_{oy}}(x^2\cos\alpha\sin\alpha + xy\cos^2\alpha - xy\sin^2\alpha - y^2\cos\alpha\sin\alpha) = \sin^2\phi$$

위 식에서 좌표변환의 원리에 따라서

$$\left\{2\frac{xy}{E_{0y}^2}\sin\alpha\cos\alpha - 2\frac{xy}{E_{0x}^2}\cos\alpha\sin\alpha - 2\frac{\cos\phi}{E_{0x}E_{0y}}(xy\cos\alpha^2 - xy\sin^2\alpha)\right\} = 0$$

이 되는데 위 식의 양변에 $E_{ox}^2 E_{oy}^2 / 2xy$을 곱하면,

$$E_{ox}^2\sin\alpha\cos\alpha - E_{oy}^2\cos\alpha\sin\alpha - E_{ox}E_{oy}\cos\phi(\cos^2\alpha - \sin^2\alpha) = 0$$

이 된다. 다시 위식의 양변을 $\cos^2\alpha$으로 나누어주면

$$E_{ox}^2 \frac{\sin\alpha}{\cos\alpha} - E_{oy}^2 \frac{\sin\alpha}{\cos\alpha} - E_{ox}E_{oy}\cos\phi\left(1 - \frac{\sin^2\alpha}{\cos^2\alpha}\right) = 0$$

$$\tan\alpha\,(E_{ox}^2 - E_{oy}^2) = E_{ox}E_{oy}\cos\phi(1 - \tan^2\alpha)$$

$$\frac{2\tan\alpha}{1-\tan^2\alpha} = \frac{2E_{ox}E_{oy}}{E_{ox}^2 - E_{oy}^2} cos\phi \Rightarrow \frac{2\tan\alpha}{1-\tan^2\alpha} = \frac{2E_{ox}E_{oy}}{E_{ox}^2 - E_{oy}^2}\cos\phi$$

$$\Rightarrow \frac{2\tan\alpha}{1-\tan^2\alpha} = \tan 2\alpha = \frac{2E_{ox}E_{oy}}{E_{ox}^2 - E_{oy}^2}\cos\phi$$

두 좌표계의 변화에서

$$x^2 + y^2 = x'^2 + y'^2 \Rightarrow x' = ax + by,\ \ y' = cx + dy$$

$$\Rightarrow x'^2 = a^2x^2 + 2abxy + b^2y^2,\ \ y'^2 = c^2x^2 + 2cdx + d^2y^2$$

$$\Rightarrow x'^2 + y'^2 = (a^2 + c^2)x^2 + 2(ab + cd)xy + (b^2 + d^2)y^2 = x^2 + y^2$$

$$\Rightarrow (a^2 + c^2) = 1, 2(ab + cd) = 0, (b^2 + d^2) = 1$$

10장 식 (10.3.15)의 유도

A. 식 (10.3.15)의 유도

경계면에서

$$*E_1 = E_{i1} + E_{r1} = E_{t1} + E_{r2}' \tag{A.1}$$

$$H_1 = H_{i1} - H_{r1} = H_{t1} - H_{r2}'$$

이므로

$$E_2 = E_{t1}e^{-ik_0h} + E_{r2}'e^{ik_0h} \tag{A.2}$$

$$H_2 = \sqrt{\frac{\epsilon_0}{\mu_0}}\left(E_{t1}e^{-ik_0h} - E_{r2}'e^{ik_0h}\right)n_1\cos\theta_{i2} \tag{A.3}$$

이 된다. 식 (A.2)의 양변에 $\sqrt{\frac{\epsilon_0}{\mu_0}}n_1\cos\theta_{i2}$ 을 곱하면,

$$\sqrt{\frac{\epsilon_0}{\mu_0}}n_1\cos\theta_{i2}E_2 = \sqrt{\frac{\epsilon_0}{\mu_0}}n_1\cos\theta_{i2}E_{t1}e^{-ik_0h} + \sqrt{\frac{\epsilon_0}{\mu_0}}n_1\cos\theta_{i2}E_{r2}'e^{ik_0h} \tag{A.4}$$

이 되며, 식 (A.4)에서 식 (A.3)을 빼면,

$$\left(\sqrt{\frac{\epsilon_0}{\mu_0}}n_1\cos\theta_{i2}E_2 - H_2\right) = 2\sqrt{\frac{\epsilon_0}{\mu_0}}n_1\cos\theta_{i2}E_{r2}'e^{ik_0h} \tag{A.5}$$

이 된다. 여기서, $Y_1 = \sqrt{\frac{\epsilon_0}{\mu_0}}n_1\cos\theta_{i2}$ 라고 정의하면,

$$Y_1E_2 - H_2 = 2Y_1E_{r2}'e^{ik_0h} \Rightarrow E_{r2}' = \frac{1}{2}e^{-ik_0h}E_2 - \frac{1}{2Y_1}e^{-ik_0h}H_2 \tag{A.6}$$

식 (A.2)에 Y_1을 곱하면,

$$Y_1E_2 = Y_1E_{t1}e^{-ik_0h} + Y_1E_{r2}'e^{ik_0h} \tag{A.7}$$

이 되는데, 식 (A.3)으로부터

$$H_2 = \sqrt{\frac{\epsilon_0}{\mu_0}}(E_{t1}e^{-ik_0h} - E_{r2}'e^{ik_0h})n_1\cos\theta_{i2} = Y_1E_{t1}e^{-ik_0h} - Y_1E_{r2}'e^{ik_0h}$$

을 더하면,

$$Y_1E_2 + H_2 = 2Y_1E_{t1}e^{-ik_0h} \Rightarrow E_{t1} = \frac{1}{2}E_2e^{ik_0h} + \frac{H_2}{2Y_1}e^{ik_0h} \tag{A.8}$$

이 된다. 그러므로 식 (A.1)로부터

$$E_1 = E_{t1} + E_{r2}' = \frac{1}{2}E_2e^{ik_0h} + \frac{H_2}{2Y_1}e^{ik_0h} + \frac{1}{2}E_2e^{-ik_0h} - \frac{H_2}{2Y_1}e^{-ik_0h}$$

$$= E_2\cos k_0h + \frac{H_2}{Y_1}(i\sin k_0h)$$

이 되며, H_1도 위와 같이 구할 수 있다.

B. 식 (10.3.24)의 유도.

식 (10.3.23)으로부터

$$E_{i1} + E_{r1} = m_{11} E_{t2} + m_{12} E_{t2} Y_s \tag{B.1}$$

식 (B1)의 양변을 E_{i1}으로 나누고, $r = E_{r1} / E_{i1}$, $t = E_{t1} / E_{i1}$를 사용하면,

$$1 + r = m_{11} \frac{E_{t2}}{E_{i1}} + m_{12} \frac{E_{t2}}{E_{i1}} Y_s \tag{B.2}$$

$$= m_{11} t + m_{12} t Y_s = (m_{11} + m_{12} Y_s) t$$

식 (10.3.23)으로부터

$$(E_{i1} - E_{r1}) Y_0 = m_{21} E_{t2} + m_{22} E_{t2} Y_s \quad \Rightarrow \quad (1 - r) Y_0 = (m_{21} + m_{22} Y_s) t \tag{B.3}$$

이 된다.

C. 식 (10.3.25)의 유도.

식 (B.2)로부터 투과 계수(t)는

$$t = \frac{1 + r}{(m_{11} + m_{12} Y_s)} \tag{C.1}$$

이 되며, 이를 식 (B.3)에 대입을 하면,

$$(1 - r) Y_0 = (m_{21} + m_{22} Y_s) \left\{ \frac{1 + r}{m_{11} + m_{12} Y_s} \right\} \tag{C.2}$$

이 된다. 식 (C.2)로부터

$$m_{11} Y_0 + m_{12} Y_0 Y_s - m_{11} Y_0 r - m_{12} Y_0 Y_s r = m_{21} + m_{22} Y_s + m_{21} r + m_{22} Y_s r \tag{C.3}$$

$$\Rightarrow r = \frac{m_{11} Y_0 + m_{12} Y_0 Y_s - m_{21} - m_{22} Y_s}{m_{11} Y_0 + m_{12} Y_0 Y_s + m_{21} + m_{22} Y_s}$$

을 얻는다. 식 (10.3.25b)도 같은 원리에 의해서 얻을 수 있다.

13장

① 식 (13.2.12)의 유도:

$$\left\{\left[\left(\frac{\omega n_1}{c}\right)^2 - k_y^2\right] \cdot \left[\left(\frac{\omega n_2}{c}\right)^2 - k_x^2\right] - k_x^2 k_y^2\right\} = 0$$

$$\left(\frac{\omega n_1}{c}\right)^2\left(\frac{\omega n_2}{c}\right)^2 - k_y^2\left(\frac{\omega n_2}{c}\right)^2 - k_x^2\left(\frac{\omega n_1}{c}\right)^2 + k_x^2\, k_y^2 = k_x^2\, k_y^2$$

$$\frac{k_x^2\left(\frac{\omega n_1}{c}\right)^2}{\left(\frac{\omega n_1}{c}\right)^2\left(\frac{\omega n_2}{c}\right)^2} + \frac{k_y^2\left(\frac{\omega n_2}{c}\right)^2}{\left(\frac{\omega n_2}{c}\right)^2} = 1$$

$$\frac{k_x^2}{\left(\frac{\omega n_2}{c}\right)^2} + \frac{k_y^2}{\left(\frac{\omega n_1}{c}\right)^2} = 1$$

② 두 매질 경계면에서의 경계조건

두 매질 경계면에서의 경계조건을 구하기 위하여 그림 A-3에서와 같이 공기와 결정으로 이뤄진 두 매질의 경계면에 입사하는 빛을 생각해 보자.

그림 A-3에서 입사파, 반사파 그리고 투과파에 대한 표현식은 각각

$$\overrightarrow{E_I}(\vec{r}, t) = E_{0I} e^{i(\vec{k_i} \cdot \vec{r} - \omega t)}, \quad \overrightarrow{B_I}(\vec{r}, t) = \frac{1}{v_1}(\overrightarrow{k_I} \times \overrightarrow{E_I}) : \text{입사파}$$

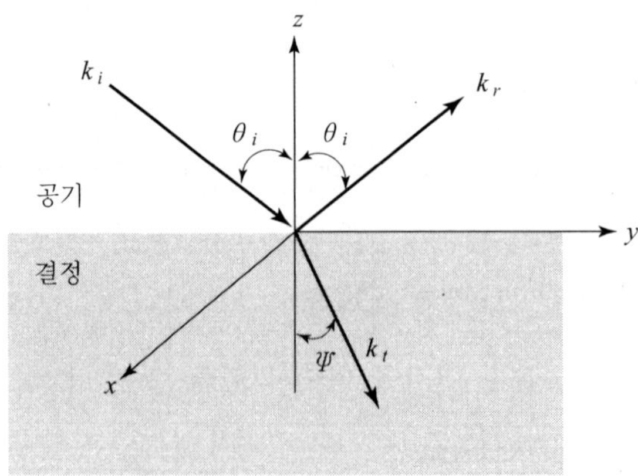

그림 A-3 두 매질 경계면에서의 빛에 대한 파 벡터

$$\overrightarrow{E_R}(\vec{r},t)= E_{0R}e^{i(\overrightarrow{k_R}\cdot\vec{r}-\omega t)},\ \ \overrightarrow{B_R}(\vec{r},t)= \frac{1}{v_1}(\overrightarrow{k_R}\times\overrightarrow{E_R}) : \text{반사파}$$

$$\overrightarrow{E_T}(\vec{r},t)= E_{0T}e^{i(\overrightarrow{k_T}\cdot\vec{r}-\omega t)},\ \ \overrightarrow{B_T}(\vec{r},t)= \frac{1}{v_2}(\overrightarrow{k_T}\times\overrightarrow{E_T}) : \text{투과파}$$

와 같이 표현된다. 이 경우에 매질 1에서의 전체 전기장은 입사파와 반사파의 합이 되므로

$$\overrightarrow{E_I}(\vec{r},t)+\overrightarrow{E_R}(\vec{r},t)$$

와 같이 표현된다. 또한 매질 2에서는 투과파만 존재하므로 매질 2에서의 총 전기장은

$$\overrightarrow{E_T}(\vec{r},t)$$

와 같이 표현된다. 따라서 $x=0$인 입사면에서의 경계조건은

$$\vec{E}_{0I}e^{i(\overrightarrow{k_I}\cdot\vec{r}-\omega t)}+\vec{E}_{0R}e^{i(\overrightarrow{k_R}\cdot\vec{r}-\omega t)}=\vec{E}_{0T}e^{i(\overrightarrow{k_T}\cdot\vec{r}-\omega t)}$$

와 같이 표현된다. 위의 식으로부터 y, z 및 t에 대한 의존이 모두 지수항에 국한됨을 알 수가 있다. 경계조건은 경계면상의 모든 점에서 성립되어야하며, 또한 모든 시간 t에 대해서 성립되어야 한다. 따라서 위 식에서의 지수 인자들은 같아야 되며, 같지 않으면, 위상이 달라지게 된다. 시간 인자는 모두 같으므로 경계조건이 만족하기 위해서는

$$\overrightarrow{k_I}\cdot\vec{r}=\overrightarrow{k_R}\cdot\vec{r}=\overrightarrow{k_T}\cdot\vec{r}$$

이 성립해야 된다. 입사면에 대해서 $x=0$이므로 위의 경계조건은

$$(k_I)_y y+(k_I)_z z=(k_R)_y y+(k_R)_z z=(k_T)_y y+(k_T)_z z$$

와 같이 된다. 또한 그림 A-3에서 입사면과 경계면이 만나는 곳에서 x, z 는 '0'이므로

$$(k_I)_y=(k_R)_y=(k_T)_y$$

이 얻어지며, 이로부터

$$k_I\sin\theta=k_R\sin\theta_R=k_T\sin\psi$$

와 같이 경계조건이 표현된다. 이는 경계면에 평행한 파수 벡터의 성분들이 서로 같음을 의미한다.

연습문제 해답

2장 파동의 수학적 표현

01 $y(x,t) = A\sin(kx - \omega t + \epsilon)$을 시간에 대해 일차 미분하면, $v_y = -\omega A\cos(kx - \omega t + \epsilon)$이 되며, 이를 다시 한 번 미분을 하면 $a_y = -\omega^2 A\sin(kx - \omega t + \epsilon) = -\omega^2 y$ 이 된다. $a_y \propto y$이므로 단조화 운동을 한다.

02 빨강색의 파장(λ_r): $\lambda_r = \dfrac{3\times10^8\ \mathrm{m/s}}{5\times10^{14}(1/\mathrm{s})} = 0.6\times10^{-6}\ \mathrm{m}$

전자기파의 파장(λ_e): $\lambda_e = \dfrac{3\times10^8\ \mathrm{m/s}}{60(1/s)} = 5\times10^6\ \mathrm{m}$

따라서 전자기파의 파장이 빨강색의 파장보다 훨씬 길다는 것을 알 수 있다.

03 ⓐ 파동함수[$\Psi(x, t)$]는 일반적으로

$$\Psi(x,t) = A\cos(\omega t - kx + \epsilon) = A\cos\left(2\pi f\left(t - \frac{kx}{\omega}\right) + \epsilon\right) = A\cos\left(2\pi f\left(t - \frac{x}{v}\right) + \epsilon\right)$$

와 같이 표현된다. 따라서 진동수(f)는 $f = 10^{14}\ \mathrm{Hz}$, 파장은

$\lambda = \dfrac{c}{f} = \dfrac{3\times10^8\ \mathrm{m/s}}{10^{14}/\mathrm{s}} = 3\times10^{-6}\ \mathrm{m}$이다. $+x$ 방향으로 진행을 하며, 진폭은 2, 초기위상은 $\pi/2$ 그리고 전기장은 $y-$축 방향으로 진동한다.

ⓑ 전자기파에서 전기장과 자기장 사이의 관계는 $\vec{B}= \frac{n}{c}\hat{x}\times \vec{E}$와 같이 주어진다. 이로부터 $\vec{B}$의 성분들을 구해보면 $\overrightarrow{B_x}= \frac{n}{c}\hat{x}\times \vec{E}=0$, $\overrightarrow{B_y}= -\frac{n}{c}\hat{x}\times \overrightarrow{E_z}=0$이며, $z-$성분은 $\overrightarrow{B_z}= \frac{n}{c}\hat{x}\times \overrightarrow{E_y}= \frac{n}{c}2\cos[2\pi\times 10^{14}(t-\frac{x}{c})+\frac{\pi}{2}]\hat{z}$ 와 같이 된다. 진공 중에서 굴절률은 $n=1$ 이므로 $B_x=0$, $B_y=0$, 그리고 $B_z=\frac{2}{c}\cos\left[2\pi\times 10^{14}\left(\mathrm{t}-\frac{\mathrm{x}}{\mathrm{c}}\right)+\frac{\pi}{2}\right]$이다.

04 일차원 파동방정식은 $\frac{\partial^2\Psi(x,t)}{\partial x^2}=\frac{1}{v^2}\frac{\partial^2\Psi(x,t)}{\partial t^2}$와 같이 주어진다. 따라서, 파동함수 $\Psi(x,t)=A\sin k(x-vt)$을 시간과 공간에 대하여 2차 미분하면 $\frac{\partial^2\Psi}{\partial x^2}=-k^2A\sin k(x-vt)$, $\frac{\partial^2\Psi}{\partial t^2}=-k^2v^2A\sin k(x-vt)$와 같이 되고 이를 파동방정식에 대입하면 $-k^2A\sin k(x-vt)=\frac{1}{v^2}[-k^2Av^2\sin k(x-vt)]$와 같이 되므로 $\Psi(x,t)$은 파동방정식의 해가 된다.

05 $t=0$일 때에 파의 모양은 $y(x,t)\mid_{t=0}=\frac{C}{2+x^2}$으로 주어진다. 음(−)의 $x-$방향으로 v의 속력으로 진행하는 경우에 t시간 후에 파의 모양은 $y(x,t)=\frac{C}{2+(x+vt)^2}$와 같이 기술된다. 또한 $t=2s$일 때에 파의 모양은 $y(x,t)\mid_{t=2}=\frac{C}{2+(-2+2)^2}=\frac{c}{2}$와 같이 된다. 따라서 파는 진폭의 변화 없이 즉, 형태의 변화 없이 일정한 속력($v=1\,\mathrm{m/s}$)를 가지고 (−) $x-$축 방향으로 진행하는 조화파이다.

06 진폭 A는 파원으로부터 멀어짐에 따라 $1/r$로 감소한다.

3장 전자기 이론과 빛

01 전자파의 세기는 $I=\langle S\rangle\frac{1}{A}\frac{\Delta E}{\Delta t}=\frac{\Delta nh\nu}{A\Delta t}$ (n: 총 입사하는 광자의 수, $h\nu$: 한 개의 광자가 가지고 있는 에너지)와 같이 정의된다. 따라서 광자 흐름 밀도는

$$\frac{\mathrm{photons}}{A\Delta t}=\frac{I}{h\nu}=\frac{19.88\times 10^{-2}\ \mathrm{W/m^2}}{(6.63\times 10^{-34})(100\times 10^{6})\ \mathrm{W/s}}=3\times 10^{24}\ \mathrm{photons/m^2s}$$ 이다.

또한 1초 동안 단위면적($1\,m^2$)을 통과하는 광자들이 만든 체적(V)는 $V = Ac\Delta t = 1\,m^2 \times 3\times 10^8\,m/s \times 1\,s = 3\times 10^8\,m^3$ 이다.

따라서 $1\,m^3$ 당 $\dfrac{\Delta n}{V} = \dfrac{3\times 10^{24}\text{ photons}}{3\times 10^8\,m^3} = 10^{16}\text{ photons}/m^3$의 광자가 존재하게 된다.

03 ⓐ 평균 복사압력은 $< P_r > = \dfrac{|F|}{A} = \dfrac{1}{A}\left|\dfrac{\Delta P}{\Delta t}\right| = \dfrac{\Delta E}{cA\Delta t} = \dfrac{< S >}{c}$와 같이 주어진다. 한편, 완전 반사체인 경우 $\Delta\vec{p} = \vec{p} - (-\vec{p}) = 2\vec{p}$($\vec{p}$: 광자의 운동량)가 된다. 따라서

$$\langle P_r \rangle = \frac{2\langle S \rangle}{c} = \frac{2\times 1.4\times 10^3\,W/m^2}{3\times 10^8\,m/s} = 9.3\times 10^{-6}\,N/m^2\text{이다.}$$

ⓑ 태양으로부터 발생되는 태양 빛을 하나의 구면파로 가정하면, 진폭은 r에 반비례한다. 태양 빛이 진행 중에 매질 내에서의 에너지 손실이 없다고 가정하면, 단위시간당 태양표면을 통해 나온 에너지와 태양에서 $1.5\times 10^{11}\,m$ 떨어진 구 표면을 통과한 전체 에너지는 같다. 따라서 태양표면에서의 포인팅 벡터의 평균값은

$$< S_1 > = \frac{r_1^{-2}}{r_2^{-2}} < S_2 > = \left[\frac{(0.7\times 10^9\,m)^{-2}}{(1.5\times 10^{11}\,m)^{-2}}\right] \times [1.4\times 10^3\,w/m^2] = 6.4\times 10^7\,w/m^2$$

이 되며, 태양 표면에서의 평균 복사압력은

$$< P_r > = \frac{< S_1 >}{c} = \frac{6.4\times 10^7\,w/m^2}{3\times 10^8\,m/s} = 0.21\,N/m^2\text{이다.}$$

4장 빛의 전파

01 $1.9659\times 10^8\,m/s$

02 647 cm

03 ⓐ 스넬의 법칙 $n_i \sin\theta_i = n_t \sin\theta_t$을 이용하면 굴절각을 구할 수 있다. 입사매질이 물이므로 $n_i = 1.33$, $n_t = 1.50$, 그리고 $\theta_i = 45°$이다. 이를 이용하여 굴절각을 구하면 $\theta_t = 38.8°$이다.

ⓑ 유리에서 물로 입사하므로, $n_i = 1.50$, $n_t = 1.33$ 그리고 $\theta_i = 38.8°$ 이다. 이들 값을 스넬의 법칙에 대입하여 굴절각을 구하면, $\theta_t = 45°$ 이다. 따라서 입사광의 방향이 반대로 되면, 원래의 경로로 되돌아감을 알 수 있다.

04 ⓐ 경계면 I에서는 180°의 위상변화가 일어나나 경계면 II에서는 위상변화가 일어나지 않는다.

ⓑ 경계면 I, II 에서는 180°의 위상변화가 일어난다.

ⓒ 경계면 I에서는 위상변화가 일어나지 않으나 경계면 II에서는 180°의 위상변화가 일어난다.

ⓓ 경계면 I, II에서는 어떠한 위상변화도 일어나지 않는다.

05 공기의 굴절률을 '1'이라고 할 때에, 점 A에 대한 Snell의 법칙은 $1 \cdot \sin\theta_1 = n_1 \sin\theta_2$ 이다. 또한 점 B에서 내부 전반사를 일으키기 위한 스넬의 법칙은 $\sin\theta_3 = n_2 / n_1$ 이다. 직각삼각형 ABC에서 $\theta_2 = 90° - \theta_3$ 이므로 $\sin\theta_3 = \cos\theta_2 = n_2 / n_1$ 와 같은 관계가 주어진다. 따라서 $\sin\theta_2 = \sqrt{1 - \cos^2\theta_2} = \sqrt{1 - (n_2 / n_1)^2}$ 와 같은 관계식을 얻는다. 이를 점 A에 대한 스넬의 법칙에 대입을 하면, $\sin\theta_1 = \sqrt{n_1^2 - n_2^2} = \sqrt{1.66^2 - 1.52^2}$ 이 된다. 이로부터 $\theta_1 = 42°$ 이다.

06 ⓐ $n_{t\,i} = \dfrac{n_t}{n_i} = \dfrac{(c / v_t)}{(c / v_i)} = \dfrac{\lambda_i}{\lambda_t} = 1.5$ 으로부터 $\lambda_t = \lambda_i / 1.5 = 600 / 1.5 = 400$ nm 이다.

ⓑ 스넬의 법칙 $n_i \sin\theta_i = n_t \sin\theta_t$ 를 이용하면, $\sin 45° = 1.5 \sin\theta_t$ 가 된다. 이로부터 굴절각을 구하면, $\theta_t = \arcsin[(1/1.5)\sin 45°] = 28.13°$ 이다.

ⓒ 유전체 내에서의 파장이 400 nm 이므로 보라색으로 관찰하게 된다.

5장 기하광학 1

01 물체가 거울에서 100 m 떨어져 있으며, 관측자의 눈에 맺혀진 상은 거울에서 0.3 m 떨어져 있으므로 거울의 배율(M)은 $M = 0.3\text{ m} / 100\text{ m} = 0.003$ 이다. 0.003 배로 확대된 상의 크기가 5 cm 이므로 나무의 실제 높이는 $h = 0.05\text{ m} / 0.003 = 16.67\text{ m}$ 이다.

02 오목거울과 벽면은 촛불을 중심으로 양쪽에 놓여 있으며, 벽면과 촛불 사이의 거리가 240 cm이므로 $s_i - s_o = 240$ cm이며, 배율이 3이므로 $3 = s_i / s_o$이다. $s_o = s_i / 3 = (s_o + 240)/3$로부터 $s_o = 120$ cm이다. 또한, $s_i - s_o = 240$ cm로부터 $s_i = 360$ cm이다. $1/f = 1/s_0 + 1/s_i$로부터 $1/f = 1/120 + 1/360 = 4/360$이므로 초점거리는 90 cm이다.

05 곡률반경이 30 cm이므로 거울의 초점거리는 $f = R/2 = 15$ cm이다. 또한 정점에서 물체까지의 거리가 30 cm이므로 관계식 $1/f = 1/s_0 + 1/s_i$ 으로부터 $s_i = -30$ cm이다. 따라서 물체의 배율은 $M_T = -s_i/s_o = 3$이다.

06 ⓐ L_1렌즈에 대한 물체의 위치 및 상의 위치를 각각 s_{o1}, s_{i1}이라고 하고 L_2렌즈에 대해서는 s_{o2}, s_{i2}라고 하자. $s_{o1} = 4f$이므로 $1/f_1 = 1/s_{01} + 1/s_{i1}$을 이용하면 $s_{i1} = 4f/3$이다. 따라서 $s_{o2} = f/2 - s_{i1} = -5f/6$이 되며, $s_{i2} = 5f/11$이다.

ⓑ 왼쪽으로부터 렌즈에 들어오는 평행광선을 고려할 경우, $s_{i1} = f$이며, $s_{o2} = f/2 - s_{i1} = -f/2$이다. 따라서 $1/s_{i2} = 1/f_1 - 1/s_{01} = 1/f + 2/f = 3/f$이 되어 $s_{i2} = f/3$이다. 대칭성에 의하여 결합렌즈의 두 초점위치는 L_1의 왼쪽 $f/3$ 그리고 L_2의 오른쪽 $f/3$되는 곳에 위치한다.

07 오목거울에 대한 방정식 $1/s_o + 1/s_i = 2/R$을 사용한다. $s_o = 10$cm, $R = 30$cm 이므로 정점에서 상까지의 거리(s_i)는 $1/s_i = 2/R - 1/s_o = 2/30 - 1/10 = -1/30$, 즉 $s_i = -30$ cm가 된다. 배율은 $M_T = -s_i/s_o = -(-30)/10 = +3$ 이다. 따라서 상은 정점의 오른쪽 30 cm되는 곳에 생기며, s_i가 (−)이므로 허상이고, m이 (+)이므로 직립이며, 물체 크기의 3배가 된다.

08 볼록거울에 대한 방정식 $1/s_o + 1/s_i = -2/R$을 사용한다. $s_o = 50$ cm, $R = 2.5$ cm이므로 정점에서 상까지의 거리(s_i)는 $1/s_i = -2/2.5 - 1/50 = -41/50$, 즉 $s_i = -50/41$ cm가 된다. 배율은 $M_T = -s_i/s_o = -(-50/41)/50 \simeq +0.0244$ 이다. 따라서 상은 정점의 오른쪽 50/41 cm되는 곳에 생기며, s_i가 (−)이므로 허상이고, m이 (+)이므로 직립이며, 상의 직경은 약 0.122 cm이다.

09 $|s_o| + |s_i| = 80$ cm이며, $M_T = -s_i/s_o = 3$이므로 $s_o = 20$ cm, $s_i = 60$ cm이다. 또한 $1/s_o + 1/s_i = 1/f$로부터 렌즈의 초점거리는 $f = 15$ cm이다. 따라서 물체는 렌즈에서 20 cm 떨어져 있으며, 실상은 렌즈로부터 60 cm 떨어져 있다.

10 $1/s_o + 1/s_i = 1/f$ 로부터 $s_i = -7.5$ cm 이다. 배율은 $M_T = -s_i/s_o = -(-7.5)/30 = 0.25$ 이다. 따라서 상의 크기는 1.25 cm 이며, s_i가 (−)이고 배율이 (+)이므로 정립 허상이다.

11 렌즈 제작자의 공식 $1/s_0 + 1/s_i = 1/f = (n-1)(1/R_1 - 1/R_2)$을 사용하면 구할 수 있다. 공기 중에서 $1/25 = (1.5/1.00 - 1)(1/R_1 - 1/R_2)$이므로 $(1/R_1 - 1/R_2) = 1/12.5$ 이다. 이를 물속에 있는 렌즈에 적용하면, $1/f = (1.5/1.33 - 1)(1/R_1 - 1/R_2) = (0.1278) \times (1/12.5) = 0.01$ 이다. 따라서 물속에서의 초점거리는 97.8 cm 로 공기 중에 있을 때보다 늘어난다.

6장 기하광학 2

01 구면수차는 물체가 광축 위에 있고 입사광이 단색광일 때 일어나며, 렌즈의 중심을 통과하는 광선과 렌즈의 가장자리를 통하여 맺는 광선들에 의하여 형성된 상의 위치차로서 정의된다. 구면수차는 렌즈의 면이 구면이기 때문에 생기는 것으로 렌즈 표면의 여러 위치에 스넬의 법칙

$$n_i \sin\theta_i = n_r \sin\theta_r \Rightarrow \frac{\sin\theta_i}{\sin\theta_r} = \frac{n_r}{n_i} = n$$

을 적용해 보면 쉽게 이해된다. 이를 줄이기 위해서는 렌즈의 중심에서 가장자리 쪽으로 렌즈의 굴절률을 변화시키는 방법과 볼록렌즈와 오목렌즈를 붙여서 줄이는 방법이 있다.

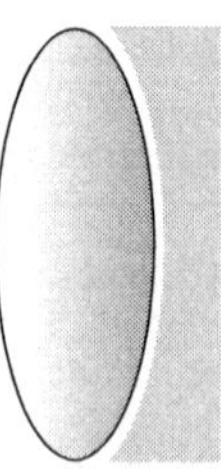

그림 6.21 구면수차를 줄이는 방법

02 (b)의 경우에 렌즈 양면에서 렌즈의 굴절률이 같게 됨으로서 구면수차가 (a)의 경우에 비하여 작게 된다. 물체가 렌즈로부터 무한대의 거리에 있는 경우에 구면수차를 최소화할 수 있는 렌즈는 평면 볼록렌즈에 가까운 렌즈이다. 반면에, 렌즈로부터 유한한 거리

에 물체가 있을 때, 구면수차를 최소화할 수 있는 렌즈의 두 곡률 반경은 렌즈로부터 물체까지의 거리에 의존하게 된다.

03 최소 착란원의 위치는 자오 초점거리와 구결 초점거리의 굴절능 중간에 있으므로, 자오면의 굴절능(P_T)과 구결면의 굴절능(P_A)을 구하면,

$$P_T = \frac{1}{f_T} = \frac{1}{0.167\ \mathrm{m}} = 6.0\ \mathrm{m}^{-1},\quad P_A = \frac{1}{f_A} = \frac{1}{0.185\ \mathrm{m}} = 5.4\ \mathrm{m}^{-1}$$

이다. 따라서 최소 착란원의 굴절능(P_C)은

$$P_C = \frac{1}{\frac{1}{2}(P_T + P_A)} = \frac{1}{\frac{1}{2}(6.0\ \mathrm{m}^{-1} + 5.4\ \mathrm{m}^{-1})} = 17.5\ \mathrm{cm}$$

이 되므로 최소 착란원은 렌즈의 오른쪽 17.5 cm에 위치한다. 그림 6.23에서 삼각형 ABC와 CDE가 서로 닮은 삼각형이므로, $\frac{7}{16.7} = \frac{d}{17.5 - 16.7}$ 와 같은 관계식이 얻어진다. 따라서 최소 착란원의 직경은 0.335 cm이다.

7장 광학 기기

01 ⓐ $\frac{1}{f_{far}} = \frac{1}{s_o} + \frac{1}{s_i}$ 로부터 $s_o = 300\ \mathrm{cm}$, $s_i = 2\ \mathrm{cm}$이므로 $f_{far} = 1.987\ \mathrm{cm}$.

ⓑ $\frac{1}{f_{far}} = \frac{1}{s_o} + \frac{1}{s_i}$ 로부터 $s_o = 100\ \mathrm{cm}$, $s_i = 2\ \mathrm{cm}$이므로 $f_{far} = 1.961\ \mathrm{cm}$.

ⓒ $D = \frac{1}{s_o} + \frac{1}{s_i}$ 로부터 $D = \frac{1}{0.25} + \frac{1}{0.02} = 54$ diopter. 이는 눈과 안경의 총 굴절능이므로 안경만의 굴절능은 $D_{glass} = D - D_{eye} = 54 - 1/0.01961 = 3$ diopter. 따라서 초점거리가 $f_{glass} = \frac{1}{D_{glass}} = 1/3 = 33.3\ \mathrm{cm}$인 안경을 써야 한다.

8장 편광

02 문제에서 주어진 Jones 벡터는 $\overrightarrow{E}(z,t) = (\hat{x} + \hat{y}(1+i))e^{-i(kz-\omega t)}$와 같이 표현된다.

$(1+i) = \sqrt{2}\, e^{i\pi/4}$이므로, $z=0$에서 $E_x = E_0 \cos \omega t$, $E_y = E_0 \cos(\omega t + \pi/4)$와 같다. 이를 그림으로 표시하면,

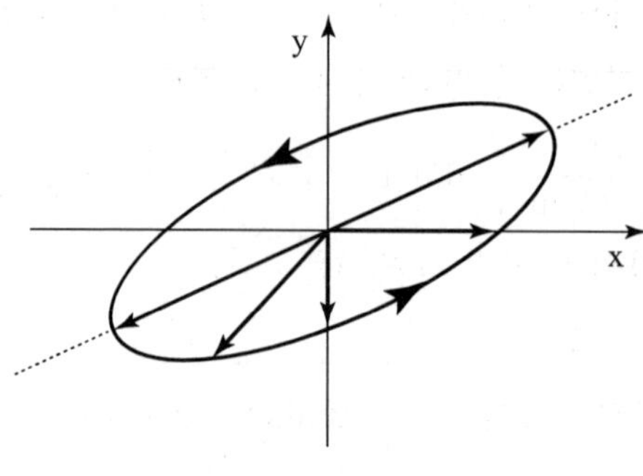

왼손 타원 편광된 빛

와 같이 왼손 타원 편광된 빛이 된다.

04 ⓐ 첫 편광자 뒤에서는 $I_0/2$, 두 번째 편광자 뒤에서는 $I_0/4$, 세 번째 편광자 뒤에서는 $I_0/8$.

ⓑ 투과된 빛은 없다.

06 두 번째 편광자의 투과축은 입사하는 빛의 편광방향과 θ로 기울이며, 두 번째 편광자는 입사하는 빛의 편광을 90°로 회전시킨다. $\theta = 45°$인 경우에 두 번째 편광자를 통과한 빛의 세기는 $I_0/4$이다.

08 35.5°

09 수면과 37°의 각을 이루며, 반사된 빛의 전기장은 입사면에 수직이다.

10장 다중반사에 의한 간섭

01 자유분광영역은 $\Delta\lambda = \lambda^2/2d$이므로 $\Delta\lambda = 500^2/2 \times 2.0 \times 10^7 = 6.25 \times 10^{-3}$ nm로서 파장의 차이가 6.25×10^{-3} nm인 두 빛을 분해할 수 있다.

02 코팅의 두께가 $n_{\text{coating}} d = \lambda/4$의 관계를 만족할 때에 반사가 최소이므로 $1.38d = 140$

즉, $d = 140/1.38 = 101.449$ nm 이어야 한다.

03 단층박막에 수직입사하는 경우에 대한 반사율은 $R = \left[\dfrac{n_2 - n_1}{n_2 + n_1}\right]^2$ 로 주어지므로

$R = \left[\dfrac{1.333 - 1.53}{1.333 + 1.53}\right]^2 = \left[\dfrac{-0.197}{2.863}\right]^2 = 0.0047$ 이 된다. 따라서 0.47 %가 반사된다.

04 최대 투과되는 간섭필터의 차수는 사용중인 빛의 파장의 홀수 정수로 정해지므로 1차는 홀수 정수 '1'에 해당하며, 2차는 '3', 3차는 '5' 그리고 4차는 '7'에 해당한다. 파장이 $\lambda = 400$ nm 이므로 간섭필터에서의 경로차는 7λ 또는 2800 nm가 된다. 따라서 경로차가 $n_1 \lambda_1 = 2,800$ nm 의 관계를 만족하는 가시광선영역의 파장을 구하면 된다.

ⓐ $n_1 > 7$ 인 경우에, $\lambda \leqq 350$ nm가 되어 자외선 영역이 된다.

ⓑ $n_1 < 4$ 인 경우에는, $\lambda \geqq = 933.3$ nm 이 되어 적외선 영역이 된다.

이러한 것을 고려할 때에, $n_1 = 4, 5, 6$ 이어야 하며, 이에 대응되는 파장은 466.6 nm, 560 nm 그리고 700 nm 이다.

05 분해능(RP)은 $RP = \dfrac{\lambda}{\Delta\lambda} = \dfrac{nd}{c}\dfrac{\sqrt{R}}{1-R}\omega_0 = n\pi\dfrac{2d}{\lambda}\dfrac{\sqrt{R}}{1-R}$ 와 같이 정의된다. $R = 0.81$, $n_0 = 1$, $d = 2.0$ cm 및 $\lambda = 5 \times 10^{-5}$ cm 이므로 이들을 대입하면, $RP = 1,190,000$ 이 된다.

06 관계식 $c = f\lambda$에 의해, $\lambda_0 = 632.8$ nm 에 대응하는 빛의 진동수는 4.74×10^{14} Hz 이다. $c = f\lambda$ 식을 λ에 대해서 미분을 하면, $\Delta f = \dfrac{c\Delta\lambda}{\lambda^2} = f\dfrac{\Delta\lambda}{\lambda}$ [(−)부호는 무시]이 된다. 따라서 $\dfrac{\lambda}{\Delta\lambda} = \dfrac{f}{\Delta f} = \dfrac{4.74 \times 10^{14}}{150 \times 10^6} = 3.16 \times 10^6$ 이 된다. 분해능은 $\text{R.P} = \dfrac{\lambda}{\Delta\lambda} = \dfrac{2\pi nd}{\lambda}\dfrac{\sqrt{R}}{1-R}$ 에 관계식을 이용하여 구하면,

$d = \dfrac{f}{\Delta f}\dfrac{\lambda(1-R)}{2\pi\sqrt{R}} = \dfrac{3.16 \times 10^6 \times 632.8 \times 10^{-9} \times 0.1}{2\pi\sqrt{0.9}} = 3.35$ cm 가 된다.

07 단층으로 코팅한 경우에 반사율은

$$R = |r|^2 = \frac{n_1^2(n_0 - n_s)^2\cos^2 kd + (n_0 n_s - n_1^2)^2\sin^2 kd}{n_1^2(n_0 + n_s)^2\cos^2 kd + (n_0 n_s + n_1^2)^2\sin^2 kd}$$

와 같이 주어지는데 두께가 사용 파장의 $\lambda/4$ 이므로 $kd = \dfrac{2\pi}{\lambda} \cdot \dfrac{\lambda}{4} = \dfrac{\pi}{2}$ 가 된다. 이 경우에

$\sin kd = 1$이 되므로 반사율은 $R = |r|^2 = \left| \dfrac{n_0 n_s - n_1^2}{n_0 n_s + n_1^2} \right|^2$ 이 된다.

따라서 $R = \left| \dfrac{1.0 \times 1.52 - 1.35^2}{1.0 \times 1.52 + 1.35^2} \right|^2 = 0.0082$ 즉, 입사하는 빛의 0.82 %를 반사시킨다.

08 다층 박막의 반사율(R)은 $R = |r|^2 = \left| \dfrac{\left(\dfrac{n_L}{n_H}\right)^{2N} - 1}{\left(\dfrac{n_L}{n_H}\right)^{2N} + 1} \right|^2$ 와 같이 주어지며, 이 경우에 반사율은 $R = \left| \dfrac{\left(\dfrac{1.4}{2.8}\right)^{10} - 1}{\left(\dfrac{1.4}{2.8}\right)^{10} + 1} \right|^2 = \left| \dfrac{0.999}{1.000976} \right|^2 = 0.996$ 이 된다. 따라서 최대 반사율은 0.996이다.

11장 회절(Diffraction)

01 레일레이의 정의에 따른 각 분해능은

$\theta_1 = 1.22 \dfrac{\lambda}{D} = 1.22 \dfrac{\lambda}{f'/f} \approx 1.22 \times \dfrac{0.6 \times 10^{-3}}{50/2} \approx 3 \times 10^{-5}\,(rad)$ 이다. 두 헤드라이트 사이의 거리가 15 m라고 하면, 달에서 본 두 헤드라이트의 각도(θ_2)는 $\theta_2 = \dfrac{1.5}{100{,}000} = 1.5 \times 10^{-5}$ rad.가 됨으로 분해할 수 없다.

02 이 문제에서 θ가 매우 작으므로, $\tan\theta \approx \theta = \dfrac{y}{f} = \dfrac{0.1}{1000} = 1.0 \times 10^{-4}$ rad.이다. 슬릿의 상단과 하단에서 오는 빛의 경로차는 $0.67 \times 10^6\ \text{nm} \times \sin\theta \approx 0.67 \times 10^6\ \text{nm} \times \theta = 67\ \text{nm rad.}$이다. 따라서 위상차는 $\delta = \dfrac{2\pi}{\lambda} \times$ 광로차 $= \dfrac{2\pi}{550\ \text{nm}} \times 67\ \text{nm rad}$ $= \dfrac{2\pi}{550\ \text{nm}} \times 67\text{nm} \dfrac{180°}{\pi} = 43.855°$ 이다.

03 회절무늬의 세기가 최솟값이 될 조건은 $b \cdot \sin\theta = m\lambda$이다. 따라서 처음으로 최소 세기가 나타날 조건은 $(1 \times 10^6\ \text{nm}) \cdot \sin\theta = (1)(550\ \text{nm})$이다. 이로부터 θ를 구하면, $\sin\theta = 5.50 \times 10^{-4}$이다. θ가 매우 작으므로 $\sin\theta \approx \tan\theta$인 관계가 성립한다. 슬릿에서 스크린까지의 거리가 1000 mm이므로 회절무늬의 중심에서 최소 세기가 나타나는 곳까지의 거리는 $1000 \times 5.50 \times 10^{-4} = 0.55$ mm가 된다.

04 원형 조리개에 의한 회절무늬의 세기는 $I = |U|^2 = I_0 \left[\frac{2J_1(\rho)}{\rho} \right]^2$와 같이 주어진다. 회절무늬의 제 1차 최대 세기를 구하기 위해서는 $J_1(\rho)$가 처음으로 극대가 되는 값을 Bessel함수의 표에서 구하고 이때의 ρ를 찾아 식에 대입하면 된다. $\rho = 5.316$일 때에 $J_1(\rho)$는 처음으로 극대가 되며, $J_1(\rho) = -0.3397$의 값을 가진다. 따라서 $I = I_0 \left[\frac{-2 \times 0.3397}{5.136} \right]^2 = 0.0175 I_0$이 $I/I_0 = 0.0175$이 된다.

05 다중슬릿에 의한 회절무늬 세기 분포는 $I = I_0 \left(\frac{\sin\beta}{\beta} \right)^2 \left(\frac{\sin N\gamma}{N \sin\gamma} \right)^2$와 같이 주어지며, $\beta = \frac{1}{2} kb \sin\theta \quad \gamma = \frac{1}{2} kh \sin\theta$이다. 이 문제에서 $N = 3$, $\sin\theta \approx x/l$로 l은 슬릿 바로 뒤에 위치한 렌즈의 초점거리 또는 슬릿에서 스크린까지의 거리이다. 세기분포에 대한 식으로부터 envelope의 HWHM은 $\lambda l/d$에 비례하며, 주요 극대 사이의 간격은 $\lambda l/h$에 비례한다. 따라서

ⓐ b가 증가하면, 포락선의 HWHM은 감소하나 주요 극대 사이의 간격은 불변이다.
ⓑ h가 감소하면, 포락선의 HWHM은 불변이나 주요 극대 사이의 간격은 감소한다.
ⓒ 빛의 파장이 증가하면, 포락선의 HWHM와 주요 극대 사이의 간격은 증가한다.

06 Fraunhofer 회절의 경우에, 스크린 위에 있는 임의의 점(P)에서 회절파의 진폭(U_P)은 $U_P = Ce^{-i\omega t} \oint_s e^{ikr} dA$와 같이 주어진다. 슬릿의 가로 길이를 L이라고 하면, $dA = Ldy$이고 슬릿에서 회절상이 얻어지는 P점까지의 거리는 $r = r_0 + y\sin\theta$이다. 따라서 점 P에서 회절파의 진폭은

$$
\begin{aligned}
U_P &= CLe^{-ikr_0} e^{-i\omega t} \int e^{iky\sin\theta} dy \\
&= A_0 e^{-i\omega t} \left[\int_0^b e^{i2\rho y} dy + \int_h^{h+b} e^{i(2\rho y + \pi)} dy + \int_{2h}^{2h+b} e^{i2\rho y} dy \right] \\
&= A_0 e^{-i\omega t} e^{i\rho b} \frac{\sin(\rho b)}{\rho b} (1 - e^{i2\rho h} + e^{i4\rho h}) e^{i2\rho h} \\
&= A_0 e^{i(\rho b + 4\rho h - \omega t)} e^{i\rho b} \frac{\sin(\rho b)}{\rho b} \frac{\cos 3\rho h}{\cos \rho h}
\end{aligned}
$$

이 되며, $\rho = (\pi/\lambda)\sin\theta$ 이다. 따라서 P점에서 회절파의 세기는 $I \sim \left[\frac{\sin(\rho b)}{\rho b} \right]^2 \left[\frac{\cos 3\rho h}{\cos \rho h} \right]^2$이 된다.

ⓐ 회절무늬의 최소 위치는 $\rho b= \pm\pi$, 즉, $\theta= \pm\sin^{-1}\left(\frac{\lambda}{b}\right)$에서 나타난다.

ⓑ 간섭무늬의 최소 위치는 $3\rho h = \pm\frac{\pi}{2}$, 즉, $\theta= \pm\sin^{-1}\left(\frac{\lambda}{6h}\right)$에서 나타난다.

ⓒ 간섭무늬의 최대 위치는 $\rho h= \pm\frac{\pi}{2}$, 즉, $\theta= \pm\sin^{-1}\left(\frac{\lambda}{2h}\right)$에서 나타난다.

07 $d\sin\theta = n\lambda$ (n : 정수)에서 $d= 1/250\ \mathrm{mm}$, $\theta= 30°$이므로 $\lambda= 2000/\mathrm{n}[\mathrm{nm}]$이다. 따라서 가시광선영역의 빛이 입사할 경우에, $\lambda_1= 400\ \mathrm{nm}$ ($\mathrm{n}= 5$): 자외선, $\lambda_2= 500\ \mathrm{nm}$ ($n= 4$): 초록, $\lambda_3= 667\ \mathrm{nm}$ ($n= 3$): 빨강의 빛들이 관측된다.

08 광원에서 원형 조리개까지의 거리를 h', 그리고 조리개에서 스크린 위의 관측점까지의 거리를 h라고 하면, 이 문제에서 $h'\to\infty$이며, $h= 1\ \mathrm{m}$이다. 원형 조리개에 n개의 구역판이 존재할 경우에, n번째 구역판의 반경은 $R_n^2\left[\frac{h'+h}{2h'h}\right]= n\frac{\lambda}{2}$이 되므로 n번째 구역판의 반경은 $R_n= \sqrt{nL\lambda}\left(L= \left[\frac{h'h}{h'+h}\right]\right)$이 된다.

ⓐ $h'\to\infty$ 이며 $h= 1\ \mathrm{m}$인 경우에 $L= \left[\frac{h'h}{h'+h}\right]= \left[\frac{h}{1+h/h'}\right]\approx 1$ 이 되며, $R_1= \sqrt{563{,}3\times 10^{-9}}\ \mathrm{m} = 0.7505\ \mathrm{mm}$ 이다. 따라서 원형 조리개의 직경은 1.50 mm 이다.

ⓑ 처음 4번째 구역에 대해서는 $R_4= \sqrt{4L\lambda} = 1.50\ \mathrm{mm}$이 되어 직경은 3.00 mm이다.

09 프레넬 구역판은 초점거리가 $L= R_n^2/n\lambda$인 렌즈처럼 작용한다. 따라서 이 문제에서 주어진 조건에 대해 초점거리가 $L= \frac{(0.25)^2}{8\times 500\times 10^{-7}\ \mathrm{cm}} = 156\ \mathrm{cm}$인 렌즈처럼 작용한다.

10 프레넬 구역판에 대한 방정식 $R_n^2\left[\frac{h'+h}{2h'h}\right]= n\frac{\lambda}{2}$ 으로부터 n이 홀수이면, 최대 세기가 얻어지며, n이 짝수이면 회절무늬의 세기는 최소가 된다. 평면파가 입사한다고 하였으므로 광원에서 원형 조리개까지의 거리(h')는 무한대가 되므로 $n\lambda= R_n^2/h$와 같은 관계식이 얻어진다. 원형 조리개의 반경은 모든 n 에 대하여 0.8 mm이므로 ㉮ 처음 밝은 점에 대해서는 $h_1= r_1^2/\lambda$ ㉯ 어둔운 점에 대해서는 $h_2= r_2^2/2\lambda= r_1^2/2\lambda$ ㉰ 밝은 점에 대해 $h_3= r_3^2/3\lambda= r_1^2/3\lambda$ ㉱ 어둔운 점에 대해서는 $h_4= r_4^2/2\lambda= r_1^2/2\lambda$이 된다.

ⓐ 밝은 점에 대해 $h_1- h_3= 2r_1^2/3\lambda$ 이다. $h_1- h_3= 36.2\ \mathrm{cm}$이므로

$\lambda = \dfrac{(2)(0.8\times 10^{-3})^2\ \mathrm{m}^2}{3\times(0.362\ \mathrm{m})} \approx 1.17\times 10^{-6}\ \mathrm{m} \approx 1170\ \mathrm{nm}$이 된다.

ⓑ 어두운 점에 대해 $h_2 - h_4 = r_1^2/4\lambda$이다. $h_2 - h_4 = 36.2\ \mathrm{cm}$이므로

$\lambda = \dfrac{(0.8\times 10^{-3})^2\ \mathrm{m}^2}{4\times(0.362\ \mathrm{m})} = 442\ \mathrm{nm}$이 된다.

ⓒ 처음으로 밝은 점이 나타나는 위치는 $h_1 = \dfrac{r_1^2}{\lambda} = \dfrac{(0.8\times 10^{-3})^2\ \mathrm{m}^2}{1.17\times 10^{-6}\ \mathrm{m}} \approx 54.7\ \mathrm{cm}$

ⓓ 처음으로 어두운 점이 나타나는 위치는 $h_2 = \dfrac{r_1^2}{2\lambda} = \dfrac{(0.8\times 10^{-3})^2\ \mathrm{m}^2}{2\times 442\times 10^{-6}\ \mathrm{m}} = 72.4\ \mathrm{cm}$

11 회절격자의 분해능은 $RP = \lambda/\Delta\lambda = Nn$이다. 슬릿의 폭이 5 cm이므로 이 안에 들어 있는 슬릿의 수(N)은 $N = 50\times 1{,}200 = 60{,}000$이다. 따라서 분해능은 $RP = Nn = 60{,}000\times 1 = 60{,}000$ 이다. $500\ \mathrm{nm}/\Delta\lambda = 60{,}000$으로부터 $\Delta\lambda = 500\ \mathrm{nm}/60{,}000 \approx 0.0083\ \mathrm{nm}$이 얻어지므로 분해가능한 최소 파장 간격은 $\approx 0.0083\ \mathrm{nm}$이다.

12 회절격자의 분해능은 $RP = \lambda/\Delta\lambda = Nn$으로 주어진다. 한편, $c = f\lambda$로부터 $\Delta f = -\dfrac{c}{\lambda^2}\Delta\lambda$의 관계식을 얻어진다. 모드 사이의 진동수 차를 파장 차로 구하기 위하여 주어진 조건을 얻어진 관계식에 대입하면 $450\times 10^6\ \mathrm{Hz} = -\dfrac{3\times 10^8\ \mathrm{m/s}}{(633\times 10^{-9}\ \mathrm{m})^2}\Delta\lambda$이 된다. 따라서 파장차이($\Delta\lambda$)는 $\Delta\lambda = 6.010\times 10^{-13}\ \mathrm{m}$가 된다. 회절무늬의 1차수($n = 1$)가 사용되는 경우에 이들을 분해하는데 필요한 총 슬릿의 수는 $N\times 1 = 633\times 10^{-9}\ \mathrm{m}/6.010\times 10^{-13}\ m = 1.05\times 10^6$ 이 된다. 결론적으로 1 mm당 1000개의 슬릿을 가지는 회절격자의 폭은 105 cm가 되어야 한다.

12장 고체 광학

01 $R = 0.9985$

ⓒ $R \to 1$, 낮은 주파수.

03 ⓑ $r_0(-\omega^2 + \omega_0^2 + i\gamma\omega) = (qE_0/m)e^{i\alpha} = (qE_0/m)(\cos\alpha + i\sin\alpha)$. 양변을 제곱하면, $r_0^2[(\omega_0^2 - \omega^2)^2 + \gamma^2\omega^2) = (qE_0/m)^2(\cos^2\alpha + \sin^2\alpha)$이 된다. 따라서 r_0에 대

한 위의 표현식이 얻어진다.

ⓒ $r_0(-\omega^2+\omega_0^2+i\gamma\omega)=(qE_0/m)e^{i\alpha}=(qE_0/m)(\cos\alpha+i\sin\alpha)$에서 실수 부분과 허수 부분을 서로 같다. 즉, $r_0\gamma\omega=(qE_0/m)\sin\alpha$, $r_0(\omega_0^2-\omega^2)=(qE_0/m)\cos\alpha$이 된다. 이들을 서로 나누면, $\tan\alpha=\gamma\omega/(\omega_0^2-\omega^2)$이 얻어지므로 $\alpha=\tan^{-1}[\gamma\omega/(\omega_0^2-\omega^2)]$이다. 따라서 α는 "0"부터 $\pi/2$를 거쳐 π로 변하게 된다.

04 ⓐ 유리판에 의해 발생하는 위상지연은 $(n\Delta z 2\pi/\lambda)-\Delta z 2\pi/\lambda$ 또는 $(n-1)\Delta z 2\pi/\lambda$이다. 따라서 $E_P=E_0e^{i\omega[t-(n-1)\Delta z/c-z/c]}$이다.

ⓑ $n\approx 1$ 또는 $\Delta z\ll 1$이라면, $e^{[-i\omega(n-1)\Delta z/c)]}\approx 1-i\omega(n-1)\Delta z/c$이 되며, $e^{-i\pi/2}=-i$이므로 $E_P=E_u+\dfrac{\omega(n-1)\Delta z}{c}E_ue^{-i\pi/2}$와 같이 된다.

13장 결정 광학

01 ⓐ $\Delta\phi=\dfrac{2\pi}{\lambda}t(n_e-n_o)=\dfrac{\pi}{2}$를 이용하면, $t=\dfrac{\lambda}{4(n_e-n_o)}=14.7\,\mu\text{m}$가 된다.

ⓑ 편광되지 않은 빛을 평면 편광이 되도록 편광판을 통과시켜 편광된 빛을 만든 후에, 석영결정에 수직으로 입사하도록 한다. 편광판의 투과축이 석영결정의 광축에 대하여 45°가 되면, 석영결정을 통과하여 나오는 빛은 원형 편광이 된다.

02 편광자 1에 의하여 편광되지 않은 빛은 수직 편광된 빛으로 바뀐다. 따라서 빛이 편광자 2를 통과하지 않기 위해서는 석영결정에 의한 빛의 편광 회전이 $\pi/2$ 이어야 한다. 견줌 회전 능력에 대한 $\theta=\delta\times l$ 식을 이용하면, $90°=21.7\times l$ 으로부터 $l\approx 4.15$ mm이다. 따라서 석영결정의 두께는 4.15 mm이어야 한다.

03 정상광선은 모든 방향으로 같은 속도를 가지므로 스넬의 법칙을 만족한다. 즉, $n_o\sin\Psi_o=n_{\text{air}}\sin 70°$의 관계식이 얻어진다. 파장이 589.3 nm인 빛에 대해 $n_o=1.65836$ 이므로 정상광선에 대한 굴절각(Ψ_o)은 $\Psi_o=34.11°$가 된다. 한편 파장이 589.3 nm인 빛에 대한 이상광선의 굴절률은 $n_e=1.48641$이다. 그림 1.24에서 "$BA\tan\Psi_o=CA\tan\Psi_e$"인 관계가 성립하며 이로부터 "$\tan\Psi_o/\tan\Psi_e=n_o/n_e$"의 관계식을 얻을 수 있다. 따라서

$\Psi_e = \tan^{-1}\left(\frac{n_o}{n_e}\tan\Psi_o\right) = \tan^{-1}\left(\frac{1.48641}{1.65836}\tan 34.31\right) = 31.99°$ 이 된다.

04 패러데이 회전각(θ)은 $\theta = BVl$ 와 같이 주어진다. 100 cm를 진행할 경우에 4° 회전하므로 이를 "분(=minutes)"으로 환산하면 4° = 240 min.이 된다. 따라서 자기장의 세기는 $B = \frac{\theta}{Vl} = \frac{240}{3.8\times 10^{-4}\times 100} = 6.136\times 10^3$ Gauss이다. 한편, 빛의 진행방향에 수직으로 가해준 자기장은 빛의 편광면의 회전에 영향을 미치지 않는다.

05 액체의 경우에 견줌 회전 능력은 $\delta = 10\,\theta / l\,d$ 로 주어진다. 따라서 용액내의 장뇌의 농도는 $d = \frac{10\theta}{l\delta} = \frac{10\times 33}{20\times 54} = 0.306\ \mathrm{g/cm^3}$ 이다.

06 유리 내에 생긴 자기장의 세기는 $B = 12.57\times 10^{-3}\,nI$ Oersted (n: 단위 길이당 코일의 수, I: A 로 측정된 전류세기)이며,

$V = 0.05\frac{\mathrm{min}}{\mathrm{Oersted\cdot cm}} = \frac{0.05}{60}\frac{\mathrm{deg}}{\mathrm{Oersted\cdot cm}}$ 이다. 따라서 회전각은

$$\theta = (12.57\times 10^{-3}\,\mathrm{Oersted})\left[\frac{1000\ \mathrm{turns}}{\mathrm{m}}\right](5\,\mathrm{A})\times\left[\frac{0.05}{60}\frac{\mathrm{deg}}{\mathrm{Oersted\cdot cm}}\right](25\ \mathrm{cm})$$

$= 1.3°$ 이다.

14장 빛의 측정

01 $\lambda_{max} = 2{,}898{,}000 / 308 = 9{,}400\ \mathrm{nm}$

02 $T = \frac{2{,}898{,}800}{475} = 6{,}100\ \mathrm{K}$

03 평형상태에서 스테판-볼츠만의 법칙은 $\alpha\Phi = \sigma T^4$ 으로 $\sigma = 5.67\times 10^{-8}\ \mathrm{W/m^2K^4}$, $\alpha = 0.96$ 그리고 $\Phi = 800\ \mathrm{W/m^2}$ 이므로 이들을 대입하면, $T = 341$ °K이 된다. 또한, $T \propto \alpha^{1/4}$ 이므로 $\alpha' = \alpha/2$ 가 되면 $T' = (1/2)^{1/4}T = 286$ °K 이 되므로 흡수도가 1/2로 떨어지면 최대 물의 온도는 286 °K가 된다.

04 스테판-볼츠만의 법칙에 의하면, 방출률이 e 인 흑체의 표면을 통해 단위면적당 방출된 총 출력은 $W = e\,\sigma\,T^4\ [\mathrm{W/m^2}]$ 으로 주어진다. 따라서 뜨거운 표면과 찬 표면(용기의 표면)에

서 방출된 알짜 출력은 $W= e\,\sigma(T_{\text{hot}}^4 - T_{\text{cold}}^4) = 0.35\times5.67\times10^{-8}\times(3000^4-300^4)$ $\times 4\pi(10^{-2})^2 = 2{,}020\,[\text{W}]$이다. 따라서 2,020 [W]의 에너지를 공급해줘야 3,000 °K의 온도를 유지하게 된다.

05 $\Phi = \Phi_0 e^{-\alpha x}$의 관계식으로부터 $\dfrac{\Phi}{\Phi_0} = e^{-(0.04\times5)} = 0.8187$와 같은 결과를 얻는다. 따라서 입사하는 빛의 81.87 %가 투과된다.

06 금속 코팅막의 흡수율이 90 %이므로 투과율 10 %이다. 즉, $T = 1-0.9 = 0.1$. 금속의 광학밀도는 $O.D. = \log_{10}\left(\dfrac{\Phi_0}{\Phi_T}\right) = \log_{10}\left(\dfrac{1}{T}\right) = \log_{10}\left(\dfrac{I_0}{0.1 I_0}\right) = 1.0$이다. 따라서 얇은 막의 광학밀도는 0.5이며, 투과율은 관계식 $0.5 = \log_{10}\left(\dfrac{1}{T}\right)$으로부터 구해진다. 즉, $\dfrac{1}{T} = 10^{0.5} = 3.162$ 으로부터 $T = 0.316$이다

07 $O.D. = \log_{10}\left(\dfrac{\Phi_0}{\Phi_T}\right) = \log_{10}\left(\dfrac{1}{T}\right) = 1.0$ 의 관계식으로부터 $T = 10^{-1} = 0.1$이 되므로 입사하는 빛의 10 %를 통과시킨다.

08 10 %만을 통과시키므로 투과율(T)은 0.1이며, 흡수율(A)은

$$A = \log_{10}\left(\frac{1}{T}\right) = \log_{10}\left(\frac{1}{0.1}\right) = 1 \text{ 이 된다.}$$

09 두께가 x_1인 시료가 20 %를 흡수하므로 투과율은 0.8이다. 따라서 두께가 x_2 일 때의 투과율(T_2)은 $T_2 = T_1^{\,x_2/x_1} \Rightarrow T_2 = 0.8^{x_2/x_1} = 0.8^2 = 0.64$가 되며, 흡수율은 0.36 즉, 36 %를 흡수한다.

10 60 %를 흡수하므로 흡수율은 0.6이며, 투과율은 0.4이다. $T = \dfrac{\Phi_T}{\Phi_0} = 10^{-0.4343\alpha x}$ 의 관계식으로부터 $0.4 = 10^{-0.4343\alpha x} = 10^{-0.4343\times25\alpha} = 10^{-10.8575\alpha}$이 되며, 이로부터 $\alpha = 0.037\ \text{m}^{-1}$이다.

11 80 %를 투과시키므로 투과율은 0.8이다. 따라서

$$0.8 = 10^{-0.4343\alpha x} = 10^{-0.4343\times0.22x} = 10^{-0.095546x}$$

이 되며, 이로부터 깊이를 구하면 $x = 1.0143$ m이다.

찾아보기

INDEX

영문

기타

물리광학 개정판

초판 발행 | 2011년 08월 30일
재판 발행 | 2012년 07월 15일
개정판 발행 | 2019년 09월 05일

편저자 | 김일곤 · 이성수 · 장기완

펴낸이 | 조승식
펴낸곳 | (주)도서출판 북스힐

등 록 | 1998년 7월 28일 제22-457호
주 소 | 서울시 강북구 한천로 153길 17
전 화 | (02) 994-0071
팩 스 | (02) 994-0073

홈페이지 | www.bookshill.com
이메일 | bookshill@bookshill.com

정가 25,000원

ISBN 979-11-5971-091-9

Published by bookshill, Inc. Printed in Korea.